船舶智能控制与自动化系统

Ship Intelligent Control and Automation Systems

郭　晨　卓永强　张　闯　李　晖　等　著

科学出版社
北　京

内 容 简 介

本书系统地总结了作者多年来从事智能控制与船舶自动化系统研究的主要内容。概述了国内外智能控制与船舶自动化系统研究进展，分别论述了船舶自动舵智能控制、船舶减摇鳍智能控制、船舶动力定位系统智能控制、船舶运动与主推进装置联合智能控制、船舶智能导航系统、船舶智能避碰系统和欠驱动自主式水下航行器的运动智能控制等领域的主要研究成果。力求体现智能控制理论与技术在现代船舶工程系统中的成功应用。

本书可供船舶与海洋工程、控制科学与工程、交通信息工程及控制等学科的研究生和自动化、船舶电子电气工程、电气工程及其自动化及轮机工程等专业的高年级本科生作为教材或教学参考书，也可供相关领域从事科研和工程设计的技术人员参考。

图书在版编目（CIP）数据

船舶智能控制与自动化系统 / 郭晨等著. — 北京：科学出版社，2018.7

ISBN 978-7-03-055704-9

Ⅰ. ①船… Ⅱ. ①郭… Ⅲ. ①船舶操纵-自动控制系统 Ⅳ. ①U664.82

中国版本图书馆 CIP 数据核字（2017）第 293625 号

责任编辑：余 丁 陈 静 / 责任校对：郭瑞芝
责任印制：吴兆东 / 封面设计：迷底书装

科学出版社 出版
北京东黄城根北街 16 号
邮政编码：100717
http://www.sciencep.com
北京中石油彩色印刷有限责任公司 印刷
科学出版社发行 各地新华书店经销
*
2018 年 7 月第 一 版 开本：720×1 000 1/16
2022 年 7 月第二次印刷 印张：24 3/4 插页：2
字数：490 000

定价：148.00 元

（如有印装质量问题，我社负责调换）

前　言

智能控制作为一门具有很强综合性的交叉学科，为解决复杂非线性不确定系统的控制问题开辟了新的途径，其产生和发展得益于人工智能、自动控制、运筹学、计算机科学、生物学和心理学等许多学科。当前国内外智能控制理论与应用的研究十分活跃，呈现出强大的生命力。近几十年来，智能控制理论和船舶与海洋工程技术都有了快速的发展，并处于持续发展之中。大型船舶本身就是一个由多种装置和设备综合集成的复杂大系统。船舶是水路运输的主要工具，海洋运输是国际物流中最主要的运输方式，海运承担着世界90%以上的贸易运输量。国际海事组织对运输船舶提出了“航行更安全、海洋更清洁”的理念，倡导船舶运行实现“安全、高效、节能和环保”的目标。随着高新技术的大量涌现和应用，当前国内外水上运输船舶正在向大型化、高速化、集装箱化和滚装化发展，船舶自动化系统高精度化、网络化趋势明显。

伴随着计算机及网络技术的广泛应用和船舶设计、船舶动力与推进、船舶导航通信、船舶电力等相关系统和装置的快速发展，智能化和高可靠性的船舶自动化系统正在不断发展和完善。由智能导航、智能自动操舵仪及航行信息管理系统等组成的智能化综合船桥系统和机舱长时间无人自动化系统为实现运输船舶的无人驾驶奠定了技术基础，人工智能的突破为实现船舶无人驾驶和自主智能控制带来了希望。无人驾驶运输船舶的提出和研发进展引起了全球的关注。

本书撰写中结合了作者多年来从事智能控制与船舶自动化系统研究和教学工作的成果和体会，参考了国内外诸多相关文献，力求体现船舶自动化工程系统的最新进展及其中智能控制方法与技术的成功应用。

本书共 8 章。第 1 章为智能控制与船舶自动化系统概述；第 2 章为船舶自动舵智能控制；第 3 章为船舶减摇鳍智能控制；第 4 章为船舶动力定位系统智能控制；第 5 章为船舶运动与主推进装置联合智能控制；第 6 章为船舶智能导航系统；第 7 章为船舶智能避碰系统；第 8 章为欠驱动自主式水下航行器的运动智能控制。

本书撰写分工如下：大连海事大学郭晨教授撰写前言、第 1 章；广东海洋大学卓永强教授、大连海事大学张闯博士撰写第 2、第 6、第 7 章；大连海事大学李晖教授撰写第 3 章；上海海洋大学雷正玲博士撰写第 4 章；江苏渔船检验局袁士春博士撰写第 5 章；大连海事大学于浩淼博士撰写第 8 章。另外，大连海事大学吴志良教授和大连船舶重工集团有限公司王宏武高级工程师分别提供了船舶电站自动化系统、船舶自动舵系统和柴油主机遥控系统的有关素材。全书由郭晨教授、张闯博士负责统编整理。张闯博士重新绘制了书稿中大部分插图。

本书获得国家自然科学基金项目（61374114，51579024）的资助，在此深表感谢。

由于作者水平有限，书中疏漏和不妥之处在所难免，恳请有关专家和读者给予批评指教。

作　者

2017 年 8 月于大连海事大学

目　录

第 1 章　智能控制与船舶自动化系统概述

智能控制是当今多学科交叉的前沿领域之一，已经逐渐成为一门新的学科，是自动控制发展的高级阶段。纵观智能控制产生、发展的历史背景与现状，其研究始终是面向解决包括经典控制、现代控制、自适应控制、鲁棒控制及大系统理论等传统控制理论方法所难以解决的不确定性和非线性问题。自动化科学技术所面临的控制对象的复杂性、环境的复杂性、控制目标的复杂性愈益突出，智能控制的研究正是提供了解决这类问题的有效手段，集中表现在控制工程中运用智能方法解决复杂系统的自动化技术已取得了相当多的成功；但智能控制的理论研究的实质性进展亟待增强，宏观上需要寻求突破智能控制面临的一些关键问题的新思路。早在第二次世界大战期间，设计制造飞机及船用自动驾驶仪，开发火炮定位系统和雷达跟踪系统等的工程实践，促进了自动控制理论的产生和发展。船舶操舵系统控制问题的研究曾产生了经典比例-积分-微分(PID)控制方法。20 世纪 50 年代，人们提出了船舶自动化的概念，无人值班机舱成为船舶自动化的典型设计。运输船舶自动化系统主要包括无人值班机舱、集成驾驶系统、货运监控系统和船舶管理信息系统等。近年来，船舶自动化系统的高精度化、网络化、智能化趋势明显，这也为实现运输船舶的自主智能控制与无人驾驶提供了坚实的技术基础。这些应用高新技术的船舶自动化系统的工程实践也推动了智能控制理论和技术的发展。

1.1　智能控制概述

早期的自动控制基本上是解决简单对象的控制问题。人们追求研制完全自动运行不需要人参与的“自治系统”。随着被控制对象的愈益复杂，系统所处的环境因素、控制性能要求都列入了控制系统设计的考虑范围。已有的自动控制方法和技术受到了不同程度的挑战，尤其在学习控制研究与机器人控制方面，矛盾日渐突出，迫切需要为自动控制学科注入新的活力。

智能控制作为自动控制发展的高级阶段，它采用多种智能化技术实现复杂系统的控制目标，是一种新的具有强大生命力的自动控制技术。智能控制的产生和发展，反映了当代自动控制理论和自动化系统技术的发展趋势。现代科学技术的快速发展和重大进步，对自动化系统提出了新的更高的要求；传统控制理论在应用中遇到了许多难题和挑战，促使自动控制寻找新的理论方法和解决方案。近几十年的控制理论研究和工程实践历程说明，实现控制系统的智能化，是解决上述难题和面临挑战的一种有效途径。智能控制已成为控制科学与工程学科发展进程中一个重要的里程碑，它逐渐发展成为一种日趋成熟和完善的控制技术，获得了日益广泛的应用，体现出自动化科学技术发展的必然趋势。

智能控制是自动控制与人工智能等学科结合的一门新兴的边缘交叉学科，智能控制的产生及发展与控制论、系统论、信息论、仿生学、神经生理学、进化计算和计算机等多种学科的高度综合和集成紧密相关[1]。智能控制是当今国内外自动化学科中一个十分活跃和具有挑战性的领域，是当今科学技术发展的最新方向之一。智能控制目前尚未建立起一套完整的理论体系，是一门仍在不断发展和丰富的具有多学科集成特点的科学技术。它不仅包含了自动控制、人工智能、系统理论和计算机科学的内容，而且还从生物学、心理学等学科中汲取丰富的营养，正在成为自动化领域中最兴旺和发展最迅速的一个学科分支，已成为一种提高国家竞争力的核心技术。

下面简述智能控制的基本概念、特点、结构理论和研究对象，分析智能控制和传统控制的关系，简要介绍分级递阶控制系统、神经网络控制系统、模糊控制系统、专家控制系统、仿人智能控制系统和学习控制系统等几种典型的智能控制类型。

1.1.1 智能控制的基本概念

1. 智能控制的含义

智能控制，简单地说就是在传统的控制理论中引入如逻辑、推理和启发式规则等因素，使之具有某种“智能”性。但是，目前仍难以对智能控制做出完整的定义。

人工智能、专家系统、智能控制、神经网络、模糊逻辑、遗传算法、软计算、人工生命、人工免疫、人工情感和计算智能等术语，它们大体上属于智能控制和智能系统的研究范围。智能系统是一个开放的研究领域，现在要作完整准确的定义几乎是不可能的，随着新的实现手段的不断涌现以及应用领域的不断扩展，智能系统的内涵不断地得到补充，其研究也处于持续的发展之中。智能控制的概念和原理是针对被控对象及其环境、控制目标或任务的复杂性和不确定性而提出来的。对“智能控制”这一术语还没有确切严格的定义，IEEE 控制系统协会归纳为：智能控制系统必须具有模拟人类学习(learning)和自适应(adaptation)的能力。定性地说，智能控制系统应具有学习、记忆和大范围的自适应和自组织能力；能够及时地适应不断变化的环境；能有效地处理各种信息，以减小不确定性；能以安全可靠的方式进行规划、生产和执行控制动作而达到预定的目标和良好的性能指标。从仿人的角度，智能控制系统是一种模仿、延伸和扩展人的身体动觉智能的人工智能系统。

2. 智能控制的特点

智能控制主要用于处理两大类问题：一是难以用数学模型进行准确描述的大规

模和复杂非线性系统，往往需要引入人的因素才能实现有效的控制；二是控制目标通常需要分解成多个子任务的系统。由于这些系统通常是时变和不确定的，用传统的控制理论难以建立合适的控制器，而需要像人那样根据经验进行学习、推理和决策。智能控制系统的特点包括而不限于：

(1) 智能控制系统具有较强的学习能力。系统对未知环境提供的信息进行识别、记忆、学习、融合、分析、推理，并利用积累的知识和经验不断优化、改进和提高自身的控制能力。

(2) 智能控制系统具有较强的自适应能力。系统具有适应受控对象动力学特性变化、环境特性变化和运行条件变化的能力。

(3) 智能控制系统具有足够的关于人的控制策略、被控对象及环境的有关知识以及运用这些知识的能力。

(4) 智能控制系统具有判断决策能力。系统的一般组织结构满足“智能递增，精度递减”的基本原理，具有高度可靠性。

(5) 智能控制系统具有较强的容错能力。系统对各类故障具有自诊断、屏蔽和自恢复能力。

(6) 智能控制系统具有较强的鲁棒性。系统性能对环境干扰和不确定性因素不敏感。

(7) 智能控制系统具有较强的组织功能。系统对于复杂任务和分散的传感信息具有自组织和协调功能，使系统具有主动性和灵活性。

(8) 智能控制系统的实时性好。系统具有较强的在线实时响应能力。

(9) 智能控制系统的人-机协作性能好。系统具有友好的人-机界面，以保证人-机通信、人-机互助和人-机协同工作。

(10) 智能控制系统具有变结构和非线性的特点。其核心在高层控制，即组织级，能对复杂系统进行有效的全局控制，实现广义问题控制。

(11) 智能控制系统具有总体自寻优特性。

(12) 智能控制系统应能满足多样性目标的高性能要求。

3. 智能自动化

“智能自动化”是自动化科学技术的高级阶段和发展方向，它包括人的智能活动和脑力劳动自动化的含义，也是各领域自动化系统、装置和产品的开发策略。

智能自动化(intelligent automation)通常指：应用人工智能的方法，具有拟人智能的特征、智能水平更高的自动化；将人工智能的理论、方法和技术应用于各种自动化系统，实现具有较高智能水平的自动化。

1.1.2 智能控制的研究对象

智能控制主要用来解决那些用传统方法难以解决的复杂系统的自动控制问题。

其中包括智能机器人系统、船舶与海洋工程自动化系统、航空航天控制系统、交通运输系统、计算机集成制造系统(computer integrated manufacturing system，CIMS)、复杂的工程过程控制系统、环境及能源系统和社会经济管理系统等。智能控制的研究对象通常具备以下一些特点。

1. 不确定性的模型

传统控制一般需要已知被控对象的数学模型，这里的模型包括控制对象和干扰的模型。对于传统控制通常认为模型已知或者通过辨识可以得到。而智能控制的对象通常存在严重的不确定性。这里所说的模型不确定性包括两层意思：一是模型未知或知之甚少；二是模型的结构和参数可能在很大范围内变化。无论哪种情况，传统方法都难以对它们进行控制，而这正是智能控制所要解决的问题。

2. 高度的非线性

在传统的控制理论中，线性系统理论比较成熟。对于具有高度非线性的控制对象，虽然也有一些非线性控制方法，但总的来说，非线性控制理论还不成熟，而且方法比较复杂。采用智能控制的方法往往可以较好地解决非线性控制系统的问题。

3. 复杂的任务要求

在传统的控制系统中，控制的任务或者是要求输出量为定值(调节系统)，或者是要求输出量跟随期望的运动轨迹(跟随系统)，因此控制任务的要求比较单一。对于智能控制系统，任务的要求往往比较复杂。例如，在智能机器人系统中，要求系统对于一个复杂的任务具有自行规划和决策的能力，有自动避让障碍运动到期望目标位置的能力。再如，在复杂的工业过程控制系统中，除了要求对各被控物理量实现定值调节外，还要求能实现整个系统的自动启停、故障的自动诊断以及紧急情况的自动处理等功能。对于这些用传统控制方法难以解决的复杂任务要求，采用智能控制可满足其控制要求。

1.1.3 智能控制的结构理论

智能控制是一种多学科的交叉。著名美籍华裔学者傅京孙(Fu K S)教授在1971年的文章中提出它为人工智能(artificial intelligence，AI)与自动控制(automatic control，AC)的交叉[2]。后来美国的Saridis加进了运筹学(operational research，OR)，认为智能控制(intelligent control，IC)是人工智能、运筹学和自动控制三者的交叉[3]。

傅京孙教授在对含有拟人控制器的控制系统、含有人-机控制器的控制系统、自主式机器人系统这三个涉及学习控制的领域进行研究的基础上，为了强调系统的问题求解和决策能力，用“智能控制系统”来包括这些系统，并提出了智能控制是自动控制与人工智能的交集。由于历史条件的限制，其中的人工智能很大程度上还局限于符号主义的人工智能。

Saridis 在 1977 年提出了由自动控制、人工智能和运筹学的交集构成的三元结构，如图 1-1 所示。Saridis 认为，构成二元交集的自动控制和人工智能相互支配，无助于智能控制的有效和成功应用，所以，需要引入运筹学。这种三元结构后来成为 IEEE 第一届智能控制研讨会的主题之一[4]。

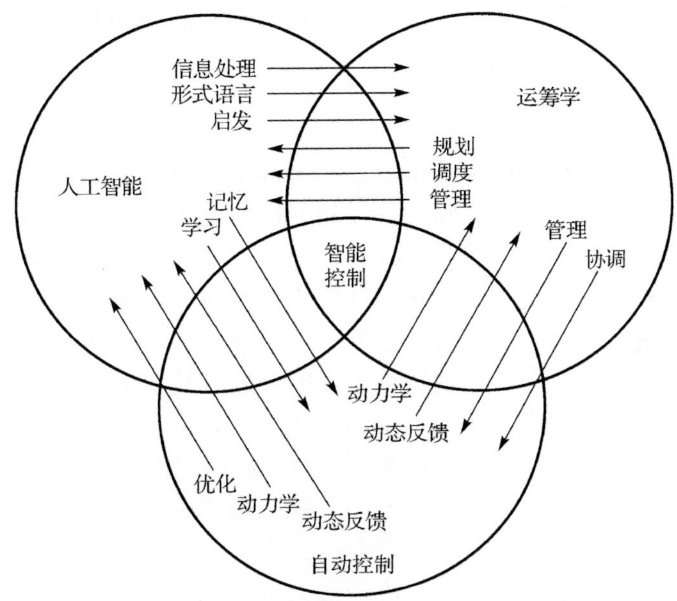

图 1-1　智能控制的多学科交叉

在考虑信息论对知识和智能的解释作用、控制论和系统论与信息论之间的密切关系、信息论对智能控制的作用等方面的因素之后，我国学者蔡自兴教授提出了智能控制的四元结构，在三元结构的基础上增加了信息论(information theory，IT 或 informatics)作为智能控制的一个重要组成部分。把智能控制看作自动控制、人工智能、信息论和运筹学四个学科的交集，如图 1-2 所示[5]。

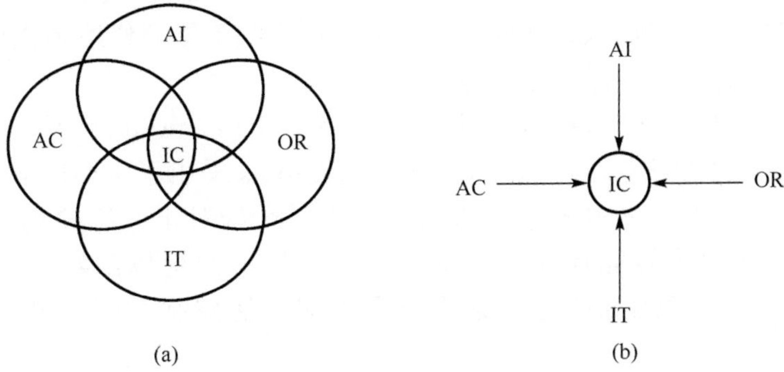

图 1-2　智能控制的四元结构

1.1.4 几种典型的智能控制系统

智能控制系统一般包括分级递阶控制系统、神经网络控制系统、模糊控制系统、专家控制系统、仿人智能控制系统和学习控制系统等典型系统。但在实际运用中，几种方法和机制往往结合在一起，用于一个实际的智能控制系统或装置，从而建立起混合或集成的智能控制系统。

1. 分级递阶控制系统

分级递阶智能控制(hierarchical intelligent control)是在自适应控制和自组织控制基础上，由 Saridis 教授提出的智能控制系统结构[6]。分级递阶智能控制主要由三个控制级组成，按控制智能的高低分为组织级、协调级、执行级，并且这三级按照自上而下精确程度渐增、智能程度逐减的原则进行功能的分配，其功能结构如图 1-3 所示。

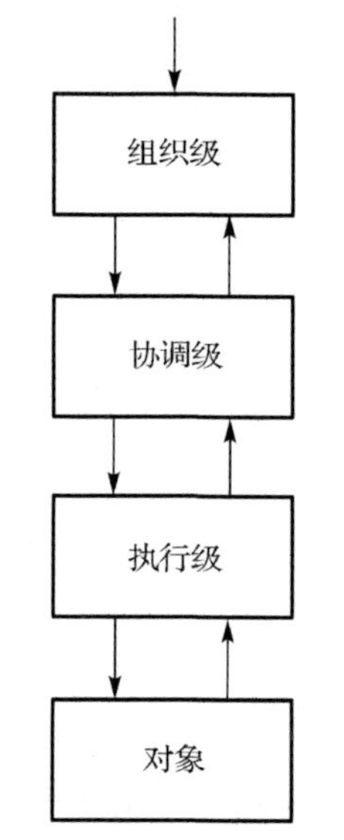

图 1-3 分级递阶智能控制功能结构图

图 1-3 中，组织级(organization level)通过人机接口和用户(操作员)进行交互，执行最高决策的控制功能，监视并指导协调级和执行级的所有行为，其智能程度最高。

协调级(coordination level)可进一步划分为两个分层：控制管理分层和控制监督分层。

执行级(executive level)的控制过程通常是执行一个确定的动作。

图 1-4 所示为一个典型的智能机器人的分级递阶结构。

智能控制系统上层的作用主要是模仿人的行为功能，因而主要是基于知识的系统。它所实现的规划、决策、学习、数据的存取、任务的协调等主要是对知识进行处理。智能控制系统下层的作用是执行具体的控制任务。它主要是对数值进行操作和运算。

在组织级，Moed 和 Saridis 提出了一种用 Boltzmann 机神经元网络来实现推理、规划和决策的方法。在协调级，Wang 和 Saridis 提出了 Petri 网转换器方法来实现语言决策的功能。在执行级，Saridis 提出了一种对于系统控制问题用熵进行测试的方法，从而为智能控制系统提供了一种统一的用熵函数来表示的性能测度。因而可以用数学规划的方法来设计和求解智能控制系统的最优操作与控制问题。

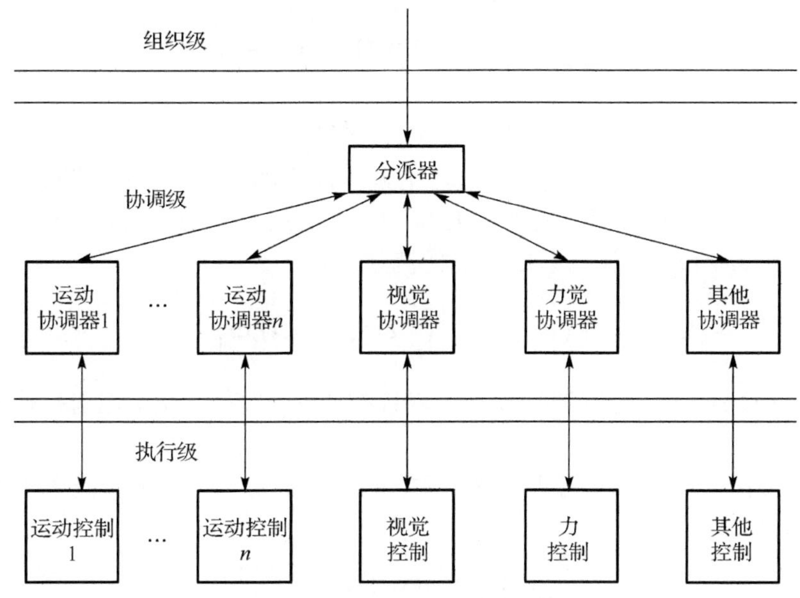

图 1-4　机器人分级递阶智能控制系统

分级递阶智能控制的理论可以表述为：对于自上而下按照精度渐增、智能逐减的原则建立的分级递阶结构的系统，智能控制器的设计问题可以认为是这样的数学问题——寻求正确的决策和控制序列，以使整个系统的总熵最小。

组织级是分级递阶智能控制系统的最上面一层。它的作用是对于给定的外部命令和任务，设法找到能够完成该任务的子任务(或动作)组合。再将这些子任务要求送到协调级，通过协调处理，最后将具体的动作要求送至执行级完成所要求的任务。最后对任务执行的结果进行性能评价，并将评价结果逐级向上反馈，同时对以前存储的知识信息加以修改，从而起到学习的作用。

协调级是分级递阶智能控制系统的中间层，它接收从组织级传来的命令，经过实时信息处理，产生一系列可供执行级执行的具体动作的序列。

执行级即常规硬件控制级，对于系统的上层两级，即组织级和协调级，它们主要是基于知识的概念，采用信息理论，通过建立概率模型用信息熵作为系统性能的度量。对于控制级，通常采用系统理论中的指标函数来衡量系统的性能。这样对于智能控制系统便很难有一个统一的性能测试。

下面介绍 Saridis 提出的一种方法，将执行级的控制性能也表示为熵函数的形式，该熵函数可以用来测量执行任务时选择控制作用的不确定性。这样便将控制问题与高层的信息论的分析方法统一起来，从而可将熵作为整个智能控制系统统一的性能测度。

若控制级采用最优控制理论的设计方法，设系统的状态方程和输出方程分别为

$$\frac{\mathrm{d}x}{\mathrm{d}t}=f(x,u(x,t),w,t),\quad x(t_0)=x_0 \tag{1-1}$$

$$y=g(x,v,t),\quad x(t_f)\in M_f \tag{1-2}$$

式中，x 是状态量；u 是控制量；y 是输出量；w 是随机干扰；v 是随机测量噪声；x_0 是初态，它也是随机变量；$x(t_f)$ 是末态；M_f 是状态空间 Ω_x 中的一个子集。定义以下广义能量函数 $\dot{V}(x_0,t_0)$ 作为系统性能的测量，即

$$\dot{V}(x_0,t_0)=E\left\{\int_{t_0}^{t_f}L(x,t,u(x,t))\mathrm{d}t\right\} \tag{1-3}$$

式中，$L[x,t,u(x,t)]>0$。控制的目标是在容许控制空间 Ω_u 中任意地选择控制 $u(x,t)$，以使得 V 极小。

为了用熵函数来表示该控制问题，假定控制量 $u(x,t)$ 在 Ω_u 中按概率密度 $P[u(x,t)]$ 进行分布，且有

$$\int_{\Omega_u}P[u(x,t)]\mathrm{d}x=1$$

相应于该概率分布的熵为

$$H(u)=-\int_{\Omega_u}P[u(x,t)]\ln P[u(x,t)]\mathrm{d}x \tag{1-4}$$

它代表了在所有的容许反馈控制 Ω_u 中选择控制 $u(x,t)$ 的不确定性。当系统具有最优的性能(即 V 取极小)时相应的控制量 $u(x,t)$ 的概率 $P[u(x,t)]$应取最大。也就是说，最优控制 $u^*(x,t)$ 应当使熵函数 $H(u)$ 取极小。这一点可以通过选取以下的概率密度函数来实现，即

$$P[u(x,t)]=\mathrm{e}^{-\lambda-\mu V[x_0,t_0,u(x,t)]} \tag{1-5}$$

上式的选取满足极大熵原理。其中 λ 和 μ 是正则化常数因子，满足

$$\lambda=\ln\int_{\Omega_u}\mathrm{e}^{-\lambda-\mu V[x_0,t_0,u(x,t)]}\mathrm{d}x \tag{1-6}$$

结合上面各式可得

$$\begin{aligned}H(u)&=\int_{\Omega_u}P[u(x,t)]\{\lambda+\mu V[x_0,t_0,u(x,t)]\}\mathrm{d}x\\&=\lambda+\mu\int_{\Omega_u}P[u(x,t)]V[x_0,t_0,u(x,t)]\mathrm{d}x\\&=\lambda+\mu E\{V[x_0,t_0,u(x,t)]\}\end{aligned} \tag{1-7}$$

该式表明，寻求最优控制 $u^*(x,t)$ 使 $V[x_0,t_0,u(x,t)]$极小就相当于使熵函数取极小，也相当于使 $P[u(x,t)]$取极大。这样就在信息理论与最优控制问题之间建立了等价的测度关系，从而为分级递阶智能控制系统采用熵函数作为统一的性能测度提供了理论基础。

2. 神经网络控制系统

人工神经网络(artificial neural network，ANN)是指由大量与生物神经系统的神经细胞相类似的人工神经元互连而组成的网络，或者由大量像生物神经元的处理单元互联而成。ANN 具有分布式信息存储、并行处理、自学习、自组织和自适应等特点，具有强大的非线性处理能力[7]。基于 ANN 控制技术具有较大的优越性：

(1) 并行结构与并行信息处理方式。神经网络克服了传统的控制系统出现的无穷递归、组合爆炸及匹配冲突等问题。

(2) 系统在知识表示和组织、控制决策与实施等方面可根据生存环境自适应、自组织达到自我完善。

(3) 具有很强的自学能力。它克服了传统的确定性理论及模糊控制理论在应用上的局限性，系统可根据环境提供的大量信息，自动进行联想、记忆及聚类等方面的自组织学习，也可在导师的指导下学习特定的任务，从而达到自我完善。

(4) 具有很强的容错性。当外界输入神经网络中的信息存在某些局部错误时不会影响到整个系统的输出性能。

ANN 同现有的动态信号处理系统、专家系统、模糊逻辑等控制技术相结合，为自动控制、模式识别等学科提供了一种新的途径。但是，ANN 也有许多局限性，例如，ANN 对外是“黑箱”形式，因此很难建立与被描述对象物理参数的对应关系，即网络参数的物理意义不明确，而且学习算法复杂。

近年来神经网络的研究引起学者和专家的极大关注，成了多学科交叉融合的前沿研究技术。目前神经网络的类型已有一百余种，在神经网络研究方法上已形成多个流派。神经网络家族中应用广泛、富有成果的几种神经网络包括感知器神经网络、BP 神经网络、径向基函数(radial basis function，RBF)神经网络、学习向量量化(learning vector quantization，LVQ)神经网络、Hopfield 网络、Boltzmann 机模型、自组织映射(self-organizing maps，SOM)神经网络、自适应共振理论(adaptive resonance theory，ART)等。

ANN 已被广泛地应用于信息处理、模式识别、智能控制、故障诊断、优化组合、机器人控制等各种领域，并取得了令人瞩目的研究成果。随着神经网络以及相关理论技术的不断发展，神经网络的应用定将更加深入。

神经网络在控制系统中的应用概括来讲可以分成辨识和控制两大类。

辨识是利用神经网络实现控制系统的建模。例如，将神经网络作为控制系统的辨识模型，估计模型的参数；利用神经网络的非线性建立控制系统的静态、动态参数模型；将神经网络和模糊运算、遗传算法及专家系统等方法结合应用于控制系统，建立非参数化的系统模型；在控制系统设计时，利用神经网络进行优化计算；在模型结构确定的情况下，利用神经网络建立时变模型，预测参数的变化趋势，实现自适应预测控制，由系统现有运行状态信息和参数变化趋势，推断系统是否运行正常，实现故障诊断。

另一类是用神经网络构成控制系统的实时控制器，通过选定合适的结构和算法，经过训练、学习，使控制系统达到所要求的静态、动态性能。神经网络控制主要解决复杂的非线性、不确定系统的控制问题，利用神经网络所具有的并行处理、自学习能力使控制系统能对变化的环境具有适应性。

由于神经网络具有非线性、自学习和自适应能力等特点，因此神经网络控制实际上是一类不依赖于模型的控制。神经网络自身具有的非线性映射、自适应内外干扰及被控对象的时变等特性，使得神经控制系统的应用领域和结构形式具有多样性和灵活性。近年来，神经网络与智能控制的其他新技术方法结合，形成了模糊神经网络，遗传免疫与神经网络融合等多种新型的控制结构和算法，促进了智能控制技术在多个领域的广泛应用，也大大丰富了神经网络的内涵。

3. 模糊控制系统

1965 年美国著名学者扎德(Zadeh L A)创立了模糊集合理论，模糊控制是模糊集合理论应用的一个重要方面。所谓模糊控制，就是在被控制对象的模糊模型的基础上，运用模糊控制器近似推理手段，实现系统控制的一种方法。模糊理论能够有效地处理系统的不确定性、测量的不精确性等模糊性，将其引入控制可以更好地描述系统和测量数据，同时可以充分地应用人员的经验信息等。模糊控制的基本思想是用机器去模拟人对系统的控制。它是受这样的事实而启发的：对于用传统控制理论无法进行分析和控制的复杂、无法建立数学模型的系统，有经验的操作者或专家却能取得比较好的控制效果，这是因为他们拥有长期积累的丰富经验，因此人们希望把这种经验指导下的行为过程总结成一些规则，并根据这些规则设计出控制器。然后运用模糊理论、模糊语言变量和模糊逻辑推理的知识，把这些模糊的语言上升为数值运算，从而能够利用计算机来完成对这些规则的具体实现，达到以机器代替人对某些对象进行自动控制的目的。

模糊控制大致可分为两类：基于模糊理论的方法和模糊混合方法。基于模糊理论的方法是对所获取的数据、模糊信息和专家知识等，应用模糊理论对这些信息进行模糊处理及模糊推理，从而实施控制。这类方法研究得比较成熟，实际应用也比较多。这类方法有如下优点：不需要建立系统的精确数学模型；可以方便地应用专家知识、操作员经验等语言模糊信息。它的缺点是：模糊规则在很大程度上是依靠人的经验制定的，这对于大型复杂系统和新设备存在很大的困难；诊断系统本身不具有学习能力，难以进行自适应调整，更不用说优化设计。这些缺点都将限制纯模糊方法的应用。因此，将模糊技术与其他自学习和优化技术相结合，就可以扬长避短，提高诊断效果，这样就产生了所谓的模糊混合方法。模糊混合方法主要有模糊神经网络方法、模糊专家系统方法、模糊遗传算法方法和模糊-神经网络-软计算方法等。

模糊逻辑控制器的一般结构如图 1-5 所示，它由输入定标、输出定标、模糊化、模糊决策和模糊判决(解模糊)等部分组成[8]。比例系数(标度因子)实现控制器输入和输出与模糊推理所用标准时间间隔之间的映射。模糊化(量化)使所测控制器输入在量纲上与左侧信号(left hand signal，LHS)一致。这一步不损失任何信息。模糊决策过程由推理机来实现；该推理机使所有的 LHS 与输入匹配，检查每一条规则的匹配程度，并聚集各规则的加权输出，产生一个输出空间的概率分配值。模糊判决(解模糊)把这一概率分布归纳于一点，供驱动器定标后使用。

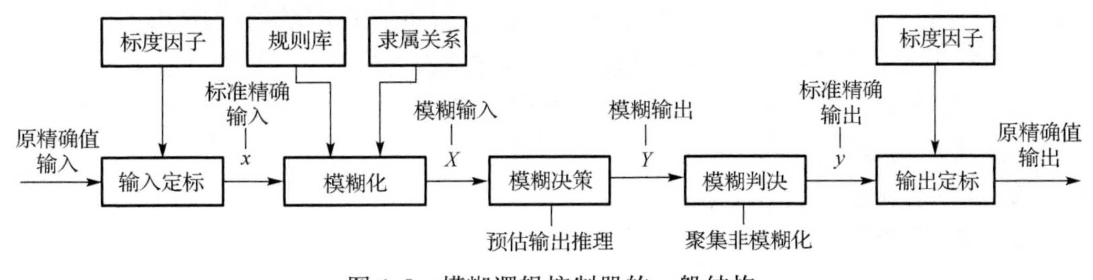

图 1-5　模糊逻辑控制器的一般结构

4. 专家控制系统

专家系统是人工智能重要的应用领域之一，专家控制系统是一个应用专家系统技术的控制系统，也是一种典型的基于知识的控制系统。

专家控制是智能控制的一个重要分支。专家控制的实质是使系统的结构和运行都基于控制对象和控制规律的各种专家知识，并以智能方式来利用这些知识，使得受控系统尽可能优化和实用化[9]。

这里的专家指的是那些对解决专门问题非常熟悉的人们，他们的这种专门技术通常源于丰富的经验，以及他们处理问题的详细专业知识。专家系统主要指的是一个智能的计算机程序系统，其内部含有大量的达到某个领域专家水平的知识与经验，能够利用人类专家的知识和解决问题的经验方法来处理该领域的高水平难题。它具有启发性、透明性、灵活性、符号操作、不确定性推理等特点。

迄今专家控制还没有明确的公认定义。粗略地说，专家控制是指一种将专家系统的设计规范和运行机制与传统控制理论和技术相结合而成的实时控制系统设计实现方法。

应用专家系统的概念和技术，模拟人类专家的控制知识与经验而建造的控制系统，称为专家控制系统。专家控制系统作为一个人工智能和控制理论的交叉学科，既是人工智能领域专家系统的一个典型应用，也是智能控制理论的一个分支。具体地说，它把人类操作者、工程师和领域专家的经验知识与控制算法相结合，知识模型与数学模型相结合，符号推理与数值运算相结合，知识信息处理技术与控制技术相结合。

专家控制的功能目标是模拟、延伸、扩展“控制专家”的思想、策略和方法。专家控制所实现的控制作用是控制规律的解析算法与各种启发式控制逻辑的有机结合。传统控制技术中存在的启发式控制逻辑可以包括：①控制算法的参数整定和优化；②不同算法的选择决策和协调；③未建模动态的处理；④系统在线运行的辅助操作。

按照系统结构的复杂性可以把专家控制分为两种形式，即专家控制系统和专家控制器。前者的系统结构比较复杂，研制代价较高，具有较好的技术性能，应用于技术要求较高的装置或过程；后者的结构比较简单，研制代价明显低于前者，技术性能又能满足工业过程控制的一般要求，因而获得了比较广泛的应用。

专家控制器的设计原则包括模型描述的多样性，描述形式主要有以下几种。

(1) 解析模型，主要表达方式有微分方程、差分方程、传递函数、状态空间表达式和脉冲传递函数等。

(2) 离散事件模型。

(3) 模糊模型。

(4) 产生式规则模型：

IF（条件）THEN（操作或结论）

专家控制器的一般模型可用如下形式表示：

$$U = f(E,K,I,G) \tag{1-8}$$

式中，f 为智能算子，其基本形式为

$$\text{IF } E \text{ AND } K \text{ THEN (IF } I \text{ AND } G \text{ THEN } U) \tag{1-9}$$

式中，$E=\{e_1,e_2,\cdots,e_m\}$ 为控制输入集；$K=\{k_1,k_2,\cdots,k_n\}$ 为知识库中的经验数据与事实集；$I=\{i_1,i_2,\cdots,i_p\}$ 为推理机构的输出集；G 为规则修改指令；$U=\{u_1,u_2,\cdots,u_q\}$ 为控制器输出集。

智能算子 f 的基本含义是：根据输入信息 E 和知识库中的经验数据 K 与规则进行推理，然后根据推理结果 I，输出相应的控制行为 U。智能算子 f 的具体实现可采用解析型或非解析型等各种方式。

但是，这种基于知识的专家系统在知识获取、知识表达和推理方式上存在着固有的缺陷，如知识的来源主要靠专家经验、知识“瓶颈”、知识“组合爆炸”等，这使得专家控制方法在工程应用上受到限制。神经网络控制和模糊控制在一定程度上避开了这个问题，而且它们表达信息和推理的方式更合乎人的思维特点。

5. 仿人智能控制系统

仿人智能控制理论的主导思想是在对人的控制结构宏观模拟的基础上，进一步研究人的控制行为。仿人智能控制理论认为：从人工智能求解的基本观点来看，一个控制系统的运行实际上是控制机构对控制问题的求解过程。因此，仿人智能控制研究的主要目标不是被控对象，而是控制器本身如何模仿控制专家的结构和行为功能，即建立控制器的知识模型，通过控制器自身的智能行为去应付对象以及环境的各种变化。

广义上，各种智能控制方法研究的共同点就是使工程控制系统具有某种仿人的智能，即研究人脑的微观或宏观的结构功能，并把它移植到工程控制系统。事实上，控制理论本身的研究就是从仿人的控制行为开始的，迄今为止世界上最高级的控制器还是人类自身，傅京孙教授阐述智能控制的研究背景时，首先提出的是人作为控制器的系统。

早在 20 世纪 80 年代，我国重庆大学学者周其鉴、李祖枢、陈民岫等就提出了仿人智能控制的研究方向。他们认为：应将对人脑的宏观结构功能模拟与对人控制器的行为功能模拟结合，仿人智能控制的研究应从分级递阶智能控制系统的最低层次(运行控制级)着手，直接对人的控制经验、技巧和各种直接推理逻辑进行测辨、概括和总结，编制成各种简单实用、精度高、鲁棒性强、能实时运行的控制算法，用于实际控制系统。这种仿人智能控制的研究与专家控制密切相关，仿人智能控制理论方法和要点如下[10]。

1) 特征模型

智能控制系统的特征模型 ϕ 是对系统动态特征的一种定性与定量相结合的描述，是针对控制问题求解和控制指标的不同要求对系统动态信息空间 Σ 的一种划分。如此划分出的每一个区域表示系统运动的一种特征动态 ϕ_i，这种模型为全体特征状态的集合。

$$\phi=\{\phi_1,\phi_2,\cdots,\phi_n\},\quad \phi_i\in\Sigma \tag{1-10}$$

特征状态由一些特征基元的组合描述。设特征基元为

$$Q=\{q_1,q_2,\cdots,q_n\} \tag{1-11}$$

常用基元 q_i 可表示为

$$q_1:e\cdot\dot{e}\geqslant 0；\quad q_2:|\dot{e}/e|>\alpha；\quad q_3:|e|<\delta_1；\quad q_4:|e|>M_1；\quad q_5:|\dot{e}|<\delta_2；\quad q_6:|\dot{e}|>M_2；$$

$$q_7:e_{m_i-1}\cdot e_m>0；\quad q_8:|e_{m_i-1}/e_m|\geqslant 1；\quad \cdots$$

式中，α、δ_1、δ_2、M_1 和 M_2 均为阈值；e_{m_i} 为误差的第 i 次极值。

若特征模型和特征基元分别用向量表示，即

$$\Phi=(\phi_1\phi_2\cdots\phi_n),\quad Q=(q_1q_2\cdots q_m) \tag{1-12}$$

则二者的关系可表示为

$$\Phi=P\odot Q \tag{1-13}$$

式中，P 为一关系矩阵，其 q_{ij} 可取为−1、0 或 1 这三个值，分别表示取反、取零和取正；符号 $\odot$ 表示“与”的矩阵关系。例如：

$$\phi_i=[(p_{i1}\cdot q_1)\cap(p_{i2}\cdot q_2)\cap\cdots\cap(p_{im}\cdot q_m)]$$

当除 $p_{i1}=1$，$p_{i2}=-1$ 之外的 P 的第 i 行元素全为零时，$\phi_i=[e\cdot\dot{e}\geqslant 0\cap e\cdot\dot{e}\leqslant\alpha]$。

总之，反映系统运动状态的所有特征信息构成了系统的特征模型，成为控制器应有的先验知识。

2) 特征辨识

特征辨识是仿人智能控制器依据特征模型 Φ 对采样信息进行在线处理、模式识别，从而确定系统当前处于什么样的特征状态的过程。

3) 特征记忆

特征记忆是指仿人智能控制器对一些特征信息的记忆，这些特征信息或者集中地表示了控制器前期决策与控制的效果，或者集中地反映了控制任务的要求以及被控对象的性质。所记忆的特征信息称为特征记忆量，其集合记为

$$\Lambda=\{\lambda_1,\lambda_2,\cdots,\lambda_p\},\quad \lambda_i\in\Sigma \tag{1-14}$$

将特征记忆量的常用表示设为

λ_1：误差的第 i 次极值为 e_{m_i}；λ_2：控制器前期输出保持值 u_{H}；λ_3：误差的第 i 次过零速度 $\dot{e}_{0_i}$；λ_4：误差极值之间的时间间隔 t_{e_m}；…

特征记忆量的引入可使控制器接收的大量信息得到精炼，消除冗余，有效地利用控制器的存储容量。

特征记忆可直接影响控制和校正输出，可作为自校正、自适应和自学习的根据，也可作为系统稳定性监控的依据。

4) 控制(决策)模态

控制(决策)模态是仿人智能控制器的输入信息和特征记忆量与输出信息之间的某种定量或定性的映射关系。控制(决策)模态的集合记为

$$\Psi=\{\psi_1,\psi_2,\cdots,\psi_l\} \tag{1-15}$$

其中，定量映射关系 Ψ_i 可表示为

$$\Psi_i:u_i=f_i(e,\dot{e},\lambda_i,\cdots),\quad u_i\in U(\text{输出信息集}) \tag{1-16}$$

定性映射关系 Ψ_j 可表示为

$$\Psi_j:f_j\to \text{IF（条件）THEN（操作）} \tag{1-17}$$

人的控制策略是灵活多变的，不仅因对象而异，而且对同一对象在不同的动态响应状态下或不同的控制要求下也会采取不同的控制策略。这种多变的策略表现为多样的控制(决策)模态，称为多模态控制(决策)。

5) 仿人智能控制的基本原理

在人参与的控制过程中，经验丰富的操作者不是依靠对象的数学模型，而是根据对象的某些定性知识以及自己积累的操作经验进行推理，并且在线确定或变换控制策略。简而言之，人(控制专家)的控制(决策)过程实质上是一种启发式的直觉推理过程。

仿人智能控制方法的基本原理是模仿人的启发式直觉推理逻辑，即通过特征辨识判断系统当前所处的特征状态，确定控制(决策)的策略，进行多模态控制(决策)。

特征辨识和多模态控制实际上是一种具有二次映射关系的信息处理过程，其中的一次映射是特征模型到控制(决策)模态的映射，即

$$\Omega\text{:}\ \ \phi \to \Psi,\quad \Omega = \left\{\omega_1,\omega_2,\cdots,\omega_l,\cdots,\omega_s\right\} \tag{1-18}$$

这是一种定性映射，模仿人的启发式直觉推理，可产生式规则表示为

$$\omega_i : \text{IF}\ \ \phi_1\ \ \text{THEN}\ \ \psi_i \tag{1-19}$$

再一次映射是控制模态本身所包含的映射，即

$$\Psi : R \to U,\quad \Psi = \left\{\psi_1,\psi_2,\cdots,\psi_i,\cdots,\psi_r\right\} \tag{1-20}$$

式中，R 为控制器输入信息集合 E 与特征记忆量集合 Λ 的并集；U 为控制器输出信息集合。这一次映射或者表示为定量映射，或者表示为定性映射。

为简化起见，上述二次映射关系可定义为两个三重序元关系。设仿人智能控制过程表示为 IC，则有

$$\text{IC} = (\Phi,\Psi,\Omega)\,,\ \ \Psi = (R,U,F) \tag{1-21}$$

式中，F 表示控制(决策)模态包含的映射关系。

6) 仿人智能控制的特点

总结上述仿人智能控制方法原理和结构，可归纳为以下基本特点。

(1) 分层的信息处理和决策机构(高阶产生式系统结构)。

(2) 在线的特征辨识和特征记忆。

(3) 开、闭环控制，正、负反馈和定性决策与定量控制结合的多模态控制。

(4) 启发式和直觉推理逻辑的运用。

以上表达中，启发式直觉推理逻辑可由人工智能的产生式规则描述；在线特征辨识和特征记忆依据特征模型进行，而特征模型的建立与模式识别、知识获取和表示的技术密切相关；多模态控制建立在经典控制理论基础上，各种控制模态的设计充分利用了控制理论的已有成果；当前计算机硬软件的发展已可有效实现分层递阶的信息处理和决策算法。仿人智能控制的方法还表明，智能控制的研究目标不是被控对象，而是控制器如何对控制专家的经验行为和知识结构进行模仿；辨识和建模的目标不是对象的数学模型，而是整个系统的动态特征模型和控制器定性与定量结合的知识模型。智能控制算法以人对被控对象的观察、记忆、决策等智能行为的模型化为基础，根据被控制量、偏差及偏差的变化趋势来确定控制策略。

6. 学习控制系统

学习是人类获取知识的主要形式，也是人类智能的显著标志之一，是人类提高智能水平的基本途径。因此学习也是智能控制的重要属性。学习控制正是模拟人类自身各种优良的控制调节机制的一种尝试。学习是一种过程，它通过重复输入信号，并从外部校正该系统，从而使系统对特定输入具有特定响应。学习控制系统是一个能在其运行过程中逐步获得受控过程及环境的非预知信息，积累控制经验，并在一定的评价标准下进行估值、分类、决策和不断改善系统品质的自动控制系统。学习控制是传统控制技术发展的高级形态，随着智能控制的发展，它已形成一类独立的智能控制系统[11]。

学习控制的作用是解决主要由对象的非线性和系统建模不良所造成的不确定性问题，即努力降低这种缺乏必要的先验知识给系统控制带来的困难。在设计一个工程控制系统时，对于先验知识未知的情况，可以采取两种不同的解决方法：一种是忽略未知部分的先验知识，或者对这些知识进行预测而把它们视同已知，采取保守的控制方案，接受低效和次优的结果；另一种方法是在运行过程中对未知信息进行估计，基于估计信息采用优化控制方法，如果这种估计能逐渐逼近未知信息的真实情况，那么就可与已知全部先验知识一样，得到满意的优化控制性能。对未知信息的估计逐步改善而导致控制性能的逐步改善，这就是学习控制。

1) 学习控制的表述

傅京孙教授详细阐述了学习控制的意义，指出学习控制器的任务是在系统运行中，估计未知的信息并基于这种估计的信息确定最优控制，逐步改进系统的性能。Saridis 认为，一个系统如果能对一个过程或其环境的未知特征所固有的信息进行学习，并将得到的经验用于进一步估计、分类、决策或控制，从而使系统的品质得到改善，就可称其为学习系统。而学习系统将其得到的学习信息用于控制具有未知特征的过程，就成为学习控制系统。

Walter 和 Farrell 给出了一种比较完整规范的学习控制表述：一个学习控制系统能通过与控制对象和环境的闭环交互作用，根据过去获得的经验信息，逐步改进系统自身的未来性能。这种表述说明了学习控制的一般特点：①有一定的自主性，学习控制系统的性能是自我改进的；②是一种动态过程，学习控制系统的性能随时间而变，性能的改进在与外界反复作用的过程中进行；③有记忆功能，学习控制系统需要积累经验，用以改进其性能；④有记忆反馈，学习控制系统需要明确它的当前性能与某个目标性能之间的差距，施加改进操作。

2) 学习控制与自适应控制

自适应控制也是一种解决不确定性问题的方法。自适应控制与学习控制处理不确定性问题都是基于在线的参数调整方法，都要使用与环境、对象闭环交互得到的实验信息。但二者对于不确定性问题处理的程度、注重点和目的存在重要区别。自适应控制着眼于瞬时观点，它的目标是针对干扰和动态特性随时间变化的情况，维持某种期望的闭环性能。工程实际中当系统的工作点出现变化时，动态特性随时间变化的现象可能是由非线性引起的。大多数自适应控制的规律一般都不能在很宽广的范围内把控制作用表示为当前运行状态的函数，因此它的控制器是缺乏记忆的，即使是时不变的非线性特性，而且是以前经历过的特性，它也要重新适应，补偿所有的瞬时变化。甚至在理想的环境下，每当对象特性变化时，自适应过程的动态特性还会引起期望控制作用的滞后。这就意味着不合适的控制作用也可能持续一段时间。对于时不变的非线性对象特性，不合适的控制作用导致不必要的过渡过程，从而造成控制性能的下降。对于线性的动态特性，如果变化非常快，仅依靠自适应作用也可能无法维持期望的控制性能。

相比之下，学习控制要求把过去的经验与过去的控制局势相联系，能针对一定的控制局势来调用适当的经验。学习控制强调记忆，而且记忆的是控制作用表示为运行状态的函数的经验信息。因此，学习控制对于单纯依赖于运行状态的对象特性变化具有较快的反应。这种情况典型地表现为非线性。

从智能控制的观点看，适应过程和学习过程各具特色，功能互补。自适应过程适用于缓变的时变特性以及新型的控制局势，而对于非线性严重的问题则往往失效；学习控制适合于建模不良的非线性特性，但不宜用于时变动态特性。

3) 学习控制分类

人工智能对于学习的研究有力地推动了学习控制理论的发展。20 世纪 60 年代以来，学习控制的研究方向主要有：①基于模式识别的学习控制；②基于迭代和重复的学习控制；③联结主义学习控制。

1.1.5　智能控制与传统控制的关系

传统控制(conventional control)包括经典反馈控制和现代理论控制。它们的主要特征是基于精确的系统数学模型的控制，适于解决线性、时不变等相对简单的控制问题。

传统控制处理高度非线性和复杂系统的效果很差，仅有较弱的自学习、自适应、自组织功能和容错能力[12]。由于对象模型的不确定性、环境的复杂性和控制任务或目标的复杂性不断增加，基于精确数学模型的传统控制就显得力不从心。

智能控制与传统控制相比，在理论方法、应用领域、性能指标等方面存在明显的不同，表现在以下五方面。

(1) 后者以反馈控制理论为核心，线性定常系统为主要对象，有完善的理论体系；前者尚无完善的理论体系，目前有二元论和多元论。

(2)后者建立在精确数学模型的基础上，对大规模、复杂和不确定性系统不易描述；前者建立在经验和知识的推理上，可以获取和描述更多的知识信息。可见后者不能反映人工智能过程，易丢失许多有用的信息。

(3)后者具有时域法、频域法、根轨迹法、状态空间法等有效的分析和综合方法；前者的实现方法建立在学习、训练、逻辑推理、判断和决策等符号加工上，呈现多样性，如分级递阶智能控制(运筹学)、模糊控制(模糊数学)、神经网络控制、专家控制系统、大系统智能控制、分层智能控制、分布式问题求解、进化论及遗传算法、认知心理学等。

(4)后者有严格的性能指标体系，如稳态误差(精度)、动态性能、系统稳定性、可控性和可观性；前者以控制的目的和行为来评价系统性能，尚无统一的性能指标体系。

(5)后者着重解决单机自动化、不太复杂的过程控制和大系统的控制问题；前者主要解决高度非线性、强不确定性和复杂系统控制问题。因此，前者应用极为广泛，可涉及自然科学和社会科学的各个领域，是控制界当前的研究热点和今后的发展方向。

然而，智能控制与传统控制又是密不可分的，而不是互相排斥的。传统控制是智能控制的一个组成部分，在这种意义下，两者可以统一在智能控制的框架下，传统控制在某种程度上可以认为是智能控制发展中的低级阶段，智能控制是对传统控制理论的发展。根据目前研究情况的分析，智能控制和传统控制具有紧密的结合与交叉综合，主要表现在：

(1)智能控制常常利用传统控制来解决“低层”的控制问题。例如，在分级递阶智能控制系统中，组织级采用智能控制，而执行级采用传统控制。

(2)对传统控制和智能控制进行有机的结合可形成更为有效的智能控制方法。

(3)对数学模型基本成熟的系统，采用在传统数学模型控制的基础上增加一定的智能控制手段的方法，而不应采用纯粹的智能控制。

1.1.6　智能控制的前景和展望

智能控制在出现不长的时间里，已取得了可喜的成果和进展。但作为一门新学科，无论在理论上还是应用上都不够完善，尚有待继续研究与发展。总体来说，智能控制在以下几方面要加强研究工作：①加强理论研究，寻求更新的理论框架，目前呈现出应用前景广泛而理论研究大大滞后的状况。应重点研究智能控制系统的稳定性、可控性、可观性、鲁棒性、镇定性、跟踪性等问题。②加强对智能控制学习问题的研究工作。③解决知识获取和优化的瓶颈问题，特别是在动态系统的知识获取、分类、表达、利用及规划的相容性和完备性等问题上。④加强各种智能控制方法结合特别是人机智能结合系统、离散事件动态系统、神经网络方法、混沌方法、认知心理学等方法更深入研究以及同传统控制方法结合研究，注意开展对照研究。⑤注重技术创新，进行更好的技术集成，加快研制新型智能控制硬件和软件的步伐。为此，智能控制工程研究将深入建模过程，把模型视为不断演化的实体。所开发的模型将不仅含有解析的数值，而且包括定性分析的符号。对于非完全已知的系统和非传统数学模型描述的系统，必须建立包括控制律、控制算法、控制策略、控制规则和协议等新理论。实质上，这就是要建立智能化的控制系统模型，或者建立混合(集成)控制模型，其核心就是实现控制器的智能化。⑥加强智能优化技术的发展。⑦扩宽实际应用范围，提高实时控制能力；智能控制已广泛地应用于工业、农业、交通运输、军事等多个领域，解决了大量的传统控制无法解决的实际控制应用问题，呈现出强大的生命力和发展前景。随着基础理论不断创新和实际应用方法日益成熟，智能控制在控制领域将产生一个大的飞跃。

1.2 船舶自动化系统概述

海洋运输的兴起和发展促进了人类文明的进步。水路运输是以船舶为主要运输工具，以港口或港站为运输基地，以包括海洋、河流和湖泊水域为运输活动范围的一种运输方式。船舶是水路运输的主要工具。运输船舶按运输种类可分为客船(含客货船)、杂货船、液货船(含油船、液化气船等)、散货船、集装箱船、滚装船、载驳船、冷藏船、多用途船、半潜船、自卸船、重件运输船等。海洋运输是国际物流中最主要的运输方式，海运承担着世界 90%的贸易运输，是世界经济的“血脉”。中国已成为世界上最重要的海运大国之一，截至 2015 年底，中国船队总运力约占世界总量的 12%，位居世界第三。2013～2015 年，我国造船完工量占世界总量的比例始终位于世界前列，平均每年约占世界总量的 34.5%。当前水上运输船舶正在向大型化、高速化、集装箱化和滚装化发展，采用高新技术的液化气船、化学品船、高速运输船迅速发展。近年来船舶自动化系统高精度化、网络化趋势明显，已开始研究和实现运输船舶的自主智能控制与无人驾驶。实现大型船舶的安全航行和绿色运行，降低燃料消耗和温室气体排放具有重要意义。国际海事组织(international maritime organization，IMO)提出了“航行更安全、海洋更清洁”的理念，倡导船舶运行实现“安全、高效、节能和环保”的目标。船舶自动化系统的产生和发展正是服务与满足船舶安全、高效、节能航行的目标。

在船舶航运领域，先进的自动化系统和航行监视技术历来是为实现节能、减少船员定员、保证安全航行和获得更高的营运利润服务的。20 世纪 90 年代初，一人驾驶台体制的实现，大型自动化船舶的船员编制已可减到 6 人，在一位驾驶人员监视与操纵下船舶能随意航行于世界各海区和港口，经济性大幅度提高。此期间发生的若干起由操作人员判断失误与操作不当引起的船舶重大航行和海洋环境污染事故，使得人们把保证船舶的航行安全提到至关重要的高度。上述因素促进了具有先进的船舶航行监视功能的综合船桥系统(integrated bridge system，IBS)的发展。

船舶智能化综合船桥系统是由组合导航系统(integrated navigation system，INS)发展演变而来的船舶自动航行系统。它是组合导航系统、综合船桥系统、一人驾驶台(one man bridge)系统、航行管理系统(voyage management system，VMS)等的统称。几十年来，随着计算机、现代控制、信息处理、通信导航等技术的发展，以 INS 为基础，结合了雷达、电子海图显示与信息系统(electronic chart display and information system，ECDIS)、船舶自动识别系统(automatic identification system，AIS)、自动舵等各种导航和船舶操纵设备，构成了具有综合导航、船舶控制、自动避碰、综合信息显示、通信和航行管理控制等多种功能完善的综合船桥系统[13]。

综合船桥系统通过微计算机局域网(LAN)把航海自动化子系统、轮机自动化子系统、货物装卸自动化子系统甚至船舶营运管理子系统全部纳入一个统一的、层次更高的框架之内，由 LAN 存储、管理所有的重要信息和数据，并以适宜、鲜明、简捷的形式(文字、曲线、图形)将那些最关键的航海、轮机系统自动运行的信息提供给值班驾驶员，使他一目了然地把握全船动态，并把主要精力放在注视航行海域环境的变化并执行某些必要的安全操纵，这种综合船桥控制系统实质上成为面向航海操作人员的监视和操纵行为决策支持系统[14]。

船舶设备种类繁多，各装置之间联系复杂。总的来说，根据其功能与逻辑关系，船舶综合自动化系统框图如图 1-6 所示。主要子系统包括综合导航系统、主机控制系统、操舵控制系统、电站自动化系统等。典型的船舶自动化系统包括船舶运动控制系统、船舶主推进控制系统、船舶智能导航系统、船舶电站自动化系统、船舶动力定位控制系统等。本书将详细讨论船舶自动舵智能控制、船舶减摇鳍智能控制、船舶动力定位智能控制系统、船舶操纵与主推进联合智能控制、船舶智能导航系统、船舶智能避碰系统等[15]。

位于船桥中的驾驶室的综合船桥系统，由电子海图显示与信息系统、自动雷达标绘仪(automatic radar plotting aid，ARPA)系统、主机遥控与操舵控制工作站以及损管集控系统工作站等组成。现代综合船桥系统的主要功能包括：船舶的驾驶、导航、定位及其主要设备的监视和遥操作。机舱控制系统主要包括主机控制系统、操舵控制系统、电站控制系统、辅机控制系统等子系统。对包括主机、舵机、发电机组、空压机等重要机舱设备及其相关仪表，进行监测和控制。

当前国内外水路运输中应用最广泛的是柴油主机驱动螺旋桨推进的船舶。由于该类船舶动态过程具有大惯性、大时滞、非线性等特征；航行工况变化引起船舶模型参数摄动产生不确定性；量测传感器误差造成有关反馈信息的不精确性，因此船舶航行动态过程中存在明显的模型不确定性和扰动不确定性。船舶航向操纵和主推进系统构成了一种具有大惯性、非线性、不确定性且多变量非线性耦合的复杂系统，

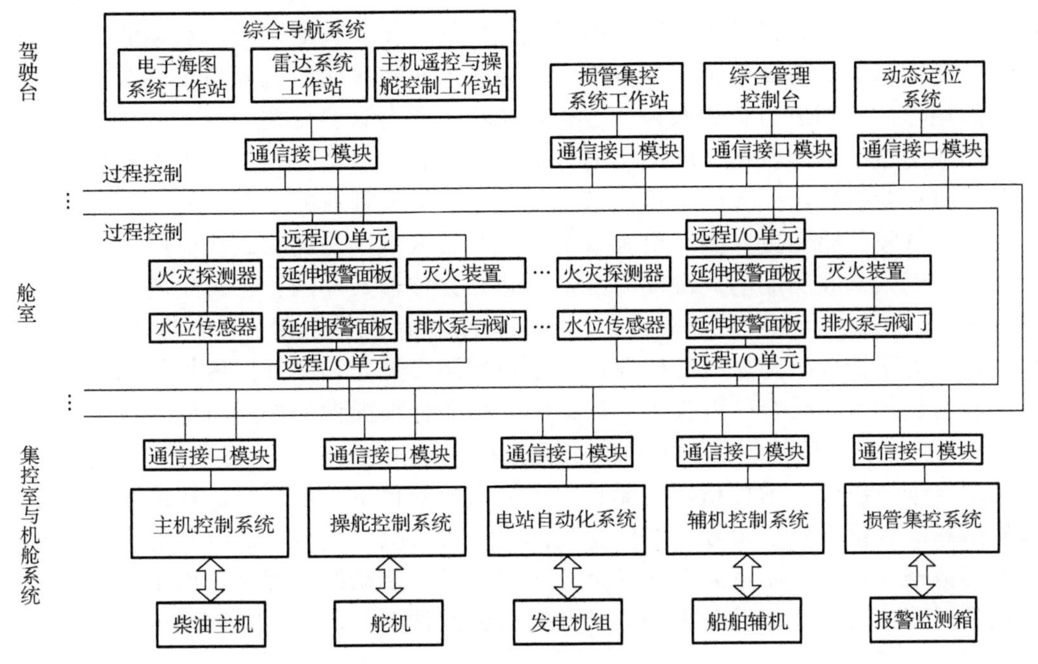

图 1-6　船舶综合自动化系统框图

对其控制构成一种典型的复杂非线性系统控制问题。装备螺旋桨推进器和自动舵的大多数水面船舶，通常由螺旋桨产生的纵向推进力和舵装置的转船力矩同时控制船舶水平面位置和航向角 3 个自由度的运动，对于船舶位置的控制是通过控制航向间接实现的。这属于机械系统的控制输入向量空间维数小于系统广义坐标向量空间维数的情况，即此时的船舶控制系统属于欠驱动系统。处于正常航行中的绝大部分船舶/舰船均处于欠驱动状态。

在船舶航行海洋环境干扰中，风引起类似随机游走过程的附加动力；浪造成船舶纵向及其他自由度上的附加高频振荡；流产生船位的动力学偏移[16]。当航向改变和/或海洋环境扰动等使船舶阻力和螺旋桨扭矩发生变化时，由于船舶主机功率为有限值，并受到热负荷、机械负荷限制，通常不能保持主机转速稳定和航速恒定。船舶主机的转速影响船舶航速，而航速和吃水的变化又影响船舶的操纵性能，即船舶运动状态也与主机转速和运行工况密切相关。在大风浪恶劣海况下，可能产生螺旋桨浮出水面而造成推进系统转速大幅波动而出现主机增压器喘振，影响航行安全的问题。船舶操纵的三种会遇态势包括追越、对遇和交叉，改善控制性能可明显提高船舶的安全避碰操纵性[17]。

在近几年里，人工智能和数字通信技术以及无人机、无人车技术的快速发展让无人运输船的到来可能远比之前预测的要早得多。专家预测，首艘无人商船将在 2020 年面世，而无人远洋货船将在未来 10～15 年成为一种常态。若无人船代表船舶行业的未来，则其将带来如同智能手机一样的变化。长期来看，航运业正经历根本性的变化，更多的变化仍在孕育之中。向无人船的转变，无疑将彻底改变全球供应链的运作，并创造出新的服务。这也意味着，所有和船相关的行业，包括船舶设计、船舶建造、远洋航运、船舶交易等业务模式和格局都将发生巨大的变化。数十万艘船将更新换代，无人船将可能带来整个水路运输行业的变革。

无人驾驶的船舶更安全、更有效率、更节省成本，将彻底改变船舶设计和运营的格局。无人驾驶船舶的关键能力是能够感知并传输其周围正在发生的状况，从而可以执行复杂操作，顺利导航避碰，抵达目的地。国际上罗尔斯·罗伊斯(Rolls-Royce)公司正致力于情境感知系统的研发：将来自高清可见光和红外摄像机的图像与激光雷达和雷达测量相结合，可提供船舶周围环境的详细图像；然后将信息传回远程操控中心，交给有经验的船长判断；或者直接由无人船上的计算机专家系统进行处理，并决定下一步决策。远程指挥的船长或者无人船的自主导航系统，还能利用很多来源的信息：包括来自卫星导航的修正信息、天气情况、其他船的位置等。使用多个来源的数据和电子辅助信息，已经是今天船员日常活动的一部分。用于监测船舶主要设备运营情况，确保发动机和其他关键机械部件正常运行的专家系统早已在船上用于协助确定导航方案。

1.2.1 船舶运动控制装置

为了完成船舶的各种工作使命，必须实现对于船舶的运动状态及其姿态的自动控制。控制船舶运动有多种方式，但大多数的控制作用是由安装于船体外的各种控制翼面(如舵、鳍等)和推进器(如主推进螺旋桨、侧推力器等)来实现的。控制系统的作用就是根据船舶运动情况，控制各种操控翼面和推进器的运动，从而达到控制船舶运动状态的目的。

船舶在海洋中的运动具有六个自由度：可分解为前进、横漂、起伏三种平移运动和转艏、横摇及纵摇三种转动。在这种耦合运动中，船舶与周围流体产生了关联惯性力；也相互作用产生了黏性力。外界环境的扰动包括风力、浪力及流力：从效果上看，风引起类似随机游走过程的附加动力；浪造成船艏向及其他自由度上的附加高频振荡；流产生船位的运动学偏移。从船舶运动角度看，螺旋桨推进器提供船舶前向推进力；舵产生船舶回转运动力矩；减摇鳍生成减弱船舶横摇运动的复原力矩。因此船舶实际上是一个运行于不确定环境下的多输入-多输出复杂动力学系统。

作用于船舶的合外力 F 和合外力矩 G 一般包括以下几种分量：

$$F = F_S + F_H + F_P + F_C + F_D \tag{1-22}$$

$$G = G_S + G_H + G_P + G_C + G_D \tag{1-23}$$

式中，F_S 和 G_S 分别表示船舶受到的恢复力和恢复力矩；F_H 和 G_H 分别表示船舶受到的水动力和水动力矩；F_P 和 G_P 分别表示船舶受到的螺旋桨推力和推力力矩；F_C 和 G_C 分别表示由船舶控制系统产生的控制力和控制力矩，如操舵产生的力和力矩；F_D 和 G_D 分别表示由海洋环境的扰动所产生的力和力矩，如由海浪、海流等环境扰动作用产生的力和力矩。由式(1-22)和式(1-23)可知，作用于船舶的力和力矩共有五种，其中 F_C 和 G_C 是控制船舶运动的控制力和控制力矩。F_C 和 G_C 可由安装于船舶上的各种运动控制装置产生，常用的船舶运动控制装置如图 1-7 所示[18]。

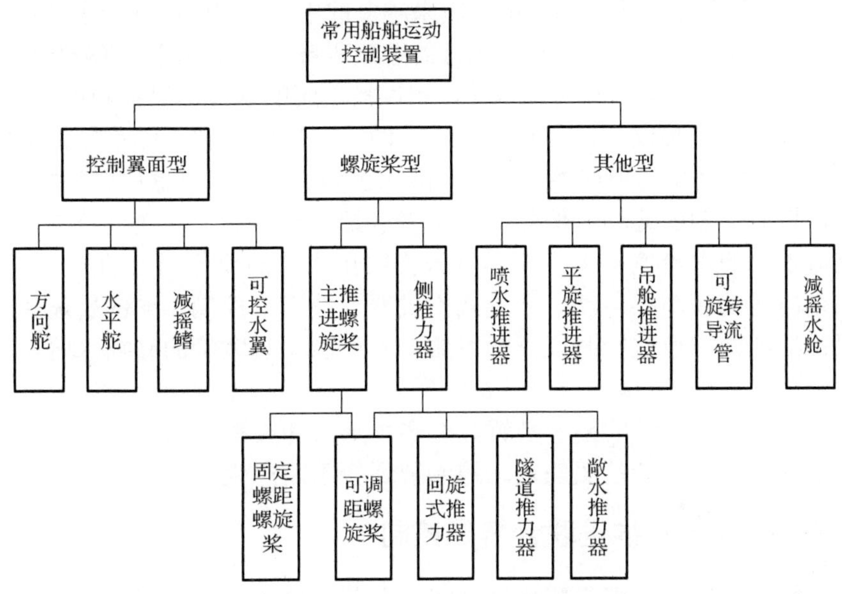

图 1-7　常用的船舶运动控制装置

常用的螺旋桨型推进控制装置有主推进螺旋桨和侧推力器两种。主推进螺旋桨装备于大多数船舶上，产生船舶航行的推进动力[19]。它提供的力的方向近似与船舶纵中剖面重合，控制船舶在 x 轴方向上的位移。当船舶在 y 轴方向上的运动需控制时，常用侧推力器提供横向推力，例如，集装箱船离靠泊，勘探船、钻井平台上的动力定位系统中所使用的侧推力器。

主推进器通常包括固定螺距和可调螺距两种螺旋桨。固定螺距螺旋桨(fixed pitch propeller，FPP)的控制装置控制螺旋桨的转速和转向，从而达到控制船舶的前进速度和倒航的目的。如果船舶装有两个或两个以上的螺旋桨，或者螺旋桨和舵结合使用，还可以控制船舶的航向。

从 1970 年起，船舶的主推进螺旋桨越来越多地采用了可调距螺旋桨(controllable pitch propeller，CPP)。在螺旋桨旋转时，桨叶可以绕垂直于推进轴线的轴转动，因而也就改变了桨叶的螺距，于是可以在不改变螺旋桨转速和转向的情况下，改变螺旋桨的推力大小和方向[20]。

有时船舶在航行时或姿态控制时，需要有横向的控制力来控制船舶的横向运动，例如，帮助船舶作机动航行和离靠码头，帮助需要动力定位的船舶抵抗横向扰动力。横向推力一般由安装于船体横向方向的推力器产生。推力器一般有敞水螺旋桨式、全方位导管螺旋桨式和隧道螺旋桨式三种。平旋推进器因其易于改变推力方向，也被用于要求具有良好机动性的船舶推进。

在船舶运动控制装置中广泛地应用着各种控制翼面。几乎所有现代船舶上都安装了舵装置来控制船舶的航向（艏向角）；越来越多的中、高速船舶安装了减摇鳍用于减小船舶的横摇运动；对于需要作水下航行的潜艇和潜器，常利用水平舵来控制其垂直方向的运动；在水翼艇安装有可控水翼，用以控制艇的垂荡、纵摇和横摇运动[18]。

除了控制翼面和桨以外，还有一些特殊的运动控制装置，如吊舱推进器的转向控制装置、喷水推进器的换向控制装置、减摇水舱、明轮推进器的蹼板控制装置等，它们也可以控制船舶的运动。例如，装备喷水推进器的船舶，通过控制换向装置，可使推进器喷出的水流偏斜 180°，从而改变喷出水流的反作用力的方向，以此可以控制船舶纵向运动和艏摇运动。平旋式推进器也被用来控制船舶的航速和方向。在一些需要锚泊或低航速航行时减摇的船舶上，可以安装廉价的减摇水舱作为横摇减摇装置。

总之，控制船舶运动的控制装置具有多种形式和类型，随着对船舶运动和船舶运动控制研究的深入，新的船舶运动控制装置会不断产生。

1.2.2　船舶操纵与主推进联合智能控制

船舶航行中，操舵与螺旋桨推进之间存在着明显的交互作用[21]。当船舶转向、进入浅水域和/或在窄航道中航行以及重载时，船舶阻力显著增加，将导致船舶航速降低，柴油主机转速随之自动降低。装有全置式调速器的柴油主机控制系统若按照设定转速运行，将导致主机负荷增大，可能导致柴油机超负荷。船舶顺风航行、轻载等工况下，船舶阻力减小，船速将增加，如主机采用等油门控制则因负荷减少导致转速升高，可能产生超转速而导致机械效率降低和机械负荷大大增加。可见船舶操纵和主推进控制构成了一种强非线性、强耦合、存在外界干扰的不确定多输入多输出（multiple-input-multiple-output，MIMO）复杂系统。因此在船舶操纵时应考虑柴油主机对船速和船舶运动的影响。由于船舶运动状态影响柴油主机的工况，柴油主机控制时也需考虑船舶运动状态。

对于船舶操舵和主推进这一相互耦合的复杂系统，若按传统技术采用完全独立的控制方式，由于没有考虑船舶航行状况与主机运行工况的相互影响，则存在明显的局限性，在多数航行工况下不能实现船舶系统的整体优化控制。而若能从全船系统总体优化的角度进行操纵和推进系统的操控和运行，则有助于实现船舶系统操纵和运行总体优化的控制目标。进而仿领域专家（操船经验丰富的船长）实现“车–舵联动控制”的船舶优化操纵状态。从理论上研究船舶运动和柴油机的综合控制方法以提高船舶运动控制效果，这对于实现船舶的综合节能优化控制，提高船舶系统的整体经济性，延长主动力装置工作寿命将具有重要意义。

舵桨装置(rudder propeller)或应用于电力推进船舶的吊舱推进器(podded propulsion system，POD)从结构原理上实现了“舵桨合一”，优化了螺旋桨和舵叶之间的交互作用。

船舶航向操纵与主推进联合协调智能控制方法，以船速作为二者的结合点，综合考虑了船舶操纵与柴油主机运行控制的相互影响，实现了二者的联合控制。实现船舶操舵和推进系统的总体优化控制目标。

对于船舶操纵与主推进联合智能控制的详细讨论在本书第 5 章予以阐述。

1.2.3 运输船舶的自主智能控制与无人驾驶

当前水路运输船舶正在向大型化、高速化、集装箱化和滚装化发展，而船舶自动化系统的高精度化、网络化、智能化趋势明显，这也为实现运输船舶的自主智能控制与无人驾驶提供了坚实的技术基础。

无人驾驶运输船舶由于没有长时间值守船员，所以建造中可不设置船员生活区和相关设施，能使船舶节约和整体优化空间用来装载更多的货物，减少成本开支；也可减少主机负荷，减少二氧化碳的排放，使船舶航行、管理与服务更高效、更低耗、更安全和更环保。

为完成船舶无人驾驶，应实现机舱的监测和故障诊断的智慧化，如在船舶机舱设备运行监控平台上增加云平台数据存储与共享。实现船与船、船与岸之间的数据共享，通过对大数据分析和计算，实现在线实时数据管理和智能故障诊断，最终实现对机舱设备的主要故障可进行自修复或自动起动备用设备恢复船舶正常航行所需的功能。

智能运输船舶将可能沿着从“仅需少部分船员”到“岸上远程操控”再到“完全自动化驾驶”的路径发展，逐步过渡到实现船舶完全无人驾驶。与无人驾驶汽车和无人驾驶大型运输飞机的发展类似，在无人驾驶船舶开发应用初期，将采用有人/无人混合驾驶方式：在远洋航行阶段采用无人自主智能控制模式；在进出港和浅狭水道航行阶段，采用有人驾驶模式。最终发展到全天候可安全无人驾驶的理想状态。无人驾驶船舶未来将朝着智能化、体系化、标准化的方向发展。

由智能导航、智能自动操舵仪及航行信息管理系统等组成的智能化综合船桥系统(IBS)和机舱长时间无人自动化系统为实现运输船舶无人驾驶奠定了技术基础，人工智能的突破为实现船舶无人驾驶带来了希望。智能机器人、无人驾驶汽车、无人飞机的开发应用促进了自主智能控制理论与技术的快速发展；无人驾驶技术已经被成功运用于飞机和汽车，这也为运输船舶的无人驾驶提供了借鉴和参考。

船舶智能航行需要智能化综合船桥系统；实现大型船舶无人驾驶需要环境信息感知、智能避碰路径规划和航迹智能控制等理论方法和关键技术。在船舶智能航行方面，计算机技术、传感器技术、信息技术的进步推动了船舶导航设备、自动化设备、环境感知设备的更新与升级，物联网技术、信息物理系统和大数据技术的应用加快了船舶、船岸之间信息交换的发展，这为构建新一代综合船桥系统提供了必要的基础。新一代智能 IBS 具备完善的综合导航、自动操船、故障自动诊断、自动避碰和报警功能。通过对船舶周围和自身状态的监控，既保证了船舶的航行安全又节约了营运成本。

船舶智能化的主要特征是大数据、信息物理系统和物联网的应用。船舶自主智能控制和无人驾驶涵盖的技术领域非常广泛，除了传统的船舶建造和操纵技术，还将采用以下多种高新技术及其融合：多传感器智能监控；自动避碰系统、高可靠高冗余数据传输系统；船舶机电系统自动故障检测与诊断、自动导航系统、高可靠电子海图系统、智能机器人系统、水下机器人系统、防海盗系统技术，物联网、云计算和大数据等技术。

近年来，无人驾驶船舶已吸引不少国家和机构投入大量资金进行研究和开发。目前，美国、欧洲、日韩等国家和地区都在开展较大的无人驾驶船项目。美国、欧洲、日韩等国家和地区都在开展较大的无人驾驶船项目。在过去的几年中，欧洲联盟(简称欧盟)投资 480 万美元开发了一个“海上智能航行”合作项目，以验证无人驾驶大型船舶的可操作性。美国研制的军用无人驾驶船舶已具备相当高的技术水平，其技术在转移优化升级后完全可以用于商船领域。2014 年 3 月，美国船级社批准建造一艘 2200m^3 的无人驾驶液化天然气(liquefied natural gas，LNG)驳船，将用于美国沿海水域船对船的 LNG 转运或 LNG 散装运输。2015 年，中国船舶工业集团有限公司宣布将在上海设计建造国内首艘智能示范船。

由挪威设计建造的全球首艘无人驾驶全电动支线集装箱船“Yara Birkeland”号，船长 80m，型宽 15m，可装载 100～150 个 20ft(1ft=3.048×10^{-1}m)标准集装箱。它利用自身安装的全球定位系统、雷达、摄像机和传感器等，能够在航道中实现主动避让其他船舶，并在到达终点港口时实现自行靠泊。2017 年 9 月，“Yara Birkeland”号已在挪威研究机构 Stintef Ocean 水池中进行模型测试。

上述无人驾驶船舶在智能自主控制、远程视频通信、目标探测以及排除海上障碍等方面取得了长足的进步。随着无人驾驶船舶技术的快速发展及应用领域的不断扩大，对规模更大、复杂度和安全要求更高的无人驾驶远洋货船的研制越来越成为可能。

总的来讲，无人驾驶船舶技术中的重点和难点是智能自主控制技术。对于无人驾驶船舶来说，智能是最基本的特点。这种船舶必须能够自主进行环境探测、目标识别、自主避障、航路自主规划等。而智能控制技术也是其核心技术之一，对于控制指令的灵敏反应是无人驾驶船舶能够成功航行的关键。但将其运用于大型商业船舶目前还没有先例。从技术方面来看，无人驾驶商船的实现已没有太大障碍，将操控船舶的工作转移到岸上，指日可待。届时，船舶将不再需要船员或减少对船员的使用，船员配置将得以大大简化。其完全不同于传统船舶的配置和运营方式将可能彻底改变人类的航海格局。

虽然目前的船舶 IBS 已具备简单的航线规划、自动避碰和航线跟踪功能，但距离真正的远洋无人驾驶应用状态还存在较大差距。近年来基于状态反馈的视距导航方法开始被应用到船舶航迹控制中。对于运输船舶，采用环保清洁能源推进发动机和先进的推进形式、探索对存在交互耦合复杂非线性的船舶操纵与推进系统的整体优化自主智能控制策略和关键技术，是实现其高效、安全和节能绿色航行亟待解决的科学问题。

目前，无人驾驶船舶发展还存在一系列社会、法律障碍及其他不确定性，但无人驾驶船舶将是未来船舶的发展目标和方向，因为人类终归要将自己从航海中无处不在的危险和繁重的劳动中解脱出来。智能机器替代船员，无人驾驶船舶真正应用于商业营运将是现代社会发展的必然。

总体来说，无人驾驶船舶可极大地简化现行船舶系统，适于承担高风险的运输任务，能够节能环保增效并将实现航行模式的转型。作为船舶智能化的重要发展方向之一，人们期待着无人驾驶运输船舶的产生、完善、产业化并投入商业营运。运输船舶实现真正意义的无人驾驶，将有可能带来航运业的革命进而改变航运业的面貌。

1.2.4　自主式水下航行器的运动智能控制

自主式水下航行器(autonomous underwater vehicle，AUV)是专门为了执行海上水下作业而设计的一种自主导航、自主航行、自主作业的无须外界直接干预的无人水下运载器，其与遥控式潜水器(remotely operated vehicle，ROV)统称为无人潜水器。近年来，随着海洋开发的不断深入，AUV 技术已成为保障海洋资源开发、海洋经济发展以及海洋国土安全的关键技术之一。由于 AUV 具有适应性强、成本低廉、安全性好、自主程度高等优点，因此其已受到世界各海洋强国的广泛关注，并纷纷制定适合本国国情的 AUV 发展规划。伴随着 AUV 技术的不断成熟，其应用范围不断扩大，现已被广泛应用于海洋资源勘探、海洋科考、海洋调查、海洋工程结构物检测、海上军事行动等领域。AUV 海上作业任务的多样性以及面临严峻的外界环境扰动，使得 AUV 的运动控制问题面临诸多挑战。

出于质量、成本、推进效率、能耗等考虑，AUV 的推进方式通常被设定为欠驱动模式。另外，为了降低能源消耗以及推进装置的机械损耗，全驱动或过驱动 AUV 在执行长航时或远航程任务时被设定为欠驱动工作模式。根据刚体动力学可知，欠驱动 AUV 运动系统受到二阶非完整约束，即其无法被任何连续可微时不变状态反馈控制器镇定。综上所述，欠驱动 AUV 的运动控制器设计不仅受到外界环境扰动和使命任务的影响，而且还要受到欠驱动性、二阶非完整约束、强耦合性以及参数摄动等影响。因此，欠驱动 AUV 的运动控制研究不仅具有重要实际工程价值，而且还有重要的理论意义。

在欠驱动 AUV 的诸多技术中，运动控制技术是保证其完成各种作业任务的基础：实现高精度的运动才能使得 AUV 所携带的设备正常工作，进而完成规划中的作业任务。根据控制目标的不同，欠驱动 AUV 的运动控制可以分为航速控制、航向控制、深度控制、路径点跟踪、路径跟踪、轨迹跟踪等。目前，有关欠驱动 AUV 的航速控制、航向控制、深度控制等基本运动控制问题的研究已经十分充分。近年来，虽然欠驱动 AUV 的跟踪控制——路径点跟踪、路径跟踪、轨迹跟踪等研究取得了一定成果，但其还处于理论探索阶段，距离实际工程化应用还有较长距离。尤其是欠驱动 AUV 的轨迹跟踪的研究成果迄今报道甚少，现有研究成果都是基于非常苛刻的假设条件之上。因此，欠驱动 AUV 的运动控制问题还有十分广泛的内容有待研究。在现有的工程实践中，欠驱动 AUV 的运动控制器往往采用 PID 控制算法。随着 AUV 应用领域的不断拓展，基于 PID 的控制器已经不能完全满足任务对其运动性能的要求。因此，在欠驱动 AUV 运动控制器设计中，科研人员一直致力追求一种能够实现高效率、高度自主化、高精度的鲁棒运动控制算法，进而保证其在大扰动、远距离、长航时、大潜深的无人环境下自主完成既定的作业任务。

在本书的第 8 章中，首先简要介绍 AUV 的发展现状；然后，建立欠驱动 AUV 的运动模型，并分析其运动系统特性；接下来，给出欠驱动 AUV 运动控制体统的组成；最后，以仅配备有三组独立运动控制执行机构的 AUV(一对艉推进器、一对艉水平舵和一对艉垂直舵)作为研究对象，分别介绍了其各种运动控制器设计方法。

1.3 典型船舶自动化系统

以下举例介绍几种典型的船舶自动化系统，包括船舶自动舵控制系统、船舶柴油主机遥控系统、船舶减摇鳍控制系统、船舶动力定位系统、船舶电站自动化系统等。

1.3.1 船舶自动舵控制系统

船舶自动操舵仪在船舶和航运界简称自动舵，用于船舶航向保持 / 航向改变 / 航迹保持控制。20 世纪 20 年代，美国人 Sperry 和德国人 Ansuchz 在陀螺罗经研制工作取得实质进展后分别独立地研制出第一代机械式的自动舵。机械式自动舵只能进行简单的比例控制，为了避免振荡，需选择低的增益，才可实现低精度的船舶航向保持控制。20 世纪 50 年代，随着电子学和伺服机构理论的发展及应用，集控制技术和电子器件的发展成果于一体的、更加复杂的第二代自动舵问世了，这就是著名的 PID 自动舵。它比第一代自动舵有了长足的进步，在船舶工程中得到广泛应用。

但仍缺乏对船舶所处的变化着的工作条件及环境的应变能力，存在操舵频繁、操舵幅度大、能耗显著等不足。20 世纪 60 年代末，随着自适应理论和计算机技术的发展，人们注意到将自适应控制理论引入船舶航向控制成为可能，瑞典等北欧国家的科技人员研发了第三代自适应操舵仪[22]。自适应舵在提高控制精度、减少能源消耗方面取得了一定的成绩，但物理实现成本高、参数调整难度大，特别是因船舶的非线性、不确定性，控制效果难以保证，有时甚至影响系统的稳定性。而熟练的舵手运用他们的操舵经验和智慧，却能有效地控制船舶。为此，从 20 世纪 80 年代，人们就开始效仿熟练舵手的操舵方法，从而产生了第四代的智能舵。智能舵探索应用了专家系统、模糊控制和神经网络控制等智能控制算法。此外，20 世纪 80 年代前船舶上安装的自动舵一般只能实现将船舶控制在预先给定航向上的航向控制。随着全球定位系统(GPS)等先进导航设备在船舶上装备，人们开始设计能较精确地把船舶控制在给定的计划航线上的航迹控制自动舵。航迹舵有直接和间接两种控制模式。间接控制的航迹舵根据航迹偏差信号、速度信号和实际航向信号计算出最佳航向，作为航向舵的设置航向通过操舵使船舶沿预定航线航行；直接控制的航迹舵根据船舶本身的数学模型计算并控制舵机和舵叶运动，使船舶自动沿着输入的航迹航行。智能控制理论算法在船舶自动舵系统中获得了成功的应用。

综合控制(直接式控制)方案航迹舵可用于对航迹进行高精度控制的场合，其结构如图 1-8 所示[23]。航迹保持器实际上是综合了分离控制方案中“航迹保持”与“航向保持”两部分的功能，它同时接收航线计划指令和由传感器送来的船位及航向反馈信号，计算输出舵角控制命令信号，同时达到舵角δ消除航迹误差η，即$\delta(k)=\eta(k)\to 0$和航向误差信息$\Delta\Psi(k)\to 0$的效果，故控制过程是单输入多输出(SIMO)的。

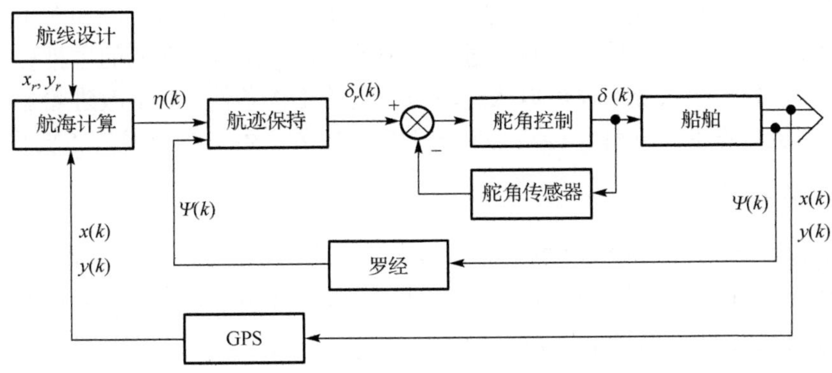

图 1-8　船舶直接式航迹保持控制结构图

在船舶运动控制领域，自动舵的研究一直为人们所重视，它与航行安全、能源节约及操作省力紧密相关。20 世纪 70 年代末自适应控制理论开始应用于船舶航向控制。随着计算机技术和现代控制理论的不断发展，各种新的先进和智能控制算法，如模型参考自适应控制、线性二次型高斯(linear quadratic gaussian，LQG)自校正、神经网络控制、模糊控制、模糊神经网络控制、变结构控制、H_∞鲁棒控制、广义预测控制、混合智能控制、广义模糊小脑模型神经网络(cerebellar model articulation controller，CMAC)，基于逆推(backstepping)方法的自适应非线性自动舵控制、自适应鲁棒非线性自动舵、时变参数自适应非线性自动舵的控制律，都先后探索应用于船舶自动舵控制系统[24,25]。对于船舶自动舵智能控制将在本书第 2 章中予以论述。

1.3.2 船舶柴油主机遥控系统

船舶主推进原动机可以是柴油机、燃气轮机、蒸汽动力装置或核动力装置。目前大中型船舶的推进装置主要有柴油机推进和电力推进两大类。采用柴油机推进时，直接驱动螺旋桨的柴油机称为主柴油机或柴油主机。主柴油机一般可以在机旁、集中控制室(简称集控室)和驾驶台三个操作部位进行操作和控制。当要在集控室或驾驶台操作主机时，就需要在操作部位和主机之间设置一套能够对其实现远距离遥操作的控制系统，称为主机遥控系统。对于船舶综合电力推进系统，则是由原动机带动发电机发电，将发出的电能送到配电板，再由配电板直接或经过变流器或变频器供给推进电动机，从而驱动螺旋桨运转推动船舶运动。其中已无主、副原动机之分。另外，近年来已有船舶中已开始采用无凸轮轴的电喷式柴油主机，其控制系统与常规的凸轮轴式柴油机有较大差别。对于不同船舶主推进装置的控制，形成了各有特点的船舶主推进控制系统。本书限于篇幅和研究领域，主要讨论应用于大多数运输船舶的凸轮轴式柴油主机-定距桨遥控系统(以下简称主机遥控系统)。

主机遥控系统设计实现对主机进行起动、停车、换向等逻辑控制和对主机进行闭环控制，同时还对主机的转速和负荷进行必要的限制，并具有必要的主推进系统安全保护功能。主机遥控系统不仅可以改善轮机人员的工作条件，对于改进船舶的操纵性能，提高主机工作的可靠性、经济性和船舶航行的安全性，均可发挥重要作用[26]。

1. 主机遥控系统的组成

主机遥控系统主要由控制装置面板、驾驶台车钟、车钟记录装置、集控室车钟、数字调速系统、安全保护系统、机旁应急车、主机等部分组成，其系统结构如图 1-9 所示。

2. 主机遥控系统的主要功能

主机自动遥控系统的主要功能包括：①操作部位切换功能；②逻辑程序控制功能，包括换向逻辑控制、起动逻辑控制、重复起动程序控制、重起动逻辑控制、慢转起动逻辑控制、主机运行中的换向与制动逻辑程序控制；③主机转速与负荷控制

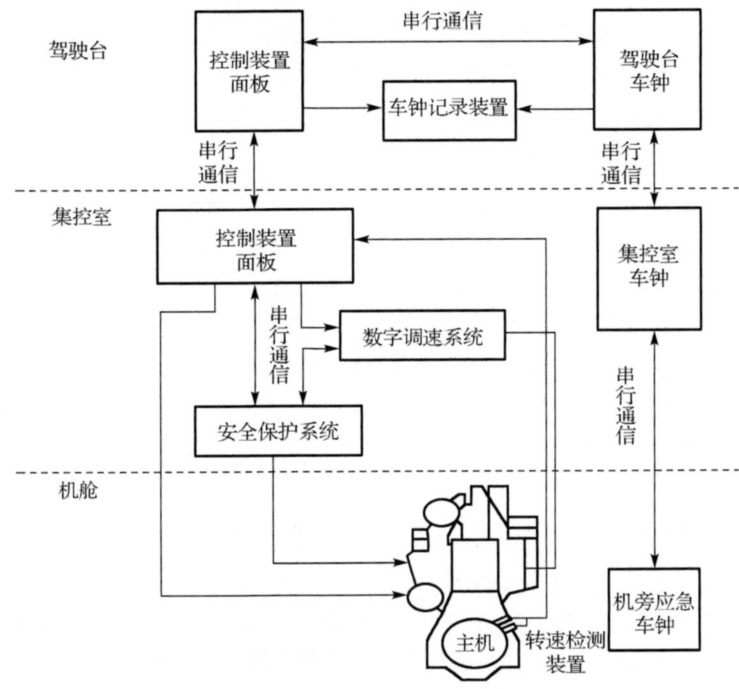

图 1-9　船舶柴油主机遥控系统的组成

功能，包括转速程序控制、转速-负荷控制、转速限制(包括临界转速自动避让，最小、最大转速限制，轮机长手动设定最大转速限制等)、负荷限制(包括起动油量设置、转矩限制、增压空气压力限制、螺旋桨特性限制、最大油量限制等)；④安全保护及应急操纵功能，包括安全保护、应急操纵(包括机旁应急运行、应急运行、手动应急停车等)；⑤模拟试验功能。

3. 主机遥控系统的类型

根据系统所采用的遥控设备及实现方式的不同，船舶柴油主机遥控系统可分为以下几种类型：气动式主机遥控系统、电动式主机遥控系统、电-气式主机遥控系统、电-液式主机遥控系统、微机和网络化主机遥控系统。

1.3.3　船舶减摇鳍控制系统

舰船在海上航行、工作时，受到海浪、海风以及海流等海洋环境扰动的作用，不可避免地要产生摇荡运动。如果把船作为刚体来研究，则这种运动一般具有横摇、纵摇、艏摇、横荡、纵荡、垂荡(或升沉)六个自由度。由于船舶经常需要航行在波涛汹涌的水面上，剧烈的摇荡对舰船的适航性、安全性以及设备的正常工作、货物的固定和乘员的舒适性都会产生很大的影响。对于舰艇来说，剧烈的摇荡会影响舰载飞机的正常起降，也影响舰载武器精确命中目标。为了船舶的航行安全以及提高航行中的舒适性，船舶减摇一直是人们不懈努力的目标。对于船舶运动的这一非线性复杂问题，寻求有效改善船舶航行性能的方法，来减小摇荡运动的幅值、速度以及加速度，是船舶运动控制重要内容之一。

减摇鳍是一种减摇效果明显、使用广泛的主动式减摇装置[18]。减摇鳍一般分为固定式和收放式两种。对于固定式减摇鳍，安装于鳍轴上的鳍只能绕鳍轴转动，不能收进船体，这种减摇鳍结构简单，制造成本较低，但是船舶在静水中航行时会增加航行阻力。收放式减摇鳍的鳍不但可绕鳍轴转动，而且不用时可以收进船体。现有船用产品大多采用折叠式的收放式减摇鳍，它的展弦比大、鳍面积较大，因此减摇效果好。由于收放式减摇鳍不工作时鳍可以收进船体，故它基本上不增加船体静水航行阻力，且鳍也不容易被碰损坏。但收放式减摇鳍的重量大，机械机构复杂，占船内空间较大，制造成本也较高。

对于中高速船舶，减摇鳍已成为提高船舶耐波性、改善人员和设备工作条件的一种有效装置。目前常用的船舶减摇控制方式有鳍减摇、舵减摇以及舵鳍联合控制减摇三种方法。减摇鳍作为一种主动式减摇装置，它的减摇效果与采用的控制策略密切相关。20 世纪 70 年代以来，一些先进的控制策略在减摇鳍系统中得到了应用，如变参数最优控制、自适应控制、模糊控制、专家控制等。由于船舶横摇系统存在严重的非线性、参数不确定性及风浪干扰的随机性，上述算法中的鲁棒性问题一直未能彻底解决。因此，开发适合船舶横摇运动系统的、非线性的、鲁棒性强的控制策略是当今船舶减摇鳍控制系统研究的一个方向。国内外应用的各类减摇鳍控制系统的控制器，大多是基于力矩对抗原理的 PID 控制器。这类控制器的性能对船舶自然横摇周期和无因次横摇衰减系数有着很大的依赖关系，一旦这两个参数变化了，船舶的横摇运动随之改变。为了保持良好的减摇效果，减摇鳍 PID 控制器的参数也应随之改变，否则将使控制性能恶化、减摇效果降低。各型船舶的横摇运动参数是不同的，即使同一型号船舶，由于各种因素的影响，它们也有一定的差别，甚至对于同一艘船舶，由于装载和航速等工况条件不同，这些参数也是不同的。为了使减摇鳍能适应各种船舶并保持最优的减摇效果，应设计一个变参数的减摇鳍控制器。

海浪是船舶摇摆的主要原因，不同的海浪其功率谱也是不同的。在减摇鳍控制系统的设计中，常常利用在某一有义波高下具有某种功率谱的长峰波海浪作为随机扰动，控制器的最优参数也是在这样的条件下确定的。船舶在海上航行时，所遇到的海浪可能与设计时所用的海浪有较大的差别。事实上大多数的海浪具有短峰性，其方向谱分布在以主浪向为中心的某个角度范围内，它可以看成是由许多传播方向不同的具有各自功率谱的长峰波叠加而成的。如果减摇鳍控制系统输入的海浪谱不同，则控制器的参数也应该不同。船舶航行时，它与主浪向的遭遇角经常会改变，这样作用到船舶的横摇力矩也会改变。现有的减摇鳍控制器通常只能保证减摇鳍在一个浪向下有好的减摇效果，而在其他航向，减摇效果就会降低。如果使用可变参数 PID 控制器，则可以使减摇鳍在各种航向下都有较好的减摇效果，解决困扰减摇鳍设计者许多年的在顺斜浪中减摇鳍不能很好减摇这个难题。

总之，复杂的随机海浪、变化的船舶横摇运动参数、不同的船舶航行状态都会影响船舶的横摇。为了适应这种状况，使减摇鳍能有效地减摇，要求设计一个具有变参数的智能控制器的减摇鳍控制系统。

1.3.4　船舶动力定位系统

动力定位起源于海洋石油、天然气钻井的钻探需求，自从第一艘装备自动反馈系统的动力定位船舶“尤勒卡(Eureka)”号投入使用以来，动力定位技术不断发展，广泛应用于海底管线检修、海洋平台避碰、水下工程施工、水下机器人跟踪等领域；20 世纪 90 年代以来，深水钻井船、油田守护船都装备了动力定位系统。根据国际海事组织(IMO)和世界主要船级社(英国劳氏船级社 LR、美国船级社 ABS、挪威船级社 DNV)的定义，船舶动力定位是指船舶在不借助锚泊系统的情况下，利用其自身安装的推进装置抵御风、浪、流等外界干扰的影响，以一定姿态实现其在海面固定位置的保持或使船舶精确地跟踪某一给定轨迹，以完成各种作业功能。其优点是机动性强、定位精度高、定位成本不会随着水深增加而增加、能避免破坏海床等，被广泛应用于铺管、打捞救助、海洋石油钻井平台、海上消防、风机安装、近海挖泥、供给等海洋工程领域。

动力定位(dynamic positioning，DP)系统是一种闭环的控制系统。DP 不借助锚泊系统的作用，而是通过测量系统不断检测船舶的实际位置与目标位置的偏差，再根据环境外力的影响计算出使船舶恢复到目标位置所需推力的大小，进而对全船的各推进器进行推力分配，使各推进器产生相应的推力以克服风、浪、流等环境外力的干扰，使船舶保持在某确定位置或沿一定预定航迹航行。DP 广泛用于海上作业船舶和海上平台的定点系泊，具有定位精度高、灵活性好、机动性强、适用于多种海况作业等诸多优点，受到广泛关注。

动力定位系统主要由三部分组成：①位置测量系统，测量出船舶或平台相对于某一参考点的位置；②控制系统，首先根据外部环境条件(风、浪、流)计算出船舶或平台所受的扰动力，然后由此外力与测量所得位置，计算得到保持船位所需的作用力，即推力系统应产生的合力；③推力系统，一般由数个推力器组成。

从控制角度来讲，船舶动力定位系统是复杂的非线性系统，具有遭受的外部扰动和模型参数存在不确定性、内部状态变量不易测量等特点，与其相关的控制技术设计与实现研究是当今控制理论与应用中的重要课题之一。近五十年来，船舶动力定位的控制问题引起了控制界和工程界的广泛关注。在 20 世纪 60 年代出现了第一代动力定位系统产品，为了避免响应高频运动对系统的影响，采用 PID 控制规律串联了低通和/或陷波滤波器，但是滤波器的引入使误差信号产生了相位滞后现象，影响了系统的稳定性。在 20 世纪 70 年代中叶，Balchen、Jenssen 等将多变量的线性最优控制理论与卡尔曼滤波理论相结合，将其引进动力定位控制系统中，出现了第二代动力定位系统。此后，许多控制理论学者提出和探讨了若干基于现代控制和非线性控制的理论方法，例如，提出了频率自适应算法，旨在使系统遭受更大范围环境扰动下改进动力系统的性能；提出了自校正算法，能够自动调整卡尔曼滤波器矩阵。但是，有关文献中动力定位系统控制器的设计思路均是将船舶运动学方程在预先多个给定的工作点(一般取 36 个不同的艏向角)线性化，再针对每一个线性化模型解算出最优卡尔曼滤波器和反馈控制增益，并采用增益规划的策略对计算的结果在线修正。实际上，船舶动力定位系统是一个高度耦合的复杂非线性系统，该类控制器的设计方法的缺点是不能保证船舶动力定位系统的全局稳定，且参数调节工作量大。因此，基于线性模型的船舶动力定位控制器的设计已经不能满足当今对船舶定位控制品质的要求。在 20 世纪 80 年代，随着非线性控制理论和计算机技术快速发展，在动力定位系统方面，将非线性控制理论应用于动力定位控制器的设计成为一个研究热点，其优点是可以消除运动方程线性化的假设。有控制学者设计状态观测器和控制器，应用 Backstepping 设计工具和李雅普诺夫(Lyapunov)稳定性理论，经过六个设计步骤推导出全局渐近稳定的船舶动力定位控制律。

对于船舶动力定位的自抗扰控制、基于动态面控制方法的船舶动力定位控制、船舶动力定位神经网络自适应控制等内容，本书在第 6 章予以详细讨论。

1.3.5　船舶电站自动化系统

船舶电站是在船舶上将非电形态的能量转换为符合要求的电能并向船舶电网供电的设备的总称，一般由船舶发电机组(原动机、发电机)以及由开关电器、保护装置、测量仪表、控制设备等构成的配电装置组合而成。船舶电站是船舶电力系统最重要的组成部分，是船舶电力系统的核心。

带动发电机运转的原动机一般为柴油机、汽轮机或燃气轮机，相应的发电机组称为柴油发电机组、汽轮发电机组或燃气轮机发电机组。发电机组是把化学能转化为电能的船舶电站最重要的装置。发电机组发出的电力通过配电板来进行控制及分配。船舶电站作为船舶机舱自动化系统的一个重要组成部分，电站自动化最主要的目的在于保证船舶供电的连续性、可靠性和供电品质。

船舶电站供电的连续性、可靠性和供电品质直接影响船舶运行中的经济指标、技术指标和续航能力，船舶运行中的安全性以及运行过程中的经济效益都与船舶电站紧密相关。船舶电站自动化是组成机舱自动化的重要部分，同时也是体现船舶现代化程度的重要标志之一。在船舶运行中，船舶电站自动化最主要的功能就是保证船舶的连续可靠性和高品质供电。

船舶电力系统主要由电源、配电装置、电力网和负载组成，是一个独立的、可移动的电力系统。船舶电力系统研究的对象是发电机发电、配电、输电给各用电负载的问题。随着船舶吨位的增大和船舶电气自动化程度的提高和发展，船舶电力设备已日趋完善，船舶电力系统也有显著的进步和变化。近年来，在某些船舶上又出现了大功率、高电压参数的船舶高压电力系统，虽然目前这种系统还限于大型船舶和工程船舶等特种船舶，但电力系统高参数在船舶上的应用是技术上的一种突破，成为未来船舶电力系统的发展方向。

船舶电站自动化系统的基本功能包括：①发电机组依据电站运行情况和实际负荷需要，按预定顺序自动起动备用机组，并能自动投入、自动停机；②发电机组之间的自动并车；③电压和无功功率的自动调节；④频率(转速)与有功功率的自动调节；⑤重载询问(投入大负载时的自动询问装置)；⑥综合自动保护。

为了实现船舶电站自动化，必须满足各单元的自动化，即船舶发电机组的起动、并联运行、频率调节、负荷分配与转移、解列和停机以及各种保护功能的自动实现。船舶电站自动化系统按功能可以分为安全保护和自动控制系统，以及自动监测报警记录系统。其中，安全保护系统又分为原动机和电力系统两种安全保护。前者主要是针对柴油机的保护，后者主要是针对过载和定子绕组内部短路、发电机外部短路和欠压，以及逆功率和过压、欠频等安全保护。自动控制系统是电站自动化系统的核心，因此，它拥有自动调整电压和调频调载、自动转移负荷与分闸和自动起动、停止机组，自动投入机组和同步并车，以及大负荷起动询问控制和原动机预润预热控制等功能。而自动监测报警记录系统拥有显示被测参数和各种状态图及打印运行参数等功能，同时还具有发出声光报警信号和自动联锁报警、自动记录报警的功能。

船舶综合电力系统主要包括发电、电力控制、配电、电力变换、推进电机、平台负载、能量储存等七个模块。其中，发电模块将其他形式的能量转化为电能，经全船环形电网向各区域配电系统供电；电力控制模块对配电模块实行电能分配和智能监控；配电模块将电力输送到电力负荷中心，再分配到各用电设备；电力变换模块将一种形式的配电模块转化为另一种形式的配电模块；推进电机模块用于船舶推进；平台负载模块是一个或多个配电模块的用户；能量储存模块用于储存电能，维持整个供电系统的稳定。船舶综合电力系统是船舶动力的发展方向，是现代船舶工程技术中的一次革命性的跨越，其主要特点是将推进动力与电站动力合二为一并实现船舶电站的智能控制。采用综合电力系统的船舶与传统推进船舶相比，具有的主要优势为：便于采用分段和模块化建造，使用维护费用低，经济性好；运行噪声低，可提高船舶的安静性和舒适性，提高舰艇的战斗力和生命力；调速性能好，控制方便，倒车简便、迅速，提高船舶的机动性；布置灵活、设计方便、可靠性高，可维修性好、生命力强；便于实现自动化，减少船员；适用性强，可广泛采用各种电子设备和先进的推进技术，对于舰船而言，可以使用如激光武器、电磁炮等高能武器；航空母舰(简称航母)则可有助于其使用电磁弹射器。

本章 1.2 节简述了当前船舶上应用的主要典型自动化系统，说明在有关船舶系统中引入智能控制的必要性。有关船舶系统的智能控制相关内容在本书后续各章中予以详细讨论。

参 考 文 献

[1] 孙增圻, 邓志东, 张再兴. 智能控制理论与技术. 2 版. 北京: 清华大学出版社, 2011.

[2] Fu K S. Learning control systems and intelligent control systems: An intersection of artificial intelligence and automatic control. IEEE Transactions on Automatic Control, 1971, 16(1):70-72.

[3] Saridis G N. Intelligent robotic control. IEEE Transactions on Automatic Control, 1983, 28(5):547-556.

[4] Saridis G N. Toward the realization of intelligent controls// Proceedings of the IEEE, 1979, 67(8):1115-1133.

[5] 蔡自兴. 智能控制. 2 版. 北京: 电子工业出版社, 2004.

[6] Saridis G N. Knowledge implementation: Structures of intelligent control systems. Journal of Robotic Systems, 1988, 5(4):255-268.

[7] 师黎, 陈铁军, 李晓媛, 等. 智能控制理论及应用. 北京: 清华大学出版社, 2009.

[8] 郭晨. 智能控制原理及应用. 大连: 大连海事大学出版社, 1998.

[9] Åström K J, Anton J J, Årzén K E. Expert control. Automatica, 1986, 22(3): 277-286.

[10] 李祖枢, 涂亚庆. 仿人智能控制. 北京: 国防工业出版社, 2003.

[11] 许力. 智能控制与智能系统. 北京: 机械工业出版社, 2007.

[12] 郭晨. 非线性系统自适应控制理论及应用. 北京: 科学出版社, 2012.

[13] 邵开文, 马运义. 舰船技术与设计概论. 2 版. 北京: 国防工业出版社, 2014.

[14] 黄忠秀. 船舶运输控制系统. 北京: 人民交通出版社, 2000.

[15] 朱英富. 水面舰船设计新技术. 哈尔滨: 哈尔滨工程大学出版社, 2004.

[16] 贾欣乐, 杨盐生. 船舶运动数学模型——机理建模与辨识建模. 大连: 大连海事大学出版社, 1999.

[17] 吴秀恒. 船舶操纵性与耐波性. 北京: 人民交通出版社, 1999.

[18] 金鸿章, 姚绪梁. 船舶控制原理. 哈尔滨: 哈尔滨工程大学出版社, 2001.

[19] 陈国钧. 现代舰船轮机工程. 长沙: 国防科技大学出版社, 2001.

[20] 陈海泉. 船舶辅机. 大连: 大连海事大学出版社, 2010.

[21] 王永生, 刘承江, 苏永生, 等. 舰船新型推进系统. 北京: 国防工业出版社, 2014.
[22] 黄继起. 自适应控制理论及其在船舶系统中的应用. 北京: 国防工业出版社, 1992.
[23] 张显库, 贾新乐. 船舶运动系统. 北京: 国防工业出版社, 2006.
[24] 李殿璞. 船舶运动与建模. 哈尔滨: 哈尔滨工程大学出版社, 1999.
[25] 刘胜. 现代船舶控制工程. 北京: 科学出版社, 2010.
[26] 林叶锦. 轮机自动化. 大连: 大连海事大学出版社, 2009.

第 2 章　船舶自动舵智能控制

船舶在海上主要是通过操舵改变或保持航向实现其操纵运动。船舶在海上航行经常受到风、浪和流的扰动影响，驾驶人员必须根据船舶运动特性和航海经验，正确地控制船舵保持或改变航向，适应环境影响，操纵驾驶船舶从一地安全地到达另一个目的地。船舶自动操舵仪又称自动舵，是船舶系统中不可缺少的重要设备。随着对航行安全及营运需求的增长，人们对自动舵的要求也日益提高。自 20 世纪 20 年代自动舵诞生以来，人们在船舶操纵方面摆脱体力劳动实现了自动控制。近 90 多年来，自动操舵仪经历了机械自动舵、PID 自动舵、自适应舵、智能舵等各个阶段，随着全球定位系统等先进导航设备在船舶上装备，具有航迹控制功能的自动舵已应用于船舶驾驶自动化系统中，船舶自动舵的智能控制正在进入一个新的阶段。

2.1　概　　述

2.1.1　船舶自动舵系统简介

船舶自动操舵仪简称自动舵，是船舶自动化系统中用于运动控制的具有特殊重要性的一个系统，是一种用于保持船舶在给定航向或航迹上航行或实施改变航向的操纵装置[1]。自动舵不仅是一个重要的控制系统，而且其性能直接影响船舶航行的操纵性、经济性和安全性。它主要运用于完成船舶航向保持、航向改变、航迹保持等控制[2]。从 20 世纪 20 年代机械式自动舵应用于船舶航向控制至今，自动舵的发展可以划分为四个阶段：机械自动舵、PID 自动舵、自适应舵、智能舵[3]。

第一代机械自动舵[4]：德国人 Ansuchz 和美国人 Sperry 分别于 1920 年和 1923 年独立研制成了机械式的自动操舵仪，这是一个重要里程碑，使人们看到了在船舶操纵领域摆脱体力劳动实现自动控制的希望。机械式自动舵只能进行简单的比例控制，这种自动舵需要采用低增益以避免振荡，只能用于低精度的航向保持。

第二代 PID 自动舵[5]：20 世纪 50 年代，随着电子学和伺服机构理论的发展与应用，集控制技术和电子器件的发展成果于一体的自动舵问世，使得航向自动舵的控制精度明显提高。其缺陷是对外界变化应变能力不足，应用时操舵频繁、幅度大，能耗较大，对于海浪高频干扰，PID 控制过于敏感；为避免高频干扰引起的频繁操舵，通常采用“死区”非线性天气调节，但死区又会导致控制系统的低频特性恶化，产生持续的周期性偏航，这将引起航行精度降低，能量消耗加大；此外，当船舶的动态特性(船速、载重、水深、外型等)或外界条件(风、浪、流等)发生变化时，控制参数需进行人工调整，不合适的控制器参数将导致不良的控制效果，如操舵幅度大、操舵频繁等，且人工调整参数比较烦琐。

自适应舵出现于 20 世纪 60 年代末，是随着计算机技术和自适应控制理论的发展而兴起的一种自动舵。在实际海洋环境中，船舶航向自动控制系统中船舶的数学模型参数随着风浪流的影响、船速、转舵角、载重、吃水等的变化而随机地变化，而自适应舵期望根据可测量到的船舶外部连续信息(如船向、转舵角、船速等)不断在线辨识模型的参数，进而修正控制输出，使得自动操舵系统在指定的性能指标下尽可能接近和保持最优状态。目前提出的自适应控制法主要有自适应设计法、随机自适应法、模型参考法、自校正法、线性二次高斯法、变结构法、预测控制等[6-9]。这些自适应控制方法都有各自的优缺点，并且处于不断发展的过程中。由于自适应控制技术不仅与目标函数的计算有关，而且与干扰模型建立的精确度有关，在船舶所遇到的复杂工作条件下，自适应自动舵并不能提供完全自动的最优控制。自适应舵在提高控制精度、减少能耗方面取得了一定的成绩，但物理实现成本高、参数调整难度大，尤其是船舶运动的非线性和不确定性使得控制效果难以保证，影响系统的稳定性。

从 20 世纪 80 年代以来，随着人工智能的发展，人们开始尝试着将具有自适应、自学习、自优化、自整定能力的智能控制应用于船舶航向控制技术，产生了第四代智能式自动舵[10]。现有的智能控制方法主要有模糊控制、专家控制、神经网络控制、各种学习控制、仿人智能控制及多种控制方法组合起来的混合智能控制等。所谓的智能舵，它必须能保证在船舶动态具有不确定性、环境存在干扰、量测信息呈现不精确性情况下，使闭环控制系统具有稳定性和良好的运行性能。但采用模糊控制、神经网络等算法的智能自动舵控制的不足之处在于其设计的好坏依赖于设计者的经验，使得目前关于智能自动舵的研究大多停留在仿真阶段；而应用专家系统的航向控制存在其固有的知识脆弱性、推理单调性、自动获取知识能力的不足，也需要与其他控制方式相结合才能取得较好的控制效果。第四代智能舵对于过程模型存在的不确定性、干扰以及量测噪声都具有良好的鲁棒性，使得自动舵的控制性能从自适应性、鲁棒性、稳定性等各个方面均有了明显的改善和提高。不足之处是控制器算法复杂、参数调整仍然不易。

归纳比较三种实船自动舵系统的特点，如表 2-1 所示。

表 2-1　三种实船自动舵系统特点简述

	TKC PR-9000	Sperry NAVIPILOT 4000	Kongsberg K-Bridge AP
控制方式	自适应航向控制	完全自调整，自适应航向控制	自适应航向控制

续表

	TKC PR-9000	Sperry NAVIPILOT 4000	Kongsberg K-Bridge AP
航迹控制	通过 ECDIS 实现航迹控制	通过 ECDIS 实现航迹控制	通过 ECDIS 实现航迹控制
转向策略选择	根据适当的海浪和气象条件手动选择转向策略	根据适当的海浪和气象条件手动选择转向策略	根据适当的海浪和气象条件手动选择转向策略
转向方式选择	转向率或转向半径	转向率或转向半径	转向率或转向半径
附加功能	具有节能控制模式	设备单元通过控制器局域网连接	具有精度与经济操作模式

图 2-1 给出自动操舵仪与其他传感器之间的关系。由于自动舵的自动操作需要船位、航向等数据，因此自动舵系统需要连接多种传感器设备，如驾驶台航行值班报警系统(bridge navigational watch alarm system，BNWAS)、电罗经(gyro-compass)、计程仪(speed log)、全球卫星导航系统(global navigation satellite system，GNSS/GLONASS)、航行数据记录仪(voyage data recorder，VDR)、电子海图显示与信息系统(ECDIS)、船桥报警管理系统(bridge alarm management system，BAMS)等。其中罗经、计程仪、GNSS 分别给自动舵系统提供航向、船速、船位等数据。BNWAS 旨在监视桥楼活动并发现由操作者失去工作能力而可能导致的海上事故；该系统监视值班驾驶员的意识，如由于任何原因值班驾驶员失去履行其职责的能力时，该系统将自动向船长或其他有能力的值班驾驶员报警，BNWAS 还可以向值班驾驶员提供即时求助的呼叫措施。目前，BNWAS 可与雷达、罗经、ECDIS、自动舵等系统对接

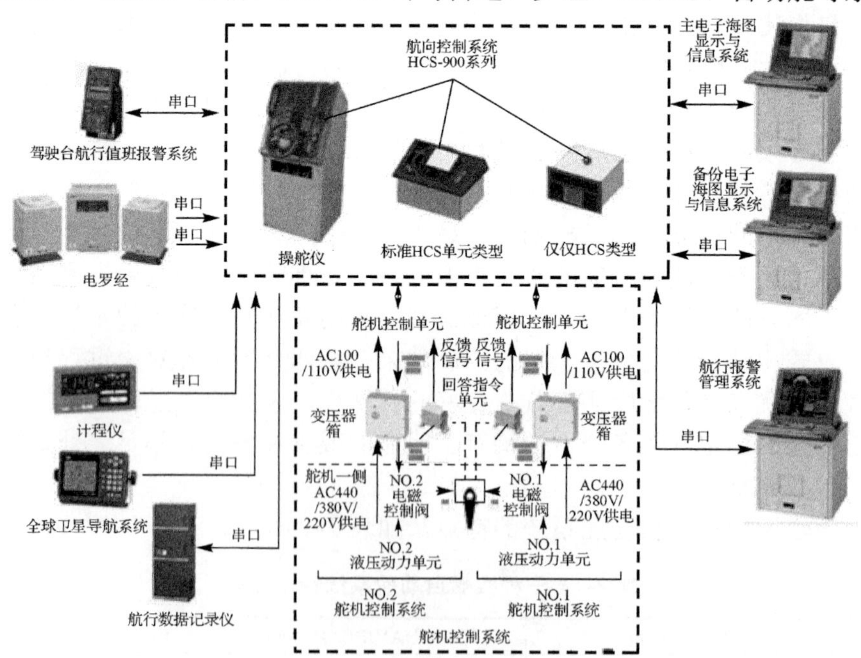

图 2-1 自动舵与其他传感器之间的关系

来减轻驾驶员的工作强度。使用自动舵航行时，在出现偏航时自动触发系统工作，保证船舶航行的安全。船舶的航迹控制需要将 ECDIS 接入自动舵系统中，从而控制船舶沿着设定航线航行，ECDIS 综合船舶位置、航向、航速等因素，控制船舶自身方位使航行过程中的偏航距离最小，使偏离航线的船舶回到设定航线上。VDR 是专门用于记录船舶航行数据的仪器，当船舶发生事故时，该数据对分析事故起到不可替代的作用，为在发生海上事故后查明原因提供重要依据，是处理海事纠纷的重要证据。

2.1.2　船舶自动舵系统实例

本章以万箱集装箱船(C8800)为例，对船舶航向控制装置与系统进行介绍，该船为单机单桨单舵配置，船长 299.95m，型宽 48.20m，型深 24.60m，设计航速 21.80kn (1kn=1.852km/h)。选用现代重工的 MAN B&W 9S90ME-C10.2 Tier Ⅱ型电控二冲程直接可逆十字头带恒压涡轮增压柴油机，额定最大持续功率 47430kW，转速为 78r/min；常用功率为 40316kW，对应转速为 73.9r/min，本船采用带舵球的高效舵，螺旋桨为直径 9.6m 的 6 叶定距桨，如图 2-2 所示。

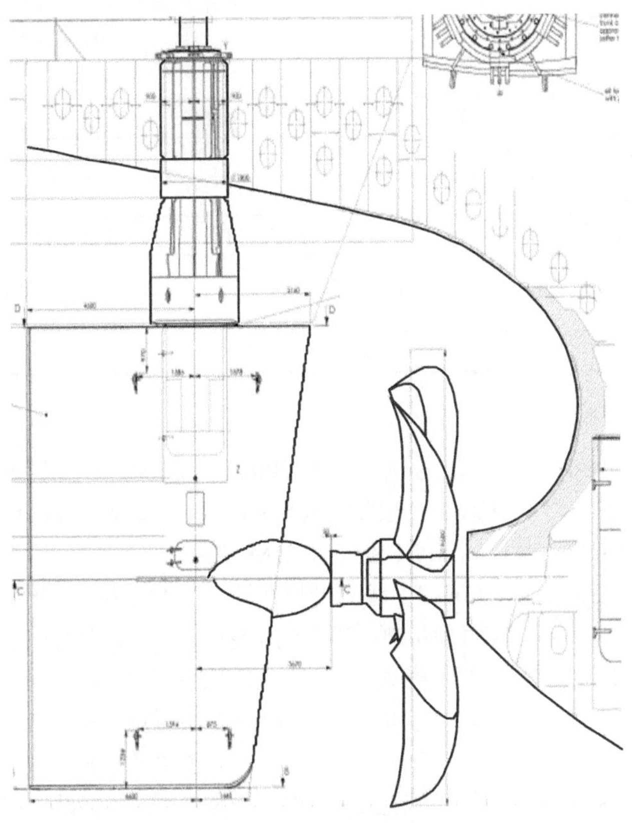

图 2-2　C8800 桨舵布置图

本船采用电动液压舵机，如图 2-3 所示，由四个力矩马达驱动，两两互为备用，共有自动舵、随动控制、非随动控制、舵机室应急控制四种操作模式，其中 E/M 为电动马达。

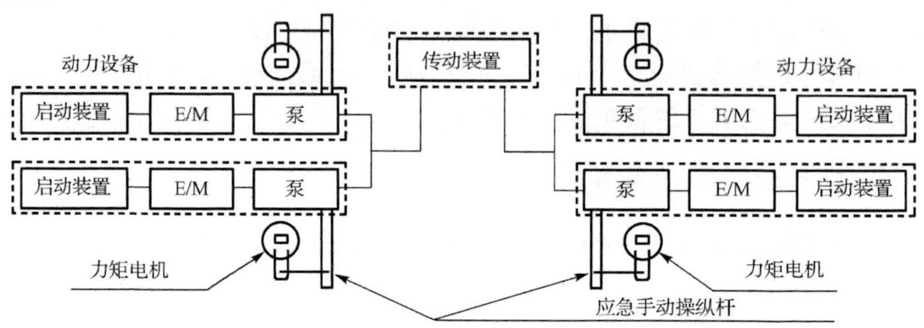

图 2-3　C8800 舵机结构图

本船自动舵为 TKC 的 PR-9000 系列，具体型号为 PR-9370A-DM-SS4，详见表 2-2。

表 2-2　自动舵型号详细说明

编号	含义	详细配置说明
3	自动舵控制方式	PID+ADPT(NCT)
7	连接的电罗经数量及形式	独立的两套电罗经
0	操舵台形式	台式
A	电罗经型号	TG-8000
DM	舵机控制系统形式	三菱重工业有限公司生产的单回路力矩马达控制型舵机
S	最大操舵角度	35°
S	舵的数量	单舵
4	力矩马达数量	4

1. 航向控制

PR-9000 自动舵主要由型号为 HCS-9000 的航向控制系统(heading control system，HCS)和型号为 SGCS-9000 的舵机控制系统(steering gear control system)组成。详细型号为 HCS-9000-A、SGCS-9000-DM-SS4。

航向控制系统(HCS-9000-A)通过自动计算向舵机控制系统(SGCS-9000-DM-SS4)发送控制信号，从而使船舶实际航向能够跟随设定航向。它具有两种控制模式：航向保持模式与航向变化模式。航向保持模式克服风、浪、流等的影响而使船舶实际航向与设定航向保持一定角度，从而达到航向控制的目的；航向变化模式用于船舶以一定旋回半径做旋回时的航向控制。从控制算法上来说，航向控制系统具有两种控制方式：PID 与自适应控制。PID 由操舵者手动设定控制参数；而自适应控制可根据船速、装载情况等因素自动选择最优控制参数。

舵机控制系统通过控制舵机电动液压机构的电磁阀来实现保持或改变航向的操作，主要由驾驶室操舵台和安装于舵机间的舵机控制单元组成，操舵台与控制单元之间的控制电缆以及舵机动力电缆均单独敷设，且尽可能远离，以保证在出现火灾等其他事故时操舵的可靠性。

舵机控制系统有两种控制方式，一种是随动(follow up，FU)控制，包括航向控制(heading control，HC)模式、舵轮(helm)控制模式、遥控(RC)模式(驾驶室发送操舵命令给舵机，当达到舵令舵角时舵叶即停止运动)。舵的实际位置由舵角反馈单元负责检测并发送至舵机控制系统，舵机控制系统根据舵令与舵角反馈信号通过电磁阀控制舵机动作。另一种为非随动(NFU)控制，一般作为随动控制发生故障时的替代操舵控制方式或应急操舵。非随动操作杆直接控制电磁阀或力矩马达动作，当操作杆向左或向右时，舵机液压缸在液压的作用下推动舵叶向左舷或右舷运动，松开时操作杆会在弹簧的作用下回中，舵也将即刻停止运动。

PR-9000 主显示屏可监视自动舵的控制状态以及传感器信息，并具有偏航报警功能，报警信号会传送给 VDR 等相关外部设备。图 2-4 为液晶显示屏主页面。其中：

(1)操舵模式：包括航向控制模式、航迹控制模式、先进节能控制(advanced control for ecology，ACE)模式、人工(hand)模式、遥控模式、非随动模式。

(2)报警数量。

(3)实际航向：显示实际航向以及在用航向传感器(电罗经)。

(4)设定航向。

(5)显示舵令：实际舵角以及回转率。

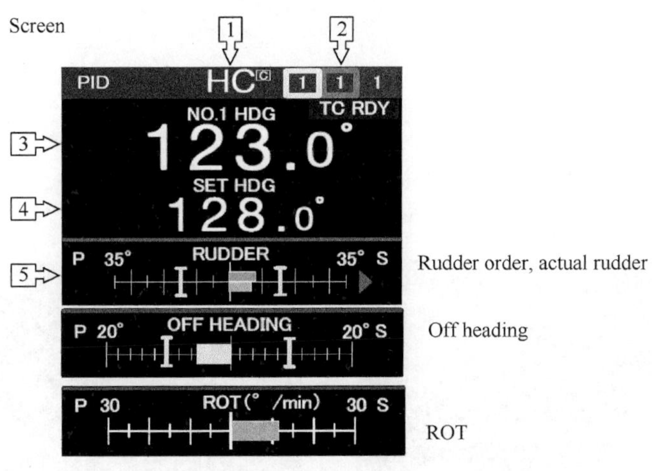

图 2-4　PR-9000 液晶显示屏主页面

图 2-5 为航向控制页面。其中：

(1)控制方式：PID 和自适应控制 ADPT。

(2) 控制模式：航向保持 K，航向变化 C。

(3) 航迹控制已经准备好。

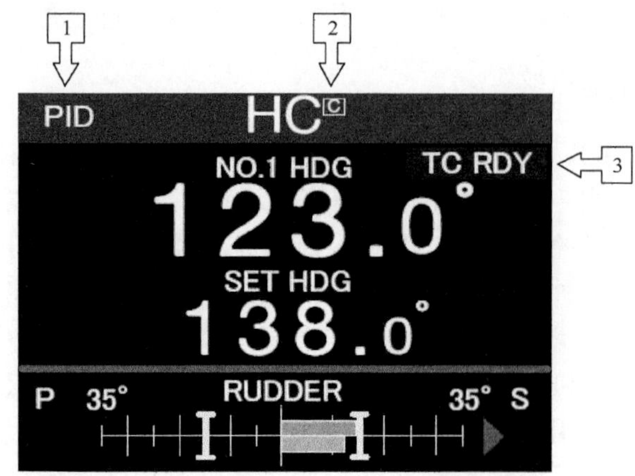

图 2-5　航向控制页面

图 2-6 为节能控制页面，其中：

(1) ACE 控制模式：直线航行“STRAIGHT”与变向“CHANGE”。

(2) 实际航向：显示实际航向以及使用的航向传感器(电罗经)。

(3) 设定航线。

(4) 偏航距离：显示船舶偏离设定航线的垂直距离(m)以及偏离方向(左或右)。

(5) 流：实时显示海流状况。

(6) ACE 航行时间。

(7) 偏航距离界限。

(8) ECO 显示。

(9) 设定航向。

(10) 补偿舵角：显示根据当前状况系统计算出的补偿舵角。

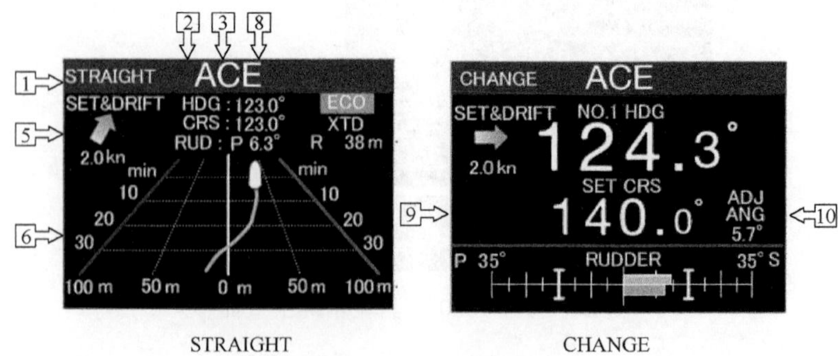

图 2-6　节能控制页面

2. 航迹控制

船舶在航行过程中受到风、浪、流等因素的影响会偏离设定航线，采取控制措施使船舶按照设定航线航行即为航迹控制，PR-9000 自动舵与 TKC EC-8000 系列电子海图显示与信息系统是本船航迹控制系统(track control system，TCS)的核心组成部分，如图 2-7 所示。

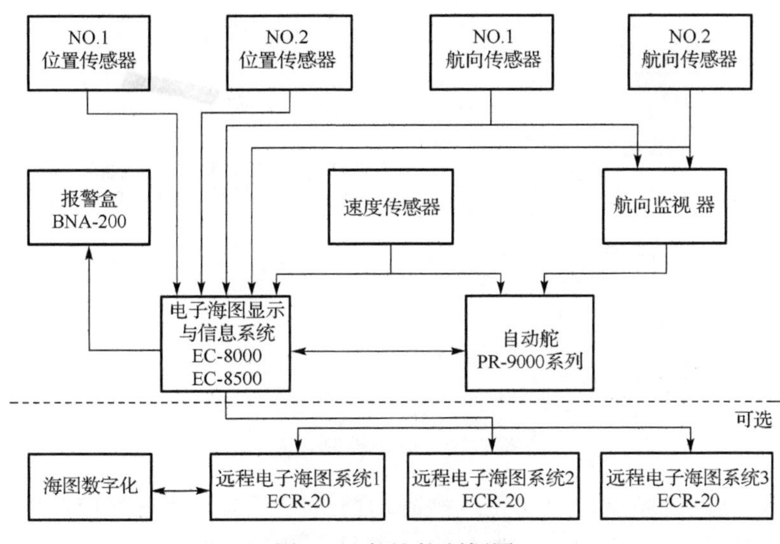

图 2-7　航迹控制框图

航迹控制主要在 EC-8000 上进行操作，控制操作步骤如图 2-8 所示。

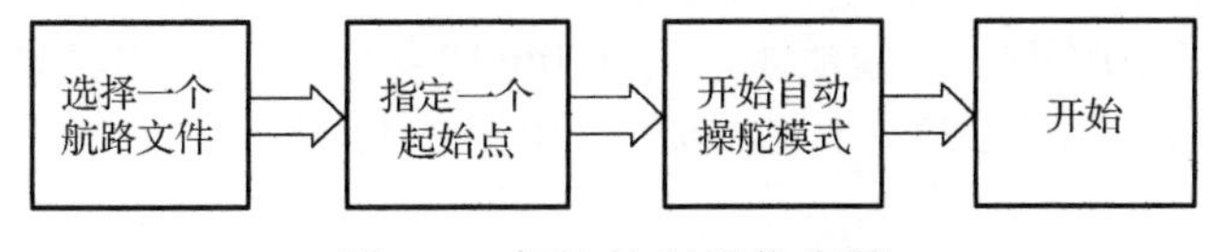

图 2-8　航迹控制操作步骤

图 2-9 为航迹控制页面，图 2-10 为航迹控制详图。其中：

(1) 航迹控制模式：有直线和曲线两种模式，前者控制船舶沿直线航行，后者使船舶在各个航路点附近按曲线航行。

(2) 偏航距离：显示船舶偏离设定航线的垂直距离(m)以及偏离方向(左或右)。

(3) 航迹控制激活：表示自动舵与 ECDIS 共同执行航迹控制。

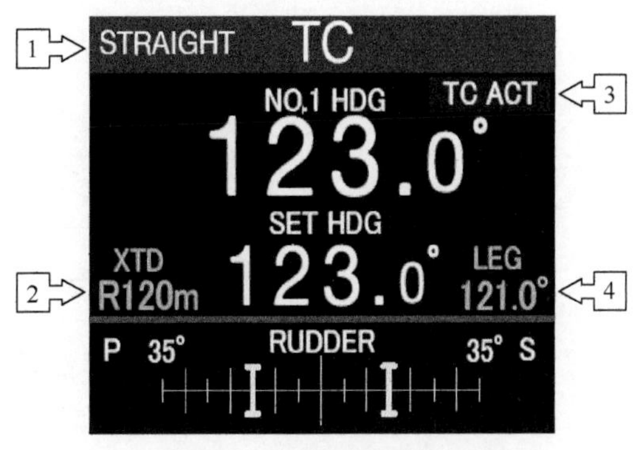

图 2-9　航迹控制页面

(4) 设定航线：在直线模式下显示船舶与航迹控制起始点设定的直线航线，在曲线模式下显示与下一个航路点之间设定的曲线航线。

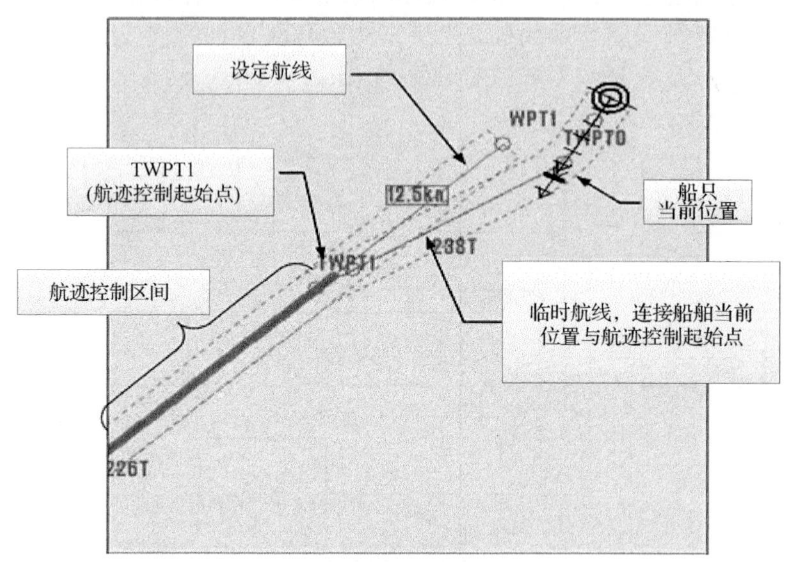

图 2-10　航迹控制详图

为提高航迹控制精度，可对系统控制增益进行调整，有三种控制增益可调整，分别为控制航向的舵机数量、控制航向压舵量以及偏航距离(cross track distance，XTD)增益。根据风、浪、流等因素调整增益将会大大提高航迹控制精度。对于 XTD 增益共有 5 种等级，从弱到强依次为无(NONE)、低(LOW)、中(MIDDLE)、正常(NORMAL)以及高(HIGH)。当偏航距离为 100m 时其航向调整角度分别为 LOW-1.5°、MIDDLE-3°、NORMAL-4.5°、HIGH-6°，如图 2-11 所示。

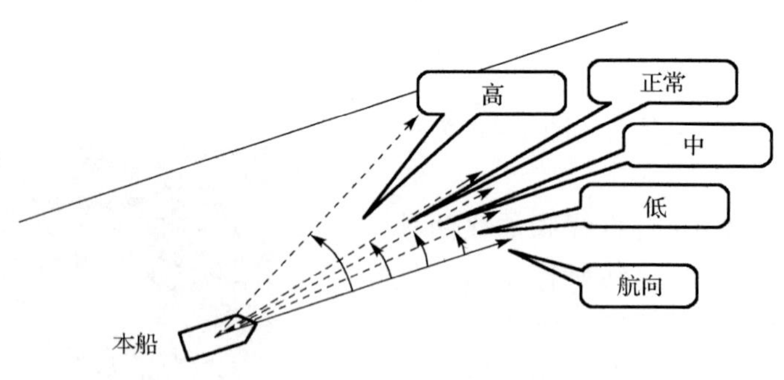

图 2-11　XTD 增益调整

“reach”到达设定也会影响航迹控制精度，如图 2-12 所示。当一段设定航线上有“短到达”时，船舶将在设定航线外侧进行回转；而当设定航线上有“长到达”

时，船舶将在设定航线内侧进行回转，适当的到达设定将会极大地提高航迹控制精度，提高船舶航行的经济性。

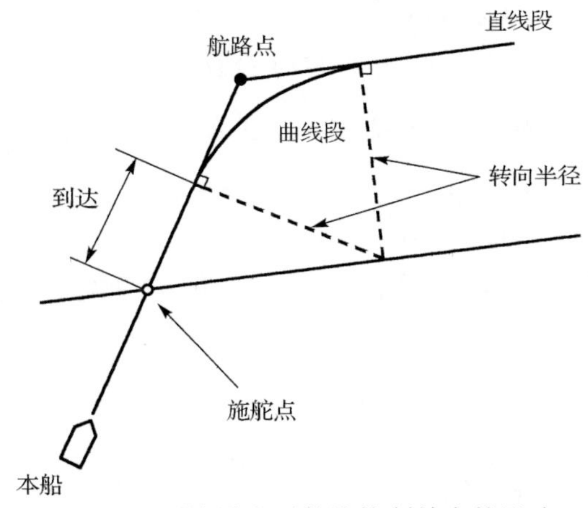

图 2-12　到达设定对航迹控制精度的影响

2.2　水面船舶操纵运动数学模型

2.2.1　标准的三自由度船舶平面运动数学模型

船舶运动数学模型是研究船舶运动控制问题的基础。船舶平面运动用纵荡、横荡和艏摇三个自由度进行表示，如图 2-13 所示，选取运动学和动力学变量分别为 $\eta=(x,y,\psi)^{\mathrm{T}}$ 和 $\upsilon=[u,v,r]^{\mathrm{T}}$。船舶平面运动数学模型是由船舶六自由度运动方程在以下三点假设条件得到的[11]：

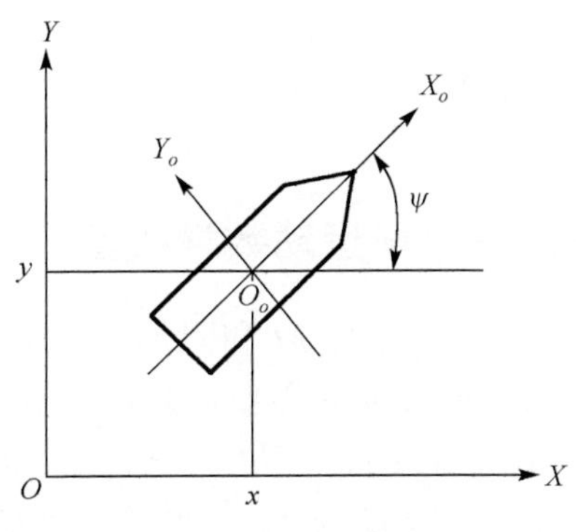

图 2-13　船舶平面运动

(1) 忽略船舶横摇、纵摇和垂荡三个自由度的运动；

(2) 船舶质量均匀分布，并且船舶关于 xz 轴对称；

(3) 重心和浮力中心位于与 z 轴垂直的方向上。

三自由度船舶运动数学模型可用式(2-1)表示：

$$\begin{cases}\dot{\eta}=J(\eta)\upsilon \\ M\dot{\upsilon}=C(\upsilon)\upsilon-(D+D_n(\upsilon))\upsilon+\tau+d\end{cases} \tag{2-1}$$

式中，矩阵 $J(\eta)$、M、$C(\upsilon)$、D 和 $D_n(\upsilon)$ 分别为

$$J(\eta)=\begin{bmatrix}\cos\psi & -\sin\psi & 0 \\ \sin\psi & -\cos\psi & 0 \\ 0 & 0 & 1\end{bmatrix},\quad M=\begin{bmatrix}m-X_{\dot{u}} & 0 & 0 \\ 0 & m-Y_{\dot{v}} & mx_g-Y_{\dot{r}} \\ 0 & mx_g-Y_{\dot{r}} & I_z-N_{\dot{r}}\end{bmatrix}$$

$$D=-\begin{bmatrix}X_u & 0 & 0 \\ 0 & Y_v & Y_r \\ 0 & N_v & N_r\end{bmatrix},C(\upsilon)=\begin{bmatrix}0 & 0 & -m(x_g r+v)+Y_{\dot{v}}v+Y_{\dot{r}}r \\ 0 & 0 & mu-X_{\dot{u}}u \\ m(x_g r+v)-Y_{\dot{v}}v-Y_{\dot{r}}r & -mu+X_{\dot{u}}u & 0\end{bmatrix}$$

$$D_n(\upsilon)=\begin{bmatrix}X_{|u|u}|u| & 0 & 0 \\ 0 & Y_{|v|v}|v|+Y_{|r|v}|r| & Y_{|v|r}|v| \\ 0 & N_{|v|v}|v|+N_{|r|v}|r| & N_{|v|r}|v|+N_{|r|r}|r|\end{bmatrix}$$

其中，各符号的含义参见文献[17]。

考虑一艘欠驱动水面船舶，船舶在横向方向上没有直接驱动，即船舶没有装配侧推器，或是船舶在高速行驶过程中不使用侧推器，此时的船舶推进力和力矩向量 τ 为

$$\tau=[\tau_u,0,\tau_r]^{\mathrm{T}} \tag{2-2}$$

式中，τ_u 和 τ_r 分别为作用在横向和艏摇方向上的力。

外界环境干扰向量 d 为

$$d=[d_1,d_2,d_3]^{\mathrm{T}} \tag{2-3}$$

式中，d_1 和 d_2 分别为作用在横向和纵向方向上的干扰力；d_3 为作用在艏摇方向上的力矩。

2.2.2　简化的三自由度船舶平面运动数学模型

对式(2-1)进行简化，忽略惯性矩阵 M 和阻尼矩阵 D 的非对角元素的影响，不考虑非线性阻尼项 $D_n(\upsilon)$，以上条件成立需要满足船舶在三个轴平面对称。实际中，多数船舶都是左右舷对称，并且在平面运动中不需要考虑船舶上下对称。如果船舶前后非对称，则意味着惯性矩阵和阻尼矩阵的非对角元素是非零的。同时忽略风、浪、流引起的外界环境干扰，则可得到简化的三自由度船舶平面运动数学模型[12]：

$$\begin{cases}\dot{\eta}=J(\eta)\upsilon \\ M\dot{\upsilon}=-C(\upsilon)\upsilon-D\upsilon+\tau\end{cases} \tag{2-4}$$

式中，矩阵 $J(\eta)$ 、M、 $C(\upsilon)$ 和 D 分别为

$$J(\eta)=\begin{bmatrix}\cos\psi & -\sin\psi & 0\\ \sin\psi & -\cos\psi & 0\\ 0 & 0 & 1\end{bmatrix},\quad M=\begin{bmatrix}m_{11} & 0 & 0\\ 0 & m_{22} & 0\\ 0 & 0 & m_{33}\end{bmatrix}$$

$$C(\upsilon)=\begin{bmatrix}0 & 0 & -m_{22}v\\ 0 & 0 & m_{11}u\\ m_{22}v & -m_{11}u & 0\end{bmatrix},\quad D=\begin{bmatrix}d_{11} & 0 & 0\\ 0 & d_{22} & 0\\ 0 & 0 & d_{33}\end{bmatrix}$$

并且， $m_{11}=m-X_{\dot{u}}$ ， $m_{22}=m-Y_{\dot{v}}$ ， $m_{33}=I_z-N_{\dot{r}}$ ， $d_{11}=-X_u$ ， $d_{22}=-Y_v$ ， $d_{33}=-N_r$ 。

推进力和力矩向量 τ 为

$$\tau=[\tau_u,0,\tau_r]^{\mathrm{T}} \tag{2-5}$$

式(2-4)中的船舶运动学和动力学方程也可写为

$$\begin{cases}\dot{x}=u\cos\psi-v\sin\psi\\ \dot{y}=u\sin\psi+v\cos\psi\\ \dot{\psi}=r\end{cases} \tag{2-6}$$

$$\begin{cases}\dot{u}=\dfrac{m_{22}}{m_{11}}vr-\dfrac{d_{11}}{m_{11}}u+\dfrac{1}{m_{11}}\tau_u\\ \dot{v}=-\dfrac{m_{11}}{m_{22}}ur-\dfrac{d_{22}}{m_{22}}v\\ \dot{r}=-\dfrac{m_{11}-m_{22}}{m_{33}}uv-\dfrac{d_{33}}{m_{33}}r+\dfrac{1}{m_{33}}\tau_r\end{cases} \tag{2-7}$$

2.3 “育鲲”轮船舶运动数学模型仿真算例

“育鲲”轮是大连海事大学教学实习船，基本船型参数为：总长 116m，型宽 18m，型深 8.35m，设计吃水 5.4m，总吨位 6000t，航速 18kn，持续航行能力 10000n mile (1n mile=1.852km)。该船具有良好的航海性能和安全性，设置综合船桥系统、AUTO-0 级机舱自动监控系统、装备可调螺距螺旋桨、轴带发电机、柴油发电机组、艏侧推器和收放式减摇鳍。

利用鲁棒 PID 控制器的参数确定方法，结合图 2-14 搭建的模型框图进行仿真实验。

“育鲲”轮模型为 $G(s)=0.31/(62.38m^2+s)$，根据 k_p、k_i 和 k_d 值，并结合海浪模拟干扰，并调整 PID 各参数，给出航向仿真曲线和舵角仿真曲线。其中舵角的范围控制在−35°～+35°，航向要稳定在设计的 10°方向上。

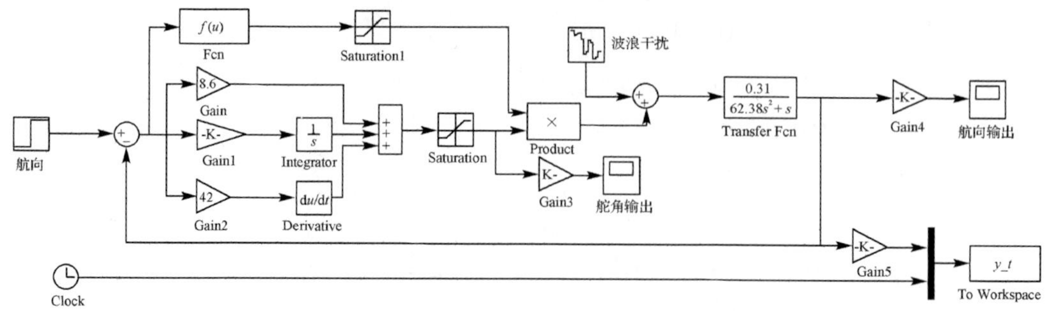

图 2-14 “育鲲”轮运动 Simulink 仿真框图

在改变系统特性而需要调整参数时，PID 的每个参数变化都影响系统响应，结果使该船舶航向控制系统的特性发生变化。k_p 加大会使系统的响应速度加快，减小系统稳态误差，从而提高系统的控制精度，太小又会使系统动作缓慢；增大积分时间常数有利于减少超调，减少振荡，使系统更稳定，太小会降低系统的稳定性；微分时间常数偏大和偏小时，系统超调量都较大，调节时间长。当 k_p=6.45，k_i=0，k_d=402.45(波浪干扰为 0.01)(PID 参数 1)时航向的仿真曲线，如图 2-15 所示。

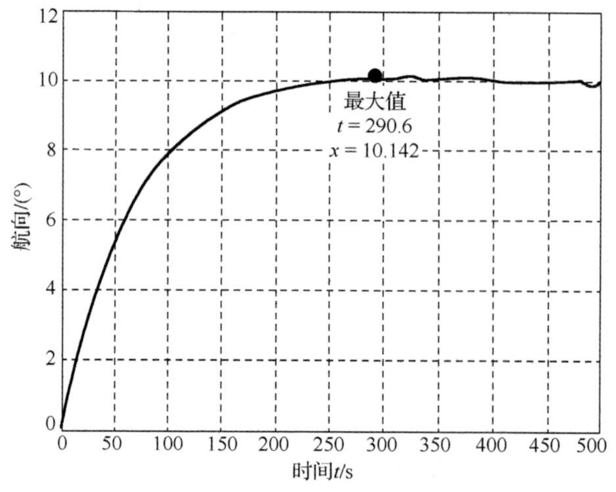

图 2-15 航向仿真曲线(PID 参数 1)

航向达到稳定的时间大于 100s，不符合船舶控制要求。因此，需要不断调整各参数，使之达到理想的结果。调整参数时，应该先把波浪干扰断开或者设为零，达到满意的结果后，再加波浪干扰。调整 PID，当 k_p=5，k_i=0，k_d=100(波浪干扰为 0.00)(PID 参数 2)时航向的仿真曲线，如图 2-16 所示。

仿真曲线无超调，但是航向达到稳定的时间依然没有满足要求，不符合船舶控制要求，需要重新调整参数。调整 PID，当 k_p=4.5，k_i=0，k_d=50(波浪干扰为 0.00)(PID 参数 3)时航向和舵角的仿真曲线分别如图 2-17 和图 2-18 所示。

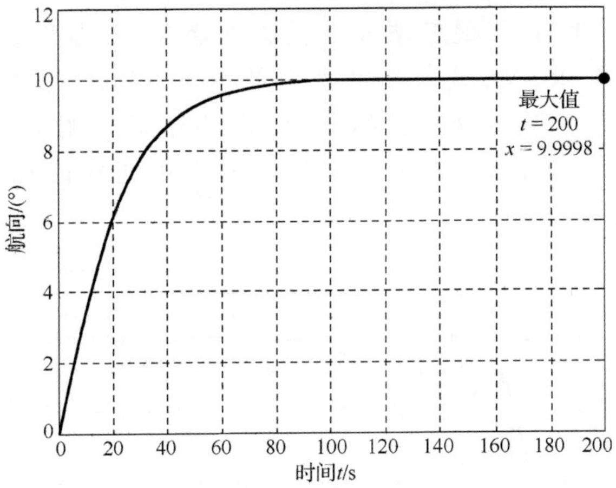

图 2-16　航向仿真曲线(PID 参数 2)

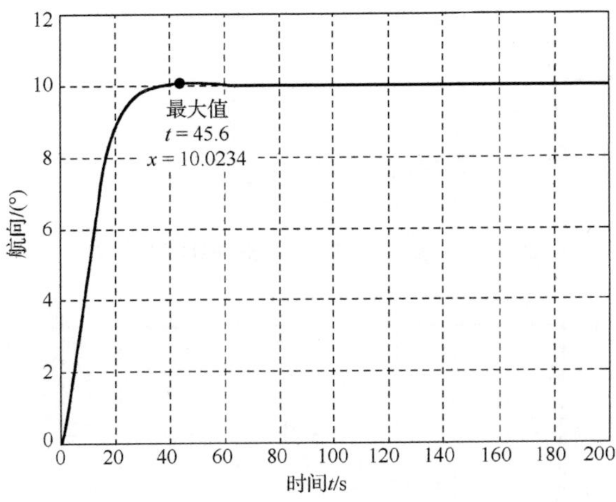

图 2-17　航向仿真曲线(PID 参数 3)

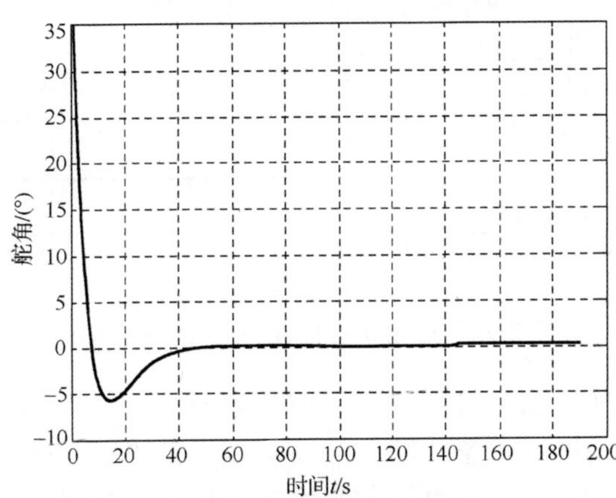

图 2-18　舵角仿真曲线图(PID 参数 3)

航向达到稳定的时间和跟踪精度均已达到要求，但是舵角的仿真曲线显示，舵角的大小不符合要求，其最大值超过了限定值 35°。因此，需要进一步把参数 k_d 调小，再适当地增加 k_i 最终达到满意的结果。调整 PID，当 k_p=3.6、k_i=0.000001、k_d=42(波浪干扰为 0.00)(PID 参数 4)时航向和舵角的仿真曲线分别如图 2-19 和图 2-20 所示。

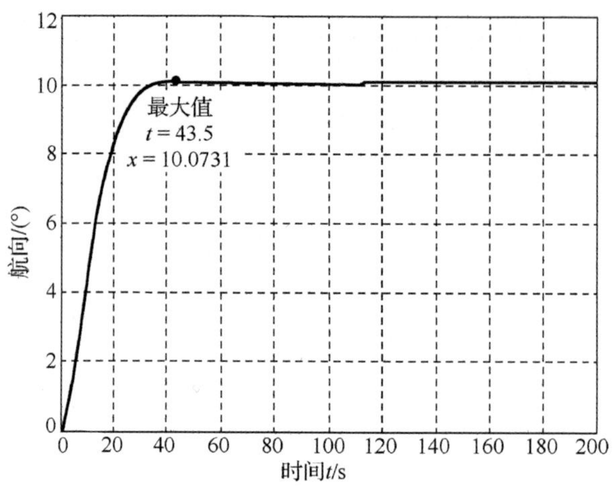

图 2-19　航向仿真曲线图(PID 参数 4)

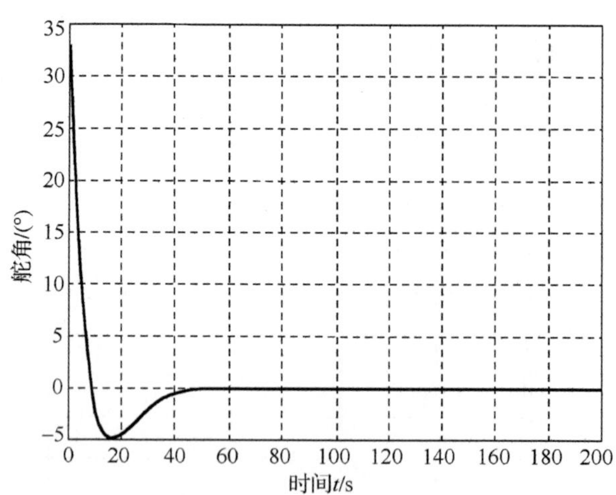

图 2-20　舵角仿真曲线图(PID 参数 4)

航向达到稳定的时间已经符合要求，舵角也符合要求，并且曲线没有超调，说明参数已经基本调整成功。调整 PID，当 k_p=3.6、k_i=0.000001、k_d=42(波浪干扰为 0.01)(PID 参数 5)时航向和舵角的仿真曲线分别如图 2-21 和图 2-22 所示。

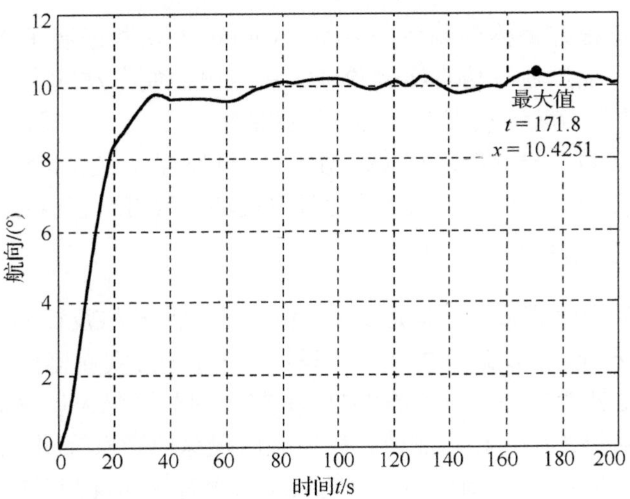

图 2-21　航向仿真曲线图(PID 参数 5)

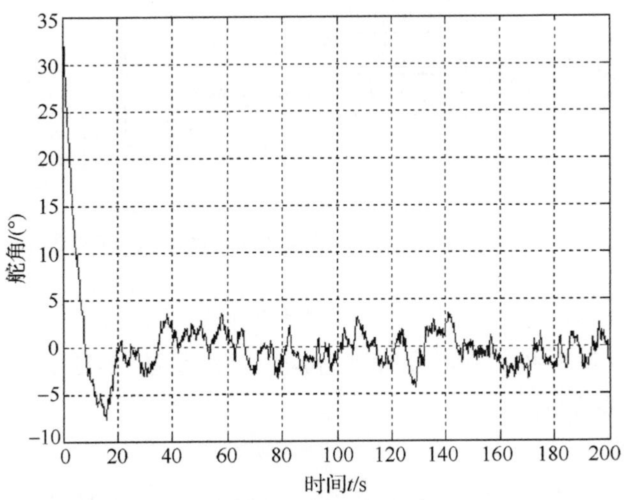

图 2-22　舵角仿真曲线图(PID 参数 5)

2.4　船舶自动舵智能控制算法

2.4.1　船舶航迹跟踪 Backstepping 鲁棒控制

以下将由风、浪、流引起的外部环境扰动视为作用在船舶上的未知时变的力和力矩，同时考虑含有科氏向心矩阵、非线性阻尼项的船舶运动数学模型，构造扰动观测器，用于补偿扰动对系统的影响；并将该观测器与矢量 Backstepping 方法[13,14]

相结合，设计航迹跟踪鲁棒控制律，借助 Lyapunov 函数证明了闭环系统中所有信号一致最终有界，最后通过仿真实例验证了所提出控制方法的有效性。

假设：船舶的参考航迹 η_d 是光滑的，且存在有界的一阶、二阶导数 $\dot{\eta}_d$ 和 $\ddot{\eta}_d$。控制目标：针对系统(2-1)，设计航迹跟踪控制律 τ，使得船舶位置和艏向角 $\eta(t)$ 跟踪任意光滑的参考航迹 $\eta_d(t)$，同时保证航迹跟踪控制闭环系统内所有信号一致最终有界。

1. 船舶航迹跟踪控制律设计

根据船舶运动数学模型的结构形式，注意到其满足严格反馈系统的定义[15,16]，因此可以用 Backstepping 方法进行控制律的设计。设计干扰观测器估计未知时变的外部环境扰动，目的是补偿扰动对系统的影响，并将该观测器与矢量 Backstepping 方法相结合，设计船舶航迹跟踪鲁棒控制律。船舶航迹跟踪控制系统的示意图如图 2-23 所示。系统主要包含两部分：受到外部扰动的船舶和含有扰动观测器的航迹跟踪控制律。

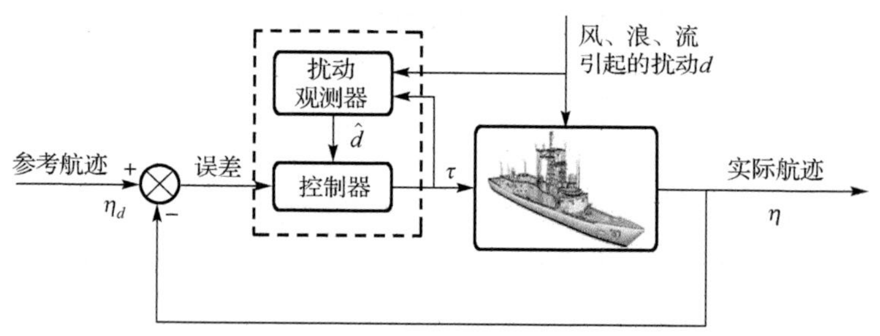

图 2-23　船舶航迹跟踪控制系统的示意图

1) 自适应扰动观测器设计

根据一般非线性系统的观测器设计方法，针对系统(2-1)中的未知扰动向量 d，构造自适应扰动观测器：

$$\hat{d} = \beta + KM\upsilon \tag{2-8}$$

$$\dot{\beta} = -K_0\beta + K_0[-C(\upsilon)\upsilon - D(\upsilon)\upsilon + \tau + K_0 M\upsilon] \tag{2-9}$$

式中，$\hat{d}$ 是扰动的估计值；$K_0 \in \mathbf{R}^{3\times3}$ 是正定对称的观测器增益矩阵；$\beta \in \mathbf{R}^3$ 为由式(2-9)产生的辅助中间向量。

定义观测器的误差向量 $\tilde{d} = [\tilde{d}_1, \tilde{d}_2, \tilde{d}_3]^{\mathrm{T}}$

$$\tilde{d} = d - \hat{d} \tag{2-10}$$

$$\begin{aligned}\dot{\hat{d}}(t) &= \dot{\beta} + KM\dot{\upsilon} \\ &= -K_0\beta - K_0[-C(\upsilon)\upsilon - D(\upsilon)\upsilon + \tau + K_0M\upsilon] + K_0[-C(\upsilon)\upsilon - D(\upsilon)\upsilon + \tau + d] \\ &= K_0[d - (\beta + K_0M\upsilon)] = K_0(d - \hat{d}) = K_0\tilde{d}\end{aligned} \tag{2-11}$$

进行时间求导，并考虑式(2-11)得到

$$\dot{\tilde{d}} = \dot{d} - \dot{\hat{d}} = \dot{d} - K_0\tilde{d} \tag{2-12}$$

选择 Lyapunov 预选函数

$$V_e = \frac{1}{2}\tilde{d}^{\mathrm{T}}\tilde{d} \tag{2-13}$$

对式(2-13)关于时间求导

$$\dot{V}_e = \tilde{d}^{\mathrm{T}}\dot{\tilde{d}} = \tilde{d}^{\mathrm{T}}\dot{d} - \tilde{d}^{\mathrm{T}}K_0\tilde{d} \tag{2-14}$$

考虑到不等式

$$\tilde{d}^{\mathrm{T}}\dot{d} \leqslant \varepsilon\tilde{d}^{\mathrm{T}}\tilde{d} + \frac{1}{4\varepsilon}\dot{d}^{\mathrm{T}}\dot{d} \tag{2-15}$$

式中，ε 为正常数，可得

$$\dot{V}_e \leqslant -\lambda_{\min}(K_0)\tilde{d}^{\mathrm{T}}\tilde{d} + \varepsilon\tilde{d}^{\mathrm{T}}\tilde{d} + \frac{1}{4\varepsilon}\dot{d}^{\mathrm{T}}\dot{d} \leqslant -2\left[\lambda_{\min}(K_0) - \varepsilon\right]V_e + \frac{C_d^2}{4\varepsilon} \leqslant -\mu_0 V_e + C_0 \tag{2-16}$$

式中

$$\mu_0 = 2[\lambda_{\min}(K_0) - \varepsilon] > 0 \tag{2-17}$$

$$C_0 = \frac{C_d^2}{4\varepsilon} > 0 \tag{2-18}$$

、

$$\lambda_{\min}(K_0) - \varepsilon > 0 \tag{2-19}$$

经过证明分析可以得到如下定理。

定理 2-1　扰动观测器(式(2-8)和式(2-9))保证干扰估计收敛于中心在原点、半径为 $R_d = C_d\Big/\left[2\sqrt{\varepsilon(\lambda_{\min}(K_0) - \varepsilon)}\right]$ 的球域内，同时在满足条件 $\lambda_{\min}(K_0) - \varepsilon > 0$ 的情况下适当地调节设计矩阵 K_0 和设计参数 ε，可以使得估计误差任意小。

证明过程详见本章参考文献[17]。

2) 控制律设计及稳定性分析

设船舶的期望位置和艏向角为 $\eta_d = [x_d, y_d, \psi_d]^{\mathrm{T}}$。首先定义两个误差向量：

$$\eta_e = \eta - \eta_d \tag{2-20}$$

$$\chi_e = \upsilon - \chi_1 \tag{2-21}$$

式中，χ_e 为虚拟镇定函数向量；υ 为虚拟控制向量；χ_1 为稳定函数向量。控制律的设计分为两步。

(1) 对式(2-20)两边关于时间求导

$$\dot{\eta}_e = \dot{\eta} - \dot{\eta}_d = J(\psi)\chi_e + J(\psi)\chi_1 - \dot{\eta}_d \tag{2-22}$$

选择 Lyapunov 预选函数

$$V_1=\frac{1}{2}\eta_e^{\mathrm{T}}\eta_e \tag{2-23}$$

对式(2-23)关于时间求导，同时将式(2-22)代入，可得

$$\dot{V}_1=\eta_e^{\mathrm{T}}\dot{\eta}_e=\eta_e^{\mathrm{T}}\left[J(\psi)\chi_1-\dot{\eta}_d\right]+\eta_e^{\mathrm{T}}J(\psi)\chi_e \tag{2-24}$$

选择镇定函数向量

$$\chi_1=J^{-1}(\psi)(-C_1\eta_e+\dot{\eta}_d) \tag{2-25}$$

式中，$C_1\in\mathbf{R}^{3\times3}$ 为正定对称的设计参数矩阵。

将式(2-25)代入式(2-24)，可得

$$\dot{V}_1=\eta_e^{\mathrm{T}}\left[J(\psi)J^{-1}(\psi)(-C_1\eta_e+\dot{\eta}_d)-\dot{\eta}_d\right]+\eta_e^{\mathrm{T}}J(\psi)\chi_e=-\eta_e^{\mathrm{T}}C_1\eta_e+\eta_e^{\mathrm{T}}J(\psi)\chi_e \tag{2-26}$$

耦合项 $\eta_e^{\mathrm{T}}J(\psi)\chi_e$ 将在下一步中消除。

(2) 根据式(2-1)和式(2-21)，可得

$$\dot{\chi}_e=\dot{\upsilon}-\dot{\chi}_1=M^{-1}\left[-C(\upsilon)\upsilon-D(\upsilon)\upsilon+\tau+d-M\dot{\chi}_1\right] \tag{2-27}$$

选择增广的 Lyapunov 预选函数

$$V_2=V_1+\frac{1}{2}\chi_e^{\mathrm{T}}M\chi_e^{\mathrm{T}}+\frac{1}{2}\tilde{d}^{\mathrm{T}}\tilde{d} \tag{2-28}$$

对式(2-28)两边求导，结合式(2-12)、式(2-26)和式(2-27)，有

$$\begin{aligned}\dot{V}_2&=\dot{V}_1+\chi_e^{\mathrm{T}}M\dot{\chi}_e^{\mathrm{T}}+\tilde{d}^{\mathrm{T}}\dot{\tilde{d}}\\&=-\eta_e^{\mathrm{T}}C_1\eta_e+\chi_e^{\mathrm{T}}\left[J^{\mathrm{T}}(\psi)\eta_e-C(\upsilon)\upsilon-D(\upsilon)\upsilon+\tau+d-M\dot{\chi}_1\right]-\tilde{d}^{\mathrm{T}}K_0\tilde{d}+\tilde{d}^{\mathrm{T}}\dot{d}\end{aligned} \tag{2-29}$$

设计控制律

$$\tau=C(\upsilon)\upsilon+D(\upsilon)\upsilon+M\dot{\chi}_1-J^{\mathrm{T}}(\psi)\eta_e-C_2\chi_e-\hat{d} \tag{2-30}$$

式中，$C_2\in\mathbf{R}^{3\times3}$ 为正定对称的设计参数矩阵。

依据式(2-20)和性质 $J^{-1}(\psi)=J^{\mathrm{T}}(\psi)$，计算 χ_1 的导数

$$\dot{\chi}_1=\dot{J}^{\mathrm{T}}(\psi)\left[-C_1(\eta-\eta_d)+\dot{\eta}_d\right]+J^{-1}(\psi)\left[-C_1(\dot{\eta}-\dot{\eta}_d)+\ddot{\eta}_d\right] \tag{2-31}$$

并考虑

$$\dot{J}(\psi)=\begin{bmatrix}-r\sin\psi & -r\cos\psi & 0\\ r\cos\psi & -r\sin\psi & 0\\ 0 & 0 & 0\end{bmatrix}=\begin{bmatrix}\cos\psi & -\sin\psi & 0\\ \sin\psi & \cos\psi & 0\\ 0 & 0 & 1\end{bmatrix}\begin{bmatrix}0 & -r & 0\\ r & 0 & 0\\ 0 & 0 & 0\end{bmatrix}=J(\psi)\begin{bmatrix}0 & -r & 0\\ r & 0 & 0\\ 0 & 0 & 0\end{bmatrix} \tag{2-32}$$

进一步可得

$$\dot{\chi}_1=\left[J(\psi)R(r)\right]^{\mathrm{T}}\left[-C_1(\eta-\eta_d)+\dot{\eta}_d\right]+J^{\mathrm{T}}(\psi)\left[-C_1(\dot{\eta}-\dot{\eta}_d)+\ddot{\eta}_d\right] \tag{2-33}$$

式中，$R(r)=\begin{bmatrix} 0 & -r & 0 \\ r & 0 & 0 \\ 0 & 0 & 0 \end{bmatrix}$为旋转矩阵。

将式(2-8)、式(2-20)、式(2-21)和式(2-33)代入式(2-30)，式(2-30)可以写成

$$\tau=-(MR^{\mathrm{T}}J^{\mathrm{T}}C_1+J^{\mathrm{T}}+C_2J^{\mathrm{T}}C_1)(\eta-\eta_d)+MJ^{\mathrm{T}}\ddot{\eta}_d \\ +(MR^{\mathrm{T}}J^{\mathrm{T}}+MJ^{\mathrm{T}}C_1+C_2J^{\mathrm{T}})\dot{\eta}_d+\left[C(\upsilon)+D(\upsilon)-MJ^{\mathrm{T}}C_1J-C_2-K_0M\right]\upsilon-\beta \tag{2-34}$$

将式(2-30)代入式(2-29)，有

$$\begin{aligned}\dot{V}_2&=-\eta_e^{\mathrm{T}}C_1\eta_e+\chi_e^{\mathrm{T}}[J^{\mathrm{T}}(\psi)\eta_e-C(\upsilon)\upsilon-D(\upsilon)\upsilon+C(\upsilon)\upsilon+D(\upsilon)\upsilon] \\ &\quad+\chi_e^{\mathrm{T}}[M\dot{\chi}_1-J^{\mathrm{T}}(\psi)\eta_e-C_2\chi_e-\hat{d}+d-M\dot{\chi}_1]-\tilde{d}^{\mathrm{T}}K_0\tilde{d}+\tilde{d}^{\mathrm{T}}\dot{d} \\ &=-\eta_e^{\mathrm{T}}C_1\eta_e+\chi_e^{\mathrm{T}}C_2\chi_e+\chi_e^{\mathrm{T}}\tilde{d}-\tilde{d}^{\mathrm{T}}K_0\tilde{d}+\tilde{d}^{\mathrm{T}}\dot{d}\end{aligned} \tag{2-35}$$

根据式(2-15)和下述不等式

$$\chi_e^{\mathrm{T}}\tilde{d}\leqslant\varepsilon_1\chi_e^{\mathrm{T}}\chi_e+\frac{1}{4\varepsilon_1}\tilde{d}^{\mathrm{T}}\tilde{d} \tag{2-36}$$

$$-\chi_e^{\mathrm{T}}C_2\chi_e\leqslant-\lambda_{\min}(C_2M^{-1})\chi_e^{\mathrm{T}}M\chi_e \tag{2-37}$$

式中，ε_1为正常数，结合式(2-35)，有

$$\begin{aligned}\dot{V}_2&\leqslant-\lambda_{\min}(C_1)\eta_e^{\mathrm{T}}\eta_e-\lambda_{\min}(C_2M^{-1})\chi_e^{\mathrm{T}}M\chi_e+\varepsilon_1\chi_e^{\mathrm{T}}\chi_e \\ &\quad+\frac{1}{4\varepsilon_1}\tilde{d}^{\mathrm{T}}\tilde{d}-\lambda_{\min}(K_0)\tilde{d}^{\mathrm{T}}\tilde{d}+\varepsilon\tilde{d}^{\mathrm{T}}\tilde{d}+\frac{1}{4\varepsilon}\dot{d}^{\mathrm{T}}\dot{d} \\ &\leqslant-2\min\left[\lambda_{\min}(C_1),\lambda_{\min}(C_2M^{-1})-\varepsilon_1\lambda_{\max}(M^{-1}),\lambda_{\min}(K_0)-\frac{1}{4\varepsilon_1}-\varepsilon\right]V_2+\frac{C_d^2}{4\varepsilon}\end{aligned} \tag{2-38}$$

式中

$$\lambda_{\min}(C_2M^{-1})-\varepsilon_1\lambda_{\max}(M^{-1})>0 \tag{2-39}$$

$$\lambda_{\min}(K_0)-\frac{1}{4\varepsilon_1}-\varepsilon>0 \tag{2-40}$$

经过上述分析，得到下面的定理。

定理 2-2　对于三自由度船舶运动数学模型(2-1)，在假设的情况下，遭受未知时变的环境扰动，设计含有自适应律(式(2-9))的控制律(式(2-34))，通过适当地选择参数 C_1、C_2、K_0 以及 ε、ε_1 满足式(2-39)和式(2-40)，能使船舶跟踪任意光滑的参考航迹，并保证闭环系统中所有信号一致最终有界。

证明过程详见文献[17]。

2. 仿真验证

为了验证设计控制律的有效性，以一艘长 1.255m、质量 23.8kg 的动力定位船

模作为被控对象进行计算机仿真验证。选择参考航迹：

$$\begin{cases} x_d = 2.5\sin(0.02t) \\ y_d = 2.5[1-\cos(0.02t)] \\ \psi_d = 0.01t \end{cases} \tag{2-41}$$

实验中，外部扰动分为恒值扰动和时变扰动两种情况。

1) 恒值扰动下航迹跟踪

引入作用在船模上的扰动向量 $d=[2\text{N},2\text{N},2\text{N}\cdot\text{m}]^{\text{T}}$，表示相应的外部扰动是由缓慢变化的风、浪、流引起的。设船舶的初始状态 $[x(0),y(0),\psi(0),u(0),v(0),r(0)]^{\text{T}}=[1\text{m},1\text{m},\pi/4,0\text{m/s},0\text{m/s},0\text{rad/s}]^{\text{T}}$，干扰观测器的初始状态 $\hat{b}(0)=[0,0,0]^{\text{T}}$。设置控制参数阵 $C_1=\text{diag}([0.05,0.05,0.05])$，$C_2=\text{diag}([120,120,120])$，$K_0=\text{diag}([2,2,2])$，这样，当 ε、ε_1 的值分别在 $0<\varepsilon<1.9741$、$0<\varepsilon_1<9.6509$ 范围内时，条件(2-39)和条件(2-40)成立。仿真结果如图 2-24～图 2-27 所示。

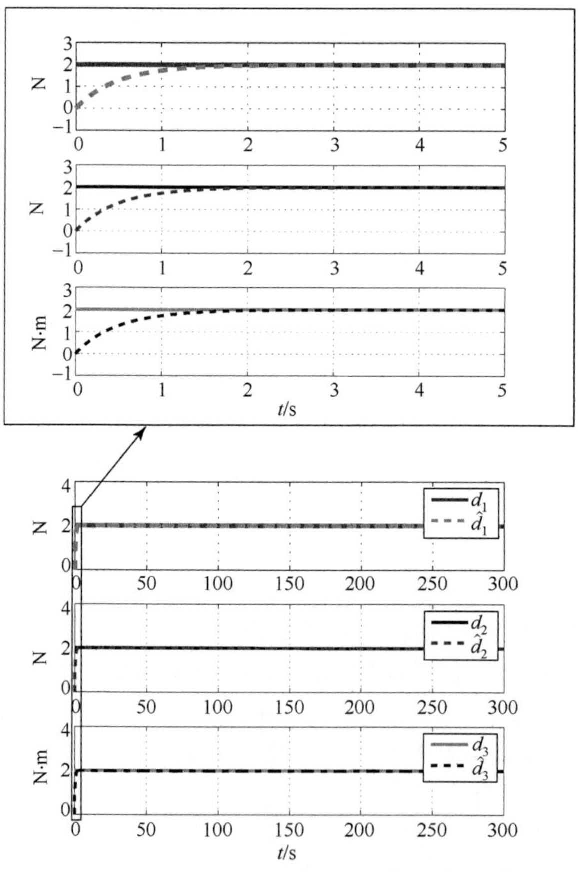

图 2-24　恒值扰动 d_1、d_2、d_3 及估计值 $\hat{d}_1$、$\hat{d}_2$、$\hat{d}_3$ 历时曲线

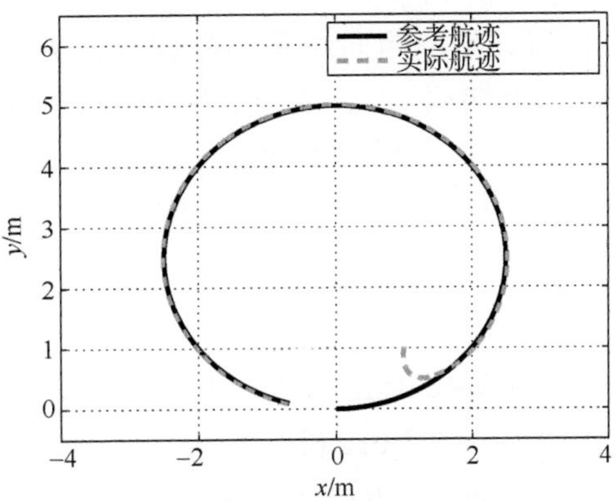

图 2-25　恒值扰动下 xy 平面内船舶参考航迹和实际航迹

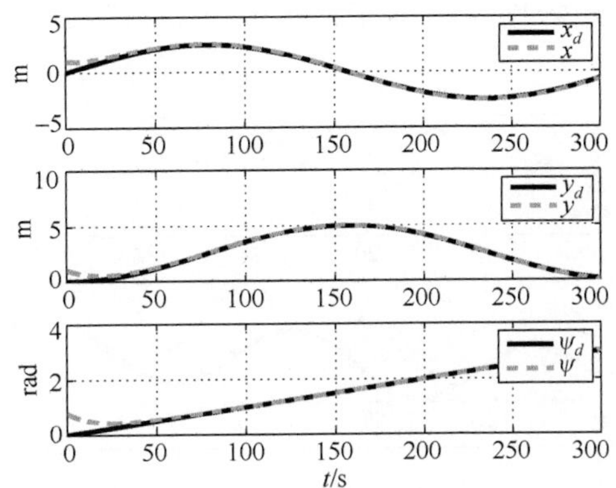

图 2-26　恒值扰动下参考航迹 $\eta_d=[x_d, y_d, \psi_d]^{\mathrm{T}}$ 和实际航迹 $\eta=[x, y, \psi]^{\mathrm{T}}$ 历时曲线

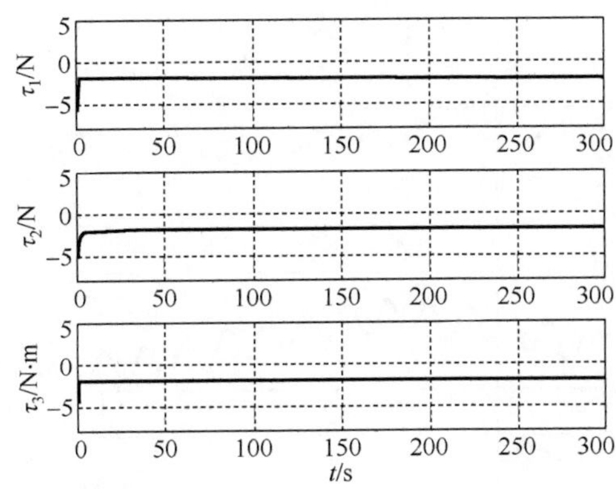

图 2-27　恒值扰动下前进控制力 τ_1、横移控制力 τ_2、艏摇控制力矩 τ_3 历时曲线

图 2-24 展示了恒值外部扰动及其估计值的历时曲线，表明观测器能提供未知恒值外部扰动估计值；图 2-25 表明设计控制律能驱动船舶沿着设计的参考航迹行驶；

进一步，图 2-26 为期望位置、期望艏向角和实际位置、实际艏向角的历时曲线，表明船舶在大约 40s 即能跟踪上期望航迹；图 2-27 为设计控制律产生的控制力和力矩的历时曲线。综合图 2-24～图 2-27 可以看出，正如定理 2-2 所述，航迹跟踪控制系统内所有信号一致最终有界。该仿真实验验证了所设计的控制律抑制未知恒值扰动的有效性。

2) 时变扰动下航迹跟踪

选择时变扰动向量 $d=\begin{bmatrix}[1.3+2.0\sin(0.02t)+1.5\sin(0.1t)]\mathrm{N}\\ [-0.9+2.0\sin(0.02t-\pi/6)+1.5\sin(0.3t)]\mathrm{N}\\ [-\sin(0.09t+\pi/3)-4\sin(0.01t)]\mathrm{N\cdot m}\end{bmatrix}$。为方便比较，与恒值扰动下航迹跟踪设置相同，即船舶的初始位置、初始速度等初始条件以及控制律的设计参数、参数矩阵均保持不变。仿真结果如图 2-28～图 2-31 所示。

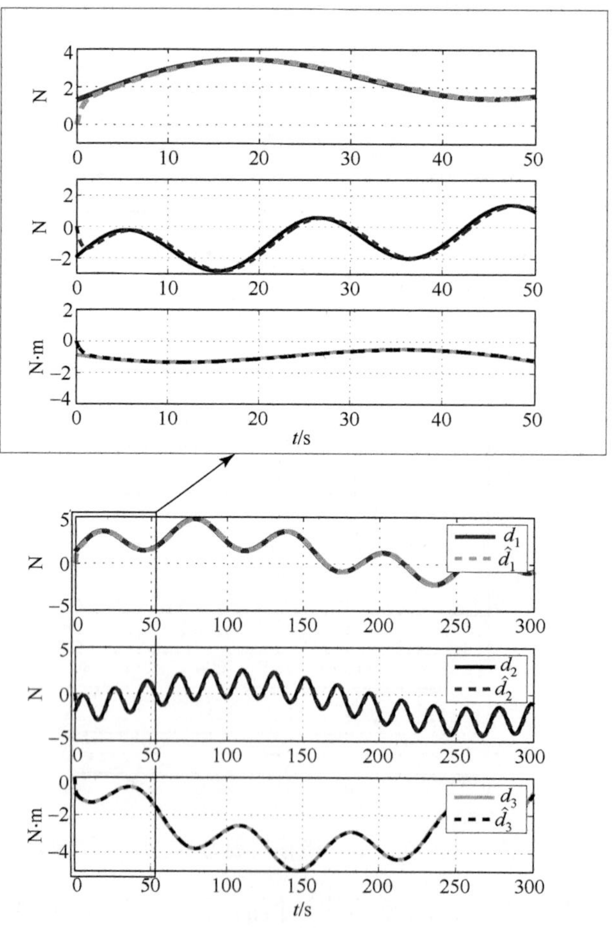

图 2-28　时变扰动 d_1、d_2、d_3 及估计值 $\hat{d}_1$、$\hat{d}_2$、$\hat{d}_3$ 历时曲线

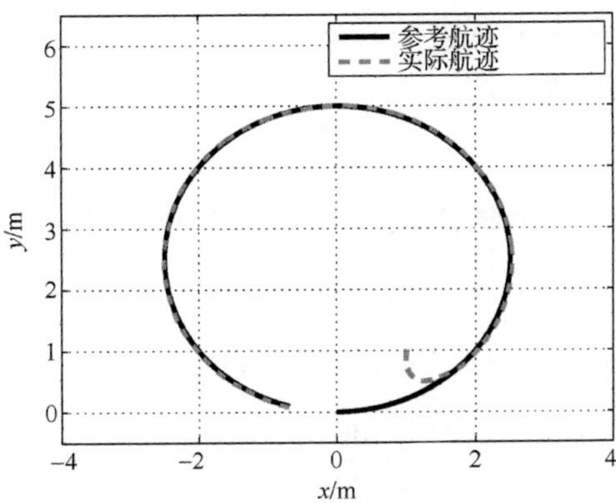

图 2-29　时变扰动下 xy 平面内船舶参考航迹和实际航迹

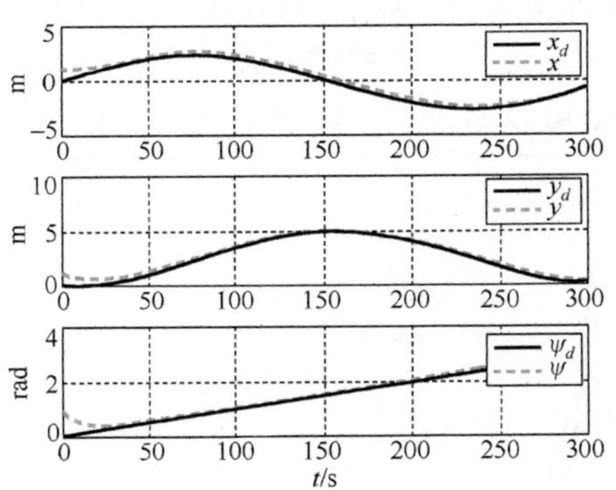

图 2-30　时变扰动下参考航迹 $\eta_d=[x_d,y_d,\psi_d]^{\mathrm{T}}$ 和实际航迹 $\eta=[x,y,\psi]^{\mathrm{T}}$ 历时曲线

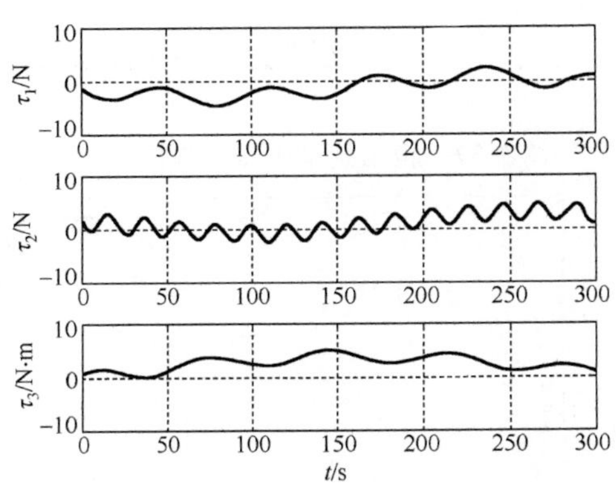

图 2-31　时变扰动下前进控制力 τ_1、横移控制力 τ_2、艏摇控制力矩 τ_3 历时曲线

图 2-28～图 2-31 仿真结果表明，在未知时变扰动的作用下，系统仍然表现出良好的跟踪性能。综合本节的计算机仿真结果可以看出，无论在恒值扰动还是在时变扰动作用下，构造的观测器均能给出扰动的估计，船舶均能克服外界扰动沿着设计

的航迹航行，同时闭环系统中所有信号均一致最终有界，达到了设计目的，显示了控制律对未知环境扰动的鲁棒性。

3）对比分析

将本节所述的控制律与文献[12]提出的控制律进行比较，其结构形式如下：

$$\begin{aligned}\tau_{\mathrm{cm}} = &-(MR^{\mathrm{T}}J^{\mathrm{T}}C_{\mathrm{cm}1}+J^{\mathrm{T}}+C_{\mathrm{cm}2}J^{\mathrm{T}}C_{\mathrm{cm}1})(\eta-\eta_d)+(MR^{\mathrm{T}}J^{\mathrm{T}}+MJ^{\mathrm{T}}C_{\mathrm{cm}1}+C_{\mathrm{cm}2}J^{\mathrm{T}})\dot{\eta}_d \\ &+MJ^{\mathrm{T}}\ddot{\eta}_d+\left[C(\upsilon)+D(\upsilon)-MJ^{\mathrm{T}}C_{\mathrm{cm}1}J-C_{\mathrm{cm}2}\right]\upsilon \\ &-K_{\mathrm{cm}}\int_0^t\left[\upsilon+J^{\mathrm{T}}C_{\mathrm{cm}1}(\eta-\eta_d)-J^{\mathrm{T}}\dot{\eta}_d\right]\mathrm{d}\zeta\end{aligned} \tag{2-42}$$

为方便比较，被控对象设置相同的初始条件，控制律 τ_{cm} 选择文献[12]中的控制参数：$C_{\mathrm{cm}1}$=diag([0.05,0.05,0.05])，$C_{\mathrm{cm}2}$=diag([120,120,120])，K_{cm}=diag([2,2,2])。

图 2-32 和图 2-33 分别展示了两种控制律在恒值扰动和时变扰动下的航迹跟踪性能比较曲线。由图 2-32 可以看出，考虑恒值扰动的船舶航迹跟踪控制系统在两种

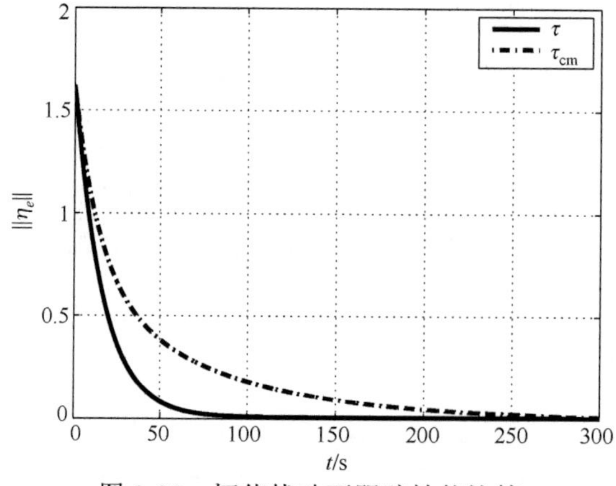

图 2-32　恒值扰动下跟踪性能比较

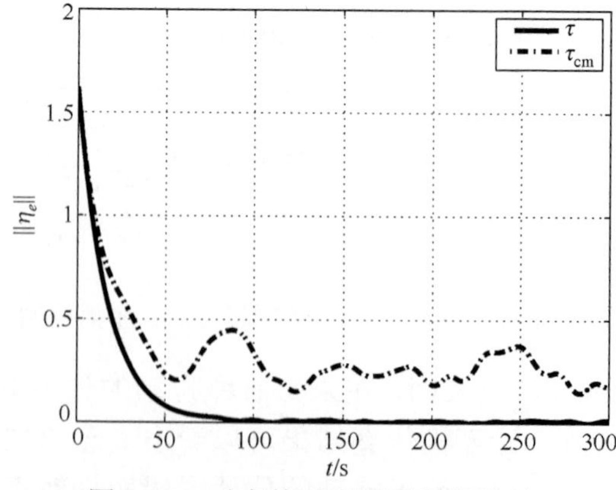

图 2-33　时变扰动下跟踪性能比较

控制律的分别作用下均表现出良好的动态和稳态响应性能；但是，由图 2-33 可以看出，在扰动为时变的情况下，所提出的控制律 τ 相比于 τ_{cm} 跟踪误差衰减更快、稳态误差更小，这主要是因为构造的观测器提供了未知扰动的估计，可降低扰动对系统的影响；相反，控制律 τ_{cm} 缺少对扰动项的补偿，从而导致了较大的跟踪误差。

2.4.2　船舶航迹保持分段鲁棒自适应切换镇定智能控制

考虑转船力矩对横向运动的影响，给出了一种分阶段鲁棒自适应切换镇定控制器设计方法[17]。首先采用基于滑模控制的神经网络稳定自适应控制方法，先不考虑船舶的横向运动，直接设计 2 输入 2 输出系统的鲁棒自适应控制器，使船舶的纵向位移和航向收敛到原点，船舶位置最终稳定在一条直线上，横向位移收敛到一个恒定值，并且降低了模型中参数的不确定性和环境干扰的影响。同时，为了使横向位移收敛到原点，设计了一种流形收敛控制器，使船舶的状态收敛到初始条件流形上，再通过神经网络自适应控制器把船舶各状态收敛到原点。仿真结果表明，虽然控制算法在两个控制器之间切换，但是船舶镇定轨迹没有出现振荡，能够取得令人满意的结果。

1. 控制器设计

1) 神经网络自适应控制器设计

由于欠驱动船舶只在纵向和转船方向上有直接驱动，因此在设计时，首先只考虑船舶在纵向和横向两个自由度的运动，从而设计一般的 2 输入 2 输出的船舶运动神经网络稳定自适应控制器，即使 $[x,\psi]^{\mathrm{T}} \to 0$。为了先不考虑横向运动，首先引入一个 2×3 的矩阵 I_2

$$I_2 = \begin{bmatrix} 1 & 0 & 0 \\ 0 & 0 & 1 \end{bmatrix} \tag{2-43}$$

使得 $I_2\eta = [x,\psi]^{\mathrm{T}}$。由式(2-1)可得

$$\upsilon = J^{-1}(\psi)\dot{\eta} \tag{2-44}$$

对 η 进行两阶微分并把式(2-1)和式(2-44)代入可得

$$\ddot{\eta} = \dot{J}(\psi)J^{-1}(\psi)\dot{\eta} + J(\psi)A(\upsilon)\upsilon + J(\psi)B\tau + J(\psi)B\tau_w \tag{2-45}$$

式中，τ_w 为动力学中的未建模不确定项，包含外界环境干扰和测量噪声等影响。

定义镇定误差为

$$\tilde{\eta} = \eta - \eta_d \tag{2-46}$$

式中，$\eta_d = [x_d, y_d, \psi_d]^{\mathrm{T}}$ 为船舶期望的位置和方向。

引入一个滑动模态

$$s = \Lambda I_2\tilde{\eta} + I_2\dot{\tilde{\eta}} \tag{2-47}$$

式中，$\Lambda = \mathrm{diag}[\lambda_1, \lambda_2]$，$\lambda_i > 0$，$i$=1,2。

对式(2-47)两边进行时间微分可得

$$\dot{s}=\Lambda I_2\dot{\tilde{\eta}}+I_2\dot{J}(\psi)J^{-1}(\psi)\dot{\eta}+I_2J(\psi)A(\upsilon)\upsilon+I_2J(\psi)B\tau_{\mathrm{nc}}+I_2J(\psi)B\tau_w-I_2\ddot{\eta}_d \tag{2-48}$$

式中，τ_{nc} 为神经网络稳定自适应控制律。

定义不确定函数 $f(\vartheta)$ 为

$$f(\vartheta)=-(I_2J(\psi)B)^{-1}(\Lambda I_2\dot{\tilde{\eta}}+I_2J(\psi)\upsilon+I_2J(\psi)A(\upsilon)\upsilon+I_2J(\psi)B\tau_w-I_2\ddot{\eta}_d) \tag{2-49}$$

式中，$\vartheta=[\eta^{\mathrm{T}},\upsilon^{\mathrm{T}},\dot{\tilde{\eta}}^{\mathrm{T}},\ddot{\eta}_d^{\mathrm{T}}]^{\mathrm{T}}$；$f(\vartheta)$ 是关于 ϑ 的连续函数，可以用神经网络进行在线逼近，其逼近形式为

$$f(\vartheta)=W^{\mathrm{T}}\sigma(V^{\mathrm{T}}\vartheta)+\varepsilon \tag{2-50}$$

式中，W 和 V 为理想权值矩阵；ε 为神经网络逼近误差，并且满足 $\|\varepsilon\|\leqslant\varepsilon_M\in\mathbf{R}$。

令 $\hat{W}$ 和 $\hat{V}$ 为权值矩阵 W 和 V 的估计值，定义权值估计误差为

$$\begin{cases}\tilde{W}_1=\hat{W}-W\\ \tilde{V}_1=\hat{V}_1-V_1\end{cases} \tag{2-51}$$

隐含层输出误差定义为

$$\tilde{\sigma}=\sigma-\hat{\sigma}=\sigma(\hat{V}^{\mathrm{T}}\vartheta)-\hat{\sigma}(V^{\mathrm{T}}\vartheta) \tag{2-52}$$

函数估计误差可表示为

$$\hat{W}^{T}S(\hat{V}^{\mathrm{T}}\vartheta)-W^{\mathrm{T}}S(V^{\mathrm{T}}\vartheta)=\tilde{W}^{\mathrm{T}}(\hat{S}-\hat{S}'V^{\mathrm{T}}\vartheta_1)+\hat{W}^{\mathrm{T}}\hat{S}'\tilde{V}^{\mathrm{T}}\vartheta+\delta_u \tag{2-53}$$

式中，S 为权值矩阵，$\hat{S}$ 为权值矩阵 S 的估计值，$\hat{\sigma}=\sigma(\hat{V}^{\mathrm{T}}\vartheta)$，$\hat{\sigma}'=\mathrm{diag}\{\hat{\sigma}_1',\hat{\sigma}_2',\cdots,\hat{\sigma}_l'\}$，$\hat{\sigma}_i'=\sigma'(\hat{v}_i^{\mathrm{T}}\vartheta)=\left.\dfrac{\mathrm{d}[\sigma(z_a)]}{z_a}\right|_{z_a=\hat{v}_i^{\mathrm{T}}\vartheta}$，$i=1,2,\cdots,l$，冗余项为 δ_u 满足

$$|\delta_u|\leqslant\|V\|_{\mathrm{F}}\left\|\vartheta\hat{W}^{\mathrm{T}}\hat{\sigma}'\right\|_{\mathrm{F}}+\|W\|_{\mathrm{F}}\left\|\hat{\sigma}'\hat{V}^{\mathrm{T}}\vartheta\right\|+|W|_1 \tag{2-54}$$

式中，$\|V\|_{\mathrm{F}}$ 为 F-范数。

设船舶的神经网络稳定自适应控制律

$$\tau_{\mathrm{nc}}=-K_s s+\hat{f}(\vartheta)+u_n \tag{2-55}$$

式中，$\hat{f}(\vartheta)$ 为函数 $f(\vartheta)$ 的估计，具体为

$$\hat{f}(\vartheta)=\hat{W}^{\mathrm{T}}\sigma(\hat{V}^{\mathrm{T}}\vartheta) \tag{2-56}$$

u_n 为非线性控制项，目的是补偿神经网络的逼近误差，消除冗余项 δ_u 的影响，保证系统的全局稳定性，可选取为

$$u_n=-\hat{K}_n^{\mathrm{T}}\varphi \tag{2-57}$$

式中，$\hat{K}_n$ 为参数矩阵 K_n 的估计值，$K_n=[k_1,k_2,k_3]^{\mathrm{T}}=[\|V\|_{\mathrm{F}},\|W\|,\|W\|_1+\varepsilon_M]^{\mathrm{T}}$，为了消除滑动模态带来的抖振，选取

$$\varphi = \begin{bmatrix} \left\| \vartheta \hat{W}^{\mathrm{T}} \hat{\sigma}' \right\|_{\mathrm{F}} \tanh\left[\gamma^{-1} s^{\mathrm{T}} \left\| \vartheta \hat{W}^{\mathrm{T}} \hat{\sigma}' \right\|_{\mathrm{F}} \right] \\ \left(\left\| \hat{\sigma} - \hat{\sigma}' \hat{V}^{\mathrm{T}} \vartheta \right\| \right) \tanh\left[\gamma^{-1} s^{\mathrm{T}} \left\| \hat{\sigma} - \hat{\sigma}' \hat{V}^{\mathrm{T}} \vartheta \right\| \right] \\ \tanh(\gamma^{-1} s^{\mathrm{T}}) \end{bmatrix} \tag{2-58}$$

选取自适应控制律为

$$\begin{cases} \dot{\hat{W}} = -\Gamma_w [(\hat{\sigma} - \hat{\sigma}' \hat{V}^{\mathrm{T}} \vartheta)] s^{\mathrm{T}} + \mu_w \hat{W} \\ \dot{\hat{V}} = -\Gamma_v (\vartheta \hat{W}^{\mathrm{T}} \hat{\sigma}' s^{\mathrm{T}} + \mu_v \hat{V}) \\ \dot{\hat{K}}_n = \Gamma_k (\varphi s^{\mathrm{T}} - \mu_k \hat{K}_n) \end{cases} \tag{2-59}$$

式中，Γ_w，Γ_v，Γ_k，μ_w，μ_v，μ_k 为设计参数。

系统的神经网络控制律可表示为

$$\tau_{\mathrm{nc}} = -K_s s + \hat{W}^{\mathrm{T}} \sigma(\hat{V}^{\mathrm{T}} \vartheta) - \hat{K}_n^{\mathrm{T}} \varphi \tag{2-60}$$

2) 稳定性分析

定理 2-3　针对模型参数不确定和存在外界环境干扰的欠驱动船舶模型(2-1)，采用自适应控制律(式(2-59))和控制律(式(2-60))，在不考虑横向运动情况下，使船舶各状态能够镇定到原点。通过对控制参数的调整能够使镇定误差充分小，并且保证系统最终一致有界。

证明　定义 Lyapunov 候选函数为

$$V_2 = V_1 + \frac{1}{2} \{ \tilde{W}^{\mathrm{T}} \Gamma_w^{-1} \tilde{W} + \mathrm{tr}\{ \tilde{V}^{\mathrm{T}} \Gamma_v^{-1} \tilde{V} \} - \tilde{K}_n^{\mathrm{T}} \Gamma_k^{-1} \tilde{K}_n \} \tag{2-61}$$

式中，$\tilde{W}$，$\tilde{V}$ 为权值估计误差，

$$V_1 = \frac{1}{2} \left[I_2 J(\psi) B \right]^{-1} s^{\mathrm{T}} s \tag{2-62}$$

对式(2-62)进行微分并把式(2-48)和式(2-52)代入可得

$$\begin{aligned} \dot{V}_1 &= [I_2 J(\psi) B]^{-1} s^{\mathrm{T}} (\Lambda I_2 \dot{\tilde{\eta}} + I_2 \dot{J}(\psi) J^{-1}(\psi) \dot{\eta} + I_2 J(\psi) A(\upsilon) \upsilon \\ &\quad + I_2 J(\psi) B \tau_{\mathrm{nc}} + I_2 J(\psi) B \tau_w - I_2 \ddot{\eta}_d) \\ &= s^{\mathrm{T}} (-f(\vartheta) + \hat{W}^{\mathrm{T}} \sigma(\hat{V}^T \vartheta) - K_s s - \hat{K}_n^{\mathrm{T}} \varphi) \\ &\leqslant -K_s s^{\mathrm{T}} s + s^{\mathrm{T}} [\tilde{W}^{\mathrm{T}} (\hat{\sigma} - \hat{\sigma}' V^{\mathrm{T}} \vartheta) + \hat{W}^{\mathrm{T}} \hat{\sigma}' \tilde{V}^{\mathrm{T}} \vartheta] + K_n^{\mathrm{T}} s^{\mathrm{T}} \varphi \end{aligned} \tag{2-63}$$

对式(2-61)两边进行微分可得

$$\begin{aligned} \dot{V}_2 &= \dot{V}_1 + \tilde{W}^{\mathrm{T}} \Gamma_w^{-1} \dot{\hat{W}} + \mathrm{tr}\{ \tilde{V}^{\mathrm{T}} \Gamma_v^{-1} \dot{\hat{V}} \} + \tilde{K}_n^{\mathrm{T}} \Gamma_k^{-1} \dot{\hat{K}}_n \\ &= \dot{V}_1 + s^{\mathrm{T}} \tilde{W}^{\mathrm{T}} (\hat{\sigma} - \hat{\sigma}' \hat{V}^{\mathrm{T}} \vartheta) - \mu_w \tilde{W}^{\mathrm{T}} \hat{W} - s^{\mathrm{T}} \mathrm{tr}\{ \tilde{V}^{\mathrm{T}} \vartheta \hat{W}^{\mathrm{T}} \hat{\sigma}' \} \\ &\quad - \mu_v \mathrm{tr}\{ \tilde{V}^{\mathrm{T}} \hat{V} \} + \tilde{K}^{\mathrm{T}} s^{\mathrm{T}} \varphi - \mu_k \tilde{K}_n^{\mathrm{T}} \hat{K}_n \\ &\leqslant -K_s s^{\mathrm{T}} s + K_n^{\mathrm{T}} (\varphi | s^{\mathrm{T}} | - \varphi s^{\mathrm{T}}) - \mu_w \tilde{W}^{\mathrm{T}} \hat{W} - \mu_v \mathrm{tr}\{ \tilde{V}^{\mathrm{T}} \hat{V} \} - \mu_k \tilde{K}_n^{\mathrm{T}} \hat{K}_n \end{aligned} \tag{2-64}$$

由

$$\begin{aligned} &K_n^{\mathrm{T}}\left(\varphi\left|s^{\mathrm{T}}\right|-\varphi s^{\mathrm{T}}\right) \leqslant 0.2785\gamma(k_1+k_2+k_3) \\ &2\tilde{W}^{\mathrm{T}}\hat{W} \geqslant \left\|\tilde{W}\right\|^2-\left\|W\right\|^2 \\ &2\mathrm{tr}\{\tilde{V}^{\mathrm{T}}\hat{V}\} \geqslant \left\|\tilde{V}\right\|_{\mathrm{F}}^2-\left\|V\right\|_{\mathrm{F}}^2 \\ &2\tilde{K}_n^{\mathrm{T}}\hat{K}_n \geqslant \left\|\tilde{K}_n\right\|^2-\left\|K_n\right\|^2 \end{aligned} \tag{2-65}$$

式中，γ 为设计参数。

可得

$$\begin{aligned} \dot{V}_2 \leqslant & -K_s s^{\mathrm{T}} s-\frac{\mu_w}{2}\left\|\tilde{W}\right\|^2-\frac{\mu_v}{2}\left\|\tilde{V}\right\|^2-\frac{\mu_k}{2}\left\|\tilde{K}_n\right\|^2+0.2785\gamma(k_1+k_2+k_3) \\ & +\frac{\mu_w}{2}\left\|W\right\|^2-\frac{\mu_v}{2}\left\|V\right\|^2-\frac{\mu_k}{2}\left\|K_n\right\|^2 \\ \leqslant & -\rho V_2+\varpi \end{aligned} \tag{2-66}$$

其中，定义

$$\rho := \min\left(2K_s, \min\left(\frac{\mu_w}{\lambda_{\max}(\Gamma_w^{-1})}\right), \min\left(\frac{\mu_v}{\lambda_{\max}(\Gamma_v^{-1})}\right), \min\left(\frac{\mu_k}{\lambda_{\max}(\Gamma_k^{-1})}\right)\right) \tag{2-67}$$

$$\varpi := 0.2785\gamma(k_1+k_2+k_3)+\frac{\mu_w}{2}\left\|W_i\right\|^2+\frac{\mu_v}{2}\left\|V_i\right\|^2+\frac{\mu_k}{2}\left\|K_n\right\|^2 \tag{2-68}$$

令 $\Phi=\varpi/\rho$，则式(2-66)可表示为

$$V_2 \leqslant \Phi+[V_2(0)-\Phi]\mathrm{e}^{-\rho t} \tag{2-69}$$

由式(2-69)可知，当 $t\to 0$ 时，$V_2\to\Phi$，因此系统各状态是最终一致有界的。对ρ的大小进行调整可使Φ足够小，也即可使系统镇定误差尽可能小。证毕。

3) 流形收敛控制器

在船舶模型不确定和外界环境干扰的影响下，假设横向位移 y 是不受控制的，神经网络自适应控制器能够把除 y 以外的船舶各状态收敛到原点，即船舶收敛到以 y 为恒定值的一条直线上。因此，为了实现船舶镇定控制的目的，还必须设计控制器把 y 收敛到原点。在设计流形控制器之前，首先分析初始条件流形。

(1) 初始条件流形。

为了方便表示，定义未受控位置状态为 z，它是当神经网络控制器起作用时初始条件的函数。对于任意初始状态 $X(t=0)$，其最终状态 $X(t=\infty)$ 为

$$X(\infty)=[0,0,0,0,z_\infty,0] \tag{2-70}$$

式中，$z_\infty=y(\infty)$，由于 y 是未受控的，一般情况下 $z_\infty\neq 0$。所有能够使 $z_\infty=0$ 的初始条件的集合定义为状态空间下的一个流形。在镇定控制中，如果船舶状态在此流形上，则可以采用上一节中设计的神经网络自适应控制器使船舶收敛到原点。

流形的位置和形状无法通过计算获得，但是对于任意初始状态 $X(0)$，期望的最终状态 z_∞ 可以通过对神经网络控制器(2-60)进行仿真得到。因此就需要设计一个流形收敛控制器，如果船舶状态不在初始条件流形上，通过流形收敛控制器把船舶状态收敛到此流形上，再通过上节中设计的控制器实现欠驱动水面船舶的镇定控制，下面给出流形收敛控制器的设计。

(2)控制器设计。

本节的目标是设计出能够把船舶状态收敛到初始条件流形上的控制律，从而进一步采用神经网络自适应控制器把船舶镇定到原点。因此，船舶的控制输入 τ 由两部分组成，即

$$\tau = \tau_{\mathrm{nc}} + \tau_{\mathrm{mc}} \tag{2-71}$$

式中，τ_{nc} 为神经网络稳定自适应控制律，τ_{mc} 为流形收敛控制器。

定义 Lyapunov 候选函数

$$V_3 = \frac{1}{2} z_\infty^2 \tag{2-72}$$

为方便计算，欠驱动船舶模型可表示为

$$\dot{X} = F(X) + \bar{B}\tau + \bar{B}\tau_w \tag{2-73}$$

式中，$F(X) = \bar{A}(X)X$；$\bar{B}, \bar{A}$ 详见文献[17]。

对式(2-72)两边进行时间微分可得

$$\dot{V}_3 = \frac{\partial V_3}{\partial X}\frac{\mathrm{d}X}{\mathrm{d}t} = z_\infty \frac{\partial z_\infty}{\partial X}\dot{X} = \frac{\partial V_3}{\partial X}(F(X) + \bar{B}\tau_{\mathrm{mc}} + \bar{B}\tau_w) = \Theta \tag{2-74}$$

式中，Θ 为一个严格负定函数。

对式(2-74)进行整理可得

$$z_\infty \frac{\partial z_\infty}{\partial X} B\tau_{\mathrm{mc}} = \Theta - z_\infty \frac{\partial z_\infty}{\partial X}(F(X) + B\tau_w) \tag{2-75}$$

可得流形收敛控制器 τ_{mc} 为

$$\tau_{\mathrm{mc}} = \mathrm{pinv}\left(z_\infty \frac{\partial z_\infty}{\partial X} B\right)\left[\Theta - z_\infty \frac{\partial z_\infty}{\partial X}(F(X) + B\tau_w)\right] \tag{2-76}$$

式中，$\mathrm{pinv}(\cdot)$ 表示广义逆矩阵。考虑系统状态以线性率收敛到流形上，取 $\Theta = -|z_\infty|/T_V$，T_V 是一个恒定的时间值，其值的大小直接影响 $|z_\infty|$ 收敛速度。

4) 两个控制器切换控制

本节为解决欠驱动水面船舶的航迹保持控制问题，提出了一种由神经网络自适应控制器和流形收敛控制器组成的分阶段切换控制方法。首先定义了一个初始条件流形，此流形是所有能够使非受控状态 $z_\infty=0$ 的初始条件的集合，如果船舶的状态在

此流形上，则可通过神经网络自适应控制器使各状态收敛到零；如果船舶的状态不在此流形上，则通过流形收敛控制器使各状态收敛到此流形上，完成此任务后，关闭流形控制器，同时打开神经网络自适应控制器，控制船舶的各状态收敛到原点。如果模型参数不确定和外界环境干扰影响比较大，则会使船舶状态脱离初始条件流形，非受控状态 z_∞的值也会不为零。因此，在这种情况下，就会重新把流形收敛控制器打开，此时 τ_{nc} 和 τ_{mc} 同时作用，完成船舶航迹控制。

为了能够明确判断何时流形控制器起作用，定义了一个阈值 z_{th}，即在初始条件流形周围定义了一个边界层，如图 2-34 所示。如果非受控状态 z_∞在这个边界层内，则 τ_{mc} 不起作用，τ_{nc} 一直起作用直到把船舶各状态收敛到原点，但是横向运动上受到的干扰则无法通过 τ_{nc} 进行处理，因此在某些情况下，由于不定性因素的影响，可能使 z_∞的值在边界层之外，这时就需要重新打开流形控制器，直到 z_∞回到边界层之内。在实际控制中，阈值 z_{th} 的大小决定了控制器之间的切换频率。

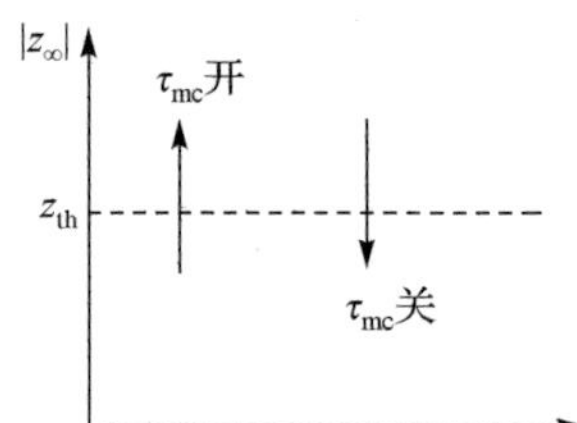

图 2-34　流形收敛控制器切换示意图

2. 仿真验证

为了能够更好地说明本节所设计切换控制器的控制效果，分为两部分进行仿真研究。首先对所设计的神经网络自适应控制器进行仿真研究，然后对切换控制器进行仿真，再对仿真结果进行对比分析，从而说明控制器的有效性。

1) 神经网络自适应控制器的仿真研究

本节仅采用神经网络自适应控制器(控制算法 1)进行仿真研究，从而把所得结果与切换控制器进行比较，说明控制器的有效性。仿真中选择一艘长为 38m、质量为 118×10^3kg 的船舶进行仿真，模型参数是不确定的，在仿真设计中，假设参数的变化范围为±20%。具体参数为 $m_{11}=120\times10^3$kg，$m_{22}=217.9\times10^3$kg，$m_{33}=636\times10^5$kg · m^2，$d_{11}=215\times10^2$kg/s，$d_{22}=187\times10^3$kg/s，$d_{33}=802\times10^4$kg · m^2/s。船舶所受的外界干扰项选取为 $\tau_w=[2+0.2\sin(0.1t),1+0.1\sin(0.1t),2+0.2\sin(0.1t)]^{\mathrm{T}}$。初始条件取为：$[x(0),y(0),\psi(0),u(0),v(0),r(0)]=[-100,-50,60\pi/180,0,0,0]$。控制器参数为：选取 10 个神经元，激励函数为 $1/(1+\exp(-\gamma x))$，其中取$\gamma=1$，$\Lambda=\mathrm{diag}\{1,1\}$，$K_s=\mathrm{diag}\{6,10\}$，$\Gamma_w=\mathrm{diag}\{10,10\}$，$\Gamma_v=\mathrm{diag}\{25,25\}$，$\mu_w=\mathrm{diag}\{0.02,0.2\}$，$\mu_v=\mathrm{diag}\{0.05,0.1\}$。

仿真结果如图 2-35～图 2-38 所示。图 2-35 表示船舶的实际航行曲线，从图中可以看出，船舶收敛到横向位置不变的一条直线上，这是因为在设计神经网络自适应控制器时，针对船舶的欠驱动特性，假设 y 是未受控的，因此这种情况为采用流形收敛控制器打下了基础。图 2-36 是船舶的位置和方向时间响应曲线，在 200s 以后，船舶的纵向位移 x 和航向 ψ 收敛为零，y 是未受控变量，收敛到一个恒定值。图 2-37 为船舶速度曲线，纵向速度 u 在 200s 后收敛到零，横向速度 v 和角速度 r 在仿真开始后很快就收敛到零。图 2-38 为船舶的控制输入曲线，本仿真是考虑 2 输入 2 输出的船舶航迹控制，通过 τ_u 和 τ_r 使 (x,ψ) 收敛到零。

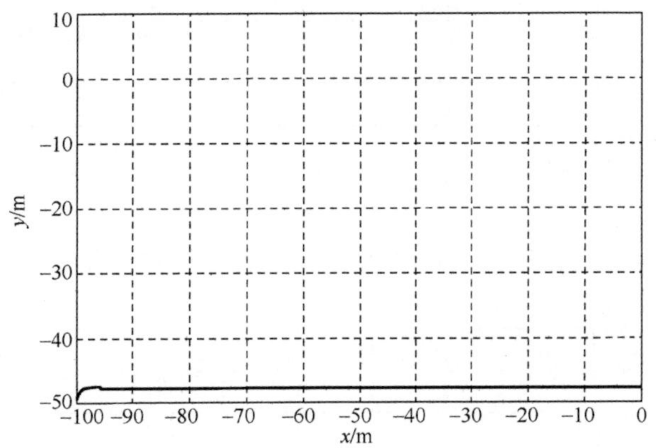

图 2-35　船舶实际航行轨迹(控制算法 1)

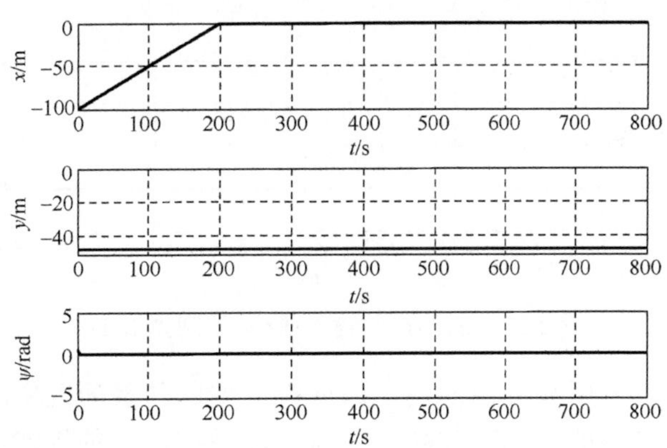

图 2-36　船舶位置和方向时间响应曲线(控制算法 1)

2) 切换控制器的仿真研究

由仿真结果可知，船舶最终收敛到一条直线上。因为在神经网络自适应控制器设计时考虑横向位置不可控，仅对纵向位移和航向进行控制。在流形收敛控制器(控制算法 2) 设计时，采用类似于吸引模型预测控制的方法。仿真具体实现时，为了获得船舶的未受控制状态 z_∞，需要对神经网络自适应控制器进行仿真。因为切换控制器的性能依赖于低级控制器的作用，环境干扰和参数不确定对船舶的控制效果影响较大，因此采用神经网络自适应控制器作为低级控制器。

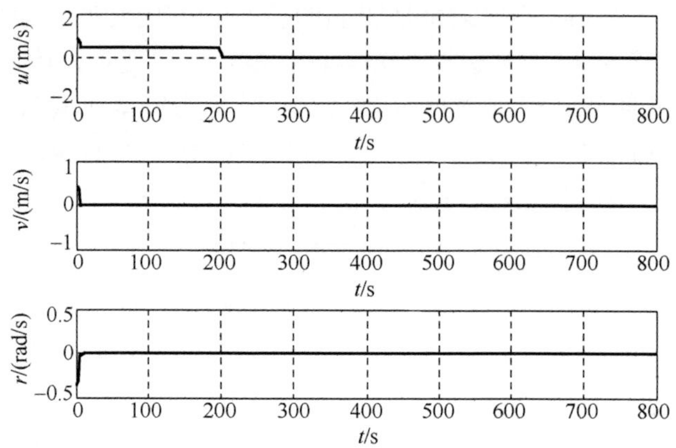

图 2-37　船舶速度时间响应曲线(控制算法 1)

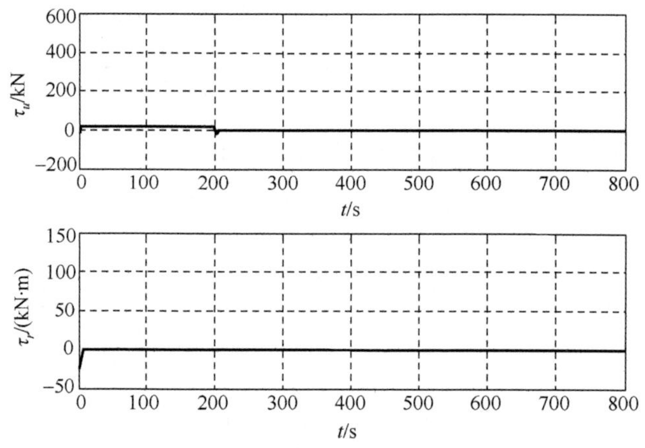

图 2-38　船舶控制输入曲线(控制算法 1)

在仿真设计时，采用和神经网络自适应控制器的仿真研究中相同的初始条件，神经网络自适应控制器的控制参数相同，流形收敛控制器的控制参数 T_V=15，阈值 z_{th}=0.1，并且考虑控制输入饱和，所设计的切换控制器的控制效果如图 2-39～图 2-42 所示。图 2-39 表示船舶在镇定过程中的实际航行曲线，从图中可以看出，船舶从初始位置镇定经过一段时间收敛到原点。与图 2-35 相比较，在神经网络自适应控制器和流形控制器的切换控制下，把船舶的横向位移也收敛到原点，航向曲线与实际情况相符，没有出现轨迹振荡现象。图 2-40 是船舶的位置和方向时间响应曲线，从图中可以看出，在 500s 以后，船舶的位置(x,y)和方向ψ都收敛到零，解决了图 2-23 中的横线位移不能收敛到零的问题。图 2-41 为船舶的速度曲线，在 480s 左右，由

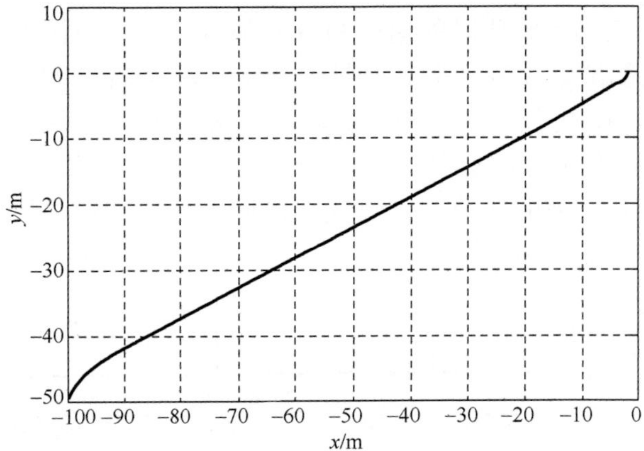

图 2-39　船舶实际航行轨迹(控制算法 2)

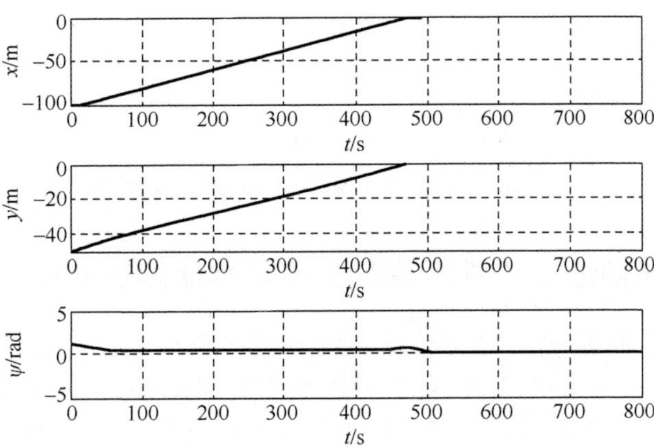

图 2-40　船舶位置和方向时间响应曲线(控制算法 2)

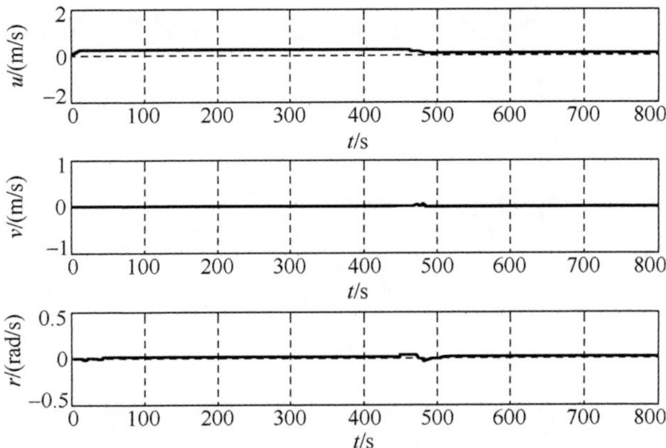

图 2-41　船舶速度时间响应曲线(控制算法 2)

于船舶已经靠近原点，因此此时的速度和方向都有一个小的波动，主要是为了调整方向和速度，使船舶渐近收敛到原点。图 2-42 是船舶的控制输入时间响应曲线，通过切换控制器的作用，用仅有的两个控制输入 τ_u 和 τ_r 解决了船舶水平面三个自由度的镇定控制问题。由图中可以看出，为了能够按照船舶实际的镇定轨迹收敛到原点，采用较小的控制输入，使船舶速度比较慢，从而能够达到较好的镇定效果。

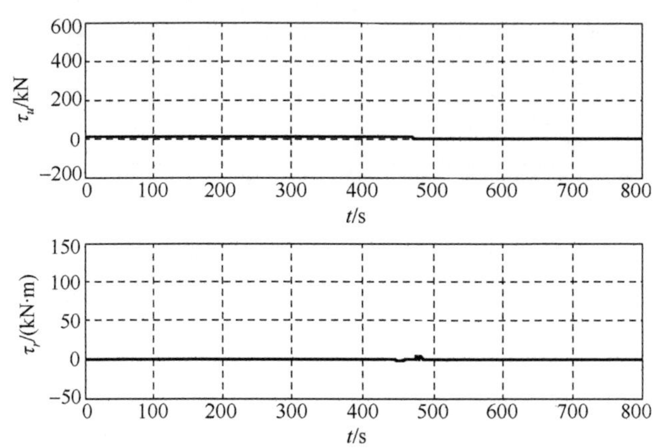

图 2-42 船舶控制输入曲线(控制算法 2)

2.4.3 基于全局动态非线性滑模的欠驱动水面船舶轨迹跟踪控制

对于欠驱动水面船舶，由于横向上没有直接驱动，控制输入为纵向推进力和转船力矩，忽略了舵或全回转螺旋桨对船舶横向运动的影响。船舶在实际航行中，操舵不仅产生了一个转船力矩，而且在横向运动上也产生一个侧向力，必然会影响船舶的运动控制。为了解决此问题，引入了一个输出重定义点 p，如图 2-43 所示，把非最小相位系统转换成具有内部稳定的动力学系统。在考虑船舶数学模型中存在不确定参数和未建模不确定项的影响，包括测量噪声和环境干扰，提出

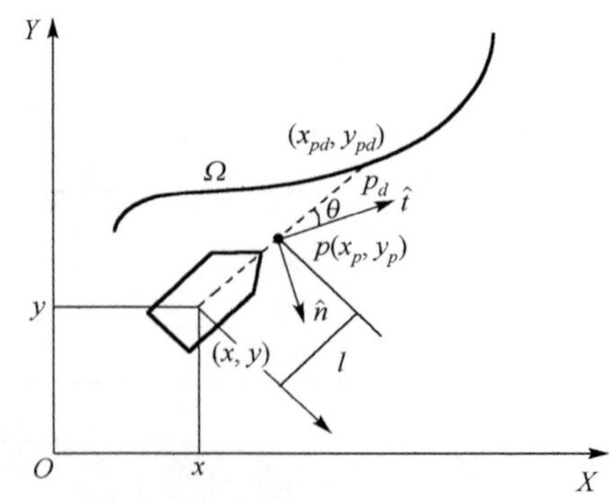

图 2-43 带有输出重定义点 p 的船舶轨迹跟踪控制

了一种全局动态非线性滑模轨迹跟踪控制律设计方法，使系统在整个响应过程都具有鲁棒性。

1. 问题描述

在式(2-7)的基础上，改写为

$$\begin{cases}\dot{u}=\dfrac{m_{22}}{m_{11}}vr-\dfrac{d_{11}}{m_{11}}u+\dfrac{1}{m_{11}}\tau_u+d_u\\ \dot{v}=-\dfrac{m_{11}}{m_{22}}ur-\dfrac{d_{22}}{m_{22}}v-\dfrac{\delta}{m_{22}}\tau_r+d_v\\ \dot{r}=-\dfrac{m_{11}-m_{22}}{m_{33}}uv-\dfrac{d_{33}}{m_{33}}r+\dfrac{1}{m_{33}}\tau_r+d_r\end{cases} \tag{2-77}$$

式中，考虑转船力矩对船舶横向运动的影响，δ为正的常数；d_v、d_u和 d_r为船舶的建模不确定项。

由式(2-77)可以看出，$\delta\neq0$，此系统是非最小相位系统，这类系统的特点是系统的内联动力学不稳定，而考虑操舵对船舶横向运动的影响是船舶实际航行中必然存在的问题。本节为了解决非最小相位系统问题，引入了一个输出重定义点 p。控制点选取为船舶主对称轴上，与船舶质心有一定距离的点 p，此点的位置信息包含船舶的 3 个自由度，可定义为

$$p=\begin{pmatrix}x_p\\ y_p\end{pmatrix}=\begin{pmatrix}x\\ y\end{pmatrix}+l\begin{pmatrix}\cos\psi\\ \sin\psi\end{pmatrix},\quad l>0 \tag{2-78}$$

式中，l表示船舶质心和控制点p之间的距离。

欠驱动船舶的参考轨迹可用系统期望输出表示为

$$p_d=\begin{pmatrix}x_{pd}\\ y_{pd}\end{pmatrix}=\begin{pmatrix}x_{pd}(t)\\ y_{pd}(t)\end{pmatrix} \tag{2-79}$$

为了方便控制器的设计，有如下假设：

(1)船舶的参考轨迹Ω是光滑的，并且x_{pd}、$\dot{x}_{pd}$、$\ddot{x}_{pd}$、y_{pd}、$\dot{y}_{pd}$和y_{pd}都是有界的。

(2)不确定参数 m_{ii}, d_{ii}，i=1,2,3，分别满足$|m_{ii}-\hat{m}_{ii}|\leqslant M_{ii}$，$|d_{ii}-\hat{d}_{ii}|\leqslant D_{ii}$，其中$M_{ii}$和$D_{ii}$分别为惯性矩阵和阻尼矩阵的第$i\times i$项。未建模不确定项$d_v$、$d_u$和$d_r$有界，且满足$|d_u|\leqslant d_{u\max}<\infty$、$|d_v|\leqslant d_{v\max}<\infty$和$|d_r|\leqslant d_{r\max}<\infty$。

控制目标：针对存在模型参数不确定性和未建模不确定项影响的欠驱动船舶，考虑操舵对船舶横向运动的影响，如果满足假设(1)和(2)，则设计一个非线性全局滑模轨迹跟踪控制器，使船舶能够跟踪参考轨迹。

2. 控制器设计

设计控制器时，为解决 $g_v \neq 0$（g_v 为控制输入系数）时船舶系统是非最小相位问题，引入了输出重定义点 p。考虑模型中不确定参数和未建模不确定项，提出了一种包含积分补偿的非线性全局滑模控制律。首先设计非线性全局滑模轨迹跟踪控制器，然后对其进行稳定性分析。

1) 全局滑模控制器设计

对输出重定义点 p 两边进行一阶求导，并把式(2-78)代入可得到

$$\dot{p}=\begin{pmatrix}\dot{x}_p\\ \dot{y}_p\end{pmatrix}=\begin{pmatrix}\cos\psi\\ \sin\psi\end{pmatrix}u+\begin{pmatrix}-\sin\psi\\ \cos\psi\end{pmatrix}v+l\begin{pmatrix}-\sin\psi\\ \cos\psi\end{pmatrix}r \tag{2-80}$$

对式(2-80)进行求导，即输出重定义点 p 的两阶导数可表示为

$$\begin{aligned}\ddot{p}=\begin{pmatrix}\ddot{x}_p\\ \ddot{y}_p\end{pmatrix}&=\begin{pmatrix}-\sin\psi\\ \cos\psi\end{pmatrix}ur+\begin{pmatrix}\cos\psi\\ \sin\psi\end{pmatrix}\left(\frac{m_{22}}{m_{11}}vr-\frac{d_{11}}{m_{11}}u+\frac{1}{m_{11}}\tau_u+d_u\right)\\&-\begin{pmatrix}\cos\psi\\ \sin\psi\end{pmatrix}vr+\begin{pmatrix}-\sin\psi\\ \cos\psi\end{pmatrix}\left(-\frac{m_{11}}{m_{22}}ur-\frac{d_{22}}{m_{22}}v+\frac{\delta}{m_{22}}\tau_r\right)-l\begin{pmatrix}\cos\psi\\ \sin\psi\end{pmatrix}r^2\\&+l\begin{pmatrix}-\sin\psi\\ \cos\psi\end{pmatrix}\left(\frac{m_{11}-m_{22}}{m_{33}}uv-\frac{d_{33}}{m_{33}}r+\frac{1}{m_{33}}\tau_r+d_r\right)\end{aligned} \tag{2-81}$$

由式(2-81)可得

$$\begin{aligned}\ddot{x}_p=&-ur\sin\psi+\frac{m_{22}}{m_{11}}vr\cos\psi-\frac{d_{11}}{m_{11}}u\cos\psi+\frac{1}{m_{11}}\tau_u\cos\psi-vr\cos\psi\\&+\frac{m_{11}}{m_{22}}ur\sin\psi+\frac{d_{22}}{m_{22}}v\sin\psi+\frac{1}{m_{22}}\delta\tau_r\sin\psi-lr^2\cos\psi+d_u\cos\psi\\&-\frac{m_{11}-m_{22}}{m_{33}}luv\sin\psi+\frac{d_{33}}{m_{33}}lr\sin\psi-\frac{1}{m_{33}}l\tau_r\sin\psi-ld_r\sin\psi\end{aligned} \tag{2-82}$$

$$\begin{aligned}\ddot{y}_p=&ur\cos\psi+\frac{m_{22}}{m_{11}}vr\sin\psi-\frac{d_{11}}{m_{11}}u\sin\psi+\frac{1}{m_{11}}\tau_u\sin\psi-vr\sin\psi\\&-\frac{m_{11}}{m_{22}}ur\cos\psi-\frac{d_{22}}{m_{22}}v\cos\psi-\frac{1}{m_{22}}\delta\tau_r\cos\psi-lr^2\sin\psi+d_u\sin\psi\\&+\frac{m_{11}-m_{22}}{m_{33}}luv\cos\psi-\frac{d_{33}}{m_{33}}lr\cos\psi+\frac{1}{m_{33}}l\tau_r\cos\psi+ld_r\cos\psi\end{aligned} \tag{2-83}$$

对式(2-83)进行整理，式(2-81)可表示为

$$\ddot{p}=\begin{bmatrix}f_1\\f_2\end{bmatrix}=\begin{bmatrix}\dfrac{\cos\psi}{m_{11}} & \dfrac{\delta}{m_{22}}\sin\psi-\dfrac{1}{m_{33}}l\sin\psi\\ \dfrac{\sin\psi}{m_{11}} & -\dfrac{\delta}{m_{22}}\cos\psi+\dfrac{1}{m_{33}}l\cos\psi\end{bmatrix}\begin{bmatrix}\tau_u\\\tau_r\end{bmatrix}+\begin{bmatrix}\cos\psi & -l\sin\psi\\\sin\psi & l\cos\psi\end{bmatrix}\begin{bmatrix}d_u\\d_r\end{bmatrix} \tag{2-84}$$

式中

$$\begin{aligned}f_1=&-ur\sin\psi+\frac{m_{22}vr-d_{11}u}{m_{11}}\cos\psi-(v+lr)r\cos\psi\\&+\frac{m_{11}ur-d_{22}v}{m_{22}}\sin\psi+\frac{(m_{22}-m_{11})uv+d_{33}r}{m_{33}}l\sin\psi\end{aligned} \tag{2-85}$$

$$\begin{aligned}f_2=&ur\cos\psi+\frac{m_{22}vr-d_{11}u}{m_{11}}\sin\psi-(v+lr)r\sin\psi\\&-\frac{m_{11}ur+d_{22}v}{m_{22}}\cos\psi+\frac{(m_{11}-m_{22})uv-d_{33}r}{m_{33}}l\cos\psi\end{aligned} \tag{2-86}$$

式(2-84)用矩阵形式表示为

$$\ddot{p}=f+bu+d \tag{2-87}$$

控制输入 u 通过输出重定义点 p 在 $t\to\infty$收敛到参考输出 p_d 获得，矩阵 f 是未知有界的，由参数不确定性定义其边界为

$$\left\|f-\hat{f}\right\|\leqslant F \tag{2-88}$$

式中，“ˆ”表示模型参数估计值；F 为可允许的最大的未建模不确定性。

增益矩阵 b 不是精确已知的，但是有界，假设 $b>0$ 可得

$$0\leqslant b_{\min}\leqslant b\leqslant b_{\max} \tag{2-89}$$

基于以上边界的几何含义，矩阵 b 的不确定边界可定义为[18]

$$\hat{b}=\sqrt{b_{\min}b_{\max}} \tag{2-90}$$

式(2-89)可整理为

$$\beta^{-1}\leqslant b\hat{b}^{-1}\leqslant\beta,\quad \beta=\sqrt{b_{\max}/b_{\min}} \tag{2-91}$$

式中

$$b_{\max}=\begin{bmatrix}\dfrac{\cos\psi}{\hat{m}_{11}-M_{11}} & \dfrac{\delta}{\hat{m}_{22}-M_{22}}\sin\psi-\dfrac{1}{\hat{m}_{33}+M_{33}}l\sin\psi\\ \dfrac{\sin\psi}{\hat{m}_{11}-M_{11}} & -\dfrac{\delta}{\hat{m}_{22}+M_{22}}\cos\psi+\dfrac{1}{\hat{m}_{33}-M_{33}}l\cos\psi\end{bmatrix}$$

$$b_{\min}=\begin{bmatrix}\dfrac{\cos\psi}{\hat{m}_{11}+M_{11}} & \dfrac{\delta}{\hat{m}_{22}+M_{22}}\sin\psi-\dfrac{1}{\hat{m}_{33}-M_{33}}l\sin\psi\\ \dfrac{\sin\psi}{\hat{m}_{11}+M_{11}} & -\dfrac{\delta}{\hat{m}_{22}-M_{22}}\cos\psi+\dfrac{1}{\hat{m}_{33}+M_{33}}l\cos\psi\end{bmatrix}$$

矩阵 d 表示未知有界干扰，并且由关于 d_v、d_u 和 d_r 的假设可得

$$\left\|d-\hat{d}\right\|\leqslant D \tag{2-92}$$

式中，D 为可允许的最大的未建模不确定性。

针对参数不确定和未建模不确定项影响的欠驱动水面船舶，方程(2-87)用参数的估计值可表示为

$$\ddot{p}=\hat{f}+\hat{b}u+\hat{d} \tag{2-93}$$

定义跟踪误差为

$$\tilde{p}=p-p_d \tag{2-94}$$

在全局滑模控制器设计中，通过引入一种非线性动态滑模面进行设计，能够消除滑模控制中的趋近模态，使系统在响应的全过程都具有鲁棒性，克服了传统滑模变结构控制中趋近模态不具有鲁棒性的特点[19]。定义关于输出点误差的全局动态非线性滑模面为

$$s=\dot{\tilde{p}}+\Lambda\tilde{p}-\sigma(t) \tag{2-95}$$

式中，Λ=diag{λ_1,λ_2}，$\lambda_i>0, i=1,2$；$\sigma(t)=[\sigma_1(t),\sigma_2(t)]^{\mathrm{T}}$，$\sigma_i(t)$ 是为达到全局滑动模态而设计的力函数，$\sigma_i(t)$ 的设计也必须满足以下三个条件[20]：

(1) $\sigma_i(0)=\dot{\tilde{p}}_{i0}+\lambda_i\tilde{p}_{i0}$；

(2) 当 $t\to\infty$时，$\sigma_i(t)\to 0$；

(3) $\sigma_i(t)$ 存在并且有界。

综上所述，$\sigma(t)$ 可选取为

$$\sigma(t)=\sigma(0)\mathrm{e}^{-\eta t} \tag{2-96}$$

式中，$\eta=[\eta_1,\eta_2]^{\mathrm{T}}$，$\eta_i>0$。

全局动态滑模面可表示为

$$s=\dot{\tilde{p}}+\Lambda\tilde{p}-\sigma(0)\mathrm{e}^{-\eta t} \tag{2-97}$$

引入积分补偿项

$$\xi=s+\Gamma\int_0^t s(t)\mathrm{d}\tau \tag{2-98}$$

式中，Γ=diag[γ_1,γ_2]，$\gamma_i>0$，$i=1,2$。

则全局动态滑模控制律可设计为

$$u=\hat{b}^{-1}(-\hat{f}-\hat{d}+\ddot{p}_d-\Lambda\dot{\tilde{p}}+\dot{\sigma}(t)-K\xi-\Phi\,\mathrm{sgn}(\xi)) \tag{2-99}$$

式中，$K=\mathrm{diag}[k_1,k_2]$，$k_i>0$，$i=1,2$；$\Phi=\mathrm{diag}[\varphi_1,\varphi_2]$，$\varphi_i>0$。

为了消除抖振，采用连续饱和函数 $\mathrm{sat}(\cdot)$ 代替非连续符号函数 $\mathrm{sgn}(\cdot)$。

$$\mathrm{sat}(s_i/\varepsilon_i)=\begin{cases} s_i/\varepsilon_i, & |s_i|\leqslant\varepsilon_i \\ \mathrm{sgn}(s_i), & |s_i|>\varepsilon_i \end{cases} \tag{2-100}$$

式中，ε_i 是正常数，在滑模面 s_i 周围定义了一个小的边界层。

2) 稳定性分析

定理 2-4 针对模型参数不确定和外界干扰的欠驱动水面船舶，考虑转船力矩对横向运动的影响，选取控制律(2-99)，在满足假设条件(1)和(2)时，跟踪误差是一致最终有界的。

证明 定义 Lyapunov 候选函数为

$$V=\frac{1}{2}\xi^{\mathrm{T}}\xi \tag{2-101}$$

对上式两边进行微分并代入式(2-93)、式(2-97)和式(2-98)可得

$$\begin{aligned}
\dot{V}&=\xi^{\mathrm{T}}\dot{\xi}=\xi^{\mathrm{T}}(f+bu+d-\ddot{p}_d+\Lambda\dot{\tilde{p}}-\dot{\sigma}(t)+\Gamma s)\\
&=\xi^{\mathrm{T}}\{f+b\hat{b}^{-1}(-\hat{f}-\hat{d}+\ddot{p}_d-\Lambda\dot{\tilde{p}}+\dot{\sigma}(t)-K\xi-\Phi\,\mathrm{sgn}(\xi))\\
&\quad+d-\ddot{p}_d+\Lambda\dot{\tilde{p}}-\dot{\sigma}(t)+\Gamma s\}\\
&=\xi^{\mathrm{T}}\{f-b\hat{b}^{-1}\hat{f}+d-b\hat{b}^{-1}\hat{d}+b\hat{b}^{-1}\ddot{p}_d-\ddot{p}_d-b\hat{b}^{-1}\Lambda\dot{\tilde{p}}+\Lambda\dot{\tilde{p}}\\
&\quad+b\hat{b}^{-1}\dot{\sigma}(t)-\dot{\sigma}(t)-b\hat{b}^{-1}(K\xi+\Phi\,\mathrm{sgn}(\xi))+\Gamma s\}\\
&=\xi^{\mathrm{T}}\{f-\hat{f}+(1-b\hat{b}^{-1})\hat{f}+d-\hat{d}+(1-b\hat{b}^{-1})\hat{d}+(b\hat{b}^{-1}-1)\ddot{p}_d+(1-b\hat{b}^{-1})\Lambda\dot{\tilde{p}}\\
&\quad+(b\hat{b}^{-1}-1)\dot{\sigma}(t)+(\Gamma-b\hat{b}^{-1}K)s-b\hat{b}^{-1}K\Gamma\int_0^t s(t)\mathrm{d}\tau-b\hat{b}^{-1}\Phi\,\mathrm{sgn}(\xi)\}
\end{aligned} \tag{2-102}$$

如果选取

$$\begin{aligned}
\Phi&\geqslant F+(1-\beta^{-1})\left|\hat{f}\right|+D+(1-\beta^{-1})\left|\hat{d}\right|+(\beta-1)\left|\ddot{p}_d\right|\\
&\quad+(1-\beta^{-1})\left|\Lambda\dot{\tilde{p}}\right|+(\beta-1)\left|\sigma(t)\right|+(\Gamma-\beta^{-1}K)\left|s\right|\\
&\quad-\beta^{-1}K\Gamma\int_0^t\left|s(t)\right|\mathrm{d}\tau+\beta\omega
\end{aligned} \tag{2-103}$$

式中，ω是正定矩阵。则可得到

$$\dot{V}\leqslant-\Phi\left|\xi\right| \tag{2-104}$$

从式(2-104)可以看出，通过选取合适的 Φ 可保证 $\dot{V}$ 是负定矩阵。因此，存在全局

滑模控制律，并且在系统存在参数不确定和外界干扰时，能够确保获得全局鲁棒性。证毕。

3. 零动力稳定性分析

设计了一种全局滑模轨迹跟踪控制器使控制点 p 跟随参考轨迹，但是对于选取的控制点 p，船舶有可能在运动过程中在该点出现振荡。在这种情况下，振荡的出现可能会使船舶不稳定，船舶所有的变量可能出现振荡轨迹。因此，有必要对其进行零动力稳定性分析。

为了简便计算，选取船舶的航向进行稳定性分析。角度 θ 不同于船舶的航向角，而是航向与控制点 p 处的速度向量之间的夹角，如图 2-44 所示。因此，控制点处的速度和加速度向量可表示为

$$v_p = u_p \hat{t}, \quad a_p = \dot{u}_p \hat{t} + \frac{u_p^2}{\rho}\hat{n} \tag{2-105}$$

式中，u_p 和 $\dot{u}_p$ 是控制点处的线性速度和加速度；ρ 表示曲率半径；$\hat{t}$ 和 $\hat{n}$ 分别表示控制点的路径相切和垂直的单位向量。

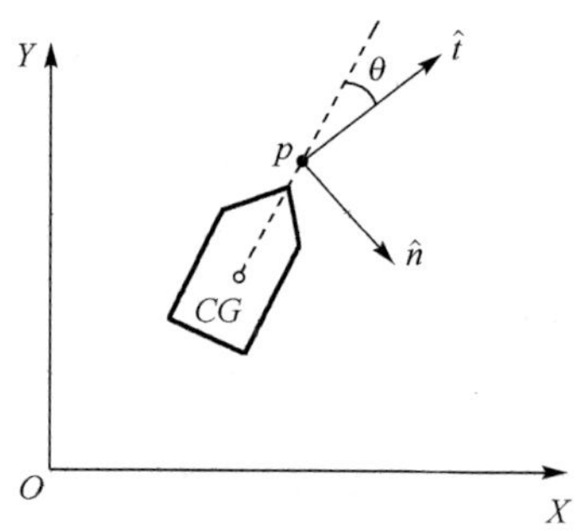

图 2-44　控制点 p 的速度和方向 θ

由于船舶横向方向上没有直接驱动，只受到操舵的影响，因此选择这个自由度进行零动力稳定性分析是比较好的。从图 2-44 可以看出，船舶在重心处的速度和加速度可以用控制点处的线性速度和加速度进行表示。

综上所述，式(2-77)中船舶的横向速度可改写为

$$v = \dot{\theta} + \frac{u_p}{\rho}, \quad \dot{v} = \ddot{\theta} + \frac{\dot{u}_p}{\rho} \tag{2-106}$$

为方便分析，假设未建模不确定 d_v=0，把式(2-106)代入式(2-77)，并且对其在 θ=0 处线性化可得

$$\ddot{\theta} + \frac{d_{22}}{m_{22}}\dot{\theta} + \frac{m_{22}\dot{u}_p + d_{22}u_p}{m_{22}l}\theta = -\frac{d_{22}r_p + m_{22}\dot{r}_p}{m_{22}} - \frac{\delta}{m_{22}}\tau_r \tag{2-107}$$

式中，r_p 和 $\dot{r}_p$ 能够反映出控制点处运动方向的变化。

考虑速度恒定的曲线运动的稳定性，并且 $u_p=\bar{u}_p$，$\dot{u}_p=0$，$\bar{u}_p$ 表示控制点 p 处的平均速度。因此，式(2-107)的特征方程可定义为

$$p^2+\frac{d_{22}}{m_{22}}p+\frac{d_{22}}{m_{22}l}\bar{u}_p=0 \tag{2-108}$$

令 $\alpha=d_{22}/m_{22}$，对上式进行整理可得

$$p^2+\alpha p+\frac{\alpha}{l}\bar{u}_p=0 \tag{2-109}$$

因此，船舶的稳定性由方程(2-109)的特征根决定，特征根可用下式进行计算

$$r_{1,2}=-\frac{\alpha}{2}\pm\sqrt{\left(\frac{\alpha}{2}\right)^2-\frac{\alpha}{l}\bar{u}_p} \tag{2-110}$$

从式(2-110)可知，如果 $\bar{u}_p>0$，则系统的前向运动零动力是稳定的。当 $0<\bar{u}_p<\alpha l/2$ 时，系统的二阶零动力具有过阻尼响应；当 $\bar{u}_p=\alpha l/2$ 时，系统具有临界阻尼响应；当 $\bar{u}_p>\alpha l/2$ 时，系统具有欠阻尼响应。由此可以看出，l 的大小影响系统的零动力响应。

4. 仿真验证

为了更好地验证所设计的考虑转船力矩对横向运动影响的控制器的效果，采用文献[21]对带有全回转推进器的破冰船模型进行仿真，选择 l=0.75m，即控制点 p 在船头上。船舶的模型参数为 $\hat{m}_{11}=200\text{kg}$，$\hat{m}_{22}=250\text{kg}$，$\hat{m}_{33}=80\text{kg}\cdot\text{m}^2$，$\hat{d}_{11}=70\text{kg/s}$，$\hat{d}_{22}=100\text{kg/s}$，$\hat{d}_{33}=50\text{kg}\cdot\text{m}^2\text{/s}$，$\delta=0.1$。

假设模型参数的最大不确定为 30%，本节为研究控制器的性能，分别取−20%、0%和 20%的参数不确定进行仿真。未建模动态选取为 $\hat{d}_u=0.8d_{u\max}$，$d_{u\max}=2$，$\hat{d}_r=0.8d_{r\max}$，$d_{r\max}=3$。

控制点 p 的期望轨迹定义为

$$\begin{cases}x_{pd}(t)=x_0+A\cos(\phi t/A)\\ y_{pd}(t)=y_0+A\sin(\phi t/A)\end{cases} \tag{2-111}$$

式中，x_0=0，y_0=0，A=10，ϕ=1。

初始条件取为：$[x(0),y(0),\psi(0),u(0),v(0),r(0)]=[11,-3,\pi/2,2,2,0]$。

控制参数为：$\Gamma=\begin{bmatrix}10&0\\0&10\end{bmatrix}$，$\Lambda=\begin{bmatrix}3&0\\0&3\end{bmatrix}$，$K=\begin{bmatrix}0.1&0\\0&0.3\end{bmatrix}$，$\omega=\begin{bmatrix}1&0\\0&1\end{bmatrix}$，$\eta=\begin{bmatrix}0.2\\0.5\end{bmatrix}$，$\varepsilon=\begin{bmatrix}0.04\\0.04\end{bmatrix}$。

仿真结果如图 2-45～图 2-48 所示。图 2-45 表示模型参数在–20%、0%和 20%三种不确定情况下输出控制点 p 的参考轨迹，尽管存在不确定性，船舶依然能够很好地跟踪上参考轨迹，所设计的控制器具有较好的鲁棒性。

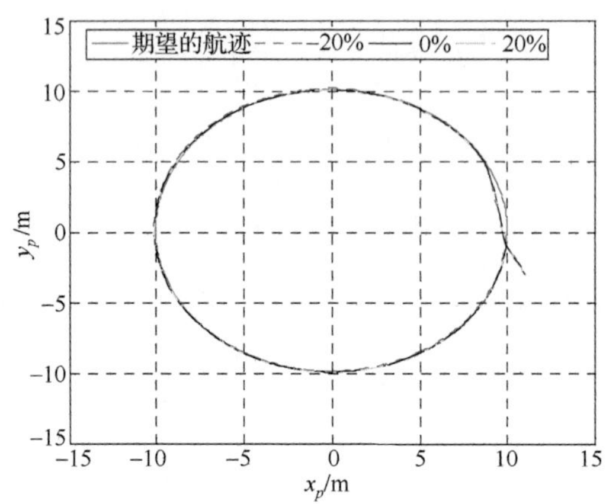

图 2-45　在参数不确定情况下欠驱动船舶在 p 点的轨迹跟踪控制曲线(见彩图)

图 2-46 为船舶输出控制点 x_{pe} 和 y_{pe} 的轨迹跟踪误差曲线，从图中可以看出，在三种参数不确定情况下，轨迹跟踪误差能够同时收敛到零。图 2-47 表示欠驱动水面船舶的纵向速度、横向速度和艏摇角速度曲线，这三个速度不同于船舶在控制点的速度。事实上，本节所设计的控制器是控制船舶在 p 点的位置和速度。并且从图中可以看出，在横向方向没有直接驱动，但是通过考虑转船力矩对横向运动的影响，横向运动也能取得较好的效果。图 2-48 为控制输入 τ_u 和 τ_r 的时间响应曲线。从图中可知，当参数不确定性为 0%时，τ_u=75N；当参数不确定性为–20%时，τ_u=90N；当参数不确定性为 20%时，τ_u=60N。由这三种情况可知，通过调整纵向控制律 τ_u 能够补偿参数的不确定性。转船力矩 τ_r 在参数不确定的情况下变化较小。

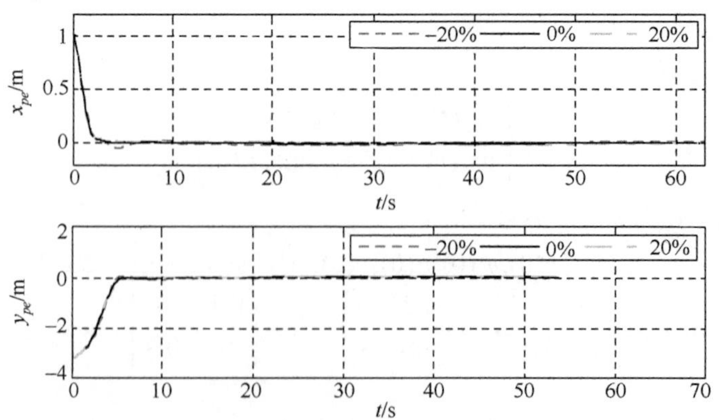

图 2-46　控制点 p 处的船舶位置跟踪误差(见彩图)

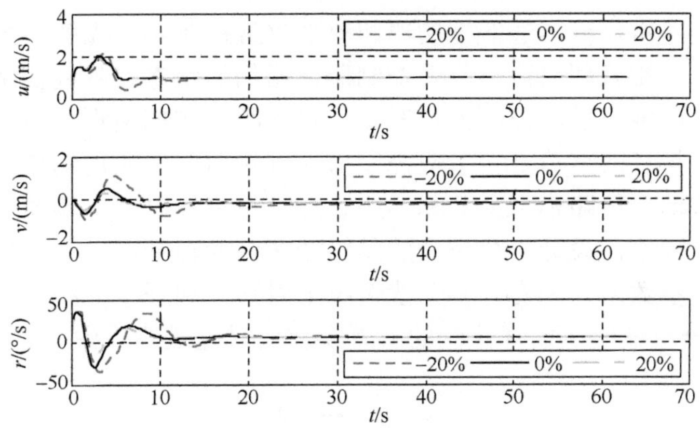

图 2-47　欠驱动水面船舶的纵向速度、横向速度和艏摇角速度(见彩图)

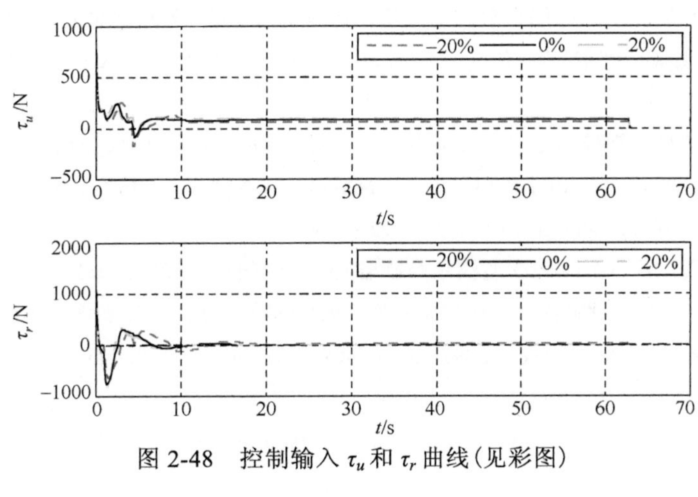

图 2-48　控制输入 τ_u 和 τ_r 曲线(见彩图)

2.5　小　　结

本章首先介绍了船舶运动控制中最重要的典型自动化系统——船舶操舵仪(自动舵)，详细讨论了自动舵的实船工程系统。

针对船舶自动舵控制中航向保持、航迹保持以及航迹跟踪问题，本章分别讨论了基于智能控制方法的智能自动舵算法设计：一种基于模糊神经网络的船舶航向无模型直接控制方法、分阶段鲁棒自适应切换镇定控制器设计方法以及基于神经网络自适应的航迹/路径跟踪自适应控制器设计方法。针对船舶航向保持控制问题，通过融合模糊逻辑和神经网络，将神经网络应用到模糊逻辑系统中的参数学习，使船舶航向智能控制器具有在线自学习功能，同时这种方法能实时控制风流扰动下作为非线性时变系统的船舶而无须依赖船舶运动数学模型；针对船舶航迹保持控制，在考虑转船力矩对横向运动的影响以及船舶模型中不确定性和外界干扰存在的情况下，分别设计了神经网络鲁棒自适应控制器和流形收敛控制器，先解决船舶纵向位移和航向的收敛问题，接着利用流形收敛控制器使船舶的状态收敛到初始条件流形上，再通过神经网络鲁棒自适应控制器把船舶各状态收敛到期望点；最后，针对船舶航迹跟踪问题，将神经网络稳定自适应控制引入到欠驱动船舶运动控制中来，解决了欠驱动船舶模型动力环路模型参数和船舶状态关系未知时的控制器设计问题。同时，结合路径参数化技术，设计了欠驱动船舶路径跟踪的神经网络稳定自适应控制器，可以实现在模型参数未知和有外界干扰情况下对直线和任意曲线的路径跟踪控制，Lyapunov 稳定分析证明了闭环系统的所有误差信号是最终一致有界的。

参考文献

[1] 狄猛. 基于性能评价的船舶自动舵控制器设计研究. 上海: 上海交通大学, 2008.

[2] 姜仲昊, 沈智鹏, 郭晨,等. 船舶自动舵测试仿真系统的研究. 大连海事大学学报, 2014, 40(1):9-12.

[3] 孟浩. 船舶航行的智能自适应控制研究. 哈尔滨: 哈尔滨工程大学, 2003.

[4] Witt N A J, Sutton R, Miller K M. Recent technological advances in the control and guidance of ships. Journal of Navigation, 1994, 47(2):236-258.

[5] 张为民, 郭晨. 船舶航向 PID 型模糊控制器研究. 中国造船, 2012, 1:45-52.

[6] 刘洋, 米伟, 郭晨. 船舶航向模糊自整定操舵控制器的研究. 中国航海, 2010, 1:11-15, 41.

[7] Peng Z, Wang D, Wang W, et al. Neural adaptive steering of an unmanned surface vehicle with measurement noises. Neurocomputing, 2016, 186: 228-234.

[8] Velagic J, Vukic Z, Omerdic E. Adaptive fuzzy ship autopilot for track-keeping. Control Engineering Practice, 2003, 11(4):433-443.

[9] Layne J R, Passino K M. Fuzzy model reference learning control for cargo ship steering. IEEE Transactions on Control System Magazine, 1993, 13(6): 23-34.

[10] Roberts G N, Sutton R, Zirilli A, et al. Intelligent ship autopilots: A historical perspective. Mechatronics, 2003, 13(10):1091-1103.

[11] 李铁山. 船舶直线航迹控制非线性设计方法. 大连: 大连海事大学, 2005.

[12] Du J L, Wang L, Jiang C L. Nonlinear ship trajectory tracking control based on backstepping algorithm. Ship Engineering, 2010, 32(1):41-44.

[13] Saerens M, Soquet A. Neural controller based on back-propagation algorithm // IEEE Proceedings, Control Theory and Applications, 1991, 138(1): 55-62.

[14] Khalil H K. Nonlinear Systems .3 Ed. Englewood :Prentice Hall, 2002.

[15] Krstic M, Kanellakopoulos I, Kokotovic P V. Nonlinear and Adaptive Control Design. New York:Wiley, 1995.

[16] 杨杨. 动力定位船舶非线性自适应控制研究. 大连: 大连海事大学, 2013.

[17] 孟威. 欠驱动水面船舶运动的非线性控制研究. 大连: 大连海事大学, 2012.

[18] Ge S S, Wang C. Adaptive neural control of uncertain MIMO nonlinear systems. IEEE Transactions on Neural Networks, 2004, 15(3): 674-692.

[19] Lu Y S, Chiu C W. Global sliding mode control with generalized sliding dynamics. Asian Journal of Control, 2009, 11(4): 449-456.

[20] Lu Y S, Chen J S. Design of a global sliding-mode controller for a motor drive with bounded control. International Journal of Control, 1995, 62(5): 1001-1019.

[21] Greytak M, Hover F. Underactuated point stabilization using predictive models with application to marine vehicles// IEEE/RSJ International Conference on Intelligent Robots and Systems, 2008: 3756-3761.

第 3 章　船舶减摇鳍智能控制

船舶在海面上航行时，受到风、浪及流等海洋环境扰动的作用，不可避免地要产生各种摇荡。如果将船体看作刚体，则这种摇荡运动可以分解为沿坐标轴 x,y,z 方向平移的纵荡、横荡、垂荡运动和绕 x,y,z 坐标轴转动的横摇、纵摇、艏摇运动。船舶的剧烈摇荡产生的一些动力效应，如砰击、上浪、失速和螺旋桨飞车等，对船舶的适航性、船舶的安全航行和对船上设备、货物及船上人员都将产生不利影响。由于船舶横摇运动阻尼很小，所以船舶在风浪中会产生剧烈的横摇。减摇鳍(fin stabilizer)是目前效果最好的减摇装置[1]。它装于船中两舷舭部，剖面为机翼形，通过操纵机构转动减摇鳍，使水流在鳍上产生作用力，从而形成减摇力矩，以减少船体横摇。减摇鳍效果取决于航速，航速越高，效果越好，故多用于高速船舶。现有收放式和非收放式两大系列减摇鳍。配备减摇鳍装置能够：提高船舶的安全性，改善船舶的适航性和工作条件，提高船员工作效率，避免货物碰撞及损伤；提高船舶在风浪中的航速，有助于船舶节能和提高其他船舶设备的使用寿命；保证特殊作业，如直升机起降、观测仪器准确使用等。本章主要讨论船舶减摇技术及其智能控制方法。

3.1　船舶横摇减摇技术综述

从 20 世纪初，人们就寻求各种减摇装置来减小船舶的横摇，并成功地研发出了多种减摇装置，如舭龙骨、减摇鳍、减摇水舱、减摇陀螺、舵减摇、减摇重块等。

3.1.1　舭龙骨

舭龙骨沿船长安装于船舶的两舭，其基本原理是根据流体动力的作用产生稳定力矩。它是一种通过安装舭龙骨，在横摇时扰动船体周围的流场，增加横摇阻尼以减小船舶横摇的被动式减摇装置。舭龙骨在船上的安装位置如图 3-1 所示。

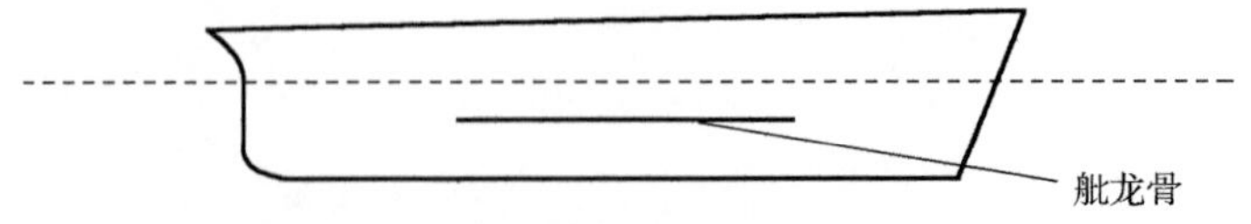

图 3-1　舭龙骨在船上的安装位置

阻尼是影响船舶横摇最重要的因素，船体的阻尼一般分为兴波阻尼、漩涡阻尼和摩擦阻尼三种。摩擦阻尼占的比例很小，可以忽略不计。在小角度(小于 8°)横摇时，以兴波阻尼为主，随着横摇角度的增大，漩涡阻尼逐渐增大，船上安装舭龙骨主要就是增加漩涡阻尼以达到减小横摇。

舭龙骨的减摇效果与舭龙骨尺度、安装位置和航速有关。目前，舭龙骨最简单又有一定的减摇效果，一般可减小横摇 30%左右。因此，绝大多数船上都装有舭龙骨。

3.1.2　减摇水舱

减摇水舱是应用广泛的船舶减摇装置之一，它的减摇效果不受船舶航速的影响，特别适用于经常工作在零航速或低航速的船舶减摇[2]。

船体内设置减摇水舱后，当船舶横摇时，水从一舷流向另一舷，产生稳定力矩来抵抗横摇，目前应用的减摇水舱如下。

(1) 主动式水舱：在两舷间加入了一个水泵，根据横摇情况可把水从一舷打向另一舷。由于主动式水舱需要很大的功率来驱动水泵工作，故很少使用。

(2) 被动式水舱：它本身没有动力和控制系统，当船舶横摇时，水舱的水道内运动的水产生往复流动，使两舷水舱内的水上下波动，产生抵抗横摇的稳定力矩。它在货船、客船和工作船上都得到了成功的应用。

(3) 被动可控式水舱：它是对被动式水舱的改进，人为地控制水的流动。

减摇水舱的设计受到许多因素的影响，例如，水舱内的水不应冲击舱顶，不产生严重的噪声；水舱的自由液面的面积应有一定的限制以保证水舱的自由液面的稳性损失限制在使初稳性高度减小 2.5%以内；水舱内的水的重量占排水量的 1%～2%等。所以减摇水舱的减摇效果是有限的，在中等风浪条件下，它的减摇效果一般在 35%～50%。

自从 1911 年佛拉姆成功推出被动 U 型水舱以来，这种减摇装置已应用到几千艘各类船舶。目前，美国的 Flume 公司、德国的 Intering 公司、英国的 Rolls-Royce 公司是减摇水舱的主要生产厂家，我国上海船舶设备研究所研制的减摇水舱也得到了市场应用[3]。

3.1.3　减摇鳍

减摇鳍是一种最常用的主动式横摇减摇装置。其构造主要包括机翼型的鳍、转鳍传动机构、控制系统等部分。减摇鳍减摇原理：当船舶产生横摇时，通过控制减摇鳍的转动，产生升力，形成抵抗海浪扰动的稳定力矩。设计好的减摇鳍在任何情况下都可以使减摇幅值保持在 3°之内，效果最好的可达 90%以上。例如，1985 年英国“玛丽皇后”号船在大风浪条件下进行了减摇鳍性能试验。当减摇鳍工作时，船的横摇角平均 2°左右，而减摇鳍不工作时，横摇角 25°。可见减摇效果是相当可观的。

减摇鳍的最早专利是在 1889 年由约翰·桑尼克罗夫特获得。1923 年日本的原良信太郎设计了第一套减摇鳍，经装船试验得到了良好的减摇效果。1935 年英国的布朗兄弟公司设计的“丹尼斯-布朗减摇鳍”成功应用到一艘 2200t 的海峡渡轮“沙克岛”上，从此减摇鳍得到了广泛的应用。

目前，国外具有代表性的减摇鳍生产厂家主要有：①英国的 Rolls-Royce 公司，该公司生产的减摇鳍，适用于各种规模的商业或海军舰艇；②美国的昆腾(Quantum)公司，其 XT 可扩展鳍片减摇鳍能够在船舶航行和零航速时起到稳定船体的作用；③德国的 SKF Blohm+Voss 公司，该公司生产的 S 型可伸缩紧凑型辛泼莱克斯减摇鳍适用于多种商船；④美国的斯伯利航海(Sperry Marine)公司；⑤日本三菱重工业有限公司(简称三菱重工)制造的减摇鳍具有灵敏度高、操作准确性高等特点。

我国从 20 世纪 60 年代中期开始从事减摇鳍的研究和制造，现在已有很大的发展。大批舰船装备了自行设计制造的减摇鳍。中国船舶重工集团公司第 704 研究所研制出中国第一套船舶减摇装置，并在 1969 年试航成功。目前，中国船舶重工集团公司 704 研究所和哈尔滨工程大学设计了多个系列的减摇鳍，装配到各种舰艇和其他船舶。1975 年，ND(62)型减摇鳍成为国内第一次被海军批准定型的减摇鳍。1977 年为 037 型猎潜艇研发 NJ4 型减摇鳍，1986 年海试成功。值得一提的是，著名的“哈尔滨”号导弹驱逐舰上的减摇鳍就是由哈尔滨工程大学自行研究设计的。

但是减摇鳍结构复杂，成本较高，需要动力和控制系统，多用在客船和军舰上。目前，我国已基本形成了从 100t 的小艇到 20000t 的系列减摇鳍装置。鳍面积为 0.75～$6.5m^3$，有 10 多种规格，可以满足各种船舶的选型要求。

3.1.4 舵减摇

1972 年，荷兰两位工程师 Cowley 和 Lambert 探讨了用舵作为稳定装置的可能性，并在一艘商船上试验成功。80 年代荷兰、瑞典等国家开展了舵减摇装置的研究，推出的主要产品有瑞典研制的 ROLL-NIX 舵减摇装置、荷兰研制的 ASSA 型舵减摇自动驾驶仪。20 世纪 80 年代初，中国舰船研究设计中心开展了舵减摇装置的可行性及最优控制研究。舵减摇是一项新的减摇技术，它靠舵对横摇和艏艉摇响应的差异，控制舵角，达到一定的减摇效果。目前的试验研究表明，舵减摇的效果可达 60%左右。由于此方法不需要一套专门的减摇装置，因此备受关注。舵减摇技术的核心问题是舵的响应速度和自动控制技术[4]。

3.1.5 零低航速减摇鳍

停泊在港口或者需要在很低的经济航速下工作的船舶，若有大风浪作用于船舶，其横摇运动反而比中高航速下更加剧烈。特别是当风浪的拍船周期与船舶的横摇周期相接近时，就会产生谐振，这使得船舶横摇运动尤为严重。由于普通减摇鳍无法在零低航速下进行有效减摇，人们开发出了能在零低航速下有效减摇的零低航速减摇鳍产品。它是靠急剧的拍动产生足够的升力来对抗船舶的横摇力矩，从而获得较好的减摇效果[2,3]。

1998 年，由美国、荷兰和英国三家公司联合成立的 VT Naiad Marine 公司与荷兰的海事研究中心(Maritime Research Institute)合作，共同开发了一套适用于零低航速下的减摇鳍装置，将其安装在一艘长度为 71m 名为“Boadicea”号的大型游艇上并进行了实船测试，试验的结果表明：在停泊状态下安装了该减摇鳍的游艇与没安装之前相比横摇程度有显著的降低，这是世界船舶史上首次成功地应用零低航速减摇鳍产品的实例。自此以后，零低航速减摇鳍开始了蓬勃的发展，后来，VT Naiad Marine 公司又陆续研发出了多种产品，如 OnAnchor™、ZeroSpeed™、S@A™D 等适用于零低航速船舶的减摇鳍产品。对一艘按 1∶20 模型建造的游艇进行水池试验，试验的结果表明该零低航速减摇鳍系统在 0.5m 的浪高下能达到 78%的减摇效率，而在浪高为 1m 时也有 66%的减摇效果。随后陆陆续续有很多船舶都安装了零低航速减摇鳍装置。国外具有代表性的零航速减摇装置生产厂家有 Quantum 公司、Rolls-Royce 公司、SKF Blohm+Voss 公司、意大利 Rodiquez 公司、美国 Arcturus Marine 公司和韩国 Krosys 公司等。

国内对零低航速减摇鳍的研究才刚刚开始，哈尔滨工程大学率先对零低航速减摇鳍展开了探索和研究，建立起了比较成熟的零低航速减摇鳍理论体系。金鸿章教授和綦志刚博士首先提出了采用双翼 Weis-Fogh 结构的零低航速减摇鳍。这种结构的减摇鳍具有较好的动态特性，可以在瞬间产生较大的升力。随后，罗延明博士对双翼 Weis-Fogh 结构的零低航速减摇鳍进行了工作原理的详细分析，对其产生的升力特性及鳍驱动机构进行了全面系统的论证。然而，由于 Weis-Fogh 结构复杂，工程上很难实现，当前还只停留在理论分析阶段，还无法投入实际应用。鉴于此种情况，张晓飞博士和金鸿章教授提出了一种单翼的零低航速减摇鳍，它在工程上易于实现，因此更具应用意义。张晓飞详细地分析了此种鳍的升力原理和水动力特性，建立起单翼纵向拍动零低航速减摇鳍的升力公式模型。王龙金博士对纵向拍动鳍的升力模型进一步补充和完善，建立了基于柏拉休斯定理的升力模型，应用计算流体力学(computational fluid dynamics，CFD)软件 Fluent 对所建立的升力模型进行了数值模拟。孟令卫运用实物平台，对零低航速减摇鳍的模型进行了升力和水动力特性的测量工作。由此可以看到，我国对零低航速减摇鳍的研究与国外相比还有着非常大的差距，国内还只停留在理论研究阶段而国外早在多年前就已经投入实际应用。

3.1.6　联合控制减摇技术

1. 减摇鳍与减摇水舱联合控制系统

在船舶减摇领域，减摇鳍和减摇水舱是目前最常用、装船最多的两种减摇装置。

减摇鳍的减摇效果与航速密切相关，在航速较高时减摇效果显著，但在低航速和零航速时却不能有效减摇；减摇水舱在各种航速下均能有效减摇，但在较高航速下减摇效果要低于减摇鳍。

为了满足船舶在全航速下的减摇要求，很多船舶都同时安装了减摇鳍和减摇水舱，但是在海上船舶运行中，驾驶员要根据海况人工操作这两种装置的切换，使用比较麻烦且低效。

英国的 Rolls-Royce 公司推出了减摇水舱-减摇鳍联合减摇系统。中国船舶重工集团公司第 704 研究所自主研发了“减摇鳍-减摇水舱联合控制器”，这套采用数字化嵌入式智能控制器，成功解决了船舶在全航速下减摇的技术难题，填补了我国减摇技术领域的一项空白。在功能设计方面，联合控制器充分考虑了减摇鳍、减摇水舱使用过程中的协调性与独立性，设计了“联合”“独立”两种工作模式。“联合”模式可同时对两种装置进行启停操作；“独立”模式释放控制权，两种减摇装置独立工作。

2. 舵鳍联合控制系统

早在 1972 年，Carley 和 Duberley 就提出了舵鳍联合控制思想，后来理论与试验研究表明舵鳍联合控制能够在保持航向控制精度的同时有效提高减摇效果[5,6]。船舶舵鳍联合装置将减摇鳍与自动舵各自的优点结合起来，可实现对横荡、横摇、艏摇等进行稳定控制，因此舵鳍联合控制是当前船舶运动研究的热点之一。法国在“戴高乐”号航母上装有两对减摇鳍和舵减摇装置。在我国，哈尔滨工程大学、上海交通大学和大连海事大学等也对舵鳍联合控制问题进行了深入的研究。

3.2　海浪数学模型

海浪是引起船舶摇荡的主要扰动，在研究和设计船舶运动控制系统时，需要研究海浪对船舶及其控制系统产生的影响。因此，必须建立理想的海浪扰动数学模型，为船舶减摇控制研究提供必备条件。

海浪现象十分复杂，海浪具有随机性，它的本质是非线性的，因此，对海浪模型的准确把握非常困难。20 世纪 40 年代开始，海洋动力学家 Neummn 和 Pierson 等提出了用随机过程理论来分析海浪的方法，即谱分析法。大量观察结果表明：海浪属于狭带谱的正态随机过程，其幅值服从瑞利分布。在此基础上人们提出了多种描述二维和三维海浪的模型。

3.2.1　波幅模型与海浪频谱

假设海浪是向一个固定方向传播，其波峰和波谷线彼此平行并垂直于前进方向，这种海浪被称作“二元不规则波”，或称“长峰波”。二维不规则长峰波海浪的实时仿真在许多船舶控制系统的研究和设计中得到了广泛的应用。

目前在实际工程应用中，主要通过海浪频谱来模拟长峰波海浪，其一般形式如下[1]：

$$\zeta(t)=\sum_{i=1}^{\infty}\sqrt{2S_{\zeta}(\omega_i)\Delta\omega}\cos(\omega_i t+\varepsilon_i) \tag{3-1}$$

式中，$\zeta(t)$为固定点ζ处的波动水面相对于静止水面在t时刻的瞬时高度；$S_{\zeta}(\omega)$正比于波浪的能量，称它为波谱密度，即海浪频谱，它表征了不规则波的能量在不同频率波上的分布情况；ω_i为第i次谐波的角频率；ε_i为在 0～2π 均匀分布的随机初相位。

目前，在船舶运动控制研究中应用较多的海浪谱有 Pierson-Moscowitz 谱(PM 谱)、ITTC 双参数波谱(ISSC 波谱)、JONSWAP 波谱等。本章以 PM 谱作为仿真波谱，PM 谱能很好地代表实际充分成长的随机海浪谱，在海洋工程和船舶工程中得到了广泛的应用。PM 谱表达式为

$$S_{\zeta}(\omega)=\frac{8.1\times10^{-3}g^2}{\omega^5}\exp\left[-0.74\left(\frac{g}{v\omega}\right)^4\right] \tag{3-2}$$

式中，v为海面上 19.5m 高度处的平均风速，单位为 m/s；$S_{\zeta}(\omega)$的单位为 $\mathrm{m}^2\cdot\mathrm{s}$；$g$为重力加速度，单位为 $\mathrm{m/s^2}$。

图 3-2 为风速v为 10m/s、12m/s、15m/s 的 PM 谱的仿真曲线。

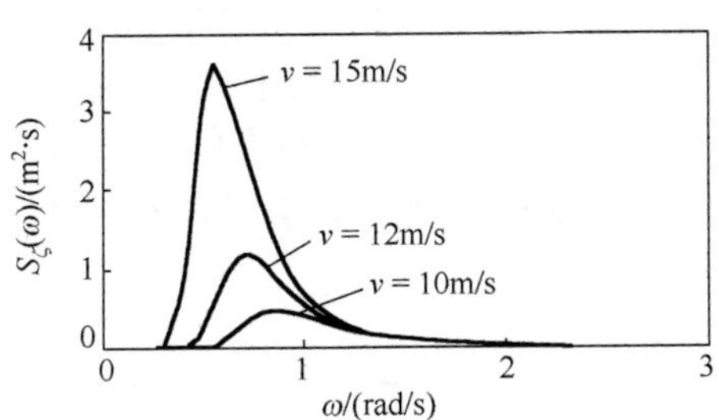

图 3-2　不同风速下的 PM 谱

3.2.2　波倾角模型与波倾角频谱

海浪对船舶的横摇干扰力矩主要与波倾角有关，在对船舶的横摇运动及其控制系统进行研究时，需要考虑海浪波倾角α对船舶及其控制系统的影响，海浪波倾角可视为零均值的平稳随机过程。

根据随机过程理论，同长峰波海浪波高模型类似，空间上某一固定点的海浪波倾角$\hat{\alpha}(t)$的数学仿真模型[1]为

$$\hat{\alpha}(t)=\sum_{i=1}^{N}\sqrt{2\int_{\omega_{i-1}}^{\omega_i}S_{\alpha}(\omega)\mathrm{d}\omega}\cos(\hat{\omega}_i t+\varepsilon_i) \tag{3-3}$$

式中，ω_i为波角频率；ε_i为 0～2π 均匀分布的随机初相位；$S_\alpha(\omega)$为波倾角谱。

波倾角谱和波浪波高频谱的关系为

$$S_\alpha(\omega)=\frac{\omega^4}{g^2}S_\zeta(\omega) \tag{3-4}$$

如果考虑船舶的几何尺寸对波倾角的影响，可以用有效波倾角α_e来代替α。根据船舶摇摆理论，$\alpha_e=K_BK_T\alpha$，K_B和K_T是分别考虑了船宽和船的吃水影响的修正系数。于是：

$$S_\alpha(\omega)=K_B^2K_T^2\frac{\omega^4}{g^2}S_\zeta(\omega) \tag{3-5}$$

当船以一定航速和浪向航行时，波浪实际作用于船体上的频率已不同于自然频率，而是以所谓遭遇频率ω_e作应答的，因此，作为干扰输入的风浪谱密度函数应以ω_e表示。根据能量等效原则，遭遇频率能量谱密度函数与自然频率能量谱密度函数之间有如下关系：

$$\begin{cases}\omega_e=\omega+\dfrac{\omega^2}{g}V\cos\beta\\ S_\alpha(\omega_e)=S_\alpha(\omega)\Big/\left(1+\dfrac{2\omega}{g}V\cos\beta\right)\end{cases} \tag{3-6}$$

式中，ω为波浪自然角频率；V为航速；β为浪向角(顺浪时β=180°)；$S_\alpha(\omega_e)$为以遭遇频率表示的能量谱；$S_\alpha(\omega)$为以自然频率表示的能量谱。

图 3-3 所示为航速 V=10m/s 时，风速 v 为 10m/s、12m/s、15m/s 的遭遇频率能量谱$S_\alpha(\omega_e)$的仿真曲线(浪向角β=90°时)。

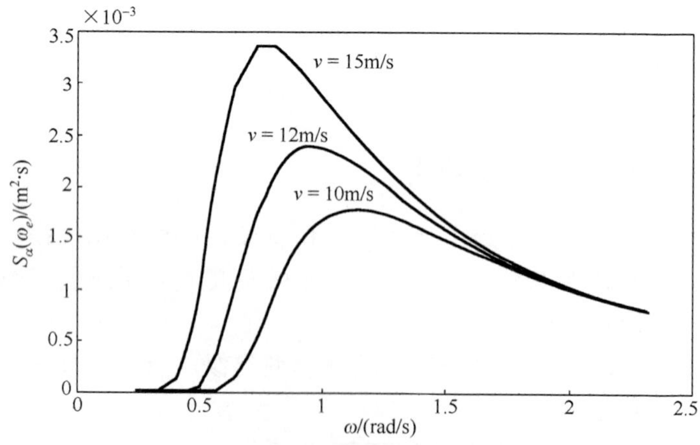

图 3-3　不同风速下以遭遇频率表示的波倾角谱

这样，海浪有效遭遇波倾角的数学仿真模型为（同时考虑船舶的几何尺寸对波倾角的影响）

$$\hat{\alpha}_e(t) = \sin\beta \sum_{i=1}^{N} \sqrt{2\int_{\omega_{i-1}}^{\omega_i} S_\alpha(\omega_e)\mathrm{d}\omega_e} \cos(\hat{\omega}_e t + \varepsilon_i) \tag{3-7}$$

3.2.3　海浪数字仿真

1. 长峰波随机海浪仿真

假设船舶航速 V=18kn，遭遇浪向角β=90°，图 3-4(a)自上而下分别仿真了海面上 19.5m 高处风速 v_{wind} 分别为 8m/s、10m/s、12m/s 时的波高。从仿真结果上可以看出，当风速增加时，长峰波的幅值也相应增加。

根据上述方法同样可对船舶航行时长峰波随机海浪波倾角进行仿真，图 3-4(b)是在有义波高 $h_{1/3}$=3.8m 条件下，航速 V=18kn(约 9.2592m/s)，遭遇浪向角β自上而下依次为 45°、90°和 135°时海浪波倾角仿真图。

观察仿真曲线可以看到，当浪向角一定时，航速对有效遭遇波倾角的影响并不明显。而航速一定时，随浪向角增加，有效遭遇波倾角的频率减小。并且，浪向角为 90°时，有效遭遇波倾角最大，说明傍浪时，是船舶横摇最严重的时候。

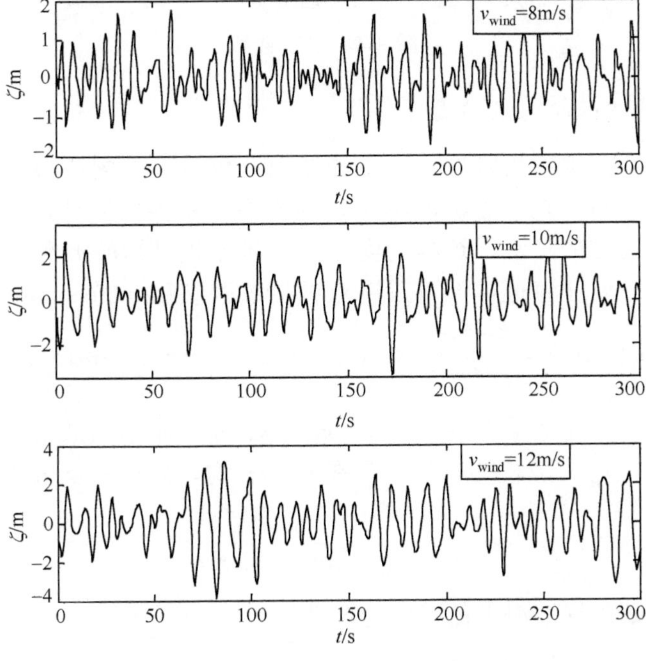

(a) 风速为8m/s、10m/s、12m/s时的波高仿真曲线

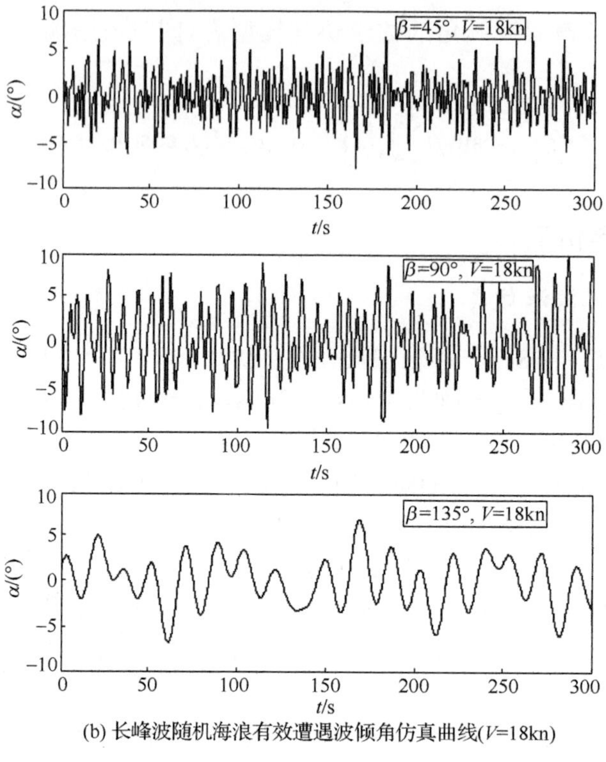

(b) 长峰波随机海浪有效遭遇波倾角仿真曲线(V=18kn)

图 3-4　仿真曲线

2. 三维短峰波随机海浪仿真

实际海浪具有三维不规则性，海上的波浪不仅波高不同，频率不同，而且会从各个方向传到某一点，这些谐波除沿主风向产生的主浪向以外，在主浪向两侧±π/2角度范围内都有谐波的扩散，这样的海浪是三维不规则短峰波海浪。

三维不规则短峰波海浪模型可采用双叠加法模型(double summation model)：

$$\zeta(\xi,\eta,t)=\sum_{i=1}^{n}\sum_{j=1}^{m}\zeta_{aij}\cos(k_i\xi\cos\mu_j+k_i\eta\sin\mu_j-\omega_i t+\varepsilon_{ij}) \tag{3-8}$$

式中，ξ,η 为海平面上某点坐标；ζ_{aij}、k_i、ω_i、μ_j 分别为组成谐波的波幅、波数、角频率和方向角；ε_{ij} 为随机初相位，是在 0～2π 均匀分布的随机变量。谐波的波幅和频谱的关系为

$$\zeta_{aij}=\sqrt{2S(\omega_i,\mu_j)\mathrm{d}\omega\mathrm{d}\mu} \tag{3-9}$$

则三维不规则短峰波海浪的波面方程为

$$\zeta(\xi,\eta,t)=\sum_{i=1}^{n}\sum_{j=1}^{m}\sqrt{2S(\omega_i,\mu_j)\mathrm{d}\omega\mathrm{d}\mu}\cos(k_i\xi\cos\mu_j+k_i\eta\sin\mu_j-\omega_i t+\varepsilon_{ij}) \tag{3-10}$$

$S(\omega_i, \mu_j)$ 为短峰波海浪波谱，短峰波海浪波谱是 ω 和扩散角 μ 的二元函数，即 $S_\zeta = S_\zeta(\omega, \mu)$。短峰波海浪波谱又称方向波谱，它可用两个独立的函数乘积来表示：

$$S_\zeta(\omega, \mu) = S_\zeta(\omega) \times \phi(\mu) \tag{3-11}$$

式中，$S_\zeta(\omega)$ 为海浪的频谱，如选择 PM 谱；μ 为方向角，$\phi(\mu)$ 为波能的扩散函数。ITTC 建议其形式为

$$\phi(\mu) = \frac{2}{\pi}\cos^2(\mu) \tag{3-12}$$

图 3-5 为风速为 12m/s、15m/s 短峰波海浪方向波谱的三维仿真曲面。图中，水平面坐标为扩散角 μ 和角频率 ω，纵坐标为短峰波海浪方向波谱。同样可看出，海浪能量主要集中在某一区域，如风速 12m/s 时波浪能量集中在 $\mu = \pm 35°$、$\omega = 0.25$～2.4rad/s 的区域内，高海情情况下更是如此，这样也正符合三维海浪实时仿真的要求。

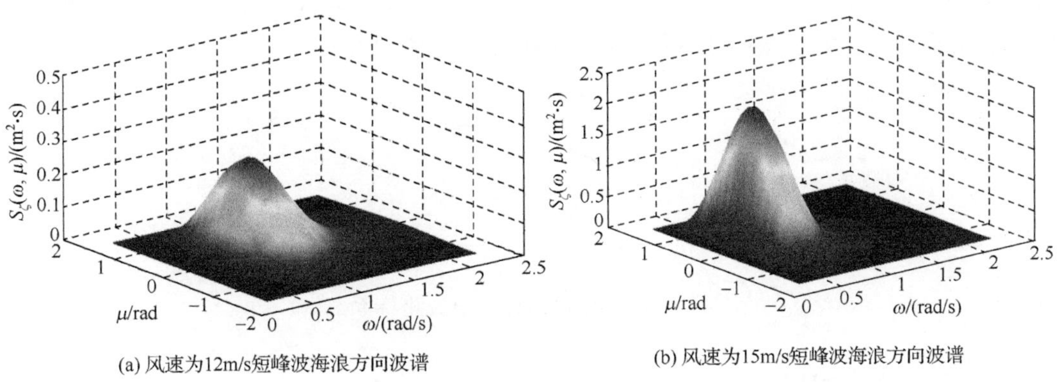

(a) 风速为12m/s短峰波海浪方向波谱　(b) 风速为15m/s短峰波海浪方向波谱

图 3-5　短峰波海浪方向波谱

图 3-6(a)和图 3-6(b)为航速为 18kn 时数据量为 10 维矩阵和 20 维矩阵的不同仿真结果。

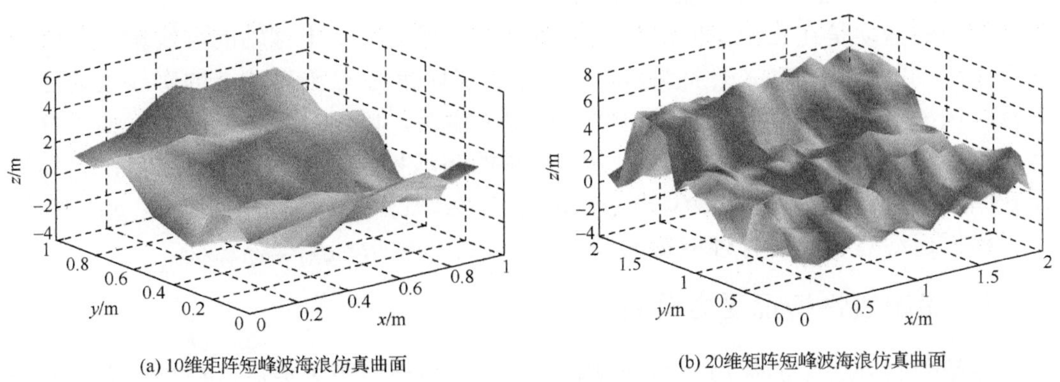

(a) 10维矩阵短峰波海浪仿真曲面　(b) 20维矩阵短峰波海浪仿真曲面

图 3-6　三维不规则短峰波海浪仿真曲面

3.3　船舶横摇运动数学模型

在研究船舶摇荡运动时，通常采用以下右手坐标系[1,7]。

1. 空间固定坐标系 $O\text{-}\xi\eta\zeta$

如图 3-7 所示，它是一个固定在地面或海面上的直角坐标系，O 为原点，可以取地面或海面上的任何一点，$O\zeta$ 轴正向向上，垂直于 $O\xi\eta$ 平面。$O\xi\eta$ 在静水平面内，$O\xi$ 轴平行于波浪的传播方向，$O\eta$ 轴与 $O\xi$ 轴互相垂直。

2. 动坐标系 $G\text{-}x_b y_b z_b$

动坐标系或称联船坐标系，它是以船舶重心 G 为原点固定于船体上的右手直角坐标系，如图 3-7 所示。Gx_b 轴平行于船舶横摇轴并指向船艏，Gy_b 轴平行于纵摇轴，Gz_b 轴铅垂向上。这三轴可以近似认为是船体三个惯性主轴。

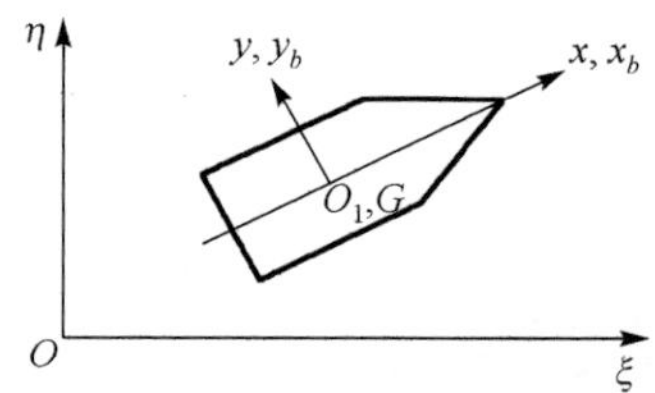

图 3-7　船舶摇荡运动研究坐标系

3. 坐标系 $O_1\text{-}xyz$

此坐标系是以船速 v 随船一起运动，但不随船转动的直角坐标系，见图 3-7。xy 平面位于海面上，O_1x 正向与航速同向。在平衡状态时，坐标原点 O_1 与运动坐标系原点 G 重合。该坐标系用来描述六种摇荡运动。

船舶的运动是在三维空间的复合运动，它包括沿三个坐标轴的直线运动和围绕三个坐标轴的旋转运动，即船舶六自由运动：船舶重心 G 沿轴 O_1x 的直线运动称为纵荡，以 $x(t)$ 表示；沿 O_1y 轴的直线运动称为横荡，以 $y(t)$ 表示；沿 O_1z 轴的直线运动称为垂荡，以 $z(t)$ 表示；船体绕 Gx_b 轴的转动称为横摇，以 $\phi(t)$ 表示；船体绕 Gy_b 轴的转动称为纵摇，以 $\psi(t)$ 表示；船体绕 Gz_b 轴的转动称为艏摇，以 $\varphi(t)$ 表示；由于横摇运动对船舶航行性能影响最大，本章主要研究船舶横摇运动。

3.3.1　船舶线性横摇受力分析

船舶受到外力矩的作用产生一倾斜角度 ϕ，当外力矩去掉后，在复原力矩的作用下，船舶要恢复正浮状态，因而开始回转运动。由于惯性力的作用，船舶将越过正浮位置向另一舷倾斜，这就是船舶横摇运动。在船舶横摇某一瞬时，假定横摇角 ϕ，角速度 $\dot{\phi}$，角加速度 $\ddot{\phi}$，如图 3-8 所示。为了讨论方便，假定当从船尾向船艏看时，三者以顺时针方向为正，逆时针方向为负。

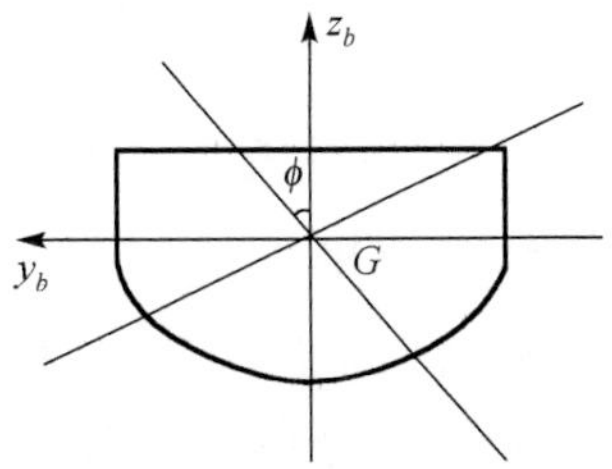

船舶在规则横波中运动时，受力包括以下几部分。

图 3-8　船舶横摇运动

1. 惯性力矩

在船舶的横摇过程中，由于是变速运动，所以产生了对横摇轴的惯性力矩。此外，船舶的横摇使周围水也得到了加速，船体必定给予流体一定的作用力矩。根据作用与反作用力原理，流体对于船体也有一个反作用力矩，称附加惯性力矩。它们都是角加速度的函数，可以写成

$$M(\ddot{\phi}) = -(I_x + \Delta I_x)\ddot{\phi} \tag{3-13}$$

式中，I_x 为船舶横摇质量对横摇轴的惯性矩；ΔI_x 为附加惯性力矩。

2. 复原力矩

当船舶横倾某一角度时，浮心和重心不再位于同一垂直线上，形成一个促使船舶回到原平衡位置的力矩，即复原力矩。当倾角较小时，如 10°～15°，可以应用初稳性公式，复原力矩表达式为

$$M(\phi) = -Dh\phi \tag{3-14}$$

式中，D 为船舶排水量；h 为横稳心高。负号表示复原力矩与倾斜角方向相反。

3. 阻尼力矩

船舶与水之间存在相对速度，船体必然受到水的阻力，表现为阻尼力矩的形式。横摇时，阻尼与兴波、船体表面对水的摩擦、舭龙骨等多种因素有关。

横摇阻尼力矩是横摇角速度的函数，在小角度横摇时，二者呈线性关系，一般表达式为

$$M(\dot{\phi}) = -2N_{\mu}\dot{\phi} \tag{3-15}$$

式中，N_{μ} 为船舶横摇阻尼力矩系数。

4. 波浪扰动力矩

船舶的扰动力矩有以下三个部分。

1) 复原扰动力矩

相对于复原力矩，当船处于正直位置，即横倾角为零，而水面波动时，由相对运动关系可得到复原扰动力矩为

$$M(\alpha_m) = -Dh\alpha_m \tag{3-16}$$

式中，α_m 为有效波倾角。

2) 阻尼扰动力矩

相对于阻尼力矩，当船处于正直位置，即横倾角为零，而水面波动时，由相对运动关系可得到阻尼扰动力矩为

$$M(\dot{\alpha}_m) = -2N_\mu \dot{\alpha}_m \tag{3-17}$$

3) 惯性扰动力矩

波浪相对船作角加速度运动可认为是船主动运动，因此可类似地求得波浪惯性扰动力矩为

$$M(\ddot{\alpha}_m) = -\Delta I_x \ddot{\alpha}_m \tag{3-18}$$

综上可知船舶所受总干扰力矩为

$$M(\alpha_m, \dot{\alpha}_m, \ddot{\alpha}_m) = -Dh\alpha_m - 2N_\mu \dot{\alpha}_m - \Delta I_x \ddot{\alpha}_m \tag{3-19}$$

3.3.2 线性横摇运动数学模型

对于船舶的横摇运动角度较小，基于以上船舶横摇受力分析，根据动平衡原理，得到基于 Conolly 理论的船舶线性横摇运动方程(无减摇鳍)[1]为

$$(I_x + \Delta I_x)\ddot{\phi} + 2N_\mu \dot{\phi} + Dh\phi = -(\Delta I_x \ddot{\alpha}_m + 2N_\mu \dot{\alpha}_m + Dh\alpha_m) \tag{3-20}$$

式(3-20)表示等式右边海浪产生的横摇扰动力矩与等式左边的惯性力矩、阻尼力矩、复原力矩之和相平衡。

式(3-20)可以写成

$$\ddot{\phi} + 2\omega_\phi n_\mu \dot{\phi} + \omega_\phi^2 \phi = -q\ddot{\alpha}_m + 2\omega_\phi n_\mu \dot{\alpha}_m + \omega_\phi^2 \alpha_m \tag{3-21}$$

式中，ω_ϕ 为船舶的横摇固有角频率，它是表征横摇的重要参数，$\omega_\phi = \sqrt{Dh/(I_x + \Delta I_x)} s^{-1}$；$n_\mu$ 为无因次阻尼衰减系数，它表征了阻尼、惯性和复原力矩对横摇的影响，也是表征横摇的重要参数，$n_\mu = N_\mu / (\omega_\phi (I_x + \Delta I_x))$；$q$ 是附加惯量和总惯量之比，$q = \Delta I_x / (I_x + \Delta I_x)$。

实验证明，式(3-19)右边三项横摇扰动力矩中的 $\Delta I_x \ddot{\alpha}_m$ 和 $2N_\mu \dot{\alpha}_m$ 项数值比 $Dh\alpha_m$ 小得多，一般应用中，仅考虑 $Dh\alpha_m$ 对船舶横摇的作用，式(3-20)可简化为

$$(I + \Delta I)\ddot{\phi} + 2N_\mu \dot{\phi} + Dh\phi = Dh\alpha_m \tag{3-22}$$

则式(3-21)可以写成

$$\ddot{\phi} + 2\omega_\phi n_\mu \dot{\phi} + \omega_\phi^2 \phi = -\omega_\phi^2 \alpha_m \tag{3-23}$$

对式(3-23)线性二阶微分方程进行拉氏变换得到船舶横摇运动的传递函数：

$$\frac{\phi(s)}{\alpha(s)}=\frac{1}{T_{\phi}^{2}s^{2}+2T_{\phi}n_{\mu}s+1} \tag{3-24}$$

式中，s=jω；T_{ϕ}为船舶固有周期，$T_{\phi}=1/\omega_{\phi}$。

式(3-24)就是常用的线性船舶横摇数学模型，它是一个二阶振荡环节。

图 3-9 给出了不同阻尼船舶的横摇响应的幅频特性和相频特性。横坐标 $\varLambda$ 为横摇调谐系数，$\varLambda=\omega_e/\omega_{\phi}$，即海浪的遭遇频率与船舶的横摇固有频率之比。从图 3-9 中可以看出，当波浪力矩的频率等于ω_{ϕ}时，扰动力矩在整个周期内和横摇方向一致，波浪对船舶做功最多，横摇幅值最大，称为谐摇。当波浪频率在ω_{ϕ}附近时，船舶横摇也很大。通常称$0.7<\varLambda<1.3$这一范围为谐摇区或共振区。

从图 3-9 可以看出，横摇幅度与阻尼系数成反比，增大n_{μ}对减小船舶横摇最为有效，尤其在谐摇点。横摇幅度与阻尼系数成反比。利用增大横摇阻尼来减小船舶横摇也是船舶减摇装置设计中的有效方法。如船舶装舭龙骨、减摇鳍等都是从增加横摇阻尼系数这点出发以求减小横摇的。

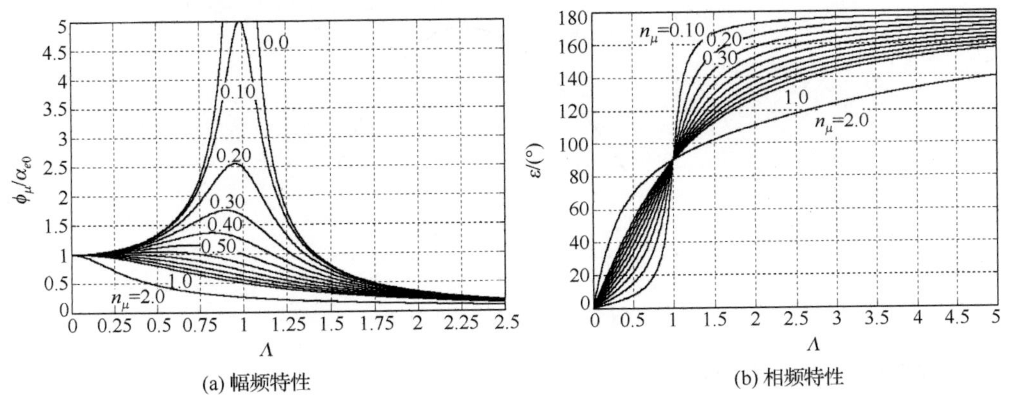

图 3-9 不同阻尼船舶的横摇响应的幅频特性和相频特性

设作用于船舶的波倾角为

$$\alpha_m=\alpha_{e0}\sin\omega_e t \tag{3-25}$$

式中，α_{e0}为最大有义波倾角。

将式(3-25)代入式(3-23)，解得船舶在此波浪作用下的横摇运动为

$$\phi=\phi_{\mu}\sin(\omega_e t-\varepsilon_{\phi}) \tag{3-26}$$

式中

$$\phi_{\mu}=\frac{\alpha_{e0}}{\sqrt{(1-\varLambda^2)^2+4n_{\mu}^2\varLambda^2}} \tag{3-27}$$

$$\varepsilon_{\phi} = \arctan\left(\frac{2n_{\mu}\Lambda}{1-\Lambda^2}\right) \tag{3-28}$$

横摇的幅频特性为

$$\left|W_{\phi}(\mathrm{j}\omega)\right| = \left|\phi_{\mu}/\alpha_{e0}\right| = \frac{1}{\sqrt{(1-\Lambda^2)^2 + 4n_{\mu}^2\Lambda^2}} \tag{3-29}$$

3.3.3 船舶非线性横摇运动数学模型

上面讨论的船舶线性横摇运动数学模型在船舶横摇角较小（如小于 8°）时能较好地描述船舶的横摇运动，但对于大角度横摇，利用线性横摇模型不能准确描述船舶的横摇特性，应该考虑非线性因素的影响[1]。

通过上述船舶受力分析可知，引起非线性横摇的因素主要为：横摇恢复力矩的非线性和横摇阻尼力矩的非线性。对于横摇恢复力矩：在小角度横摇时，横摇角和横摇恢复力矩具有线性关系，即 $Dh\phi$，随着横摇角度增大，二者就变成了非线性关系，如图 3-10 所示。

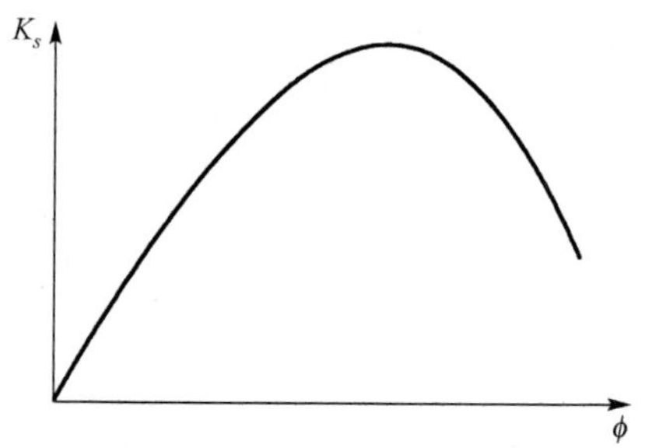

图 3-10　横摇恢复力矩

非线性横摇恢复力矩可表示为

$$K_s = -C_1\phi - C_3\phi^3 - C_5\phi^5 \tag{3-30}$$

式中，C_1、C_3 和 C_5 为常数，$C_1=Dh$。

对于横摇阻尼力矩：在小角度时，非线性部分占的比例很小，允许作线性处理。非线性阻尼力矩为

$$K_{H_2}(\dot{\phi}) = -B_1\dot{\phi} - B_2\left|\dot{\phi}\right|\dot{\phi} \tag{3-31}$$

式中，B_1，B_2 为常数；平方项写成 $\left|\dot{\phi}\right|\dot{\phi}$ 是为了保证阻尼力矩与 $\dot{\phi}$ 方向相反。

据上面分析可以得出船舶的非线性横摇运动模型为

$$(I_x + \Delta I_x)\ddot{\phi} + B_1\dot{\phi} + B_2\left|\dot{\phi}\right|\dot{\phi} + C_1\phi + C_3\phi^3 + C_5\phi^5 = -Dh\alpha_m \tag{3-32}$$

在实际应用中，常分两种非线性情况考虑。

1. 非线性阻尼力矩、线性恢复力矩的非线性横摇运动模型

阻尼力矩在横摇过程中要消耗船舶的能量，但无论采用何种阻尼力矩的函数表达形式，在一个完整的横摇周期内所做的功都一样。阻尼力矩可利用等能量法线性化。

令式(3-32)中 C_3=C_5=0，C_1 为常数，即有

$$(I_x+\Delta I_x)\ddot{\phi}+B_1\dot{\phi}+B_2\left|\dot{\phi}\right|\dot{\phi}+C_1\phi=-Dh\alpha_m \tag{3-33}$$

式(3-33)可以用等效线性横摇运动模型代替，即

$$(I_x+\Delta I_x)\ddot{\phi}+2N_e\dot{\phi}+Dh\phi=-Dh\alpha_m \tag{3-34}$$

式中，$2N_e$ 为等效线性化阻尼系数，有

$$2N_e=B_1+\frac{8}{3\pi}\phi_\mu\omega_e B_2 \tag{3-35}$$

2. 线性阻尼力矩、非线性恢复力矩的非线性横摇运动模型

令式(3-32)中 B_2=0，则阻尼力矩为线性。非线性恢复力矩用三次函数来表示，则 C_5=0，即有

$$(I_x+\Delta I_x)\ddot{\phi}+2N_\mu\dot{\phi}+C_1\phi+C_3\phi^3=-Dh\alpha_m \tag{3-36}$$

复原力矩与阻尼力矩性质不同，复原力矩在一个横摇周期内做功为零，其间只引起动能和势能等能量转换，不耗散能量，所以处理复原力矩不能像处理阻尼力矩那样利用等能量线性化。复原力矩可按下述方法线性化。

设微分方程(3-36)的线性解为

$$\phi=\phi_\mu\sin(\omega_e t-\varepsilon_\phi) \tag{3-37}$$

则复原力矩可简化为

$$\begin{aligned}-K_{H_2}(\phi)&=C_1\phi+C_3\phi^3=C_1\phi_\mu\sin(\omega_e t-\varepsilon_\phi)+C_3\phi_\mu^3\sin^3(\omega_e t-\varepsilon_\phi)\\&=(C_1+\frac{3}{4}C_3\phi_\mu^2)\phi_\mu\sin(\omega_e t-\varepsilon_\phi)=C_e\phi\end{aligned} \tag{3-38}$$

式中，C_e 称为线性化横摇复原力矩系数。于是式(3-36)线性化为

$$(I_x+\Delta I_x)\ddot{\phi}+2N_\mu\dot{\phi}+C_e\phi=-Dh\alpha_m \tag{3-39}$$

式(3-39)即具有复原力矩非线性的船舶横摇运动的线性化模型。

上述两种非线性情况的等效线性模型中，等效线性化阻尼系数 $2N_e$ 与等效线性化横摇复原力矩系数 C_e 不再是常数，而是与横摇角幅值有关。

3.3.4 船舶横摇运动数字仿真

不同吨位的船舶在同一海况下的横摇角是不同的，在仿真过程中，假定船舶的吨位为 1500t，船长为 98m，船宽 10.2m，吃水深度为 3.1m，横稳心高为 1.15m，船的横摇周期 T=9s，无因次阻尼为 n_μ=0.265。图 3-11 反映了船舶在风速为 10m/s、航速为 18kn、不同遭遇角下的船舶横摇角，图 3-12 反映了船舶在风速为 12m/s、航速为 18kn、不同遭遇角下的船舶横摇角。

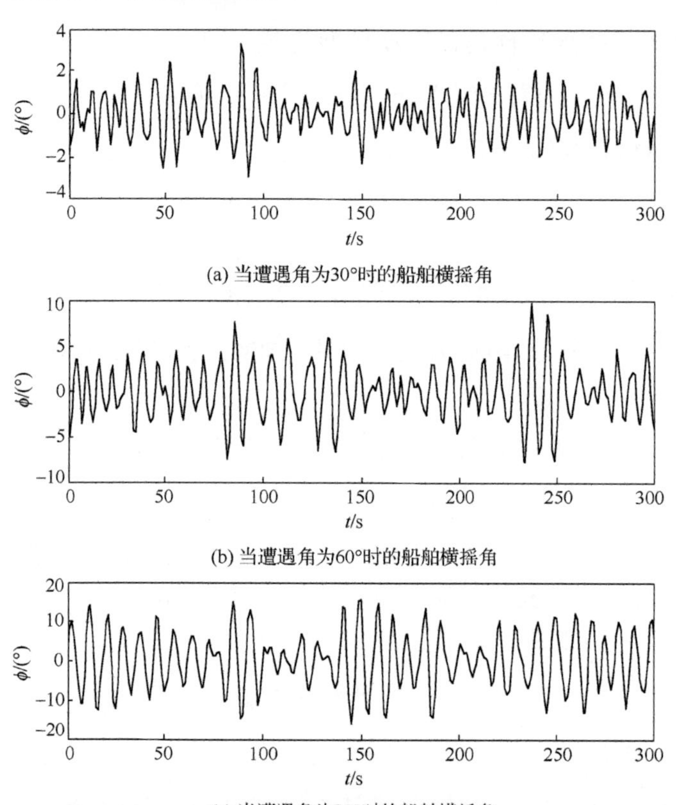

图 3-11 船舶在风速为 10m/s、航速为 18kn、不同遭遇角下的船舶横摇角

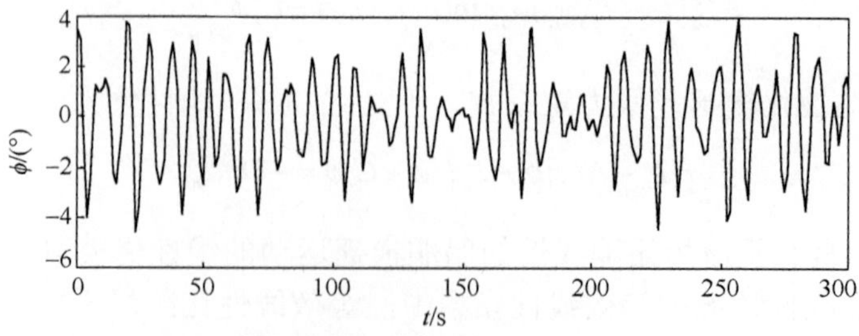

(a) 当遭遇角为30°时的船舶横摇角

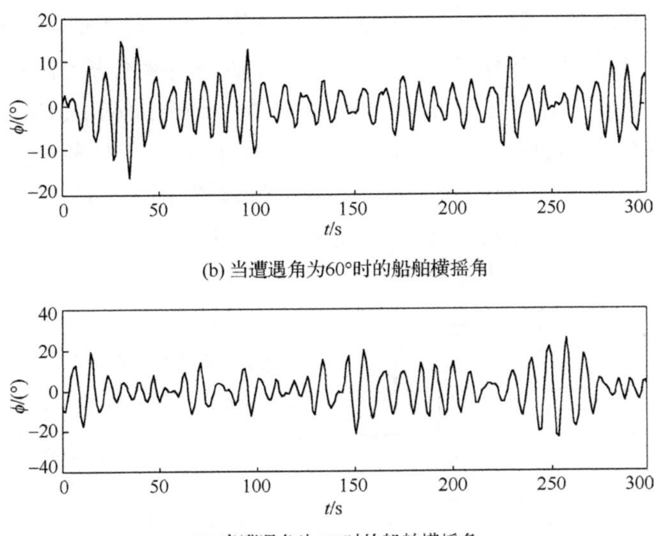

(b) 当遭遇角为60°时的船舶横摇角

(c) 当遭遇角为90°时的船舶横摇角

图 3-12　船舶在风速为 12m/s、航速为 18kn、不同遭遇角下的船舶横摇角

3.4　船舶横摇运动预报

利用时间序列方法进行船舶横摇运动预报早在 20 世纪 70 年代就已经开始研究，但这些研究都是假设船舶在波浪中的运动是平稳窄带随机过程，使用的是线性自回归(AR)模型或线性自回归滑动平均(ARMA)模型。而船舶在波浪中的运动实际上是动态非线性过程，利用线性模型对其进行预报，效果并不理想，对于横摇角较大时更是如此[8-10]。

目前，对非线性时间序列分析与预报研究较为成熟的方法概括起来有两种：其一是 Box 和 Jenkins 的 ARIMA 模型，它是 ARMA 模型的推广，ARIMA 过程经有限次差分后，以消除其非平稳特性(如趋势性和周期性)，变为 ARMA 过程，然后进行分析与预报。这种方法最大的缺点是丢掉了最重要的信息，即趋势项和周期项。其二是Kitagawa等利用状态-空间模型及其相应的Kalman递归关系式对非线性时间序列进行分析与预报，其优点是将趋势项和周期项也包括进来，但是，其建模过程大都是基于 ARIMA 模型向状态空间模型的转化技巧。

小波分析已成为非线性科学中强有力的工具，它的多分辨率特性，且在时频两域都具有表征信号局部特征的能力，使得小波分析在信号分析与预报领域中得到了越来越多的应用。

3.4.1　船舶横摇运动时间序列小波分析

小波分析是一种时频局部化分析方法，在时域和频域同时具有良好的局部化性质。小波分析方法是一种窗口大小(即窗口面积)固定但其形状可改变，时间窗和频率窗都可改变的时频局部化分析方法。它具有多分辨率分析的特点[11-13]。1988 年，Mallat 在构造正交小波基时提出了多分辨率分析(multi-resolution analysis)的概念，从空间的概念上形象地说明了小波的多分辨率特性，对多分辨率分析的理解，可以一个三层分解结构为例进行说明，其小波分解树如图 3-13 所示。从图中可以看出，对于一个信号 S，多分辨率分析只是对低频部分($a1,a2,a3$)进一步分解，而高频部分($d1,d2,d3$)则不予考虑。分解具有关系：$S=a3+d3+d2+d1$。

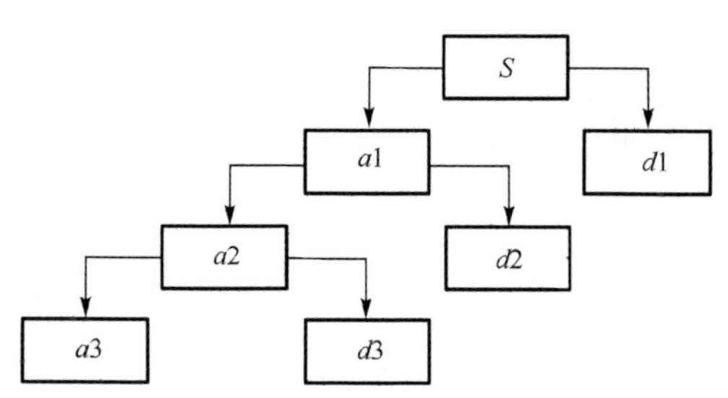

图 3-13 三层多分辨率分析树结构图

按照图 3-13 所示的小波多分辨率分析结构对船舶横摇运动信号序列进行时频分解，最终分解为横摇信号在某种尺度 J 上的近似部分和细节部分，即 $d1, d2,\cdots,dJ,aJ$，它们分别包含了横摇信号从高频到低频的不同频带的信息，同时又包含了原信号的时间信息，分解后的近似部分 aJ 则反映了横摇运动的发展变化趋势。这样小波分解将复杂多周期信号简化为相对简单的准周期信号，不仅可以有效地进行横摇发展变化趋势的分析，而且可降低预测难度。

本章以有义波高 $H_{1/3}$=3.8m 和 $H_{1/3}$=2.9m 的海况下，船舶航速为 18kn，遭遇浪向角 β 分别为 45°、90°、135° 的船舶横摇时间序列样本信号 S 作为研究对象，遭遇浪向角是波浪传播方向与船舶航向角的夹角，在这里定义，当船舶的前进方向与波浪的传播方向一致时为顺浪及遭遇浪向角为 180°，反之为迎浪及遭遇浪向角为 0°。图 3-14 为船舶遭遇浪向角分布示意图。

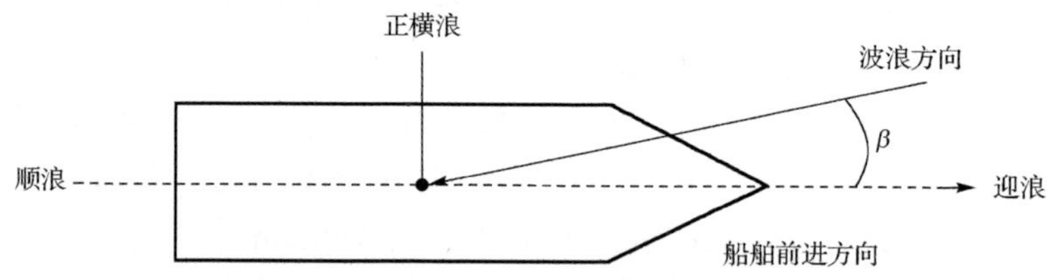

图 3-14 船舶遭遇浪向角分布示意图

为了便于分析对比，各横摇序列均采用相同的小波函数和相同的分解尺度进行小波分解。实验中采用 Daubechies 小波系列的小波函数 $db5$ 对横摇时间序列作多尺度(J=5)一维小波分解，然后分别提取一维小波变换低频和高频系数，再对一维小波系数进行单支重构，图 3-15 给出了有义波高 $H_{1/3}$=3.8m 和遭遇浪向角 β=90° 的小波分析曲线，原始横摇信号 ϕ 可通过 1～5 层高频信号($d1,d2,\cdots,d5$)和第 5 层低频信号 $a5$ 进行重构而精确得到，即 $S=a5+d5+d4+d3+d2+d1$。从图中可以看到，$d1,d2,\cdots,d5$, *a*5 为近似的准周期信号，*a*5 反映了横摇的发展变化趋势。

在小波分解中，若将信号中的最高频率成分看作 2.5，则各层小波分解便是带通或低通滤波器，通过对分解信号放大后观测，各层所占的具体频带和周期如表 3-1 所示。

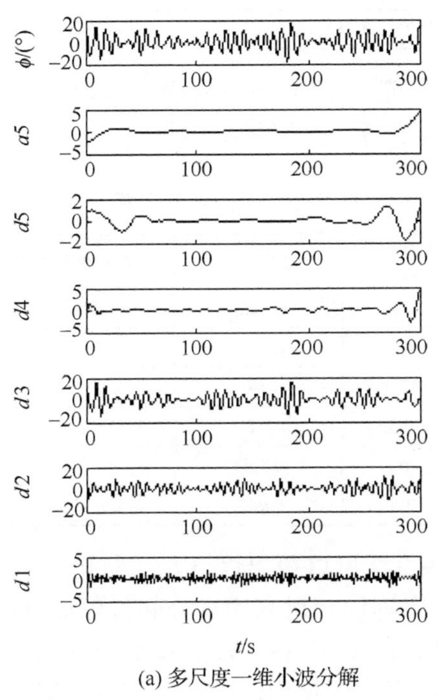

(a) 多尺度一维小波分解

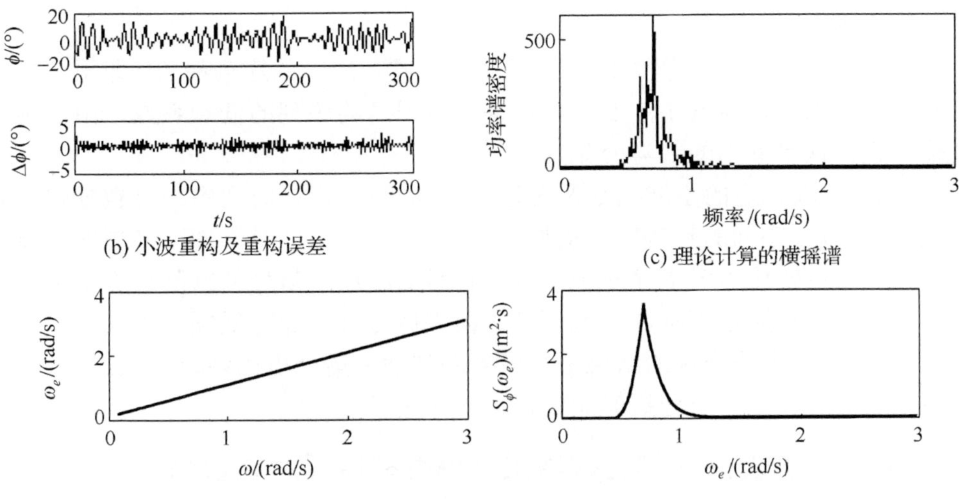

(b) 小波重构及重构误差

(c) 理论计算的横摇谱

(d) 横摇序列实际功率谱分析

图 3-15　横摇序列的多尺度一维小波变换及分析（$H_{1/3}$=3.8m，β=90°）

表 3-1　一维小波分解结构表

分解信息	频带	分解信息	频带
$a5$(低频)	0～0.078125rad/s	$d3$(高频)	0.3125～0.625rad/s
$d5$(高频)	0.078125～0.15625rad/s	$d2$(高频)	0.625～1.25rad/s
$d4$(高频)	0.15625～0.3125rad/s	$d1$(高频)	1.25～2.5rad/s

通过对不同有义波高、遭遇浪向角下的横摇运动尺度为 5 的 *db*5 小波分解结果和功率谱结果分析可得出表 3-2 的结果。

表 3-2　小波变换分析

横摇序列	频率范围/峰值频率/(rad/s)	强势重构系数	次强势重构系数	弱势重构系数	海况
$H_{1/3}$=3.8m,β=45°	(0.5～1.5)/0.7	$d2,d3$	$d1$	$a5,d5,d4$	艏斜浪
$H_{1/3}$=3.8m,β=90°	(0.5～1.0)/0.75	$d2,d3$		$a5,d5,d4,d1$	正横浪
$H_{1/3}$=3.8m,β=135°	(0～0.4)/0.35	$d4$	$a5,d5,d3$	$d2,d1$	尾斜浪
$H_{1/3}$=2.9m,β=45°	(0.7～1.7)/0.75	$d2$	$d3,d1$	$a5,d5,d4$	艏斜浪
$H_{1/3}$=2.9m,β=90°	(0.6～1.5)/0.7	$d2,d3$		$a5,d5,d4,d1$	正横浪
$H_{1/3}$=2.9m,β=135°	(0～0.4)/0.3	$d4$	$a5,d5,d3$	$d2,d1$	尾斜浪

从图 3-15、表 3-1 和表 3-2 可以得出以下几点结论。

(1)小波分析能将横摇序列的相对高频成分和低频成分有效分离出来，基于此，根据不同信号(如有用信号、白噪声)在小波变换后表现的不同特性，对小波分解序列进行处理，将处理后的序列加以重构，就可以实现信噪分离，这样在预报时，也可降低预报难度。

(2)利用小波分析，可以识别横摇运动在不同尺度上的序列趋势，即不同尺度上的低频成分。因此，通过小波变换，可得到横摇运动序列的低频系数，由低频系数的变化可识别该尺度下的趋势变化。

(3)经过选取合适的小波函数及合适的分解尺度，横摇时间序列可被分解成多个准周期信号(包含序列的趋势项、周期项和随机项)，这样对不规则多周期横摇时间序列的预测就可转化为对上述几个小波分解后的准周期信号的预测，降低了预测的难度，在基于消噪原理消除高频低幅度的噪声后可进一步降低预测难度。

(4)横摇序列小波分解的结果是与横摇序列功率谱分析的结果一致的，所以小波分析也为我们提供了一个分析船舶横摇运动的途径。

3.4.2　基于小波变换和神经网络组合模型的横摇运动预测

小波分析将复杂的横摇时间序列分解成不同频带的小波系数序列和尺度系数序列 $d1,d2,\cdots,dJ,aJ$。小波系数序列描述的是高频成分，尺度系数序列描述的是低频成分，它们在时间序列中的比重和作用机制完全不同，其未来的演变趋势也不同，因此对横摇序列未来值的贡献不同。如以 t 时刻小波分解重构序列作为人工神经网络的输入，$t+T$ 时刻原序列作为网络输出(T 为预测步长)，构造人工神经网络模型，则 ANN 模型的结构与权重大小正好体现了原时间序列组成成分的重要性和它们之间的映射关系[14]。

若人工神经网络模型的输入为 $X=[d1(t),d2(t),\cdots,dJ(t),aJ(t)]$，则 $Y=[x(t+T)]$小波人工神经网络(wavelet neural network，WANN)组合模型结构如图 3-16 所示。

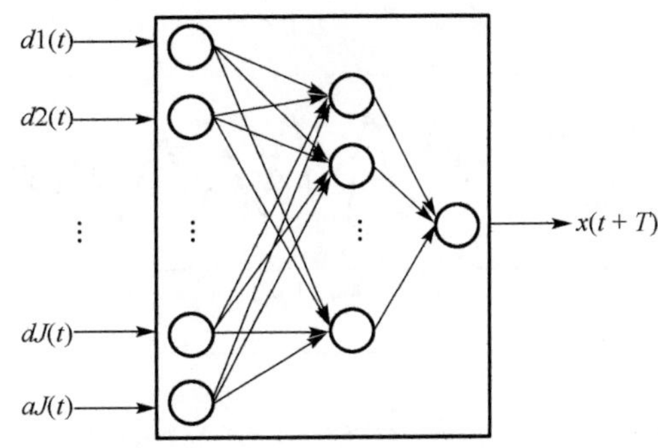

图 3-16　WANN 组合模型结构

以 1200 点船舶横摇时间序列($H_{1/3}$=3.8m，β=135°)为例，实验中采用 Daubechies 小波系列的小波函数 $db5$ 对横摇时间序列作多尺度(J=5)一维小波分解与单支重构，结果如图 3-17 所示。

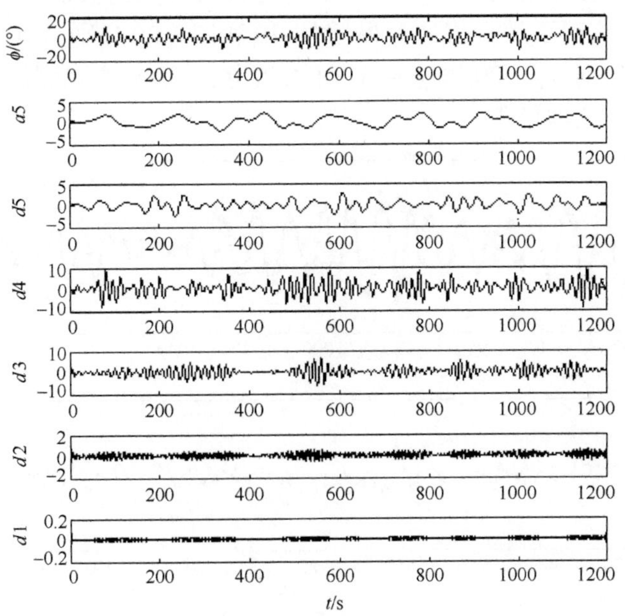

图 3-17　横摇运动多尺度(J=5)一维小波变换

实验选取从时间 $t=109\text{s}$ 到 $t=1109\text{s}$，共采用 1000 个 S 数据对进行仿真，前 800 个数据用于训练，后 200 个数据用于预测检验。分别选取预测步长为 T=1,2,3,4，隐层节点数都取 6 个进行观察，得出系统建模和预测都具有相当高的精度，且随着隐层节点数的增加和训练次数的增加，还可以增加预测步长，也能获得较高的建模及预测精度。图 3-18 为图 3-17 的船舶横摇经过小波分解后采用人工神经网络进行预测步长 T=4 时预报检验的结果。建模训练 1000 次，预测均方误差为 MSE= 0.648×10^{-2}。

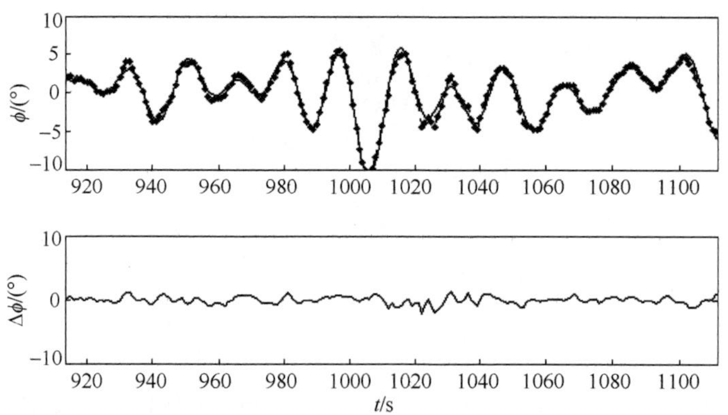

图 3-18　实际信号(—)与预测信号(—◆—)比较及预测误差($H_{1/3}$=3.8m，β=135°)

也针对不同的船舶遭遇浪向角，和不同的有义波高的横摇序列进行了建模和多步预报仿真，也都获得了较理想的效果。图 3-19 和图 3-20 分别为有义波高 $H_{1/3}$=3.8m 时，遭遇浪向角分别为β=90°和β=45°时预测步长 T=4 的预测结果(小波分解与人工神经网络的参数选取同上)。

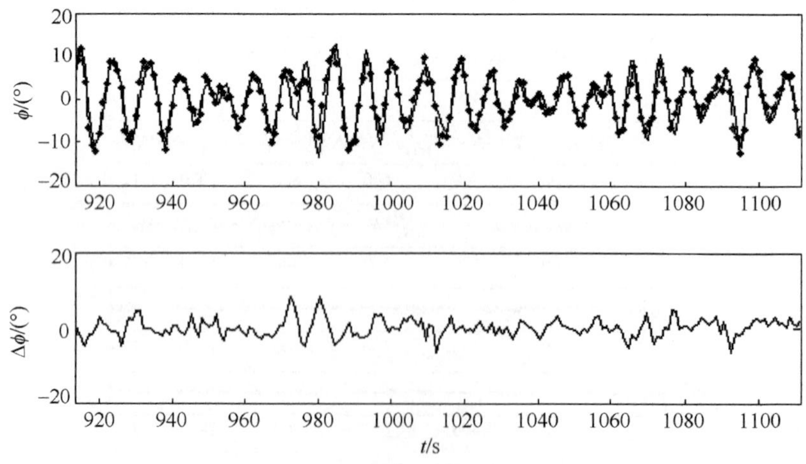

图 3-19　实际信号(—)与预测信号(—◆—)比较及预测误差($H_{1/3}$=3.8m，β=90°)

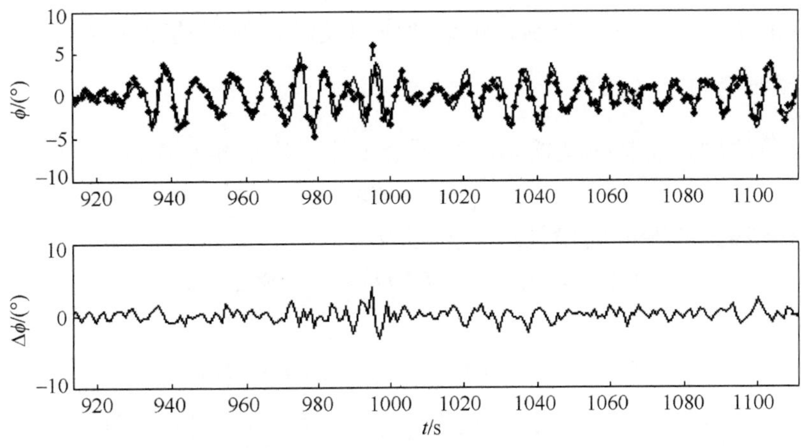

图 3-20 6 实际信号(—)与预测信号(—◆—)比较及预测误差($H_{1/3}$=3.8m，β=45°)

本节利用小波变换方法和 BP 人工神经网络预测模型相结合的组合预测方法对船舶横摇运动进行了多步预测研究，取得了良好的效果。本方法训练速度和收敛快、误差小，尤其在曲线突变处逼近能力较强，具有较高的精度；另外，采用小波分析既能把握横摇的发展变化趋势，又能简化预测系统，降低预测难度；人工神经预测模型则是处理横摇运动(不确定、非线性)的一种有力工具，同时它也具有自学习和自适应能力。二者的有机结合具有较明显的优越性。

3.5 船舶横摇减摇控制方法

3.5.1 船舶横摇减摇原理

本章中已经建立了船舶受到海浪作用后的横摇运动的数学模型，以式(3-22)所示的线性横摇模型为例，等式右边是海浪扰动力矩。如果有一横摇减摇装置，在它的作用下，产生了一个对抗海浪力矩的控制力矩，则式(3-22)可以写成[15-17]

$$(I_x + \Delta I_x)\ddot{\phi} + 2N_\mu \dot{\phi} + Dh\phi = -Dh\alpha_m - M_c \tag{3-40}$$

如果使 $M_c=-Dh\alpha_m$，则上式右边为零，于是船舶就会停止横摇。

船舶横摇时，横摇扰动力矩和控制力矩与等式左边的惯性力矩 $(I_x + \Delta I_x)\ddot{\phi}$ 、阻尼力矩 $2N_\mu \dot{\phi}$ 、复原力矩 $Dh\phi$ 之和相平衡。如果要抵消海浪扰动力矩，则控制力矩也必须包括：

(1) 与 ϕ 成比例的控制力矩 $A\phi$；

(2) 与 $\dot{\phi}$ 成比例的控制力矩 $B\dot{\phi}$；

(3) 与 $\ddot{\phi}$ 成比例的控制力矩 $C\ddot{\phi}$ 。

于是形成了以上述三种控制力矩单独作用及综合作用的船舶横摇减摇。

1. 以横摇角速度$\dot{\phi}$控制

以横摇角速度$\dot{\phi}$控制的减摇鳍产生一个正比于横摇角速度的控制力矩，即

$$M_c = B\dot{\phi} \tag{3-41}$$

则装有减摇鳍的船舶的横摇运动方程为

$$(I_x + \Delta I_x)\ddot{\phi} + 2N_\mu\dot{\phi} + Dh\phi = -Dh\alpha_m - M_c \tag{3-42}$$

即有

$$(I_x + \Delta I_x)\ddot{\phi} + (2N_\mu + B)\dot{\phi} + Dh\phi = -Dh\alpha_m \tag{3-43}$$

从上式可以看出，正比于横摇角速度的稳定力矩等于增加了船舶的阻尼力矩，因此主要减小了谐摇区及共振区的横摇。但它不能有效地减小远离谐摇区的横摇，所以这种控制方式对涌的减摇效果较差。

由式(3-27)，在谐摇时，令$\Lambda=1$。没有减摇装置的船舶的横摇角幅值为

$$\phi_\mu = \alpha_{m0}/(2n_\mu) \tag{3-44}$$

具有横摇角速度控制的横摇角幅值为

$$\phi_{\mu 1} = \frac{\omega_\phi^2\alpha_{e0}}{\sqrt{(\omega_\phi^2 - \omega_e^2)^2 + 4\upsilon_{s1}\omega_e^2}} = \frac{\alpha_{e0}}{\sqrt{(1-\Lambda^2)^2 + 4\upsilon_{s1}\Lambda^2}} \tag{3-45}$$

式中，υ_{s1}为有横摇角速度控制的船舶的横摇衰减系数，它为

$$\upsilon_{s1} = \upsilon + B\omega_\phi^2/(2Dh) \tag{3-46}$$

式中，υ为横摇衰减系数。

在谐摇时，令$\Lambda=1$，有角速度控制的减摇装置的船舶横摇角幅值为

$$\phi_{\mu 1} = \alpha_{e0}/(2n_\mu + B\omega_\phi/(Dh)) \tag{3-47}$$

则此时的减摇倍数为

$$\gamma = \phi_{\mu 1}/\phi_\mu = 1 + B\omega_\phi/(2n_\mu Dh) \tag{3-48}$$

可见，由于具有横摇角速度控制的减摇装置的作用，减摇倍数增加了$B\omega_\phi/(2n_\mu Dh)$倍。

2. 以横摇角度ϕ控制

以横摇角度ϕ控制的减摇装置产生的控制力矩为

$$M_c = A\phi \tag{3-49}$$

此时装减摇鳍船的横摇运动方程为

$$(I_x + \Delta I_x)\ddot{\phi} + 2N_\mu\dot{\phi} + (Dh + A)\phi = -Dh\alpha_m \tag{3-50}$$

此时方程的特解为

$$\phi = \phi_{\mu 2}\sin(\omega_e t - \varepsilon_\phi) \tag{3-51}$$

式中

$$\phi_{\mu 2} = \frac{\omega_{\phi 1}^2 \alpha_{e0}}{\sqrt{(\omega_{\phi 1}^2 - \omega_e^2)^2 + 4\upsilon^2\omega_e^2}} \tag{3-52}$$

式中，$\omega_{\phi 1}$ 为具有横摇角控制的减摇装置的船舶的横摇固有频率，表达式为

$$\omega_{\phi 1} = \omega_\phi \sqrt{1 + A/(Dh)} \tag{3-53}$$

从上式可以看出，建立正比横摇角的稳定力矩相当于改变了船的固有频率和稳性。当系数 $A>0$ 时，船的固有频率和稳性都有所增加；当 $A<0$ 时，结果相反，所以取 A 恒大于零。按横摇角控制的减摇装置，仅仅是船共振点向高频方向移动，并没有减少多少横摇角，因此一般不单独采用。

如果以横摇角和横摇角速度信号联合起来控制，则其产生的稳定力矩为

$$M_c = A\phi + B\dot{\phi} \tag{3-54}$$

式中，系数 B 是从保证船舶在共振区有最佳减摇效果出发来选择，而系数 A 是从使减摇鳍在低频波浪时也有较好的减摇效果出发来选择。可见，按这两个信号的联合控制，既保证了共振区有好的减摇效果，也改善了在低频波浪中的减摇效果。

3. 以横摇角加速度 $\ddot{\phi}$ 控制

以横摇角加速度 $\ddot{\phi}$ 控制的减摇装置产生的控制力矩为

$$M_c = C\ddot{\phi} \tag{3-55}$$

此时装减摇鳍船的横摇运动方程为

$$(I_x + \Delta I_x + C)\ddot{\phi} + 2N_\mu\dot{\phi} + Dh\phi = -Dh\alpha_m \tag{3-56}$$

此时船舶横摇角幅值为

$$\phi_{\mu 3} = \frac{\omega_{\phi 2}^2 \alpha_{e0}}{\sqrt{(\omega_{\phi 2}^2 - \omega_e^2)^2 + 4\upsilon_{s2}^2\omega_e^2}} \tag{3-57}$$

式中

$$\omega_{\phi 2} = \omega_\phi \sqrt{\frac{I_x + \Delta I_x}{I_x + \Delta I_x + C}} \tag{3-58}$$

$$\upsilon_{s2} = \upsilon\frac{I_x + \Delta I_x}{I_x + \Delta I_x + C} \tag{3-59}$$

由式(3-56)可见，减摇装置产生正比于横摇角加速度的稳定力矩，相当于改变了船舶的惯性矩，当 $C>0$ 时，横摇共振区向低频移动，使船在共振区横摇幅度有所增加。

因为 C 一般比 $I_x+\Delta I_x$ 小很多，所以按角加速度控制的运动减摇效果不大，可将它和其他控制结合起来使用。

如果以横摇角速度和横摇角加速度信号联合起来控制，则其产生的稳定力矩为

$$M_c = B\dot{\phi} + C\ddot{\phi} \tag{3-60}$$

这样既使共振区保证最佳减摇效果，又改善了高频波浪中的减摇效果，系数 C 的确定是以减摇鳍在高频波浪中有较好的减摇效果为原则。

4. 以横摇角度 ϕ、横摇角速度 $\dot{\phi}$ 和横摇角加速度 $\ddot{\phi}$ 综合控制鳍的运动

按横摇角度 ϕ、横摇角速度 $\dot{\phi}$ 和横摇角加速度 $\ddot{\phi}$ 的综合控制也称“按力矩控制”，也称“对抗控制”，此时船舶减摇装置产生的稳定力矩为

$$M_c = A\phi + B\dot{\phi} + C\ddot{\phi} \tag{3-61}$$

此时装减摇鳍船的横摇运动方程为

$$(I_x + \Delta I_x + C)\ddot{\phi} + (2N_\mu + B)\dot{\phi} + (Dh + A)\phi = -Dh\alpha_m \tag{3-62}$$

船舶的运动角幅值为

$$\phi_{\mu 4} = \frac{\omega_{\phi 2}^2 \alpha_{e0}}{\sqrt{(\omega_{\phi 3}^2 - \omega_e^2)^2 + 4\upsilon_{s3}\omega_e^2}} \tag{3-63}$$

式中

$$\omega_{\phi 3} = \sqrt{\frac{Dh + A}{I_x + \Delta I_x + C}} \tag{3-64}$$

$$\upsilon_{s3} = \frac{2N_\mu + B}{(I_x + \Delta I_x + C)} \tag{3-65}$$

可见，按力矩控制的作用相当于增大了转动惯量(由 $I_x+\Delta I_x$ 增加到 $I_x+\Delta I_x+C$)，增大了阻尼，增大了船舶的稳性。只要合理地选择 A、B 和 C 三个参数，就可以达到较佳的减摇效果。

如果所选参数 A、B 和 C 满足下式

$$\frac{A}{Dh} = \frac{B}{2N_\mu} = \frac{C}{I_x + \Delta I_x} = F \tag{3-66}$$

式中，F 为常数，则式(3-62)变为

$$(I_x+\Delta I_x)(1+F)\ddot{\phi}+2N_\mu(1+F)\dot{\phi}+Dh(1+F)\phi=-Dh\alpha_m \tag{3-67}$$

即

$$(I_x+\Delta I_x)\ddot{\phi}+2N_\mu\dot{\phi}+Dh\phi=-Dh\alpha_m/(1+F) \tag{3-68}$$

比较式(3-68)和式(3-22)，可知按力矩控制的减摇装置的作用，相当于把海浪扰动力矩减小了(1+F)倍。于是，船舶在每个遭遇频率 ω_e 下，横摇角都减小了(1+F)倍。

目前减摇鳍控制系统大都采用按力矩控制的控制规律，从有关文献总结来看：对比各种控制方式的船舶横摇响应可以得出，按力矩控制有最佳的减摇效果，按角速度控制在谐摇区有很好的减摇效果，而按横摇角度和横摇角加速度控制的减摇效果很有限，所以它们不能单独使用。

图 3-21 是减摇鳍工作原理示意框图。当系统工作于减摇状态时，船舶受波浪干扰力矩的作用而摇摆，布置在减摇鳍控制室的角速度传感器测出船的横摇角速度，以电压的形式输出到控制箱中的前置放大器，经过放大计算后得到转鳍主令信号，再分别馈送到各个独立的电液随动系统。随动系统将电的主令信号转化为鳍的转角。在流体动力作用下，由鳍产生的稳定力矩去反抗波浪力矩，以减小船舶的横摇。计程仪将船舶的航速测出来送到控制箱中的航速调节插件，它自动地进行航速灵敏度调节。当航速超过设计航速时，自动降低灵敏度从而减小鳍的转角。

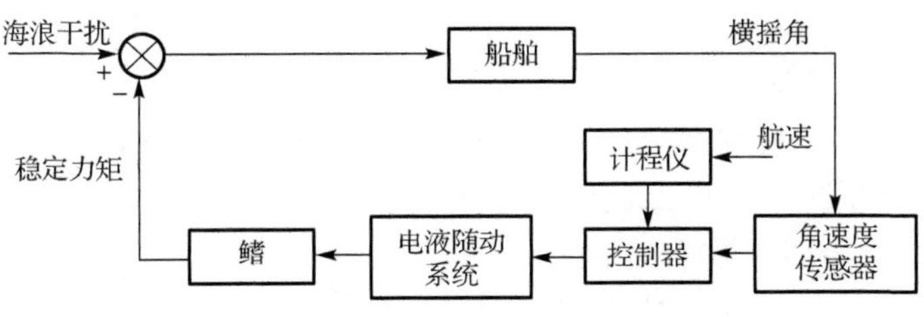

图 3-21　减摇鳍系统减摇工况原理框图

3.5.2　船舶减摇鳍逆模式小波神经网络自适应控制

神经网络在控制系统中的应用有两个途径：一是直接利用神经网络构成控制器，利用其自学习功能在线修改控制器参数；二是利用神经网络的非线性映射能力，建立被控对象的正或逆动态数学模型。本书根据上述思想，采用小波神经网络，设计出船舶减摇鳍逆模式小波神经网络自适应控制系统，并应用于减摇鳍装置系统的控制。利用小波神经网络具有多分辨分析和自学习、自适应的特点，能够实现良好的动态非线性映射，仿真实验表明，减摇鳍系统的减摇效果有较大的

提高，能够克服传统 PID 控制器适应性差的缺点，具有较好的容错性和较强的适应非线性的能力。

逆模式神经网络过程是一个根据先前的输入输出值来计算离散时刻 $t=kT$ 时的输入(控制信号) $u(t)$ 的值的神经网络。利用逆模式小波神经网络自适应控制算法进行船舶减摇控制分为下面三个仿真步骤。

1. 建立过程的输入输出数据

理论上作用在船舶上的海浪频谱的分布频率为 0～∞，仿真时不可能对所有频率的谐波进行仿真，从大量的随机海浪的观察与研究中得知：不同风速海浪的频谱都是狭带谱，它们的能量主要集中在某一频段。本节在仿真时以一个富含频率的信号、一个频率在期望输出附近的伪随机二元序列信号(Pseudo-Random binary sequence，PRBS)作为波浪作用于船舶的波倾角输入信号。目的是使所建横摇模型对各种不同的输入信号都具有很好的泛化能力。这里所提到的期望输出是指船舶横摇模型的输出横摇角度的期望输出。理论上，经过减摇控制的期望输出应为零，但以零作为下面逆模式神经网络的输入将导致神经网络权值不能得到更新，所以期望输出取为实际横摇检测输出的 1/10。另外，不同的海情期望输出值不同(根据随机过程理论，船舶横摇模型的输入、输出变量即随机海浪波倾角与船舶横摇角度序列具有一致的特性，都是零均值，具有各态历经的正态平稳随机过程)。所以上述波倾角输入信号大小也需取不同的值，如果依有义波高和风速不同把不同海情分为三个不同范围(如风速 $v<8\text{m/s}$、$v=12\text{m/s}$、$v>12\text{m/s}$)进行海浪仿真，则只需取三个不同的值修正伪随机二元序列信号的幅值。

以 3.3.2 节线性横摇运动数学模型为基础，建立某实船横摇模型和其他环节的传递函数。实船参数为：排水量 D=1457.26t，横稳心高 h=1.15m，船的横摇周期 T=9s，无因次阻尼为 n_μ=0.265，以±22°为鳍角的饱和值。

船舶横摇模型传递函数为

$$G_C(s)=\frac{\phi(s)}{\alpha_e(s)}=\frac{0.4874}{s^2+0.185s+0.4874} \tag{3-69}$$

角速度传感器对船的横摇角的传递函数为

$$W_T(s)=0.1s \tag{3-70}$$

电液随动系统的传递函数为

$$W_S(s)=\frac{550}{s^2+15s+225} \tag{3-71}$$

鳍角到波倾角的传递函数为

$$W_\alpha(s)=0.2564 \tag{3-72}$$

将式(3-69)变换为 z 传递函数得

$$H(z)=\frac{0.22z^{-1}+0.21z^{-2}}{1-1.4z^{-1}+0.83z^{-2}} \tag{3-73}$$

利用式(3-73)，以风速 v=12m/s 的海情为例，模型输入信号为一个单位高度和 1023 长度的伪随机二元序列信号，经仿真得到 N 组数据，即获得船舶模型离散输入和离散输出信号如图 3-22 所示。

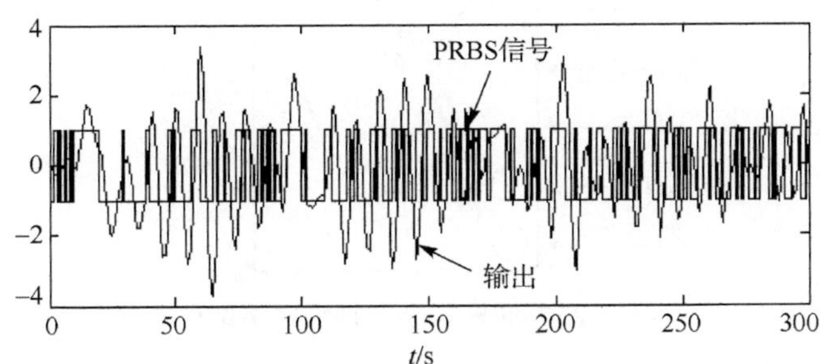

图 3-22　采用 PRBS 信号的船舶横摇模型的离散输入和输出信号

另一种获得船舶横摇模型的离散输入、输出信号的方法是，训练输入信号采用一个多频率分量正弦的复合信号，如 $u(t)=0.2\sin(\pi t/20)+0.25\sin(\pi t/15)+0.3\sin(\pi t/10)+0.35\sin(\pi t/5)+0.4\sin(\pi t/2)+0.45\sin\pi t$。并作为实际系统的输入，获得系统的输出信号，如图 3-23 所示。

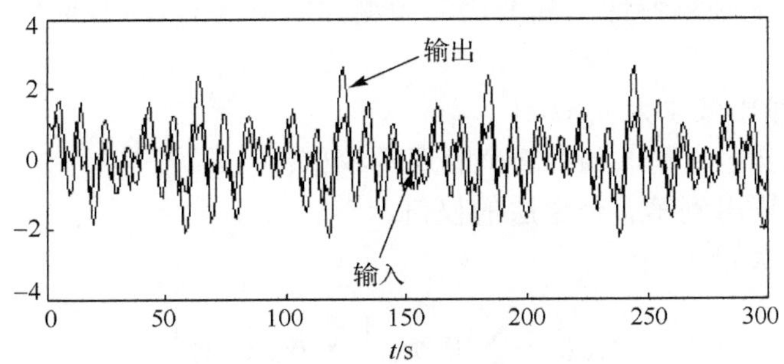

图 3-23　采用多频率分量正弦的船舶横摇模型的离散输入和输出信号

2. 逆模式小波神经网络过程辨识

通过第一步得到的过程离散输入、输出 N 组数据后，第二步则是利用多输入、多输出自适应小波神经网络结构得到过程模型辨识学习的多输入、单输出逆模式小波神经网络结构[18]，如图 3-24 所示。

图中，$u_N(t)$，$y_N(t)$ 分别表示 t 时刻的离散输入 $u(t)$ 值与离散输出 $y(t)$ 值经过标准化处理后的结果。

信号标准化处理，或称标度变换，就是适当调整信号的振幅，这是因为对于某些信号的初始网络输出的相对误差可能远远大于 1。为了保证任何信号的初始网络输出的相对误差都在 1.0 附近，以便节省大量的权值调整时间，故有必要进行信号的标度变换。

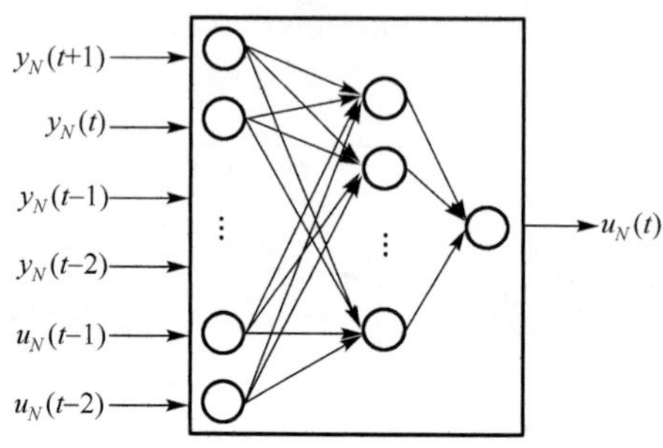

图 3-24　逆模式小波神经网络结构

首先计算信号 $f(t)$ 的所有采样数据平方和 S，再计算一次对应的网络输出实际误差 S_i，则可以将信号重新定标为

$$\sqrt{S_i/S}\,f(t) \to f(t) \tag{3-74}$$

从图 3-24 中可知：

(1) 网络的输入矢量为 $X=[y_N(t+1),y_N(t),y_N(t-1),y_N(t-2),u_N(t-1),u_N(t-2)]^{\mathrm{T}}$，为了保证控制律的预测特性，标准化的预测控制信号 $y_N(t+1)$ 应用于第一个输入层的节点；

(2) 网络的输出矢量为 $u_N(t)$；

(3) W_{kj} 表示第 j 个输入到第 k 个隐层的权值；

(4) W_k' 表示输出到第 k 个隐层的权值。

网络的输出矢量为

$$u_N(t)=\sum_{k=1}^{K}W_k'\Psi_{a,b}\left(\sum_{j=1}^{m}W_{kj}X_j(t)\right)$$

式中，$\Psi_{a,b}()$ 为小波基函数，实验中选择满足框架条件的 Morlet 母小波函数作为激励函数。

$$\Psi(t)=\cos(1.75t)\exp(-t^2/2) \tag{3-75}$$

其一阶导数的表达式为

$$\Psi'(t)=-1.75\sin(1.75t)\exp(-t^2/2)-t\cos(1.75t)\exp(-t^2/2) \tag{3-76}$$

基于 BP 神经网络学习算法，网络参数 W_{kj},W_k',a_k,b_k 可通过能量函数的最小化实现最优化，LMS 能量函数关于网络参数 W_{kj},W_k',a_k,b_k 的梯度为[19-21]

$$
\left\{\begin{aligned}
\frac{\partial E}{\partial W_{kj}} &= -\sum_{p=1}^{P}(u_N^p - \hat{u}_N^p)W_k'\varPsi_{a,b}'(\text{net}_k^p)X_j^p \Big/ a_k \\
\frac{\partial E}{\partial W_k'} &= -\sum_{p=1}^{P}(u_N^p - \hat{u}_N^p)\varPsi_{a,b}(\text{net}_k^p) \\
\frac{\partial E}{\partial b_k} &= \sum_{p=1}^{P}(u_N^p - \hat{u}_N^p)W_k'\varPsi_{a,b}'(\text{net}_k^p)\Big/ a_k \\
\frac{\partial E}{\partial a_k} &= \sum_{p=1}^{P}(u_N^p - \hat{u}_N^p)W_k'\varPsi_{a,b}'(\text{net}_k^p)\left(\frac{\text{net}_k^p - b_k}{a_k}\right)\Big/ a_k
\end{aligned}\right. \tag{3-77}
$$

式中，$\text{net}_k = \left(\sum_{j=1}^{m} W_{kj}X_j\right)$；$\varPsi_{a,b}(\text{net}_k) = \varPsi\left(\frac{\text{net}_k - b_k}{a_k}\right)$。

过程辨识所得到的权值需要保存起来作为第三步逆模式小波神经网络自适应控制的初始权值。图 3-25 为逆模式小波网络的输出与期望信号(PRBS 信号)的比较，从图中可以看出，二者几乎一样。

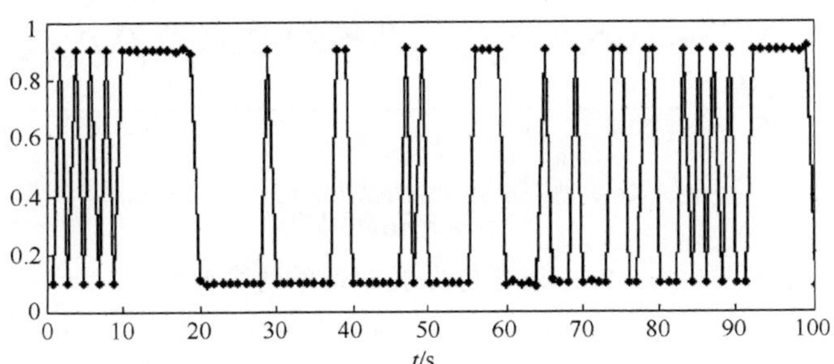

图 3-25　逆模式小波网络的输出(—◆—)与期望信号(PRBS 信号—)

3. 逆模式小波神经网络自适应控制

图 3-26 为逆模式小波神经网络自适应控制结构框图，在每个采样时刻把跟踪误

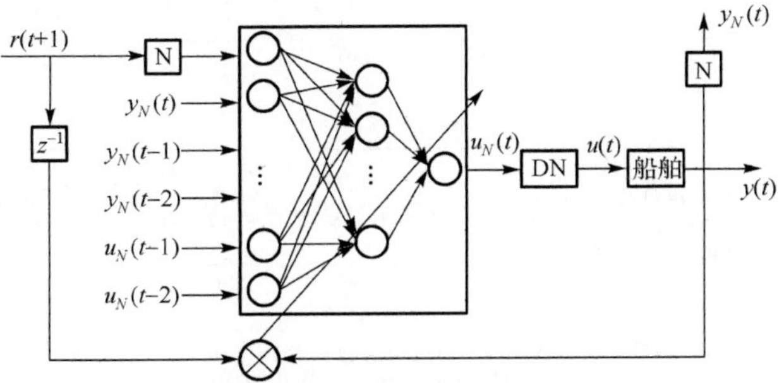

图 3-26　逆模式小波神经网络自适应控制结构框图

差反向传播到神经网络，修改权值来消除稳态误差，由于用在过程辨识学习阶段得到的值初始化不同的权值，静态误差被完全消除了。其中，N 表示正则化，DN 表示去正则化。

图 3-27～图 3-29 仿真曲线是在有义波高 H_s=3.8m，航速 V=18kn，浪向自上而下遭遇角依次为 135°、90°、45°海况下的海浪波倾角仿真曲线、开环横摇曲线、逆模式小波神经网络自适应控制曲线。

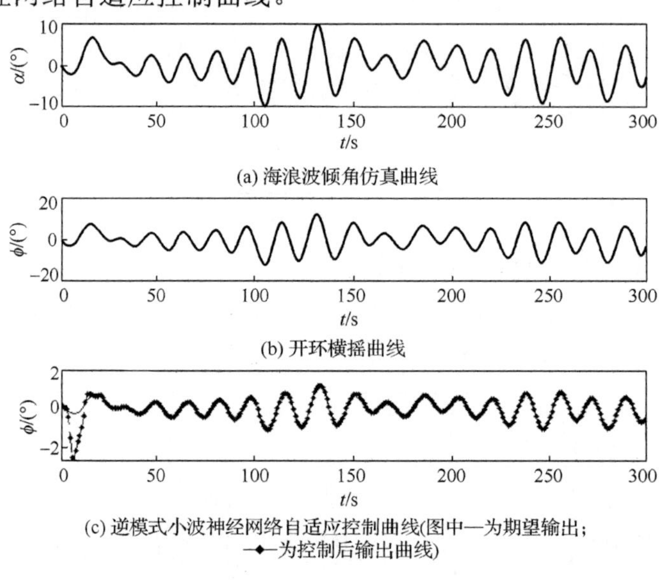

(a) 海浪波倾角仿真曲线

(b) 开环横摇曲线

(c) 逆模式小波神经网络自适应控制曲线(图中—为期望输出；—◆—为控制后输出曲线)

图 3-27　遭遇角为 135°时的仿真曲线

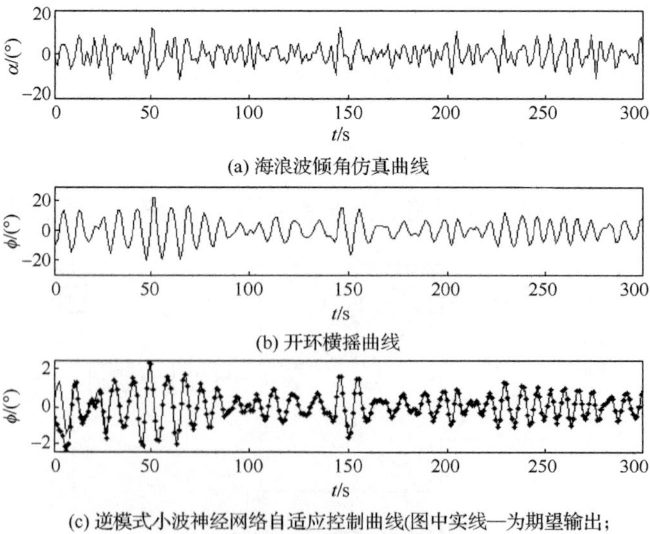

(a) 海浪波倾角仿真曲线

(b) 开环横摇曲线

(c) 逆模式小波神经网络自适应控制曲线(图中实线—为期望输出；虚线—◆—为控制后输出曲线)

图 3-28　遭遇角为 90°时的仿真曲线

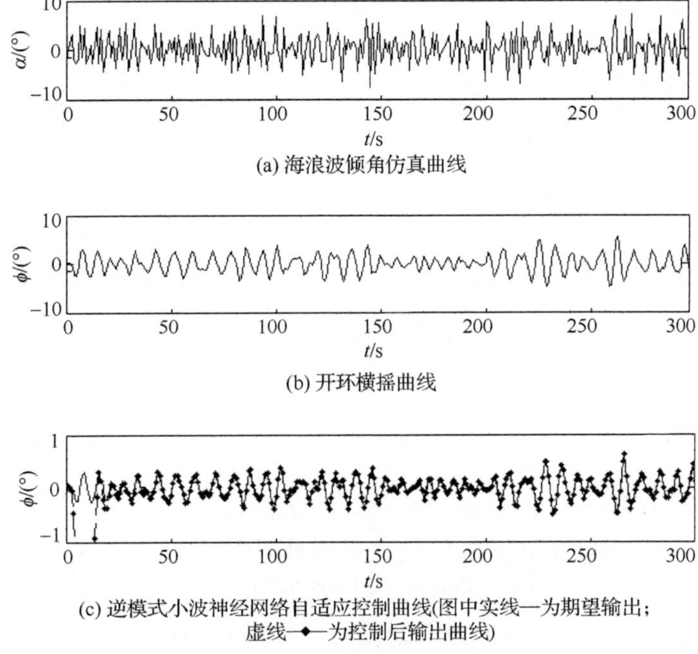

(a) 海浪波倾角仿真曲线

(b) 开环横摇曲线

(c) 逆模式小波神经网络自适应控制曲线(图中实线—为期望输出；虚线—◆—为控制后输出曲线)

图 3-29　遭遇角为 45°时的仿真曲线

3.5.3　船舶横摇减摇滑模控制

船舶减摇鳍系统中广泛运用的是经典 PID 控制，在 PID 控制器的设计中，一般采用 Conolly 线性横摇数学模型。当船舶在大风浪中航行时，横摇运动具有较强的非线性，同时，海况的变化也会导致模型参数的摄动。此时，针对特定航速和海况设计的 PID 控制器减摇效果不尽如人意，自适应性较差。因此，有必要研究鲁棒性和自适应性更强的控制算法。滑模变结构控制具有快速响应、对参数变化和扰动不灵敏、物理实现简单的优点，能够提高减摇鳍的鲁棒性[22,23]。

1. 滑模控制基本原理

为方便直观地说明滑模控制的基本原理，现考虑一个二阶线性系统：

$$\begin{cases}\dot{x}_1 = x_2 \\ \dot{x}_2 = ax_2 + u(a>0)\end{cases} \tag{3-78}$$

假设 $u=kx_1$，当 $k=b\,(b>0)$ 时，系统有一正一负两个实根，其相轨迹如图 3-30 所示。当 $k=-b\,(b>a^2/4)$ 时，系统有一对实部为正的共轭复根，其相轨迹如图 3-31 所示，从图 3-30 和图 3-31 可以看出，对于这两种结构，系统均不稳定。

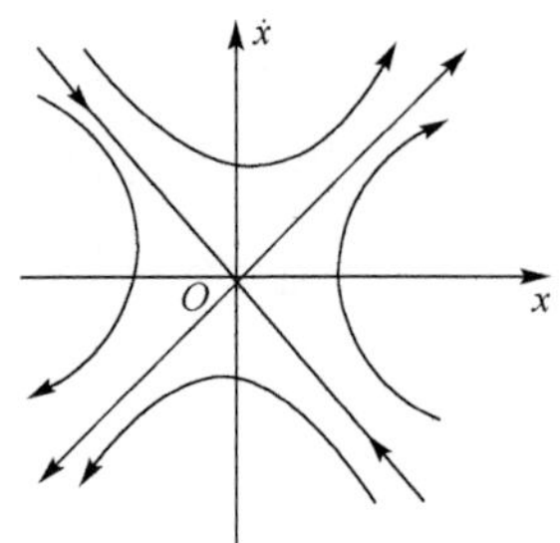

图 3-30　$k>0$ 时的相轨迹图

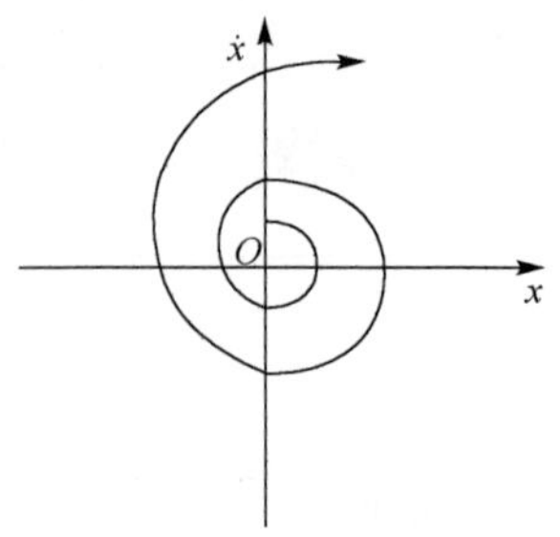

图 3-31　$k<0$ 时的相轨迹图

假设 $s=cx_1+x_2$，$0<c<(a/2)+\sqrt{(a^2/4)+b}$，按式(3-79)所示规律进行切换，则可以使系统稳定。

$$k=\begin{cases}b, & x_1 s<0\\ -b, & x_1 s>0\end{cases}\quad (b>0) \tag{3-79}$$

这样，在 $x_1=0$ 和 $s=0$ 两直线上改变系统结构时，系统稳定，如图 3-32 所示。$s=0$ 两侧的相轨迹都被吸引至切换线 $s=0$，状态轨迹线一旦到达此直线便收敛于原点。这种沿 $s=0$ 滑动至原点的运动段称为滑动模态，$s=0$ 称为切换线，相应的函数称为切换函数。

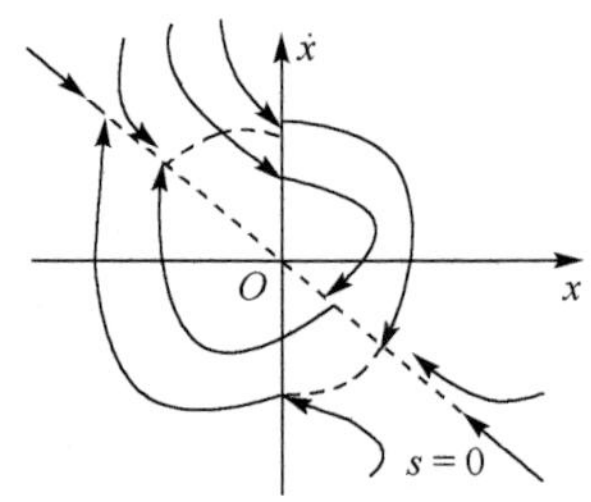

图 3-32　变结构系统相轨迹图

在滑动模态下，系统的运动方程为

$$\dot{x}_1+cx_1=0 \tag{3-80}$$

求解此方程可得

$$x_1(t)=x_1(0)\mathrm{e}^{-ct} \tag{3-81}$$

从方程的解可以看出，方程阶次降低，而且仅与系数 c 有关，即不受系统参数和干扰的变化影响，系统具有较强的鲁棒性，这就是滑模变结构的突出优点。基于上述概念，给出一般滑模控制的定义[24-28]。

如有一控制系统

$$\dot{x}=f(x,u,t),\quad x\in\mathbf{R}^n,\quad u\in\mathbf{R}^m,\quad t\in\mathbf{R} \tag{3-82}$$

确定切换函数 $s(x)$，$s\in\mathbf{R}^m$，求解控制函数

$$u=\begin{cases}u^+(x), & s(x)<0\\ u^-(x), & s(x)>0\end{cases} \tag{3-83}$$

式中，$u^+(x)\neq u^-(x)$。

该控制函数使得 $s(x)=0$ 以外的相轨迹能够在一定时间内进入切换面，保证切换面是滑动模态区，滑模运动渐近稳定。这种具有滑动模态运动的控制称为滑模变结构控制，简称为滑模控制(sliding mode control，SMC)。这样的控制系统，称为滑模

变结构控制系统[29]，简称为滑模控制系统或变结构控制系统(variable structure control system，VSS)。

2. 滑模控制的基本特性

1)滑模控制数学描述

假设有一仿射控制系统(对控制量 u 而言是线性的)：

$$\dot{x} = f(x,t) + b(x,t)u, \quad x \in \mathbf{R}^n, \quad u \in \mathbf{R} \tag{3-84}$$

选取切换函数

$$s(x) = cx = \sum_{i=1}^{n} c_i x_i = \sum_{i=1}^{n-1} c_i x_i + x_n \tag{3-85}$$

式中，$x_i = x^{(i-1)} (i = 1,2,\cdots,n)$ 为系统状态的各阶导数；常数 $c_1,c_2,\cdots,c_{n-1}$ 使多项式 $p^{n-1}+c_{n-1}p^{n-2}+\cdots+c_2p+c_1$ 为 Hurwitz 稳定，p 为 Laplace 算子。

当系统达到理想滑动模态时，满足 $s(x)=0$，则 $\dot{s}(x) = 0$，即

$$\dot{s} = \frac{\partial s}{\partial x}\frac{\partial x}{\partial t} = 0 \tag{3-86}$$

即

$$\frac{\partial s}{\partial x} x = 0 \tag{3-87}$$

由式(3-84)和式(3-87)可得

$$\frac{\partial s}{\partial x}(f + bu) = 0 \tag{3-88}$$

即

$$c(f + bu) = 0 \tag{3-89}$$

若矩阵[cb]满秩，则可解除等效控制为

$$u_{\text{eq}} = -\left[cb\right]^{-1} cf \tag{3-90}$$

等效控制一般是针对系统在无外加干扰的情况下设计的，对于带有不确定性和外加干扰的系统，一般采用等效控制加切换控制的控制律，即

$$u = u_{\text{eq}} + u_N \tag{3-91}$$

式中，切换控制 u_N 实现对不确定性和干扰的鲁棒控制。

将上述切换控制代入系统的状态方程(3-84)就可得到理想滑动模态方程：

$$\begin{cases} \dot{x} = \left[I - b(cb)^{-1}c\right]f \\ s(x) = cx = 0 \end{cases} \tag{3-92}$$

滑动模态运动是系统沿切换面 $s(x)=0$ 上的运动，到达理想终止点时，满足 $s=0$ 及 $\dot{s}=0$，同时切换开关是理想开关，这是一种理想的极限情况。实际上，系统运动点总是沿切换面上下小幅度穿行，最终到达原点而稳定。所以式(3-92)描述的是滑模运动的理想方程，从该方程可以看出，滑动模态的渐近稳定性和动态品质主要取决于切换函数 $s(x)$ 的选择。

2) 滑模控制的存在性和到达条件

滑模控制的存在性是滑模控制运用的前提。假如系统的初始点 $x(0)$ 不在 $s=0$ 附近，则要求系统状态必须趋向切换面 $s=0$，即必须满足可达性条件，否则无法启动滑模运动。滑动模态存在的数学表达式为

$$\lim_{s\to 0^+}\dot{s}<0,\quad \lim_{s\to 0^-}\dot{s}>0 \tag{3-93}$$

式(3-93)意味着在切换面邻域内，运动轨迹将于有限时间到达切换面，所以也称为局部到达条件，其等价形式为

$$s\dot{s}<0 \tag{3-94}$$

由式(3-93)可知切换函数 $s(x)$ 必须满足两个条件：①$s(x)$ 可微；②$s(0)=0$。

由于系统状态 x 可取任意值，故条件(3-93)也称全局到达条件。为保证在有限时间内到达切换面，修正式(3-93)为

$$s\dot{s}<-\delta \tag{3-95}$$

式中，$\delta>0$，δ 可取任意小值。

式(3-94)对系统提出了一个形如 $V(x)=[s(x)]^2$ 的 Lyapunov 函数的必要条件。由于在切换面邻域内 $V(x)$ 正定，$\dot{V}(x)=2s\dot{s}<-2\delta(\delta>0)$ 负定，因此系统满足 Lyapunov 渐近稳定性条件。

3. 滑模控制的设计方法

滑模控制器的设计主要涉及切换函数的选择和变结构控制的求取两部分，可分为两个独立部分完成[29]。

1) 设计切换函数

选择的切换函数应该使滑动模态渐近稳定并具有良好的动态品质。滑模变结构控制由到达段和滑模段两部分组成，滑模段的品质由滑模方程决定，为使系统的到达段具有良好的动态品质，可以选择以下几种常用趋近律。

(1) 等速趋近律

$$\dot{s}=-\varepsilon\,\mathrm{sgn}(s),\quad \varepsilon>0 \tag{3-96}$$

式中，ε 表示趋近切换面 $s=0$ 的速率，ε 小，趋近慢，ε 大，趋近快，但引起的抖振也大。

(2) 指数趋近律

$$\dot{s} = -\varepsilon\,\mathrm{sgn}(s) - ks, \quad \varepsilon > 0, \quad k > 0 \tag{3-97}$$

(3) 幂次趋近律

$$\dot{s} = k|s|^{\alpha}\,\mathrm{sgn}(s), \quad 0 < \alpha < 1, \quad k > 0 \tag{3-98}$$

(4) 一般趋近律

$$\dot{s} = -\varepsilon\,\mathrm{sgn}(s) - f(s), \quad \varepsilon > 0 \tag{3-99}$$

式中，$f(0)=0$ 当 $s\neq0$ 时，$sf(s)>0$。

2) 求解变结构控制

根据控制对象和要求的性能指标确定切换函数后，下一步便是求解变结构控制。常规的滑模变结构控制有如下几种方法。

(1) 常值切换控制

$$u = u_0\,\mathrm{sgn}(s) \tag{3-100}$$

式中，u_0 为待求常数。

(2) 函数切换控制

$$u = u_{\mathrm{eq}} + u_0\,\mathrm{sgn}(s) \tag{3-101}$$

(3) 比例切换控制

$$u = \sum_{i=1}^{k} \psi_i x_i, \quad k < n \tag{3-102}$$

式中，$\psi_i = \begin{cases} \alpha_i, & x_i s < 0 \\ \beta_i, & x_i s > 0 \end{cases}$，$\alpha_i$，$\beta_i$ 为常数。

4. 减摇鳍滑模控制系统

根据船舶的受力分析，采用 3.3 节中介绍的船舶非线性横摇数学模型[30]：

$$(I_x + \Delta I_x)\ddot{\phi} + 2N_{\mu}\dot{\phi} + D_{\phi}|\dot{\phi}|\dot{\phi} + Dh\phi\left(1 - \left(\frac{\phi}{\phi_v}\right)^2\right) = F_c + F_w \tag{3-103}$$

式中，ϕ为船舶的横摇角；$I_x+\Delta I_x$ 为船舶的转动惯量和附加转动惯量；N_{ϕ}，D_{ϕ}为阻尼系数；D 为船舶排水量；h 为船舶初稳性高；ϕ_v 为船舶进水角；F_c 和 F_w 分别为船舶的控制力矩和干扰力矩。

控制力矩 F_c 表示为

$$F_c = -\rho V^2 A_f C_L^{\alpha}\left(\alpha_f + \frac{\dot{\phi} l_f}{V}\right) l_f \tag{3-104}$$

式中，ρ 表示海水密度；V 表示航速；A_f 为减摇鳍面积；C_L^α 为升力系数；l_f 为减摇鳍力臂；α_f 为减摇鳍转角。

将式(3-103)整理可得

$$\ddot{\phi} = a_1\phi + a_2\phi^3 + a_3\dot{\phi} + a_4\dot{\phi}\left|\dot{\phi}\right| + b\alpha_f + f_w \tag{3-105}$$

式中，a_1，a_2，a_3，a_4，b 为计算所得系数；f_w 为干扰项。

当船舶在海上航行时，船速和装载的变化会引起这些系数的改变，使得根据设定的航速和初稳性高而设计的减摇鳍不能很好地发挥减摇效果。为提高减摇鳍的鲁棒性，应该考虑这些系数的变化。以设计航速和初稳性高作为基准，所计算出的系数记为 a_{10}，a_{20}，a_{30}，a_{40}，b_0，由航速和初稳性高变化引起的系数变化量记为 Δa_1，Δa_2，Δa_3，Δa_4，Δb。

假设 $X=[x_1,x_2]^{\mathrm{T}}=[\phi,\dot{\phi}]^{\mathrm{T}}$，$u$=$\alpha_f$，则减摇鳍非线性系统可表示为

$$\begin{cases}\dot{x}_1 = x_2\\ \dot{x}_2 = f(x,t)+\Delta f(x,t)+bu(t)+\Delta bu(t)+d(t)\end{cases} \tag{3-106}$$

式中，$f(x,t)=a_{10}x_1(t)+a_{20}x_1^3(t)+a_{30}x_2(t)+a_{40}x_2(t)\,|\,x_2(t)\,|$；$d(t)=f_w$；$\Delta f(x,t)=\Delta a_1x_1(t)+\Delta a_2x_1^3(t)+\Delta a_3x_2(t)+\Delta a_4x_2(t)\,|\,x_2(t)\,|$。

为设计控制器的方便，假设 $F(x,t)$ 代表系统由参数变化引起的总的不确定性。

$$F(x,t)=\Delta f(x,t)+\Delta bu(t) \tag{3-107}$$

则式(3-106)表示的减摇鳍模型可写为

$$\begin{cases}\dot{x}_1 = x_2\\ \dot{x}_2 = f(x,t)+bu(t)+F(x,t)+d(t)\end{cases} \tag{3-108}$$

D 为海浪干扰的上界，满足 $|\,d(t)\,|\leqslant D$；设计控制器使得船舶横摇角 ϕ 为零，$\phi_d=0$ 表示期望横摇角，则横摇角误差为 $e=\phi-\phi_d=x_1$。

选取滑模切换函数：

$$s(t)=ce(t)+\dot{e}(t)=cx_1(t)+x_2(t) \tag{3-109}$$

式中，c>0，$c\in\mathbf{R}$。

滑模变结构控制器为

$$\begin{aligned}&u=u_{\mathrm{eq}}+u_N\\&u_{\mathrm{eq}}=-\frac{1}{b}[f(x,t)+cx_2(t)]\\&u_N=-\frac{1}{b}k(x,t)\operatorname{sgn}(s(t))\end{aligned} \tag{3-110}$$

式中，$k(x,t)$ 为控制增益，其表达式为

$$k(x,t)=\max\left|F(x,t)\right|+D+\eta,\quad \eta>0 \tag{3-111}$$

为减小抖振，用饱和函数 sat(s) 代替式(3-110)中的符号函数。

$$\text{sat}(s)=\begin{cases}\rho s, & |s|\leqslant \varDelta \\ \text{sgn}(s), & |s|>\varDelta\end{cases} \tag{3-112}$$

式中，$\rho=\dfrac{1}{\varDelta}$，$\varDelta>0$。至此，完成了减摇鳍滑模变结构控制器的设计。

5. 减摇鳍滑模控制仿真结果

某护卫舰，其船舶参数如表 3-3 所示，设计航速为 V=18kn，初稳性高为 h=1.15m。

表 3-3　船舶参数表

船长/m	98	鳍面积/m^2	5.22
船宽/m	10.2	鳍力臂/m	3.46
吃水/m	3.1	鳍升力系数	3.39
排水量/t	1458	进水角/(°)	43

在仿真中，把由航速和初稳性高变化引起的减摇鳍非线性系统总的不确定性记为

$$F(x,t)=0.02\sin t$$

则可计算出式(3-108)表示的减摇鳍系统数学模型为

$$\begin{cases}\dot{x}_1=x_2\\ \dot{x}_2=-0.7550x_1+1.3405x_1^3-0.4775x_2-0.0114x_2|x_2|+0.02\sin t-2.4837u(t)-0.7550\alpha(t)\\ y=x_1\end{cases} \tag{3-113}$$

式中，$\alpha(t)$采用 3.2.2 节中仿真的波倾角模型。

在仿真中，控制器切换函数中参数 c=2；饱和函数中 $\varDelta$=0.1；切换控制增益中 D=0.15，η=0.01；图 3-33～图 3-38 是在有义波高分别为 2.9m 和 5m 时，不同遭遇浪向角下未减摇和减摇后的船舶横摇角。

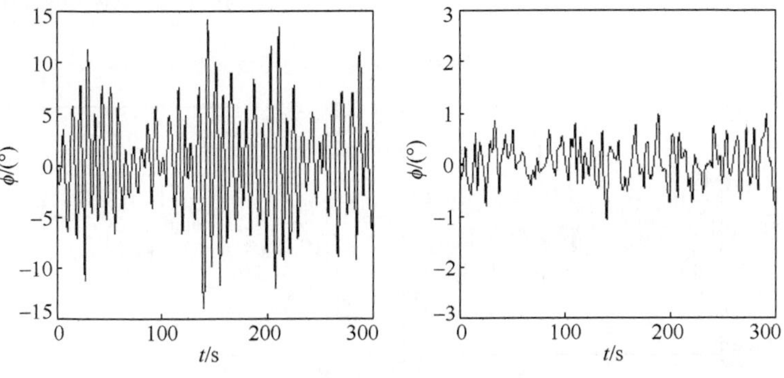

图 3-33　开环与闭环横摇角($h_{1/3}$=2.9m，β=45°)

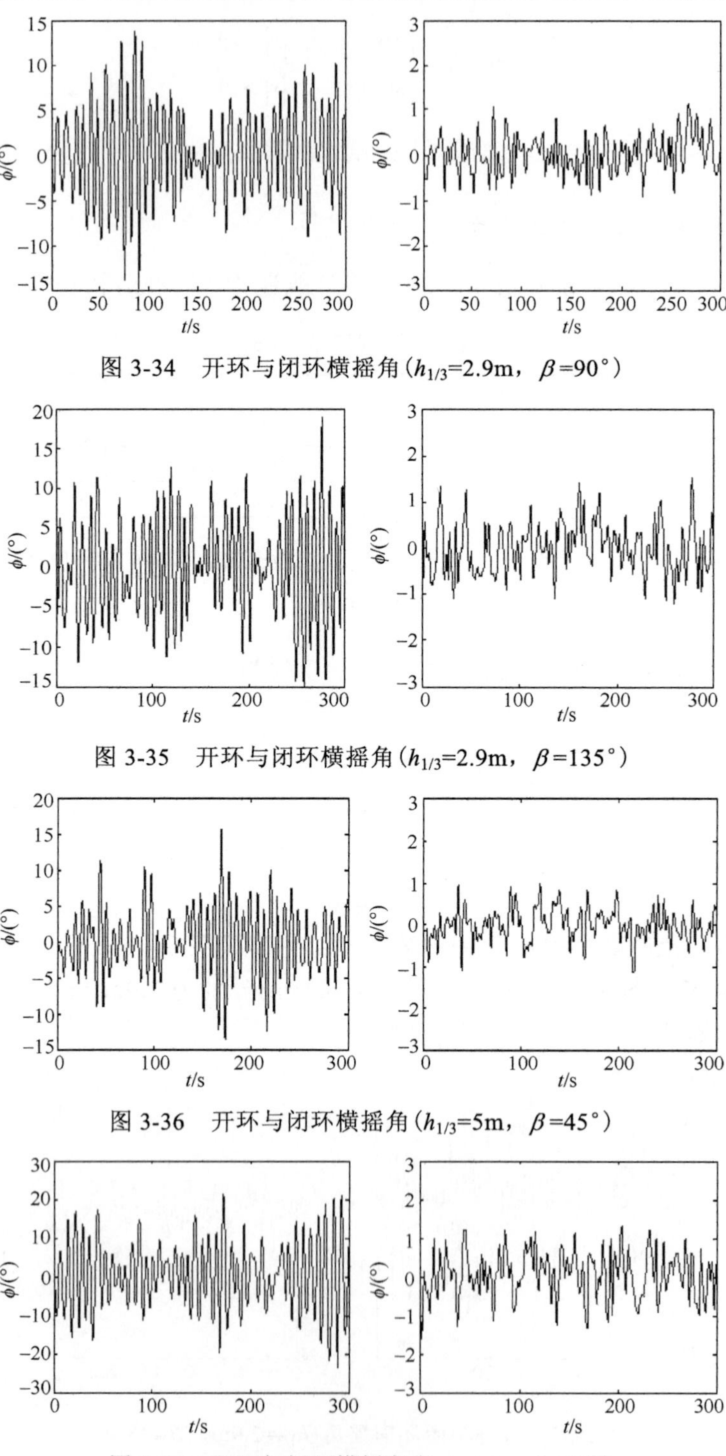

图 3-34　开环与闭环横摇角($h_{1/3}$=2.9m，β=90°)

图 3-35　开环与闭环横摇角($h_{1/3}$=2.9m，β=135°)

图 3-36　开环与闭环横摇角($h_{1/3}$=5m，β=45°)

图 3-37　开环与闭环横摇角($h_{1/3}$=5m，β=90°)

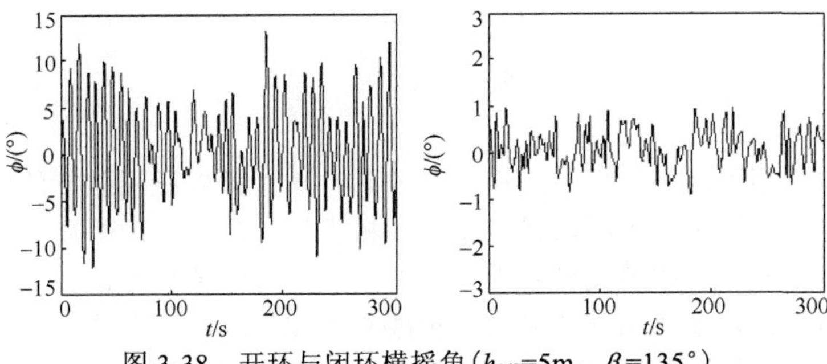

图 3-38　开环与闭环横摇角($h_{1/3}$=5m，β=135°)

为更加有利于滑模控制效果分析，表 3-4 和表 3-5 统计了有义波高分别为 2.9m 和 5m，船舶航行时开环和闭环状态下的横摇运动情况。表中，$E(\phi)$表示横摇角均值，STD(ϕ)表示横摇角均方差，$E(\alpha_f)$表示鳍角均值，STD(α_f)表示鳍角均方差，ρ表示鳍角饱和率，η表示减摇效率。

从图 3-33～图 3-38、表 3-4 和表 3-5 可以看出，针对船舶的非线性横摇模型，所设计的滑模变结构控制器减摇效率均在 90%以上，减摇效果较好。当有义波高增加，即海况更加恶劣时，仍能够保持较高的减摇效率，并且鳍角饱和率在许可范围内，说明所设计的滑模控制器鲁棒性较好。由于采用饱和函数代替传统滑模控制中的符号函数，能够避免滑模控制的抖振现象，这对减摇鳍系统的实际物理执行机构是十分重要的。但是，在设计滑模控制器时需要估计海浪干扰的上界值，当估计值与实际值相差较大时，会降低减摇鳍的减摇效果，甚至导致系统不稳定，针对此问题，将结合模糊控制来研究该问题的解决方法。

表 3-4　船舶横摇运动仿真结果统计值($h_{1/3}$=2.9m)

遭遇角/(°)	开/闭环	$E(\phi)$/(°)	STD(ϕ)/(°)	$E(\alpha_f)$/(°)	STD(α_f)/(°)	ρ/%	η/%
45	开环	3.5292	4.4435	3.4250	4.1841	10.58	91.52
	闭环	0.2994	0.3635				
90	开环	4.2432	5.2415	4.5275	5.7983	22.18	90.69
	闭环	0.3835	0.4874				
135	开环	3.6658	4.6400	3.4104	4.3202	12.87	91.76
	闭环	0.3021	0.3742				

表 3-5　船舶横摇运动仿真结果统计值($h_{1/3}$=5m)

遭遇角/(°)	开/闭环	$E(\phi)$/(°)	STD(ϕ)/(°)	$E(\alpha_f)$/(°)	STD(α_f)/(°)	ρ/%	η/%
45	开环	3.7658	4.7216	3.6631	4.5254	12.84	91.70
	闭环	0.3142	0.3954				
90	开环	5.8181	7.4027	5.4962	6.7137	24.26	91.92
	闭环	0.4700	0.5727				
135	开环	3.6411	4.4250	3.6360	4.4042	11.11	91.17
	闭环	0.3215	0.4014				

3.6 小　结

本章详细介绍了船舶工程中广泛应用的几种典型横摇减摇装置的工作原理、特点和减摇效果。论述了基于海浪谱密度的分析方法，建立了随机海浪数学模型，包括波幅模型、波倾角模型的建模及不同海况下的长峰波随机海浪与三维短峰波随机海浪的数字仿真；基于船舶横摇受力分析建立了船舶线性、非线性横摇运动数学模型；讨论了船舶横摇运动预报，利用小波分析技术对船舶横摇运动进行了多时间尺度分析，揭示了横摇运动的多时间尺度特性和在时频两域变化的特点；基于小波变换和神经网络组合模型对横摇运动进行了多步预测。讨论了船舶横摇减摇鳍智能控制方法，着重论述了船舶减摇鳍逆模式小波神经网络自适应控制和船舶横摇减摇滑模控制两种算法，并给出两种方法在不同的海况下取得的良好减摇仿真结果。小波神经网络自适应控制方法利用小波神经网络具有多分辨分析和自学习、自适应的特点，能够实现良好的动态非线性映射，使得控制系统具有较好的容错性和较强的适应非线性的能力，采用 PRBS 作为横摇运动神经网络建模输入，使得网络模型具有更好的泛化能力；滑模变结构控制具有快速响应、对参数变化和扰动不灵敏、物理实现简单的特点，能够提高减摇鳍系统的鲁棒性。

参 考 文 献

[1] 金鸿章，姚绪梁．船舶控制原理．2 版．哈尔滨：哈尔滨工程大学出版社, 2013.

[2] 金鸿章，綦志刚，宋吉广．船舶零航速减摇控制装置与系统．北京：国防工业出版社, 2015.

[3] 王宇．系泊状态船舶横摇减摇装置与系统．沈阳：辽宁科学技术出版社, 2013.

[4] 杨承恩，贾欣乐，毕英君．船舶舵阻横摇及其鲁棒控制．大连：大连海事大学出版社, 2001.

[5] 洪超，陈莹霞．船舶减摇技术现状及发展趋势．船舶工程, 2012, (S2):236-244, 298.

[6] 许可建，刘维亭,朱志宇,等．船舶减摇控制方法综述．船舶, 2004,10(5): 14-17.

[7] 贾欣乐，杨盐生．船舶运动数学模型——机理建模与辨识建模．大连：大连海事大学出版社, 1999.

[8] 金鸿章，王科俊，吉明．智能技术在船舶减摇鳍系统中的应用．北京：国防工业出版社, 2003.

[9] 王科俊，李国斌．DRNN 神经网络用于船舶横摇运动的时间序列预报．哈尔滨工程大学学报,1997, 18(1): 39-44.

[10] 赖志昌，金鸿章，李国斌，等．随机海浪作用下的船舶横摇减摇预报方法．哈尔滨工程大学学报, 2001, 22(3): 13-16.

[11] 唐向宏，李齐良．时频分析与小波变换．2 版．北京：科学出版社, 2016.

[12] 李建平，唐远炎. 小波分析方法的应用. 重庆：重庆大学出版社，1999.

[13] Daubechies I. The wavelet transforms, time-frequency localization and signal analysis. IEEE Transactions on Information Theory, 1990, 36(5): 961-1005.

[14] 陈哲，冯天谨. 小波分析与神经网络结合的研究进展. 电子科学学刊，2000, 22(3): 498-504.

[15] 刘胜. 现代船舶控制工程. 北京：科学出版社，2010.

[16] Fossen T I. Marine Control Systems: Guidance, Navigation and Control of Ships, Rigs and Underwater Vehicles. Trondheim: Marine Cybernetics AS, 2002.

[17] Perez T. Ship Motion Control: Course Keeping and Roll Stabilisation Using Rudder and Fins. London: Springer, 2005.

[18] Zhang Q, Benveniste A. Wavelet networks. IEEE Transactions on Neural Network, 1992, 3(6): 889-898.

[19] 陈哲，冯天谨，陈刚. 一种基于 BP 算法学习的小波神经网络. 青岛海洋大学学报，2001, 31(1): 122-128.

[20] 方浩，薛培鼎，冯祖仁. 一种基于小波神经网络的自适应控制方法. 西安交通大学学报，2000, 34(2): 75-79.

[21] Huang D X, Wang J C, Jin Y H. Application research of wavelet neural networks in process control. Journal of Tsinghua University (Science & Technology), 1999, 39(1): 91-94.

[22] 张海鹏. 鲁棒滑模反步控制法及其在减摇鳍中的应用. 哈尔滨：哈尔滨工程大学，2004.

[23] 张元涛. 不确定非线性系统的自适应滑模控制及应用研究. 重庆：重庆大学，2011.

[24] 王丰尧. 滑模变结构控制. 北京：机械工业出版社，1998.

[25] Young K D, Utkin V I, Ozguner U. A control engineer's guide to sliding mode control. IEEE Transactions on Control Systems Technology, 1999,7(3):328-342.

[26] Parruquetti W, Barbot J P. Sliding Mode Control in Engineering. New York: Marcel Dekker Inc., 2002.

[27] 陈志梅，王贞艳，张井岗. 滑模变结构控制理论及应用. 北京：电子工业出版社，2012.

[28] 朱齐丹，于瑞亭，夏桂华，等. 风浪流干扰及参数不确定欠驱动船舶航迹跟踪的滑模鲁棒控制. 控制理论与应用，2012,29(7):959-964.

[29] 刘金琨. 滑模变结构控制 MATLAB 仿真. 北京：清华大学出版社，2005.

[30] 杨盐生. 不确定系统的鲁棒控制及其运用. 北京：科学出版社，2004.

第 4 章　船舶动力定位系统智能控制

在对海洋资源的开发利用和研究中，经常需要将船舶或平台等海洋结构物定位于海洋中的特定位置以便于开展作业。而传统的锚泊方式由于水深、工作时间和精度要求等因素的限制而无法满足相关海上作业的要求。为解决这一问题，一种称为动力定位的船舶与海洋结构物控制技术应运而生，并随着传感器和自动控制等相关技术的不断发展取得了长足的进步。所谓动力定位是指船舶或海洋结构物不借助锚泊而仅利用自身安装的推进器实现其在海面上固定位置的保持。动力定位系统包括动力、推进、动力定位控制等子系统，通过控制推进器推力保持船舶或海洋结构物的固定位置或预设航迹。时至今日，动力定位技术已成功应用于海洋工程的诸多领域。本章主要介绍船舶动力定位系统的定义、组成、面向控制的建模方法和几种船舶动力定位智能控制技术。

4.1　船舶动力定位系统的基本概念

4.1.1　船舶动力定位系统的定义

动力定位是船舶(或海洋结构物平台)的一种可实现的功能，其利用所装备的各类传感器测出船舶的运动状态与位置变化，控制推力器系统提供抵抗风、浪、流的作用力，从而使船舶尽可能地保持海平面上期望的船位和艏向[1,2]。

4.1.2　船舶动力定位系统的组成

动力定位系统一般由位置测量系统、控制系统、推力系统以及动力系统四部分构成[3]。其框图如图 4-1 所示。

(1)位置测量系统又称传感器系统，功能是测量出船舶或者平台相对于某一参考点的位置。这一部分测量得到的数据往往伴随着大量的噪声，显然不能直接输送到控制系统，所以动力定位系统需解决的第一个问题是获取有效的测量信息，通用手段是滤波。

(2)动力定位控制系统可分为两个主要的部分：实时控制和监控以及操作和管理系统[4]。其中，实时控制结构可以分为三层：导航系统、高层对象控制和低层推力器控制。包含推力分配逻辑的动力定位控制器，属于高层对象控制器[5]。控制技术是动力定位系统的核心技术[6]，当前动力定位系统工程应用领域多数控制器仍是 PID 调节器[7]。

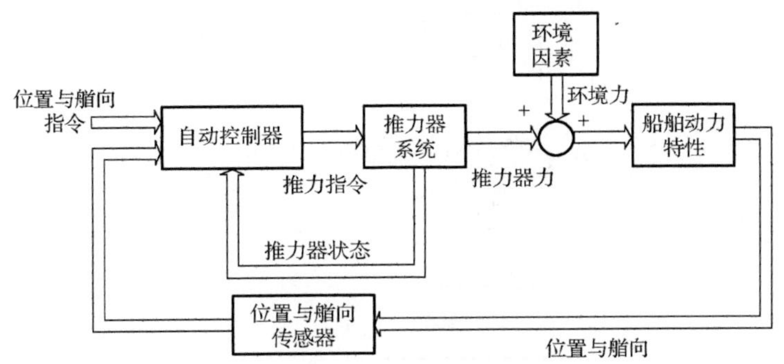

图 4-1　动力定位系统框图

(3) 动力定位系统的推力系统一般由数个各式推进器组成，它们对控制器发出的指令实时响应合作实现船舶或平台定位所需的推力及力矩。推力分配是动力定位系统的重要环节，特别是当存在一个推力器或者几个推力器损坏时，推力分配系统能够实时响应重新分配各推力器所需"承担的任务"，以确保动力定位系统的故障应急能力。

(4) 动力系统是动力定位系统的驱动部分。保证可靠的动力供应是动力定位系统正常运作的充要条件，而动力系统中电力系统的安全性、可靠性、稳定性以及运行经济性是动力系统设计时需考虑的重要因素。

目前世界上已应用三种不同级别的 DP 系统，不同的船级社有不同的分类，定义也有一些微小差别。根据中国船级社(CCS)规范，DP-1 系统除了能自动保持船位和艏向，还具有独立的集中手控船位和自动艏向控制功能。对于 DP-2 系统，单个故障(活动部件或系统)的情况下，船舶还能自动保持船位和艏向。而 DP-3 系统可保证即便一个舱室失火或浸水情况下，船舶仍然能自动保持船位和艏向[8]。在实现上，DP-1 系统只有一个系统，DP-2 系统具有冗余功能，而 DP-3 系统在 DP-2 系统的基础上要求分舱。

4.1.3　船舶动力定位系统的原理

船舶动力定位系统自动控制工作流程图如图 4-2 所示。

运行中的动力定位系统的传感器系统连续实时地向控制系统输送船舶当前的位置信息 (x_{G0},y_{G0},ψ)，假设期望的位置为 (x^*, y^*, ψ^*)，令 $e_1(t)=x_{G0}-x^*$，$e_2(t)=y_{G0}-y^*$，$e_3(t)=\psi-\psi^*$。若动力定位系统三个回路均采用 PID 控制器，则经计算后控制器连续实时地向推力器系统输送控制指令(一般为合力/力矩指令)：

$$u_1(t)=k_{p1}\left(e_1(t)+\frac{1}{T_1}\int_0^t e_1(t)\mathrm{d}t+T_{D1}\frac{\mathrm{d}e_1(t)}{\mathrm{d}t}\right),\quad u_2(t)=k_{p2}\left(e_2(t)+\frac{1}{T_2}\int_0^t e_2(t)\mathrm{d}t+T_{D2}\frac{\mathrm{d}e_2(t)}{\mathrm{d}t}\right),$$

$$u_3(t)=k_{p3}\left(e_3(t)+\frac{1}{T_3}\int_0^t e_3(t)\mathrm{d}t+T_{D3}\frac{\mathrm{d}e_3(t)}{\mathrm{d}t}\right)$$

式中，T_i，$T_{Di}\,(i=1,2,3)$ 分别是积分时间常数和微分时间常数。

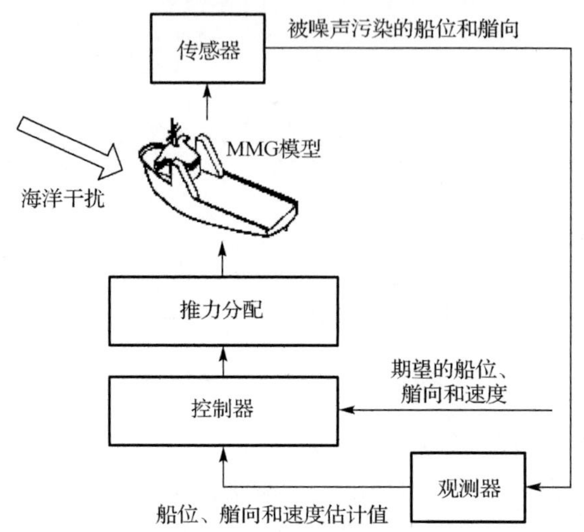

图 4-2　船舶动力定位系统自动控制原理图

推力器系统前端的推力分配逻辑对所接收到的控制指令进行优化分配，然后把寻找到的最优的推力分配指令(转速、方向角、舵角以及螺距等指令)输送给各推力器，实现定位的目标。

在整个动力定位的运行过程中，传感器系统、控制器系统和推力器系统各部分的正常运转是保证整个动力定位系统实现自动控制的必要条件，任何一个环节故障都会导致系统瘫痪，因此在动力定位系统的设计中，冗余功能是一个非常重要的考虑因素。

4.2　船舶动力定位系统建模

要探讨船舶动力定位系统建模问题，需首先了解动力定位控制系统的结构，船舶动力定位控制器系统框图如图 4-3 所示。

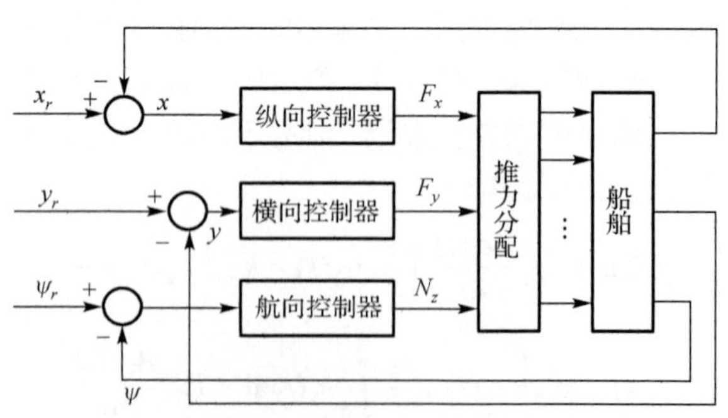

图 4-3　船舶动力定位控制器系统框图

动力定位控制系统输出的指令经推力分配逻辑在线优化分配后输送至各推进器，各推进器协力合作实现定位目标，因此动力定位系统的建模需兼顾控制器系统、推力分配逻辑、推进器模型及被控对象模型各部分。

关于综合考虑动力定位控制设计和实时推力分配的理论研究问题，国内外已经有相应的研究文献发表。挪威理工大学的 Lindegaard 以 GNC 实验室中的船模 CyberShip Ⅱ(CS2)为对象，考虑定位的过程中使用舵，即包括桨和舵的推力可行域为扇形的组合推进器，进行了以能量消耗为优化指标的实时在线推力优化分配方法的研究[9]。基于挪威康士伯公司新推出的 GreenDP 的基本设计思想，国内哈尔滨工程大学王元慧[10]将线性模型预测控制应用到 DP 控制器的设计，该智能控制算法能兼顾处理推力器系统输入输出中的约束问题。哈尔滨工程大学李立国[11]将基于 SQP 算法的实时推力分配的方法与基于船舶低频运动模型的 PID 控制结合起来，用 C 语言进行了仿真研究。

针对不具备实船试验以及模型试验验证条件的情况，本节以机理建模的非线性分离型模型(manoeuvring model group，MMG)代替实船，MMG 模型计算出的船位和航向角信息被噪声污染后送入滤波器，滤波器将处理后的有用信息送入控制器，控制器计算出的结果经实时推力优化分配后以指令形式送给各推力器，各推力器产生的力联合作用于 MMG 模型的动力端，产生 MMG 仿真模型姿态的改变，MMG 模型姿态信息被噪声污染后不断送入滤波器，如此循环往复。

4.2.1　船舶动力定位系统的运动模型

本节主要讨论的是仿真试验系统中用来代替船舶运动特性的非线性 MMG 模型的建立，以及如何将其简化为线性控制器设计所需的线性模型。

1. *船舶动力定位非线性模型*

在船舶的运动控制讨论中，一般将船舶视为刚体。忽略前进、横移、转艏运动与垂荡、横摇、纵摇运动之间的耦合，只考虑船舶的三自由度平面运动时，分离型模型学派指出船舶的运动方程可表示为

$$\begin{cases} m(\dot{u} - vr - x_G r^2) = \sum X \\ m(\dot{v} + ur + x_G \dot{r}) = \sum Y \\ I_{zz}\dot{r} + m x_G(\dot{v} + ur) = \sum N \end{cases} \tag{4-1}$$

式中，m 表示船舶质量；I_{zz} 表示船体绕通过重心的铅直轴的质量惯性矩；u,v,r 分别表示船舶纵荡、横荡以及艏摇角速度；x_G 表示船舶重心距附体坐标系原点的距离；按整体型模型的观点把总的流体动力和动力矩的分量记为 X,Y,N。

按照 MMG 学派的观点，方程(4-1)中的$\sum X$，$\sum Y$，$\sum N$ 可具体展开表示为

$$\begin{cases}\sum X = X_{H_0} + X_T + X_{\text{wave}} + X_{\text{wind}} + X_{\text{current}} + \dots \\ \sum Y = Y_{H_0} + Y_T + Y_{\text{wave}} + Y_{\text{wind}} + Y_{\text{current}} + \dots \\ \sum N = N_{H_0} + N_T + N_{\text{wave}} + N_{\text{wind}} + N_{\text{current}} + \dots \end{cases} \tag{4-2}$$

式中各下标含义如下：H_0代表船体，T代表推进器，wave 为波浪，current 为流，wind 为风。

船舶位置坐标(x_{G0},y_{G0})与船舶运动姿态之间的关系如下：

$$\begin{cases}\dot{x}_{G0} = u\cos\psi - v\sin\psi \\ \dot{y}_{G0} = u\sin\psi + v\cos\psi \\ \dot{\psi} = r \end{cases} \tag{4-3}$$

动力定位系统要控制的是船舶位置坐标(x_{G0},y_{G0})和船舶航向ψ。

假设附体坐标系的原点就取在船舶重心上，即$x_G=0$，联立式(4-1)和式(4-2)可得船舶运动方程表示为

$$\begin{cases} m(\dot{u} - vr) = X_{H_0} + X_T + X_{\text{wave}} + X_{\text{wind}} + X_{\text{current}} + \cdots \\ m(\dot{v} + ur) = Y_{H_0} + Y_T + Y_{\text{wave}} + Y_{\text{wind}} + Y_{\text{current}} + \cdots \\ I_{zz}\dot{r} = N_{H_0} + N_T + N_{\text{wave}} + N_{\text{wind}} + N_{\text{current}} + \cdots \end{cases} \tag{4-4}$$

式中，推力器系统所产生的力X_T、Y_T和力矩N_T是控制器系统计算出的量。接下来分别讨论其他各项的建模方法。

1) 作用在船体上的流体动力及力矩

在操纵运动数学模型中，作用于船体上的水动力按其成因，可分为惯性力和黏性力两部分，将这两种水动力对船体的影响分开考虑后，方程(4-4)可改写为

$$\begin{cases} (m+m_x)\dot{u} - (m+m_y)vr = X_H + X_T + X_{\text{wave}} + X_{\text{wind}} + X_{\text{current}} + \cdots \\ (m+m_y)\dot{v} + (m+m_x)ur = Y_H + Y_T + Y_{\text{wave}} + Y_{\text{wind}} + Y_{\text{current}} + \cdots \\ (I_{zz} + J_{zz})\dot{r} = N_H + N_T + N_{\text{wave}} + N_{\text{wind}} + N_{\text{current}} + \cdots \end{cases} \tag{4-5}$$

式中，m_x表示在附体坐标系下x轴的附加质量；m_y表示y轴的附加质量；J_{zz}表示绕z轴的附加惯性矩；粘性水动力X_H、Y_H和粘性水动力矩N_H的计算采用芳村的低速模型。

2) 风、浪、流等环境干扰力

船舶低频运动的稳态或船舶的平衡位置取决于作用于船上的未知海洋干扰力。能对船舶的位置产生影响的扰动包括二阶波浪力、海流和平均风，用$[X_w,Y_w,N_w]^{\mathrm{T}}$表示，其表达式可描述为[12]

$$\begin{cases} X_w = F_e\cos(\beta_e - \psi) \\ Y_w = F_e\sin(\beta_e - \psi) \\ N_w = l_xF_e\sin(\beta_e - \psi) - l_y\cos(\beta_e - \psi) \end{cases} \tag{4-6}$$

式中，F_e 是缓慢变化的定常力；β_e 是干扰力变化的平均方向；(l_x,l_y) 是干扰力在船舶上的作用点坐标，(x,y) 和 ψ 分别描述船舶的坐标和艏向角，且环境扰动力负载随着船舶的航向变化而变化(图 4-4)，表示为

$$\begin{cases} F_e = \sqrt{{X_w}^2 + {Y_w}^2} \\ \beta_e = \psi + \arctan(Y_w / X_w) \end{cases} \tag{4-7}$$

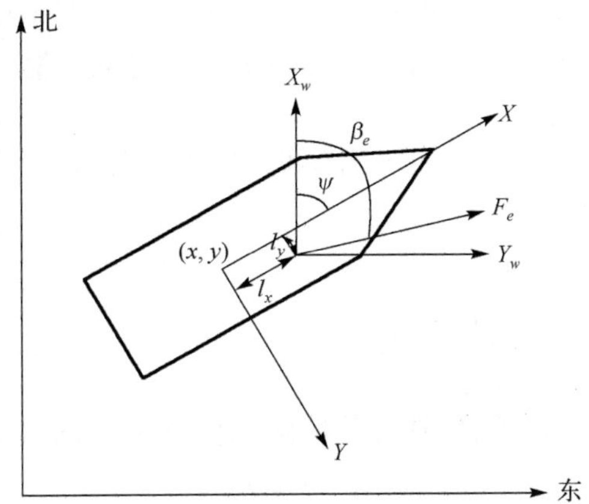

图 4-4　船舶所受干扰力描述

式(4-6)所描述的扰动模型建立在如下的假设之上：

(1) 作用于船上的未知平均扰动力 F_e 和它的方向角 β_e 是定常或者是缓慢变化的；

(2) 干扰力的作用点 (l_x,l_y) 对于每一个 F_e 而言是定常的；

(3) 扰动力 F_e 是有界的。

对于大部分动力定位船舶而言，以上三个假设都是合理的。

2. *船舶动力定位线性模型*

对于一些不需依赖精确数学模型的控制方法，控制器的设计只需线性的低频运动模型，下面介绍如何简化非线性 MMG 模型得到控制器设计所需的线性模型。

取船舶匀速运动这一平衡状态作为基点，即 $u_0=V=\text{const}$(常量)，将式(4-5)左端的刚体惯性力和右端的黏性力 X_H、Y_H、N_H 进行泰勒展开后取一阶小量，运动方程(4-5)可线性化为

$$\begin{cases} (m - X_{\dot{u}})\dot{u} = X_u(u - u_0) + X_T + X_{\text{wave}} + X_{\text{wind}} + X_{\text{current}} + \cdots \\ (m - Y_{\dot{v}})\dot{v} + Y_{\dot{r}}\dot{r} = Y_v v + (Y_r - m u_0) r + Y_T + Y_{\text{wave}} + Y_{\text{wind}} + Y_{\text{current}} + \cdots \\ N_{\dot{v}}\dot{v} + (I_{zz} - N_{\dot{r}})\dot{r} = N_v v + N_r r + N_T + N_{\text{wave}} + N_{\text{wind}} + N_{\text{current}} + \cdots \end{cases} \tag{4-8}$$

式中，$X_{\dot{u}}$，X_u，$Y_{\dot{v}}$，Y_v，$Y_{\dot{r}}$，Y_r，$N_{\dot{v}}$，N_v，$N_{\dot{r}}$，N_r 为水动力导数。对于低速动力定位船舶，可取 $u_0=0$ 为平衡状态，此时式(4-8)简化为

$$\begin{cases}(m-X_{\dot{u}})\dot{u}=X_u u+X_T+X_{\text{wave}}+X_{\text{wind}}+X_{\text{current}}+\cdots\\(m-Y_{\dot{v}})\dot{v}+Y_{\dot{r}}\dot{r}=Y_v v+Y_r r+Y_T+Y_{\text{wave}}+Y_{\text{wind}}+Y_{\text{current}}+\cdots\\N_{\dot{v}}\dot{v}+(I_{zz}-N_{\dot{r}})\dot{r}=N_v v+N_r r+N_T+N_{\text{wave}}+N_{\text{wind}}+N_{\text{current}}+\cdots\end{cases}\tag{4-9}$$

将方程(4-9)整理成状态空间形式为[13]

$$M\dot{\upsilon}+D\upsilon=\tau\tag{4-10}$$

式中，$\upsilon=[u\ v\ r]^{\mathrm{T}}$表示船舶的速度矢量；记$\tau=\tau_{\mathrm{T}}+\tau_w+\cdots$表示引起船舶运动的总力和总力矩，$\tau_{\mathrm{T}}=[X_T\ Y_T\ N_T]^{\mathrm{T}}$表示控制器计算出的量，即需推力器产生的力和力矩，$\tau_w=\begin{bmatrix}X_w\\Y_w\\N_w\end{bmatrix}=\begin{bmatrix}X_{\text{wave}}+X_{\text{wind}}+X_{\text{current}}\\Y_{\text{wave}}+Y_{\text{wind}}+Y_{\text{current}}\\N_{\text{wave}}+N_{\text{wind}}+N_{\text{current}}\end{bmatrix}$表示总干扰力和力矩；惯性矩阵$M=\begin{bmatrix}m-X_{\dot{u}} & 0 & 0\\0 & m-Y_{\dot{v}} & Y_{\dot{r}}\\0 & -N_{\dot{v}} & I_{zz}-N_{\dot{r}}\end{bmatrix}$，阻尼矩阵$D=\begin{bmatrix}-X_u & 0 & 0\\0 & -Y_v & -Y_r\\0 & -N_v & -N_r\end{bmatrix}$。

令$\eta=[x_{G0}\ y_{G0}\ \psi]^{\mathrm{T}}$，则船舶位置与船舶运动姿态之间的关系式(4-3)可重写为

$$\dot{\eta}=J(\psi)\upsilon\tag{4-11}$$

式中，$J(\psi)=\begin{bmatrix}\cos\psi & -\sin\psi & 0\\\sin\psi & \cos\psi & 0\\0 & 0 & 1\end{bmatrix}$。

这里采用 Clarke 整理的线性流体水动力导数估算公式得到模型(4-10)中的M、D矩阵。

(1) $X'_u=S'C_t$，其中 S'是无因次化(这里采用一撇系统进行无因次化处理)后的船舶浸湿面积，C_t为总阻尼系数[14]。采用双桨商船公式计算船舶浸湿面积S：

$$S=\left(1.54d_m+0.45B+0.904BC_b+0.026C_b\frac{B^2}{d_m}\right)L_w$$

式中，L_w为船舶水线长，粗略取为船长；B为型宽；d_m为设计吃水；C_b为方形系数。

(2) $X'_{\dot{u}}=-\frac{1}{100}\left[0.398+11.97C_b\left(1+3.73\frac{d_m}{B}\right)-2.89C_b\frac{L}{B}\left(1+1.13\frac{d_m}{B}\right)+0.175C_b\left(\frac{L}{B}\right)^2\cdot\left(1+0.541\frac{d_m}{B}\right)-1.107\frac{L}{B}\frac{d_m}{B}\right]m'$。

(3) $Y'_{\dot{v}}=-\left[1+\frac{0.16C_bB}{d_m}-5.1\left(\frac{B}{L}\right)^2\right]\pi\left(\frac{d_m}{L}\right)^2$。

(4) $Y'_{\dot{r}} = -\left[\frac{0.67B}{L} - 0.0033\left(\frac{B}{d_m}\right)^2\right]\pi\left(\frac{d_m}{L}\right)^2$。

(5) $N'_{\dot{v}} = -\left(\frac{1.1B}{L} - \frac{0.41B}{d_m}\right)\pi\left(\frac{d_m}{L}\right)^2$。

(6) $N'_{\dot{r}} = -\left(\frac{1}{12} + \frac{0.017C_bB}{d_m} - \frac{0.33B}{L}\right)\pi\left(\frac{d_m}{L}\right)^2$。

(7) $Y'_v = -\left(1 + \frac{0.4C_bB}{d_m}\right)\pi\left(\frac{d_m}{L}\right)^2$。

(8) $Y'_r = -\left(-\frac{1}{2} + \frac{2.2B}{L} - \frac{0.08B}{d_m}\right)\pi\left(\frac{d_m}{L}\right)^2$。

(9) $N'_v = -\left(\frac{1}{2} + \frac{2.4d_m}{L}\right)\pi\left(\frac{d_m}{L}\right)^2$。

(10) $N'_r = -\left(\frac{1}{4} + \frac{0.039B}{d_m} - \frac{0.56B}{L}\right)\pi\left(\frac{d_m}{L}\right)^2$。

4.2.2　船舶动力定位系统的推力分配模型

实时推力分配主要解决的问题是如何将控制器计算出的量 $\tau_{\mathrm{T}}=[X_T\ Y_T\ N_T]^{\mathrm{T}}$ 实时分配给各推力器。

动力定位系统中传感器系统连续地实时向控制系统输送船舶当前的位置信息，经计算后控制器也连续地实时向推力器系统输送控制指令。然而，使执行机构连续又实时地响应这些控制指令是不现实的，所以在这个环节的输入端对控制指令信号先进行采样，在每个采样点对推力分配问题实时寻优，然后把寻找到的最优的推力分配指令输送给各推力器，实现定位的目的。本节介绍一种基于 MATLAB 工具对船舶动力定位控制系统进行分层结构设计和建模的方法，采用将控制器输出与推力分配逻辑仿真衔接的关键技术，即利用 MATLAB 的 Stateflow 工具箱建立了在控制器输出信号的离散采样点上进行实时推力优化分配逻辑计算的模型。其实现过程如图 4-5 所示。

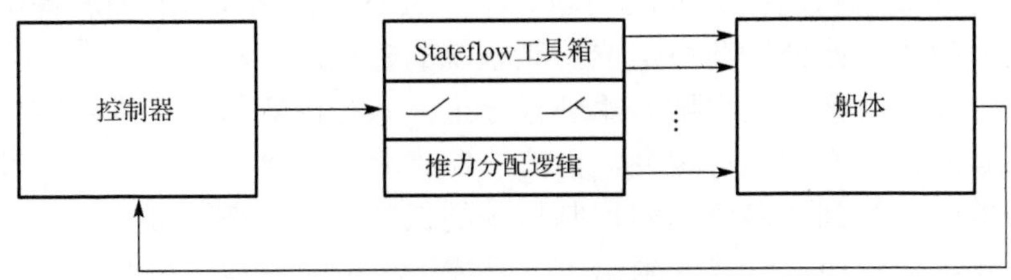

图 4-5　实时推力优化分配实现过程

Stateflow 是一个用于控制和管理逻辑的图形化设计和开发工具，常常和 Simulink 配合使用。它对基于有限状态机理论的复杂系统行为给出了清晰、简洁的描述[15]。使用 MATLAB 的 Stateflow 工具箱建立 Stateflow 状态图模型，如图 4-6 所示。

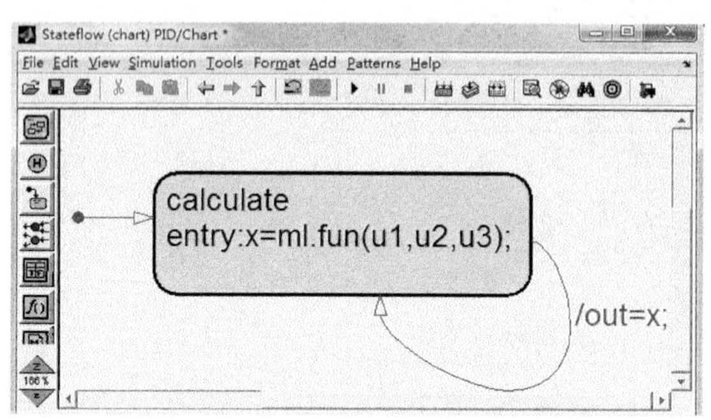

图 4-6　Stateflow 状态图

图中，fun 表示动力定位系统中所设计的在线推力优化分配逻辑的算法，在空白的 Stateflow 模型中添加一个状态“calculate”，当“calculate”切换为“active”时，通过命令“ml”来调用实时推力分配的优化算法 fun。右击“chart”图中空白，进入 Properties 菜单项，可以设置实时推力优化系统的采样时间。

fun 函数所描述的推力分配方法是没有固定限制的，任何多目标非线性优化方法都可以移植到此仿真平台中进行动力定位系统的推力优化分配的仿真研究。

设 $\tau \in \mathbf{R}^3$ 为控制器输出的推力指令，包括系统所需的纵向力、横向力和转艏力矩。$f \in \mathbf{R}^n$ 为各推力器发生的推力，n 为推力器数量。则需 $\tau = B(\alpha)f$，其中 $B(\alpha_i) = \begin{pmatrix} \cos\alpha_i \\ \sin\alpha_i \\ -y_i\cos\alpha_i + x_i\sin\alpha_i \end{pmatrix}$，$\alpha_i$ 为第 i 个推进器的方位角，(x_i, y_i) 为第 i 个推进器的坐标。

目前提出的解决推力分配的方法有很多，Fossen 和 Johansen[16]将推力分配问题分为三个主要的类别：无约束条件(除 $\tau - Bf = 0$ 外)且目标函数最高次项为二次项的推力分配问题、约束条件为线性且目标函数最高次项为二次项的推力分配问题、约束条件中含有非线性项的推力分配问题。本节尝试性地将文献[17]所提出的一种新的推力分配模型用于此分层动力定位控制系统的建模。

该算法的基本思路：先将推力器进行分组，只是固定组内推进器方位角的相对角度，而不是固定它们的绝对角度，再将控制指令输入到一个由一阶惯性环节构成的低通滤波器中，得到缓慢变化的控制指令的低频部分，考虑推力折减后，再由控制指令的低频部分使用优化算法求出一个缓慢变化的推进器方位角，已知方位角后，再使用优化算法求出推进器的推力。

其推进器方位角α的目标函数和约束条件设置如下：

$$\min J_{QP}(\Delta\alpha,\Delta f,s)=\sum_{i=1}^{m}\left(\frac{\mathrm{d}W_i}{\mathrm{d}f_i}(f_{0,i})\Delta f_i+\frac{\mathrm{d}^2W_i}{\mathrm{d}f_i^2}(f_{0,i})\Delta f_i^2\right)+s^{\mathrm{T}}Qs+\Delta\alpha^{\mathrm{T}}\Omega\Delta\alpha$$

$$\text{s.t.}\ \ s+B(\alpha_0)\Delta f+\frac{\partial}{\partial\alpha}(B(\alpha)f)\Big|_{f=f_0}^{\alpha=\alpha_0}\cdot\Delta\alpha=\tau-B(\alpha_0)f_0$$

$$f_{\min}/p-f_0\leqslant\Delta f\leqslant f_{\max}/p-f_0$$

$$\Delta f_{\min}\leqslant\Delta f\leqslant\Delta f_{\max}$$

$$\alpha_{\min}-\alpha_0\leqslant\Delta\alpha\leqslant\alpha_{\max}-\alpha_0$$

$$\Delta\alpha_{\min}\leqslant\Delta\alpha\leqslant\Delta\alpha_{\max}$$

式中，$W_i(f_i)=k_i|f_i|^{1.5}$代表每个推进器能量消耗，且$k_i=2\pi K_q(0)/(D_1\sqrt{\rho K_t(0)^3})$，$K_t$、$K_q$分别为推进器的推力系数和转矩系数；$p$为推力折减系数；$f_0$为上一采样时刻计算出的各推进器的推力；$\alpha_0$为上一采样时刻计算出的各推进器的方位角；$f_{\min}$和$f_{\max}$分别为推进器发出推力的下限和上限；$\Delta f_{\min}$和$\Delta f_{\max}$分别为推进器发出的推力变化值的下限和上限；$\alpha_{\min}$和$\alpha_{\max}$限定了推进器方位角的区域；$\Delta\alpha_{\min}$和$\Delta\alpha_{\max}$分别为推进器方位角变化值的下限和上限；$s$为推力误差；$\Delta f$为推进器发生推力的变化值；$\Delta\alpha$为推进器方位角的变化值；$Q$、$\Omega$为目标函数中的权值矩阵；$D_1$为推进器直径；$\rho$为海水密度。

计算推进器推力f的目标函数和约束条件设置如下：

$$\min\ \{J=f^{\mathrm{T}}Wf+s^{\mathrm{T}}Qs\}$$

$$\text{s.t.}\ \ Bf=\tau+s$$

$$f_{\min}\leqslant f\leqslant f_{\max}$$

$$\Delta f_{\min}\leqslant f-f_0\leqslant\Delta f_{\max}$$

式中，W、Q为权值矩阵。

由于推进器方位角$\alpha=\alpha_0+\Delta\alpha$已算出，矩阵$B(\alpha)$中元素均为常数，约束条件$B(\alpha)f=\tau+s$为线性方程，这样就避免了将约束条件线性化时引入的误差。

这里采用序列二次规划法计算各推进器方位角。其基本思想是：在每一迭代点$x^{(k)}$，构造一个二次规划子问题，以这个子问题的解，作为迭代的搜索方向d_k，并沿该方向作一维搜索，即$x^{(k+1)}=x^{(k)}+\alpha_kd_k$，得$x^{(k+1)}$；重复上述迭代过程[18]，直至点列$\{x^{(k+1)}\ (k=0,1,2,\cdots)\}$最终逼近原问题的近似约束最优点$x^*$。然后采用二次规划法计算各推进器推力。

4.2.3 船舶动力定位系统建模实例

由于每艘船舶的推力器系统结构设计各异，所以动力定位推力分配的研究是因船而异的。本节以“北海救 115”轮为研究对象，建立其动力定位仿真试验平台。“北海救 115”轮的基本数据如表 4-1 所示。

表 4-1 “北海救 115”轮的基本参数

总长/m	99.00
垂线间长/m	88
船宽/m	15.2
型深/m	7.60
设计吃水/m	5.6
方形系数	0.632
满载排水量/t	4642.68
试航速度/kn	20.15
航速(低速)/kn	3
锚机链轮工作负载/kN	150
主螺旋桨直径/m	3.7
艏侧推器螺旋桨直径/m	1.65
艏侧推器名义推力/kN	98
尾侧推器螺旋桨直径/m	1.3
尾侧推器名义推力/kN	78
各螺旋桨叶数	4
舵面积/m^2	8.4
舵展弦比	1.55
舵高/m	3.6
平均舵宽/m	2.33

“北海救 115”推力器系统均为可调距螺旋桨，包括两个主螺旋桨、两个艏侧推和一个艉侧推，各推进器分布如图 4-7 所示。

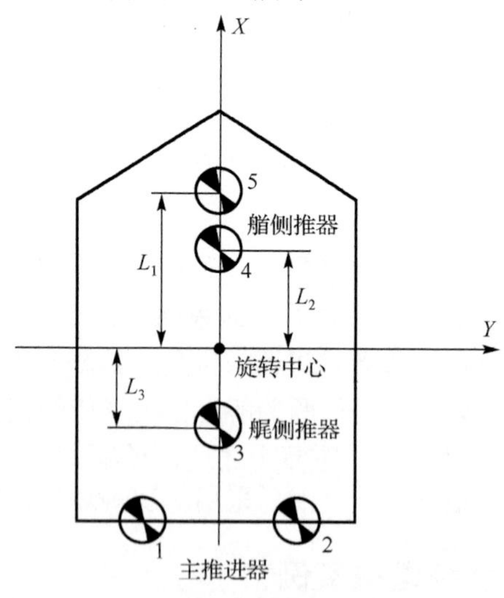

图 4-7 推力器系统示意图

分析图 4-7，以几何中心为中点，标号 1～5 号各推进器坐标为(−42，−2.8)、(−42，2.8)、(−30，0)、(36，0)、(39，0)，单位为 m。

“北海救 115”的主推进器是双桨双舵的结构，按照 Lindegaard 的做法，将同一侧的包括桨和舵的推力可行域作为扇形的组合推进器，处理方法如图 4-8 所示。

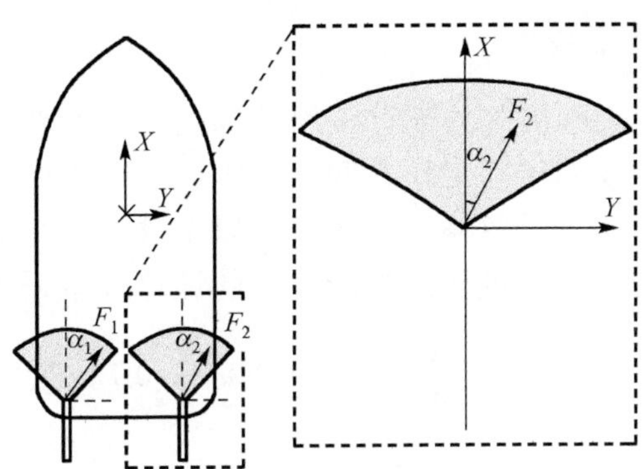

图 4-8　主推力器布局和推力可达域

在仿真中假设两个主推进器的名义推力各为 500kN，则“北海救 115”轮的特征值限幅情况如表 4-2 所示。

表 4-2　各推进器的作用范围

推力器编号	名义推力/kN	螺距角范围	舵角范围
1	500	+23°～−17°	+25°～−25°
2	500	+23°～−17°	+25°～−25°
3	78	+23°～−17°	+90°/−90°
4	98	+23°～−17°	+90°/−90°
5	98	+23°～−17°	+90°/−90°

“北海救 115”配备单侧式卧式锚机，左、右型各一台，锚机的工作负荷为 150kN；配备斯贝克锚 3 只，每只重 3060kg，其中之一为备锚。

将以上参数代入 4.2.1 节，计算得“北海救 115”M、D 参数分别为

$$M=\begin{bmatrix}0.2203 & 0 & 0\\ 0 & 0.2232 & 0.0012\\ 0 & -0.0117 & 0.014\end{bmatrix},\quad D=\begin{bmatrix}0.0123 & 0 & 0\\ 0 & 0.0215 & -0.0043\\ 0 & 0.0083 & 0.0033\end{bmatrix}$$

从 4.2.2 节的推力分配结果中可以发现，推力分配逻辑分配给各推力器的指令是推力 f 和推进器方位角 α。控制量分配给各推力器后，各推力器作用于船体的合力模型为

$$F=\sum_{i=1}^{n}f_i\alpha_i \tag{4-12}$$

对于“北海救 115”轮而言，推进器方位角 α 主要是指 1 号推进器和 2 号推进

器的舵角。然而各推进器的推力 f 依然是一个虚拟控制量，本节将建立起各推进器推力 f 与工程上调距桨的直观控制量螺距角 θ 之间的数学关系。

1. 1号和2号推进器模型

“北海救 115”轮主螺旋桨的配置采用外旋式，即右舷安装右螺旋桨，左舷安装左螺旋桨，两桨以相反的转向工作在同一象限内，两桨产生的横向力矩几乎可以抵消，所以双桨间的干扰可以忽略。因此，可以单独计算每个螺旋桨工作时产生的水动力和水动力矩。两个主推进器的螺旋桨力的计算模型采用：

$$\begin{cases} X_p = \dfrac{1}{2}\rho(1-t_p)\dfrac{\pi}{4}D_p^2[(1-w_p)^2u^2+(0.7\pi nD_p)^2]K_T \\ Y_p = 0 \\ N_p = 0 \\ \gamma = \arctan\left(\dfrac{1-w_p}{0.7\pi nD_p}u\right) \end{cases} \tag{4-13}$$

式中，t_p 为推力减额系数；w_p 为伴流系数；D_p 为桨直径；n 为主机转速；γ 为桨的进速角；K_T 为推力系数。

模型(4-13)中桨处伴流系数 w_p 以及桨处推力减额 t_p 的计算参考文献[14]。

2. 3号、4号和5号推进器模型

“北海救 115”轮上的 3 号、4 号和 5 号推进器是侧推器。一般而言，侧推力的计算方法主要有动量理论、Hawking 平板理论和桨推力公式[19]。由于“北海救 115”侧推器均采用四叶可调螺距螺旋桨，所以考虑用敞水桨推力公式计算侧推力。

一定几何形状的螺旋桨在敞水中运转时产生的流体动力特性——推力和转矩与桨直径 D_p、转速 n、进速 V_A、水的密度 ρ、水的运动黏性系数 ν 及重力加速度 g 有关。研究船舶操纵运动特性，一般采用一定缩尺比的螺旋桨模型进行试验，然后将试验结果换算到实船螺旋桨。螺旋桨流体动力及力矩表示为

$$\begin{cases} X_p = \rho n^2 D_p^4 K_T \\ N_p = 0 \end{cases} \tag{4-14}$$

式中，ρ 表示水密度；n 表示转速；D_p 表示桨的直径；K_T 表示推力系数。

3. 螺旋桨推力系数的计算

螺旋桨推力系数 K_T 是无因次量，与螺旋桨的进程比 J、盘面比 A_E/A_O、螺距比 P/D 和桨叶数 Z 相关，在这些参数一定的情况下，可以通过查螺旋桨图谱的方法得到 K_T[20]。

在计算 K_T 之前，先确定“北海救 115”上螺旋桨的雷诺数。其估算公式为

$$Re = 0.1946410072 \times 10^7 \frac{(A_E / A_O)D(0.2646526291(1-w)^2 V_k{}^2 + 5.551653n^2D^2)^{1/2}}{Z} \tag{4-15}$$

对于普通的 AU 型桨，当 $Re \leqslant 2\times10^6$ 时，K_T 可写成如下形式：

$$K_T = \sum_{n=1}^{39} C_{s,t,u,v} J^s \left(\frac{P}{D}\right)^t \left(\frac{A_E}{A_O}\right)^u Z^v \tag{4-16}$$

当 $Re>2\times10^6$ 时，有相应的修正方法。具体计算公式详见文献[21]。

综上所述，推力分配给各推力器的推力指令 f 可经由式(4-13)～式(4-16)以及文献[21]中的推力系数计算模型估计出相应的螺距角指令 θ。

4.3 船舶动力定位系统的控制

控制和滤波是动力定位系统中的两个重要环节，动力定位的精度取决于控制器的效能，控制器效能的好坏依赖于传感器提供的数据的有用程度，所以对传感器数据滤波是控制器系统需解决的前端问题，而控制器是系统设计的核心问题。

为了方便后面的叙述，对式(4-1)变形得

$$\begin{cases} \dot{u} = a_1 + \dfrac{1}{m}\sum X \\ \dot{v} = a_2 + \dfrac{1}{m}\sum Y \\ \dot{r} = a_3 + \dfrac{1}{I_{zz}}\sum N \end{cases} \tag{4-17}$$

式中，$a_1 = vr + x_G r^2$，$a_2 = -ur - x_G \dot{r}$，$a_3 = -mx_G(\dot{v}+ur)/I_{zz}$，则 a_1，a_2，a_3 分别称为船舶在合外力及合外力矩 $\sum X,\sum Y,\sum N$ 作用下纵荡、横荡、艏摇各运动方向的“固有加速度”，即船舶在合外力作用下将要产生但还没有产生的一种运动趋势。

船舶动力定位系统在控制中抵消固有加速度及海洋扰动的影响，引导或强迫被控对象保持在期望的位置或以期望的姿态运动。

4.3.1 船舶动力定位系统控制方法分类

几十年来，控制技术在工程和理论领域都得到了长足的发展，并产生了不同的控制范式。一方面，工程师在大量的实践中摸索总结得到了一些有用的控制机制，如 PID 调节器；另一方面，控制技术作为应用数学的一个分支发展起来，人们基于被控过程的数学模型和一些数学公理及假设推导出控制律。美国克里夫兰州立大学高志强教授分别将这两种范式称为工业范式(industry paradigm)和模型范式(modern control paradigm)[22]，并指出工程师对被控对象的动态特性并不是一无所知，也不是完全已知，在这种背景之下，产生了一种新的控制范式——抗扰范式(disturbance rejection paradigm)，而我国学者韩京清先生提出的自抗扰控制(active disturbance rejection control，ADRC)[23,24]便是这种范式下的典型代表。

相应地，根据人们对控制问题认识的转变以及计算工具的发展可将船舶动力定位系统的控制解决方案分为三种不同的类别：工业范式、模型范式和抗扰范式。

4.3.2　工业范式下的船舶动力定位控制

工业范式下动力定位系统产生于 20 世纪 60 年代，采用的是单输入单输出 PID 控制器结合低通滤波器或者 Notch 滤波器的控制方法。该系统控制方案可表示成图 4-9。

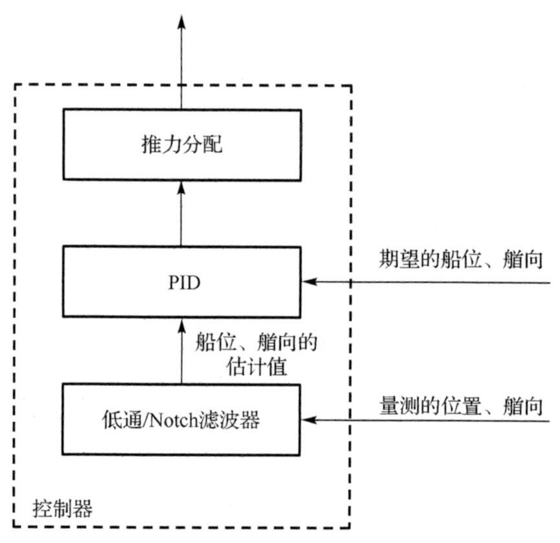

图 4-9　工业范式下动力定位控制系统框图

该系统在早期取得了巨大的成功，但随着人们对控制精度期望的不断提高，该方案越来越不能满足人们的要求，主要缺点表现在：①PID 只能对已经存在的扰动产生响应并动作，非常被动；②该方案采用的低通滤波器会带来相位滞后，从而限制了控制器的带宽；③PID 控制参数的适应范围有限，一旦外界扰动或者船舶动态发生变化，必须重新调节参数，针对这个问题有学者提出采用神经网络来自动调节 PID 控制器的参数[25]。

4.3.3　模型范式下的船舶动力定位控制

随着现代控制理论的兴起和发展[26]，20 世纪 70 年代基于模型的控制方法开始应用于船舶动力定位领域，首先被采用的是线性控制方法。Balchen、Jenssen 和 Sælid

提出更加先进的基于多变量最优控制理论和 Kalman 滤波理论的输出控制方法[27]，这个方案随后被实验验证[28]，并推动了相关基于模型的控制理论应用于动力定位控制系统的研究潮流[29]。

Kongsberg 公司组织了一支工程师队伍把 Balchen 等的理论付诸实践[30]，于是产生了模型范式下动力定位系统商业产品，该系统控制方案如图 4-10 所示[31]。

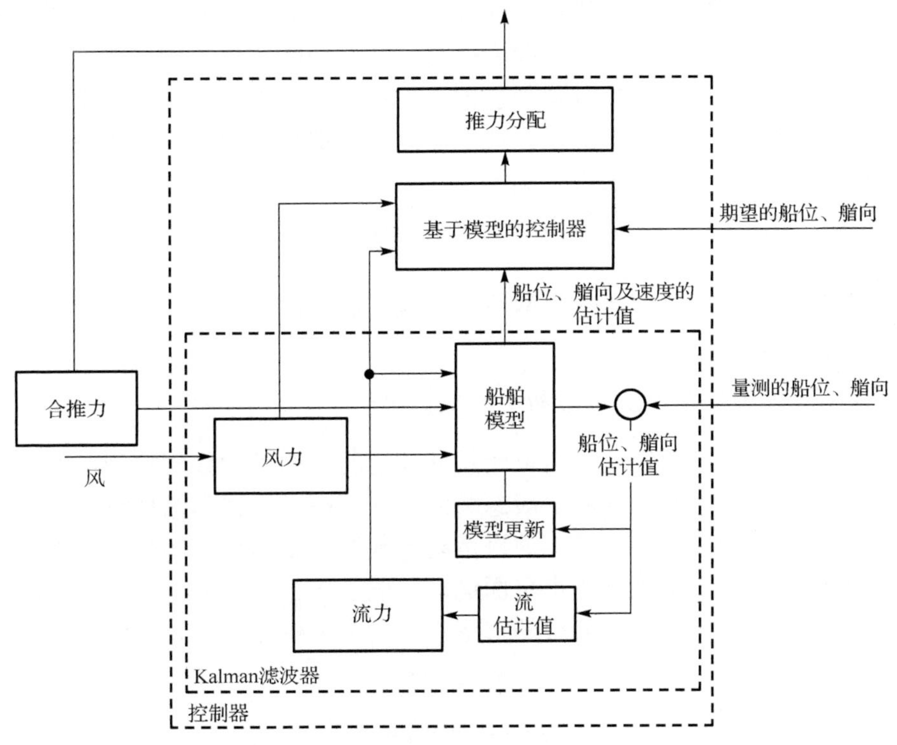

图 4-10　模型范式下动力定位系统控制框图

该系统较广泛地应用于当今的商用船舶中，然而也在工程实践中暴露出一些难题，例如，控制器的现场参数调节任务艰巨，而且 DP 操作员必须根据海况的变化手动地重调控制器的参数[32]，同时，该方案不仅模型难以精确且计算量也很大。

在这种情况下，人们很自然地想到有必要提高控制器的鲁棒性。于是，一些研究工作[33]开始着眼于将 H_∞理论应用于船舶动力定位系统。

对于前期将鲁棒控制应用于动力定位研究中所发现的不足之处，人们有不一样的观点。有一部分学者执着于在鲁棒控制的框架下对原来的工作进行改进[34,35]。还有一部分学者认为鲁棒控制的问题在于其是基于线性模型而设计的，要想提高控制的精度需先提高所获得的对象信息的精度，主要是从逼近系统的不确定性、提高观测器精度和模型精确度三个方面努力，例如，Han 提出一种采用自适应模糊小波回声状态网络算法来逼近不确定性的方法[36]；Lin 提出一种参数自适应的观测器[37]；Vladic 提出一种自振荡法用来快速辨识被控对象参数，并可用于观测器和控制器参数的调节[38]。

与此同时，从尽可能精确地描述被控对象的角度出发，基于非线性模型的非线性控制方法蓬勃发展。自 20 世纪 90 年代起，模糊控制、非线性反馈线性化、反步法和非线性模型预测控制等非线性方法逐渐得到各研究机构的关注。变结构体控制器也在动力定位控制领域有广泛的探索研究。在这期间，为了避免因烦琐的线性化带来的复杂性，非线性无源控制理论也被引入动力定位领域，非线性无源观测器的提出是一个很重要的贡献[39]。此后，很多研究工作都聚焦于基于非线性观测器的非线性控制器的设计。另外，值得一提的是，为了使船舶能够应对更加恶劣的海况条件，海洋扰动的抑制得到了更突出的关注，加速度反馈在传统动力定位系统中的引入就是一个证明。

下面以动态面控制方法和神经网络自适应控制为例介绍模型范式下的动力定位控制方法。

1. 基于动态面控制方法的船舶动力定位控制

对于假设扰动界已知的动力定位船舶低速情况下的运动数学模型，船舶运动具有六自由度空间，动力定位船舶一般忽略船舶的垂荡、横摇和纵摇运动的影响以及它们与其他方向运动的耦合作用，前进运动与横漂、艏摇运动解耦，只考虑船舶的前进、横漂和艏摇三个自由度的水平面运动。假设 $x_G = 0$，建立如图 4-4 所示的船舶水平面运动坐标系。在低速航行的情形中，动力定位船舶运动数学模型描述为

$$\dot{\eta} = J(\psi)\upsilon \tag{4-18}$$

$$M\dot{\upsilon} + D\upsilon = \tau + d \tag{4-19}$$

式中，$\eta = [x,y,\psi]^{\mathrm{T}}$ 为惯性坐标系下船舶实际位置 (x,y) 和艏向角 $\psi \in [0,2\pi]$ 构成的向量；$\upsilon = [u,v,r]^{\mathrm{T}}$ 表示船舶在附体坐标系下的速度向量，u 为前进速度，v 横移速度，r 为艏摇角速度；$d=[d_1,d_2,d_3]^{\mathrm{T}}$ 表示在附体坐标系下风浪流引起的未知时变的外部环境扰动；旋转矩阵 $J(\psi)$ 定义为

$$J(\psi) = \begin{bmatrix} \cos\psi & -\sin\psi & 0 \\ \sin\psi & \cos\psi & 0 \\ 0 & 0 & 1 \end{bmatrix} \tag{4-20}$$

且具有特性 $J^{-1}(\psi)=J^{\mathrm{T}}(\psi)$；$M$ 为包含附加质量的惯性矩阵；D 为线性阻尼阵；$\tau = [\tau_1,\tau_2,\tau_3]^{\mathrm{T}}$ 为船舶前进控制力 τ_1、横移控制力 τ_2 以及艏摇控制力矩 τ_3 构成的向量。在动力定位船舶工程应用中给出下述假设。

假设 4-1　惯性矩阵 $M^{\mathrm{T}}=M>0$ 且 $\dot{M}=0$。

通常情况下，由于水动力附加惯性，矩阵 M 中的元素是非对称的，但是在船舶低速航行情形中，例如，在动力定位的实际应用中，假设 4-1 是合理的。

假设 4-2　船舶动力定位的期望 η_d 及其一阶导数 $\dot{\eta}_d$、二阶导数 $\ddot{\eta}_d$ 是有界的，即存在一个紧集，$\Omega_d=\left\{\left[\eta_d^{\mathrm{T}},\dot{\eta}_d^{\mathrm{T}},\ddot{\eta}_d^{\mathrm{T}}\right]^{\mathrm{T}}:\|\eta_d\|^2+\|\dot{\eta}_d\|^2+\|\ddot{\eta}_d\|^2\leqslant B_0\right\}\subset\mathbf{R}^9$，使得 $\left[\eta_d^{\mathrm{T}},\dot{\eta}_d^{\mathrm{T}},\ddot{\eta}_d^{\mathrm{T}}\right]^{\mathrm{T}}\in\Omega_d$，其中 $B_0>0\in\mathbf{R}$。

根据动力定位船舶运动数学模型(式(4-18)和式(4-19))满足严格反馈系统的定义，本章将矢量 Backstepping 和动态面控制技术相结合，在船舶模型参数已知的情况下，考虑扰动界已知/未知、状态反馈/输出反馈等不同情形，给出船舶动力定位控制律的设计过程，借助 Lyapunov 函数分析了所设计的控制系统的稳定性，同时给出仿真实例。

在本小节，为方便控制律设计，给出下述假设。

假设 4-3　考虑到海况时常发生变化，作用在船舶上的干扰 d 为时变的，且满足

$$|d_i|\leqslant d_i^*,\quad i=1,2,3 \tag{4-21}$$

式中，$d_i^*>0$ 为各分量绝对值的上界，向量 $d^*=\left[d_1^*,d_2^*,d_3^*\right]^{\mathrm{T}}$。

一般情况下，自然界的能量是有限的，作用在动力定位船舶上的外界环境干扰的能量也是有限的，因此假设 4-3 是合理的。

假设 4-4　扰动各分量的上界是已知的。

本节的控制目标：针对动力定位船舶运动数学模型(式 4-18)和式(4-19))，在假设 4-3 和假设 4-4 的情况下，设计船舶动力定位状态反馈控制律，使得船舶实际位置(x,y)和艏向角 ψ 达到并保持在目标位置 $\eta_d=[x_d,y_d,\psi_d]^{\mathrm{T}}$ 且保证闭环系统内所有信号一致最终有界。

在这一部分，采用基于动态面的控制算法结合矢量 Backstepping 设计工具处理船舶动力定位问题。设计过程分为两步。

(1)定义动力定位船舶的位置误差面向量 $S_1\in\mathbf{R}^3$：

$$S_1=\eta-\eta_d \tag{4-22}$$

根据式(4-22)且 η_d 为常数向量，有

$$\dot{S}_1=J\upsilon \tag{4-23}$$

在这里将 υ 视作虚拟控制向量，选择虚拟镇定函数向量 $\varphi_1\in\mathbf{R}^3$ 为

$$\varphi_1=-J^{-1}K_1S_1 \tag{4-24}$$

式中，$K_1\in\mathbf{R}^{3\times3}$ 为设计的正定对称参数矩阵。

为了避免传统的 Backstepping 方法固有的计算复杂问题，依据提出的动态面控

制思想，引进了新的状态向量 $X_d \in \mathbf{R}^3$，对虚拟镇定函数向量引入一个一阶低通滤波器，其数学表达式为

$$T\dot{X}_d + X_d = \varphi_1, X_d(0) = \varphi_1(0) \tag{4-25}$$

式中，T 为滤波器的时间常数，为正的标量。用滤波器的状态微分项 $\dot{X}_d$ 代替 φ_1 的一阶导数项。

(2) 定义动力定位船舶的速度误差面向量 $S_2 \in \mathbf{R}^3$：

$$S_2 = \upsilon - X_d \tag{4-26}$$

其分量记为 $s_{2,j}$，j=1,2,3。根据式(4-19)和式(4-26)，有

$$M\dot{S}_2 = -D\upsilon + \tau + d - M\dot{X}_d \tag{4-27}$$

设计状态反馈控制律

$$\tau = D\upsilon + M\dot{X}_d - K_2 S_2 - \mathrm{Sgn}(S_2)d^* \tag{4-28}$$

式中，设计参数矩阵 $K_2 \in \mathbf{R}^{3\times3}$ 为正定的对称阵；矩阵 $\mathrm{Sgn}(S_2) = \mathrm{diag}([\mathrm{sgn}(s_{2,1}), \mathrm{sgn}(s_{2,2}), \mathrm{sgn}(s_{2,3})]) \in \mathbf{R}^{3\times3}$，$\mathrm{sgn}(\cdot)$ 表示符号函数，其表达式为

$$\mathrm{sgn}(a) = \begin{cases} 1, & a > 0 \\ 0, & a = 0 \\ -1, & a < 0 \end{cases} \tag{4-29}$$

定义系统的边界层误差向量 $Y_2 \in \mathbf{R}^3$：

$$Y_2 = X_d - \varphi_1 \tag{4-30}$$

将式(4-24)代入式(4-30)，可得

$$Y_2 = X_d + J^{-1}K_1 S_1 \tag{4-31}$$

对式(4-31)关于时间求导，同时考虑到式(4-25)和式(4-30)，有

$$\dot{Y}_2 = \dot{X}_d + \dot{J}^{-1}K_1 S_1 + J^{-1}K_1\dot{S}_1 = -\frac{Y_2}{T} + \dot{J}^{-1}K_1 S_1 + J^{-1}K_1\dot{S}_1 \tag{4-32}$$

式中，T 为时间常数。

选择 Lyapunov 预选函数

$$V = \frac{1}{2}S_1^{\mathrm{T}}S_1 + \frac{1}{2}S_2^{\mathrm{T}}MS_2 + \frac{1}{2}Y_2^{\mathrm{T}}Y_2 \tag{4-33}$$

式(4-33)两边关于时间求导

$$\dot{V} = S_1^{\mathrm{T}}\dot{S}_1 + S_2^{\mathrm{T}}M\dot{S}_2 + Y_2^{\mathrm{T}}\dot{Y}_2 \tag{4-34}$$

对于式(4-34)第一项 $S_1^{\mathrm{T}}\dot{S}_1$，根据式(4-23)和式(4-26)，考虑到旋转矩阵特性

$\|J\|=1$ 和式(4-31)，可得

$$\begin{aligned} S_1^{\mathrm{T}}\dot{S}_1 &= S_1^{\mathrm{T}}J(S_2+X_d) = -S_1^{\mathrm{T}}K_1S_1 + S_1^{\mathrm{T}}(JS_2+JY_2) \\ &\leqslant -S_1^{\mathrm{T}}K_1S_1 + \|S_1\|\cdot\|S_2\| + \|S_1\|\cdot\|Y_2\| \\ &\leqslant -S_1^{\mathrm{T}}K_1S_1 + \alpha_1 S_1^{\mathrm{T}}S_1 + \frac{S_2S_2^{\mathrm{T}}}{4\alpha_1} + \alpha_2 S_1^{\mathrm{T}}S_1 + \frac{Y_2Y_2^{\mathrm{T}}}{4\alpha_2} \end{aligned} \tag{4-35}$$

式中，α_1、α_2 为正常数。

对于式(4-34)第二项 $S_2^{\mathrm{T}}M\dot{S}_2$，根据式(4-27)和式(4-28)，有

$$\begin{aligned} S_2^{\mathrm{T}}M\dot{S}_2 &= S_2^{\mathrm{T}}(-D\upsilon+\tau+d-M\dot{X}_d) = S_2^{\mathrm{T}}[-K_2S_2+d-\mathrm{Sgn}(S_2)d^*] \\ &= -S_2^{\mathrm{T}}K_2S_2 + (s_{2,1}d_1+s_{2,2}d_2+s_{2,3}d_3) - \left(|s_{2,1}|d_1^* + |s_{2,2}|d_2^* + |s_{2,3}|d_3^*\right) \end{aligned} \tag{4-36}$$

根据绝对值不等式及假设 4-3，有不等式

$$s_{2,i}d_i \leqslant |s_{2,i}||d_i| \leqslant |s_{2,i}|d_i^*,\quad i=1,2,3 \tag{4-37}$$

成立，则有

$$S_2^{\mathrm{T}}M\dot{S}_2 \leqslant -S_2^{\mathrm{T}}K_2S_2 \tag{4-38}$$

对于式(4-34)第三项 $Y_2^{\mathrm{T}}\dot{Y}_2$，存在非负的连续函数 $\beta(\cdot)$，使得

$$\left\|\dot{Y}_2 + \frac{Y_2}{T}\right\| \leqslant \beta(S_1,S_2,Y_2,K_1,\eta_d) \tag{4-39}$$

结合假设 4-2，考虑如下紧集

$$\varOmega_d = \left\{\left[\eta_d^{\mathrm{T}},\dot{\eta}_d^{\mathrm{T}},\ddot{\eta}_d^{\mathrm{T}}\right]^{\mathrm{T}} : \|\eta_d\|^2 + \|\dot{\eta}_d\|^2 + \|\ddot{\eta}_d\|^2 \leqslant B_0\right\} \tag{4-40}$$

$$\varOmega_1 = \left\{\left[S_1^{\mathrm{T}},S_2^{\mathrm{T}},Y_2^{\mathrm{T}}\right]^{\mathrm{T}} : V \leqslant \varpi_0\right\} \tag{4-41}$$

式中，B_0、ϖ_0 为给定的正数。注意到 $\varOmega_1\times\varOmega_d$ 也是紧集，并且 $\beta(\cdot)$ 在空间 $\varOmega_1\times\varOmega_d$ 上有最大值 N。所以，

$$Y_2^{\mathrm{T}}\dot{Y}_2 \leqslant -\frac{Y_2^{\mathrm{T}}Y_2}{T} + \alpha_3\|Y_2\|^2 + \frac{N^2}{4\alpha_3} \tag{4-42}$$

式中，α_3 为正常数。

综合式(4-35)、式(4-38)和式(4-42)，可得

$$\begin{aligned} \dot{V} &\leqslant -S_1^{\mathrm{T}}K_1S_1 + \alpha_1S_1^{\mathrm{T}}S_1 + \frac{S_2^{\mathrm{T}}S_2}{4\alpha_1} + \alpha_2S_1^{\mathrm{T}}S_1 + \frac{Y_2^{\mathrm{T}}Y_2}{4\alpha_2} - S_2^{\mathrm{T}}K_2S_2 - \frac{Y_2^{\mathrm{T}}Y_2}{T} + \alpha_3Y_2^{\mathrm{T}}Y_2 + \frac{N^2}{4\alpha_3} \\ &\leqslant -\left[\lambda_{\min}(K_1)-\alpha_1-\alpha_2\right]S_1^{\mathrm{T}}S_1 - \frac{\lambda_{\min}(K_2)-\dfrac{1}{4\alpha_1}}{\lambda_{\max}(M)}S_2^{\mathrm{T}}MS_2 - \left(\frac{1}{T}-\frac{1}{4\alpha_2}-\alpha_3\right)Y_2^{\mathrm{T}}Y_2 + \frac{N^2}{4\alpha_3} \\ &\leqslant -\mu_1V + C_1 \end{aligned} \tag{4-43}$$

式中

$$\mu_1=\min\left\{2\left[\lambda_{\min}(K_1)-\alpha_1-\alpha_2\right],\frac{2\left[\lambda_{\min}(K_2)-\dfrac{1}{4\alpha_1}\right]}{\lambda_{\max}(M)},2\left(\frac{1}{T}-\frac{1}{4\alpha_2}-\alpha_3\right)\right\}>0 \tag{4-44}$$

$$C_1=\frac{N^2}{4\alpha_3}>0 \tag{4-45}$$

$$\lambda_{\min}(K_1)-\alpha_1-\alpha_2>0 \tag{4-46}$$

$$\lambda_{\min}(K_2)-\frac{1}{4\alpha_1}>0 \tag{4-47}$$

$$\frac{1}{T}-\frac{1}{4\alpha_2}-\alpha_3>0 \tag{4-48}$$

根据上述分析，给出本节的一个定理。

定理 4-1　考虑船舶动力定位非线性系统(式(4-18)和式(4-19))，在假设 4-3 和假设 4-4 的情况下，设计含有一阶低通滤波器(4-25)的状态反馈控制律(4-28)，可迫使船舶位置和艏向角收敛并保持在期望值上，并保证船舶动力定位闭环系统中所有的信号一致最终有界。通过适当地调节设计参数矩阵 K_1、K_2 以及滤波器的时间常数 T，满足式(4-46)～式(4-48)可以使船舶动力定位误差达到期望的精度。

证明　由式(4-43)，可得

$$0\leqslant V(t)\leqslant\frac{C_1}{\mu_1}+\left[V(0)-\frac{C_1}{\mu_1}\right]\mathrm{e}^{-\mu_1 t} \tag{4-49}$$

可见，$V(t)$是一致最终有界的，再根据式(4-33)可知，系统中的信号 S_1、S_2 和 Y_2 一致最终有界；从而 φ_1、X_d 和 v 是有界的，由 η_d 和 S_1 的有界性，可得η是有界的。因此，船舶动力定位闭环系统中的所有信号是一致最终有界的。

根据式(4-33)和式(4-49)，可得

$$\|S_1(t)\|\leqslant\sqrt{\frac{2C_1}{\mu_1}+2\left[V(0)-\frac{C_1}{\mu_1}\right]\mathrm{e}^{-\mu_1 t}} \tag{4-50}$$

因此，对于任意的 $\mu_{S_1}>\sqrt{2C_1/\mu_1}$，存在常数 $T_{S_1}>0$，使得对所有的 $t>T_{S_1}$，有 $\|S_1(t)\|\leqslant\mu_{S_1}$，即船舶动力定位误差 S_1 收敛于紧集 $\Omega_{S_1}=\left\{S_1\in\mathbf{R}^3\mid\|S_1(t)\|\leqslant\mu_{S_1}\right\}$。可见，通过适当地选取参数 K_1、K_2 以及滤波器的时间常数 T，可以使船舶的位置和艏向角以任意的精度收敛并保持在期望值上，定理 4-1 得证。

从控制律(4-28)的结构可以看出，采用动态面控制技术推导出的控制律与传统 Backstepping 方法相比更简单，引入一阶滤波器消除了 Backstepping 方法对虚拟控制反复求导引起的计算复杂问题，简化了控制律的结构，更易于在船舶动力定位工程中实现。

以文献[39]中一艘供给船舶作为仿真对象研究设计控制方法的有效性。该船长 76.2m，质量 4.591×10^6kg。在仿真中，不失一般性，假设船舶的期望位置 η_d=[0m,0m,0rad]^{T}，初始状态 $\eta(0)$=[20m,20m,π/36rad]^{T}，表明船舶在 OX_oY_o 坐标系下 OX_o、OY_o 方向均偏离期望值 20m，艏向角偏离 π/36rad。$\upsilon(0)$=[0m/s,0m/s,0rad/s]^{T} 作用在动力定位船舶上的等效环境扰动 $d=J^{\mathrm{T}}(\psi)b$，其中 $b\in\mathbf{R}^3$ 由下述一阶马尔可夫过程描述

$$\dot{b}=-T_c^{-1}b+\rho n \tag{4-51}$$

式中，$n\in\mathbf{R}^3$ 为零均值的高斯白噪声；T_c=diag([1000,1000,1000])为时间常数对角阵；ρ=diag([5×10^4,5×10^4,5×10^5]) 为白噪声 n 的幅值矩阵。设置控制参数 K_1=diag([0.08,0.08,0.08])，K_2=diag([1×10^6,1×10^6,1×10^9])，滤波器时间常数 T=0.3，这样当 α_1、α_2、α_3 的值分别在 $\alpha_1>2.5\times10^{-6}>0$，$0<\alpha_2<0.0800$，$0<\alpha_3<0.2083$ 范围内时，式(4-46)～式(4-48)成立。扰动上界 $d_1^*=1\times10^5\,\mathrm{N}$，$d_2^*=1\times10^5\,\mathrm{N}$，$d_3^*=1\times10^6\,\mathrm{N\cdot m}$。仿真结果如图 4-11～图 4-14 所示。图 4-11 和图 4-12 分别为船舶在 xy 平面内位置变化、实际位置 (x,y) 和艏向角 ψ 历时曲线，表明船舶能克服外界扰动，达到并保持在期望的位置；船舶前进速度 u、横移速度 v 以及艏摇角速度 r 的历时曲线如图 4-13 所示；图 4-14 为船舶动力定位系统控制力和力矩曲线，可以看出，在平衡点附近，符号函数的不连续性引起了控制量轻微的“抖振”现象，这将对执行机构产生不利影响。可采用自适应律避免该现象的发生。

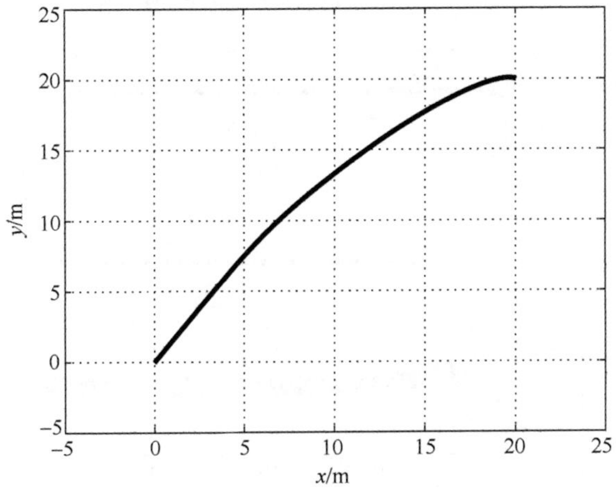

图 4-11　船舶在 xy 平面内位置变化

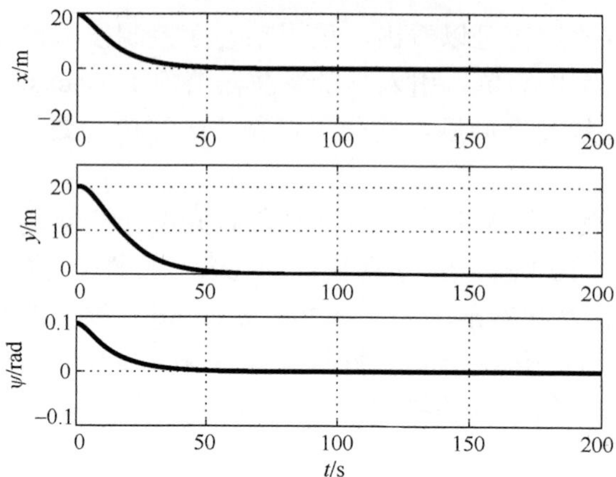

图 4-12　船舶实际位置(x,y)和艏向角 ψ 历时曲线

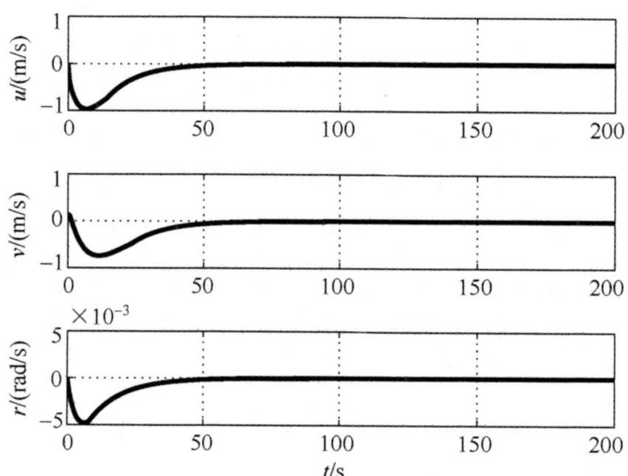

图 4-13　船舶前进速度 u、横移速度 v 和艏摇角速度 r 历时曲线

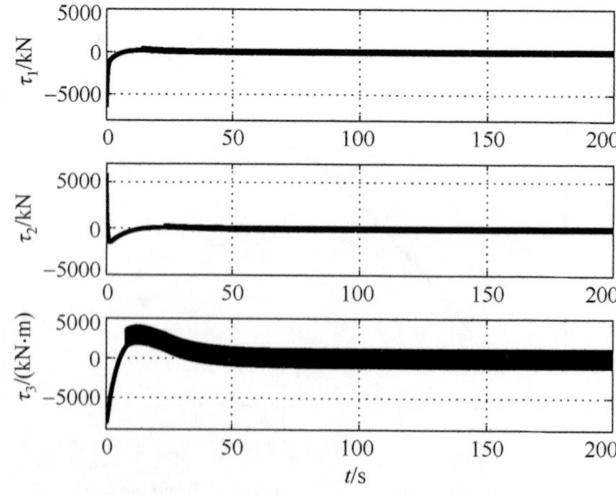

图 4-14　船舶前进控制力 τ_1、横移控制力 τ_2、艏摇控制力矩 τ_3 历时曲线

2. 船舶动力定位神经网络自适应控制

从网络的结构来看，径向基函数(RBF)神经网络是一种三层前向网络，即输入层、隐含层和输出层。其拓扑结构如图 4-15 所示。

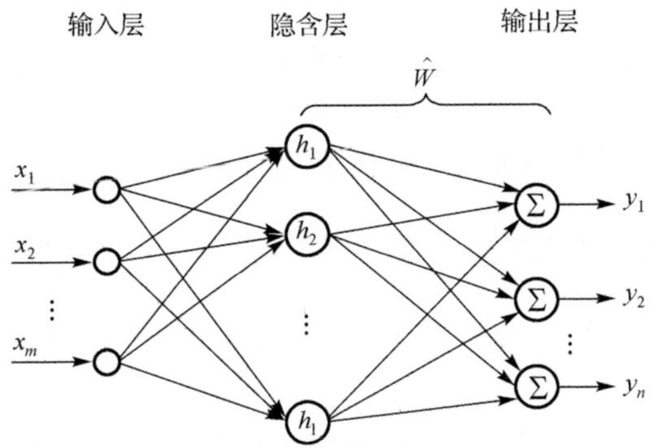

图 4-15　RBF 神经网络拓扑结构

第一层为输入层，由信号源节点构成，其节点的个数由信号源的维数决定；第二层为隐含层，节点数目由径向基函数的个数决定，该层的主要功能是将输入空间变换到隐含层空间；第三层为输出层，计算隐含层各径向基函数的线性加权值。图 4-15 所示为 m-l-n 型径向基函数神经网络($m\geqslant 1$，$l>1$，$n\geqslant 1$)，即网络含有 m 个输入节点、l 个隐节点、n 个输出节点。

在控制工程中，RBF 神经网络通常用来逼近含有不确定项的未知函数，已经证明它能够用来逼近任意的连续函数。其表达形式为

$$\mathrm{Out}_{nn}=W^{\mathrm{T}}H(X) \tag{4-52}$$

式中，$X\geqslant\mathbf{R}^m$ 为神经网络的输入向量；$W=[w_1,w_2,\cdots,w_l]^{\mathrm{T}}\in\mathbf{R}^l$ 表示由隐含层到输出层的权值向量。$H(X):\mathbf{R}^m\to\mathbf{R}^l$ 为神经网络径向基函数向量。对于非线性连续函数 $F(X):\Omega_X\to\mathbf{R}$，$X=[x_1,x_2,\cdots,x_m]^{\mathrm{T}}\in\Omega_X$，$\Omega_X$ 为 $\mathbf{R}^m$ 上的紧集，有

$$F(X)=W^{*\mathrm{T}}H(X)+\varepsilon(X) \tag{4-53}$$

式中，$\varepsilon(X)$ 为逼近误差，神经网络径向基函数向量 $H(X)=[h_1(X),h_2(X),\cdots,h_l(X)]^{\mathrm{T}}$，由于高斯函数形式简单、解析性好，因此往往被用来选作构造 RBF 神经网络的径向基函数，其表达式如下：

$$h_j(X)=\exp\left[-\frac{(X-\mu_j)^{\mathrm{T}}(X-\mu_j)}{2\hbar_j^2}\right],\quad j=1,2,\cdots,l \tag{4-54}$$

式中，$\mu_j=[\mu_{j,1},\mu_{j,2},\cdots,\mu_{j,m}]^{\mathrm{T}}$、$\hbar_j$ 分别为高斯函数的宽度与中心，$H(X)$ 的性质见引理 4-1。理想的权值向量 W^* 取为对于 $X\in\Omega_X$ 使得 $|\varepsilon(X)|$ 最小的向量 W 的值，其表达式为

$$W^* = \arg\min_{W\in\mathbf{R}^l}\left\{\sup_{X\in\Omega_X}\left|F(X)-W^{\mathrm{T}}H(X)\right|\right\} \tag{4-55}$$

理想的权值矩阵 W^*在实际中无法得到，仅在理论分析时使用，用 $\hat{W}$ 表示其估计值。

假设 4-5　对于所有 $X\in\Omega_X$，理想的权值 W^*和逼近误差 $\varepsilon(X)$ 有界，即存在正的常数 W_M和 ε^*，满足$\left\|W^*\right\|\leqslant W_M$，$\left|\varepsilon(X)\right|\leqslant\varepsilon^*$。

引理 4-1　考虑高斯径向基函数神经网络（式(4-52)和式(4-53)），定义 $\rho=0.5\times\min_{i\neq j}\left\|\mu_i-\mu_j\right\|$，有$\left\|H(X)\right\|\leqslant\sum_{k=0}^{\infty}3m(k+2)^{m-1}\mathrm{e}^{-\rho^2k^2/\hbar^2}:=h^*$成立。

假设 4-6　动力定位船舶的位置向量$\eta=\left[x,y,\psi\right]^{\mathrm{T}}$和速度向量$\upsilon=\left[u,v,r\right]^{\mathrm{T}}$均实时可测。

假设 4-7　①动力定位船舶数学模型(4-19)中的惯性矩阵 M 和阻尼矩阵 D 未知但有界。②时变未知的干扰 d 是有界的，即存在未知正常数构成的向量 $d^*=\left[d_1^*,d_2^*,d_3^*\right]^{\mathrm{T}}$，$d$ 中的各元素满足

$$\left|d_i\right|\leqslant d_i^*,\quad i=1,2,3 \tag{4-56}$$

船舶模型参数(M,D)中元素的上界可以应用现有的商业软件，如 VERES，计算得到。同时，外界环境作用在船舶上的能量是有限的，因此假设 4-7 是合理的。此处，不需要扰动信息的预先知识，扰动的上界是$d_i^*(i=1,2,3)$均为未知常数，仅作理论分析之用。

本节的控制目标：针对船舶动力定位数学模型（式(4-18)和式(4-19)），在假设 4-6 和假设 4-7 的情况下，设计动力定位系统神经网络自适应状态反馈控制律，使得船舶实际位置(x,y)和艏向角 ψ 达到并保持在目标位置，$\eta_d=[x_d,y_d,\psi_d]^{\mathrm{T}}$且保证闭环系统内所有信号一致最终有界。

这里，将矢量 Backstepping 技术和 RBF 神经网络相结合，给出一种船舶动力定位神经网络自适应状态反馈控制策略。设船舶期望的位置和艏向角$\eta_d=[x_d,y_d,\psi_d]^{\mathrm{T}}$。设计过程分为两步。

(1)定义船舶动力定位误差向量 $z_1\in\mathbf{R}^3$：

$$z_1=\eta-\eta_d \tag{4-57}$$

式(4-57)两边关于时间求导，同时考虑到η_d为恒值向量和式(4-18)，有

$$\dot{z}_1=\dot{\eta}-\dot{\eta}_d=J(\psi)\upsilon \tag{4-58}$$

此处将υ视作虚拟控制向量。针对子系统(4-58)选择虚拟镇定函数向量$\alpha_1\in\mathbf{R}^3$：

$$\alpha_1=-J^{-1}(\psi)K_1z_1 \tag{4-59}$$

式中，$K_1\in\mathbf{R}^{3\times3}$为正定对称的设计参数阵。

定义

$$z_2 = \upsilon - \alpha_1 \tag{4-60}$$

相应地，式(4-58)可以表示为

$$\dot{z}_1 = J(\psi) z_2 - K_1 z_1 \tag{4-61}$$

构造第一个 Lyapunov 预选函数

$$V_1 = \frac{1}{2} z_1^{\mathrm{T}} z_1 \tag{4-62}$$

其关于时间的导数为

$$\dot{V}_1 = z_1^{\mathrm{T}} J(\psi) z_2 - z_1^{\mathrm{T}} K_1 z_1 \tag{4-63}$$

耦合项 $z_1^{\mathrm{T}} J(\psi) z_2$ 将在下一步中消除。

(2) 根据动力定位数学模型(4-19)和 z_2 的定义(式(4-60))，z_2 的导数可以写成

$$\dot{z}_2 = M^{-1}(\tau + d - D\upsilon) - \dot{\alpha}_1 = M^{-1}(\tau + d - D\upsilon - M\dot{\alpha}_1) \tag{4-64}$$

构造第二个 Lyapunov 预选函数

$$V_2 = V_1 + \frac{1}{2} z_2^{\mathrm{T}} M z_2 \tag{4-65}$$

根据式(4-63)和式(4-64)，V_2 关于时间的导数

$$\dot{V}_2 = \dot{V}_1 + z_2^{\mathrm{T}} M \dot{z}_2 = z_1^{\mathrm{T}} J(\psi) z_2 - z_1^{\mathrm{T}} K_1 z_1 + z_2^{\mathrm{T}} (\tau + d - D\upsilon - M\dot{\alpha}_1) \tag{4-66}$$

根据假设 4-7，d、D、M 均是有界未知的，式(4-64)是三维的状态方程组，因此需要引进三个如式(4-53)所描述的 RBF 神经网络逼近未知的船舶动态特性和扰动向量：

$$f = \Theta^{*\mathrm{T}} S(Z) + E(Z) = D\upsilon + M\dot{\alpha}_1 - d \tag{4-67}$$

式中，$Z = \left[\eta^{\mathrm{T}}, \upsilon^{\mathrm{T}}, \alpha_1^{\mathrm{T}}, \dot{\alpha}_1^{\mathrm{T}}\right]^{\mathrm{T}}$ 为 RBF 神经网络的输入；径向基函数构成的向量 $S(Z) = \left[S_1^{\mathrm{T}}(Z), S_2^{\mathrm{T}}(Z), S_3^{\mathrm{T}}(Z)\right]^{\mathrm{T}}$，其分量 $S_i(Z)$ 记为 $S_i(Z) = [s_{i,1}(z), s_{i,2}(z), \cdots, s_{i,l}(z)]^{\mathrm{T}}$；$\Theta^* = \begin{bmatrix} \theta_1^{*\mathrm{T}} & 0_{1\times l} & 0_{1\times l} \\ 0_{1\times l} & \theta_2^{*\mathrm{T}} & 0_{1\times l} \\ 0_{1\times l} & 0_{1\times l} & \theta_3^{*\mathrm{T}} \end{bmatrix}^{\mathrm{T}}$ 为理想的权值向量 $\theta_i^* = \left[\theta_{i,1}^*, \theta_{i,2}^*, \cdots, \theta_{i,l}^*\right]^{\mathrm{T}}$ 构成的矩阵，i=1,2,3；$E(Z)$ 为未知船舶动态和扰动向量的逼近误差构成的向量。

构造增广的 Lyapunov 预选函数

$$V_{2a} = V_2 + \frac{1}{2} \sum_{i=1}^{3} \tilde{\theta}_i^{\mathrm{T}} \Gamma_i^{-1} \tilde{\theta}_i \tag{4-68}$$

式中，$\Gamma_i \in \mathbf{R}^{l\times l}$ 为正定对称的设计参数阵；$\tilde{\theta}_i = \theta_i^* - \hat{\theta}_i$ 为权值向量的估计误差向量，$\hat{\theta}_i$ 为 θ_i^* 的估计，i=1,2,3。

对增广 Lyapunov 函数求导

$$\begin{aligned}\dot{V}_{2a} &= \dot{V}_2 + \sum_{i=1}^{3}\tilde{\theta}_i^{\mathrm{T}}\Gamma_i^{-1}\dot{\tilde{\theta}}_i \\ &= z_1^{\mathrm{T}}J(\psi)z_2 - z_1^{\mathrm{T}}K_1 z_1 + z_2^{\mathrm{T}}[\tau - \Theta^{*\mathrm{T}}S(Z) - E(Z)] - \sum_{i=1}^{3}\tilde{\theta}_i^{\mathrm{T}}\Gamma_i^{-1}\dot{\hat{\theta}}_i\end{aligned} \tag{4-69}$$

设计状态反馈控制律

$$\tau = -J^{\mathrm{T}}(\psi)z_1 - K_2 z_2 + \hat{\Theta}^{\mathrm{T}}S(Z) \tag{4-70}$$

参数自适应律

$$\dot{\hat{\theta}}_i = \Gamma_i\left[-S_i(Z)z_{2,i} + \sigma_i\hat{\theta}_i\right], \quad i = 1,2,3 \tag{4-71}$$

式中，$K_2 \in \mathbf{R}^{3\times 3}$ 为正定对称的设计参数阵；$\hat{\Theta} = \begin{bmatrix}\hat{\theta}_1^{\mathrm{T}} & 0_{1\times l} & 0_{1\times l} \\ 0_{1\times l} & \hat{\theta}_2^{\mathrm{T}} & 0_{1\times l} \\ 0_{1\times l} & 0_{1\times l} & \hat{\theta}_3^{\mathrm{T}}\end{bmatrix}^{\mathrm{T}}$；$\sigma_i$ 为正定的设计常数。

将式(4-70)、式(4-71)代入式(4-69)，可得

$$\begin{aligned}\dot{V}_{2a} &= -z_1^{\mathrm{T}}K_1 z_1 - z_2^{\mathrm{T}}K_2 z_2 - z_2^{\mathrm{T}}\tilde{\Theta}^{\mathrm{T}}S(Z) - z_2^{\mathrm{T}}E(Z) - \sum_{i=1}^{3}\tilde{\theta}_i^{\mathrm{T}}\left[-S_i(Z)z_{2,i} + \sigma_i\hat{\theta}_i\right] \\ &= -z_1^{\mathrm{T}}K_1 z_1 - z_2^{\mathrm{T}}K_2 z_2 - z_2^{\mathrm{T}}E(Z) - \sum_{i=1}^{3}\sigma_i\tilde{\theta}_i^{\mathrm{T}}\hat{\theta}_i\end{aligned} \tag{4-72}$$

式中，$\tilde{\Theta} = \Theta^* - \hat{\Theta}$ 为权值估计误差向量 $\tilde{\theta}_i$ 构成的权值估计误差矩阵。

有下述不等式成立

$$-z_2^{\mathrm{T}}E(Z) \leqslant \frac{z_2^{\mathrm{T}}z_2}{2} + \frac{1}{2}\|E(Z)\|^2 \leqslant \frac{z_2^{\mathrm{T}}z_2}{2} + \frac{1}{2}\|E^*\|^2 \tag{4-73}$$

$$-\sigma_i\tilde{\theta}_i^{\mathrm{T}}\hat{\theta}_i \leqslant -\frac{\sigma_i}{2}\tilde{\theta}_i^{\mathrm{T}}\tilde{\theta}_i + \frac{\sigma_i}{2}\|\theta_i^*\|^2 \leqslant -\frac{\sigma_i}{2}\tilde{\theta}_i^{\mathrm{T}}\tilde{\theta}_i + \frac{\sigma_i}{2}\theta_{i,M}^2 \tag{4-74}$$

式中，E^*为假设 4-5 中逼近误差的界构成的向量；$\theta_{i,M}$ 为假设 4-5 中理想权值向量 $\theta_{i,M}$ 的 2-范数的界。

将式(4-73)和式(4-74)代入式(4-72)，可得

$$\begin{aligned}\dot{V}_{2a} &\leqslant -z_1^{\mathrm{T}}K_1 z_1 - z_2^{\mathrm{T}}\left(K_2 - \frac{I_{3\times 3}}{2}\right)z_2 - \sum_{i=1}^{3}\frac{\sigma_i}{2}\tilde{\theta}_i^{\mathrm{T}}\tilde{\theta}_i + \frac{1}{2}\|E^*\|^2 + \sum_{i=1}^{3}\frac{\sigma_i}{2}\theta_{i,M}^2 \\ &\leqslant -\lambda_{\min}(K_1) - \lambda_{\min}\left[\left(K_2 - \frac{I_{3\times 3}}{2}\right)M^{-1}\right]z_2^{\mathrm{T}}Mz_2 - \frac{1}{2}\beta_0\sum_{i=1}^{3}\tilde{\theta}_i^{\mathrm{T}}\Gamma_i^{-1}\tilde{\theta}_i + \frac{1}{2}\|E^*\|^2 + \sum_{i=1}^{3}\frac{\sigma_i}{2}\theta_{i,M}^2 \\ &\leqslant -\mu_4 V_{2a} + C_4\end{aligned} \tag{4-75}$$

式中

$$\beta_0 = \min\left[\lambda_{\min}(\sigma_1 \Gamma_1), \lambda_{\min}(\sigma_2 \Gamma_2), \lambda_{\min}(\sigma_3 \Gamma_3)\right] > 0 \tag{4-76}$$

$$\mu_4 = \min\left\{2\lambda_{\min}(K_1), 2\lambda_{\min}\left[\left(K_2 - \frac{I_{3\times3}}{2}\right)M^{-1}\right], \beta_0\right\} > 0 \tag{4-77}$$

$$C_4 = \frac{1}{2}\left\|E^*\right\|^2 + \sum_{i=1}^{3}\frac{\sigma_i}{2}\theta_{i,M}^2 > 0 \tag{4-78}$$

$$K_2 - \frac{I_{3\times3}}{2} > 0 \tag{4-79}$$

根据上述分析过程，给出定理 4-2。

定理 4-2　对于船舶动力定位非线性系统(式(4-18)和式(4-19))，在假设 4-6 和假设 4-7 情况下，同时考虑船舶动态和扰动的不确定性，设计神经网络自适应状态反馈控制律(式(4-70)和式(4-71))，使得船舶的实际位置(x,y)和艏向角 ψ 达到并保持在期望值$\eta_d=[x_d,y_d,\psi_d]^{\mathrm{T}}$ 上，且保证动力定位系统闭环系统内所有信号一致最终有界。通过适当地选取正的设计参数σ_i 和正定的设计参数矩阵 K_1、K_2、Γ_i，i=1,2,3，满足式(4-76)～式(4-79)，能使定位误差达到任意的期望精度。

证明　通过解式(4-75)，可以得到

$$0 \leqslant V_{2a} \leqslant \frac{C_4}{\mu_4} + \left[V_{2a}(0) - \frac{C_4}{\mu_4}\right]\mathrm{e}^{-\mu_4 t} \tag{4-80}$$

从式(4-80)可以看出，V_{2a}是一致最终有界的。依据式(4-68)，可得闭环系统中的信号 $z_1, z_2, \tilde{\theta}_1, \tilde{\theta}_2, \tilde{\theta}_3$ 是一致最终有界的，从而得到信号α_1 和υ是有界的；从η_d 的有界性可以得到η是有界的；进一步，根据假设 4-5 中理想权值向量$\theta_1^*, \theta_2^*, \theta_3^*$的有界性，可知其估计值$\hat{\theta}_1, \hat{\theta}_2, \hat{\theta}_3$也是有界的。因此，船舶动力定位闭环系统中所有信号一致最终有界。

依据式(4-68)和式(4-80)，可得

$$\left\|z_1\right\| \leqslant \sqrt{\frac{2C_4}{\mu_4} + 2\left[V_{2a}(0) - \frac{C_4}{\mu_4}\right]\mathrm{e}^{-\mu_4 t}} \tag{4-81}$$

因此，对于任意的$\mu_{z_1} > \sqrt{2C_4/\mu_4}$，存在常数$T_{z_1} > 0$，使得对于所有的$t > T_{z_1}$，都有$\left\|z_1\right\| \leqslant \mu_{z_1}$成立，即船舶动力定位误差 z_1 收敛于紧集 $\Omega_{z_e} = \left\{z_1 \in \mathbf{R}^3 \mid \left\|z_1(t)\right\| \leqslant \mu_{z_1}\right\}$。可见，通过适当地选取正的设计参数$\sigma_i$ 和正定的设计参数矩阵 K_1、K_2、Γ_i，i=1,2,3，能使定位误差达到任意的期望精度。定理 4-2 得证。

为验证设计控制算法的有效性，以文献[40]中的动力定位船舶作为研究对象进

行计算机模拟计算。不失一般性，选择作用在船舶上的外部时变扰动 $d = J^{\mathrm{T}}(\psi)\begin{bmatrix} 1.5+2\cos(0.5t)\cos t \\ 1.3+\cos(0.3t)+0.5\sin(0.6t)\sin(0.8t) \\ 0.3+0.2\sin(0.4t)+0.2\cos(0.1t) \end{bmatrix}$。选择船舶的初始状态：初始位置 $\eta(0)=[10\mathrm{m},10\mathrm{m},\pi/18\mathrm{rad}]^{\mathrm{T}}$，初始速度 $\upsilon(0)=[0\mathrm{m/s},0\mathrm{m/s},0\mathrm{rad/s}]^{\mathrm{T}}$。目标位置 $\eta_d=[x_d,y_d,\psi_d]^{\mathrm{T}}=[0\mathrm{m},0\mathrm{m},0\mathrm{rad}]^{\mathrm{T}}$。神经网络的参数通过多次调整参数获得，当选择神经网络隐含层节点数 l=30 时，与 25 个节点相比，逼近效果有所提高；与 35 个节点相比，逼近性能未显著增强。相反，节点数越多控制律的计算量越大。因此，神经网络隐含层节点数确定为 30 个。中心点在[−10,10]平均分布，高斯函数的宽度 $\hbar_{i,j}=5$，i=1,2,3，j=1,2,⋯,l，估计权值的初始值 $\hat{\theta}_i(0)=[\hat{\theta}_{i,1}(0),\hat{\theta}_{i,2}(0),\cdots,\hat{\theta}_{i,l}(0)]^{\mathrm{T}}=[0,0,\cdots,0]^{\mathrm{T}}$，$i$=1,2,3。控制律的参数选取为：$\sigma_1=\sigma_2=\sigma_3=2\times10^{-5}$，$\Gamma_1=\Gamma_2=\Gamma_3=0.5I_{l\times l}$，$K_1=\mathrm{diag}([0.3,0.3,0.3])$，$K_2=\mathrm{diag}([3.0,3.0,3.0])$。理论上增加控制增益可以提高系统的定位性能。然而仿真表明，控制增益较大会导致初始控制信号较大，因此不能单纯追求控制效果而无限制选择控制参数。

1) 闭环系统性能分析

图 4-16 和图 4-17 所示的仿真结果表明，在船舶参数未知和未知扰动作用下动力定位船舶在控制律的作用下从初始位置运动到期望位置。图 4-18 是船舶速度历时曲线。控制输入的历时曲线如图 4-19 所示，控制输入作用力在 25N 范围内，力矩小于 10N · m。图 4-20 和图 4-21 分别给出了神经网络的逼近性能和权值的 2-范数随时间变化的曲线，展示了神经网络良好的学习能力。计算机仿真结果验证了定理 4-2。

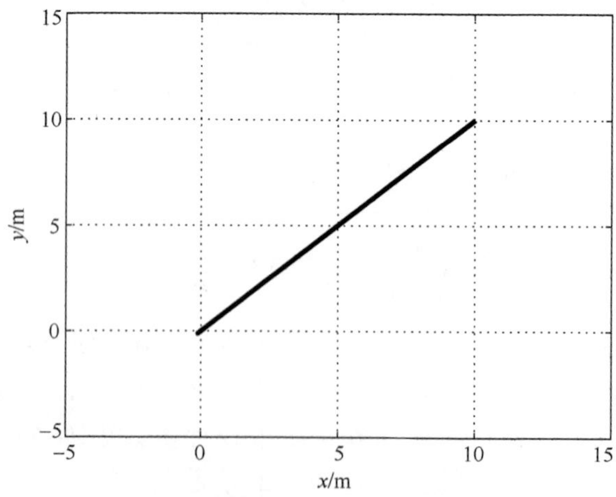

图 4-16　船舶在 xy 平面内位置变化

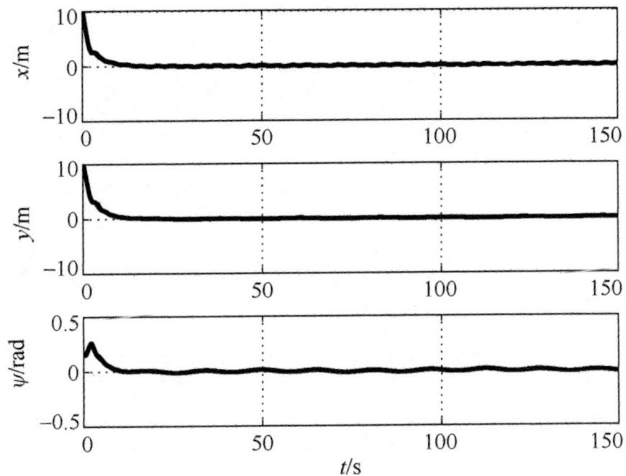

图 4-17　船舶实际位置 (x,y) 和艏向角 ψ 历时曲线

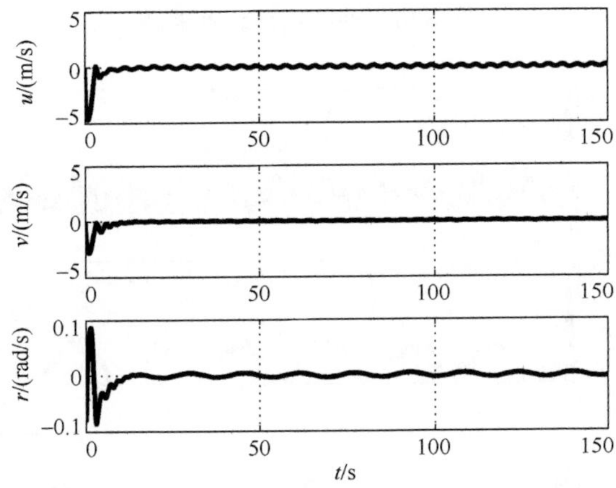

图 4-18　船舶前进速度 u、横移速度 v、艏摇角速度 r 历时曲线

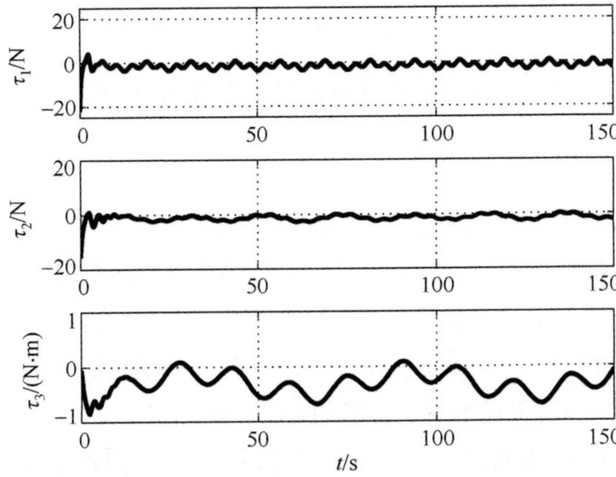

图 4-19　船舶前进控制力 τ_1、横移控制力 τ_2、艏摇控制力矩 τ_3 历时曲线

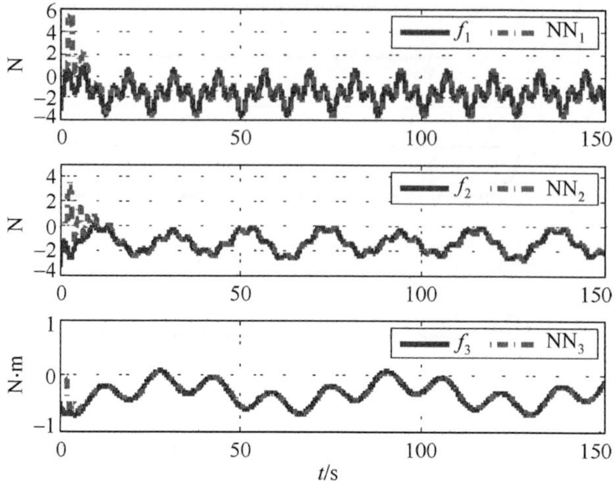

图 4-20　神经网络逼近曲线

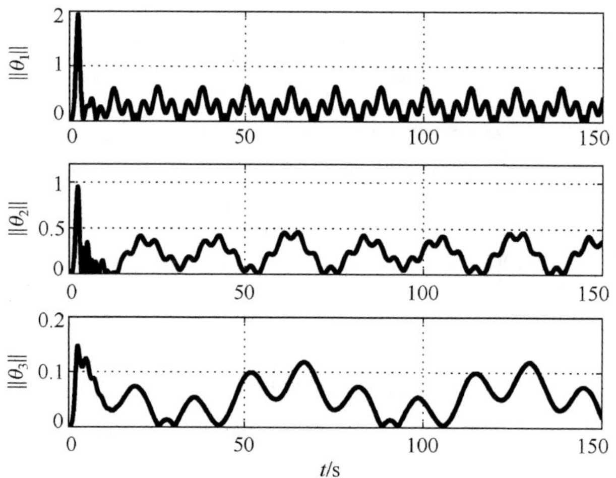

图 4-21　神经网络权值 2-范数历时曲线

2) 性能分析

为了进一步分析神经网络自适应控制律对扰动抑制的能力，给出如表 4-3 所列出的三组不同数量级幅值的外部扰动，以此来检验所设计的控制方案的有效性。

通常情况下，外部扰动变化时，需要调整控制量以适应扰动的变化：当扰动增大时，需要增大控制量才能抑制扰动，反之亦然。但是实际工程中控制量物理受限不能过大，在本节限制船舶的控制力和力矩 $|\tau_i| < 25\text{N}$，i=1,2，$|\tau_3| < 10\text{N}\cdot\text{m}$。在同等条件下比较，即船舶的初始条件、目标位置以及控制参数与第一部分相同。仿真结果如图 4-22～图 4-25 所示。

表 4-3 外部扰动

情形	外部扰动
1	$d = J^{\mathrm{T}}(\psi)\begin{bmatrix} 1.2(1.5+2\cos(0.5t)\cos t) \\ 1.2(1.3+\cos(0.3t)+0.5\sin(0.6t)\sin(0.8t)) \\ 1.2(0.3+0.2\sin(0.4t)+0.2\cos(0.1t)) \end{bmatrix}$
2	$d = J^{\mathrm{T}}(\psi)\begin{bmatrix} 5(1.5+2\cos(0.5t)\cos t) \\ 5(1.3+\cos(0.3t)+0.5\sin(0.6t)\sin(0.8t)) \\ 5(0.3+0.2\sin(0.4t)+0.2\cos(0.1t)) \end{bmatrix}$
3	$d = J^{\mathrm{T}}(\psi)\begin{bmatrix} 7.5(1.5+2\cos(0.5t)\cos t) \\ 7.5(1.3+\cos(0.3t)+0.5\sin(0.6t)\sin(0.8t)) \\ 7.5(0.3+0.2\sin(0.4t)+0.2\cos(0.1t)) \end{bmatrix}$

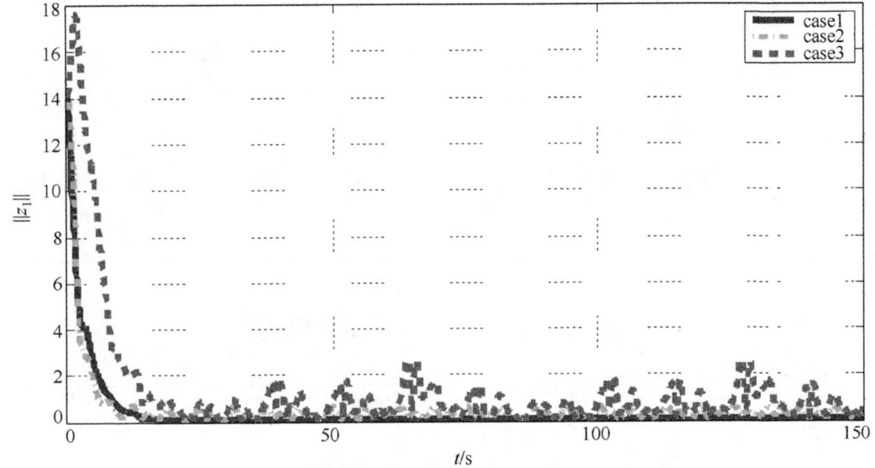

图 4-22 定位性能比较

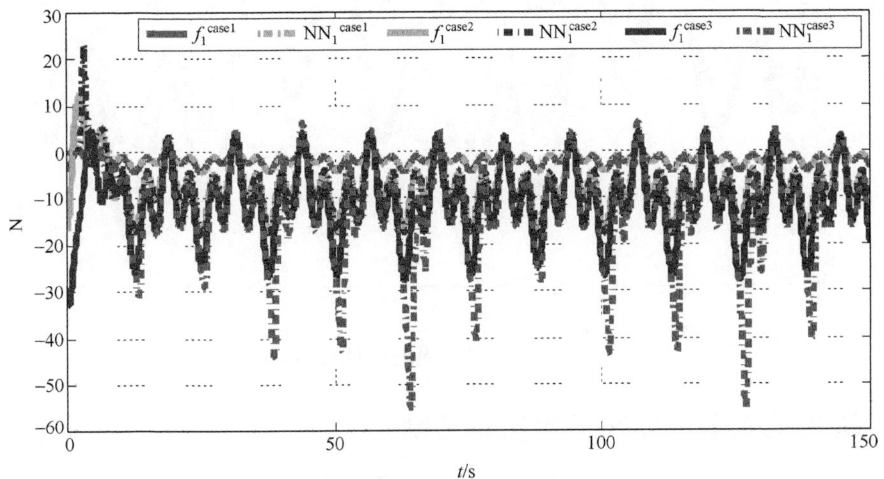

图 4-23 神经网络逼近性能比较(f_1)

由图 4-22～图 4-25 可以看出，情形 1(case1)和情形 2(case2)神经网络的逼近误差较小、船舶动力定位误差较小，而情形 3(case3)的逼近误差较大，控制效果不理想。比较结果表明：在控制参数确定的情况下，所设计的控制律能抑制一定范围内未知扰动达，到动力定位的控制目标。在情形 3 中，由于环境扰动过大，神经网络的逼近性能降低，出现了不可控的现象，这真实反映出设计控制律的性能，且与实际工程动力定位控制中海洋上风浪不能过大的航海经验相一致。

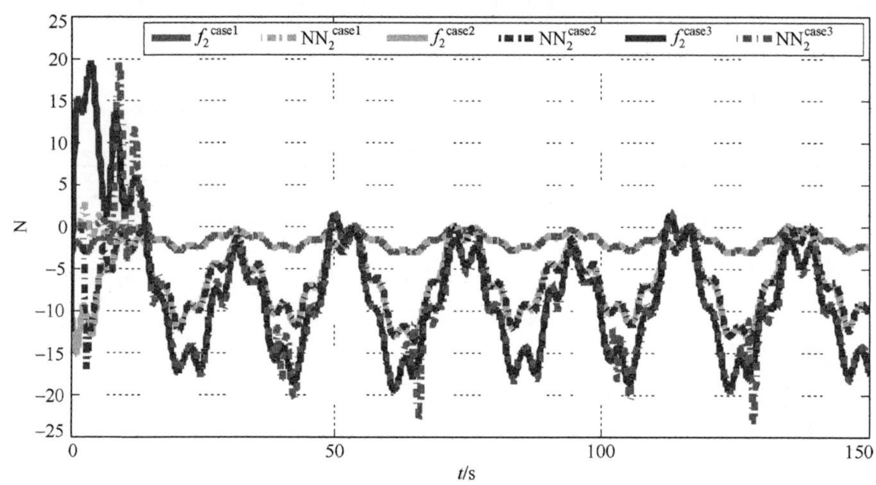

图 4-24　神经网络逼近性能比较(f_2)

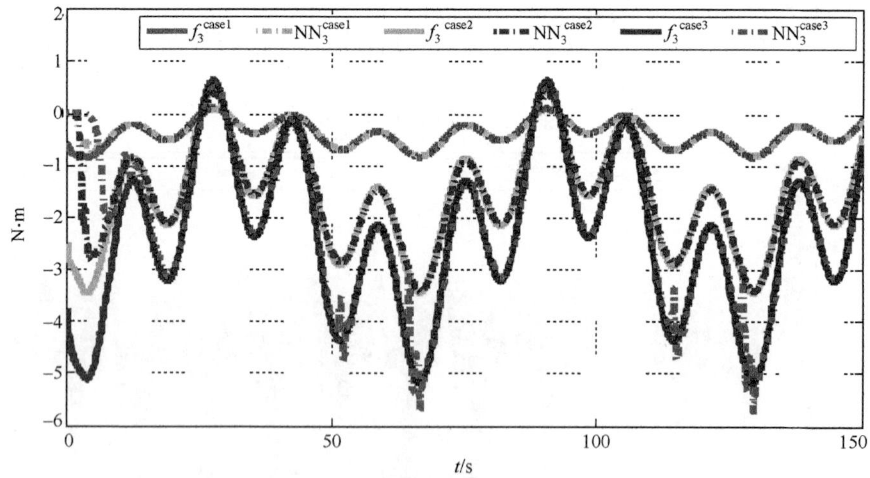

图 4-25　神经网络逼近性能比较(f_3)

4.3.4　抗扰范式下的船舶动力定位控制

在控制理论的发展过程中，有一些学者看到实际工程中的一些现实情况，例如，被控对象的某些特性会在长期的磨损和疲劳中或者在所处环境的变化中发生变化，假设这种变化是数学模型中的参数变化。自适应理论就是基于这种假设发展起来的。

早在 20 世纪 50 年代钱学森先生就指出“在系统实际进行运转之前永远不可能丝毫不差地知道一个工程系统的性质”，原因有二：第一，原来假定的对象在制造过程中常常会发生微小的差异；第二，任何一个工程系统都会在时间过程中发生一些变化。同时，他更进一步指出，“实际上，常常会发生这种情况：系统的性质会发生某些预料不到的巨大变化”，“因此需要采用连续‘理解’和连续测量的控制设计原理”。

要探究抗扰范式下的控制解决方案，需从与之有着紧密联系的不变性原理谈起，不变性理论就是试图通过一些手段使输出与扰动无关。如果外扰能够直接测量得到，那么将测量得到的扰动在控制器中抵消掉；如果扰动不能直接可测，则可以通过系统中的其他信息得到扰动，之后在控制器中将其抵消掉。不变性理论因其在原系统中另外引入一条通道也被称为双通道原理。

如果外扰可以直接测量得到，则与扰动观测器类似；如果外扰不能直接可测，按照韩京清先生的观点，可以对固有加速度和外扰进行适当的估计。韩京清先生认为：“在这里，我们不大关心非线性对象的全局形态，关心的焦点是如何根据一个过程提供的实时信息来搞好这个过程的控制问题”。韩京清在探讨如何估计固有加速度和外扰的过程中，自抗扰控制理念便慢慢形成了。

1. 自抗扰控制原理

本节以船舶动力定位问题为例，介绍自抗扰控制原理，首先联立式(4-2)、式(4-17)变形得动力定位低频运动模型为

$$\begin{cases}\dot{u}=vr+x_G r^2+\dfrac{1}{m}(X_{H_0}+X_{\text{wave}}+X_{\text{wind}}+X_{\text{current}}+\cdots)+\dfrac{1}{m}X_T\\ \dot{v}=-ur-x_G\dot{r}+\dfrac{1}{m}(Y_{H_0}+Y_{\text{wave}}+Y_{\text{wind}}+Y_{\text{current}}+\cdots)+\dfrac{1}{m}Y_T\\ \dot{r}=\dfrac{-mx_G(\dot{v}+ur)}{I_{zz}}+\dfrac{1}{I_{zz}}(N_{H_0}+N_{\text{wave}}+N_{\text{wind}}+N_{\text{current}}+\cdots)+\dfrac{1}{I_{zz}}N_T\end{cases}\tag{4-82}$$

把纵荡、横荡和艏摇各运动方向上船体所受到的黏性力以及风、浪、流影响的合力看作各方向上船体所受到的外部扰动；同时把各运动方向上的固有加速度看作船体所受的内部扰动；把外部扰动和内部扰动统称为“总扰动”。则系统(4-82)可改写为

$$\begin{cases}\dot{u}=f_1+\dfrac{1}{m}X_T\\ \dot{v}=f_2+\dfrac{1}{m}Y_T\\ \dot{r}=f_3+\dfrac{1}{I_{zz}}N_T\end{cases}\tag{4-83}$$

式中，$\begin{cases} f_1 = vr + x_G r^2 + \dfrac{1}{m}(X_{H_0} + X_{\text{wave}} + X_{\text{wind}} + X_{\text{current}} + \cdots) \\ f_2 = -ur - x_G \dot{r} + \dfrac{1}{m}(Y_{H_0} + X_{\text{wave}} + X_{\text{wind}} + X_{\text{current}} + \cdots) \\ f_3 = \dfrac{-mx_G(\dot{v} + ur)}{I_{zz}} + \dfrac{1}{I_{zz}}(N_{H_0} + X_{\text{wave}} + X_{\text{wind}} + X_{\text{current}} + \cdots) \end{cases}$，$f_1$，$f_2$，$f_3$ 分别为纵荡、横荡和艏摇方向上的总扰动。

自抗扰控制原理提出，任何一个工程系统的总扰动是无法精确建模的，但是可使用获得的系统信息来估计它。理想情况下，可以通过一组观测器获得 f_1，f_2，f_3 的估计信息，即

$$\begin{cases} \hat{f}_1 \approx f_1 \\ \hat{f}_2 \approx f_2 \\ \hat{f}_3 \approx f_3 \end{cases} \tag{4-84}$$

并假设控制力和控制力矩为

$$\begin{cases} X_T = m(u_1 - \hat{f}_1) \\ Y_T = m(u_2 - \hat{f}_2) \\ N_T = I_{zz}(u_3 - \hat{f}_3) \end{cases} \tag{4-85}$$

则原系统(4-83)可重写为

$$\begin{cases} \dot{u} = u_1 + (f_1 - \hat{f}_1) \approx u_1 \\ \dot{v} = u_2 + (f_2 - \hat{f}_2) \approx u_2 \\ \dot{r} = u_3 + (f_3 - \hat{f}_3) \approx u_3 \end{cases} \tag{4-86}$$

这是一组动态理想状态下的积分器串联型系统，是自抗扰控制框架下的标准型，u_1,u_2,u_3 选择简单实用的 PD 控制器即可使系统跟踪到期望的位置上。所以，自抗扰控制中应该解决的核心问题是如何准确获得 f_1,f_2,f_3 的估计信息 $\hat{f}_1,\hat{f}_2,\hat{f}_3$。以第一个回路即纵向控制回路为例，介绍自抗扰控制框架中扰动估计的基本原理。

将纵向回路中系统总扰动 f_1 扩张成为系统的一个状态，则可将第一个子系统重新改写为

$$\begin{cases} \dot{u} = f_1 + \dfrac{1}{m} X_T \\ \dot{f}_1 = g_1 \end{cases} \tag{4-87}$$

此时，第一个子系统状态为

$$X=[x_1\ x_2]^{\mathrm{T}}=[u\ f_1]^{\mathrm{T}} \tag{4-88}$$

相应地，针对系统(4-87)设计扩张状态观测器为

$$\begin{cases}\hat{x}_1(t)=\hat{x}_2(t)+l_1(y(t)-\hat{x}_1(t))+\hat{b}u(t)\\ \hat{x}_2(t)=l_2(y(t)-\hat{x}_1(t))\end{cases} \tag{4-89}$$

式中，$\hat{X}=[\hat{x}_1(t)\ \ \hat{x}_2(t)]$是观测器的状态变量，$\hat{x}_1(t)$ 是 u 的估计值；$\hat{x}_2(t)$ 是 f_1 的估计值；$\hat{b}$ 是 $1/m$ 的估计值，$L=[l_1\ l_2]$是观测器的增益，增益可根据需要设计成非线性或者线性。此时，可迫使系统(4-87)转化为积分器串联型的控制力为

$$X_T=\frac{u_1-\hat{x}_2(t)}{\hat{b}} \tag{4-90}$$

在经典自抗扰控制原理中，将针对标准型设计的控制器 u_1 设计成非线性 PD 控制器，相应地，线性自抗扰控制中设计成线性 PD 控制器，在不同的具体问题中，根据不同的需要，控制器的设计是可以具体考虑的。

上述纵向回路是一个一阶系统，所以相应的控制器是一阶自抗扰控制器，同时由于系统增加了一个扩张的状态，因此观测器是二阶的。以此类推，若被控系统是 n 阶的，则控制器是 n 阶控制器，而观测器则是 $n+1$ 阶的。

综上所述，自抗扰控制需解决的核心问题是扰动估计，这是因为将获得的系统扰动信息在控制器中抵消后，原系统将会变成一个极易处理的积分器串联型系统。

2. 抗扰控制的核心问题——扰动估计

动力定位控制的目的就是控制船舶的姿态按照期望的方式运动或保持。要想控制船舶的运动，首先应分析船舶运动的相关因素。

1) 船舶运动的动力学分析

力是引起物体运动的原因，水面船舶因为受到各种力的作用而运动。对于配备有锚泊系统的船舶，描述船舶运动的方程(4-4)可重写为

$$\begin{cases}m(\dot{u}-vr)=X_{H_0}+X_T+X_M+X_w+\cdots\\ m(\dot{v}+ur)=Y_{H_0}+Y_T+Y_M+Y_w+\cdots\\ I_{zz}\dot{r}=N_{H_0}+N_T+N_M+N_w+\cdots\end{cases} \tag{4-91}$$

可以发现，方程的左边描述的是船舶的运动姿态，右边描述的是引起船舶相应的姿态变化的力和力矩。换言之，方程的右边阐明了方程左边所描述的运动产生的原因。

(1) $[X_{H_0}\ Y_{H_0}\ N_{H_0}]^{\mathrm{T}}$：水动力及力矩。

船舶在水中运动时，水产生了阻碍船舶运动的力就是所谓的水动力。它是按某种分布规律存在的表面正压力和切压力效应的总和，是船体所受诸力中数学描述最为复杂的部分。按其产生的原因可分为两类：一类是船在水中作变速运动时，船周

围流体产生的反作用于船体的力，称为流体惯性力；另一类产生于流体的黏性，当船体以 u 或者 v 运动时，流体会产生与 u 或者 v 成比例的力。

人们在探究水动力对船体影响的过程中，逐渐形成了船舶工程科学中一个重要的分支——水动力学。目的是试图量化分析或者模拟水动力对船舶运动的作用。MMG 模型中水动力系数一般采用回归公式估计计算。

(2) $[X_T\ Y_T\ N_T]^{\mathrm{T}}$：推进系统产生的力和力矩。

推进系统是指主推进器、舵以及侧推器，都是能为动力定位控制器输出执行服务的推进设备。控制器计算出的是虚拟控制量：船舶纵向运动、横向运动以及转艏运动所需的力和力矩，针对“北海救 115”轮的动力定位仿真计算应转换成意义明确的工程控制量(调距桨螺距角和舵角)。

(3) $[X_M\ Y_M\ N_M]^{\mathrm{T}}$：锚泊设备产生的力和力矩。

锚泊定位系统仍然是海洋动力定位工程中应用最广泛的定位方式之一，特别是在近海海域。锚泊定位系统只能将船舶定位在一个有一定误差区间的范围之内，但是在更多时候被作为其他定位方法的辅助手段。

(4) $[X_w\ Y_w\ N_w]^{\mathrm{T}}$：海洋总干扰力和力矩。

海洋扰动力是一种外力，人们只能设法抵消干扰力的影响或者在某些特殊的情况下借助干扰力的作用操船。然而，目前大部分船舶的智能化水平还停留在仅将海洋干扰力当作干扰来处理的层次，如何让船舶自动化系统“学会”在不同的海况下借干扰力的作用来实现人们的控制目标是一个非常有价值的研究方向，例如，现阶段很多船舶上采用的风流前馈方法就是一种比较有成效的尝试。

具体来说，船舶航行中所受到的海洋干扰力可分为三类：风压力、流压力和波浪力。风力作用于船舶上层建筑，其数值与视风强度及风舷角(视风与船艏的夹角)有关，其作用点与上层建筑的侧投影面积形心有关。波浪力作用于水下船体表面，其强度自水面向下递减，其性质最为复杂，数值与波谱的形状有关。流的影响取决于流的性质，如果是均匀流，则不产生动力，只是使船舶随着流作运动学的漂移；不均匀流将产生流力，但一般可把不均匀流分成大小不等的海域，每个海域可作为均匀流场处理。

(5) 在一些特殊情况下，船舶的运动是靠其他外力推动的，如拖轮拖力，也是船舶工程中比较重要的一种推进方式。

(6) 系统未建模动态。

以上所描述的六种引起船舶运动的原因中，能精确掌控的只有推进系统产生的力和力矩。要求推进系统不仅使船舶快速定位在期望的位置上，还能在扰动使船舶偏离目标位置之前将其抵消掉，对于动力定位系统而言，后者有时更为重要。

2) 动力定位抗扰控制需解决的核心问题

如何在“人为不能掌控的力”使船舶偏离期望位置之前将其抵消掉是动力定位

系统需解决的核心问题。在船舶运动控制中，所有“人为不能掌控的力”对船舶运动的影响总和构成了系统的“总扰动”，根据前面的讨论，动力定位系统的“总扰动”=“水动力及力矩”+“锚泊设备产生的力和力矩”+“海洋总干扰力和力矩”+“其他干扰力”。需要指出的是，船舶动力定位是一个系统工程，扰动可以从系统的任何地方进入并造成不同性质的影响。为了讨论动力学以外的其他扰动对动力定位系统的影响，先给出典型的船舶动力定位的控制系统框图，如图 4-26 所示。

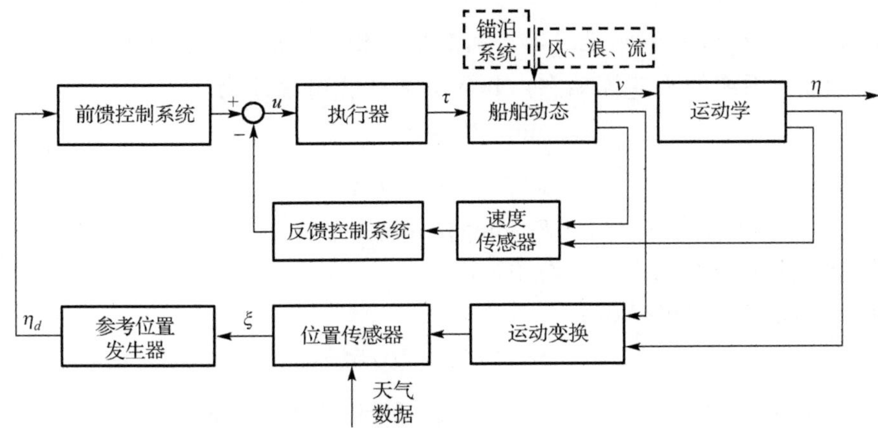

图 4-26 船舶自动控制系统框图

图 4-26 中，将不同类型的扰动来源用不同线条标明。其中，虚线框标明的是系统受到的外部扰动和内部扰动，主要包括锚泊设备产生的力和力矩、海洋干扰力和力矩以及系统的未建模动态；实线框标明的是系统受到的噪声污染。

海浪是船舶运动控制中最为复杂的一类扰动，在研究中一般只考虑一阶波浪力和二阶波浪力。一阶波浪力造成了船舶高频运动，而二阶波浪力会显著地影响船舶位置和航向。一阶波浪力造成的船舶高频起伏运动虽然不会影响船位和航向的变化，但对整个系统的影响是不能忽视的，一方面，持续的起伏振荡会引起船上人员身体不适；另一方面，高频扰动会以噪声的形式进入系统，有可能导致推进器被过度调节，长此以往，造成推进器损坏。根据海浪的不同成分对船舶运动造成的不同性质影响，可将系统中所受到的所有扰动分为高频部分和低频部分，其具体划分如图 4-27 所示。

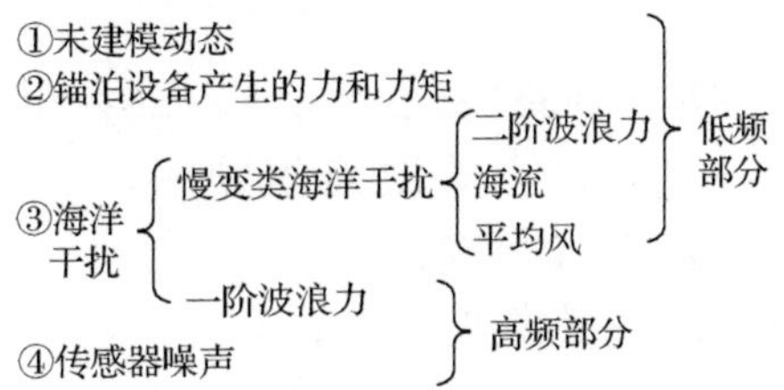

图 4-27 船舶运动所受到的扰动分类

从扰动的不同分类出发，动力定位系统的抗扰控制方案将采用不同的手段分别解决船舶运动所受到的低频扰动和高频扰动。

3) 数学描述

(1) 低频部分。

考虑系统的未建模动态，船舶动力定位线性模型可重写为

$$M\dot{\upsilon}+D\upsilon=\tau_T+\tau_M+\tau_w+w \tag{4-92}$$

式中，τ_T、τ_M、τ_w 分别表示推进器、锚泊系统和环境扰动对船体所产生的作用力。$w=[w_1,w_2,w_3]^{\mathrm{T}}$ 是系统的未建模动态，其数学表达式可描述为

$$\begin{cases} w=R^{\mathrm{T}}(\eta)b \\ \dot{b}=-T_b^{-1}b+E_b\omega_b \end{cases} \tag{4-93}$$

式中，$b\in\mathbf{R}^3$ 表示偏差力和力矩；$E_b=\mathrm{diag}\{E_{b1},E_{b2},E_{b3}\}$；$\omega_b$ 表示零均值高斯白噪声向量；T_b 是包含正偏压时间常数的对角矩阵。

船舶的运动学方程可描述为

$$\dot{\eta}=R(\eta)\upsilon=J(\psi)\upsilon \tag{4-94}$$

低频部分需要抵消掉的是 τ_M 和 τ_w 以及系统未建模动态 w。

(2) 高频部分。

P 阶线性波浪模型可表示为

$$\dot{\xi}=\Omega\xi+\Sigma\,\omega_o \tag{4-95}$$

$$\eta_w=\Gamma\xi \tag{4-96}$$

式中，$\xi\in\mathbf{R}^{3p}$；$\omega_o\in\mathbf{R}^3$；Ω、Σ 和 Γ 是相应维数的常数矩阵。式(4-95)中的 ω_o 是零均值高斯白噪声向量。

状态空间描述的三自由度二阶波浪力模型可表示为

$$\begin{bmatrix}\dot{\xi}_1\\ \dot{\xi}_2\end{bmatrix}=\begin{bmatrix}0 & I\\ \Omega_{21} & \Omega_{22}\end{bmatrix}\begin{bmatrix}\xi_1\\ \xi_2\end{bmatrix}+\begin{bmatrix}0\\ \Sigma_2\end{bmatrix}\omega_o \tag{4-97}$$

$$\eta_w=[0\ \ I]\begin{bmatrix}\xi_1\\ \xi_2\end{bmatrix} \tag{4-98}$$

式中，$\xi_1\in\mathbf{R}^3$；$\xi_2\in\mathbf{R}^3$；$\Omega_{21}=-\mathrm{diag}\{\omega_1^2,\omega_2^2,\omega_3^2\}$；$\Omega_{22}=-\mathrm{diag}\{2\zeta_1\omega_1,2\zeta_2\omega_2,2\zeta_3\omega_3\}$；$\Sigma_2=\mathrm{diag}\{\sigma_1,\sigma_2,\sigma_3\}$。$\omega_i(i=1,2,3)$ 是主导波浪的频率，$\zeta_i(i=1,2,3)$ 是相对阻尼比，$\sigma_i(i=1,2,3)$ 是一个与波浪密度有关的参数。

因此，船舶位置和航向的测量模型可表示为

$$y=\eta+\eta_w+w_\eta \tag{4-99}$$

式中，η_w 是一阶波浪力引起的高频扰动；$w_\eta \in \mathbf{R}^3$ 是零均值高斯白噪声向量，用来描述测量噪声。

高频部分需要过滤掉的就是式(4-99)测量模型中的η_w和w_η。

(3)系统总模型。

综合上述高频和低频部分的建模过程，可得到系统总模型描述如下：

$$\dot{\xi} = \Omega\xi + \Sigma\omega_o \tag{4-100}$$

$$\dot{\eta} = J(\psi)\upsilon \tag{4-101}$$

$$\dot{b} = -T_b^{-1}b + E_b\omega_b \tag{4-102}$$

$$M\dot{\upsilon} = -D\upsilon + J^{\mathrm{T}}(\psi)b + \tau_T + \tau_M + \tau_w \tag{4-103}$$

$$y = \eta + \eta_w + w_\eta \tag{4-104}$$

3. 船舶动力定位系统的抗扰方法

1)速度矢量υ不可测时的抗扰方法

当速度矢量υ不可测时，重新整理系统方程(式(4-103)和式(4-104))为

$$\ddot{\eta} = f(\upsilon,\eta,b) + \hat{U} \tag{4-105}$$

式中，$f(\upsilon,\eta,b) = J(\psi)M^{-1}(-D\upsilon + J^{\mathrm{T}}(\psi)b + \tau_M + \tau_w) + \dot{J}(\psi)\upsilon$；$\hat{U} = J(\psi)M^{-1}\tau_T$ 是一个引入的虚拟变量，用来帮助扩张状态观测器(extended state observer，ESO)实现动态解耦。

一般而言，系统不确定性被认为是“内部扰动”，而来自外部的扰动则被认为是“外部扰动”，系统方程(4-105)中$f(\upsilon,\eta,b)$代表系统“内部扰动”和“外部扰动”的和，常常只有部分信息能被人们掌握。

根据韩京清先生的观点，“根据一个过程提供的实时信息来搞好这个过程的控制问题”，如果速度矢量υ不可测，那么系统中可以获得的实时信息便只有系统的位置矢量η和控制器输出量$\hat{U}$，如何根据这两个可以得到的实时信息来确定动力定位控制是本小节要解决的问题。

如果总扰动$f(\upsilon,\eta,b)$能从η和$\hat{U}$的信息中估计出来，如$\hat{f} \approx f(\upsilon,\eta,b)$，那么采用一个虚拟控制器：

$$\hat{U} = -\hat{f} + u_0 \tag{4-106}$$

可将系统(4-105)转换为

$$\ddot{\eta} = u_0 \tag{4-107}$$

这是一个很容易处理的积分串联型系统。此时实际解耦后的控制器可表示为

$$\tau_T = MJ^{-1}(\psi)(-\hat{f} + u_0) \tag{4-108}$$

此时，核心问题就变成如何从η和$\hat{U}$的信息中估计总扰动$f(\upsilon,\eta,b)$。韩京清提出的自抗扰控制就是基于此思路解决控制问题，换言之，控制主要应该解决的问题是抗扰。

韩京清指出，借用状态观测器的思想，把能够影响被控输出的扰动作用扩张成新的状态变量，用特殊的反馈机制来建立能够观测被扩张的状态——扰动作用的扩张状态观测器。这个扩张状态观测器并不依赖于生成扰动的具体数学模型，也不需要直接去测量其作用，从某种意义上讲，它是通用而实用的扰动观测器。经典的三阶扩张状态观测器的表达式如下：

$$\begin{cases} E_1 = Z_1 - \eta_i \\ \dot{Z}_1 = Z_2 - \beta_1 E_1 \\ \dot{Z}_2 = Z_3 - \beta_2 \operatorname{fal}(E_1, a_1, \delta) + U_i \\ \dot{Z}_3 = -\beta_3 \operatorname{fal}(E_1, a_2, \delta) \end{cases} \tag{4-109}$$

$$\operatorname{fal}(e,a,\delta) = \begin{cases} e\delta^{a-1}, & |e| \leqslant \delta \\ |e|^a \operatorname{sign}(e), & |e| > \delta \end{cases} \tag{4-110}$$

式中，E_1是观测器(4-109)的观测误差；Z_1、Z_2和Z_3是观测器的输出；$\beta_1, \beta_2, \beta_3$是观测器的增益。适当地调节观测器的增益，$Z_1$逼近$\eta_i$，$Z_2$逼近$\dot{\eta}_i$，$Z_3$逼近$f(\upsilon,\eta,b)$中的单回路分量，此时控制器(4-108)可重写为$\tau_T=MJ^{-1}(\psi)(-Z_3+u_0)$，其中$Z_3$是三个回路扰动估计的矢量形式。扩张状态观测器的出现说明独立于系统模型的状态观测器是存在的[41]，这为控制摆脱对数学模型的完全依赖提供了一条可尝试的途径。

研究表明，扩张状态观测器不仅能估计出系统的扰动，还具有一定的滤波特性。

综上所述，若考虑扩张状态观测器的滤波特性，当速度矢量υ不可测时，动力定位系统的抗扰解决方案如图 4-28 所示。

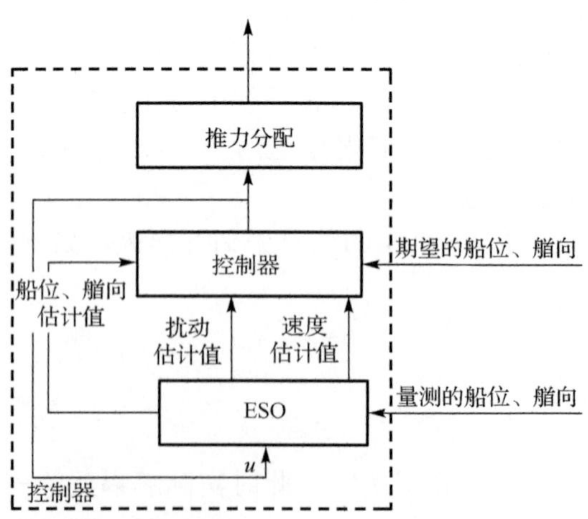

图 4-28　速度矢量不可测时的抗扰方法

2) 速度矢量 υ 可测时的抗扰方法

当速度矢量 υ 可测量时，重新整理系统方程(式(4-100)～式(4-104))为两个子系统：

$$\begin{cases} M\dot{\upsilon} = -D\upsilon + J^{\mathrm{T}}(\psi)b + \tau_T + \tau_M + \tau_w \\ y_v = \upsilon + v_w + w_v \end{cases} \tag{4-111}$$

$$\begin{cases} \dot{\eta} = J(\psi)\upsilon \\ y_\eta = \eta + \eta_w + w_\eta \end{cases} \tag{4-112}$$

式中，$\dot{b} = -T_b^{-1}b + E_b\omega_b$；$v_w$ 和 η_w 是一阶波浪力引起的扰动；w_v 和 w_η 表示零均值白噪声向量。接下来具体说明两个系统的处理方法。

(1) 系统(4-111)的处理。

重新整理系统(4-111)为

$$\begin{cases} \dot{\upsilon} = f_0(\upsilon, \psi, b) + \hat{U}_0 \\ y_v = \upsilon + v_w + w_v \end{cases} \tag{4-113}$$

式中，$f_0(\upsilon,\psi,b) = M^{-1}(-D\upsilon + J^{\mathrm{T}}(\psi)b + \tau_M + \tau_w)$ 是系统(4-111)的总扰动，$\hat{U}_0 = M^{-1}\tau_T$ 是引入的一个虚拟变量，用来帮助 ESO 实现动态解耦；v_w 和 w_v 是测量系统处进来的高频扰动。所以，系统(4-111)不仅要处理系统的低频总扰动，还要处理测量系统的高频扰动，处理方法是抗扰和滤波，而扩张状态观测器同时具备这两种功能，所以系统(4-111)的处理只需 ESO。基于此，重点关注速度矢量 υ 和系统总扰动 $f_0(\upsilon,\eta,b)$ 的估计，对第 i 个回路采用二阶的 ESO 即可，其表达式为

$$\begin{cases} E_{1i} = Z_{1i} - \eta_i \\ \dot{Z}_{1i} = Z_{2i} - \beta_{1i}E_{1i} + U_i \\ \dot{Z}_{2i} = -\beta_{2i}\mathrm{fal}(E_{1i}, a_{2i}, \delta_i) \end{cases} \tag{4-114}$$

适当地调节增益 β_{1i},β_{2i} 可使得 Z_{1i} 逼近 η_i，Z_{2i} 逼近第 i 个回路的总扰动。

获得扰动的估计之后，系统(4-111)的控制器可设计成 $\tau_T=M(-Z_2+u_0)$，其中 Z_2 是各回路扰动估计的矢量形式，u_0 可根据需要设计成经典的 PD 控制器或其他控制器。

(2) 系统(4-112)的处理。

从系统(4-112)的表达式中可以发现，这个部分的处理只需滤波即可。

综上所述，当速度矢量 υ 可测量时，系统的抗扰解决方案如图 4-29 所示。

4. 船舶动力定位抗扰方法的仿真研究

本节假设速度矢量 υ 不可测量，采用经典自抗扰的非光滑反馈，针对“北海救 115”轮，对图 4-28 所示的抗扰方案进行控位能力和解耦性的仿真研究。

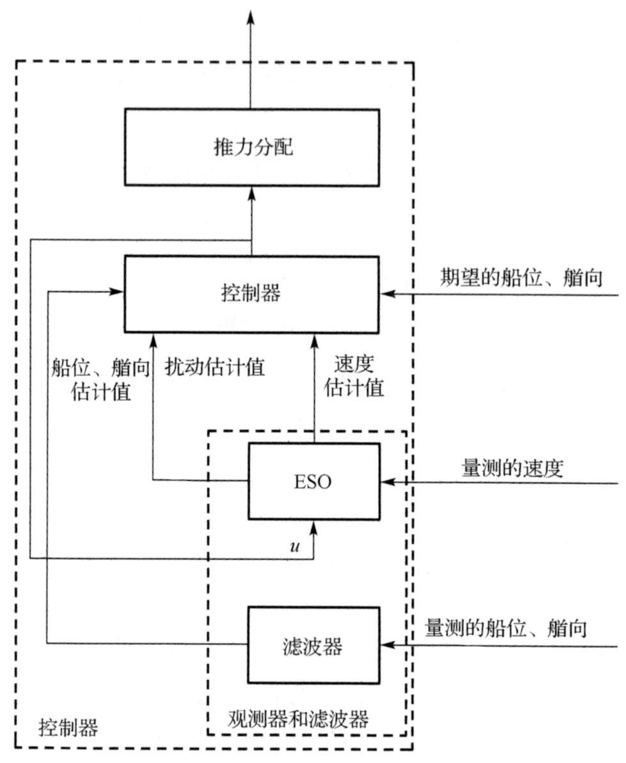

图 4-29　速度矢量可测时的抗扰方法

1) 解耦能力

假设船舶的初始位置是 $\eta=[0\text{m},0\text{m},0\text{m}]^{\text{T}}$，原期望其定位在 $\eta=[50\text{m},50\text{m},10\text{m}]^{\text{T}}$，本节不考虑风、浪、流等外界扰动的影响，仿真分析自抗扰控制器的解耦能力。调节好控制器的控制参数，得船舶的位置响应曲线如图 4-30 所示。

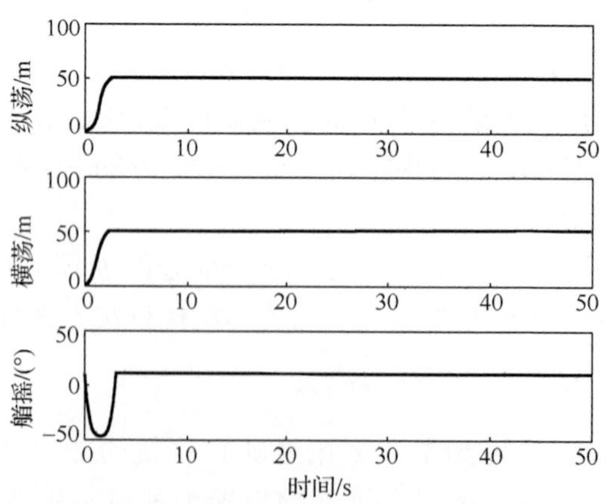

图 4-30　理想海况下的船位曲线

保持控制器参数不变，重设参考位置为η=[20m,50m,10m]^{T}，船位仿真曲线如图4-31所示。

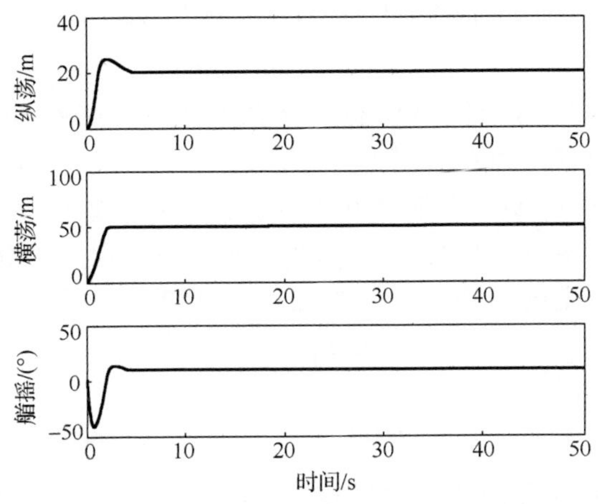

图4-31　解耦测试1

再次保持控制器参数不变，重设参考位置为η=[20m,40m,−50m]^{T}，船位仿真曲线如图4-32所示。

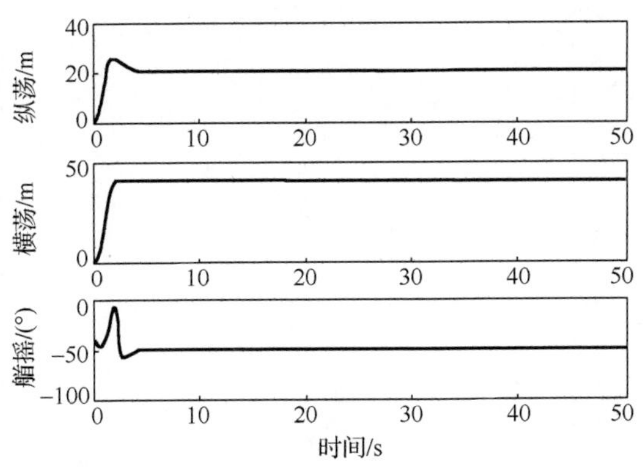

图4-32　解耦测试2

两次重设参考位置，仿真结果表明，自抗扰控制器展示出优良的动态解耦特性。

2) 控位能力仿真测试

据前面所述，船舶动力定位系统的总扰动和噪声由如下几部分组成：

(1) 风、浪、流引起的外部慢变扰动；

(2) 系统未建模动态；

(3) 一阶波浪力和传感器引起的测量噪声。

这些都是抗扰框架下需要被抵消和抑制的。本节假设速度矢量υ可以测量，针对“北海救 115”轮，对图 4-30 所示的抗扰方案进行滤波能力和扰动估计情况的仿真研究，设置扰动参数如下所示。

(1) 式(4-6)所模拟的外部慢变扰动的参数设置为：F_e=10，β_e=120sin(0.3t)，(l_x,l_y)=(20m,5m)。

(2) 式(4-93)所模拟的未建模动态的参数设置为：T_b=diag{1000,1000,1000}，E_b=diag{1,1,1}，ω_b的方差为 0.01。

(3) 式(4-95)和式(4-96)所描述的波浪力模型参数设置为：$\omega_1=\omega_2=\omega_3=2$，$\zeta_1=\zeta_2=\zeta_3=0.2$，$\sigma_1=\sigma_2=\sigma_3=1$，$\Gamma=[0\ I]$，$v_w$和$\eta_w$的方差分别为 10000 和 0.1。

(4) 速度传感器产生的噪声的方差为 0.1；位置和航向传感器产生的噪声为 10。

(5) 假设控制器输出为 $\tau=\begin{bmatrix}\sin(0.05t)\\ \sin(0.1t)\\ \sin(0.07t)\end{bmatrix}$。

说明：本节模拟的外部慢变扰动参数 F_e 的设定值均为经一撇系统无量纲化后的结果。

假设船舶的初始位置是η=[0m,0m,0m]$^\mathrm{T}$，期望其定位在η=[50m,50m,10m]$^\mathrm{T}$，若上述的所有扰动全部作用于船上。自抗扰控制器作用下的船舶位置曲线如图 4-33 所示。

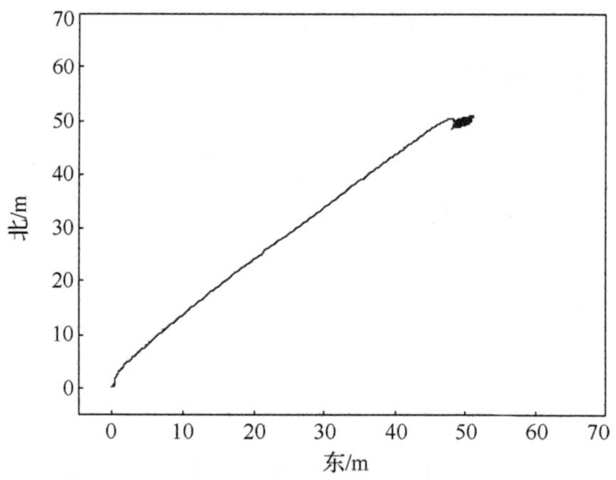

图 4-33　自抗扰控制作用下的船舶位置

仿真曲线表明，在内外扰动的联合影响下，船舶能经过最短的路径到达指定的位置，既无振荡，也无超调，表现出良好的控位和抗扰能力。

4.3.5　船舶动力定位控制的发展方向

从整个系统的角度考虑，为了使船舶动力定位系统具有更高级、更全面的自动化性能、诊断和容错性能，包含有离散事件和连续控制的混杂控制必然会成为船舶动力定位控制系统的发展方向，使得系统面对不同的海况条件和不同控制要求时能在一组或多级控制器间自动切换，以满足更高的船舶自动化需求。

4.4 小　结

本章介绍了船舶动力定位系统的基本定义、组成、工作原理以及面向控制的数学建模方法，讨论了船舶动力定位系统的动力分配模型以及仿真方法，并以一艘实船数据为例，建立了其动力学模型和推进器模型。介绍了船舶动力定位系统的三种控制范式，即工业范式、模型范式和抗扰范式，其中，单输入单输出 PID 控制器结合低通滤波器或者 Notch 滤波器的控制方法是工业范式的典型代表。然后，详细地介绍了模型范式和抗扰范式下的船舶动力定位控制方法。

具体地，以动态面控制方法和神经网络自适应控制为例介绍模型范式下的动力定位控制方法，基于动态面控制技术、自适应控制和神经网络逼近等理论，考虑外部扰动、模型参数存在不确定性、状态反馈/输出反馈等情况，对动力定位船舶航迹跟踪控制和定位控制等一系列问题进行了系统的研究。以自抗扰控制为例，以抗扰范式下的动力定位控制的核心问题——扰动估计切入，首先详细分析了船舶动力定位系统中所面临的各种扰动，并将其分为低频扰动和高频扰动两类。针对低频扰动，分别对速度矢量可测量和速度矢量不可测量的情况给出了相应的抗扰控制方法。然后对所提出的模型范式和抗扰范式下的控制方法进行了仿真验证。

参 考 文 献

[1] 赵志高, 杨建民, 王磊, 等. 动力定位系统发展状况及研究方法. 海洋工程, 2002, 20(1): 91-97.

[2] 何崇德. 船舶动力定位系统的应用与实践. 中国造船, 2005, 45(B12): 279-299.

[3] 摩根, 耿惠彬. 近海船舶的动力定位. 北京: 国防工业出版社, 1984.

[4] Sørensen A J. Structural issues in the design and operation of marine control systems. Annual Reviews in Control, 2005, 29(1): 125-149.

[5] Sørensen A J. A survey of dynamic positioning control systems. Annual Reviews in Control, 2011, 35(1): 123-136.

[6] 余培文, 陈辉, 刘芙蓉. 船舶动力定位系统控制技术的发展与展望. 中国水运, 2009, 2: 44-45.

[7] Åström K J, Hägglund T. The future of PID control. Control Engineering Practice, 2001, 9(11): 1163-1175.

[8] 孙武. 动力定位系统规范介绍. 上海造船, 2003, 1: 54-59.

[9] Lindegaard K. Acceleration feedback in dynamic positioning. Trondheim: Norwegian University of Science and Technology, 2003.

[10] 王元慧. 模型预测控制在动力定位系统中的应用. 哈尔滨: 哈尔滨工程大学, 2006.

[11] 李立国. 基于 SQP 算法的动力定位推力分配的研究. 哈尔滨: 哈尔滨工程大学, 2011.

[12] Fossen T I, Strand J P. Nonlinear passive weather optimal positioning control (WOPC) system for ships and rigs: Experimental results. Automatica, 2001, 37(5): 701-715.

[13] 边信黔, 付明玉, 王元慧. 船舶动力定位. 北京: 科学出版社, 2011.

[14] 雷正玲. 救助船动力定位智能控制及仿真的研究. 大连: 大连海事大学, 2011.

[15] MathWorks. Stateflow and Stateflow Coder User's Guide Version 5. 2002.

[16] Fossen T I, Johansen T A. A survey of control allocation methods for ships and underwater vehicles// Mediterranean Conference on Control and Automation, Ancona, 2009: 1-6.

[17] 顾楠. 船舶动力定位仿真技术研究. 北京: 中国舰船研究院, 2011.

[18] 张光澄. 非线性最优化计算方法. 北京: 高等教育出版社, 2005.

[19] 沈定安, 马向能, 毛海斌. 大型船舶侧推器操纵效能计算. 船舶力学, 2004, 8(2): 34-41.

[20] 邵世明, 赵连恩, 朱念昌, 等. 船舶阻力. 北京: 国防工业出版社, 1995.

[21] Akers R. Optimal Propeller Design For Given Hull and Speed(ME 555 student). Ann Arbon: University of Michigan, 1994.

[22] 高志强. 控制工程的抗扰范式//第 29 届中国控制会议论文集, 2010: 6071-6076.

[23] 韩京清. 自抗扰控制技术: 估计补偿不确定因素的控制技术. 北京: 国防工业出版社, 2008.

[24] Han J. From PID to active disturbance rejection control. IEEE Transactions on Industrial Electronics, 2009, 56(3): 900-906.

[25] Fang M, Lee Z. Portable dynamic positioning control system on a Barge in short-crested waves using the neural network algorithm. China Ocean Engineering, 2013, 27(4): 469-480.

[26] Kalman R E. A new approach to linear filtering and prediction problems. Journal of Basic Engineering, 1960, 82(1): 35-45.

[27] Balchen J G, Jenssen N A, Sælid S. Dynamic positioning using Kalman filtering and optimal control theory// IFAC/IFIP Symposium on Automation in Offshore Oil Field Operation, 1976.

[28] Balchen J G, Jenssen N A, Mathisen E, et al. A dynamic positioning system based on Kalman filtering and optimal control. Modeling, Identification and Control, 1980, 1(3): 135-163.

[29] Sørensen A J, Sagatun S I, Fossen T I. Design of a dynamic positioning system using model-based control. Control Engineering Practice, 1996, 4(3): 359-368.

[30] Bjørnstad S. Shipshaped: Kongsberg industry and innovations in deepwater technology, 1975-2007. Oslo: BI Norwegian School of Management, 2009.

[31] Holvik J. Basics of dynamic positioning//Dynamic Positioning Conference, Houston, 1998.

[32] Tannuri E A, Agostinho A C, Morishita H M, et al. Dynamic positioning systems: An

experimental analysis of sliding mode control. Control Engineering Practice, 2010, 18(10): 1121-1132.

[33] Katebi M R, Grimble M J, Zhang Y. H_∞ robust control design for dynamic ship positioning. IEE Proceedings-Control Theory and Applications, 1997.

[34] Hassani V, Sørensen A J, Pascoal A M. Robust dynamic positioning of offshore vessels using mixed-μ synthesis, part I: A control system design methodology. IFAC Proceedings Volumes, 2012, 45(8): 177-182.

[35] Hassani V, Sørensen A J, Pascoal A M. A novel methodology for robust dynamic positioning of marine vessels: Theory and experiments//2013 American Control Conference. IEEE, 2013: 560-565.

[36] Han S I, Lee J M. Precise positioning of nonsmooth dynamic systems using fuzzy wavelet echo state networks and dynamic surface sliding mode control. IEEE Transactions on Industrial Electronics, 2013, 60(11): 5124-5136.

[37] Lin X, Xie Y, Zhao D, et al. Estimation of observer parameters for dynamic positioning ships. Mathematical Problems in Engineering, 2013, (4):343-347.

[38] Vladic V, Miskovic N, Vukic Z. Quick identification and dynamic positioning controller design for a small-scale ship model// Mediterranean Conference on Control & Automation, Barcelona, 2012.

[39] Fossen T I, Strand J P. Passive nonlinear observer design for ships using Lyapunov methods: Full-scale experiments with a supply vessel. Automatica, 1999, 35(1): 3-16.

[40] Fossen T I, Grøvlen A. Nonlinear output feedback control of dynamically positioned ships using vectorial observer backstepping. IEEE Transactions on Control Systems Technology, 1998, 6(1):121-128.

[41] 韩京清. 一类不确定对象的扩张状态观测器. 控制与决策, 1995, 10(1): 85-88.

第 5 章 船舶运动与主推进装置联合智能控制

本章在分析船舶运动和柴油主机推进装置动态特性控制的基础上，阐述线性变参数(linear parameter-varying，LPV)的非线性系统控制理论方法，对基于圆域极点配置的 LPV 多胞控制方法作进一步研究，将 LPV 控制方法引入到船舶运动和柴油主机控制中，实现了深水中的船舶航向 LPV 控制、船舶直线航迹和浅水中船舶航向控制以及船舶运动与船舶柴油主机的 LPV 联合控制。

5.1 船舶运动与主推进装置联合控制机理

随着全球经贸日益增加以及人们对海洋资源不断开发和利用，作为海上运输工具的船舶向大型化和高速化方向发展，海上交通密度不断加大，航行安全问题越来越受到人们关注，因而对船舶运动与船舶动力的控制提出了更高的要求，在船舶航行中应用高新技术，研究和开发高性能的船舶运动与主动力装置的控制器成为世界上主要航运国家当前的一个重要课题。

5.1.1 船舶运动控制的复杂性

船舶运动控制是一种典型的复杂系统控制。船舶动态过程具有大惯性、大时滞、非线性等特征；航行工况(船速、排水量、自然环境等)变化引起模型参数摄动产生不确定性；量测传感器造成有关反馈信息的不精确性；航行中气象条件干扰严重，风引起类似随机游走过程的附加动力，浪造成船舶纵向及其他自由度上的附加高频振荡，流产生船位的动力学偏移。因而船舶操纵构成极为复杂的控制问题。

船舶运动控制主要包括航向、航迹控制等。船舶航行时，为了尽快到达目的港和减少燃料消耗，总是控制船舶的航向和船速，力求使船舶以一定航向和船速航行，这是船舶的航向保持问题；船舶在大洋中或者在转向点间以一定船速进行长距离直线航行，则称为直线航迹保持问题。而当在预定航线上发现其他船舶或障碍物进出港或者在有限航道内航行时，必须及时改变船速和航向，这就是船舶航行的机动性问题。

船舶航向控制通常是由操舵实现的，舵效与船舶船速、吃水(装载量)密切相关；根据船舶操纵原理，舵与水流的相对速度越高，舵效就越明显[1,2]。船速高时，操舵的控制作用效果显著，船速取决于柴油主机的转速和船舶的阻力情况；在船舶靠离泊时，通常船速较低，这时仍需要频繁控制主机转速，使螺旋桨产生相对于舵叶的水流，以保证操舵效果从而获得良好的船舶操纵特性。可见，船舶航速和主机转速影响船舶的操纵性能。船舶吃水变化引起船舶阻力的改变而影响船舶的操纵性能。研究船舶的航向或直线航迹控制时，应考虑船舶航速的变化以及船舶吃水等因素，当船速大范围变化时仅作为摄动处理是不够的。

5.1.2 船舶运动与主推进装置控制存在强耦合性

船舶柴油主机在一定负荷范围(75%～90%全负荷)内工作时效率较高，此时主机运行稳定、可靠、经济[3,4]。但船舶运动会导致阻力的增加或减少，都将引起船舶柴油主机工况的变化，也可能使船舶柴油主机无法在效率较高的范围内运行。

1. 船舶阻力增加情况

当船舶重载时，吃水增大，水下部分的船体体积明显增加，船舶阻力将明显增加。当船舶转向时，舵要偏转一个角度，船体在斜水流中前进，船舶阻力要比直线航行时明显增加[5-7]。当船舶进入浅水和/或在窄航道中航行时，由于船体周围的流体流动不畅，水流与船体的相对速度增加，摩擦阻力、涡流阻力和兴波阻力均相对增大[7-10]。因此，船舶速度下降[4-7]，螺旋桨的进程比减小、螺旋桨特性(主机功率与螺旋桨转速的关系)曲线变陡，螺旋桨的转矩明显增加。

如果采用固定喷油量，主机转速因螺旋桨转矩增加而自动降低[5,6]。而为保证主机运行平稳，现代舰船主机装有全置式调速器。如果直接传动推进特性系统按照设定转速运行，调速器会自动给柴油主机加油，则导致主机负荷增大；如果主机储备功率较小，则有可能使柴油机超负荷[3](不能工作在高效范围内)。若要保持原船速，则主机一般很可能超负荷。

如果船舶在进出港或浅水域和/或狭窄航道，则柴油主机此时很可能工作在大转矩、低转速工况下；如果过大加大主机油门，则可能产生主机排烟温度升高、燃烧不完全，热负荷、机械负荷超负荷的情况，对主机的可靠性影响很大[3]。

2. 船舶阻力减少情况

当船舶处于轻载，船舶阻力减小时，螺旋桨的进程比变大，螺旋桨特性曲线变得平坦。此时若主机油门不变而仍按全负荷速度特性工作，则柴油机的转速因转矩减小而增大，功率也略高于原功率，在这种情况下，柴油机的热负荷将增加，同时可能由超转速而导致机械效率降低和机械负荷大大增加[3]。

可见，船舶运动影响主机工况和转速控制。因此应根据船舶的航行状态，采取相应的控制策略，确保主机稳定、经济、可靠地运行，不能仅采用等油门或等转速控制，必须对主机的转速、功率等进行必要的限制。另外，船舶在风浪中航行时使船舶阻力变化具有随机性，影响柴油机的工况和船速[11]。因此船舶运动与主机运行存在较强的耦合关系。

5.1.3 船舶运动与主推进装置联合控制的方法与意义

由于船舶运动状态影响柴油主机的工况，柴油机控制时需考虑船舶运动状态。而船舶柴油主机的转速影响船舶航速，在船舶操纵时应考虑柴油主机对船速和船舶运动的影响。如何根据船舶航行环境实时采用有效的控制策略，保证船舶航向或航迹的渐近跟踪，一直是自动舵设计者研究的课题；保证主机在许可的工作范围内稳定、经济、可靠地运行，是船舶柴油机控制设计者关心的课题。但是很少有学者将“船舶航行或航迹控制”与“船舶主柴油机控制”这二者综合研究。本章寻找二者相互联系的关键点，作为控制条件的研究对象，力求实现二者的综合控制。

1. *船舶运动与主推进装置联合控制方法*

LPV 控制起源于武器研发的需要[12]，主要应用于导弹控制[13,14]、飞机控制[15]、太空飞行器控制[16,17]、机翼气体弹性力[18]等研究的自动控制。LPV 控制方法特别考虑了实时参数变化与系统性能之间的关系。在整个区域内的工作条件下，可设计具有系统性能和鲁棒性能理论保证的控制器，通过实时可测或可估计的参数改变系统增益[19,20]。因此这种方法能够改进系统的稳定性、动态性能指标和鲁棒性，适用于非线性系统的控制。LPV 控制方法首先在参数集上建立一组线性矩阵不等式(linear matrix inequalities，LMI)，然后在求解 LMI 的基础上构建 LPV 控制器，当在参数集上的解存在时，所获得的 LPV 控制器保证闭环系统的稳定性并具有一定的动态性能[21]。

LPV 没有描述动态系统的一般方法，但 LPV 系统比线性时不变(linear time-invariant，LTI)系统所描述的范围更广泛。LPV 系统能表达[19,22]：

(1)不确知但有固定参数的 LTI 系统；

(2)线性时变不确定的线性系统；

(3)给定轨迹集合的非线性系统的 Jacobian 线性化；

(4)依赖于非线性输出向量的非线性系统精确线性化；

(5)时变参数θ解析函数的非线性系统；

(6)线性时变(linear time-variant，LTV)系统。

其中，(1)～(3)所表达的系统是真正的 LPV 系统，其区别在于参数的导数集合。(4)所表达的是准线性变参数(quasi linear parameter-varying，QLPV)系统。(5)所表达的系统是 LPV 系统在非线性系统应用的扩展。(6)所表达的系统是以时间为参数依赖项的 LPV 系统。文献[22]通过 3 个实例进行了详细的描述。

船舶运动控制中船速具有时变性，便于以 LPV 系统表达和用 LPV 控制理论控制。随测试技术的发展，船舶纵向速度、横向速度、转艏角速度、主机转速等均可实时测量[23,24]。螺旋桨的进速系数是上述各参数的函数，可实时计算[25]，可推导主机转速控制的 LPV 方程，便于应用 LPV 控制理论设计控制器。

船舶速度既影响船舶运动也影响船舶柴油主机的工况，以它作为二者的结合点，应用 LPV 控制理论设计船舶航向和直线航迹控制器，并综合考虑操舵和主机这两方面的控制问题，可实现船舶运动和柴油主机推进的联合控制。

2. 船舶运动与主推进装置联合控制的意义

本章建立船舶运动与柴油主机的联合控制与仿真意义在于：有利于建立航海和轮机综合模拟器，提高模拟器的精度和船员的训练水平；有利于从理论上研究船舶运动和柴油机的综合控制方法，提高船舶运动控制效果；有利于船舶航行安全；有利于防止柴油机过载和提高动力装置可靠性和经济性。这对于实现船舶的综合节能优化控制，提高船舶系统的整体经济性，延长主动力装置工作寿命具有重要意义。

5.2　线性变参数系统控制的数学基础

为便于讨论线性变参数系统控制问题，本节给出研究 LPV 系统控制理论所必需的数学基础与相关控制理论知识。首先介绍有关空间、范数、凸集、Hermite 矩阵、矩阵 Kronecker 乘积等的基本概念，其次介绍线性矩阵不等式的定义、性质及其求解方法，最后阐述基于 LMI 的 H_∞鲁棒的输出反馈和极点配置的状态反馈控制设计方法。

5.2.1　赋范空间、Banach 空间、内积空间、Hilbert 空间及零空间

(1) 赋范空间[26]：设 X 是域 K（实数域或复数域）上的线性空间，函数$\|\cdot\|$：$X\to\mathbf{R}$ 满足以下条件。

①对任意 $x\in X$，$\|x\|\geqslant 0$；且$\|x\|=0$，当且仅当 $x=0$。

②对任意 $x\in X$ 及$\alpha\in$K，$\|\alpha x\|=|\alpha|\ \|x\|\geqslant 0$（齐次性）。

③对任意 $x,y\in X$，$\|x+y\|\leqslant\|x\|+\|y\|$（三角形不等式）。

称$\|\cdot\|$是 X 上的一个范数，X 上定义了范数$\|\cdot\|$称为赋范（线性）空间，记为$(X,\|\cdot\|)$，有时简记为 X。

(2) Banach 空间[26]：完备的赋范空间称为 Banach 空间。

(3) 内积空间[26]：设 T 是域 K 上的线性空间，对任意 $x,y\in T$，有一个 K 中数(x,y)与之对应，使得对任意 $x,y,z\in T$ 和$\alpha\in$K 满足以下条件。

①$(x,x)\geqslant 0$；$(x,x)=0$，当且仅当 $x=0$。

②$(x,y)=\overline{(x,y)}$。

③$(\alpha x,y)=\alpha(x,y)$。

④$(x+y,z)=(x,z)+(y,z)$。

称(,)为 T 上的一个内积，T 上定义内积称为内积空间。

(4) Hilbert 空间[26]：完备的内积空间称为 Hilbert 空间。

(5) 零空间(核空间)[27]：设 H 表示 Hilbert 空间，B(H)表示 H 上线性有界算子全体按算子范数所组成的 Banach 空间，设 $A\in \mathrm{B}(\mathrm{H})$，其齐次方程 $Ax=0$ 的解的全体构成的子空间称为零空间或矩阵的核，记为 $\mathrm{Ker}A$。即 $\mathrm{Ker}A=\{x: Ax=0, x\in \mathrm{H}\}$。

5.2.2 信号范数和系统范数

1. 信号的范数测度

信号的测度通常由 L_p 范数表示[28]，信号 $u(t)$ 的 L_p 范数定义如下：

$$\| u(t)\|_p=\left(\int_{-\infty}^{\infty}|u(t)|^p\,\mathrm{d}t\right)^{1/p}$$

式中，p 是一个正整数。

L_∞范数是信号$|u(t)|$的最小上确界：$\| u(t)\|_\infty=\sup\limits_t |u(t)|$。

2. 系统的范数测度

传递函数模型 $G(s)$ 的尺度通常由 H_∞范数来描述。

H_∞范数[29]的定义为

$$\| G(s)\|=\sup_{u(t)\neq 0}\frac{\| y(t)\|_2}{\| u(t)\|_2}$$

式中，$u\in \mathbf{R}^{m_2}$ 表示系统的输入信号；$y\in \mathbf{R}^{p_2}$ 表示系统的输出信号。若系统稳定，则 H_∞范数可由下式求出：

$$\| G(s)\|_\infty=\sup_\omega |G(\mathrm{j}\omega)|$$

从上式中可以看出，H_∞范数实际上是频域响应幅值的峰值。

5.2.3 凸集、凸包及凸体

1. 凸集

定义 5-1　设 X 是一线性空间，K 是 X 的子集，如果 $\forall x, y\in K$，连接 x,y 的线段

$$\{\lambda x+(1-\lambda)y \mid 0\leqslant\lambda\leqslant 1\}\in K$$

则称 K 为 X 的凸子集(简称凸集)[30]。

从凸集的定义出发，容易得到凸集的下列性质[30]：

性质 5-1　设 $K_a\,(a\in I)$ 是 X 中的凸集，其中 I 是任意指标集，则 $\bigcap\limits_{a\in I}K_a$ 也是 X 中的凸集。

性质 5-2　设 $K_a(a\in I)$ 是 X 中的闭凸集，则 $\bigcap\limits_{a\in I}K_a$ 是 X 中的凸闭集。

性质 5-3　设 $C\subset X$，则 C 为 X 的凸集 $\Leftrightarrow C$ 包含其中元素的所有凸组合，即对任意的 $x_1,x_2,\cdots,x_m\in C$ 和任意满足 $\sum\limits_{i=1}^{m}\lambda_i=1$ 的非负实数，恒有 $\sum\limits_{i=1}^{m}\lambda_i x_i\in C$。

2. 凸包

定义 5-2　设 X 是一线性空间，$A\subset X$，称包含 A 的一切凸集的交集为 A 的凸包，记为 CoA。

显然，CoA 是在 X 中包含集 A 的最小凸集。

性质 5-4　设 $A\subset X$，则

$$\mathrm{Co}A=\left\{\sum_{i=1}^{m}\lambda_i x_i \mid x_i\in A,\lambda_i\geqslant 0,i=1,2,\cdots,n,\sum_{i=1}^{n}\lambda_i=1,n\text{为任意正整数}\right\}$$

3. 凸体

定义 5-3　设 X 是线性赋范空间，$K\subset X$，如果 K 满足两个条件：

(1) K 是凸集；

(2) K 中包含内点。

则称 K 为凸体[30]。

5.2.4 Hermite 矩阵和矩阵 Kronecker 乘积

1. Hermite 矩阵

设 $A=(a_{ij})$ 为 n 阶方阵，取共轭同时又转置矩阵 $A^*=\overline{A}'$，则称 A 是一个 Hermite 矩阵[31]。

Hermite 矩阵具有许多类似于实对称阵的重要性质。

2. 矩阵 Kronecker 乘积

对两个给定矩阵 $A=(a_{ij})$ 和 B，矩阵的 Kronecker 乘积[29,32]是一个分块矩阵：

$$A\otimes B=(a_{ij}B)\in\mathbf{R}^{np\times mq}$$

利用矩阵的运算，得到矩阵 Kronecker 乘积的以下性质：

(1) $1\otimes A=A$；

(2) $(A+B)\otimes C=A\otimes C+B\otimes C$；

(3) $(A\otimes B)(C\otimes D)=AC\otimes BD$；

(4) $(A\otimes B)^{\mathrm{T}}=A^{\mathrm{T}}\otimes B^{\mathrm{T}}$；

(5) $(A\otimes B)^{-1}=A^{-1}\otimes B^{-1}$；

(6) $\sigma(A\otimes B)=\{\lambda(A)\lambda(B):\lambda(A)\in\sigma(A),\lambda(B)\in\sigma(B)\}$。

其中，A、B、C 和 D 是适当维数的矩阵；在性质(5)中，假定矩阵的逆都存在；在性质(6)中，σ表示矩阵所有特征值，λ表示矩阵的任意一个特征值。

5.2.5 线性矩阵不等式

1. 线性矩阵不等式定义

定义 5-4 线性矩阵不等式就是如下形式的不等式

$$F(x)<0 \tag{5-1}$$

式中，F 是有限维向量空间到实对称阵集合的仿射函数映射。

根据上述定义，LMI 一般形式可表示为

$$F(x)=F_0+\sum_{i=1}^{m}x_iF_i<0 \tag{5-2}$$

式中，$x=(x_1,\cdots,x_m)\in\mathbf{R}^m$ 为决策变量；$F_i=F_i^{\mathrm{T}}\in\mathbf{R}^{n\times n}$ 是给定的。显然式(5-1)表明矩阵 $F(x)$ 是负定的。式(5-1)的另一个含义是集合 $\{x|F(x)<0\}$ 是凸的。LMI 问题可描述为：给定 $F(x)<0$，找到 x^*，使得 $F(x^*)<0$，或证明 LMI $F(x)$ 是不可解的。

引理 5-1 $\Phi=\{x:F(x)<0\}$ 是一个凸集[32]。

引理 5-1 说明了线性矩阵不等式(5-1)这个约束条件，定义了自变量空间中的一个凸集，因此是自变量的一个凸约束。正是线性矩阵不等式的这一性质，可以应用凸优化问题的有效方法来求解线性矩阵不等式。

2. 线性矩阵不等式性质

性质 5-5 LMI 组

$$F_1(x)<0,\cdots,F_k(x)<0$$

可写为一个对角 LMI：

$$F(x)=\begin{bmatrix} F_1(x) & 0 & \dots & 0 \\ 0 & F_2(x) & \dots & 0 \\ \vdots & \vdots & & \vdots \\ 0 & 0 & \dots & F_k(x) \end{bmatrix}<0 \tag{5-3}$$

即上面两式等价[33]。

性质 5-6 仿射型约束可以合并到线性矩阵不等式约束中，即以下形式的约束条件

$$\begin{cases} F(x) < 0 \\ Ax = b \end{cases} \tag{5-4}$$

可以合并为一个线性矩阵不等式约束 $\bar{F}(x) < 0$ [33]。

性质 5-7（Schur 补引理）　对给定的对称矩阵 $S = \begin{bmatrix} S_{11} & S_{12} \\ S_{21} & S_{22} \end{bmatrix}$，其中 S_{11} 是 $r \times r$ 维的矩阵。以下三个条件是等价的[32,33]：①$S<0$；②$S_{11}<0$，$S_{22} - S_{12}^{\mathrm{T}} S_{11}^{-1} S_{12} < 0$；③$S_{22}<0$，$S_{11} - S_{12} S_{22}^{-1} S_{12}^{\mathrm{T}} < 0$。

在一些控制问题中，经常遇到二次型矩阵不等式：

$$A^{\mathrm{T}} P + PA + PBR^{-1} B^{\mathrm{T}} P + Q < 0 \tag{5-5}$$

式中，$A,B,Q=Q^{\mathrm{T}}>0$，$R=R^{\mathrm{T}}>0$ 是给定适当维数的常数矩阵；P 是对称矩阵变量。则由 Schur 补引理，可以将矩阵不等式的可行性问题转化为一个等价的矩阵不等式

$$\begin{bmatrix} A^{\mathrm{T}} P + PA + Q & PB \\ B^{\mathrm{T}} P & -R \end{bmatrix} < 0 \tag{5-6}$$

的可行性问题，而后者是一个关于矩阵变量 P 的线性矩阵不等式。

LMI 具有较多的优良特性，这里简要介绍两个重要特性[32]。

(1) 多个 LMI 可以表达为一个简单的 LMI，如给定 k 个 LMI 如下：

$$F_1(x) < 0, \cdots, F_k(x) < 0 \tag{5-7}$$

称为一个线性矩阵不等式系统。引进 $F(x)=\mathrm{diag}\{F_1(x),\cdots,F_k(x)\}$，则 $F_1(x)<0,\cdots,F_k(x)<0$ 同时成立的充要条件是 $F(x)<0$。因此，一个线性不等式系统也可以用一个简单线性不等式来表示。

(2) 可以对 LMI 中某个分块中具有形如式(5-8)左端结构的块，运用 Schur 补引理并增维化非线性成为线性结构，如：

$$\begin{bmatrix} A^{\mathrm{T}} P + PA + PBR^{-1} B^{\mathrm{T}} P + Q & M \\ M^{\mathrm{T}} & -L \end{bmatrix} < 0 \tag{5-8}$$

可写为

$$\begin{bmatrix} A^{\mathrm{T}} P + PA + Q & PB & M \\ B^{\mathrm{T}} P & -R & 0 \\ M^{\mathrm{T}} & 0 & -L \end{bmatrix} < 0 \tag{5-9}$$

即可以通过嵌套使用 Schur 补引理，使 LMI 增维以消除非线性的影响。

3. 求解 LMI 问题的方法和工具

线性矩阵不等式的最大优点就是其计算的简单性，并且无须参数调整。对于一般的线性矩阵不等式问题，可以将其列成一个凸优化问题，并采用凸优化技术来进

行数值求解。椭球法、内点法[32]等均为求解线性矩阵不等式的有效算法。

内点法的主要思路是：利用约束条件定义一个闸函数，该函数在可行域内部是凸的，在可行域外部则定义其值为无穷大。通过在目标函数中添加这样一个闸函数，使得原来的约束优化问题转化成为一个无约束的优化问题，而后者可以应用求解无约束优化问题的牛顿法来求解。

同时，目前已经出现了许多求解线性矩阵不等式的优秀工具软件，例如，MATLAB LMI 工具箱[34]、基于 MATLAB 的 SeDuMi 开放式软件[35]以及功能与 MATLAB 类似的免费软件 Scilab 等。

5.2.6　基于 LMI 的 H_∞鲁棒控制

进入 20 世纪 90 年代，线性矩阵不等式(LMI)技术引入到 H_∞鲁棒控制。LMI 的引入不但降低了 H_∞控制的限制条件而且扩展了 H_∞控制的研究领域，正如文献[36]中所述，LMI 方法发挥了如同现代控制中的李雅普诺夫法和黎卡提(Riccati)方程，经典控制中的伯德(Bode)、奈奎斯特(Nyquist)和尼科尔斯(Nichols)图解技术般的核心作用。

1. 连续时间系统 H_∞性能分析

1) 系统增益指标

考虑线性时不变的连续时间系统[32]：

$$\begin{aligned}\dot{x}(t) &= Ax(t) + Bw(t) \\ z(t) &= Cx(t) + Dw(t)\end{aligned} \tag{5-10}$$

式中，A、B、C、D 为适当维数矩阵；$x\in\mathbf{R}^n$ 表示系统状态；$w\in\mathbf{R}^p$ 表示外部扰动输入；$z\in\mathbf{R}^r$ 表示被控输出。

量化系统的性能指标的一种方法是考虑系统的增益 Γ：

$$\Gamma = \sup_{\omega\neq 0}\frac{\text{size}(z)}{\text{size}(w)}$$

式中，size(z)表示信号 z 大小的某种度量，度量了在零初始条件下，对应于最坏扰动输入的系统输出信号 z 的大小。因此，系统的增益越小，系统的性能也就越好。

定义系统(5-10)的一个性能指标——EE (energy-to-energy)增益，$\Gamma_{\text{ee}} = \sup\limits_{\|w\|_2\leqslant 1}\|z\|_2$ 。

2) 有界实引理

定理 5-1(有界实引理，bounded real lemma)　对于给定的连续 LTI 系统，其传递函数形式为 $T(s)=D+C[sI-A]^{-1}B$，设 $\gamma>0$ 为给定常数，以下两叙述等价[32]：

(1) A 稳定且 $\|D+C[sI-A]^{-1}B\|<\gamma$；

(2) 存在一正定对称矩阵 X，满足线性矩阵不等式

$$B^{o}_{[A,B,C,D]}(X,\gamma):=\begin{bmatrix} AX+XA^{\mathrm{T}} & XB & C^{\mathrm{T}} \\ B^{\mathrm{T}}X & -\gamma I & D^{\mathrm{T}} \\ C & D & -\gamma I \end{bmatrix}<0 \tag{5-11}$$

3) H_∞性能

考虑系统(5-10)，其传递函数是 $T(s)=D+C[sI-A]^{-1}B$。$T(s)$的 H_∞范数定义为

$$\|T(s)\|_\infty=\sup_{w}\sigma_{\max}(T(\mathrm{j}w)) \tag{5-12}$$

即系统频率相应的最大奇异值的峰值[32]。

增益 Γ_{ee} 有一个频率域的解释[32]：它恰好等于传递函数矩阵的范数，即 $\Gamma_{\mathrm{ee}}=\|T(s)\|_\infty$。因此，根据定理 5-1，系统渐近稳定，且$\|T(s)\|_\infty<\gamma$，当且仅当存在一个对称正定矩阵 X，使得矩阵不等式(5-11)成立。

通过求解优化问题

$$\min\gamma \tag{5-13}$$

$$\text{s.t.}\quad \begin{bmatrix} A^{\mathrm{T}}X+XA & XB & C^{\mathrm{T}} \\ B^{\mathrm{T}} & -\gamma I & D^{\mathrm{T}} \\ C & D & -\gamma I \end{bmatrix}<0$$

$$X>0$$

可以得到系统最优 H_∞性能分析问题的解。问题(5-13)最优值就是系统(5-10)的最优 H_∞性能指标。

2. 基于 LMI 的输出反馈 H_∞鲁棒控制

1) 基于 LMI 的 H_∞控制问题求解

针对图 5-1 所示的广义系统[37]，$P(s)$是一个 LTI 系统，由以下状态空间描述：

$$\begin{aligned} \dot{x}&=Ax+B_1w+B_2u \\ z&=C_1x+D_{11}w+D_{12}u \\ y&=C_2x+D_{21}w \end{aligned} \tag{5-14}$$

式中，$x\in\mathbf{R}^n$ 表示系统状态；$u\in\mathbf{R}^m$ 表示控制输入；$y\in\mathbf{R}^p$ 表示测量输出；$z\in\mathbf{R}^r$ 表示被控输出；$w\in\mathbf{R}^q$ 表示外部扰动，这里考虑的扰动是不确定的，但具有有限的能量，即 $w\in L_2$；$K(s)$是一个控制器的传递函数。

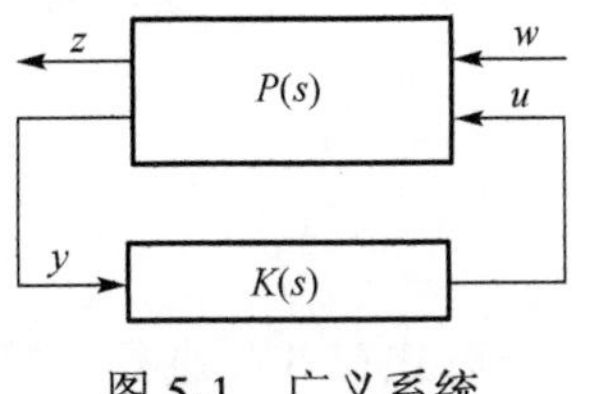

图 5-1　广义系统

假设 A，B_2，C_2 可控，控制的目的是设计一个控制器 $u(s)=K(s)y(s)$，使得闭环系统满足：

(1)闭环系统是内部稳定的，即闭环系统状态矩阵的所有特征值均在左半开复平面中；

(2)从扰动输入到被调输出 z 的闭环传递函数矩阵的 $T_{wz}(s)$ 的 H_∞ 范数小于 H_∞ 性能 γ，即 $\|T_{wz}(s)\|_\infty<\gamma$。

具有这样性质的控制器称为系统的一个 H_∞ 控制器。

对于 H_∞ 控制器，可通过 Riccati 方程处理方法以及基于 LMI 的 H_∞ 控制问题方法等求解。MATLAB 的 LMI 工具箱提供了直接求解系统(5-14)的控制问题的函数。LMI 工具箱提供了基于 Riccati 方程处理方法和线性矩阵不等式处理方法的连续/离散时间系统的控制器综合工具。连续时间系统 H_∞ 控制器综合问题的求解器是 hinflmi，离散时间系统 H_∞ 控制器综合问题的求解器是 dhinflmi[32]。

基于 LMI 的 H_∞ 控制问题求解这一方法的好处是可以用相对直接的矩阵运算来得到控制器的设计，对系统模型无过多的条件限制。

2)基于 LMI 输出反馈控制 H_∞ 鲁棒控制

设计控制器

$$\begin{aligned}\dot{x}_k &= A_k x_k + B_k y\\ u &= C_k x_k + D_k y\end{aligned} \tag{5-15}$$

式中，x_k 为控制器状态；A_k，B_k，C_k，D_k 为控制器的状态矩阵。

则闭环系统为[37]

$$\begin{aligned}\dot{x}_{\text{cl}} &= A_{\text{cl}} x_{\text{cl}} + B_{\text{cl}} y\\ u &= C_{\text{cl}} x_{\text{cl}} + D_{\text{cl}} y\end{aligned} \tag{5-16}$$

式中，x_{cl} 为闭环状态；A_{cl}，B_{cl}，C_{cl}，D_{cl} 为闭环系统传递函数 $T_{wz}(s)$ 的状态空间实现，即

$$x_{\text{cl}}=[x^{\text{T}}\quad x_k^{\text{T}}],\quad A_{\text{cl}}=\begin{bmatrix}A+B_2D_kC_2 & B_2C_k\\ B_kC_2 & A_k\end{bmatrix},\quad B_{\text{cl}}=\begin{bmatrix}B_1+B_2D_kD_{21}\\ B_kD_{21}\end{bmatrix}$$

$$C_{\text{cl}}=\begin{bmatrix}C_1+D_{21}D_kC_2 & D_{12}C_k\end{bmatrix},\quad D_{\text{cl}}=D_{11}+D_{12}D_kD_{21}$$

引理 5-2 根据定理 5-1，被控系统(式(5-14))存在 γ-次优 H_∞ 控制器(式(5-15))的充要条件是存在对称矩阵 $X_{\text{cl}}>0$，满足[37]：

$$\begin{bmatrix}A_{\text{cl}}^{\text{T}}X_{\text{cl}}+X_{\text{cl}}A_{\text{cl}} & X_{\text{cl}}B_{\text{cl}} & C_{\text{cl}}^{\text{T}}\\ B_{\text{cl}}^{\text{T}} & -\gamma I & D_{\text{cl}}^{\text{T}}\\ C_{\text{cl}} & D_{\text{cl}} & -\gamma I\end{bmatrix}<0 \tag{5-17}$$

对式(5-17)进行变换，分离出控制器参数，可推导出包含控制器参数的 H_∞ 控制器存在条件[38]，这个条件是满足以下三个 LMI 的两个未知对称矩阵 (R,S)：

$$\tilde{\mathcal{N}}_R^{\mathrm{T}}\left(\begin{array}{cc|c} AR+RA^{\mathrm{T}} & RC_1^{\mathrm{T}} & B_1 \\ C_1R & -\gamma I & D_{11} \\ \hline B_1^{\mathrm{T}} & D_1^{\mathrm{T}} & -\gamma I \end{array}\right)\tilde{\mathcal{N}}_R<0$$

$$\tilde{\mathcal{N}}_S^{\mathrm{T}}\left(\begin{array}{cc|c} A^{\mathrm{T}}S+SA & SB_1 & C_1^{\mathrm{T}} \\ B_1^{\mathrm{T}}S & -\gamma I & D_{11}^{\mathrm{T}} \\ \hline C_1 & D_{11} & -\gamma I \end{array}\right)\tilde{\mathcal{N}}_S<0 \tag{5-18}$$

$$\begin{pmatrix} R & I \\ I & S \end{pmatrix}>0$$

式中，$\mathcal{N}_R$和$\mathcal{N}_S$分别代表$[B_2^{\mathrm{T}},D_{12}^{\mathrm{T}}]$和$[C_2,D_{21}]$的零空间的标准正交基，$\tilde{\mathcal{N}}_R=\left(\begin{array}{c|c} \mathcal{N}_R & 0 \\ \hline 0 & I \end{array}\right)$，$\tilde{\mathcal{N}}_S=\left(\begin{array}{c|c} \mathcal{N}_S & 0 \\ \hline 0 & I \end{array}\right)$。

Gahinel 和 Chilali 推导出上式求解方法的 MATLAB LMI 工具箱函数 hinfmix[34,38]。

3. 基于极点配置的状态反馈 H_∞鲁棒控制

1) 线性矩阵不等式区域

定义 5-5　对复平面 C 中的区域 D，如果存在一个对称矩阵$\alpha\in\mathbf{R}^{m\times m}$和矩阵$\beta\in\mathbf{R}^{m\times m}$，使得

$$D=\{s\in\mathbf{C}:f_D(s)<0\} \tag{5-19}$$

式中，矩阵值函数 $f_D(s):=\alpha+s\beta+\overline{s}\beta^{\mathrm{T}}=[\alpha_{kl}+s\beta_{kl}+\beta_{lk}\overline{s}]_{1\leqslant k,l\leqslant m}$ 称为 D 的特征函数，则称 D 是一个线性矩阵不等式区域(简记为 LMI 区域)[32,39]。

特征函数$f_D(s)$的取值是为 Hermitian 矩阵，$f_D(s)<0$ 表示$f_D(s)$是负定的。

由定义 5-5 可以看出，到复平面上的一个 LMI 区域就是某个以 s 和$\overline{s}$为变量的线性矩阵不等式矩阵，或者以 x=Re(s)和 y=Im(s)为变量的线性矩阵不等式的可行域。根据引理 5-1，这样的区域是凸的。进而，对任意的 $s\in D$，$\overline{s}\in D$。因此，LMI 区域关于复平面上的实轴是对称的。

对于系统$\dot{x}=Ax$，在 LMI 区域中的极点定位可描述为

$$\begin{aligned} M_D(A,X)&=\alpha\otimes X+\beta\otimes(AX)+\beta^{\mathrm{T}}\otimes(AX)^{\mathrm{T}} \\ &=[\alpha_{kl}X+\beta_{kl}AX+\beta_{lk}XA^{\mathrm{T}}]_{1\leqslant k,l\leqslant m} \end{aligned} \tag{5-20}$$

式中，X为对称正定矩阵。

定义 5-6(D-稳定性分析)　对复平面中给定的 LMI 区域 D 和矩阵 $A\in\mathbf{R}^{n\times n}$，如果矩阵的所有特征值都位于区域 D 中，即$\sigma(A)\in D$，则称 A 是 D-稳定的[32]。

引理 5-3　设 $X\in\mathbf{R}^{n\times n}$ 是一个 Hermitian 正定矩阵，则其实部 $\mathrm{Re}(X)$ 是一个对称正定矩阵[32]。

定理 5-2　给定由式(5-19)描述的 LMI 区域 D，则矩阵 $A\in\mathbf{R}^{n\times n}$ 是 D-稳定的充分必要条件是存在一个正定对称矩阵 $X\in\mathbf{R}^{n\times n}$，使得 $M_D(A,X)<0$，即系统 $\dot{x}=Ax$ 的所有极点都位于 LMI 区域 D 内[29,32,40]。

由定理 5-2，$M_D(A,X)$ 与 $f_D(s)$ 之间通过代换 $(X,AX,XA^{\mathrm{T}})\Leftrightarrow(1,s,\overline{s})$ 联系起来。

推论 5-1　给定两个 LMI 区域 D_1 和 D_2，则矩阵 $A\in\mathbf{R}^{n\times n}$ 同时是 D_1-稳定和 D_2-稳定的充分必要条件是存在一个对称正定矩阵 $X\in\mathbf{R}^{n\times n}$，使得 $M_{D_1}(A,X)<0$，$M_{D_2}(A,X)<0$ [32]。

以下列举两个 LMI 区域例子。

例 5-1　左半开复平面 $\mathbf{C}^-$ 是一个 LMI 区域，相应的特征函数是

$$f_{\mathbf{C}^-}(s)=s+\overline{s} \tag{5-21}$$

更一般地，如图 5-2 中阴影部分所示的半平面 $D=\{s\in\mathbf{C}:\mathrm{Re}(s)<-\alpha\}$ 也是一个 LMI 区域，它的特征函数是

$$f_{D_\alpha}=2\alpha+s+\overline{s} \tag{5-22}$$

例 5-2　考虑由图 5-3 中阴影部分所示的区域 D_{cs}：

$$D_{cs}=\left\{s=x+\mathrm{j}y:x,y\in\mathbf{R},\tan\beta<-\frac{|y|}{x}\right\} \tag{5-23}$$

容易验证是一个 LMI 区域，且它的特征函数是

$$f_{D_{cs}}(s)=\begin{bmatrix}\sin\beta(s+\overline{s}) & \cos\beta(s-\overline{s})\\ \cos\beta(\overline{s}-s) & \sin\beta(s+\overline{s})\end{bmatrix} \tag{5-24}$$

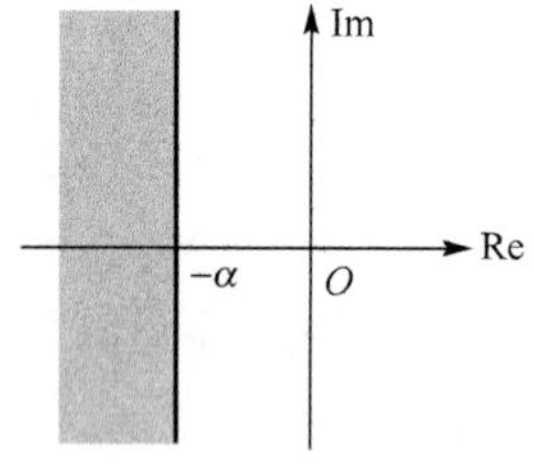

图 5-2　区域 D_α

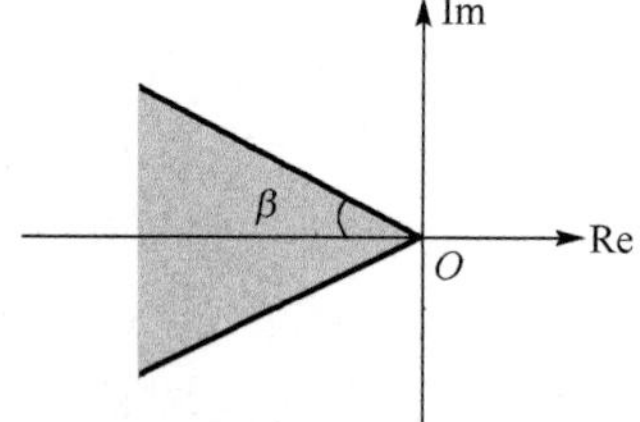

图 5-3　区域 D_{cs}

2) 线性时不变系统的状态反馈极点配置控制器设计

考虑线性时不变系统(式(5-14))，假设 (A, B_2, C_2) 可控，在状态反馈控制器 $u=Kx$ 下，从干扰到输出的传递函数为 T_{wz}，假设闭环 H_∞性能给定，设计状态反馈 K，使得：

(1) 闭环极点配置到一定的 LMI 稳定区域 D；

(2) 保证鲁棒 H_∞性能 $\|T_{wz}\|_\infty<\gamma$ 。

首先介绍将系统极点配置在左半开复平面某一区域内的主要目的。线性系统的瞬时响应与它的极点位置紧密相关，只要将闭环系统的极点配置在复平面上一个适当区域内，就能保证系统具有一定的动态和稳态特性。以二阶系统为例，设极点为 $\lambda=-\zeta\omega_n\pm \mathrm{j}\omega_t$，其阶跃响应可由无阻尼自然频率(或无阻尼振荡频率) $\omega_n=|\lambda|$、阻尼比(或相对阻尼系数) ζ 和阻尼自然频率 ω_t 完全决定。如果将 λ 配置在一个适当的区域内，则可保证 ζ、ω_n 和 ω_t 满足给定的界。从而保证系统具有满意的瞬时响应。考虑图 5-4 中阴影区域 $S(\alpha, r', \beta)$：

$$S(\alpha,r',\beta)=\{x+\mathrm{j}y\in\mathbf{C}: x<-\alpha, |x+\mathrm{j}y|<r', x\tan\theta<-|y|\} \tag{5-25}$$

式中，$\alpha>0$，r',β 给定。将闭环极点限定在这个区域内，可保证系统具有最小衰减度 α，最小阻尼 $\zeta=\cos\beta$ 和最大阻尼自然频率 $\omega_n=r'\sin\beta$。这将进一步保证系统的最大超调、衰减时间、上升时间、调节时间等过渡过程指标不超过由 ζ, ω_n 确定的界。

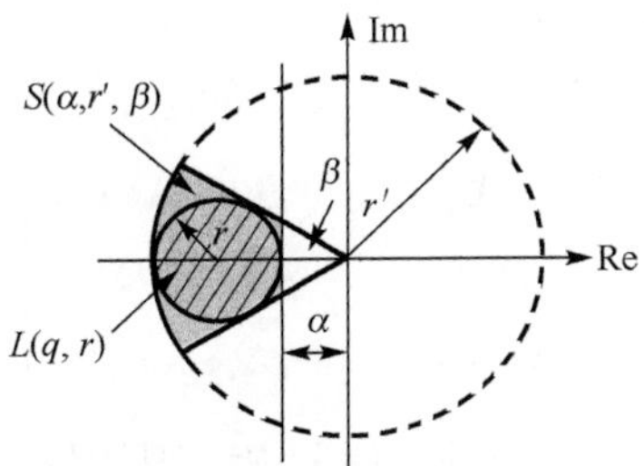

图 5-4　闭环极点配置区域 $S(\alpha,r',\beta)$ 和 $L(q,r)$

由于这个区域可以看成是一个具有 α-稳定度的半平面区域 D_α、一个圆盘和一个圆锥扇形 $S(0, 0, \beta)$ 这三个 LMI 的交。它的特征函数为上述三个特征函数的交。区域 $S(\alpha,r',\beta)$ 特征方程为

$$\begin{aligned}&s+\overline{s}+2\alpha<0\\&\begin{bmatrix}-r & s\\ \overline{s} & -r\end{bmatrix}<0\\&\begin{bmatrix}\sin\beta(s+\overline{s}) & \cos\beta(s-\overline{s})\\ \cos\beta(\overline{s}-s) & \sin\beta(s+\overline{s})\end{bmatrix}<0\end{aligned} \tag{5-26}$$

不易表达。它的内切圆域 $L(q,r)$ (图 5-4 所示的阴影圆域部分)

$$L(q,r)=\{x+\mathrm{j}y\in\mathbf{C}:|x+\mathrm{j}y-q|<r\} \tag{5-27}$$

其特征方程

$$D(r,q)=\{s\in\mathbf{C}:(s+q)(\overline{s}+q)-r^2<0\} \tag{5-28}$$

由 $r>0$ 可推出 $(s+q)(\overline{s}+q)-r^2<0$，等价于

$$\begin{bmatrix} -r & q+s \\ q+\overline{s} & -r \end{bmatrix} < 0 \tag{5-29}$$

因此，

$$f_{D(r,q)} = \begin{bmatrix} -r & q+s \\ q+\overline{s} & -r \end{bmatrix} = \begin{bmatrix} -r & q \\ q & -r \end{bmatrix} + s\begin{bmatrix} 0 & 1 \\ 0 & 0 \end{bmatrix} + \overline{s}\begin{bmatrix} 0 & 1 \\ 0 & 0 \end{bmatrix}^{\mathrm{T}} \tag{5-30}$$

只有一个表达式，易于数值处理。容易看出，利用这一圆形区域同样可以达到控制目的[41]。

假设 A_{cl}，B_{cl}，C_{cl}，D_{cl} 为 T_{wz} 的闭环实现，对图 5-4 所示的极点配置区域 $L(q,r)$，根据 $M_D(A_{\mathrm{cl}}, X)$ 与 $f_D(s)$ 之间的关系，由式(5-20)可得到满足闭环极点配置要求的 LMI 为：存在条件 $X_D>0$，使得

$$\begin{bmatrix} -rX_D & qX_D + A_{cl}X_D \\ qX_D + X_D A_{\mathrm{cl}}^{\mathrm{T}} & -rX_D \end{bmatrix} < 0 \tag{5-31}$$

由定理 5-1，保证鲁棒 H_∞ 性能 $\|T_{wz}\|_\infty < \gamma$ 的 LMI 为：存在 $X_\infty>0$，使得

$$\begin{bmatrix} A_{\mathrm{cl}}X_\infty + X_\infty A_{\mathrm{cl}}^{\mathrm{T}} & B_{\mathrm{cl}} & X_\infty C_{\mathrm{cl}}^{\mathrm{T}} \\ B_{\mathrm{cl}}^{\mathrm{T}} & -\gamma I & D_{\mathrm{cl}}^{\mathrm{T}} \\ C_{\mathrm{cl}}X_\infty & D_{\mathrm{cl}} & -\gamma I \end{bmatrix} < 0 \tag{5-32}$$

根据以上分析，归纳出以下圆域 $L(q,r)$ 极点配置状态反馈定理。

定理 5-3　对于系统(式(5-14))，给定 $\gamma>0$，存在正定对称矩阵 X 和 $L=KX$，满足如下不等式约束

$$\begin{bmatrix} -rX & qX + AX + B_2 L \\ qX + XA^{\mathrm{T}} + L^{\mathrm{T}}B_2^{\mathrm{T}} & -rX \end{bmatrix} < 0 \tag{5-33}$$

$$\begin{bmatrix} AX + XA^{\mathrm{T}} + B_2L + L^{\mathrm{T}}B_2^{\mathrm{T}} & B_1 & XC_1^{\mathrm{T}} + L^{\mathrm{T}}D_{12}^{\mathrm{T}} \\ B_1^{\mathrm{T}} & -\gamma I & D_{11}^{\mathrm{T}} \\ C_1X + D_{12}L & D_{11} & -\gamma I \end{bmatrix} < 0 \tag{5-34}$$

假设(X^*,L^*)为上述不等式约束的一个可行优化解，则状态反馈增益 $K^*=L^*(X^*)^{-1}$ 不仅可保证鲁棒 H_∞性能γ，且可保证闭环极点配置在圆域 $L(q,r)$ 内。r 是指极点配置在圆域的半径为 r。

证明　由式(5-14)及 $u=Kx$，可得 $A_{\mathrm{cl}}=A+B_2K$，$B_{\mathrm{cl}}=B_2$，$C_{\mathrm{cl}}=C_1+D_{12}K$，$D_{\mathrm{cl}}=D_{11}$。设 $X=X_D=X_\infty$和 $L=KX$，代入式(5-31)和式(5-32)便得出式(5-33)和式(5-34)。证毕。

定理 5-3 的不等式很容易通过 MATLAB LMI 工具箱函数 feasp 求解得到极点配置的状态反馈 K。

5.3　线性变参数控制理论

本节介绍 LPV 系统的定义、特性以及与 LTV 的关系，阐述 LPV 多胞系统、切换 LPV 系统控制方法以及极点配置在 LPV 系统的推广定理。

5.3.1　线性变参数控制理论的基本方法

线性变参数(LPV)控制理论是一种具有系统稳定性和保证动态性能的变增益技术，是基于线性矩阵不等式(LMI)的线性时不变(LTI)系统 H_∞控制理论在 LPV 系统上的推广。LPV 控制方法特别考虑了实时参数变化与系统性能之间的关系。在整个区域内的工作条件下，可设计具有系统性能和鲁棒性能理论保证的控制器，通过实时可测或可估计的参数改变系统增益。因此这种方法能改进系统的稳定性、动态性能指标和鲁棒性，适用于非线性系统的控制。LPV 控制方法是在参数集上建立一组 LMI、求解 LMI 的基础上，构建 LPV 控制器，当在参数集上的解存在时，所获得的 LPV 控制器保证闭环系统的稳定并具有一定的动态性能。

1. 线性化方法比较

LPV 系统是基于线性化思想的结果，这一思想是：用线性模型或一组线性模型建立非线性系统模型，用线性模型预测非线性模型的行为。线性化方法可概括为三种[28]：

(1) 关于平衡点线性化；

(2) 关于用参数表示的状态轨迹线性化；

(3) 完全线性化。

方法(1)表示具有 LTI 特性的非线性系统在平衡点附近的线性化。线性时不变系统的状态方程形式定义如下：

$$\begin{aligned}\dot{x} &= Ax + Bu \\ y &= Cx + Du\end{aligned} \tag{5-35}$$

式中，A、B、C、D 是不变的。

方法(2)用于非线性系统重复操纵轨迹或跟随指定轨迹输出，也用于当非线性系统能用一类线性化或参数线性化近似表示时的系统即 LPV 系统。其状态空间形式可表述为

$$\begin{aligned}&\dot{x} = A(\theta(t))x + B(\theta(t))u \\ &y = C(\theta(t))x + D(\theta(t))u \\ &\theta(t) \in \Theta, \quad \forall t \geqslant 0\end{aligned} \tag{5-36}$$

式中，状态空间矩阵 $A(\theta(t))$，$B(\theta(t))$，$C(\theta(t))$，$D(\theta(t))$ 是时变参数 $\theta(t)$ 的函数；时变参数 $\theta(t)$ 可实时在线测量且变化范围已知。系统动态方程转变为一组参数表示的线性时变系统，矩阵 A、B、C、D 随外部参数 $\theta(t)$ 变化。

方法(3)用于用一组线性时变系统表示的非线性系统，通常称为线性微分包含

(linear differential inclusions，LDI)。典型的 LDI 形式如下：

$$\begin{aligned}\dot{x} &= (A + \varDelta_A(t))x + (B + \varDelta_B(t))u \\ y &= (C + \varDelta_C(t))x + (D + \varDelta_D(t))u\end{aligned} \tag{5-37}$$

式中，假设 $\varDelta_A(t)$、$\varDelta_B(t)$、$\varDelta_C(t)$、$\varDelta_D(t)$ 是不确知的，但范围已知。

综上所述，LTI 系统是 LPV 系统在 $\theta(t)$ 不变情况下的特例，是 LDI 系统在零不确定下的特例(即 $\varDelta_A(t)=\varDelta_B(t)=\varDelta_C(t)=\varDelta_D(t)=0$)。很显然，LTI 模型仅局限于非线性系统在平衡点附近局部线性化。与之相反，LPV 和 LDI 模型能通过参数表达系统的动态特性和不确定性，反映系统的全部特性。然而，LPV 和 LDI 模型有很多种轨迹，这些轨迹不是非线性系统的实际轨迹。例如，考虑简单的非线性系统[28]：$\dot{x} = x^3$，其中假设 $x(t)$ 在 $(0,3)$。该非线性系统用 LPV 模型可表示为：$\dot{x} = \theta^2 x$，$\theta \in (0,3)$。也可用 LDI 模型表示为：$\dot{x} = [4.5 + \Delta x]x$，$\Delta x \in [-4.5, 4.5]$。因此，两个系统都比实际系统具有更多的保守性。在此例中，LPV 模型要比 LDI 模型更精确。

2. LPV 与 LTV 的关系

如果将时间 t 作为参数，则 LTV 系统的定义与 LPV 系统相似。但二者还是有明显的不同之处。

主要的区别在于参数的信息。LTV 系统的参数事先是完全知道的，而 LPV 系统的参数大多是通过实时测量获得的[22]。如果参数轨迹固定，相应的 LPV 系统可以简化为 LTV 系统。但若参数的轨迹在允许的实际空间任意选择，则 LPV 系统表示一族 LTV 系统。

另一个区别在于参数集合 $\varTheta$。在 LPV 系统的定义中，$\varTheta$ 是紧集，而 LTV 系统中的时间 t 是无边界的。通常可以用参数表示 LTV 系统的时间依赖，并定义一个有界集，可将 LTV 系统带有保守性地转换为 LPV 系统。

3. 广义 LPV 系统

针对如图 5-5 所示的广义 LPV 系统，用状态空间描述为[21]

$$\begin{aligned}\dot{x} &= A(\theta(t))x + B_1(\theta(t))w + B_2(\theta(t))u \\ z &= C_1(\theta(t))x + D_{11}(\theta(t))w + D_{12}(\theta(t))u \\ y &= C_2(\theta(t))x + D_{21}(\theta(t))w\end{aligned} \tag{5-38}$$

式中，$x \in \mathbf{R}^n$ 表示系统状态；$u \in \mathbf{R}^{m_2}$ 表示控制输入；$y \in \mathbf{R}^{p_2}$ 表示测量输出；$w \in \mathbf{R}^{m_1}$ 表示干扰输入；$z \in \mathbf{R}^{p_1}$ 表示被控输出；$A \in \mathbf{R}^{n\times n}$，$D_{12} \in \mathbf{R}^{p_1\times m_1}$，$D_{21} \in \mathbf{R}^{p_2\times m_2}$；$B_1$、$B_2$、$C_1$、$C_2$、$D_{11}$ 均为适维矩阵。图 5-5 中 $P(s,\theta)$ 表示对 LPV 被控对象(5-36)：

$$P(s,\theta) := \begin{pmatrix} A(\theta(t)) & B_1(\theta(t)) & B_2(\theta(t)) \\ C_1(\theta(t)) & D_{11}(\theta(t)) & D_{12}(\theta(t)) \\ C_2(\theta(t)) & D_{21}(\theta(t)) & 0 \end{pmatrix}$$

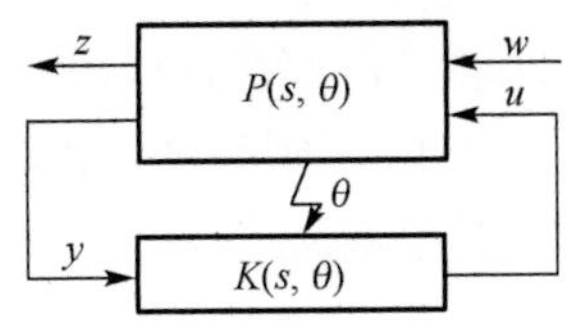

图 5-5 广义 LPV 系统

假设$\theta(t)$是先验不确知的，但是实时可测的或实时估计的，其范围在已知紧集Θ内，且其导数是有界的，Θ称为参数空间。$\theta(t)$的导数在另一个包含原点并且可能是无界的集合中。状态空间矩阵$A(\theta(t))$, $B_1(\theta(t))$, …是时变参数$\theta(t)$的函数，称这个系统为 LPV 系统。若$\theta(t)$依赖于系统动态(特别是依赖 x)，则系统(5-38)称为 QLPV 系统。若$\theta(t)$独立于系统动态(包括 x、w、u)，则系统(5-38)称为 LPV 系统。在许多实践中，QLPV 系统能够像 LPV 系统一样处理，因此在以后的叙述中，除非必要，将不加以区分。

5.3.2 LPV 多胞系统

定义 5-7 矩阵多胞(matrix polytope)可定义成由有限个顶点矩阵ω_i所组成的凸体，ω_i具有相同的维数。具体可描述为[13,40]

$$\text{Co}\{\omega_i, i=1,2,\cdots,N\} =: \left\{\sum_{i=1}^{N} a_i\omega_i : \sum_{i=1}^{N} a_i = 1, a_i \geqslant 0\right\} \tag{5-39}$$

根据实有界定理(定理 5-1)，可给出二次H_∞性能的定义 5-8。

定义 5-8(二次 H_∞性能) 关于线性变参数系统(5-36)具有二次 H_∞性能γ [13,40](即在变参数$\theta(t)$的允许变化范围Θ内，Lyapunov 函数$V(x)=x^{\mathrm{T}}Xx$渐近稳定，且输入/输出的 l_2 范数界为γ，即$\|y\|_2<\gamma\|u\|_2$)充要条件是：存在单一的正定对称矩阵 X 在变参数$\theta(t)$的允许变化范围内，满足线性矩阵不等式

$$B^{o}_{[A(\theta(t)),B(\theta(t)),C(\theta(t)),D(\theta(t))]}(X,\gamma)<0 \tag{5-40}$$

对 LPV 系统(5-36)作以下假设限制：

(1) 仿射参数依赖，即$A(\theta(t))$、$B(\theta(t))$、$C(\theta(t))$、$D(\theta(t))$仿射依赖于$\theta(t)$；

(2) $\theta(t)$在顶点为 ω_1、ω_2、…、ω_N的多胞内变化，即$\theta(t)\in\Theta:=\text{Co}\{\omega_1,\omega_1,\cdots,\omega_N\}$。

以上限制缩小了 LPV 所描述的模型范围，但实际的系统对象常常是满足这两点限制的。文献[19]和[35]将假设(1)放宽为$A(\theta(t))$、$B(\theta(t))$、$C(\theta(t))$、$D(\theta(t))$的非线性函数。则系统矩阵$A(\theta(t))$、$B(\theta(t))$、$C(\theta(t))$、$D(\theta(t))$的变化范围是在多胞内的，该多胞的顶点是由时变参数$\theta(t)$所处多胞的顶点 ω_1、ω_2、…、ω_N映射所构成，即

$$\begin{pmatrix} A(\theta(t)) & B(\theta(t)) \\ C(\theta(t)) & D(\theta(t)) \end{pmatrix} \in \rho := \text{Co}\left\{\begin{pmatrix} A_i & B_i \\ C_i & D_i \end{pmatrix} = \begin{pmatrix} A(\omega_i) & B(\omega_i) \\ C(\omega_i) & D(\omega_i) \end{pmatrix}, i=1,2,\cdots,N\right\} \tag{5-41}$$

定义 5-9　若 LPV 系统的系统矩阵 $A(\theta(t))$、$B(\theta(t))$、$C(\theta(t))$、$D(\theta(t))$ 依赖于变参数 $\theta(t)$，且 $\theta(t)$ 变化于一多胞内，则称该 LPV 系统为多胞系统[13]。

定理 5-4（顶点性质）　对于线性变参数对象(5-36)，变参数 $\theta(t)$ 在以 ω_1、ω_2、…、ω_r 为顶点的多胞内变化，即 $\theta(t)\in\Theta := \mathrm{Co}\{\omega_1,\omega_1,\cdots,\omega_N\} =: \left\{\sum_{i=1}^{N} a_i\omega_i : a_i \geqslant 0, \sum_{i=1}^{N} a_i = 1\right\}$，同时状态空间矩阵在矩阵多胞内变化，即满足式(5-41)，则下列三项等价[13]。

(1) 此系统稳定，同时具有二次 H_∞ 性能 γ。

(2) 存在一个单一的正定矩阵 X，对于所有的 $\begin{pmatrix} A(\theta(t)) & B(\theta(t)) \\ C(\theta(t)) & D(\theta(t)) \end{pmatrix} \in \rho$，满足 $B^{o}_{[A(\theta(t)),B(\theta(t)),C(\theta(t)),D(\theta(t))]}(X,\gamma) < 0$。

(3) 存在正定矩阵 X 满足下列 LMI：$B^{o}_{[A_i,B_i,C_i,D_i]}(X,\gamma) < 0, i = 1,2,\cdots,N$。

可见，定理 5-4 是定理 5-1 在 LPV 系统上的推广。

5.3.3　切换 LPV 系统简介

考虑以时变参数 θ 为函数的 LPV 系统，假设 θ 属于紧集 $\Theta \subset \mathbf{R}^s$，$\theta$ 的导数 $\dot{\theta}$ 的变化范围为 $\underline{v}_k \leqslant \dot{\theta} \leqslant \overline{v}_k$，$k=1,2,\cdots,s$。变参数 θ 是实时在线可测量或可计算的[15,42]。为叙述方便，定义 $\mathcal{V} =: \{v : \underline{v}_k \leqslant v_k \leqslant \overline{v}_k, k = 1,2,\cdots,s\}$，$\mathcal{V}$ 是在 $\mathbf{R}^s$ 中包含原点的凸多面体。假设参数集 Θ 被切换表面 S_{ij} $(i, j\in Z_N, Z_N=\{1,2,\cdots,N\}$ 为索引集) 分为有限的封闭子集 $\{\Theta_i\}_{i\in Z_N}$。则在每个参数子集中，系统的动态行为由下列方程确定：

$$\begin{aligned} \dot{x} &= A_i(\theta)x + B_{1i}(\theta)w + B_{2i}(\theta)u \\ z &= C_{1i}(\theta)x + D_{11i}(\theta)w + D_{12i}(\theta)u \\ y &= C_{2i}(\theta)x + D_{21i}(\theta)w \end{aligned} \tag{5-42}$$

式中，$x\in\mathbf{R}^n$ 表示系统状态；$w\in\mathbf{R}^{n_w}$ 表示外部输入；$z\in\mathbf{R}^{n_z}$ 表示被控输出；$u\in\mathbf{R}^{n_u}$ 表示控制输入；$y\in\mathbf{R}^{n_y}$ 表示测量输出。所有状态空间数据都是时变参数 θ 的连续函数，并且每个 LPV 模型都具有相同数量的状态。且假设：

(1) 对所有参数 θ，$A_i(\theta)$、$B_{2i}(\theta)$、$C_{2i}(\theta)$ 是参数依赖稳定和可检测的；

(2) 对所有参数 θ，矩阵函数 $[B_{2i}^{\mathrm{T}}(\theta), D_{12i}^{\mathrm{T}}(\theta)]$ 和 $[B_{2i}^{\mathrm{T}}(\theta), D_{12i}^{\mathrm{T}}(\theta)]$ 行满秩；

(3) $D_{11i}(\theta) = 0$。

条件(3)可以放宽，但控制器公式将变得很复杂。

切换 LPV 控制技术允许在不同的子集中使用最合适的控制器，并根据参数的演化在各控制器中切换。这将有利于提供控制性能和增加设计的灵活性。在文献[42]中，控制器的状态在切换前后被保存，这将导致非凸矩阵优化问题。本小节采用文献[15]的方法，在控制器切换的瞬时，控制器状态被重置。因此，将控制器设计问题转化为 LMI 优化问题，容易求解。具有状态重置的切换 LPV 控制器状态方程为

$$\begin{cases}\begin{bmatrix}\dot{x}_k(t)\\u(t)\end{bmatrix}=\begin{bmatrix}A_{ki}(\theta,\dot{\theta}) & B_{ki}(\theta)\\C_{ki}(\theta) & D_{ki}(\theta)\end{bmatrix}\begin{bmatrix}x_k(t)\\y(t)\end{bmatrix}, & \forall\theta\in\Theta_i\\x_k(t^+)=x_{kj}(t), & \forall\theta\in S_{ij}\end{cases}\tag{5-43}$$

式中，控制器状态 $x_k\in\mathbf{R}^{n_k}$ 的维数 $n_k=n$。每个控制器工作在特定的子集 Θ_i 中。控制器状态在 Θ_i 的演化是连续的。

当参数轨迹触到切换表面 S_{ij} 时，控制器的状态被重置为选择的控制器状态。则闭环 LPV 系统可以描述为

$$\begin{cases}\begin{bmatrix}\dot{x}_{\mathrm{cl}}(t)\\z(t)\end{bmatrix}=\begin{bmatrix}A_{\mathrm{cl}}\sigma(\theta,\dot{\theta}) & B_{\mathrm{cl}}\sigma(\theta)\\C_{\mathrm{cl}}\sigma(\theta) & D_{\mathrm{cl}}\sigma(\theta)\end{bmatrix}\begin{bmatrix}x_{\mathrm{cl}}(t)\\w(t)\end{bmatrix}, & \forall\theta\in\Theta_i\\x_{\mathrm{cl}}(t^+)=[x(t)\ x_{kj}(t)], & \forall\theta\in S_{ij}\end{cases}\tag{5-44}$$

式中，$x_{\mathrm{cl}}\in\mathbf{R}^{n+n_k}$（$x_{\mathrm{cl}}^{\mathrm{T}}=[x^{\mathrm{T}}(t)\quad x_k^{\mathrm{T}}(t)]$）；$\sigma$为切换信号，定义为分段定值函数，其值表示处于活动状态参数集，并确定了被控对象和控制器的动态行为。每个控制器在特定区域内使开环系统具有良好稳定性，同时保证闭环系统在切换时稳定。

5.3.4　多胞变增益状态反馈 H_∞控制

定义 5-10（二次 D-稳定）　关于θ的线性变参数系统 $\dot{x}=A(\theta)x$，当θ为固定值时其在 LMI 区域 D 中的极点定位可通过下式描述[43]：

$$M_D(A(\theta),X)=\alpha\otimes X+\beta\otimes(A(\theta)X)+\beta^{\mathrm{T}}\otimes(A(\theta)X)^{\mathrm{T}}$$

即

$$M_D(A(\theta),X)=[\alpha_{kl}X+\beta_{kl}A(\theta)X+\beta_{lk}XA^{\mathrm{T}}(\theta)]_{1\leqslant k,l\leqslant m}\tag{5-45}$$

式中，X 为正定对称矩阵。因此，$M_D(A(\theta),X)$与 $f_D(s)$之间通过代换$(X,A(\theta)X,XA^{\mathrm{T}}(\theta))\Leftrightarrow(1,s,\bar{s})$联系起来。则由定理 5-2 可得：矩阵 $A(\theta)\in\mathbf{R}^{n\times n}$ 是 D-稳定的充分必要条件为：存在一个正定对称矩阵 $X\in\mathbf{R}^{n\times n}$，对所有$\theta$，使得 $M_D(A(\theta),X)<0$，即系统 $\dot{x}=A(\theta)x$ 的所有极点都位于 LMI 区域 D 内。

定理 5-5（基于极点配置的顶点性质）　对于线性变参数多胞对象（式(5-36)），变参数 $\theta(t)$ 在以顶点 $\omega_1,\omega_2,\cdots,\omega_N$ 的多胞内变化，即 $\theta(t)\in\Theta:=\mathrm{Co}\{\omega_1,\omega_1,\cdots,\omega_N\}=:\left\{\sum_{i=1}^{N}a_i\omega_i:a_i\geqslant0,\sum_{i=1}^{N}a_i=1\right\}$，同时状态空间矩阵在矩阵多胞内变化，即满足式(5-41)，则下列三项等价[13,43]。

(1) 此系统二次 D-稳定，同时具有二次 H_∞性能γ。

(2) 在一个单一的正定对称矩阵 X，对于所有的$\begin{pmatrix}A(\theta(t)) & B(\theta(t))\\C(\theta(t)) & D(\theta(t))\end{pmatrix}\in\rho$，满足

$B^{o}_{[A(\theta(t)),B(\theta(t)),C(\theta(t)),D(\theta(t))]}(X,\gamma)<0$， $M_D(A(\theta),X)<0$。

(3) 存在正定矩阵 X 满足下列 LMIs： $B^{o}_{[A_i,B_i,C_i,D_i]}(X,\gamma)<0, i=1,2,\cdots,N$， $M_D(A_i,X)<0$。

定理 5-5 是定理 5-1 在基于极点配置的 LPV 系统的推广。

5.4 船舶航向 LPV 控制

本节介绍船舶运动方程的线性化方法，推导船舶运动的 LPV 模型，在系统研究基于 H_∞的 LPV 输出反馈控制和切换 LPV 输出反馈控制的算法的基础上，设计船舶运动的航向控制器。

5.4.1 船舶运动模型 LPV 表示

1. 船舶运动的线性化

MMG 船舶操纵运动方程可归纳为[25]

$$\begin{cases}\dot{u}=(X_H+X_P+X_R+(m+m_y)vr)/(m+m_x)\\ \dot{v}=(Y_H+Y_P+Y_R-(m+m_x)ur)/(m+m_y)\\ \dot{r}=(N_H+N_P+N_R)/(I_{zz}+J_{zz})\\ \dot{\varphi}=r\\ \dot{x}_{G0}=u\cos\varphi-v\sin\varphi\\ \dot{y}_{G0}=u\sin\varphi+v\cos\varphi\\ 2\pi(I_{pp}+J_{pp})\dot{n}=Q_e-Q_p-Q_f\\ T_E\dot{\delta}=K_E(\delta_E-\delta)\end{cases} \tag{5-46}$$

式中，u、v 和 r 分别为船舶运动的速度分量及转艏角速度；$G0$ 为船舶重心；x_{G0}、y_{G0} 分别为船舶重心 $G0$ 在固定坐标系中的坐标；φ 为航向角；δ 为实际舵角；δ_E 为命令舵角；$I_{zz}+J_{zz}$ 表示船体转艏惯性项；H 表示船体黏性项；P 表示螺旋桨；R 表示舵；X、Y、N 分别为船体上的外力和外力矩；n 为主机转速；I_{pp}、J_{pp} 为柴油机及螺旋桨与轴系的转动惯性矩；Q_e 为主机发出的转矩；Q_p 为螺旋桨吸收的转矩；Q_f 为轴系由摩擦而消耗的转矩；K_E 为舵机控制增益，一般约为 1；T_E 为舵机时间常数，一般约为 2.5s。

根据 MMG 模型，由船舶运动特点，可简化成线性船舶运动数学模型[25]：

$$\begin{aligned}&(m+m_x)\Delta\dot{u}=X_u\Delta u\\ &(m+my)\dot{v}+(m+m_x)u_0r=Y_v v+Y_r r+Y_\delta\delta\\ &(I_{zz}+J_{zz})\dot{r}=N_v v+N_r r+N_\delta\delta\end{aligned} \tag{5-47}$$

若暂不考虑纵向速度变化的影响，则式(5-47)中的第一式可除去，其余两项改写为

$$\begin{aligned}(m+m_y)\dot{v} &= Y_v v + (Y_r-(m+m_x)u_0)r + Y_\delta \delta \\ (I_{zz}+J_{zz})\dot{r} &= N_v v + N_r r + N_\delta \delta\end{aligned} \tag{5-48}$$

对式(5-48)进一步简化和推导并进行拉氏变换，可得二阶响应模型的舵角δ到转艏角速度 r 的传递函数

$$H(s)=\frac{r(s)}{\delta(s)}=\frac{K(1+T_3 s)}{(1+T_1 s)(1+T_2 s)} \tag{5-49}$$

式中，$T_1T_2=[(m+m_y)(I_{zz}+J_{zz})]/C$；$T_1+T_2=[-(m+m_y)N_r-(I_{zz}+J_{zz})Y_v]/C$；$T_3=[(m+m_y)N_\delta]/(N_vY_\delta-N_\delta Y_v)$；$K=[N_vY_\delta-N_\delta Y_v]/C$；$C=Y_vN_r-N_v[Y_r-(m+m_x)u_0]$。

船舶运动时呈现大惯性，并且操舵机构的能量有限，能提供的舵叶运动速度通常低于 3°/s，因此船舶运动具有低频特征。式(5-49)在低频下可降为一阶模型

$$H(s)=\frac{r(s)}{\delta(s)}\approx\frac{K}{Ts+1} \tag{5-50}$$

式中，K 与式(5-49)中相同。二阶转艏响应模型也可近似简化为一阶转艏响应模型，即

$$T\dot{r}+r=K\delta \tag{5-51}$$

式(5-51)也称为野本(Nomoto)方程[25]。

结合式(5-46)，将船舶运动的一阶转艏模型表示为船舶航向控制的状态方程：

$$\begin{bmatrix}\dot{\varphi}\\ \dot{r}\\ \dot{\delta}\end{bmatrix}=\begin{bmatrix}0 & 1 & 0\\ 0 & \frac{-1}{T} & \frac{K}{T}\\ 0 & 0 & \frac{-K_E}{T_E}\end{bmatrix}\begin{bmatrix}\varphi\\ r\\ \delta\end{bmatrix}+\begin{bmatrix}0\\ \frac{1}{T}\\ 0\end{bmatrix}w+\begin{bmatrix}0\\ 0\\ \frac{K_E}{T_E}\end{bmatrix}\delta_E \tag{5-52}$$

式中，w 为外界干扰；K 为舵转艏力矩系数与阻尼系数之比；T 为惯性力矩与阻力力矩之比。

2. 船舶运动方程的 LPV 表示

据船舶参数和装载情况，在一定船速下可计算出 K、T 指数的数值。K、T 指数与船舶航速 V 以及船长 L 存在如下关系[44]：

$$\begin{aligned}T &= T'L/V \\ K &= K'V/L\end{aligned} \tag{5-53}$$

式中，K'、T'指数为 K、T 指数的无因次化，与船速度无关。由 K、T 指数的计算公式可知，K'、T'指数是船舶吃水 d 的函数，在不同的吃水 d(载重量)条件下，K'、T'指数是不同的。K'、T'指数与吃水 d 的关系如图 5-6 所示，在设计水线以下，K'、T'指数可回归为 d 的一次函数[45]。但对某一吃水的船舶运动仿真时，K'、T'指数基本不变。

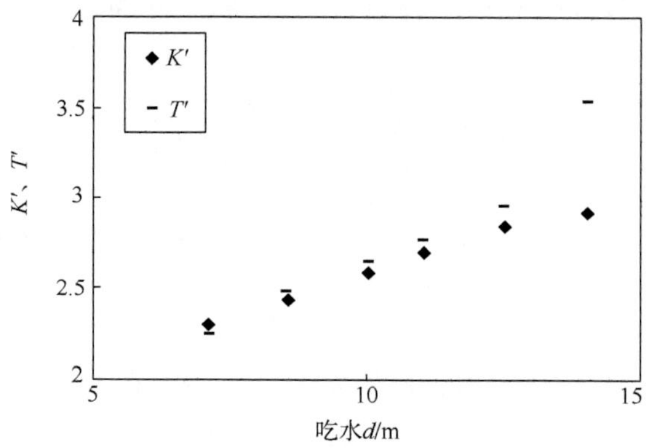

图 5-6　K'、T'指数与吃水 d 的关系

在船舶某一吃水下，将式(5-53)代入式(5-52)，令 $x_1=\varphi$，$x_2=r$，$x_3=\delta$，$x=[x_1,x_2,x_3]^{\mathrm{T}}$，$u=\delta_E$，以及变参数 $\theta=V$，取航向为系统输出，可得形如(5-38)的船舶运动 LPV 方程：

$$\begin{aligned}\dot{x}&=A(\theta)x+B_1(\theta)w+B_2u\\ z&=C_1x\\ y&=C_2x\end{aligned}\tag{5-54}$$

式中，$A(\theta)=\begin{bmatrix}0 & 1 & 0\\ 0 & -\dfrac{\theta}{T'L} & \dfrac{K'\theta^2}{T'L^2}\\ 0 & 0 & \dfrac{-K_E}{T_E}\end{bmatrix}$；$B_1(\theta)=\begin{bmatrix}0\\ \dfrac{\theta}{T'L}\\ 0\end{bmatrix}$；$B_2=\begin{bmatrix}0\\ 0\\ \dfrac{K_E}{T_E}\end{bmatrix}$；$C_1=C_2=[1\ 0\ 0]$；$D_{11}=D_{12}=D_{21}=0$。

若考虑吃水的影响，K'、T'指数表示为 d 的函数，令 $\theta_1=V$，$\theta_2=d$，$\theta=[\theta_1,\theta_2]^{\mathrm{T}}$，则船舶运动方程可进一步表示为

$$\begin{aligned}\dot{x}&=A(\theta)x+B_1(\theta)w+B_2u\\ z&=C_1x\\ y&=C_2x\end{aligned}\tag{5-55}$$

式中，$A(\theta)=\begin{bmatrix} 0 & 1 & 0 \\ 0 & -\dfrac{\theta_1}{T'(\theta_2)L} & \dfrac{K'(\theta_2)\theta_1^2}{T'(\theta_2)L^2} \\ 0 & 0 & \dfrac{-K_E}{T_E} \end{bmatrix}$；$B_1(\theta)=\begin{bmatrix} 0 \\ \dfrac{\theta_1}{T'(\theta_2)L} \\ 0 \end{bmatrix}$；$B_2=\begin{bmatrix} 0 \\ 0 \\ \dfrac{K_E}{T_E} \end{bmatrix}$；$C_1=C_2=[1\ 0\ 0]$；$D_{11}=D_{12}=D_{21}=0$。

在不考虑船舶吃水影响的条件下，采用船舶运动 LPV 方程(5-54)分别设计试航状态和满载状态的船舶航向控制器。

5.4.2　LPV 多胞输出反馈航向控制

1. LPV 系统多胞输出反馈控制算法

1) LPV 系统多胞输出反馈控制器

对广义线性变参数系统(5-38)，可表示为多胞系统：

$$\begin{pmatrix} A(\theta(t)) & B_1(\theta(t)) & B_2(\theta(t)) \\ C_1(\theta(t)) & D_{11}(\theta(t)) & D_{12}(\theta(t)) \\ C_2(\theta(t)) & D_{21}(\theta(t)) & 0 \end{pmatrix} \in \rho := \mathrm{Co}\left\{ \begin{pmatrix} A_i & B_{1i} & B_{2i} \\ C_{1i} & D_{11i} & D_{12i} \\ C_{2i} & D_{21i} & 0 \end{pmatrix}, i=1,2,\cdots,N \right\} \tag{5-56}$$

式中，$A_i, B_{1i}, \cdots$表示$A(\theta(t)), B_1(\theta(t)), \cdots$，在顶点$\theta(t)=\omega_i$所对应的多胞系统。

为了达到变参数$\theta(t)$在作用域的任何轨迹条件下系统都能有很好的动态性能和鲁棒性这一要求，控制律必须考虑系统时变特性。因此，控制器必须含有与被控系统相同的时变参数$\theta(t)$。设计与被控系统具有同样结构的 LPV 输出反馈控制器[13,20] $u=K(\theta(t))y$，K 的结构如下：

$$\begin{aligned} \dot{x}_k &= A_k(\theta(t))x_k + B_k(\theta(t))y \\ u &= C_k(\theta(t))x_k + D_k(\theta(t))y \end{aligned} \tag{5-57}$$

式中，$x_k \in \mathbf{R}^{n_k}$表示控制器状态；A_k, B_k, C_k, D_k表示控制器状态矩阵。控制器可保证对于图 5-5 所示的闭环系统具有二次 H_∞性能γ，即保证：

(1) 对于所有在Θ内的对象，闭环系统达到二次稳定。

(2) 对参数$\theta(t)$在Θ范围变化，满足$\|z\|_2<\gamma\|w\|_2$。

这种控制器含有实时测量的参数，可以保证系统在大范围内具有稳定性和系统动态性能，是时不变系统输出反馈控制器的推广。作为系统动态性能与鲁棒性的折中，系统也应容易控制。值得注意的是，图 5-5 所示的控制结构可完全类似地用于 H_∞控制设计问题。这种形式可允许在 LPV 控制器设计过程中采用积分 LTI 性能和鲁棒性的方法。所采用的控制技术自动地实现变增益控制，并在作用域内具有全局的稳定性和鲁棒性。

控制器的阶次 k 由矩阵 $A_k(\theta)$ 决定，令

$$\Omega(\theta) := \begin{pmatrix} A_k(\theta) & B_k(\theta) \\ C_k(\theta) & D_k(\theta) \end{pmatrix} \tag{5-58}$$

则闭环系统可以描述为下列形式：

$$\begin{aligned} \dot{x}_{\mathrm{cl}} &= A_{\mathrm{cl}}(\theta(t))x_{\mathrm{cl}} + B_{\mathrm{cl}}(\theta(t))y \\ z &= C_{\mathrm{cl}}(\theta(t))x_{\mathrm{cl}} + D_{\mathrm{cl}}(\theta(t))y \end{aligned} \tag{5-59}$$

式中，x_{cl} 表示闭环系统状态；A_{cl}, B_{cl}, C_{cl}, D_{cl} 表示闭环系统状态矩阵，$A_{\mathrm{cl}}(\theta)=A_0(\theta)+b(\theta)\Omega(\theta)c(\theta)$，$B_{\mathrm{cl}}(\theta)=B_0(\theta)+b(\theta)\Omega(\theta)d_{21}(\theta)$，$C_{\mathrm{cl}}(\theta)=C_0(\theta)+d_{12}(\theta)\Omega(\theta)c(\theta)$，$D_{\mathrm{cl}}(\theta)=D_{11}(\theta)+d_{12}(\theta)\Omega(\theta)d_{21}(\theta)$。其中，$A_0(\theta)=\begin{pmatrix} A(\theta) & 0 \\ 0 & 0_{k\times k} \end{pmatrix}$, $B_0(\theta)=\begin{pmatrix} B_1(\theta) \\ 0 \end{pmatrix}$, $C_0(\theta)=(C_1(\theta) \ \ 0)$，$b(\theta)=\begin{pmatrix} 0 & B_2(\theta) \\ I_k & 0 \end{pmatrix}$，$c(\theta)=\begin{pmatrix} 0 & I_k \\ C_2(\theta) & 0 \end{pmatrix}$，$d_{12}(\theta)=(0 \ \ D_{12}(\theta))$，$d_{21}(\theta)=\begin{pmatrix} 0 \\ D_{21}(\theta) \end{pmatrix}$。

假设 5-1 对式(5-38)表示的对象模型提出以下约束：

(1) $B_2(\theta(t))$，$C_2(\theta(t))$，$D_{12}(\theta(t))$，$D_{21}(\theta(t))$ 非仿射依赖于变参数 $\theta(t)$，即对于 $i=1,2,\cdots,N$，所有 $B_{2i}=B_2$，$C_{2i}=C_2$，$D_{12i}=D_{12}$，$D_{21i}=D_{21}$；

(2) 当变参数 $\theta(t)$ 在 Θ 内变化，系统 $(A(\theta), B_2)$ 和 $(A(\theta), C_2)$ 分别为二次稳定和可检的。

由顶点特性定理 5-4，可推出 LPV 多胞输出反馈控制器的结构定理 5-6。

定理 5-6 对于线性变参数多胞对象(式(5-38))，且满足假设 5-1。给定一个正数 γ，以下陈述等价[13]。

(1) 存在一个 k 阶 LPV 控制器满足二次 H_∞ 性能指标 γ。

(2) 存在某一 $(n+k)\times(n+k)$ 的正定矩阵 X_{cl} 和 k 阶 LTI 控制器 $\Omega_i=\begin{pmatrix} A_{ki} & B_{ki} \\ C_{ki} & D_{ki} \end{pmatrix}$ 满足

$$B^{o}_{[A_{\mathrm{cl}}(\omega_i),B_{\mathrm{cl}}(\omega_i),C_{\mathrm{cl}}(\omega_i),D_{\mathrm{cl}}(\omega_i)]}(X_{\mathrm{cl}},\gamma)<0, \quad i=1,2,\cdots,N \tag{5-60}$$

式中，A_{ki}, B_{ki}, C_{ki}, D_{ki} 为在顶点 i 处的控制器系数；ω_1, ω_2, $\cdots$, ω_N 是凸胞 Θ 的顶点；$A_{\mathrm{cl}}(\omega_i)=A_0(\omega_i)+b(\omega_i)\Omega(\omega_i)c(\omega_i)$，$\cdots$。

如果(2)满足，可得一个可行的 LPV 多胞控制器

$$\begin{pmatrix} A_k(\theta) & B_k(\theta) \\ C_k(\theta) & D_k(\theta) \end{pmatrix} := \sum_{i=1}^{N} a_i\Omega_i = \sum_{i=1}^{N} a_i \begin{pmatrix} A_{ki} & B_{ki} \\ C_{ki} & D_{ki} \end{pmatrix} \tag{5-61}$$

2) LPV 输出反馈控制器有解条件

现在问题是如何得到控制器(5-61)，保证图 5-5 所示的闭环系统的二次 H_∞ 性能指标 γ。如果能得到该控制器，将保证：在整个 Θ 范围内系统稳定；对所有可能的轨迹 $\theta(t)\in\Theta$ 有 $\|z\|_2<\gamma\|w\|_2$。

因此，LPV 合成的核心问题是计算单一的 Lyapunov 矩阵 X_{cl} 和顶点 LTI 控制器 Ω_i 满足不等式(5-60)。控制器有解的条件由以下凸可解性条件定理给出。

定理 5-7　考虑连续 LPV 多胞系统(5-56)，设 $\mathcal{N}_R$ 和 $\mathcal{N}_S$ 分别代表 $[B_2^{\mathrm{T}}, D_{12}^{\mathrm{T}}]$ 和 $[C_2, D_{21}]$ 的零空间，则存在 LPV 控制器在所有参数轨迹的凸集内确保二次 H_∞ 性能指标 γ 的充分必要条件是存在两个对称矩阵 $R \in \mathbf{R}^{n\times n}$ 与 $S \in \mathbf{R}^{n\times n}$ 满足线性矩阵不等式[13]：

$$\begin{cases} \tilde{\mathcal{N}}_R^{\mathrm{T}} \left(\begin{array}{cc|c} AR + RA^{\mathrm{T}} & RC_1^{\mathrm{T}} & B_1 \\ C_1 R & -\gamma I & D_{11} \\ \hline B_1^{\mathrm{T}} & D_1^{\mathrm{T}} & -\gamma I \end{array}\right) \tilde{\mathcal{N}}_R < 0 \\ \tilde{\mathcal{N}}_S^{\mathrm{T}} \left(\begin{array}{cc|c} A^{\mathrm{T}} S + SA & SB_1 & C_1^{\mathrm{T}} \\ B_1^{\mathrm{T}} S & -\gamma I & D_{11}^{\mathrm{T}} \\ \hline C_1 & D_{11} & -\gamma I \end{array}\right) \tilde{\mathcal{N}}_S < 0 \\ \begin{pmatrix} R & I \\ I & S \end{pmatrix} > 0 \end{cases} \tag{5-62}$$

式中，$\tilde{\mathcal{N}}_R = \left(\begin{array}{c|c} \mathcal{N}_R & 0 \\ \hline 0 & I \end{array}\right)$；$\tilde{\mathcal{N}}_S = \left(\begin{array}{c|c} \mathcal{N}_S & 0 \\ \hline 0 & I \end{array}\right)$；$i = 1, 2, \cdots, N$。

由文献[13]可知，一旦 R、S 有解，Lyapunov 矩阵 X_{cl} 就可以计算，顶点 LTI 控制器 Ω_i 将很容易求解。

3)LPV 各顶点控制器的求解方法

求解各顶点控制器 A_{kl}，B_{kl}，C_{kl}，D_{kl} 的方法为：①R、S 可通过 MATLAB 中的 LMI 工具箱 hinflmi 求解，再利用奇异值分解方法得到各顶点的控制器[13]。②可用 MATLAB 中的 LMI 工具中的专用函数 hinfmix 求解[13]。

2. 航向输出反馈控制器设计

在常速域下，设船舶航速 V 的范围为：$V_{\min} \leqslant V \leqslant V_{\max}$。令 $\theta = V$，由凸分解技术，船舶运动的 LPV 方程(5-54)可用多胞的两个顶点表示[46]：

$$\dot{x} = \rho_1(\theta)(A(V_{\min})x + B_1(V_{\min})w + B_2 u) + \rho_2(\theta)(A(V_{\max})x + B_1(V_{\max})w + B_2 u) \tag{5-63}$$

式中，$\rho_1(\theta) = (V_{\max} - \theta)/(V_{\max} - V_{\min})$；$\rho_2(\theta) = (\theta - V_{\min})/(V_{\max} - V_{\min})$。$\rho_1(\theta) + \rho_2(\theta) = 1$。

对于具有凸结构的 LPV 模型(5-56)，对 2 个顶点 $V_{\min}$ 和 $V_{\max}$ 分别设计满足要求的输出反馈增益 K_1 和 K_2，其形式为式(5-57)。与 LPV 模型的凸分解结构相似，以顶点反馈增益 K_1、K_2 作为凸多胞体 LPV 控制器的 2 个顶点，在凸集内的任意船速 θ，综合 2 个顶点设计的反馈控制器得到具有凸集结构的 LPV 控制器 K，即有

$$K = \rho_1(\theta) K_1 + \rho_2(\theta) K_2 \tag{5-64}$$

3. 仿真实例与分析

本章以文献[45]建立的中远集团 5446 TEU 超巴拿马型集装箱船 MMG 模型为例进行仿真计算。在船舶试航条件下，Nomoto 船舶运动模型的无量纲参数为 K'=2.15，

T'=2.28。设船舶主机在开始转向前稳定工作在 90%MCR（maximum continue rating，约定最大持续运转功率点）附近，船速为 27.4kn 左右，主机油门固定在 110 格，初始转速 87r/min 左右。取试航时 5 级风、4 级浪，风向为 21°的海况作为仿真环境扰动。

因该船型正常船速较高，取常速域范围 15～28kn。如果让 MATLAB 程序自动寻优，则 H_∞性能指标 γ 将取得很小，导致系统增益过大，系统容易振荡。根据文献[24]的抗饱和设计的仿真结果及自己的经验，在对 H_∞性能和系统动态性能折中后，选取适当的 γ，最后得到 K_1 和 K_2 的 γ_{opt} 均小于 77。采用式(5-64)的 LPV 控制器，对船舶在有干扰条件下进行航向控制仿真计算。

设初始航向为 0°，从 200s 开始改为作 30°的"z"型航行，时间间隔为 200s，检验所设计航向控制器在船速变化的情况下的控制效果。

图 5-7 所示为船舶航向历时曲线，图 5-8 为舵角历时曲线，图 5-9 为船舶纵向速度历时曲线，图 5-10 为主机转速历时曲线。

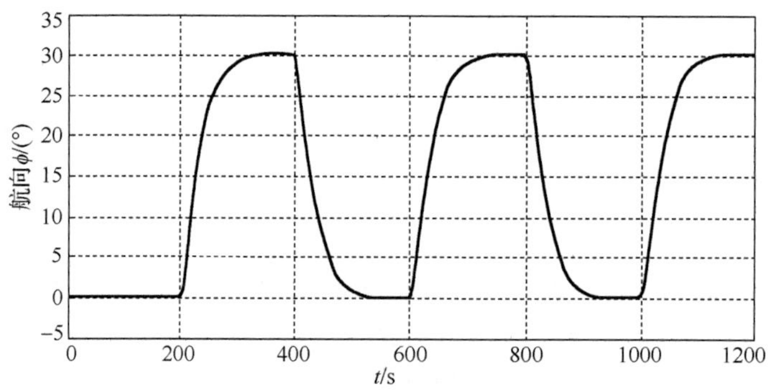

图 5-7 航向-时间仿真曲线

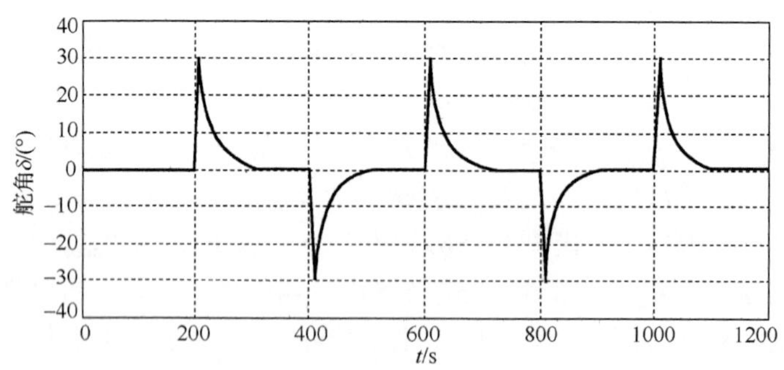

图 5-8 舵角-时间仿真曲线

由图 5-7～图 5-10 可知，在外界干扰和船速变化的条件下，LPV 航向控制器使航向快速准确地达到设定值，航向超调不到 0.4°。在风浪的影响下，船速、主机转速均有一定程度的波动，当航向改变时，船舶阻力增加，船速随之降低，螺旋桨扭矩趋于增加，主机转速下降。当航向趋于稳定时，船速开始上升，主机转速也随之上升。虽然因风浪影响船速变化近 1kn，但在航向稳定时，航向变化仅在 0.3° 范围内，舵角变化仅在 0.4° 范围内。可见，在有外界干扰的条件下，所设计的控制器仍能有效地控制船舶航向。

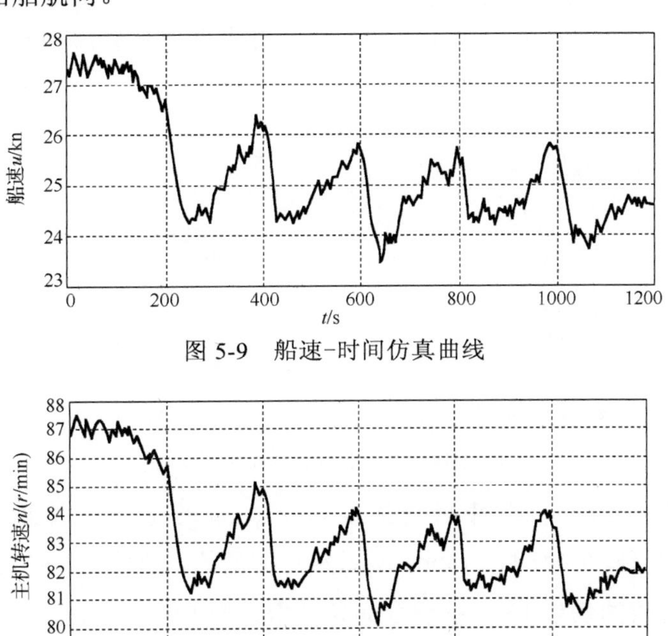

图 5-9　船速-时间仿真曲线

图 5-10　主机转速-时间仿真曲线

5.4.3　基于切换 LPV 的船舶航向控制

船舶航速在较大范围变化时，船舶运动存在较强的非线性。故很难在整个船速范围内设计单一的鲁棒控制器。设计多个航向控制器是较好的选择。

文献[15]对模型变化较大系统的滞后切换设计方法，提出采用切换 LPV 技术设计 2 个 LPV 航向控制器，每个控制器适用于不同的船速范围，并根据船速变化对控制器进行切换。所阐述的切换 LPV 控制是切换 LTI 系统控制设计在 LPV 系统的推广。

1. *滞后切换设计方法*

如图 5-11(a)所示，采用滞后切换逻辑时，假设任何两个相邻参数子集相互重叠。在这两个相邻子集之间有两个切换表面 S_{ij} 和 S_{ji}。用 S_{ij} 表示从 Θ_i 到 Θ_j 方向的切换。

当参数轨迹碰到切换表面时，切换事件发生。切换信号 σ 的演化过程描述如下：如果 $\theta(0)\in\Theta_i$，$\sigma(0)=i$。对所有 $t>0$，如果 $\sigma(t^-)=i$ 且 $\theta(0)\in\Theta_i$，则保持 $\sigma(t)=i$。当 $\sigma(t^-)=i$ 但 $\theta(t)\notin\Theta_i$ 即参数轨迹碰到切换表面 S_{ij} 时，$\sigma(t)=j$。类似地，当 $\sigma(t^-)=j$

但 $\theta(t)\notin\Theta_j$ 即参数轨迹碰到切换表面 S_{ji} 时，$\sigma(t)=i$。显然，切换事件(图 5-11(b))是参数依赖的。可见，对 LPV 系统，参数依赖切换要比状态依赖切换或时间依赖切换更符合实际。因切换信号 σ 在参数轨迹经过相邻子集 Θ_i 和 Θ_j 之间的重叠部分以后变化，避免了频繁切换。并且由于参数变化的有界性，在有限的时间间隔内切换次数是有限的。

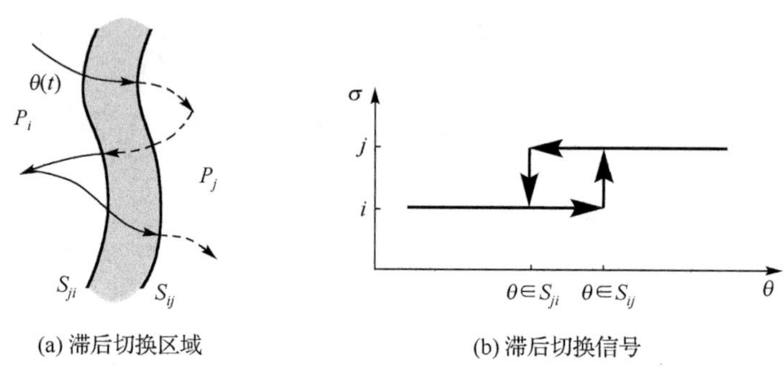

(a) 滞后切换区域　　(b) 滞后切换信号

图 5-11　滞后切换区域与信号 σ

对闭环系统(5-44)，在滞后切换逻辑下，如果在切换表面 S_{ij}，$V_i(x_{\mathrm{cl}},\theta)\geqslant V_j(x_{\mathrm{cl}},\theta)$，闭环系统(5-44)的 Lyapunov 函数是非增的，则第 j 个控制器被安全激活。以滞后切换为逻辑的切换 LPV 系统合成条件由定理 5-8 给出。

定理 5-8　给定开环 LPV 系统(5-42)、参数集合 Θ 以及重叠部分 $\{\Theta_i\}_{i\in Z_N}$，设 $\mathcal{N}_{Ri}$ 和 $\mathcal{N}_{Si}$ 分别代表 $[B_{2i}^{\mathrm{T}},D_{12i}^{\mathrm{T}}]$ 和 $[C_{2i},D_{21i}]$ 的零空间，如果存在正定对称矩阵 $R_i,S_i\in\mathbf{R}^{n\times n}$，$i\in Z_N$，对任意 $\theta\in\Theta_i$，满足[15]

$$
\begin{cases}
\tilde{\mathcal{N}}_{Ri}^{\mathrm{T}}(\theta)\begin{pmatrix} A_i(\theta)R_i(\theta)+R_i(\theta)A_i^{\mathrm{T}}(\theta)-\sum\limits_{k=1}^{s}\{\underline{v}_k,\overline{v}_k\}\dfrac{\partial R_i}{\partial\theta_k} & R_i(\theta)C_{1i}^{\mathrm{T}}(\theta) & B_{1i}(\theta)\\ C_{1i}R_i(\theta) & -\gamma_i I & 0\\ B_{1i}^{\mathrm{T}}(\theta) & 0 & -\gamma_i I\end{pmatrix}\tilde{\mathcal{N}}_{Ri}(\theta)<0\\
\tilde{\mathcal{N}}_{Si}^{\mathrm{T}}(\theta)\begin{pmatrix} A_i^{\mathrm{T}}(\theta)S_i(\theta)+S_i(\theta)A_i(\theta)-\sum\limits_{k=1}^{s}\{\underline{v}_k,\overline{v}_k\}\dfrac{\partial S_i}{\partial\theta_k} & S_i(\theta)B_{1i}(\theta) & C_{1i}^{\mathrm{T}}(\theta)\\ B_{1i}^{\mathrm{T}}(\theta)S_i(\theta) & -\gamma_i I & 0\\ C_{1i}(\theta) & 0 & -\gamma_i I\end{pmatrix}\tilde{\mathcal{N}}_{Si}(\theta)<0\\
\begin{pmatrix} R_i(\theta) & I_n\\ I_n & S_i(\theta)\end{pmatrix}>0
\end{cases}
\tag{5-65}
$$

且对任意 $\theta\in S_{ij}$ 满足

$$R_i(\theta) \leqslant R_j(\theta) \tag{5-66}$$

式中，$\tilde{\mathcal{N}}_{Ri} = \left(\begin{array}{c|c} \mathcal{N}_{Ri} & 0 \\ \hline 0 & I \end{array}\right)$；$\tilde{\mathcal{N}}_{Si} = \left(\begin{array}{c|c} \mathcal{N}_{Si} & 0 \\ \hline 0 & I \end{array}\right)$；$i=1,2,\cdots,N$。则在整个参数集合$\Theta$内，以滞后切换为切换逻辑的闭环 LPV 系统(5-44)具有指数稳定，且其性能满足$\|z\|_2 < \gamma \|w\|_2$，$\gamma = \max\{\gamma_i\}_{i \in Z_N}$。

需指出的是，依赖参数θ_k (k=1,2,⋯,s)函数矩阵R_i和S_i在求解前已确定。式(5-65)中的$\sum_{k=1}^{s}\{\underline{v}_k,\overline{v}_k\}\partial/\partial\theta_k$为$v_k$取$v_k$时$\sum_{k=1}^{s}\underline{v}_k\partial/\partial\theta_k$与$v_k$取$\overline{v}_k$时$\sum_{k=1}^{s}\overline{v}_k\partial/\partial\theta_k$的合并表示。因此有$2^s$个不等式需要求解。

对参数依赖的 LPV 控制器，文献[21]提出对参数变化率有界的 LPV 控制器是时变参数和它们导数的函数，可以利用参数的时变导数，也可以消除参数的时变导数影响，消除它的影响对控制器性能没有影响。

本小节主要采用文献[15]和[42]的滞后逻辑切换 LPV 系统控制器设计的结论，同时受文献[21]的启发，忽略定理 5-8 中变参数导数，非切换条件下控制器(5-43)用 LPV 多胞输出反馈控制方法设计控制器，得到相应区域控制参数，切换时则将控制器状态置为活动控制器状态。这样不等式的数量大为减少，便于求解，也简化了文献[15]的设计。

2. 切换 LPV 航向控制器设计

船舶运动 LPV 方程(5-54)根据船速V分为高、低两个区域，可表示为式(5-42)形式，两个区域均采用相同结构描述[47]。设船速V在某区域范围为：$V_{i\min} \leqslant V_i \leqslant V_{i\max}$ (i=1, 2)。令$\theta=V$，由 LPV 凸分解技术，每个区域 LPV 方程可用多胞的两个顶点表示：

$$\dot{x} = \rho_{1i}(\theta)(A(V_{i\min})x + B_1(V_{i\min})w + B_2u) + \rho_{2i}(\theta)(A(V_{i\max})x + B_1(V_{i\max})w + B_2u) \tag{5-67}$$

式中，$\rho_{1i}(\theta)=(V_{i\max}-\theta)/(V_{i\max}-V_{i\min})$；$\rho_{2i}(\theta)=(\theta-V_{i\min})/(V_{i\max}-V_{i\min})$。$\rho_{1i}(\theta)+\rho_{2i}(\theta)=1$。

对于具有凸结构的 LPV 模型(5-42)，对顶点$V_{i\min}$和$V_{i\max}$设计满足要求的输出反馈增益K_{1i}和K_{2i}，其形式类似式(5-57)。与 LPV 模型的凸分解结构相似，以顶点反馈增益K_{1i}、K_{2i}作为凸多胞体 LPV 控制器的 2 个顶点，在凸集内任意船速θ，分别综合 2 个顶点设计的反馈控制器，得到具有凸集结构的 LPV 控制器K_i，即有

$$K_i = \rho_{1i}(\theta)K_{1i} + \rho_{2i}(\theta)K_{2i} \tag{5-68}$$

对两个顶点K_{1i}、K_{2i}的设计，可用 MATLAB LMI 工具箱的函数 hinfmix 求解。分别设计两个控制器K_i，根据船速采用滞后切换方法进行 LPV 切换控制。

3. 仿真实例与分析

仍以中远集团 5446 TEU 超巴拿马型集装箱船在设计吃水状态下建立的 MMG 模型进行仿真计算。在设计吃水 d=12.5m 时 K'=2.85，T'=2.96。取高速域范围为 15～28kn、低速域范围为 6～17kn，分别设计满足 H_∞性能指标 γ 的两个控制器[47]，根据船速切换，模拟船舶由低速向高速运行的航向控制情况。

以试航时海面 5 级风、4 级浪，风向为 21° 作为仿真环境。为得到切换区域的控制仿真，仿真开始时，设船舶主机油门刻度固定在 79 格处(即主机扭矩近似不变)，主机转速为 54r/min，船舶航速为 13kn，初始航向为 0°，船舶处于加速状态。从 200s 开始改为作 20° 的“z”型航行，时间间隔为 200s，检验航向控制器的切换时稳定性和航向控制效果。仿真结果曲线见图 5-12～图 5-15。

图 5-12 所示为船舶航向历时曲线，图 5-13 为舵角历时曲线，图 5-14 为船速历时曲线，图 5-15 为主机转速历时曲线。

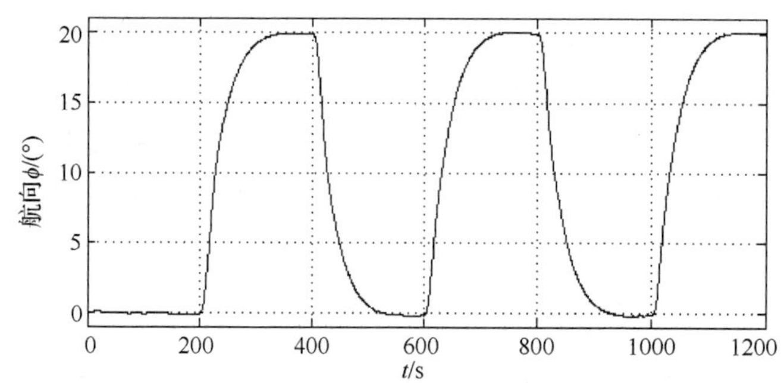

图 5-12　航向-时间仿真曲线(高速下的 LPV 控制)

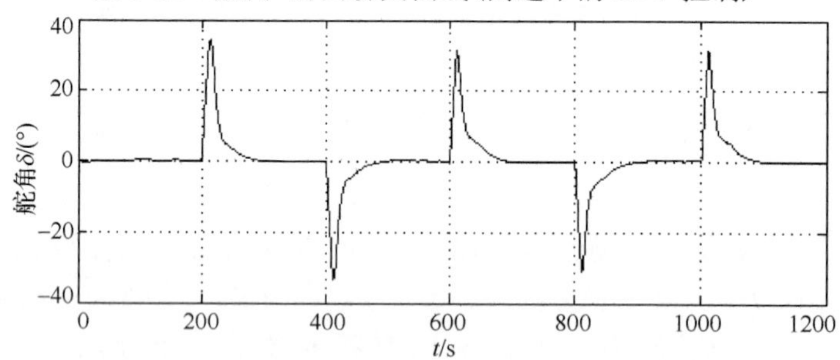

图 5-13　舵角-时间仿真曲线(高速下的 LPV 控制)

由图 5-12～图 5-15，在风浪的影响下，船速、主机转速均有一定程度的波动。当航向改变时使船舶阻力增加，船速随之降低，主机转速也随之降低。当航向趋于稳定时，船速将开始上升，主机转速也随之增加。前 580s 船速区间为 13～17kn，为低速控制器控制范围，在 580s 后船速到达 17kn 进入高速控制器控制范围，实现在低速域到高速域的切换，控制器控制的舵角工作基本稳定、无异常抖动，能使航向快速、准确地达到设定值的小邻域内。由于变动风的作用在航向稳定时，航向变化仅在 0.3° 范围内，舵角变化仅 0.5° 范围内。可见，在有外界干扰的条件下，所设计的切换 LPV 控制器能有效地控制船舶航向。在船速由低速向高速变化时各转向处的最大操舵角随船速的增加而减小，与船舶实际情况相符。

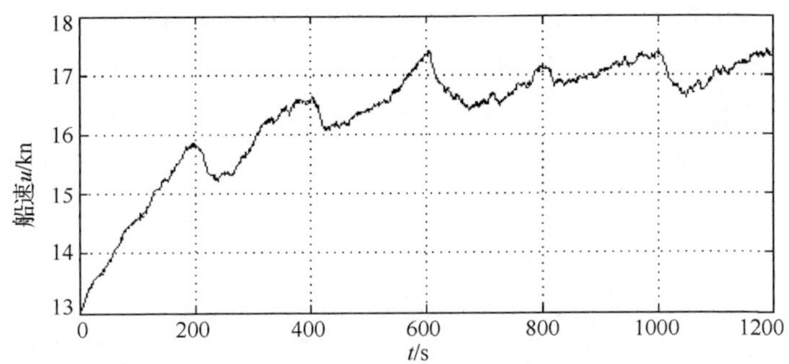

图 5-14　船速-时间仿真曲线(高速下的 LPV 控制)

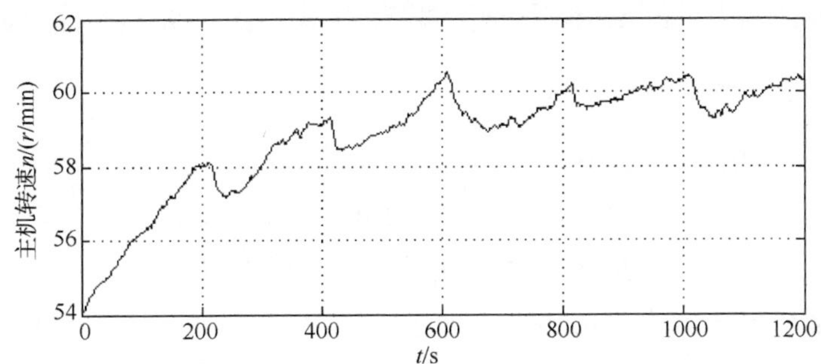

图 5-15　主机转速-时间仿真曲线(高速下的 LPV 控制)

5.5　基于极点配置的 LPV 状态反馈船舶运动联合智能控制

5.4 节中设计了两种船舶航向多胞变增益输出反馈 H_∞控制器，利用 LPV 多胞特性将整个控制器设计转化为对胞体顶点控制器的设计。因而使得船舶运动的变增益控制器设计变得简单有效，但主机主要以等油门刻度的控制方式进行仿真，这种控制方法主要适用于采用极限式柴油主机调速的船舶。这种船舶主要在 20 世纪 80 年代中期以前建造，自动化程度不高。目前仍有新建船舶采用这种柴油主机控制方式。

随着科技的发展与船舶自动化程度的提高，全置式调试器已在船舶柴油机中广泛采用。中远集团 5446 TEU 超巴拿马型集装箱船采用了 DGS 8800e 的全置式调试器，该调试器基本上为 PID 控制器，控制参数需根据海况人工设定[48]。船舶在营运中，由于航向改变、外界干扰等，阻力和螺旋桨扭矩发生变化，且船舶柴油主机功率有限，并受到热负荷、机械负荷等条件限制，很难保证主机转速不变和船舶速度恒定。而船舶速度的变化影响船舶的操纵性能和柴油主机的工况，需要变增益控制器调节主机转速，提高控制质量。随着船舶测试技术的发展，船舶纵向速度、横向速度、转艏角速度、主机转速均可实时测量[23,24]。螺旋桨的进速系数是上述各参数的函数，可实时估算。依据 LPV 系统控制原理，以主机转速和螺旋桨进速系数作为变参数，可得到主机转速控制的 LPV 系统方程。船舶运动控制与船舶柴油主机控制分别以船速作为变参数设计控制器，使得船舶柴油主机与船舶运动的联合控制成为可能。

本节将设计一种基于圆域极点配置的 LPV 状态反馈变增益控制器，用于船舶运动及柴油机联合控制。依据 LPV 系统状态反馈的多胞设计原理，利用 LMI 方法求解，分别设计航向、直线航迹 LPV 控制器和主机转速 LPV 控制器，实现在常速域下的联合控制。因船舶运动是惯性较大的系统，必须阻止快速的控制器动态，通常是利用性能权函数，但会导致高阶的控制器。本节采用圆域极点配置的方法获得 H_∞ 性能参数 γ，使系统有合理的动态特性以阻止快速的控制器动态。

5.5.1 基于圆域极点配置的多胞变增益状态反馈 H_∞控制器设计

1. 多胞状态反馈控制器设计

对图 5-16 所示的 LPV 系统

$$\begin{aligned}\dot{x} &= A(\theta(t))x + B_1(\theta(t))w + B_2(\theta(t))u \\ z &= C_1(\theta(t))x + D_{11}(\theta(t))w + D_{12}(\theta(t))u\end{aligned} \tag{5-69}$$

式中，$x \in \mathbf{R}^n$ 表示系统状态；$u \in \mathbf{R}^{m_2}$ 表示控制输入；$y \in \mathbf{R}^{p_2}$ 表示测量输出；$w \in \mathbf{R}^{m_1}$ 表示干扰输入；$z \in \mathbf{R}^{p_1}$ 表示被控输出。$A(\theta(t)) \in \mathbf{R}^{n\times n}$，$D_{12}(\theta(t)) \in \mathbf{R}^{p_1\times p_2}$。图 5-16 中 $P(s,\theta)$ 表示对 LPV 被控对象的扩展[40]：

$$P(s,\theta) \in \mathrm{Co}\left\{\begin{pmatrix} A_i & B_{1i} & B_{2i} \\ C_{1i} & D_{11i} & D_{12i}\end{pmatrix}, i = 1,2,\cdots,N\right\} \tag{5-70}$$

式中，$A_i, B_{1i}, \cdots$表示多胞顶点系数；N 为顶点数。

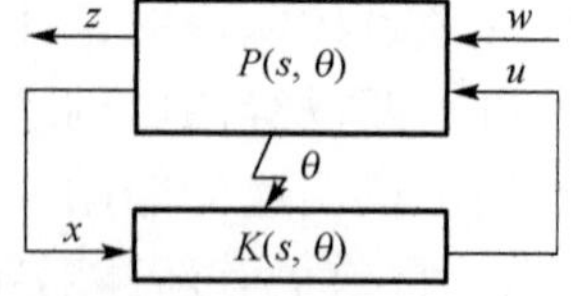

图 5-16 多胞状态反馈控制器设计原理

假设 5-2 对对象模型提出以下约束：

(1) $B_2(\theta(t))$，$C_1(\theta(t))$，$D_{12}(\theta(t))$ 非仿射依赖于变参数 $\theta(t)$，即对于 $i=1,2,\cdots,N$，所有 $B_{2i}=B_2$，$C_{1i}=C_1$，$D_{12i}=D_{12}$；

(2) 当变参数 $\theta(t)$ 在 Θ 内变化时，系统 $(A(\theta), B_2)$ 为二次稳定。

设计与其具有相同多胞结构的变增益状态反馈控制器

$$u = K(\theta(t))x \tag{5-71}$$

$$K(\theta)=\sum_{i=1}^{N}\rho_i(\theta)K_i,\quad \sum_{i=1}^{N}\rho_i(\theta)=1,\quad 0\leqslant\rho_i(\theta)\leqslant 1 \tag{5-72}$$

式中，K_i 为多胞控制器的顶点。可保证系统(5-69)的 H_∞ 性能指标 γ，并可保证其闭环极点配置在圆域 $L(q,r)$ 内[40]。

定理 5-9　对系统(5-69)，设计如式(5-71)的状态反馈控制器，如果存在正定对称矩阵 X，使得 K_i 满足：$M_D(A_{\mathrm{cl}i}(\theta), X_D)<0$，$B^{o}_{[A_i+B_{2i}K_i,B_{1i},C_1+D_{12}K_i,0]}(X,\gamma)<0$，$i$=1,2,⋯,$N$，则设计的多胞状态反馈控制器 K 将保证在变参数 θ 的整个范围内闭环系统都具有二次 D-稳定，同时保证外部干扰 $w(t)$ 到输出 $z(t)$ 干扰到性能指标之间具有二次 H_∞ 性能指标 γ[40]。

定理 5-9 表明多胞状态反馈控制器设计关键在于求解一个正定对称矩阵 X 和各顶点控制器。

2. 基于圆域极点配置的顶点控制器设计

对于 LPV 多胞系统(5-69)及假设 5-2，从干扰 $w(t)$ 到输出 $z(t)$ 的传递函数设为 $T_{wzi}(s)$，其闭环实现假设为 $(A_{\mathrm{cl}i}, B_{\mathrm{cl}i}, C_{\mathrm{cl}i}, D_{\mathrm{cl}i})$。为了取得满意的动态性能，本节要求闭环极点配置到图 5-4 的 LMI 区域 $L(q,r)$ 内，给出定理 5-10。

定理 5-10　对于 LPV 系统(5-69)，给定 $\gamma>0$，若存在正定对称矩阵 X 和矩阵 $L_i=K_iX$，则满足如下 $2l$ 个不等式约束[45]

$$\begin{bmatrix} -rX & qX+A_iX+B_{2i}L \\ qX+XA_i^{\mathrm{T}}+L^{\mathrm{T}}B_{2i}^{\mathrm{T}} & -rX \end{bmatrix}<0 \tag{5-73}$$

$$\begin{bmatrix} A_iX+XA_i^{\mathrm{T}}+B_{2i}L+L^{\mathrm{T}}B_{2i}^{\mathrm{T}} & B_{1i} & XC_{1i}^{\mathrm{T}}+L^{\mathrm{T}}D_{12i}^{\mathrm{T}} \\ B_{1i}^{\mathrm{T}} & -\gamma I & D_{11i}^{\mathrm{T}} \\ C_{1i}X+D_{12i}L & D_{11i} & -\gamma I \end{bmatrix}<0 \tag{5-74}$$

则状态反馈增益 $K_i=L_iX^{-1}$ 不仅可保证系统各顶点的鲁棒 H_∞ 性能指标 γ，而且可保证各顶点闭环极点配置在圆域 $L(q,r)$ 内。

证明　将式(5-71)代入系统(5-69)，得闭环系统

$$\begin{aligned} \dot{x}_{\mathrm{cl}} &= \sum_{i=1}^{N}\rho_i(\theta)\{(A_i+B_{2i}K_i)x_{\mathrm{cl}}+B_{1i}w\} \\ z &= \sum_{i=1}^{N}\rho_i(\theta)(C_1+D_{12}K_i)x_{\mathrm{cl}} \end{aligned} \tag{5-75}$$

在图 5-4 所示区域 $L(q,r)$ 内具有二次 D-稳定，只需存在 $X_D>0$，保证闭环胞体各

顶点满足 $M_D(A_{\mathrm{cl}i}(\theta), X_D)<0$，$B^o_{[A_i+B_{2i}K_i,B_{1i},C_1+D_{12}K_i,0]}(X,\gamma)<0, i=1,2,\cdots,N$ 即可。所以对图 5-4 所示的 LMI 区域 $L(q,r)$，根据 $M_D(A,X)$ 与 $f_D(s)$ 之间关系，可得到下列满足闭环二次 D-稳定要求的 LMI：

$$\begin{bmatrix} -rX_D & qX_D + A_{\mathrm{cl}i}X_D \\ qX_D + X_D A_{\mathrm{cl}i}^{\mathrm{T}} & -rX_D \end{bmatrix} < 0 \tag{5-76}$$

同时，由定义 5-8 和定理 5-9，要保证在变参数 θ 的整个范围内外部干扰 $w(t)$ 到输出 $z(t)$ 之间具有二次 H_∞ 性能指标 γ，只需存在对称矩阵 $X_\infty>0$，保证闭环胞体各顶点满足 $B^o_{[A_i+B_{2i}K_i,B_{1i},C_1+D_{12}K_i,0]}(X_\infty,\gamma)<0$，$i=1,2,\cdots,N$，即满足 LMI：

$$\begin{bmatrix} A_{\mathrm{cl}i}X_\infty + X_\infty A_{\mathrm{cl}i}^{\mathrm{T}} & B_{\mathrm{cl}i} & X_\infty C_{\mathrm{cl}i}^{\mathrm{T}} \\ B_{\mathrm{cl}i}^{\mathrm{T}} & -\gamma I & D_{\mathrm{cl}i}^{\mathrm{T}} \\ C_{\mathrm{cl}i}X_\infty & D_{\mathrm{cl}i} & -\gamma I \end{bmatrix} < 0 \tag{5-77}$$

由式(5-73)知：$A_{\mathrm{cl}i}=A_i+B_{2i}K_i$，$B_{\mathrm{cl}i}=B_i$，$C_{\mathrm{cl}i}=C_{1i}+D_{12}K_i$，$D_{\mathrm{cl}}=D_{11}$。

设 $X=X_D=X_\infty$ 和 $L_i=K_iX$，将上述各式代入式(5-76)和式(5-77)便得出式(5-73)和式(5-74)。证毕。

上述不等式约束可通过 LMI 优化软件，如 MATLAB LMI Control Toolbox 的 feasp 函数求解。值得注意的是，各顶点状态反馈增益的获得均是离线进行的，实时在线计算量只有式(5-71)，因此，在实际控制时，本小节设计的控制器计算量小，实现简单。

5.5.2 船舶航向与柴油主机联合智能控制

1. 船舶运动的 LPV 模型

由式(5-53)，若考虑吃水的影响，K'、T'表示为 d 的函数，令 $x_1=\varphi$，$x_2=r$，$x_3=\delta$，$x=[x_1, x_2, x_3]^{\mathrm{T}}$，$\theta_1=V$，$\theta_2=d$，$\theta=[\theta_1,\theta_2]^{\mathrm{T}}$，船舶运动 LPV 方程(5-55)表示为[49]

$$\begin{aligned} \dot{x} &= A(\theta)x + B_1(\theta)w + B_2u \\ z &= C_1x \end{aligned} \tag{5-78}$$

式中，$A(\theta)=\begin{bmatrix} 0 & 1 & 0 \\ 0 & -\dfrac{\theta_1}{T'(\theta_2)L} & \dfrac{K'(\theta_2)\theta_1^2}{T'(\theta_2)L^2} \\ 0 & 0 & \dfrac{-K_E}{T_E} \end{bmatrix}$；$B_1(\theta)=\begin{bmatrix} 0 \\ \dfrac{\theta_1}{T'(\theta_2)L} \\ 0 \end{bmatrix}$；$B_2=\begin{bmatrix} 0 \\ 0 \\ \dfrac{K_E}{T_E} \end{bmatrix}$；$C_1=[1\ 0\ 0]$。

由 MMG 船舶模型中的惯性类流体动力及力矩模型公式和螺旋桨推力及转矩计算模型公式可知，式(5-78)中的变参数 θ_1(即船速)是主机转速的函数。

2. 柴油主机推进系统的 LPV 表示

由文献[45]，对于大型低速柴油机，当柴油机油量调节机构位置一定时，可近似认为速度变化时柴油机扭矩不变。为便于柴油机控制器设计，根据 5446 TEU 船的主机 MAN B&W 10L90MC 柴油机的台架试验和海上航行试验，采用分段拟合线性化方法，将柴油机扭矩 Q_e 分为高、低两个部分分别表示为油门位置 z-次函数，拟合预测结果与试验数据比较见图 5-17，最大误差<6%。

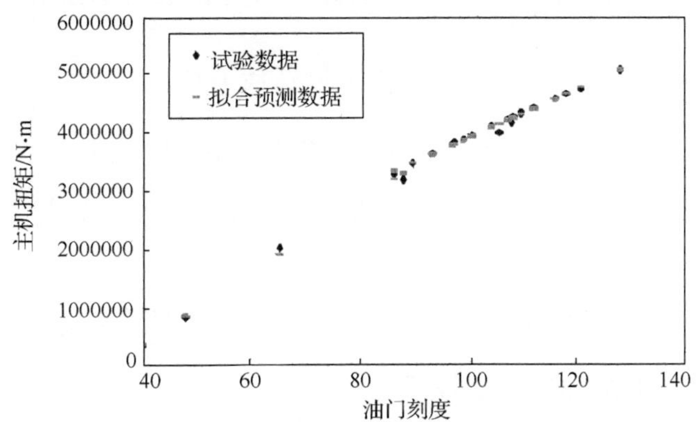

图 5-17　10L90MC 柴油机分段线性化结果与试验数据比较

忽略执行机构的延时影响，柴油机扭矩模型可简化为

$$Q_e = K_z \cdot z - Q_{\min} = K_z(z - z_{\min}) \tag{5-79}$$

式中，$Q_{\min}$ 为扭矩拟合常数；$z_{\min}$ 相当于扭矩为 0 时最小油门位置；K_z 为扭矩与油门位置比例系数。

本节主要研究船舶高速区域船舶运动控制，柴油机扭矩也对应取高扭矩部分。

螺旋桨扭矩可表示为

$$Q_p = \rho n^2 D_p^5 k_Q \tag{5-80}$$

式中，Q_p 为螺旋桨扭矩；ρ 为水的密度；D_p 为螺旋桨直径；k_Q 为螺旋桨推力系数，可表示为螺旋桨进速系数 J_p 的二次函数：

$$k_Q = a_0 + a_1 J_p + a_2 J_p^2 \tag{5-81}$$

式中，a_0、a_1 与 a_2 为回归系数；螺旋桨的进速系数 J_p 是纵向速度 u、横向速度 v、转艏角速度 r、主机转速 n 的函数。$J_p = (1-w_p)u/(nD_p)$，$w_p = w_{p0}\exp(-4.0\beta_p^2)$，$\beta_p = \beta - x_p' \cdot r' \approx \beta + 0.5 \cdot r'$，$\beta = -\arctan(v/u)$，$x_p' \approx -0.5$，$r' = r \cdot L/V$，$w_{p0} = 0.5C_b - 0.05$。其中，$w_p$ 为伴流系数；w_{p0} 为直航时伴流系数；β 为船舶漂角；β_p 为螺旋桨处漂角；x_p' 为螺旋桨位置 x_p 的无量纲坐标；r'为转艏角速度无量纲值；L 为

船长；C_b 为船舶方形系数。随着船舶测试技术的发展，纵向速度 u、横向速度 v、转艏角速度 r、主机转速 n 均实时可测，因此 J_p 可实时计算[49]。

螺旋桨直接推进系统的运动方程为

$$\dot{n}=(Q_e-Q_p-Q_f)/(2\pi I_p) \tag{5-82}$$

式中，$I_p=I_{pp}+J_{pp}$ 为含柴油机及螺旋桨等推进装置的转动惯量与附加转动惯量之和；Q_e 为主机输出转矩；Q_p 为螺旋桨吸收的转矩；Q_f 为轴系由摩擦消耗的转矩，可近似取为 $3\%Q_e$。

将式(5-79)和式(5-80)代入式(5-82)可得转速方程

$$\dot{n}=[0.97K_z(z-z_{\min})-\rho D_p^5 n^2 k_Q]/(2\pi I_p) \tag{5-83}$$

设主机参考转速为 n_0，对应油门位置为 z_0，J_p 为 J_{p0}。由式(5-83)，当 $\dot{n}=0$ 即 $n=n_0$ 时，可得

$$z_0=\rho D_p^5 n_0^2(a_0+a_1J_{p0}+a_2J_{p0}{}^2)/(0.97K_z)+z_{\min} \tag{5-84}$$

式中，J_{p0} 为参考转速为 n_0 时的进速系数。

由上述关系可知，船舶运动状态影响柴油主机的转速。可见，船舶运动与柴油主机转速是耦合的。

以转速 n、进速系数 J_p 为变参数，令 $p=[p_1, p_2]^{\mathrm{T}}=[n, J_p]^{\mathrm{T}}$，$x=n-n_0$，$u=z-z_0$，可得主机转速的 LPV 方程：

$$\begin{aligned}\dot{x}&=A(p)x+B_2u\\ z&=C_1x\end{aligned} \tag{5-85}$$

式中，$A(p)=\rho D_p^5 p_1(a_0+a_1p_2+a_2p_2^2)/(2\pi I_p)$；$B_2=0.97K_z$；$C_1=1$。

3. LPV 控制器设计

由式(5-78)和式(5-85)可知，船舶运动与主机转速控制是耦合的。以下依据 LPV 控制原理，分别设计二者的控制器[49]。

1)船舶航向 LPV 控制器设计

以船舶试航吃水为最小值 $d_{\min}$、设计吃水为最大值 $d_{\max}$，试航吃水和设计吃水两点设计控制器并进行综合，采用 5.4 节中切换 LPV 控制方法思想，设常速域下，船舶运动速度 V 的范围为：$V_{\min}\leqslant V\leqslant V_{\max}$。则该范围的 4 个顶点 $\varphi_{m1}=(V_{\min}, d_{\min})$，$\varphi_{m2}=(V_{\max}, d_{\min})$，$\varphi_{m3}=(V_{\min}, d_{\max})$，$\varphi_{m4}=(V_{\max}, d_{\max})$。令 $\theta_1=V$，$\theta_2=d$，$\theta=[\theta_1,\theta_2]^{\mathrm{T}}$，根据船舶运动速度的范围，由凸分解技术，船舶运动的 LPV 表示式(5-78)可用多胞的四个顶点表示：

$$\dot{x}=\sum_{i=1}^{4}\rho_i(\theta)(A(\phi_{mi})x+B_1(\phi_{mi})w)+B_2u \tag{5-86}$$

式中，$\rho_1(\theta)=(V_{\max}-\theta_1)(d_{\max}-\theta_2)/((V_{\max}-V_{\min})(d_{\max}-d_{\min}))$；$\rho_2(\theta)=(\theta_1-V_{\min})(\theta_2-d_{\max})/((V_{\max}-V_{\min})(d_{\max}-d_{\min}))$；$\rho_3(\theta)=(V_{\max}-\theta_1)(\theta_2-d_{\min})/((V_{\max}-V_{\min})(d_{\max}-d_{\min}))$；$\rho_4(\theta)=(\theta_1-V_{\min})(\theta_2-d_{\min})/((V_{\max}-V_{\min})(d_{\max}-d_{\min}))$；$\sum_{i=1}^{4}p_i(\theta)=1$。

对于具有凸结构的 LPV 模型(5-86)，对顶点 φ_{mi} 分别设计满足要求的状态反馈增益 K_i。以它们作为凸多胞体，在凸集内任意吃水 d 和船速 V，利用各顶点设计的反馈控制器综合得到具有凸集结构形如式(5-72)的 LPV 控制器 K，即

$$K=\sum_{i=1}^{4}\rho_i(\theta)K_i \tag{5-87}$$

2) 主机转速 LPV 控制器设计

类似船舶航向 LPV 控制器设计，在常速域下，船舶主机的转速 n 范围为 $n_{\min}\leqslant n\leqslant n_{\max}$，进速系数 J_p 范围为 $J_{p\min}\leqslant J_p\leqslant J_{p\max}$，则该范围的 4 个顶点 $\varphi_{m1}=(n_{\min}, J_{p\min})$，$\varphi_{m2}=(n_{\min}, J_{p\max})$，$\varphi_{m3}=(n_{\max}, J_{p\min})$，$\varphi_{m4}=(n_{\max}, J_{p\max})$ 组成一个凸四面体。令 $p=[p_1,p_2]^{\mathrm{T}}=[n,J_p]^{\mathrm{T}}$，由凸分解技术，主机转速的 LPV 表示式(5-85)同样可用多胞的四个顶点表示：

$$\dot{x}=\sum_{i=1}^{4}\rho_i(p)A(\phi_{mi})x+B_2u \tag{5-88}$$

式中，$\rho_1(p)=(n_{\max}-p_1)(J_{p\max}-p_2)/((n_{\max}-n_{\min})(J_{p\max}-J_{p\min}))$；$\rho_2(p)=(n_{\max}-p_1)(p_2-J_{p\min})/((n_{\max}-n_{\min})(J_{p\max}-J_{p\min}))$；$\rho_3(p)=(p_1-n_{\min})(J_{p\max}-p_2)/((n_{\max}-n_{\min})(J_{p\max}-J_{p\min}))$；$\rho_4(p)=(p_1-n_{\min})(p_2-J_{p\min})/((n_{\max}-n_{\min})(J_{p\max}-J_{p\min}))$；$\sum_{i=1}^{4}p_i(p)=1$。

同样，对于具有凸结构的 LPV 模型(5-88)，对顶点 φ_{m1}、φ_{m2}、φ_{m3} 和 φ_{m4}，分别设计满足要求的状态反馈增益 K_1、K_2、K_3 和 K_4，并作为凸多胞体，在凸集内的任意转速 n 与进速系数 J_p，利用各顶点设计的反馈控制器综合得到具有凸集结构形如式(5-72)的 LPV 控制器 K，即

$$K=\sum_{i=1}^{4}\rho_i(p)K_i \tag{5-89}$$

4. 仿真实例与分析

以中远集团 5446 TEU 超巴拿马型集装箱船在吃水 d=9.0m 状态建立的 MMG 数学模型为例进行仿真计算，验证在非控制器设计条件的控制效果。取常速域的船速范围为 15～28kn，船舶吃水范围为 7.14～12.5m。主机转速范围为 48～88.5r/min，

进速系数范围为 0.45～0.9。分别设计航向 LPV 控制器(5-87)和主机 LPV 转速控制器(5-89)。

船舶航向控制器的极点配置在 $L(0.2, 0.1)$ 圆域内，鲁棒 H_∞ 性能指标 $\gamma<35$，对应式(5-87)的顶点增益分别为：$K_1=[-7.8834\ \ -92.9611\ \ -0.5167]$，$K_2=[-2.2524\ \ -23.8791\ \ -0.4598]$，$K_3=[-10.4246\ \ -117.8979\ \ -0.6354]$，$K_4=[-3.5150\ -36.3583\ -0.7270]$。

主机的极点配置在 $L(2, 0.3)$ 圆域内，鲁棒 H_∞ 性能指标 $\gamma<0.001$，对应式(5-89)的顶点增益分别为：$K_1=-213.3$，$K_2=-264.5$，$K_3=-144.0$，$K_4=-238.4$。

采用上述设计的控制器对船舶在风浪干扰的条件下进行航向和转速控制仿真。仍取海面 5 级风、4 级浪，风向为 21° 作为仿真环境。设船舶主机在开始转向前稳定工作在 90%MCR 附近，船速为 25kn 左右。设航向开始为 0°，从 200s 开始作 60° 的“z”形航行，时间间隔为 200s，到 1200s 时设定航向为 0°，检验航向及主机转速控制器的控制效果。

图 5-18 所示为船舶航向历时曲线，图 5-19 为舵角历时曲线，图 5-20 为船舶纵向速度历时曲线，图 5-21 为主机转速历时曲线，图 5-22 为油门位置历时曲线，图 5-23 为主机功率历时曲线。

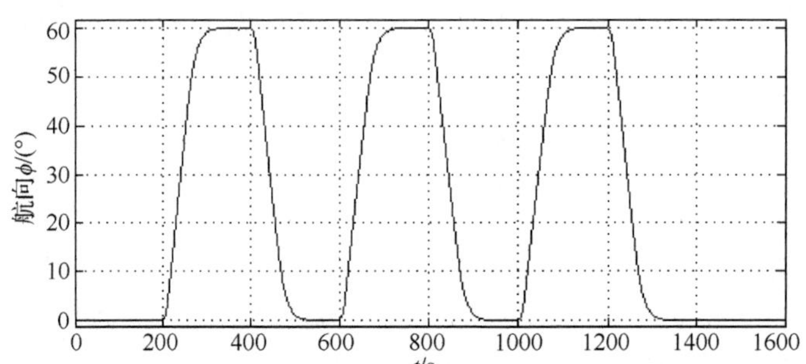

图 5-18　航向-时间仿真曲线(低速加速验证切换 LPV 控制)

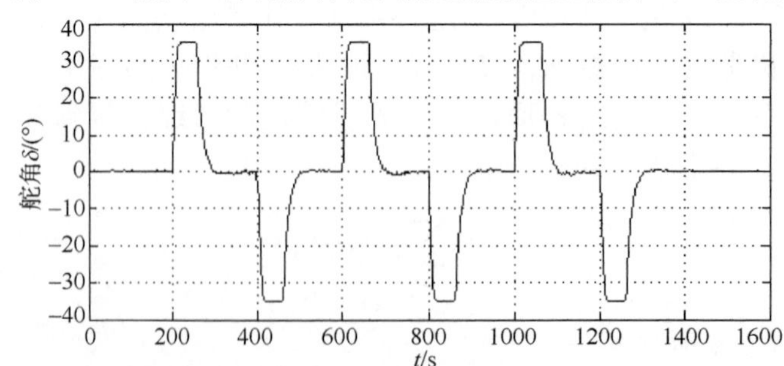

图 5-19　舵角-时间仿真曲线(低速加速验证切换 LPV 控制)

由图 5-18～图 5-20，船舶航向改变时，在外界干扰和船速变化的条件下，LPV 航向控制器使航向快速准确地达到设定值，航向基本无超调，舵基本平稳工作。从

图 5-18 和图 5-19 可以看出，由于风浪影响，在航向稳定时航向有 0.2° 左右的误差，舵也有 0.5° 左右的偏舵角，说明设计的 LPV 控制器有一定的抵抗风浪的能力。

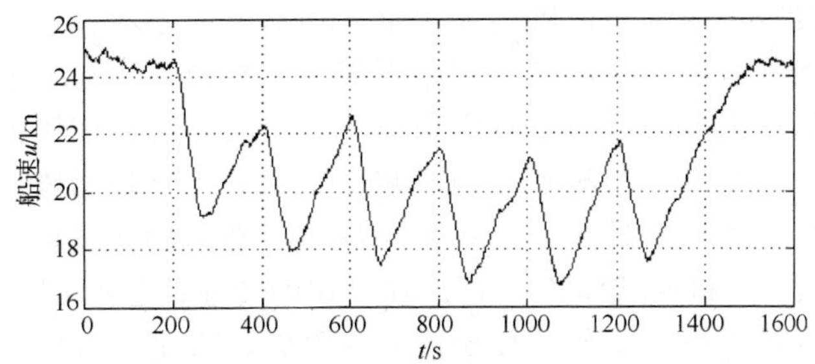

图 5-20　船速-时间仿真曲线(低速加速验证切换 LPV 控制)

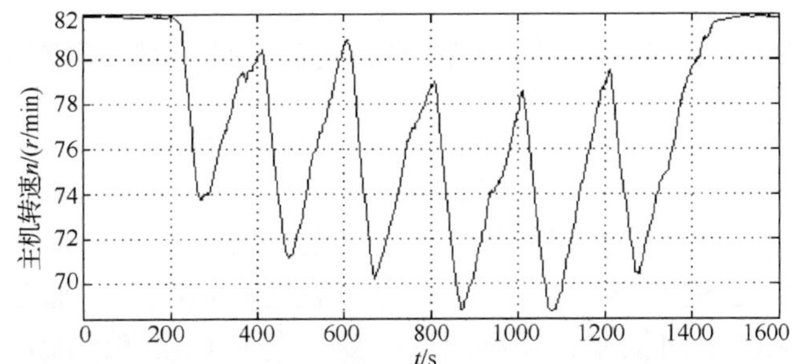

图 5-21　主机转速-时间仿真曲线(低速加速验证切换 LPV 控制)

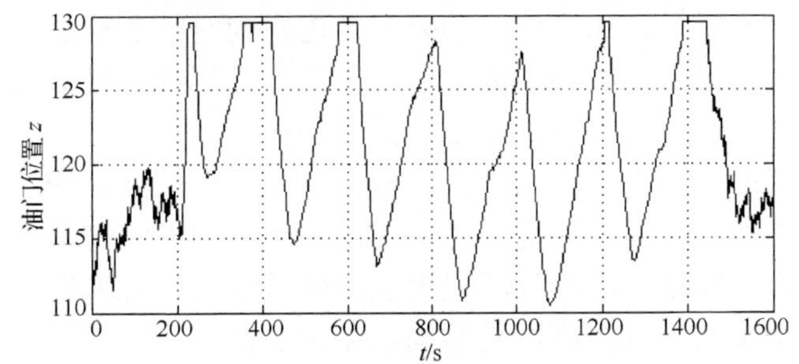

图 5-22　油门位置-时间仿真曲线(低速加速验证切换 LPV 控制)

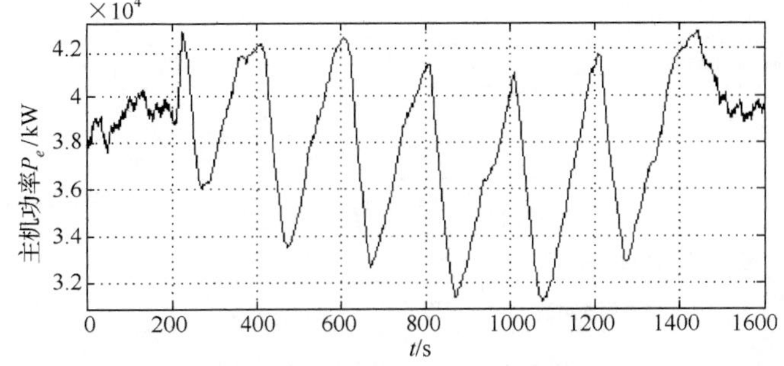

图 5-23　主机功率-时间仿真曲线(低速加速验证切换 LPV 控制)

由图 5-19～图 5-23，在航向改变过程中，船速因航向改变时阻力增加而降低，主机转速因螺旋桨在船舶转向时扭矩增加有减小趋势，LPV 转速控制器增加油门位置，力求恢复到设定转速油门位置增加，主机功率也随之增加。当油门达到最大位置限制时，油门不再增加，主机转速开始下降，主机功率也随之下降。随主机转速的下降，为保证柴油机有足够的空气供燃烧，油门受等过量空气系数限制线的限制而减少。当航向趋于稳定时船舶阻力相对减少，主机转速和船速开始上升，油门位置和主机功率随之上升。由图 5-21～图 5-23 可知，在航向改变时，因船舶阻力的增加和油门位置受限，主机转速将不能稳定在设定的转速；主机 LPV 控制器在航向保持时，能保证主机转速稳定工作在设定的转速附近。可见所设计的航向控制器和主机转速控制器在外界干扰和自身的限制条件下均对系统进行有效的控制。

5.5.3 欠驱动船舶直线航迹与柴油主机 LPV 联合智能控制

船舶航迹控制，尤其是欠驱动船舶的航迹控制，是近年来船舶控制领域中涌现出来的一个热门课题。船舶在大洋中或者在转向点间进行长距离的直线航迹航行是司空见惯的。目前，海上航行的多数船舶仅装备螺旋桨主推进器和舵装置。船舶控制通常是通过对舵角的控制来实现航向控制。在这种情况下，通常只有舵角作为控制输入来控制船舶的横向位移、横移速度、航向角和转艏角速度，而纵向速度则由船舶主机驱动系统来维持。因而对于船舶位置的控制是通过控制航向间接实现的。这种需要依靠舵的转船力矩和螺旋桨的纵向推进力同时控制船舶水平面位置和航向角 3 个自由度的运动的驱动结构称为欠驱动系统[50]。因此，针对这一类船舶进行直线航迹控制研究有实践意义，至今已经取得一些成果。

船舶航迹控制可分为直接法与间接法两种[51]。直接法建立舵角与航迹偏差及偏航角速度等之间的联系。间接法是一种基于航向控制的航迹控制方法，将航迹控制分解成制导环与航向控制环，制导环根据航位偏差给出设定航向，由航向控制环实现航向控制，从而完成航迹控制，其结构图见图 5-24。

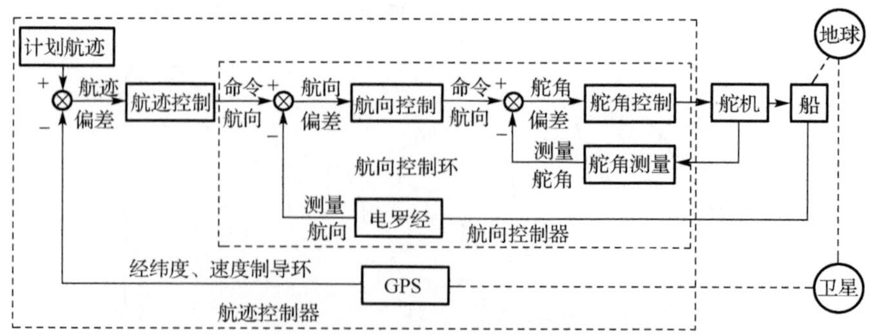

图 5-24 船舶航迹间接控制

本节采用船舶直线航迹间接控制方法，将 LPV 系统概念引入船舶直线航迹控制系统，提出了基于 LPV 圆域极点配置状态反馈的欠驱动船舶直线航迹与主机联合控制算法。该算法在风、浪、流外界干扰作用下，能够使得欠驱动船舶全局最终镇定在某一条设定的直线附近较小的邻域内，保证主柴油机在许可的工作范围内可靠、稳定地工作，实现直线航迹与主机联合控制。

1. *船舶直线航迹 LPV 方程*

本章采用文献[50]中根据 MMG 模型提出的船舶直线航迹控制系统模型：

$$
\begin{aligned}
\dot{x} &= V\cos\varphi \\
\dot{y} &= V\sin\varphi \\
\dot{\varphi} &= r
\end{aligned}
\tag{5-90}
$$

式中，y、φ 和 r 分别为船舶的横向位移、航向角和转艏角速度；V 为船舶前进速度。直线航迹控制示意图见图 5-25。

在直线航迹控制的三自由度 (x,y,φ) 平面船位中，人们关心的是船舶与设定直线航迹的横偏位移 y 和船舶航向角 φ 与设定航向 φ_d 的夹角，即 $\Delta\varphi$，主机能否稳定工作在设定转速附近，纵向位移 x 通常不加以考虑。在船舶航迹控制过程中，闭环反馈控制作用使船舶航向在平衡状态附近变化，$\Delta\varphi$ 一般可限定在±15° 范围内(否则，应采用航向控制策略调整船舶航向)，可认为

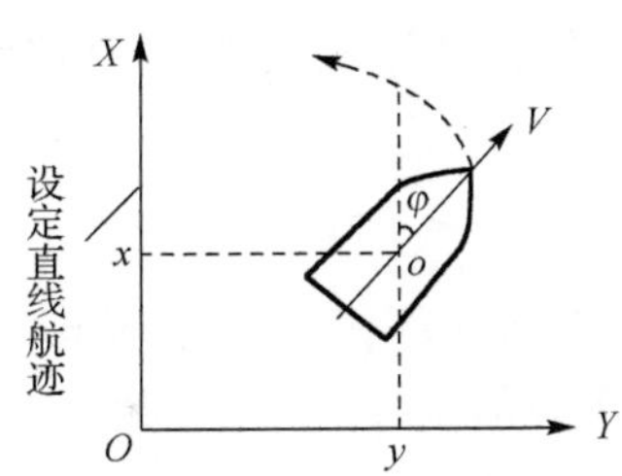

图 5-25　船舶直线航迹控制示意图

$$
\cos\Delta\varphi \approx 1, \quad \sin\Delta\varphi \approx \Delta\varphi \tag{5-91}
$$

为了简便起见，假定设定的直线航迹与纵向 X 轴(正北)重合(否则，可进行坐标变换，将坐标逆时针旋转 φ_d，即可以设定航迹为纵坐标)，这样，艏偏角 $\Delta\varphi$ 就等于航向角 φ。这样，将式(5-91)代入式(5-90)，可得

$$
\begin{aligned}
\dot{x} &\approx V \\
\dot{y} &\approx V\varphi \\
\dot{\varphi} &= r
\end{aligned}
\tag{5-92}
$$

根据上述分析，略去式(5-92)中对船舶纵向位移 x，式(5-92)可改写为

$$
\dot{y} \approx V\varphi \tag{5-93}
$$

$$
\dot{\varphi} = r \tag{5-94}
$$

根据航迹间接控制思路，式(5-93)为制导环方程，式(5-94)为航向控制环方程。令 $x=y$，$u=\varphi$ 以及变参数 $\theta=V$，可得形如式(5-70)的制导环 LPV 方程[52]：

$$\begin{aligned}\dot{x} &= A(\theta)x + B_1(\theta)w + B_2(\theta)u \\ z &= C_1 x\end{aligned} \tag{5-95}$$

式中，$A(\theta)=0$；$B_1(\theta)=0$；$B_2=0$；$C_1=1$。

航向控制环方程(5-94)加入舵机特性，即为船舶航向控制 LPV 方程(5-78)。

2. 船舶直线航迹 LPV 控制器设计

设常速域下，船舶速度 V 范围为 $V_{\min}\leqslant V\leqslant V_{\max}$。根据船速范围，由凸分解技术，直线航迹控制的船舶制导环 LPV 方程表示式(5-95)用多胞两个顶点表示为[52]

$$\dot{x} = \rho_1(\theta)(A(V_{\min})x + B_1(V_{\min})w + B_2(V_{\min})u) + \rho_2(\theta)(A(V_{\max})x + B_1(V_{\max})w + B_2(V_{\max})u) \tag{5-96}$$

式中，$\rho_1(\theta)=(V_{\max}-\theta)/(V_{\max}-V_{\min})$；$\rho_2(\theta)=(\theta-V_{\min})/(V_{\max}-V_{\min})$；$\rho_1(\theta)+\rho_2(\theta)=1$。

对于具有凸结构的 LPV 模型(5-96)，对顶点 $V_{\min}$ 和 $V_{\max}$ 分别设计满足要求的制导环状态反馈增益 K_1 和 K_2。以它们作为凸多胞体，在凸集内任意船速θ，利用各顶点设计的反馈控制器综合，得到具有凸集结构形如式(5-72)的 LPV 控制器 K，即

$$K = \rho_1(\theta)K_1 + \rho_2(\theta)K_2 \tag{5-97}$$

由指导环得到命令航向，命令航向传给航向控制环(5-87)(即航向控制 LPV 系统)实现航向控制。本节的航向控制与柴油机控制仍采用 5.5.2 小节的控制方法。

3. 仿真实例与分析

以 5446 TEU 集装箱船吃水 9.0m 的 MMG 模型作为仿真试验的载重条件为例进行仿真计算。取常速域的船速范围为 15～28kn，设计航迹 LPV 控制器(5-97)。航向控制环控制器及主机转速控制器同 5.5.2 小节。

船舶航迹制导环的极点配置在 $L(0.05, 0.01)$ 的圆域内，鲁棒 H_∞性能指标 $\gamma<0.001$，对应式(5-97)的顶点增益为：$K_1=-0.0065$，$K_2=-0.0035$。取 5 级风、4 级浪，风向为 21° 作为仿真环境，并假设有 2kn 流，流向为 90°。设船舶主机在开始转向前稳定工作在 90%MCR 附近，船速为 25kn 左右。设航向开始为 0°。设定直线航迹与 X 轴重合，为体现直线航迹控制效果，与航向控制作比较。设航迹控制时船位为(1000m, 0m, 0°)，航向控制时船位为(0m, 0m, 0°)。仿真结果见图 5-26～图 5-31。

图 5-26 所示为船舶与设定直线航迹的横偏距离历时曲线，图 5-27 所示为船舶航向历时曲线，图 5-28 为舵角历时曲线，图 5-29 为船舶纵向速度历时曲线，图 5-30 为主机转速历时曲线，图 5-31 为主机功率历时曲线。

从图 5-26～图 5-31 可知，采用航向控制和直线航迹控制，在风浪流干扰下，船

速有一定变化，而主机转速基本稳定在设定转速附近，功率也在许可的工作范围内，船舶航向或横偏距离均收敛在设定值的较小邻域内。

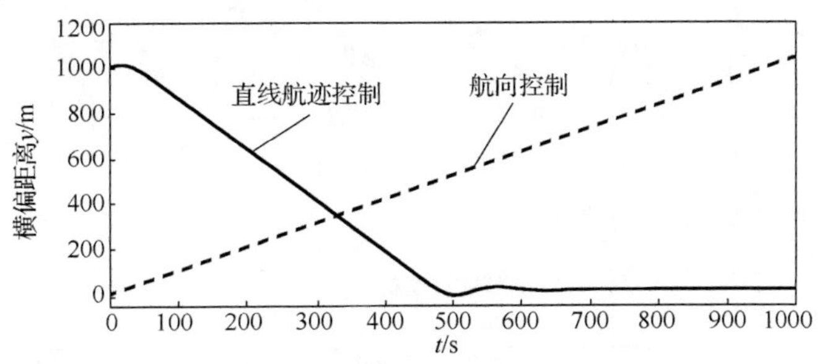

图 5-26　横偏距离-时间仿真曲线

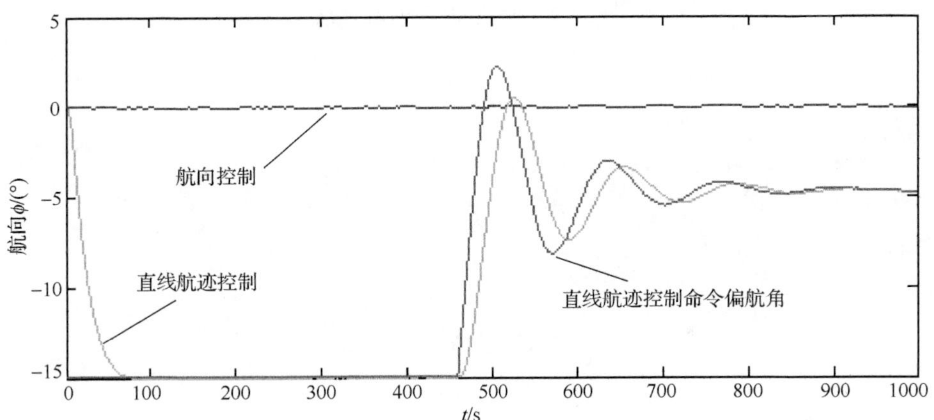

图 5-27　航向-时间仿真曲线

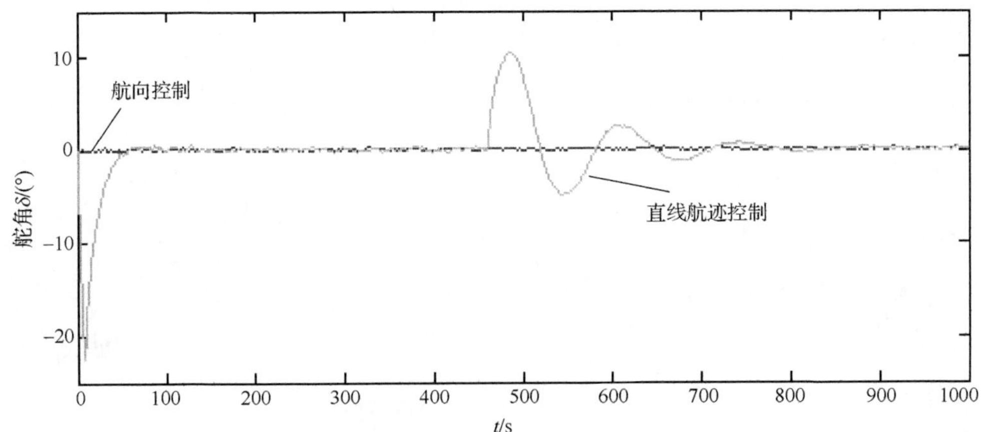

图 5-28　舵角-时间仿真曲线

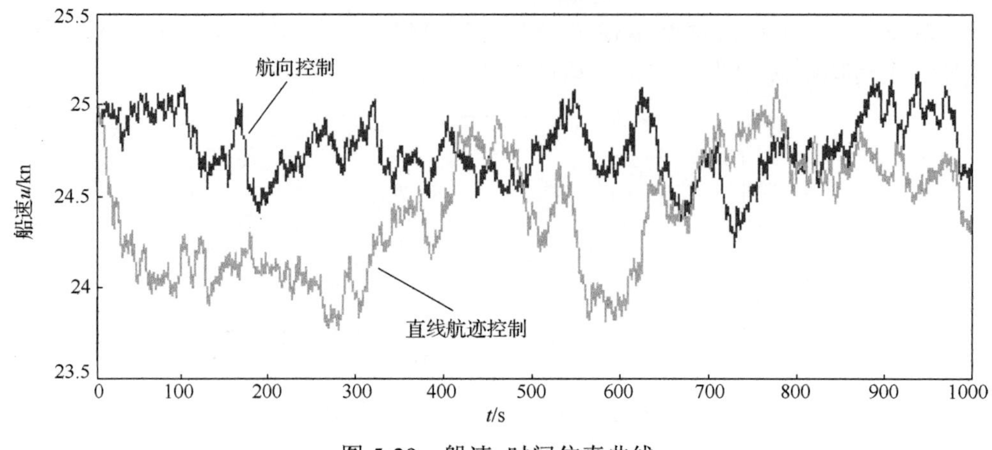

图 5-29　船速-时间仿真曲线

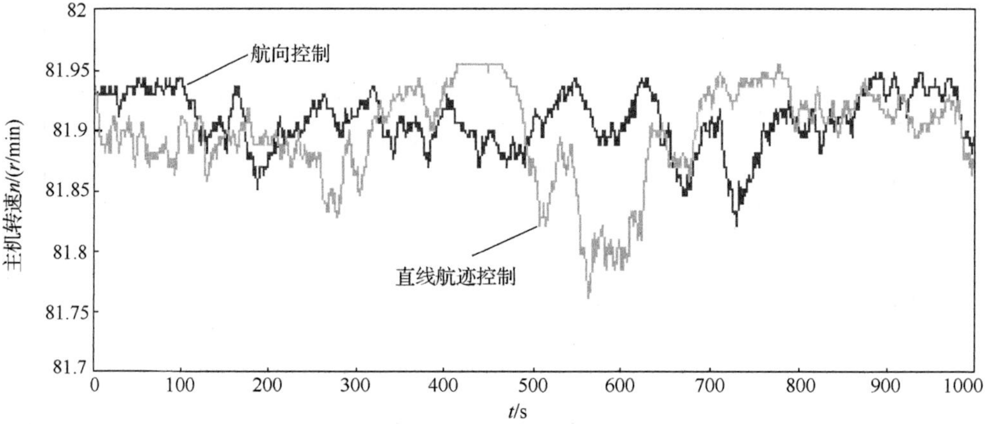

图 5-30　主机转速-时间仿真曲线

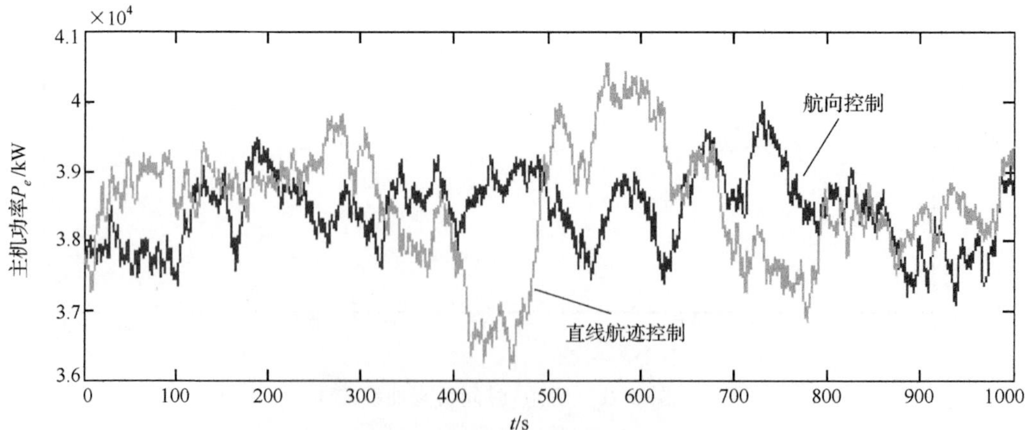

图 5-31　主机功率-时间仿真曲线

由图 5-26，采用航向控制策略时，随时间的增加，距设定直线的横偏距离 y 逐渐增加；而采用直线航迹控制策略，船舶的横偏距离 y 从开始的 1000m 逐渐减小并稳定在 20m 左右，船舶航向开始以$-15°$的偏航角逐渐向设定航迹靠近，最终稳定在$-5°$附近，船舶处于顶流航行状态，船速相对较低，在风浪流作用下，虽然船速变化，但船舶横偏距离和偏航角在只有一个控制输入舵角的作用下，是可以达到渐近稳定的。仿真结果表明，本节针对欠驱动船舶所提出的联合控制器是切实有效的。

5.5.4　浅水域船舶航向与柴油主机 LPV 联合智能控制

船舶从深水航行至浅水或在浅水中航行时，由于船体周围的流场和兴波情况发生变化，船舶表现出与深水中航行不同的情况，给船舶操纵带来了一定的困难[10]。深水时，水流除沿着船体侧面进行外，还有相当数量在船底之下经过[53]。但在浅水中航行时，船艏或船尾部分水的流动因空间受到限制，原三元流动不得不变为向两侧或由两侧同时向内的二元流动。这样，就产生了不同于深水域中的船体周围水压分布的新情况。水深受到限制使船体与水的相对速度较深水情况有所增大，其增加的速度称为回流速度。这时船底下部通道内的流动受到限制，其直接后果一方面是引起作用在船体、桨及舵上的流体动力的变化，另一方面导致船体下沉量的增加及吃水差的变化，船体的下沉和吃水差的变化反过来又引起作用在船体上流体动力的改变，这就使得在浅水域中的航向保持方法和深水域有着明显的不同。浅水的影响主要与水深吃水比 h/d 和水深傅汝德数 $F_{rh}=V/\sqrt{gh}$ 有关。h/d 小于 3 时浅水效应明显[53]。

经过大量的船舶试验，船舶在深水中航行的阻力与船速的二次方成正比，而在浅水中航行的阻力的变化规律不规则。当 $V<0.3\sqrt{gh}$ 时，浅水阻力与深水阻力基本相同。当 $0.3\sqrt{gh}<V<\sqrt{gh}$ 时，浅水阻力增加 2～3 倍。而当 $V=\sqrt{gh}$ 时，船速达到临界速度，此时船舶的兴波阻力出现极大值，阻力出现峰值，较深水中的阻力有显著的增加。当 $V>\sqrt{gh}$ 时，船舶的兴波阻力则下降较多，所以此时船舶的总阻力甚至比深水阻力还要低。船舶在浅水中航行时，由于水流从三元变为二元流动，船体周围的流体相对加快，压强降低，故其下沉量比深水增大，且水深越浅下沉量越大。当 $V<0.6\sqrt{gh}$ 时，纵倾为艏倾；当 $V>0.6\sqrt{gh}$ 时，纵倾为尾倾；当 $V=\sqrt{gh}$ 时，尾倾接近最大值，对于船底与航道底间距很小的状况，会出现吸底而与航道底相摩擦，很容易造成船体损坏或主机负荷过大从而损坏主机。总结大量的浅水实验数据，一般认为 $F_{rh}\leqslant 0.5$ 时，可以不计浅水的影响，因此不受浅水影响的最小水深为 $h_{\min}=4V^2/g$[54]。

1. 浅水域船舶航向 LPV 控制器设计

在浅水域中，K'、T'指数不仅是 d 的函数，而且是 h/d 的函数，不能直接利用式(5-78)设计浅水域的航向控制器。K'、T'指数可采用文献[55]的方法计算，但较为复杂，不便于实时控制。根据文献[53]作者的指导，依据相似原理，可近似地将其他船舶的浅水与深水的 K'、T'指数比值换算到所研究的船舶上。分析了文献[53]和[55]的四艘船浅水与深水的 K'、T'指数比值与 d、h/d 的关系，根据相似原理，将浅水与深水的 K'、T'指数比值换算到 5446 TEU 集装箱船上，得到 5446 TEU 集装箱船 K'、T'指数的近似值，这样可实时计算 K'、T'指数。由图 5-21 可知，K'、T'指数随着 d 的增加而增加，而与 h/d 的关系并非如此，根据对文献[53]和[55]中浅水的 K'、T'指数数值分析，h/d=2.5 左右时最大，h/d=1.2 时最小。综合 d 与 h/d 对 K'、T'指数的影响，令 $q_1=K'$、$q_2=T'$，$q=[q_1,q_2]$，可得到 $d=d_{max}$、h/d=2.5 时 K'、T'指数的最大值即 q_{max}，$d=d_{min}$、h/d=1.2 时 K'、T'指数的最小值即 q_{min}。由多胞设计方法，由于 K'、T'指数的数值是同时变化的，不能各自独立作为变参数，将 K'、T'指数通过加权，视为一个变量。因此分别以 $d=d_{max}$、h/d=2.5 与 $d=d_{min}$、h/d=1.2 这两点的值 q_{max}、q_{min} 作为多胞的两个顶点。

令 $x_1=\varphi$，$x_2=r$，$x_3=\delta$，$x=[x_1,x_2,x_3]^{\mathrm{T}}$，$\theta_1=V$，$\theta_2=q$，$\theta=[\theta_1,\ \theta_2]^{\mathrm{T}}$，船舶运动 LPV 方程(5-55)表示为[45]

$$\begin{aligned}\dot{x}&=A(\theta)x+B_1(\theta)w+B_2u\\ z&=C_1x\end{aligned}\tag{5-98}$$

式中，$A(\theta)=\begin{bmatrix}0&1&0\\0&-\dfrac{\theta_1}{q_2L}&\dfrac{q_1\theta_1^2}{q_2L^2}\\0&0&\dfrac{-K_E}{T_E}\end{bmatrix}$；$B_1(\theta)=\begin{bmatrix}0\\\dfrac{\theta_1}{q_2L}\\0\end{bmatrix}$；$B_2=\begin{bmatrix}0\\0\\\dfrac{K_E}{T_E}\end{bmatrix}$；$C_1=[1\ 0\ 0]$。

船舶速度 V 范围为 $V_{min}\leqslant\theta_1\leqslant V_{max}$，$K'$、$T'$指数范围为 $q_{min}\leqslant\theta_2\leqslant q_{max}$。则该范围的 4 个顶点 $\varphi_{m1}=(V_{min},\ q_{min})$，$\varphi_{m2}=(V_{max},\ q_{min})$，$\varphi_{m3}=(V_{min},\ q_{max})$，$\varphi_{m4}=(V_{max},\ q_{max})$。由凸分解技术，船舶运动的 LPV 表示式(5-78)可用多胞的四个顶点表示：

$$\dot{x}=\sum_{i=1}^{4}\rho_i(\theta)(A(\phi_{mi})x+B_1(\phi_{mi})w)+B_2u\tag{5-99}$$

式中，$\rho_1(\theta)=(V_{max}-\theta_1)(q_{max}-\theta_2)/((V_{max}-V_{min})(q_{max}-q_{min}))$；$\rho_2(\theta)=(\theta_1-V_{min})(q_{max}-\theta_2)/((V_{max}-V_{min})(q_{max}-q_{min}))$；$\rho_3(\theta)=(V_{max}-\theta_1)(\theta_2-q_{min})/((V_{max}-V_{min})(q_{max}-q_{min}))$；$\rho_4(\theta)=(\theta_1-V_{min})(\theta_2-q_{min})/((V_{max}-V_{min})(q_{max}-q_{min}))$；$\sum_{i=1}^{4}\rho_i(\theta)=1$。这里，采用对 K'、T'加权的方法计算$(q_{max}-\theta_2)$等值，使等式$(q_{max}-q_{min})=(q_{max}-\theta_2)+(\theta_2-q_{min})$成立。

对于具有凸结构的 LPV 模型(5-99)，对顶点 φ_{mi} 分别设计满足要求的状态反馈增益 K_i。利用各顶点设计的反馈控制器综合得到形如式(5-87)的 LPV 控制器 K。

2. 仿真实例与分析

以中远集团 5446 TEU 超巴拿马型集装箱船在 d=9.0m、h/d=1.5 时建立的浅水 MMG 数学模型为例进行仿真计算，验证在非控制器设计条件下的控制效果。

船舶在浅水中航行为避免吸底，船速一般低于临界值，故取船速范围为 6～17kn 作为设计速度区间，设计形式如式(5-87)航向 LPV 控制器。主机 LPV 转速控制器仍参照 5.5.2 小节部分。

船舶航向控制器的极点配置在 $L(0.1, 0.03)$圆域内，鲁棒 H_∞性能指标 $\gamma<32$，对应式(5-87)的顶点增益分别为：K_1=[−5.9548 −115.1636 0.2664]，K_2=[−0.7396 −15.4924 −0.3194]，K_3=[−5.4677 −149.6493 0.2531]，K_4=[−0.6768 −16.4573 −0.2838]。

采用上述设计的控制器对船舶在风浪干扰的条件下进行航向和转速控制仿真。取海面 5 级风、4 级浪，风向为 21° 作为仿真环境。设船舶主机在开始仿真时船速为 15kn，主机转速 65r/min。设航向开始为 0°，从 200s 开始作 30° 的“z”形航行，时间间隔为 200s。检验浅水航向控制及主机控制器的控制效果。

图 5-32 为船舶航向历时曲线，图 5-33 为舵角历时曲线，图 5-34 为船舶纵向速度历时曲线，图 5-35 为主机转速历时曲线，图 5-36 为油门位置历时曲线，图 5-37 为主机功率历时曲线。

由图 5-32～图 5-34，在外界干扰和船速变化的条件下，船舶航向改变时，LPV 航向控制器使航向快速、准确地达到设定值，舵工作基本平稳。从图 5-32 和图 5-33 可以看出，由于风浪影响，在航向稳定时航向有 0.2° 左右的误差，舵也有 0.6° 左右的偏舵角，说明设计的 LPV 控制器有一定的抵抗风浪的能力。

由图 5-32～图 5-37，在航向改变过程中，船速因阻力增加而降低，主机转速因螺旋桨扭矩增加有减小趋势，LPV 转速控制器增加油门位置，力求恢复到设定转速，主机功率也随之增加。由图 5-35 可知，在航向改变时，主机转速基本稳定工作在设定的转速附近。可见，所设计的航向控制器和主机转速控制器在外界干扰下均能对系统进行有效的控制。

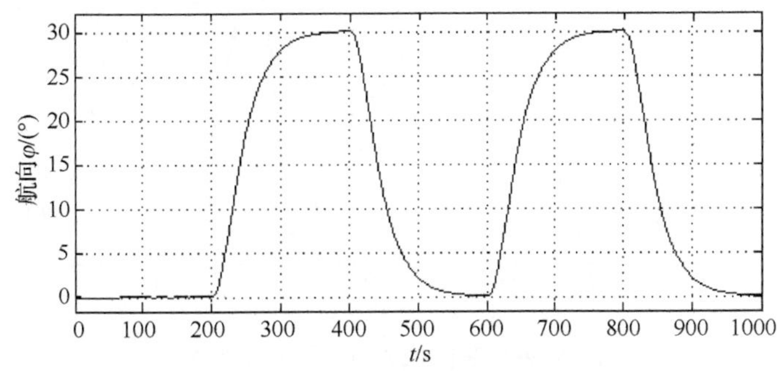

图 5-32 航向-时间仿真曲线

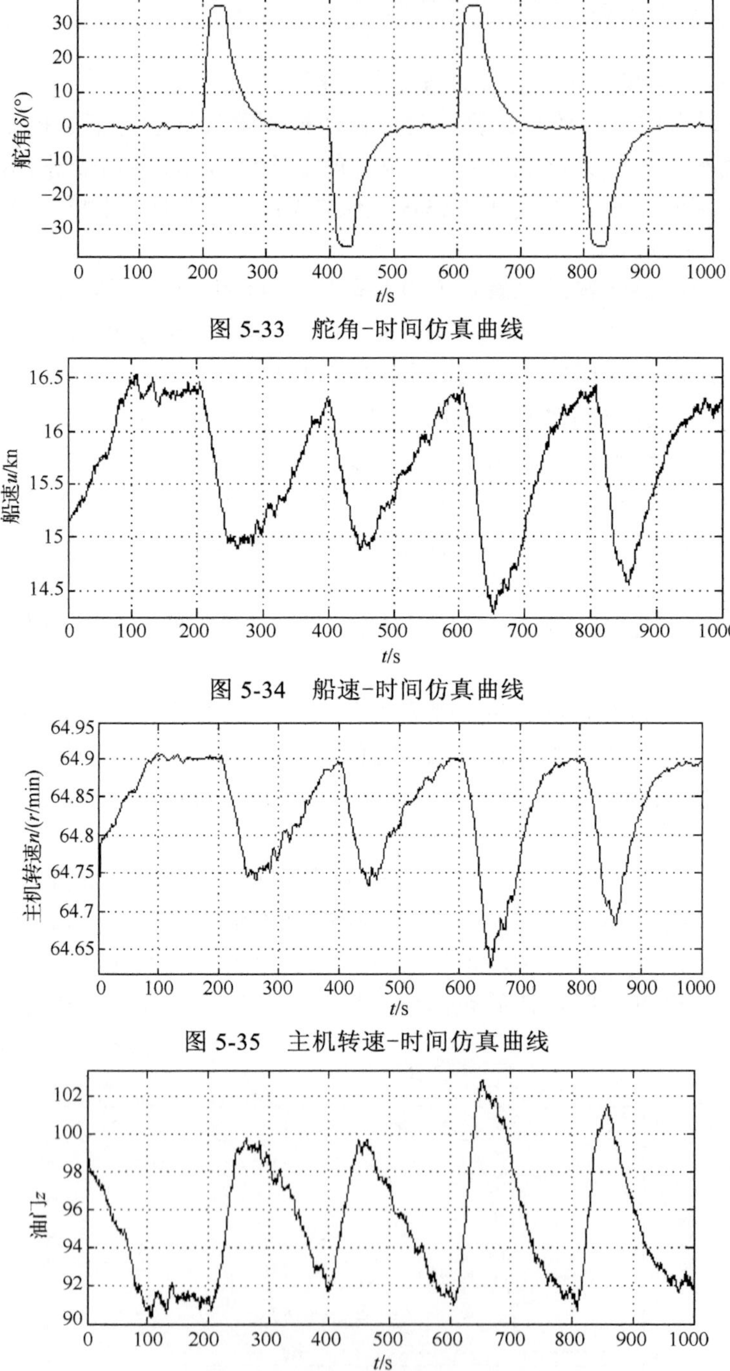

图 5-33　舵角-时间仿真曲线

图 5-34　船速-时间仿真曲线

图 5-35　主机转速-时间仿真曲线

图 5-36　油门位置-时间仿真曲线

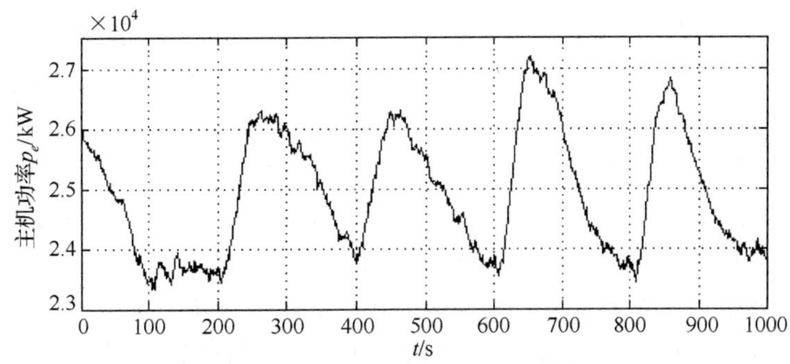

图 5-37　主机功率-时间仿真曲线

与 5.4.3 小节的图 5-12～图 5-15 相比，本小节的船速、主机转速仿真初始设定值均大于该小节的设定值，船舶吃水仿真初始设定值小于该小节的设定值，转向时的操舵角与操舵时间的仿真结果均大于该小节的仿真结果，仿真结果表明，浅水中的船舶操纵要比深水中困难。可见浅水域的仿真结果符合实际趋势。

5.6　小　　结

船舶装载变化、航向改变、气象条件、浅水域航行等将引起船舶的航速变化和柴油主机转速改变，主机转速改变又将导致船速改变。船舶运动控制具有复杂性，船舶运动与柴油主机推进装置运行同时存在强耦合性和时变特性。20 世纪 90 年代以来，随着鲁棒控制和线性矩阵不等式求解技术的发展，LPV 控制理论也得到迅速发展。LPV 控制理论有效地对如飞机、导弹等非线性时变系统进行合理的线性化并实现有效的控制。本章将该方法引入船舶运动与柴油主机推进装置的控制中，实现了船舶运动的 LPV 控制仿真以及与船舶柴油主机的 LPV 联合控制仿真，主要内容小结如下。

(1) LPV 控制理论数学基础的介绍。LPV 控制理论是基于 LMI 的 H_∞鲁棒的输出反馈在时变系统的扩展。为了便于对 LPV 控制理论的理解，介绍了有关 Banach 空间、Hermite 矩阵、矩阵 Kronecker 乘积等的基础知识，叙述了线性矩阵不等式的定义、性质及其求解方法，给出连续时间系统 H_∞性能分析方法，阐述了基于 LMI 的 H_∞鲁棒的输出反馈和极点配置的状态反馈控制方法。

(2) LPV 控制理论的阐述。主要包括介绍 LPV 的线性化特点以及与 LTV 的关系、广义 LPV 系统的定义，阐述 LPV 多胞系统、切换 LPV 系统以及多胞变增益状态反馈 H_∞控制相关定义、定理等，为有关 LPV 控制器的设计提供理论基础。

(3) LPV 多胞输出反馈控制算法在船舶航向控制的实现。介绍了船舶运动模型线性化的方法，给出了以船速为变参数的 LPV 船舶运动方程和以船速和船舶吃水为变参数的船舶运动方程。详细讨论 LPV 多胞输出反馈控制算法及其 LMI 的可解条件，归纳出 LPV 控制器的求解方法。将此控制算法应用到船舶航向输出反馈控制器设计中，设计了基于 LMI 的一种船舶航向多胞输出反馈 H_∞变增益控制器，该控制器需要船舶航向反馈，同时考虑船舶速度对船舶操纵的影响，因此具有实际意义。通过对 5446 TEU 超巴拿马型集装箱船在试航状态下建立的 MMG 数学模型进行仿真计算，验证了 LPV 多胞输出反馈控制算法的有效性。

(4) 切换 LPV 的多胞输出反馈控制在船舶航向控制的实现。在船速大范围变化时为保证对船舶航向有效地控制，根据切换 LPV 控制理论，设计了切换 LPV 的多胞输出反馈控制的船舶航向控制器。主要思路是将船舶速度划分为高速、低速两个区域，在两个区域分别设计控制律，根据船速变化对控制器进行滞后选择切换。在 5446 TEU (标准集装箱) 设计吃水条件和航行试验海况下，仿真结果表明，切换 LPV 多胞输出反馈控制在不同船速区域能平稳切换，可实现航向快速跟踪。

(5) 提出基于圆域极点配置的具有 H_∞鲁棒性能的 LPV 多胞状态反馈控制算法，并实现船舶运动与船舶柴油主机的联合控制。基于圆域极点配置的具有 H_∞鲁棒性能的 LPV 多胞状态反馈控制算法设计的控制器，具有由扇形等多个区域组成的极点配置的动态特性，容易通过 LMI 求解，从而简化控制器设计，便于控制器的数学实现。

在船舶航向控制时，综合考虑操舵和主机两方面的因素，将上述算法应用于船舶航向与主机的联合控制。根据建立的主机转速 LPV 控制方程和船舶航向 LPV 控制方程，设计具有 H_∞鲁棒性能的 LPV 多胞状态反馈主机转速和航向控制器，实现船舶航向与船舶主机联合控制。

在航向与船舶主机转速联合控制的基础上，将 LPV 多胞状态反馈控制算法用于设计船舶大洋航行的直线间接航迹控制的制导环控制器，实现船舶直线航迹与船舶主机联合控制。此外，考虑了浅水对船舶操纵的影响，将该算法用于设计浅水域的 LPV 航向控制器，实现浅水域的船舶航向与主机的联合控制。在对 5446 TEU 船的仿真结果表明，在风、浪、流的干扰下船舶航向和直线航迹最终收敛到设定航迹的较小邻域范围内，主机转速也基本稳定在设定转速附近，验证了所设计的 LPV 多胞状态反馈控制算法对船舶航向或船舶直线航迹与柴油主机控制的有效性。

本章面向船舶与海洋工程学科领域，对基于线性变参数方法的船舶运动与柴油机主推进联合控制进行了深入系统的研究。这对于实现船舶的综合节能优化控制，提高船舶系统的整体经济性，延长主动力装置工作寿命具有重要意义。也为船舶主机-自动舵综合智能控制分布式交互虚拟仿真系统奠定了基础。

由于从实验室研究到工程实际应用通常还有相当长的距离，本章的设计方法仅对根据传感器的测量值设计船舶运动和主机转速 LPV 控制器进行了基础研究。与本书相关的许多工作值得继续研究：如建立大漂角的 MMG 船舶运动方程，研究低速和进出港的船舶联合控制；研究用模糊控制或神经网络等对基于 LPV 的船舶运动和柴油主机控制器进行非线性补偿，进一步提高 LPV 控制器的性能等。

参考文献

[1] 蒋维清. 船舶原理. 大连：大连海事大学出版社, 1998.

[2] 吴秀恒. 船舶操纵性与耐波性. 北京：人民交通出版社, 1999.

[3] 朱建元. 船舶柴油机. 北京：人民交通出版社, 2004.

[4] 鲁农安. 主机工况与船舶操纵. 航海技术, 1996, (2): 48-52.

[5] 程国瑞. 船舶动力装置原理. 北京：人民交通出版社, 2001.

[6] 商圣义. 民用船舶动力装置. 北京：人民交通出版社, 1996.

[7] 林剑峰, 张敏. 柴油机的控制策略. 柴油机, 2004, (6): 5-8.

[8] 邵世明, 赵连恩, 朱念昌. 船舶阻力. 北京：国防工业出版社, 1995.

[9] 李世谟, 周俊麟. 船舶阻力. 武汉：武汉水运工程学院, 1984.

[10] 陈哲, 谢世平. 浅析浅水对船舶操纵的影响. 重庆交通学院学报, 2002, 21(4): 120-122.

[11] 马志坚. 风浪中船舶操纵性问题的探讨. 武汉造船, 2001,(增刊):14-16.

[12] 倪一峰. 感应电动机 LPV 直接转矩控制系统的研究. 杭州：浙江大学, 2005.

[13] Apkarian P, Gahinet P, Becker G. Self-scheduled H_∞ control of linear parameter-varying systems: A design example. Automatica, 1995, 31(9):1251-1261.

[14] Tan W, Packard A K, Balas G J. Quasi-LPV modeling and LPV control of a generic missile// Proceedings of the American Control Conference, Chicago, Illinois, 2000: 3692-3696.

[15] Lu B, Wu F. Switching LPV control of an F-16 aircraft via controller state reset. IEEE Transactions on Control Systems Technology, 2006, 14(2): 267-277.

[16] Ghersin A S, Pena R S S. LPV control of a 6-DOF vehicle. IEEE Transactions on Control Systems Technology, 2002, 10(6): 883-887.

[17] Kida T. Robust attitude controller design of linear parameter varying spacecraft via μ synthesis and gain scheduling// Proceedings of the 1999 International Conference on Control Applications, Kohala Coast-Island, Hawaii, USA, 1999: 979-984.

[18] Cox D E. Control design for parameter dependent aeroelastic systems. Durham: Duke University, 2003.

[19] Lee C H, Myung J C. Gain-scheduled state feedback control design technique for flight vehicles. IEEE Transactions on Control Aerospace and Electronic Systems, 2001, 37(1): 173-182.

[20] Biannic J M, Apkarian P. Missile autopilot design via a modified LPV synthesis technique. Aerospace Science and Technology, 1999, (3): 153-160.

[21] Qiu W Z. Application of linear parameter varying control synthesis in power systems. Ames:

Iowa State University, 2004.

[22] Yu J. Lyapunov-based robust control for linear parametrically varying systems. Irvine: University of California, 1997.

[23] 戴冉, 贾传荧. 新型实船测试平台的研究. 交通运输工程学报, 2001, 1(3): 66-68, 80.

[24] 陆葛庆, 赵永平, 陈永利, 等. 船舶运动速度及姿态角监控测量系统. 海洋科学, 1994, 3: 16-19.

[25] 贾欣乐, 杨盐生. 船舶运动数学模型. 大连：大连海事大学出版社, 1999.

[26] 刘炳初. 泛函分析. 北京：科学出版社, 1998.

[27] 吴长彬. 具有幂等零空间的算子. 三明师专学报(自然科学版), 1994, 20(4): 5-7.

[28] Lim S. Analysis and control of linear parameter-varying systems. Ann Arbor: Stanford University, 1999.

[29] Chilali M, Gahinet P, Apkarian P. Robust pole placement in LMI regions. IEEE Transactions on Automatic Control, 1999, 44(12): 2257-2269.

[30] 李广民, 刘三阳. 应用泛函分析原理. 西安：西安电子科技大学出版社, 2003.

[31] 王松桂, 吴密霞, 贾忠贞. 矩阵不等式. 北京：科学出版社, 2006.

[32] 俞立. 鲁棒控制-线性矩阵不等式处理方法. 北京：清华大学出版社, 2002.

[33] 王新生. 线性矩阵不等式与 H_∞控制设计. 哈尔滨：哈尔滨工业大学, 2002.

[34] Gahinet P, Nemirovski A, Laub A J, et al. LMI Control Toolbox User's Guide. Natick: Mathworks, 1995.

[35] Bruzelius F, Pettersson S, Breitholtz C. Linear parameter-varying descriptions of nonlinear systems// Proceeding of the 2004 American Control Conference, Boston, Massachusetts, USA, 2004: 1374-1379.

[36] 何军红, 吴旭光, 穆向阳. 线性矩阵不等式及其在控制系统中的应用. 系统工程与电子技术, 2001, 23(10): 25-30.

[37] 李阳, 李树民. 基于 LMI 的输出反馈 H_∞控制及其仿真. 战术导弹技术, 2004, (5): 44-48.

[38] 王广雄, 王新生, 何朕. H_∞控制器的 LMI 算法分析. 电机与控制学报, 2002, 6(1): 46-49.

[39] Chilali M, Gahinet P. H_∞ design with pole placement constraints: An LMI approach. IEEE Transactions on Automatic Control, 1996, 41(3): 358-367.

[40] 虞忠伟. 机器人变增益鲁棒控制的研究. 上海：同济大学, 2002.

[41] 刘满, 井元伟, 张嗣瀛. 区域极点配置问题的研究方法. 控制与决策, 2005, 20(3): 241-245.

[42] Lu B. Linear parameter-varying control of an F-16 aircraft at high angle of attack. Raleigh: North Carolina State University, 2004.

[43] 虞忠伟, 陈辉堂. 机器人多胞变增益输出反馈 H_∞控制. 控制理论与应用, 2003, 20(6): 926-932.

[44] 贾欣乐, 张显库. 船舶运动智能控制与 H_∞鲁棒控制. 大连：大连海事大学出版社, 2002.

[45] 袁士春. 船舶运动与主推进线性变参数联合控制的研究. 大连：大连海事大学, 2007.
[46] 袁士春，郭晨，史成军. 基于线性变参数的船舶运动 H_{∞}控制及仿真. 大连海事大学学报, 2007, 32(2):88-91.
[47] 袁士春，郭晨，吕进. 基于切换 LPV 的船舶航向控制. 中南大学学报，2007，38(增刊 1)：335-340.
[48] 褚建新，郑士君，韩成敏，等. DGS 8800e 数字调速器功能原理剖析. 船舶工程，1999,(5):22-24,30.
[49] 袁士春，郭晨，刘雨. 船舶航向与柴油主机联合 LPV 鲁棒控制及仿真. 系统仿真学报，2008, 20(7):1812-1816, 1820.
[50] 李铁山，杨盐生，郑云峰. 不完全驱动船舶自非线性控制的研究. 交通运输工程学报，2003, 3(4): 39-43.
[51] 詹月林. 船舶航迹间接多模态控制方法研究. 工业仪表与自动化装置, 2003, 6: 31-34.
[52] 刘雨，郭晨，袁士春. 欠驱动船舶直线航迹与柴油主机的LPV综合控制// 第七届全球智能控制与自动化大会论文集, 2008: 1840-1845.
[53] 张显库，肖惟楚，郭晨. 船舶进出港低速航向保持. 交通运输工程学报, 2005, 5(4): 77-81.
[54] 朱伟. 浅谈浅水道航行对船舶工况的影响. 天津航海, 2007, (1): 1,31.
[55] 赵月林，古文贤. 浅水中船舶操纵运动的模拟计算——浅水中船舶操纵性指数 K、T 的预报. 大连海运学院学报, 1991, 17(2): 122-126.

第6章 船舶智能导航系统

导航是指引一个运动物体(人或载体)从某个位置出发，安全且低费用地到达某目标点。自古以来，人们一直在利用天上的星星进行导航，特别是利用北极星来确定方向，很长一段时间人类在海上航行只能依靠星座和罗盘进行导航。随着科学技术的发展，导航渐渐发展成为一门专门研究导航原理方法和导航技术装置的学科。在舰船、飞机、导弹、宇宙飞行器等航行体上，导航系统是必不可少的重要设备。按照近代科技术语，导航的主要工作就是定位、定向、授时和测速。导航需要连续提供此类信息，运动越快，更新越快，但精度要求不高。

进入20世纪以后，人类的科学技术水平越来越高，人们通过观察船舶在海上运动，发现通过计算船体速度的增量就可以确定自己的位置。随后英国和美国发明了罗兰(LORAN) A和罗兰(LORAN) C即双曲线无线电定位系统。最现代化的导航系统出现在人造卫星升空之后，全球卫星导航系统利用卫星可以实现在地球上任何位置进行定位。还有一种现代船舶导航系统是美国人为了给核潜艇定位导航而发展起来的船舶惯性导航系统。20世纪60年代初，随着计算机和微电子技术的迅猛发展，利用计算机的强大解算和控制功能代替机电稳定系统成为可能，捷联惯导系统开始发展起来。导航可以分为两类[1]：①自主式导航，用飞行器或船舶上的设备导航，有惯性导航、多普勒导航和天文导航等；②非自主式导航，用于飞行器、船舶、汽车等交通设备与有关的地面或空中设备相配合导航，有无线电导航、卫星导航。

随着科学技术的发展，国防工业、社会生产对导航技术的要求越来越高，虽然各种导航手段自身技术水平都得到了很大的提高，但是目前还没有一种导航手段是完美的，它们都存在着自身的优势和劣势，单一的导航手段已经难以满足现代化船舶的导航技术要求，使得组合导航系统的发展成为了可能。组合导航系统(INS)，最初的理解是将惯性导航、卫星导航、天文导航、罗兰C导航等导航方式组合在一起，取长补短，以提高定位精度[2]。随着船舶组合导航的不断开发、实践，现代意义上的组合导航已经发展为由数据定位、数据航行、数据操舵、数据配载以及导航控制台等多个子系统组成的数据驾驶台，它除了执行导航功能外，还可以处理船舶的避碰信息、天文数据、海图绘制及燃料消耗等，是多功能、多模式，并将整个船舶作为控制对象的智能化、集成化的导航方式。

由于计算机技术、传感器技术、通信技术、信息技术的进步推动了船舶导航设备、自动化设备、环境感知设备的更新与升级，物联网技术、信息物理系统和大数据技术的应用加快了船船、船岸之间信息交互的发展，构建了新一代船舶智能导航系统，即综合船桥系统(IBS)。新一代 IBS 具备完善的综合导航、自动操船、故障自动诊断、自动避碰和报警等功能，通过对船舶周围和自身状态的监控，既保证了船舶的航行安全，又节约了运营成本。此外，IBS 的建立以及人工智能的发展为实现船舶无人驾驶提供了可能。

6.1　船舶导航系统简介

从 100 多年前出现的机械式船舶计程仪至被 IMO MSC 73 次会议决议强制船舶安装的船舶自动识别系统(AIS)和航行数据记录仪(VDR)，至今船舶有过 20 余种助航仪器。其中有的已经或将要被淘汰，有的保留但在改进中发展，而新的导航设备、系统则正在蓬勃发展中。各种导航系统(设备)的分类与现状详见表 6-1。

表 6-1　导航类别及现状一览表

系统类别		系统名称	出现年份	现状
导航系统	陆基	测向	1929 年建	美国 2005 年停用，国际 1999 年 2 月 1 日商船不要求，我国已允许船舶申请免装
		台卡	英国 1944 年建	欧洲区域高精度定位，用至 2014 年
		奥米伽	美国 1982 年建	美国 1994 年 12 月前停用，1997 年 9 月关闭
		LORAN A	美国 1942 年建，中国 1968 年建“长河一号”	美国 1977～1980 年逐步关闭，中国 20 世纪 90 年代初关闭
		LORAN C	美国 1957 年建，中国 1987 年建“长河二号”，1993 年投入使用	美国 1994 年后停用，中国保留使用
	星基	NNSS	美国 1964 年军用，1967 年起民用	1996 年关闭，由 GPS 代替
		GPS/DGPS	1995 年正式启用	大量使用
		GLONASS	俄罗斯 1996 年 1 月运行部分使用	民用较少
		GNSS	1999 年初运行	2002 年全面运行
		北斗导航系统	中国 2000 年已经发射实验卫星	已经投入使用，正在研发第二代
雷达/ARPA		雷达	1946 年第一台商船使用	雷达仍广泛使用，ARPA 于 1991 年强制安装，都有局限性。目前雷达和 ARPA 统称为雷达，ARPA 则为雷达自动标绘功能
		ARPA	20 世纪 70 年代初出现	
新型导航系统		ECDIS	1995 年 IMO 19 次大会通过性能标准	1996 年 11 月 IHO(international hydrographic organization) 出版 S-57 V3.0、S-52 V5.0，1998 年 4 月 IEC 出版 IEC61174。广泛使用
		AIS	1998 年 5 月 IMO MSC69 次会议批准性能标准	2000 年 12 月 IMO MSC73 次会议通过，2002 年 7 月起强制安装
		VDR	1997 年 11 月 IMO A.861 决议批准性能标准	2000 年 12 月 IMO MSC73 次会议通过，2002 年 7 月起强制安装

续表

系统类别	系统名称	出现年份	现状
INS/IBS	INS	1969 年第一台装船	大型油轮、滚装船、军舰等已大量使用
	IBS	20 世纪 70 年代出现	大型油轮、滚装船、军舰等已大量使用
电航仪器	罗经	1908 年出现	大量使用，现已出现数字陀螺罗经、光纤陀螺、激光陀螺
	磁罗经	约 1000 年前	船舶强制安装，目前已经可以提供数字化信息
	计程仪	100 多年前	大量使用
	测深仪	1925 年出现	大量使用

1. 20 世纪 70 年代之前以避碰和导航为主的综合系统

为了保障船舶的航行安全，根据国际上有关规定，驾驶台上装配有各种航海仪器。随着 SOLAS 公约的修订，驾驶台又新增设了 AIS 和 VDR 等设备。这些设备相对独立、布置分散，各种导航信息缺乏有效的整合，这就要求驾驶员做出综合判断。较早提出综合导航概念的是挪威的 Norcontrol 公司，该公司在 1969 年开发成功命名为数据驾驶台系统的组合导航系统。该系统主要由数据定位、数据雷达、数据航行和数据操舵 4 个子系统组成。它实际上是一种以避碰和导航为主的综合系统。

2. 20 世纪 70 年代中～80 年代初出现的具有综合信息显示和自动保持航迹功能的 IBS

进入 20 世纪 70 年代，为克服燃油短缺局面，航运界采取了减员增效和大力推行经济航线的措施。20 世纪 70 年代后期，随着自适应自动舵的研制成功，所谓“未来船”和“快速船”等现代化船舶对船舶的综合驾驶控制提出了更高的要求。这一期间船舶驾驶台综合控制功能不断扩大、自动化程度明显提高，完善了 IBS 的基本思想和配置，出现了各种品牌的综合船桥系统。1975 年挪威 Norcontrol 公司开发了 DB 2 型数据驾驶台，20 世纪 80 年代初又研制出 DB 4 和 DB 7 型数据驾驶台。同期美国 Sperry 公司生产了自己的 IBS，苏联生产了“轻风-1”型 IBS，联邦德国 ATLAS 公司生产了 NACOS-20 IBS。联邦德国的一个“未来船”项目促使产生了第一个自适应航迹保持自动舵，这个系统有一个航行信息显示器，也就是我们现在所称的综合信息控制台，驾驶员可以通过它一目了然地掌握船舶的所有计划航线和实际航行信息。这个阶段 IBS 发展的标志，主要是增加了航行计划和航迹保持自动舵功能，基本上可以实现船舶的自动航行。

3. 20 世纪 80 年代～90 年代初出现的雷达图像与电子海图信息融合的 IBS

这一阶段的 IBS 在功能上进一步完善，挪威 Norcontrol 公司推出了 DB-2000，英国 Racal-Decca 公司推出了 Miran 3000、4000、5000 IBS，德国 ATLAS 公司推出

了 NACOS-25 等 IBS。这一阶段的 IBS 主要是在原有功能的基础上增加了电子海图显示与信息系统(ECDIS)。这种 IBS 可以将雷达视频或雷达跟踪目标叠加到电子海图上，在 ECDIS 上为驾驶员集成各种航行综合信息，显示全面交通态势，实现航路执行。这个阶段 IBS 的突出特点是通过计算机局域网实现了各子系统间的数据传送，具备了导航、控制、航路执行、管理、通信和综合显示等功能。

4. 具有现代航海信息综合处理和监督航行安全功能的 IBS

20 世纪 90 年代末期，随着现代控制理论、卫星技术、网络通信技术、信息处理技术的广泛应用，各种信息化、智能化的新型航海仪器不断出现，驾驶台出现了航海信息多元化的趋势。驾驶员疲于应付各种不同航海仪器的多种航行信息，以及关于同一个对象来自于不同信息源的信息。这就要求 IBS 应当具备航海信息的综合处理能力，给驾驶员提供可信的、有效的、完善的高精度航行信息。各种航海信息的综合处理与信息融合是这一阶段 IBS 的显著特征，如通过信息综合处理，实现了定位、导航、避碰、自动驾驶、航行管理、通信、消防、救生、模拟训练、警报等众多功能，自动控制驾驶台和机舱多种设备，完成对船舶的信息化和智能化管理。随着国际上对海上人命安全和环境保护的重视，监控船舶设备正常工作和监督驾驶员在驾驶台的适任状态尤为重要。2002 年 5 月 20 日，IMO 颁布了 MSC 128(75)驾驶台航行值班报警系统(BNWAS)性能标准。标准要求对由驾驶行为不当和对因值班驾驶员的不适任而可能导致海上事故的状态，向船长或高级船员或全船逐级发出警报。

目前，虽然 IBS 不像罗经、雷达、全球海上遇险与安全系统(global maritime distress and safety system，GMDSS)、AIS、VDR 等是 SOLAS 公约强制安装的船用设备或系统，但它是船舶自动化的发展方向。IBS 投入使用后，实船试验表明：一方面，船舶航迹偏差和航程增加率减小，节省了航行时间及燃油消耗，大大提高了经济效益；另一方面，IBS 在最大程度上减轻了驾驶员的工作负担，能够最大限度地保证船舶的航行安全。

今后 IBS 的发展将从传统的以数据采集和处理为主转向以决策和控制为主，进一步注重对基于网络技术的 IBS 信息处理技术、航行专家系统、最佳航线设计、航行综合控制、人体工程学和人机交互界面等方面的研究。IBS 经过 40 余年的发展，不断进行技术创新，功能日趋完善。在硬件组合上由接口连接向网络连接方向发展；在人机交互界面上采用远程控制多页面显示技术，实现雷达图像、ECDIS、综合信息显示等任意切换；在对船舶舵机的控制上采用现代控制理论等新技术的数据自动舵；在航行信息综合处理上使用现代滤波技术，对航行数据进行最佳综合处理，保障船舶航行安全；在船舶综合控制方面，把组合导航系统与主机遥控、辅机遥控、通信等有机地组合起来，向船舶综合控制信息化和智能化方向发展。在操作上更为便捷，人机交互界面更加标准化、人性化。IBS 已经成为集导航、监控、管理、显示于一体的智能化、网络化的综合航行管理系统。

6.1.1 无线电导航系统

无线电导航是以地面发射台为基础的，它可能是最早的现代导航辅助设备。船舶与飞机的无线电测向设备的发展使得可以确定已知位置的任何无线电发射台的方位并且将其用于导航。给出已知位置的两个或多个地面台的方位测量值，用三角测量法可以计算出运载体的位置；而广泛采用的方法是甚高频全向信标(VHF Omni-directional range，VOR)。由于无线电导航系统在商船中使用很少，本节只是简要介绍奥米伽导航系统和罗兰导航系统。

1. 奥米伽导航系统

奥米伽是一种工作在甚低频的远程双曲线导航系统。该系统是以分布在全球的 8 个地面发射台为基础的，每个发射台的标称作用距离为 8000n mile。因此，全球任何地点的飞机或船舶都有望接收到至少 3 个台的信号，能够用接收到的信号相位推算出其位置。通常情况下，位置坐标的精度为几海里。

虽然奥米伽系统最初是为海上使用而研制的，但已广泛用做机载导航辅助设备，特别是用在远洋航线上。

2. LORAN 导航系统

LORAN 远程导航是一种采用 100kHz 脉冲无线电波的低频电子定位系统。它是一种远程(1500km 或以上)辅助设备，采用脉冲传输而非连续波。与奥米伽系统相比，该系统具有更高的精度，但不能全球覆盖。

LORAN C 系统有一个主发射台和两个或多个副台，形成一个台链。在北半球有多个台链。该系统是通过测量主台和副台的脉冲到达的时间差进行工作的。从发射机发出的地面波的行进距离可达 2000km，实际距离取决于发射机的功率、接收机的灵敏度和大气的衰减程度。定位精度取决于观察者距台链的距离，从近距离、特别是小于 500km 的距离内的几十米到大约 2000km 的远距离内的 100m 或更大。这种传输也会产生天波，能够干扰地面波，使接收的信号产生失真，并使该系统提供的位置估算产生误差。同奥米伽系统一样，LORAN 系统最初也是为船舶使用而研制的，但是已经广泛用做机载导航辅助设备，最近也用做陆地车辆的定位设备。

随着卫星导航系统的出现，奥米伽系统就变得过时了。但是，由于卫星系统不能满足某些应用(包括民用航空)所要求的完整性和可靠性，地面无线电导航系统仍将用做基本的备用系统。然而，由于建立了卫星增强系统，对 LORAN C 系统的需求会越来越少。目前，商船已鲜有使用 LORAN 导航系统。

6.1.2　卫星导航系统

目前卫星导航系统共有 4 种，分别是美国的全球定位系统(GPS)、俄罗斯的全球卫星导航系统(GLONASS)、中国的北斗 COMPASS，以及欧洲的伽利略(GALILEO)。

1. 全球定位系统

GPS 的英文全称是 navigation satellite timing and ranging/global position system，其意为卫星测时测距导航/全球定位系统，即 NAVSTAR/GPS，简称 GPS。GPS 是具有在海陆空进行全方位实时三维导航与定位能力的新一代卫星导航与定位系统。GPS 是以卫星为基础的无线电导航定位系统，属于美国第二代卫星导航系统，它是美国继阿波罗登月飞船和航天飞机以后第三大航天工程，如今它已成为当今世界上最实用也是应用最广泛的全球精密导航指挥和调度系统。

GPS 是在子午仪卫星导航系统的基础上发展起来的，它采纳了子午仪系统的成功经验，具有全球性、全天候、高精度、三维定位等优点。GPS 由美国国防部研制，主要满足军事需求，用于地球表面及近地空间用户(载体)的精确定位、测速和作为一种公共时间基准的全天候星基无线电导航定位系统。GPS 广泛应用于导航、定位、测速、授时等方面。

GPS 的系统的用户数量不受限制，每个用户配有一个天线和一台接收机。GPS 包括一个在地球近圆轨道上由 24 颗卫星组成的星座和一个地面控制系统。这些卫星绕地球轨道一周约 12h，排列在 20180km 高空、与赤道面的倾角为 55° 的 6 个轨道平面上。卫星排列的间距一般使用户在任何时刻都可以看到至少 6 颗卫星。

每颗卫星发射两个 L 波段的载频，称为 L_1(1575.42MHz)和 L_2(1227.6MHz)，每个信号都源自一个原子频标。这些信号中的每个信号由精密定位服务(PPS 或 P)信号(10.23MHz)和/或标准定位服务(SPS)信号，也可以称为粗测/捕获(C/A)信号(1.023MHz)进行调制。这种二元信号由 P 码或 C/A 码产生，该码是加到 50bit/s 数据上的模 2。P 码和 C/A 码以 90° 相位差加到 L_1。

2. 全球卫星导航系统

苏联研制的一种与 GPS 相当的系统称为全球卫星导航系统。GLONASS 系统的设计是利用一个由 24 颗卫星组成的星座进行工作，每 3 个轨道面上有 8 颗卫星，这些轨道面在经度上相隔 120° 。轨道面与赤道成 64.8° 的倾角。但是，该星座还有待完成。这些卫星在 25600km 的轨道半径上工作。

像 GPS 一样，GLONASS 在 L_1 和 L_2 两个载波频段上发射，并提供军民两用服务。可以提供给所有用户的粗测/捕获(C/A)码在 511kHz 进行调制，而精确(P)码则在 5.11MHz 调制。与 GPS 不同，GLONASS 卫星发射相同的测距码，但是有 21 对频率。L_1 频段为 1598.0625～1608.75MHz，间距为 562.5kHz。L_2 频段为 1242.9375～1251.25MHz，间距为 437.5kHz。因为干扰的问题，逐步取消了每个频段中的较高频率分配，因此从 2005 年起，只使用最低的 12 对频率。由于频率对少于卫星数，所以地球对面的卫星共享相同的频率。

所有的 GLONASS 卫星都装有铯基频率标准；均方根误差(root-mean-square，RMS)精度为 20ns。由于工作卫星较少，并且近年来对系统改进的投资较少，所以 GLONASS 的精度及覆盖范围略差于 GPS。

3. 伽利略卫星导航系统

伽利略卫星导航系统是世界上第一个专门为民用目的设计的全球性卫星导航定位系统，与现在普遍使用的 GPS 相比，它更先进、更有效、更为可靠。系统由 30 颗卫星组成，其中 27 颗卫星为工作卫星，3 颗为候补卫星。卫星高度为 24126km，位于 3 个倾角为 56° 的轨道平面内。该系统除了 30 颗中高度圆轨道卫星外，还有 2 个地面控制中心。首批两颗卫星在 2011 年 10 月发射，目前太空已有 4 颗卫星，可以组网进行地面三维定位。

伽利略卫星导航系统可以实现与 GPS 和 GLONASS 的兼容，其接收机可以采集各个系统的数据或者通过各个系统数据的组合来实现定位导航的要求。确定目标位置的误差将控制在 1m 之内。

4. 北斗卫星导航系统

北斗卫星导航系统(beidou navigation satellite system，BDS)是中国自行研制的全球卫星导航系统。空间段计划由 35 颗卫星组成，包括 5 颗静止轨道卫星、27 颗中地球轨道卫星、3 颗倾斜同步轨道卫星。5 颗静止轨道卫星定点位置为东经 58.75°、80°、110.5°、140°、160°，中地球轨道卫星运行在 3 个轨道面上，轨道面之间为相隔 120° 均匀分布。至 2012 年底北斗亚太区域导航正式开通时，已为正式系统在西昌卫星发射中心发射了 16 颗卫星，其中 14 颗组网并提供服务，分别为 5 颗静止轨道卫星、5 颗倾斜地球同步轨道卫星(均在倾角55° 的轨道面上)、4 颗中地球轨道卫星(均在倾角55° 的轨道面上)。

北斗卫星导航系统将向全球用户提供高质量的定位、导航和授时服务，包括开放服务和授权服务两种方式。开放服务是向全球免费提供定位、测速和授时服务，定位精度 10m，测速精度 0.2m/s，授时精度 10ns。授权服务是为有高精度、高可靠卫星导航需求的用户，提供定位、测速、授时和通信服务以及系统完好性信息。

6.1.3 组合导航系统

综合船桥系统(IBS)是 20 世纪 70 年代初期的组合导航系统(INS)发展演变而来的船舶自动航行系统[3]。40 年来，随着计算机、现代控制、信息处理、通信导航等技术的发展，以 INS 为基础，结合了雷达、ECDIS、AIS、自动舵等各种导航和船舶操纵设备，构成了具有综合导航、船舶控制、自动避碰、综合信息显示、通信和航行管理控制等多种功能完善的综合船桥系统。在提高船舶航行自动化程度、保障船舶航行安全、提高船舶的营运效益等方面，IBS 发挥了重要作用。对于 21 世纪的航海人来说，熟练掌握 IBS 的功能和操作是适应现代航海工作所必需的。

1. 船舶组合导航系统

INS 根据组合的传感器设备和操舵控制设备的不同分为如下几类。

(1) INS (A)：提供有效的、正确的、统一的参考系统，这个系统至少提供船舶的位置、速度、航向、时间、深度，并且在传感器出现错误时发出警报信号。

(2) INS (B)：除了包括 INS (A) 的功能外，还要提供有助于避开危险的相关信息，在雷达或 ECDIS 上自动、连续地标绘出船舶的位置、速度、航向、水深和预测危险情况。

(3) INS (C)：除了包括 INS (B) 的功能外，还要自动控制船舶保持航向、航迹和速度，监视控制船舶的状态和性能。

2. IBS 和 INS 的相互关系

IBS 的功能主要是利用 INS 信息对船舶集中控制，包括航路执行、通信、装卸载和货运管理、机械控制、航行安全和船舶保安以及系统管理。

INS 和 IBS 最重要的概念是各种驾驶台设备通过电气组合有机地连接起来，对传感器信息进行综合处理，最终给驾驶员提供完整的、准确的信息和操作控制命令。IBS 在配置和功能上完全覆盖了 INS，如果在 INS (C) 的基础上增加通信、机械控制、装卸载和货运管理、航行安全和船舶保安以及系统管理中的任意一个功能或多个功能，就是 IBS，如图 6-1 所示。

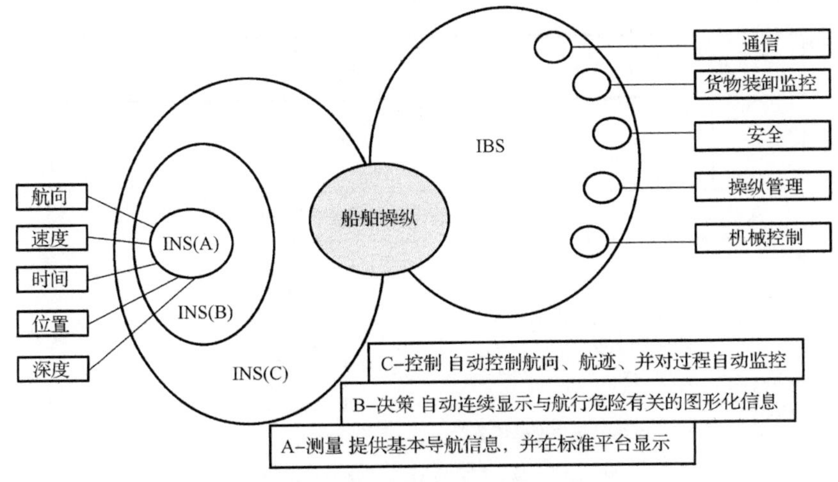

图 6-1　IBS 和 INS 的相互关系

IBS 是 INS 完成监测和控制船舶的信息来源。INS 采用系统设计的方法，将船上的各种导航设备、船舶操作控制设备和雷达避碰设备通过网络有机结合起来，利用计算机、现代控制、信息融合等技术实现其功能。整个 IBS 的设备与子系统包括：电子海图显示与信息系统、综合信息显示器(conning)、两套雷达(S-band 和 X-band)系统、自动识别系统、操舵控制和自动导航系统(steering & autopilot system)、两套全球定位系统(GPS)/差分全球定位系统(DGPS)、电罗经/光纤罗经(gyro compass/fiber-optical gyroscope，FOG compass)、测深仪(echo sounder)、计程仪(doppler log)、风速风向及气象传感器(wind sensor)、航行数据记录仪(VDR)、报警系统(alarm system)、通信设备(communication equipment)和导航数据分发网络等。其中，由 ECDIS、conning 和航行计划站组成航行管理系统(voyage management system，VMS)。雷达天线收发机、GPS/DGPS、罗经、测深仪、计程仪、风速风向仪、AIS 等称为导航传感器，用于船舶导航数据的收集、提供和分配。导航传感器数据通过导航传感器接口在网络上广播，用于数据的收集和分发。在 IBS 中，VMS 是上层管理系统，是 IBS 的中心指令和显示装置，其功能包括显示航线、电子海图和指令信息等，它通过工业标准的局域网对 VMS 的各子系统进行可靠的集成。图 6-2 为某一典型 IBS 的组成结构图，图 6-3 为综合船桥系统实物图。

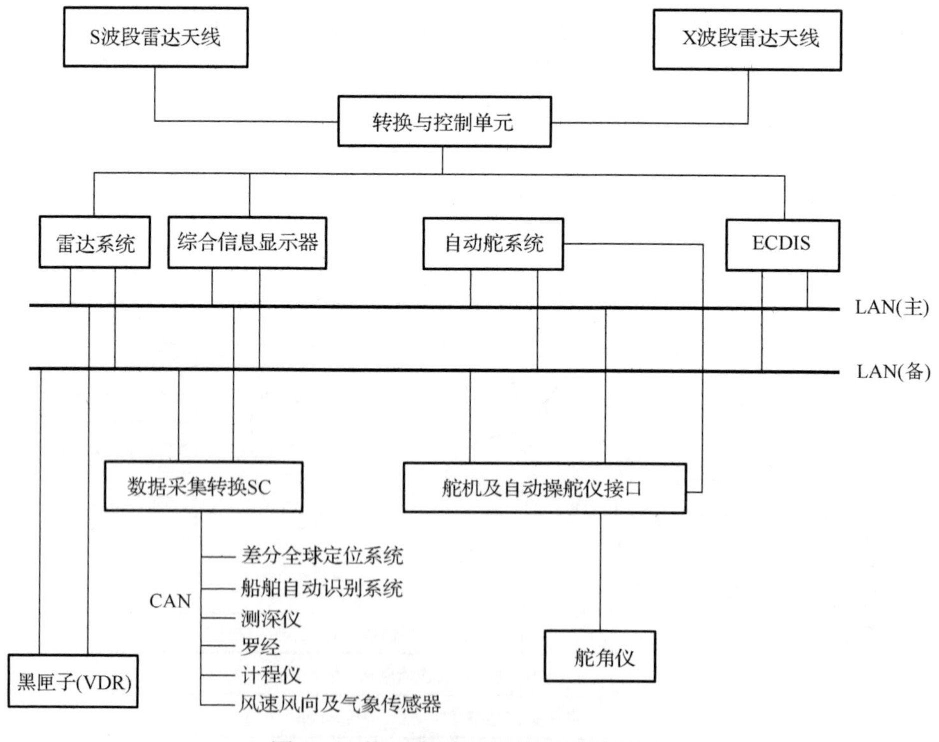

图 6-2　某一典型 IBS 的组成结构图

图 6-3　综合船桥系统实物图

6.2　综合船桥系统的配置和功能

6.2.1　综合船桥系统的配置

组合导航系统一般由参与组合的各种导航传感器(导航系统)和控制显示系统组成。其典型组成如图 6-4 所示。

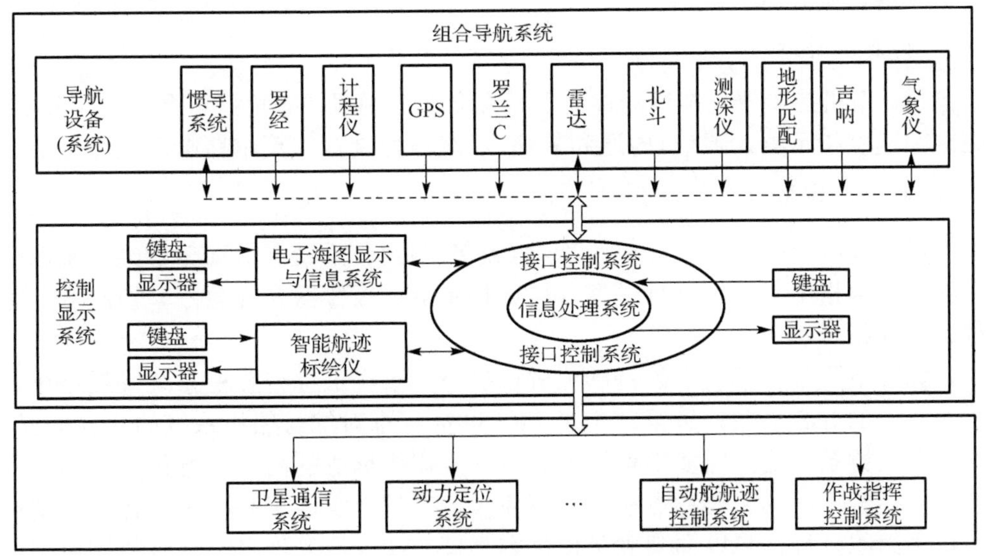

图 6-4　组合导航系统典型组成

根据不同的功能和任务，组合导航系统的组成是多种多样的，在进行组合导航系统的设计时既要考虑性能上的互补，又要具有灵活性。例如，一般的商船主要考虑航行的安全性，因而需要从导航功能的角度来考虑；而导弹潜艇、驱逐舰和导弹快艇等需要在海上发射导弹，要有水平信号的设备参与组合。

国际标准化组织在国际标准 ISO 8468—1990 中对综合船桥系统的基本组成给出了指导性要求。

1. 导航工作站

包括：导航雷达显示器、各种导航定位系统、深度指示器、带仪表的海图桌。

2. 机动操纵工作站(避碰/入坞)

包括：雷达显示器、自动雷达标绘设备、主机和推进器的控制装置、舵角指示器、螺旋推进器转速指示器、纵摇指示器、航速和航程指示器。

3. 导航和机动操纵工作站通用的仪表和设备

包括：自动操舵仪、操舵控制器、舵角指示器、方位分罗经、航向分罗经、航速航程指示器、内部通信系统、VHF 无线电话、应急停车控制器、转速指示器、汽笛控制器、探照灯控制器、莫尔斯电码发光按键、磁罗盘显示器、窗户擦拭冲洗控制器、船钟。

4. 人工操舵工作站

包括：人工操舵仪、航向分罗经、舵角指示器、转速指示器、磁罗盘显示器、航向指示器、桥翼对讲电话；

5. 桥翼工作站

包括：主机控制器、推进器控制器、方向舵控制器、舵角指示器、航向分罗经、海底跟踪速度指示器、通信(内通和外通)、汽笛控制器、莫尔斯电码发光按键。

6. 监视工作站

包括：雷达、VHF 无线电话、双向(或多向)通信系统、航向分罗经、航速航程指示器、舵角指示器、螺旋推进器、转速指示器、报警器、应急停车控制器、监视系统、转速指示器。

该标准不限制在其规定的基础上进行扩充，事实上综合船桥系统发展迅速，国外各大厂商的 IBS 设备配置都超出了 ISO 8468 标准对综合船桥系统的建议配置。

综合船桥系统是应用多学科技术、进行大规模集成的高度信息化、自动化的全船统一操控管理，其主要特点在于大规模集成基础上实现了高度信息化和高度自动化，集中组织航行信息以向驾驶员提供容易理解和评价的信息。综合船桥系统还可以优化利用每种航行辅助装置或系统的长处，来减少另一个系统的缺点。

6.2.2　综合船桥系统的船舶导航功能

船舶导航是综合船桥系统最基本、最重要的一项功能。科学技术的发展使得可利用的导航信息源越来越多，而通过采用导航信息集成处理技术可以大大提高导航系统的综合性能，将各种导航信息源构成组合导航系统，即采用多种非相似导航系统对同一导航参数作测量比较，形成组合导航系统滤波器的量测量，从这些量测量中估计出导航系统的各导航参数误差并对其进行校正。

对于高精度船舶组合导航系统而言，一般都选取以惯性导航系统作为组合导航的核心，分别与卫星导航系统、无线电导航系统和计程仪等多种子系统形成组合系统，组合系统采用最优估计融合技术进行信息融合。随着惯性导航系统的快速发展，捷联惯导系统在高精度组合导航系统中的使用越来越频繁。因此，以捷联惯导系统为核心的高精度组合导航系统，是当前较为先进的组合导航系统的代表。目前在航海等定位精度要求较高的领域中，已经有多种这类组合导航系统得到了广泛应用。

6.3　船舶综合船桥系统网络技术

6.3.1　概述

综合船桥各子系统间要通过彼此连接实现数据集成，信息的传输途径非常重要。目前主要有局域网(local area network，LAN)、国际海事卫星通信系统(international maritime satellite communication system，INMARSAT)以及利用船舶电子设备的现有接口(COM、CAN)等几种方式。通过网络可增加扩充系统的数据处理及数据通信功能，它将整个系统各传感器和子系统有机地连接起来，实现导航、操控、避碰、监视和通信的整体组合，从而提高系统的自动化程度、有效性和可靠性。美国 Sperry 公司生产的 IBS 采用令牌环形局域网，经过网络接口单元各传感器和导航设备与网络进行通信，网络管理是分布式的。该系统已安装在“林肯”号航空母舰、巡洋舰和其他大中型舰船上。

网络化是船舶的发展方向，建设船舶网络，进行网络结构分析相当重要。可根据驾驶台系统的实际需要、信息流量、访问服务器的频繁程度、工作站数量及网络端口数等因素综合考虑 IBS 网络的配置。保证网络应有安全保密措施和很强的抗干扰能力，并通过适当的设备冗余提高可靠性。

综合船桥通信网络应满足驾驶台系统各传感器、各设备、各子系统之间以及船-岸、船-船之间的信息交互通信要求。网络一般采用三层结构，上层通过海事通信卫星与海事机构指挥中心相连；中层通信网络为千兆以太网，不仅利用了光纤信道的高速物理层接口的优点，还可向后兼容传统的网络通信介质，同时保持了 IEEE 802.3

以太网的帧格式，并支持通过带有冲突检测的载波侦听多路存取(carrier sense multiple access/collision detection，CSMA/CD)协议的全双工和半双工传输；下层网络为现场总线控制网络。根据船用设备不同的数据传输接口，下层网络包括 CAN 总线与 RS485 总线两种总线类型。网络系统的设计目标如下[4]。

(1)构筑驾驶台系统网络平台，实现资源共享。

(2)建立设备级现场总线系统，实现主机、自动舵、导航设备和助航设备数据的自动采集、传输、交换和存储。

(3)网络内部实现子网划分，实现驾驶台内部信息可控制的交换和共享；为了达到设计目标，结合船舶网络的具体特点，系统设计必须满足实用性、可靠性、安全性、可维护性和可扩展性的设计原则，要充分考虑船舶网络的具体特点，遵循相关的网络标准及船舶电气规范。

6.3.2 三层结构的一体化网络体系

IBS 的网络结构可划分为 3 层：第 1 层为无线通信网络，用于船-岸、船-船之间远程无线通信；第 2 层为 10/100/1000Mbit/s 自适应交换式以太网络，用于船用主要设备、系统及办公网络通信[5]；第 3 层为现场总线通信网，主要连接各种导航、驾控及助航设备。

网络拓扑结构如图 6-5 所示。图中，VTS 为船舶交通服务(vessel traffic service)。

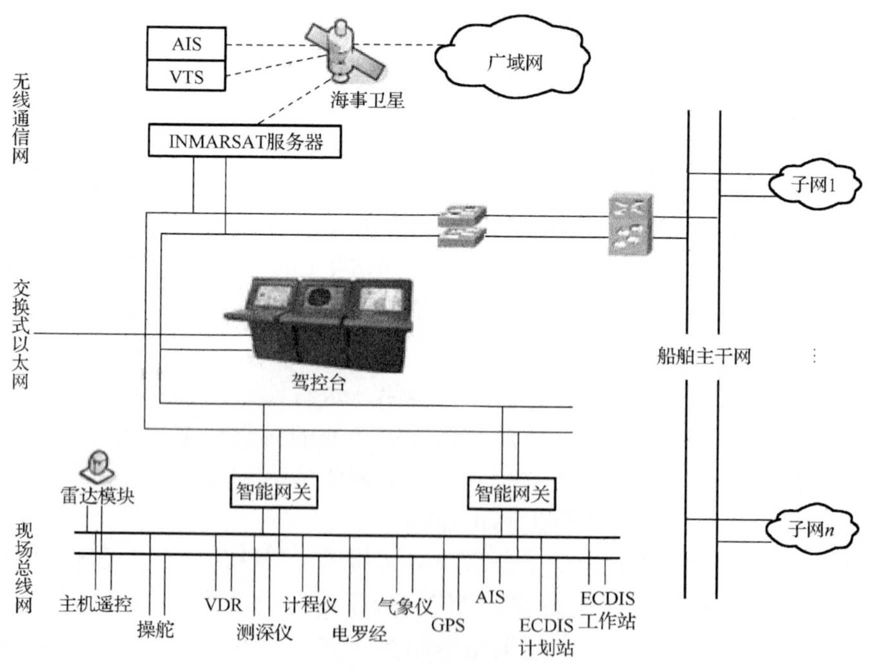

图 6-5 网络拓扑结构图

1. 无线通信网

由 INMARSAT 服务器、岸基网络系统、海事卫星通信设备三部分组成。通过海事卫星实现与岸上通信，构成了船-岸一体化计算机网络。分布在各舱室的船用设备通过交换式以太网将有关数据送给 INMARSAT 服务器等待发送；INMARSAT 服务器将数据分组、压缩、设定数据校验码，打包。通过信号匹配、压缩、打包处理的数据通过船用卫星天线将数据包发送给卫星，卫星收到信号后将数据包定时发送。岸站卫星天线收到数据包后送给岸站数据库服务器(bank database server，BDBS)解包、解压缩，并通过校验码检验数据的完整性，同时发送一个检验结果反馈给 INMARSAT 服务器验证应答。如果数据接收完整，双方互相确认一次则通信完毕；否则数据丢失，则再发一次，重复验证应答。通过卫星无线通信构成船-岸、船-船、船-机(飞机)一体化的网络系统。卫星通信的优点是信道容量大、传输距离远，缺点是传输时间长。

2. 交换式以太网

以太网是目前应用最广泛的网络技术之一。从网络拓扑来看，可以归纳为总线型(802.3)和环型(802.5)；从通信媒介的角度，又可分为同轴电缆、双绞线及光纤三类；从传输速率来分，有 10M/100M/1G/10Gbit/s 等多种。采用 802.3CSMA/CD 机制的以太网络，经过固化和冗余设计，近来也被普遍应用于舰船指挥控制系统中[6]。如美军尼米兹号航母、丹麦海军的“弗莱维费斯”级多任务舰艇、法国鲉鱼级潜艇及德国 F-124 型护卫舰等。军用加强型 IEEE 802.5 令牌环网，传输速率 16bit/s，应用于美军“宙斯盾”导弹巡洋舰、DDGSI 级导弹驱逐舰、乔治·华盛顿号航空母舰及英国海军“前卫”号核动力弹道导弹潜艇等。

依据高可靠性、可扩展性、可维护性的设计原则，综合船桥系统的交换式网络为交换式结构的千兆以太网框架。千兆以太网与传统以太网从数据链路层向上是相同的，是将 IEEE 802.3 标准和 ANSI X3T11 光纤信道技术结合起来，使网络的通信传输速率增加到 1Gbit/s，千兆以太网标准利用了现有光纤信道的高速物理层接口技术的优点，同时保持了 IEEE 802.3 以太网的帧格式，可向后兼容传统的网络通信介质，并支持通过 CSMA/CD 的全双工和半双工传输。

3. 现场总线通信网络

综合船桥系统具有多种设备，包括 GPS、罗经、测深仪、计程仪、气象仪等，这些设备的输入输出接口有多种方式，如 RS-232、RS-422、LonWorks、CAN 接口等，都可归属为现场总线接口[7]。为适应接口方式的多样性，总线接口设备统一选用智能网关，智能网关可选配 RS-232、RS-422、CAN、PROFIBUS、A/D、数字 I/O 等多种智能接口，具体接口的数量和种类可根据驾驶台设备的数量和接口的种类不同而选定。智能网关具有很好的灵活性和扩展性，如果综合船桥系统的设备发生变化，接口的数量、接口类型随之发生变化，则只需更换相应接口类型的智能接口模块即可满足要求。

6.3.3 网络通信协议

1. 无线通信网协议

国际海事卫星通信系统(INMARSAT)是迄今为止最早、最成熟的可为船舶用户及陆地、空中用户提供通信业务的全球移动卫星通信系统。共有多种 INMARSAT 系统相继投入使用，分别是 INMARSAT-A 系统、INMARSAT-B 系统、INMARSAT-C 系统、INMARSAT-M 系统、INMARSAT-F 系统、INMARSAT-FB 系统等。随着科技的发展，目前使用的为 INMARSAT-C 系统、INMARSAT-FB 系统、甚小口径卫星通信终端(very small aperture terminal，VSAT)，INMARSAT 是利用同步卫星向航海、航空和海上工业提供遇险和安全通信服务及电话、电传、数据和传真。其覆盖面大，受地面无线电干扰小，接收速度快，自动化程度高，通信质量好，利用海事卫星系统可以有效地解决海上搜救机构的通信问题，无论从可靠性、经济性还是实用性看，都具有无可比拟的优越性。随着 INMARSAT 业务的发展，目前它已成为世界上唯一的为海、陆、空用户提供通信服务的国际组织。

2. 以太网通信协议[8]

综合船桥交换式以太网络采用传输控制协议/互联协议(transmission control protocol/Internet protocol，TCP/IP)。TCP/IP 是目前最常用的一种通信协议，它是计算机界的一个通用协议。

在 TCP/IP 协议族中，与通信编程直接相关的协议是用户数据报协议(user datagram protocol，UDP)和传输控制协议(transmission control protocol，TCP)。UDP 为上层数据提供端口地址、校验和差错控制及长度等信息，所完成的包称为用户数据报。UDP 传输数据时，先建立 UDP 段，交 IP 发送，接收端的 UDP 接收到 IP 传来的数据后，校验和进行检测，如果没有差错就上传到用户层；如果有差错，就通知发送端有用户数据报出错，并丢弃该数据。该协议没有差错应答、流量控制和段定序等机制。

TCP 协议是面向连接的、端对端的可靠通信协议。它采用了许多机制来保证可靠传输。UDP 协议把属于一次传输的多个数据报看作相互间完全独立的传输单元；TCP 协议则不同，它提供误差控制和重传机制保证可靠传输，所有数据只有在确认传输正确后，所建立的连接才会断开。TCP 协议数据传输可分为三个阶段：建立连接、传输数据和断开连接。建立连接时，服务器端打开，一直在侦听连接请求；而客户端发送连接请求以建立连接。

3. 现场总线通信协议[4]

现场总线技术自 20 世纪 80 年代中期问世以来，经过了几十年的发展，其中最具有影响力的有 5 种，分别是 FF、Profibus、HART、CAN 和 Lonworks。而船舶行业应用较多的是 CAN 总线通信协议。CAN 总线是一种有效支持分布式控制和实时控制的串行通信网络，与其他通信网的不同之处为：

(1)报文传送中不包含目标地址，它是以全网广播为基础，各接收站根据报文中反映数据性质的标识符过滤报文。其好处是可在线上网下网、即插即用和多站接收。

(2)特别强化了对数据安全性的关注，满足控制系统及其他较高数据要求的系统需求。

4. 基于 RS-485 总线的通信协议[4]

通常情况下，RS-485 总线采用半双工通信方式，同一时刻只能有一台设备发送数据，所以总线上一台设备设为主机，其余设备都为从机，主从机之间采用主从式通信方式，通信协议采用 Modbus 协议。每次通信由主机发起，向从机发送从机地址和下行指令，从机以中断方式接收数据。为了区别不同从机，每个从机有一个识别地址，只有当某个从机被寻址时，该从机才做出响应并向主机发送应答数据。

5. 网络应用层通信协议

网络应用层协议不考虑网络具体形式与硬件设备，各设备统一分配网络地址，采用统一的数据传输协议。当某一设备需发送数据时，将数据(或控制信息)打包，然后调用统一的传输程序在网络上发送。

6. 智能网关[4]

随着船舶信息技术、通信技术与控制技术的发展，构建船舶一体化通信网络成为大势所趋。智能网关是整个综合船桥网络平台的核心模块。它接收各种设备传送上来的信息，对这些信息进行处理并完成通信协议转换，然后上传至网络平台；同时它还负责综合船桥网络各层次之间的数据转发，实现现场总线层、内部网络层以及无线网络层之间的信息实时无缝连接。每个模块配备自适应以太网口，通过网口可与以太网络相连，因而它是综合船桥设备和网络之间的连接桥梁。智能网关支持 TCP/IP 网络协议，通过安装在网络服务器上的管理程序可透明地管理各种智能总线接口，因此，在信息传输的过程中，可忽略接口类型的差异。综合船桥系统的各设备通过现场数据总线与相应的智能接口相连，智能接口再与网络相连，从而解决了现场总线设备的传输距离问题。

6.3.4　网络冗余性设计

1. 以太网的双冗余设计

整个船舶网络为主干、接入两层结构的交换式以太网，设备网络接口一般采用双冗余[9]网卡，当正常通信的网卡或线路出现故障时，该节点能自动地切换到备份链路进行通信。综合船桥网络与其他船舶子网物理隔离。驾驶台子网配置两台快速交换机，每台交换机通过 10/100/1000Mbit/s 自适应端口下连工作站，通过两个 1000Mbit/s 端口上连主干层交换机，构成双冗余模式，网络拓扑结构如图 6-6 所示。

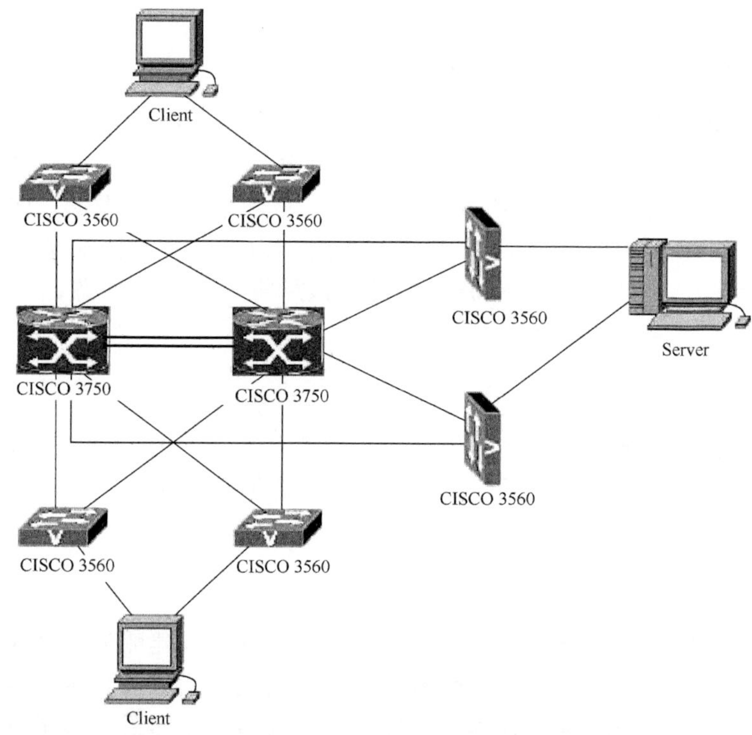

图 6-6　双冗余网络拓扑结构

2. 现场总线的双冗余设计

智能总线数据模块可兼容多种总线接口。对于内部的每块总线接口卡均设计了双冗余接口，而与以太网连接的网桥模块也设计了双冗余接口。使用智能芯片实时监控总线工作状态，当其中一路通信链路发生故障时，节点设备可以切换到另一路继续通信，可以避免因某个接口或通信链路发生故障而对通信网络产生影响，从而实现总线网络的双冗余设计。另外，对于 INMARSAT 服务器一般也采用双冗余备份。

6.4　综合船桥系统导航信息融合

6.4.1　基本原理和主要任务

组合导航系统是一个多传感器测量系统。在多传感器测量系统中，可以直接采用外部测量值以确定方式修正导航变量[10]。由于外部测量值本身包含严重的随机误差，因此这些误差与导航系统误差相比，是相对严重的误差；另外，导航系统误差主要是由随机的时变的导航传感器误差引起的。因此，直接采用外部测量值修正导航变量存在诸多问题，甚至会引起严重的误差。而应用最优估计理论最优地使用外部测量值和导航系统所提供的结果，可以获得比只有外部测量或导航系统时更好的导航精度。因此，在多传感器测量系统中，大多采用最优滤波方法将不同传感器的测量信息和船舶动力学知识综合处理，进行状态估计和校正，可在初始条件存在不确定的状态下，从含有测量噪声和误差的多传感器测量数据中，为船舶提供“最优”的位置、速度等运动状态估计。通常将采用滤波和估计技术的组合导航称为最优组合导航。

最优组合导航的基本原理是利用两种或两种以上的具有互补误差特性的独立信息源或非相似导航系统，对同一导航信息作测量并解算以形成量测量，以其中一个系统作为主系统，利用滤波算法估计该系统的各种误差，再用状态误差的估值去校正系统状态值，以使组合系统的性能比其中任何一个独立的子系统都更为优越，从而达到综合的目的。典型的互补误差特性通常指信息源分别具有短时间内精度高和长时间内数据稳定的特点。这样，使用一种信息源提供短时间内高精度的数据，其余信息源提供长时间高稳定性的数据，利用两类测量信息的差推算前者误差的修正值，实现利用后者数据限制前者数据长时间漂移的目的。

由于参与组合的测量数据具有不同的特性，常常需要使用复杂的滤波技术或信息融合方法对这些测量值进行处理以得到实时最优的效果，从而实现组合导航。因此，组合导航是一个典型的最优滤波问题。

应用最优滤波实现组合导航的主要非硬件任务包括两个方面：一是建立系统模型，即建立系统输入量与被估计量之间关系的数学描述；二是实现所需要的性能，包括选择具体滤波准则算法，根据参与组合的导航子系统，建立合理的组合导航计算和数据处理流程，进行导航参数、系统状态和目标信息等的估计，结合各种系统的优点，提高船舶的导航性能。图 6-7 显示了组合导航最优综合的主要非硬件任务。以上两方面是相互关联的，在具体的滤波过程中，总是希望选择与系统模型相协调的滤波准则。在充分了解和掌握系统运行机理和任务需求的前提下，既要注意系统模型描述的精确程度，又要考虑所建立模型的数学易处理性和算法的可实现性，合理平衡两者间的关系是滤波器得到良好应用的关键。

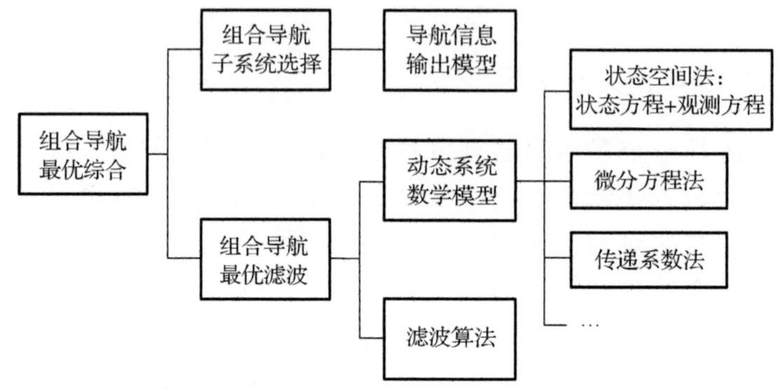

图 6-7　组合导航最优综合的主要任务

应用最优滤波实现组合导航的主要过程包括[11]：

(1)设计“最优”系统对其特性进行计算和评估；

(2)考虑到成本限制、灵敏度特性、计算要求和能力、测量程序和系统知识了解程度等，对“最优”系统进行简化，设计合适的“次优”系统；

(3)构建并试验，并按要求作最后调整和改进。

6.4.2　滤波方法和算法

对于组合导航系统而言，在系统硬件性能一定的情况下，先进的滤波方法是提高组合导航系统精度、实时性和可靠性的有效途径。从滤波和估计的角度看，组合导航的本质就是根据一定的估计准则，采用某种统计最优的方法，从间接、粗糙和具有不确定性的观测值中对船舶的位置、速度、航向和姿态等导航参数和状态进行估计，即组合导航的基础是信息最优融合的动态系统状态估计理论。图 6-8 所示为动态系统状态估计问题中系统、测量和估计器之间的关系。

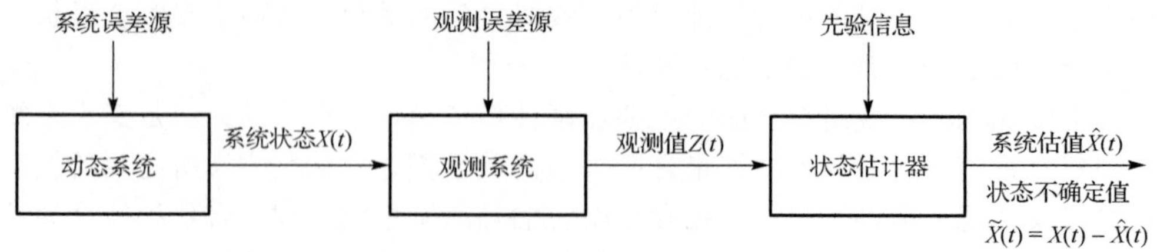

图 6-8　状态估计问题的描述

1. 卡尔曼滤波

1960 年，Kalman 首次提出的卡尔曼滤波是一种线性最小方差估计。卡尔曼滤波理论一经提出，就受到了工程应用的重视，阿波罗登月飞行和 C-5A 飞机导航是早期应用中的成功典范。目前，卡尔曼滤波理论仍然是工程应用最为广泛的一种最优滤波方法。以一种导航系统为例，简要介绍离散型卡尔曼滤波的基本方程[12]。

设 t_k 时刻的被估计状态 X_k 受系统噪声序列 W_{k-1} 驱动，由下述状态方程描述：

$$X_k = \Phi_{k,k-1}X_{k-1} + \Gamma_{k-1}W_{k-1} \tag{6-1}$$

对 X_k 满足线性关系，量测方程为

$$Z_k = H_k X_k + V_k \tag{6-2}$$

式中，$\Phi_{k,k-1}$ 为 t_{k-1} 时刻到 t_k 时刻的一步转移矩阵；Γ_{k-1} 为系统噪声驱动阵；W_{k-1} 为系统噪声序列；H_k 为量测矩阵；V_k 为量测噪声序列。同时，W_{k-1} 和 V_k 满足

$$\begin{cases} E[W_k]=0, \mathrm{Cov}[W_k,W_j]=E[W_kW_j^{\mathrm{T}}]=Q_k\delta_{kj} \\ E[V_k]=0, \mathrm{Cov}[V_k,V_j]=E[V_kV_j^{\mathrm{T}}]=R_k\delta_{kj} \\ \mathrm{Cov}[K_k,V_j]=E[W_kV_j^{\mathrm{T}}]=0 \end{cases} \tag{6-3}$$

式中，Q_k 和 R_k 分别为系统噪声序列和量测噪声序列的方差矩阵。

如果被估计量 X_k 满足式(6-1)，对 X_k 的量测 Z_k 满足式(6-2)，系统噪声 W_k 和量测噪声 V_k 满足式(6-3)，系统噪声方差阵 Q_k 非负定，量测噪声序列的方差阵 R_k 正定，k 时刻的量测为 Z_k，则 X_k 的估计 $\hat{X}_k$ 按下述方程求解。

状态一步预测：

$$\hat{X}_{k|k-1} = \Phi_{k,k-1}X_{k-1} \tag{6-4}$$

状态估计：

$$\hat{X}_k = X_{k|k-1} + K_k(Z_k - H_k\hat{X}_{k|k-1}) \tag{6-5}$$

滤波增益：

$$K_k = P_{k|k-1}H_k^{\mathrm{T}}[H_kP_{k|k-1}H_k^{\mathrm{T}} + R_k]^{-1} \tag{6-6}$$

或

$$K_k = P_{k|k-1}H_k^{\mathrm{T}}R_k^{-1} \tag{6-7}$$

一步预测均方误差：

$$P_{k|k-1} = \Phi_{k,k-1}P_{k-1}\Phi_{k,k-1}^{\mathrm{T}} + \Gamma_{k-1}Q_k\Gamma_{k-1}^{\mathrm{T}} \tag{6-8}$$

估计均方误差：

$$P_k = (I - K_kH_k)P_{k|k-1}(I - K_kH_k)^{\mathrm{T}} + K_kR_kK_k^{\mathrm{T}} \tag{6-9}$$

或

$$P_k = (I - K_kH_k)P_{k|k-1} \tag{6-10}$$

或

$$P_k^{-1} = P_{k|k-1}^{-1} + H_k^{\mathrm{T}} R_k^{-1} H_k \tag{6-11}$$

式(6-4)～式(6-11)即离散型卡尔曼滤波基本方程。只需要给定初值 $\hat{X}_0$ 和 P_0，根据 k 时刻的量测为 Z_k，就可以递推计算得 k 时刻的状态估计 $\hat{X}_k (k=1,2,\cdots)$。

但卡尔曼滤波理论上只适用于噪声为高斯分布的线性系统，且要求量测也是线性的，而实际的导航系统则是噪声非高斯、系统非线性的。为了解决非线性、非高斯等问题，Bucy、Sunahara 和 Jazwinski 等在卡尔曼滤波理论的基础上，进一步研究了适用于非线性系统、非高斯噪声情况下的改进卡尔曼滤波方法，扩展了卡尔曼滤波理论。

2. 扩展卡尔曼滤波

卡尔曼最初提出的滤波理论只适用于线性系统，并且要求量测也必须是线性的，而实际系统大多是非线性系统。例如，用全量运动方程描述的组合导航等，描述系统的状态方程和量测方程都可能是非线性的。在解决这些非线性系统问题时，以往最常用的方法是扩展卡尔曼滤波(extended kalman filter，EKF)方法[13]。EKF 由 Anderson 和 Moove 在 1979 年首创，经过卡尔曼滤波理论在非线性系统下的推广，采用非线性系统的“线性化”方法，即对非线性的状态模型和量测模型运用泰勒级数展开式进行近似，发展出扩展卡尔曼滤波，拓宽了卡尔曼滤波理论的应用范围。其基本方程如下。

对于一个非线性离散系统

$$\begin{cases} X_k = f(X_{k-1}, k-1) + W_{k-1} \\ Z_k = h(X_k, k) + V_k \end{cases} \tag{6-12}$$

式中，X_k 与 Z_k 分别为系统 n 维状态向量和 m 维量测向量；$f(\cdot)$ 是 n 维向量函数，对其自变量而言是非线性的；$h(\cdot)$ 是 m 维向量函数，对其自变量而言也是非线性的。W_k 为系统激励噪声序列。$E[X_k]=0$，$\mathrm{Cov}[W_k, W_j] = E[W_k W_j^{\mathrm{T}}] = Q_k \delta_{kj}$；$V_k$ 为量测噪声序列。$E[V_k]=0$，$\mathrm{Cov}[V_k, V_j] = E[V_k V_j^{\mathrm{T}}] = R_k \delta_{kj}$，$\mathrm{Cov}[W_k, V_j] = E[W_k V_j^{\mathrm{T}}] = 0$。

离散型非线性广义卡尔曼滤波方程为

$$\hat{X}_{k|k-1} = \hat{X}_{k-1} + \{f[\hat{X}_{k-1}, t_{k-1}] + B(t_{k-1})\mu(t_{k-1})\}T \tag{6-13}$$

$$\hat{X}_k = \hat{X}_{k|k-1} + \delta\hat{X}_k \tag{6-14}$$

$$\delta\hat{X}_k = K_k\{Z_k - h[\hat{X}_{k|k-1}, k]\} \tag{6-15}$$

$$K_k = P_{k|k-1} H_k^{\mathrm{T}} [H_k P_{k|k-1} H_k^{\mathrm{T}} + R_k]^{-1} \tag{6-16}$$

$$P_{k|k-1} = \varPhi_{k,k-1} P_{k-1} \varPhi_{k,k-1}^{\mathrm{T}} + Q_{k-1} \tag{6-17}$$

$$P_k = (I - K_k H_k) P_{k|k-1} (I - K_k H_k)^{\mathrm{T}} + K_k R_k K_k^{\mathrm{T}} \tag{6-18}$$

式中，$\mu(t_{k-1})$ 为控制信号，B 为控制矩阵，T 为滤波周期，δ 表示距离。

从上述 EKF 滤波递推公式可以看出，EKF 对非线性状态后验分布的近似只能达到泰勒级数一阶精度，当系统具有强非线性时，忽略级数二阶以上高阶项会在状态后验均值和协方差的计算中引入较大的近似误差，且这些误差是累积的，最终导致扩展卡尔曼滤波精度下降甚至出现发散；另外，扩展卡尔曼滤波的实现关键依赖于雅可比矩阵的计算，这就要求非线性系统必须连续可微，从而限制了扩展卡尔曼滤波的应用范围，而且雅可比矩阵求解的复杂性使得扩展卡尔曼滤波在实际中应用比较困难。

3. 无损(unscented)卡尔曼滤波

由于扩展卡尔曼滤波方法总是把随机变量近似看作高斯白噪声，而且一般扩展卡尔曼滤波在线性化时，只使用了非线性函数泰勒级数展开式的第一项。这两种近似都在高斯随机变量的实际后验均值和方差中引入误差。导致仿真结果为次优，有时还会引起发散。如果线性化时包含泰勒级数展开式的更多项，就会使计算复杂。从而限制了扩展卡尔曼滤波的广泛应用。

在 1997 年，Juliear 和 Uhlmann[14]提出了一种以 Unscented 变换为基础和核心的滤波器，称 Unscented 卡尔曼滤波器，它主要面向非线性高斯分布问题。Unscented 卡尔曼滤波设计一组确定数量的、经过仔细挑选的采样点。这些采样点完全满足高斯随机变量实际的均值和协方差。通过实际的非线性系统传递，能使后验均值和协方差达到泰勒级数展开式的三阶近似的精度。

假设一个离散非线性系统：

$$\begin{cases} x_{k+1} = f(x_k, u_k, k) + w_k \\ y_k = h(x_k, u_k, k) + v_k \end{cases} \tag{6-19}$$

式中，x_k 为系统状态矢量；u_k 是输入控制矢量；w_k 为系统噪声矢量；v_k 为量测噪声矢量；y_k 为观测矢量。

在 $\hat{x}_k$ 附近选取一系列采样点，这些采样点的均值和协方差分别为 $\hat{x}_k$ 和 P_k。在 $\hat{X}(k|k)$ 附近选取一系列采样点，这些采样点的均值和协方差分别为 $\hat{X}(k|k)$ 和 $P(k|k)$。这些采样点通过该非线性系统，产生相应的变换采样点。对这些变换采样点进行计算，便可得到预测的均值和协方差。

设状态变量为 n 维，那么 $2n+1$ 个采样点及其权重分别如下：

$$\begin{cases} \chi_{0,k} = \hat{x}_k \\ \chi_{i,k} = \hat{x}_k + \sqrt{n+\tau}\left(\sqrt{P(k|k)}\right)_i \\ \chi_{i+n,k} = \hat{x}_k - \sqrt{n+\tau}\left(\sqrt{P(k|k)}\right)_i \end{cases} \tag{6-20}$$

式中，$\tau\in\mathbf{R}$；当 $\sqrt{P(k|k)}=A^{\mathrm{T}}A$ 时，$(\sqrt{P(k|k)})_i$ 取 A 的第 i 行；当 $\sqrt{P(k|k)}=A^{\mathrm{T}}A$ 时，$(\sqrt{P(k|k)})_i$ 取 A 的第 i 列。标准 Unscented 卡尔曼滤波算法如下。

(1) 初始化：

$$\hat{x}_0=E[x_0],\quad P_0=E[(x_0-\hat{x}_0)(x_0-\hat{x}_0)^{\mathrm{T}}],\quad k\geqslant 1 \tag{6-21}$$

(2) 计算采样点：

$$\chi_{k|k-1}=[\hat{x}_{k-1}\hat{x}_{k-1}+\sqrt{n+\tau}(\sqrt{P_{k-1}})_i\hat{x}_{k-1}-\sqrt{n+\tau}(\sqrt{P_{k-1}})_i],\qquad i=1,2,\cdots,n \tag{6-22}$$

(3) 时间更新：

$$\chi_{k|k-1}=f(\chi_{k-1},u_{k-1},k-1) \tag{6-23}$$

$$\hat{x}_k=\sum_{i=0}^{2n}W_i\chi_{i,k|k-1} \tag{6-24}$$

$$P_k=\sum W_i[\chi_{i,k|k-1}-\hat{x}_k][\chi_{i,k|k-1}-\hat{x}_k]^{\mathrm{T}}+Q_k \tag{6-25}$$

式中，Q_k 为系统噪声协方差。

$$y_{k|k-1}=h(\chi_{k|k-1},u_k,k) \tag{6-26}$$

$$y_k=\sum_{i=0}^{2n}W_i y_{i,k|k-1} \tag{6-27}$$

(4) 量测更新：

$$P_{\tilde{y}_k\tilde{y}_k}=\sum_{i=0}^{2n}W_i[y_{i,k|k-1}-\hat{y}_k][y_{i,k|k-1}-\hat{y}_k]^{\mathrm{T}}+R_k \tag{6-28}$$

式中，R_k 为量测噪声协方差。

$$P_{x_k y_k}=\sum_{i=0}^{2n}W_i[\chi_{i,k|k-1}-\hat{x}_k][y_{i,k|k-1}-\hat{y}_k]^{\mathrm{T}} \tag{6-29}$$

$$K_k=P_{x_k y_k}P_{\hat{y}_k\hat{y}_k}^{-1} \tag{6-30}$$

$$\hat{x}_k=\hat{x}_k+K_k(y_k-\hat{y}_k) \tag{6-31}$$

$$P_k=P_k-K_kP_{x_k y_k}K_k^{\mathrm{T}} \tag{6-32}$$

当 $x(k)$ 假定为高斯分布时，通常选取 $n+\tau=3$。当 $\tau<0$ 时，计算出的估计值误差协方差 $P(k+1|k)$ 有可能是负定的。这时采用一种修正的预测算法，预测值的均值仍采用原式进行计算，预测值协方差则改为围绕 $\chi_{0,k+1|k}$。

Unscented 卡尔曼滤波对非线性系统而言，可达到良好的滤波效果，在组合导航系统中具有广阔的应用前景；但 Unscented 卡尔曼滤波也有不足之处，即它的计算量比卡尔曼滤波大，实时性不高，且要求噪声应具有高斯分布的统计特性。

4. 集中卡尔曼滤波

按标准卡尔曼滤波，同时处理来自各个子系统的观测数据，称为集中卡尔曼滤波法。也就是系统的所有状态变量在一个滤波器同时处理。集中式卡尔曼滤波器结构如图 6-9 所示，它将各子系统的观测数据输入到信息融合中心，利用卡尔曼滤波进行处理，得到关于状态量的最优估计。

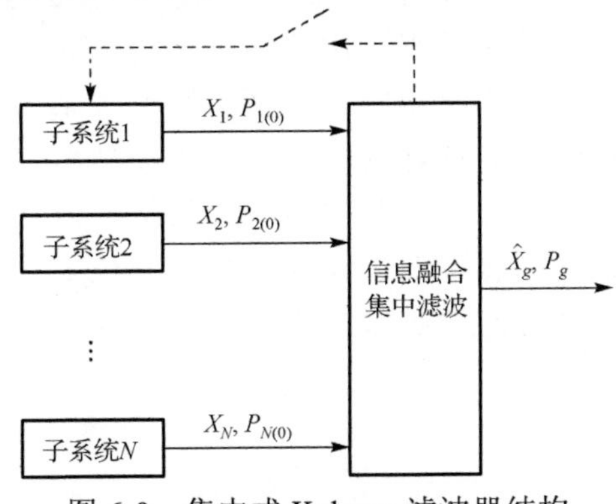

图 6-9　集中式 Kalman 滤波器结构

采用集中式卡尔曼滤波器进行滤波的算法为

$$\begin{cases}\hat{X}(k,k-1)=\Phi(k,k-1)\hat{X}(k,k-1)\\P(k,k-1)=\Phi(k,k-1)P(k-1)\Phi^{\mathrm{T}}(k,k-1)+Q(k-1)\\\hat{X}_k=\hat{X}(k,k-1)+\sum_i K_i(k)Z_i(k)-H_i(k)\hat{X}(k,k-1)\\K_i(k)=P(k)H_i^{\mathrm{T}}(k)R_i^{-1}(k)\\P(k)=\left(1-\sum_i K_i(k)H_i(k)\right)P(k,k-1)\end{cases}\tag{6-33}$$

其中状态向量、量测向量和方差如下构造：

$$X=\begin{bmatrix}X_c\\X_1\\\vdots\\X_n\end{bmatrix},\quad Z=\begin{bmatrix}Z_1\\Z_2\\\vdots\\Z_n\end{bmatrix},\quad P=\begin{bmatrix}P_{cc}&P_{c1}&P_{c2}&\cdots&P_{cn}\\P_{c1}^{\mathrm{T}}&P_{11}&0&\cdots&0\\P_{c2}^{\mathrm{T}}&0&P_{22}&\cdots&\vdots\\\vdots&\vdots&\vdots&&0\\P_{cn}^{\mathrm{T}}&0&\cdots&0&P_{nn}\end{bmatrix}\tag{6-34}$$

式中，X_c 为公共参考系统的状态；X_n 为第 n 个传感器的状态；Z_n 为第 n 个传感器的量测。

其缺点是当系统的状态变量和观测量的总数很多时，即对于阶次较高的系统，用经典的估计方法(集中处理全部量测信息的集中式 Kalman 滤波)来估计其状态将会使计算不满足实时性要求，并且有可能出现数值发散。主要存在的两大难题导致传统的集中化卡尔曼滤波器不再实用。

(1)当模型阶次高时计算负担过重，假想所有传感器测量数据总数为 m、状态变量为 n，则滤波器一个周期的运算量与 $n^3+m\times n^2$ 成正比，故使计算量大大增加。当需要很强的实时性，需要采样频率快时，单台计算机的速度和存储很难满足要求，所以高速处理时很难满足。

(2)容错能力差，由于所有的测量信息都混合在一起处理，当某个传感器出现故障时，错误的量测数据不能分隔开来，由此造成系统性能严重下降，甚至使系统彻底瘫痪。任一个传感器上未被检测出的错误都会影响到系统全部状态估计。

为此，早期的 Kalman 滤波估计问题人们采用模型简化、降阶等手段来解决这个问题，但在一定条件下对系统模型简化后得到的状态估计往往可信度很低，特别是简化系统将使得状态估计精度降低、滤波不稳定甚至发散。因此为了克服集中滤波方式的内在缺点，分散估计问题越来越为人们所重视。

5. 联邦卡尔曼滤波

1)分散滤波

分散滤波的典型结构如图 6-10 所示。在分散化滤波器中，各局部滤波器利用相应子系统的观测值，得到局部状态最优估计，而后将局部估计输入到主滤波器进行信息融合，得到全局估计[15]。分散滤波能解决计算负担重和传感器的故障交叉污染等固有局限。相对于集中式的滤波结构而言，分散滤波结构具有计算简单、结构灵活和容错性强等优越性能。并且，分散滤波的可靠性是比较高的，无论是信息节点的丢失还是传感器的失效都不会使整个系统失去控制。此外，分散滤波由于采用了多处理器并行处理的结构，系统的执行速度大大提高，因此，更适用于实时性要求比较高的系统。此方法最大优势是模块化的特点，它很容易为系统增加新的传感器模块，而无须对传感器系统作较大的改动。

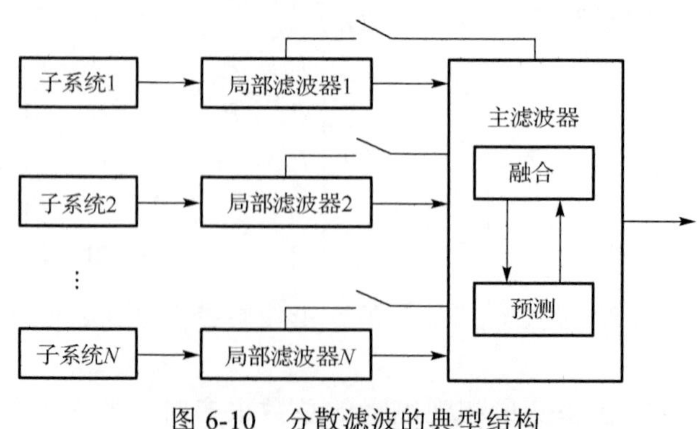

图 6-10　分散滤波的典型结构

在分散式卡尔曼滤波器中，局部滤波器和全局滤波器的状态方程相同，只是它们的观测方程不同，系统状态方程为

$$X(k)=\Phi(k,k-1)X(k-1)+\Gamma(k,k-1)W(k-1) \tag{6-35}$$

第 i 个传感器的量测方程：

$$Z_i(k)=H_i(k)X(k)+V_i(k) \tag{6-36}$$

全体传感器数组组成的全局观测方程为

$$Z(k)=H(k)X(k)+V(k) \tag{6-37}$$

式中，$H(k)=\left[H_1^{\mathrm{T}}(k),\cdots,H_n^{\mathrm{T}}(k)\right]^{\mathrm{T}}$；$Z(k)=\left[Z_1^{\mathrm{T}}(k),\cdots,Z_n^{\mathrm{T}}(k)\right]^{\mathrm{T}}$；$V(k)=\left[V_1^{\mathrm{T}}(k),\cdots,V_n^{\mathrm{T}}(k)\right]^{\mathrm{T}}$。利用卡尔曼滤波算法，可以得到传感器的局部输出，即有

$$\begin{cases}\hat{X}_i(k|k)=\hat{X}_i(k|k-1)+P_i(k|k)H_i^{\mathrm{T}}(k)R_i^{-1}(k)\left[Z_i(k)-H_i(k)\hat{X}_i(k|k-1)\right]\\ P_i(k|k)=\left[P_i^{-1}(k|k-1)+H_i^{\mathrm{T}}(k)\times R_i^{-1}\times H_i(k)\right]^{-1}\end{cases} \tag{6-38}$$

同时全局估计有

$$\begin{cases}\hat{X}(k|k)=\hat{X}(k|k-1)+P(k|k)H^{\mathrm{T}}(k)R^{-1}(k)\left[Z(k)-H(k)\hat{X}(k|k-1)\right]\\ P(k|k)=\left[P^{-1}(k|k-1)+H^{\mathrm{T}}(k)\times R^{-1}\times H(k)\right]^{-1}\end{cases} \tag{6-39}$$

由式(6-38)和式(6-39)可以看出，分布式滤波的思想是把各传感器的状态估计送到融合介质处，与此处所接收到的其他局部估计融合，用局部估计和局部协方差表示全局估计和全局协方差，而后又把系统航迹反馈到局部传感器介质的状态估计。对全局估计作适当变化有

$$\begin{cases}\hat{X}(k|k)=P(k|k)\Big\{P^{-1}(k|k-1)\hat{X}(k|k-1)+\\ \qquad\qquad\displaystyle\sum_{i=1}^{n}[P_i^{-1}(k|k)\hat{X}_i(k|k)-P_i^{-1}(k|k-1)\hat{X}_i(k|k-1)]\Big\}\\ P(k|k)=\left\{P^{-1}(k|k-1)+\displaystyle\sum_{i=1}^{n}[P_i^{-1}(k|k)-P_i^{-1}(k|k-1)]\right\}^{-1}\end{cases} \tag{6-40}$$

式(6-40)为分布式卡尔曼滤波法的基本融合方程，并把融合后的全局状态估计和状态协方差阵反馈回局部滤波器。即有

$$\begin{cases}P_i(k|k)=P^{-1}(k|k)\\ \hat{X}_i(k|k)=\hat{X}(k|k)\end{cases} \tag{6-41}$$

把式(6-40)代入式(6-41)并经过整理有

$$\begin{cases}\hat{X}(k|k)=\hat{X}(k|k-1)+P(k|k)\left\{\sum_{i=1}^{n}P^{-1}(k|k)[\hat{X}_i(k|k)-\hat{X}(k|k-1)]+\right.\\ \left.\qquad\sum_{i=1}^{n}P_i^{-1}(k|k-1)[\hat{X}(k|k-1)-\hat{X}_i(k|k-1)]\right\}\\ P(k|k)=P(k|k-1)-P(k|k-1)\times\sum_{i=1}^{n}[P_i^{-1}(k|k)-P_i^{-1}(k|k-1)P(k|k-1)]\end{cases} \tag{6-42}$$

由式(6-42)可知，k 时刻全局状态估计量是由在 k–1 时刻全局状态估计的一步估计和修正量组成，修正项的第一部分是各子传感器估计于全局预测之差的加权和，其加权系数等于相应的传感器状态协方差之逆，第二部分是全局预测与传感器预测之差的加权和，加权系数为相应子传感器的状态预测协方差之逆。分布式滤波实质上是把原来由集中式卡尔曼滤波器完成的运算分散到多个处理器中完成，实现信息的分层利用，以方便加入更多的传感器。

2) 联邦滤波

联邦滤波器的一般结构如图 6-11 所示。按照是否将主滤波器的滤波结果对子滤波器估计均方差阵与子滤波器状态量进行重置以及重置中信息因子β的分配方法，可以形成多种结构。采用重置方法可以提高滤波器的精度，但会带来子滤波器的交叉污染[15]。因此，一般采用的结构是不将融合后的全局状态估计和协方差阵对子滤波器进行重置，从而可以大幅提高联邦滤波器的容错性能，并且减少了主滤波器到子滤波器的数据传输，子滤波器中也不需要重新计算，使计算变得简单。

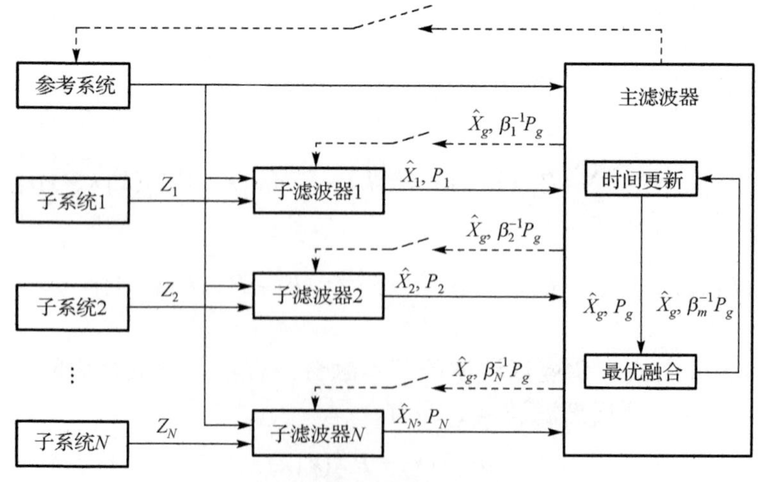

图 6-11　联邦滤波器的一般结构

联邦滤波器是在分散化滤波的基础上提出的，分散化滤波由于设计的灵活性、计算量小、容错性好而受到了重视。相对于分散化滤波，联邦滤波的算法复杂性进一步降低，容错性与可靠性进一步增强，并且其设计灵活，便于工程实现，受到了广泛的重视，因此，人们将其视为独立于分散滤波的一种新的滤波结构与算法。联邦滤波的精度低于集中滤波。实际设计的联邦滤波器是全局次优的，采用联邦滤波器设计的组合导航系统，虽然相对最优损失了少许精度，但换来的却是组合导航系统的高容错能力。

6. 粒子滤波

早在 20 世纪 50 年代，Hammersley 采用基于序贯重要性采样(sequential importance sampling，SIS)的蒙特卡罗方法解决统计学问题。20 世纪 60 年代后期，Handschin 与 Mayne 使用序贯蒙特卡罗方法解决自动控制领域的相关问题。20 世纪 70 年代，Handschin、Akashi 以及 Zaritskii 等的一系列研究工作使得序贯蒙特卡罗方法得到进一步发展。限于当时的计算能力以及算法本身存在的权值退化问题，序贯重要性采样算法没有受到足够重视，在随后较长一段时间内进展较为缓慢。直到 20 世纪 80 年代末，计算机处理能力的巨大进展使得序贯蒙特卡罗方法重新受到关注。Tanizaki、Geweke 等采用基于重要性采样的蒙特卡罗方法成功解决了一系列高维积分问题。Smith 与 Gelfand 提出的采样-重采样思想为 Bayesian 推理提供了一种易于实现的计算策略。随后，Smith 与 Gordon 等合作，于 20 世纪 90 年代初将重采样步骤引入到粒子滤波中，在一定程度上解决了序贯重要性采样的权值退化问题，并由此产生了第一个可实现的采样重要性重采样(sampling importance resampling，SIR)粒子滤波算法，进而掀起粒子滤波的研究热潮。美国海军集成水下监控系统中的 Nodestar 便是粒子滤波应用的一个实例。进入 21 世纪，粒子滤波器已经成为一个非常活跃的研究领域。

其基本思想是[16]：首先依据系统状态向量的经验条件分布在状态空间产生一组随机样本的集合，称这些样本为粒子，然后根据量测不断调整粒子的权重和位置，通过调整后的粒子信息修正最初的经验条件分布。其实质是用由粒子及其权重组成的离散随机测度近似相关的概率分布，并且根据算法递推更新离散随机测度。当样本容量很大时，这种蒙特卡罗描述就近似于状态变量真实的后验概率密度函数。这种技术适用于任何能用状态空间模型表示的非高斯背景的非线性随机系统，精度可以逼近最优估计，是一种很有效的非线性滤波技术。

假设能够从后验概率密度 $p(x_{0:t} \mid y_{1:t})$ 中采样得到 N 个粒子 $\{x_{0:t}^{(i)}\}$，则可以用如下经验概率分布来近似估计后验概率密度：

$$\hat{p}\left(x_{0:t} \middle| y_{1:t}\right)=\frac{1}{N}\sum_{i=1}^{N}\delta\left(x_{0:t}-x_{0:t}^{(i)}\right) \tag{6-43}$$

式中，δ为狄拉克函数，当 N 足够大时，依据大数定理，后验估计概率收敛于后验概率密度。可采用易抽样的重要性采样密度函数得到一组带权子样，并用这组带权子样来近似待估计分布的样本，因此，选择重要性采样密度是设计粒子滤波器最重要的步骤之一。给出最优重要性采样密度的计算公式[17]：

$$q(x_t^{(i)} \mid x_{0:t-1}^{(i)}, y_{1:t}) = p(x_t^{(i)} \mid x_{0:t-1}^{(i)}, y_{1:t}) \tag{6-44}$$

目前，应用较广泛的一种粒子滤波方法是 SIR 滤波，该滤波算法采用先验概率密度 $p(x_t \mid x_{t-1})$ 作为重要性采样函数，具有简单、易于实现的特点，在量测精度不高的场合，SIR 滤波可以取得较好的效果，但估计精度不高。由于标准粒子滤波的重要性采样密度函数没有考虑最新量测信息，因此从中抽取的样本与真实的后验概率密度产生的样本存在较大偏差，特别是当似然函数位于系统状态先验概率密度函数的尾部或者量测模型具有很高的精度时，这种偏差尤为明显，很多样本由于归一化权值很小而成为无效样本。完整的 SIR 滤波算法如下[18]。

(1) 初始化。t=0 时，对 $p(x_0)$ 进行采样，生成 N 个服从 $p(x_0)$ 分布的粒子 $x_0^{(i)}$，i=1,…,N。

(2) $t \geqslant 1$ 时，步骤如下。

① 序列重要性采样：生成 N 个服从 $q(x_k \mid x_{0:k-1}^{(i)}, y_{1:k})$ 分布的随机样本 $\{\hat{x}_k^{(i)}, i=1,\cdots,N\}$。

② 计算权重：

$$\tilde{w}_t(x_{0:t}^{(i)}) = p(y_{1:t} \mid x_{0:t}^{(i)}) p(x_{0:t}^{(i)}) \big/ q(x_{0:t}^{(i)} \mid y_{1:t}) \tag{6-45}$$

归一化权值，得

$$w_t(x_{0:t}^{(i)}) = \tilde{w}_t(x_{0:t}^{(i)}) \Big/ \sum_{i=1}^{N} \tilde{w}_t(x_{0:t}^{(i)}) \tag{6-46}$$

计算有效粒子的尺寸 N_{eff} 为

$$N_{\text{eff}} = \frac{1}{\sum_{i=1}^{N} w_t(x_{0:t}^{(i)})^2} \tag{6-47}$$

如果 N_{eff} 小于门限值，进行重采样，一般门限值取 $2N/3$。

③ 重采样。从离散分布的 $\{x_k^{(i)}, w_k(x_k^{(i)})\}(i=1,\cdots,N)$ 中进行 N 次重采样，得到一组新的粒子 $\{x_k^{(i^*)}, 1/N\}$，仍为 $p(x_k \mid y_{0:k})$ 的近似表示。

④ 马尔可夫链蒙特卡罗(Markov chain Monte Carlo，MCMC)(可选择)。由于经过重采样后，有可能出现粒子的多样性减少，即具有较大权值的粒子被多次选取，使得采样结果中包含了许多重复点，从而损失了粒子的多样性，使其不能有效地反映状态变量的概率分布，甚至导致滤波发散。MCMC 方法是当前解决粒子枯竭问题

的主要方法，通过在每个粒子上增加一个其稳定分布为后验概率密度的 MCMC 移动步骤，可以有效地增加粒子的多样性。其具体计算方法如下：生成一个随机数 u，使得 $u \sim U_{[0,1]}$，从马尔可夫链中进出采用 $x_k^{*(i)} \sim p(x_k \mid x_{k-1}^i)$；如果 $u \leqslant \min\left(1, \dfrac{p(y_k \mid x_k^{*(i)})}{p(y_k \mid x_k^{(i*)})}\right)$，则采用 MCMC 移动，$x_{0:k}^i = (x_{k-1}^{(i*)}, x_k^{*(i)})$；否则，$x_{0:k}^i = x_{0:k}^{(i*)}$。

⑤ 输出。按照最小方差准则，最优估计就是条件分布的均值：

$$\hat{x}_k = \sum_{i=1}^{N} w_k^i x_k^i \tag{6-48}$$

$$p_k = \sum_{i=1}^{N} w_k^i (x_k^i - \hat{x}_k)(x_k^i - \hat{x}_k)^{\mathrm{T}} \tag{6-49}$$

粒子滤波作为一种基于后验概率分布的递推贝叶斯滤波，可以有效解决噪声为非高斯分布的组合导航系统的最优估计问题，但较难选取合适的重要性采样密度。重要性采样密度选取不好，则无法考虑量测信息，从而会使得很多粒子成为无效粒子，导致滤波精度不高。

7. Unscented 粒子滤波

为了克服上述标准粒子滤波的不足，Wan 等于 2000 年提出了 Unscented 粒子滤波(UPF)方法[19]。该方法利用 UKF 来得到粒子滤波的重要性采样密度，也就是利用 UKF 来得到粒子滤波的重要性采样密度，也就是利用 UKF 来生成下一个预测粒子，每一个粒子的采样密度用下式得到：

$$q(x_k \mid x_{0:k-1}^{(i)}, y_{1:k}) = N(\overline{x}_t^{(i)}, P_k^{(i)}), \qquad i = 1, \cdots, N \tag{6-50}$$

式中，$\overline{x}_t^{(i)}$ 和 $P_k^{(i)}$ 是用 UKF 计算的均值和协方差。尽管后验概率密度可能不是高斯分布，但是用高斯分布来近似每一个粒子的分布是可行的，而且由于 UKF 估计后验概率密度到二阶项，很好地保持了系统的非线性。将 UKF 的步骤和公式代入标准的粒子滤波算法，就得到了完整的 UPF 算法[20]。

(1) 初始化。t=0 时，对 $p(x_0)$ 进行采样，生成 N 个服从 $p(x_0)$ 分布的粒子 $x_0^{(i)}$，i=1, ⋯, N，其均值和方差满足

$$\begin{cases} \overline{x}_0^{(i)} = E[x_0^{(i)}] \\ P_0^{(i)} = E[(x_0^{(i)} - \overline{x}_0^{(i)})(x_0^{(i)} - \overline{x}_0^{(i)})^{\mathrm{T}}] \end{cases} \tag{6-51}$$

(2) $t \geqslant 1$ 时，步骤如下。

① 采样：用 UKF 更新粒子 $\{x_{k-1}^{(i)}, P_{k-1}^{(i)}\}$ 得到 $\{\overline{x}_k^{(i)}, P_k^{(i)}\}$，采样 $\hat{x}_k^{(i)} \sim q(x_k^{(i)} \mid x_{0:k-1}^{(i)}, y_{1:k}) = N(\overline{x}_k^{(i)}, P_k^{(i)})$，$i$=1, ⋯, N。

② 计算权重：

$$\tilde{w}_k^{(i)} = \tilde{w}_{k-1}^{(i)} \frac{p(y_k \mid \hat{x}_k^{(i)}) p(\hat{x}_k^{(i)} \mid x_{k-1}^i)}{q(\hat{x}_k^{(i)} \mid x_{0:k-1}^{(i)}, y_{1:k})} \tag{6-52}$$

归一化权值，得

$$w_k^{(i)} = \frac{\tilde{w}_k^{(i)}}{\sum_{i=1}^{N} \tilde{w}_k^{(i)}} \tag{6-53}$$

③ 重采样。从离散分布的 $\{x_k^{(i)}, w_k(x_k^{(i)})\}(i=1,\cdots,N)$ 中进行 N 次重采样，得到一组新的粒子 $\{x_k^{(i^*)}, 1/N\}$，仍为 $P(x_k \mid y_{0:k})$ 的近似表示。由于经过重采样之后，有可能粒子的多样性会减少，为解决此问题，用 MCMC 方法对粒子进行崎岖化。

④ 输出。按照最小方差准则，最优估计就是条件分布的均值：

$$\hat{x}_k = \sum_{i=1}^{N} w_k^i x_k^i \tag{6-54}$$

$$p_k = \sum_{i=1}^{N} w_k^i (x_k^i - \hat{x}_k)(x_k^i - \hat{x}_k)^{\mathrm{T}} \tag{6-55}$$

UPF 能适用于系统非线性、噪声非高斯的系统，是一种先进的非线性、非高斯滤波方法，可极大程度地满足实际工程应用系统的滤波要求。UPF 的不足之处在于，其精度与粒子数成正比，粒子数越多其精度越高，但实时性会随着粒子数的增多而下降。随着计算机技术的发展，UPF 在高精度导航领域将会有广阔的应用前景。

6.5 粒子滤波在多传感器融合中的应用

6.5.1 集中式融合的标准粒子滤波

考虑以下的多传感器非线性离散系统：

$$\begin{aligned} x_t &= f_t(x_{t-1}) + v_{t-1} \\ z_t^{(m)} &= h_t^{(m)}(x_t) + w_t^{(m)} \end{aligned} \tag{6-56}$$

式中，$m=1, 2, \cdots, M$；t 和 m 是时间指数和传感器指数，x_t 和 $z_t^{(m)}$ 为状态矢量和量测矢量。过程噪声 v_{t-1} 和量测噪声 $w_t^{(m)}$ 是零均值并且相互独立。$f(\cdot)$ 为状态转移方程，$h(\cdot)$ 为观测方程。目的是根据所有的量测值 $z_{1:t} := \{z_\tau\}_{\tau=1}^{t}$ 递归估计出 x_t，其中 $z_\tau := \{z_\tau^{(m)}\}_{m=1}^{M}$。

在粒子滤波中，后验概率密度 $p(x_t \mid z_{1:t})=\sum_{i=1}^{N}\omega_t^i\delta(x_t-x_t^i)$， x_t^i 是带有权重 ω_t^i 的第 i 个粒子。在多传感器测量的独立假设的基础上，似然函数 $p(z_t \mid x_t)$ 能够被分解为 $\prod_{m=1}^{M}p(z_t^{(m)} \mid x_t)$。在每一个滤波周期中，根据式(6-57)计算权重 ω_t^i

$$\omega_t^i \propto \frac{p(x_t^i \mid x_{t-1}^i)\prod_{m=1}^{M}p(z_t^{(m)} \mid x_t^i)}{q(x_t^i \mid x_{t-1}^i, z_t)} \tag{6-57}$$

式中， $q(x_t^i \mid x_{t-1}^i, z_t)$ 是建议密度(proposal density，PD)，用于产生粒子 x_t^i 并且评价 $q(x_t^i \mid x_{t-1}^i, z_t)$。由于很难获得最优采样分布，将先验概率密度函数 $p(x_t^i \mid x_{t-1}^i)$ 作为 PD，因此，权重计算可以表示为简化形式 $\omega_t^i \propto \prod_{m=1}^{M}p(z_t^{(m)} \mid x_t^i)$。

6.5.2　二阶集中式粒子滤波

提高滤波估计精度的基本方式之一就是有效地使用多传感器数据。然而，在集中式融合的标准粒子滤波算法中，多传感器数据仅仅在似然模型中融合，因而忽视了重要性采样过程。为此提出了基于粒子滤波框架下的二阶数据融合方法，如图 6-12 所示。在第一阶段的数据处理层中，多传感器数据发送给粒子滤波计算模块，在状态空间中以优化粒子分布为目的相应地更新 PD。在此状态中有 M 个粒子滤波模块，其中第 n 个模块标记为 PF_n。第二阶段的数据融合层中包括标记 PF_M+1 的自适应权值粒子滤波模块，此模块中的多传感器数据用于构造完整的似然函数 $\prod_{m=1}^{M}p\left(z_t^{(m)} \mid x_t\right)$，之后利用欧氏距离和反映量测噪声统计特性的精度因子来自适应地调整权值的分布，达到降低粒子退化程度、保持粒子的多样性的目的，进而得到状态估计 $\hat{x}_t$。

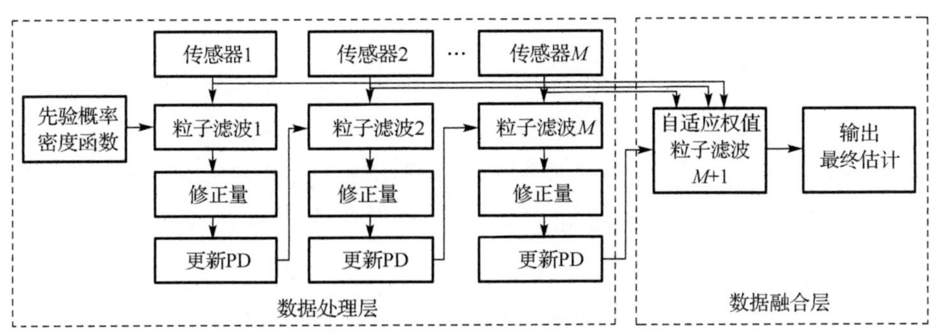

图 6-12　PF 框架下提出的二阶融合方法

从图 6-12 可以看出，每一个滤波周期需要 M 个基本的粒子滤波模块和一个自适应权值粒子滤波模块。第 n 个模块中使用的 PD 表示为 $q_n(x_t \mid x_{t-1}^i, z_t)$，$n \in \{1,2,\cdots,M+1\}$。根据相应的算法确定 $q_n(x_t \mid x_{t-1}^i, z_t)$，可以得到式(6-58)和式(6-59)的更新系统方程：

$$x_t = f(x_{t-1}) + c_n(z_t) + v_{t-1} \tag{6-58}$$

$$q_n(x_t \mid x_{t-1}^i, z_t) := p_v(x_t - f(x_{t-1}^i) - c_n(z_t)) \tag{6-59}$$

因此，$c_n(z_t)$ 为修正项，初始设置为零向量并且随着 n 增加而更新。根据式(6-59)，在‘PF_1’中，使 $c_1(z_t) = 0$ 意味着 $q_1(x_t \mid x_{t-1}^i, z_t) = p(x_t \mid x_{t-1}^i)$，使用第一个传感器数据来定义本地似然函数 $p(z_t^{(1)} \mid x_t)$ 并且通过运行‘PF_1’获得估计 $\hat{x}_{t,1}$。根据式(6-59)，在‘PF_2’使 $c_2(z_t) = \hat{x}_{t,1} - f(\hat{x}_{t-1})$ 并且定义 $q_2(x_t \mid x_{t-1}^i, z_t)$，使用第二个传感器数据来定义本地似然函数 $p(z_t^{(2)} \mid x_t)$ 并且获得估计 $\hat{x}_{t,2}$，而后被用于获得 $q_3(x_t \mid x_{t-1}^i, z_t)$。整个过程持续到所有传感器数据用完为止，得出的估计 $\hat{x}_{t,n}$，$n \in \{1,2,\cdots,M\}$ 只是用于优化 PD 的中间结果。

6.5.3 二阶自适应权值粒子滤波的多传感器信息算法

一个周期的算法如下[21,22]。

第一阶段：

(1) 初始化。n=1 并且 $c_n(z_t) = 0$；

FOR n=1：M

(2) 更新。由式(6-59)定义的 PD 为 $q_n(x_t \mid x_{t-1}^i, z_t)$ 产生粒子 x_t^i；使用 $\omega_t^i \propto p(x_t^i \mid x_{t-1}^i)\ p(z_t^{(n)} \mid x_t^i) / q_n(x_t^i \mid x_{t-1}^i, z_t)$ 更新粒子权值。并且归一化 $\omega_t^i = \omega_t^i \Big/ \sum_{i=1}^{N} \omega_t^i$。给出估计 $\hat{x}_{t,n} = \sum_{i=1}^{N} \omega_t^i x_t^i$；$c_{n+1}(z_t) = \hat{x}_{t,n} - f(\hat{x}_{t-1})$，而后 n：=n+1。

END FOR

第二阶段：

(1) 初始化。已知 $c_{M+1}(z_t)$，定义 PD 为 $q(x_t \mid x_{t-1}^i, z_t) = q_{M+1}(x_t \mid x_{t-1}^i, z_t)$，产生出粒子群 $\{x_t^i\}_{i=1}^N$。

(2) 根据式(6-57)进行权值 ω_t^i 更新后，分别用 $\omega_{t-\max}^{i^*}$ 和 $\omega_{t-\min}^{i^*}$ 表示最大权值和最小权值，同时计算出量测新息 $z_{t-\max}^i$、$z_{t-\min}^i$，以及欧氏距离 $L_{\max}$ 和 L^i 用式(6-60)和式(6-61)表示：

$$L_{\max} = (z_{t-\min}^i - z_{t-\max}^i)^{\mathrm{T}} \cdot (z_{t-\min}^i - z_{t-\max}^i) \tag{6-60}$$

$$L^i = (z_t^i - z_{t-\max}^i)^{\mathrm{T}} \cdot (z_t^i - z_{t-\max}^i) \tag{6-61}$$

式中，量测新息为 $z_{t-\max}^{i}=z_t-h(x_{t-\max}^{i})$、$z_{t-\min}^{i}=z_t-h(x_{t-\min}^{i})$，$i_{\max}$、$i_{\min}$表示最大权值 $\omega_{t-\max}^{i^*}$ 和最小权值 $\omega_{t-\min}^{i^*}$ 对应粒子的序号。则权值可以表示为

$$\omega_t^{i^*}=\omega_t^{i^*}+\left(\frac{\omega_{t-\max}^{i^*}}{N}\right)\cdot\sin\left(\frac{L^i}{L_{\max}\cdot(\pi/2)}\right)\cdot\beta \tag{6-62}$$

式中，β为由量测噪声统计特性决定的自适应系数

$$\beta=\begin{cases}K/\alpha, & \alpha\leqslant\varepsilon\\ 0, & \alpha>\varepsilon\end{cases} \tag{6-63}$$

式中，α为量测噪声统计特性的精度因子，α的改变可以实现自适应调整粒子对应权值的分布，增加有用粒子的权值。α越大，则量测精度较低；反之，量测精度较高。ε为由经验确定的阈值，K为常数，且 $K/\alpha>0$。当存在较低量测噪声时，$\beta=0$，不调整似然分布；反之，当似然分布呈尖峰状态或位于转移先验分布尾部时，$\beta=K/\alpha$，人为扩展似然分布。而后权值归一化处理为 $\tilde{\omega}_t^{i^*}=\tilde{\omega}_t^{i^*}\Big/\sum_{i=1}^{N}\tilde{\omega}_t^{i^*}$。

(3) 在判断粒子退化程度时使用估计式 $N_{\text{eff}}=1\Big/\sum_{i=1}^{N}(\tilde{\omega}_t^{i^*})^2$，若退化严重则必须进行重采样。根据以上得到的后验密度进行重采样，可以得到新的 M 个粒子，之后，对每个粒子进行赋权值。

(4) 进行马尔可夫链蒙特卡罗（MCMC）移动，目的是增加粒子的多样性，消除重采样过程引起的粒子枯竭现象。

(5) 给出状态量的估计值 $\hat{x}_{t,n}=\sum_{i=1}^{N}\tilde{\omega}_t^{i^*}x_t^i$。返回第（1）步，按新观测量递归计算下一时刻的状态估计值。

6.5.4　仿真结果与实验分析

1. 仿真结果

按照式（6-64）和式（6-65）的状态空间模型进行仿真：

$$x_{t+1}=1+\sin(0.04\pi t)+0.5x_t+v_t \tag{6-64}$$

$$\begin{cases}z_t^{(1)}=\dfrac{x_t^2}{20}+\dfrac{x_t}{3}+w_t^{(1)}\\ z_t^{(2)}=\begin{cases}0.2x_t^2+w_t^{(2)}, & t\leqslant 30\\ 0.5x_t-2+w_t^{(2)}, & t>30\end{cases}\end{cases} \tag{6-65}$$

式中，v_t 为根据 Gamma(3,2) 分布建模的过程噪声；$w_t^{(1)}\sim N(0,0.1)$ 和 $w_t^{(2)}\sim N(0,0.001)$ 是量测噪声。包括三个滤波，无损卡尔曼滤波（UKF_CF）、粒子滤波（PF_CF）和二阶自适应权值粒子滤波（PF_TSAWCF），估计出状态序列 $x_t(t=1,\cdots,60)$。二阶自适应权值粒子滤波分为两个阶段，PF_TSAWCF_case1 为数据处理层，PF_TSAWCF_ case2 为数据融合层。使用均方根误差(RMSE)测量出估计精度。每一个算法运行 1000 次。图 6-13 中只取前 50 次 RMSE 的独立运行。

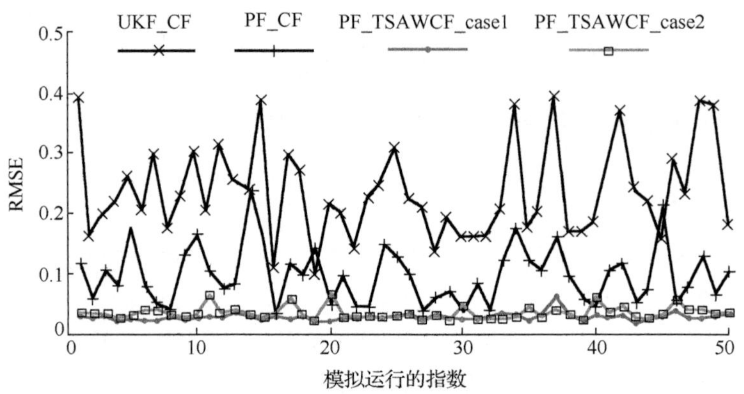

图 6-13　各种滤波下的均方根误差

表 6-2 总结了各种算法的总体性能。两个 PF_TSAWCF 的估计精度比其他滤波方法明显高，但是以时间作为代价来实现的。而且 PF_TSAWCF_case2 的精度比 PF_TSAWCF_case1 的精度稍高，根据数据处理层提供的优化粒子的状态估计，通过欧氏距离和反映量测噪声统计特性的精度因子自适应地调整粒子对应权值的分布，增加了有用粒子的权值，进而提高了估计的精度，多传感器应用到重要性采样过程也提高了最终的估计精度。PF_TSAWCF 的性能依靠数据处理层中传感器数据的使用顺序。一般来讲，由粗到细的策略有助于提高估计精度，因此优先使用来自低精度传感器的数据。

表 6-2　各种滤波下 RMSE 的均值、方差以及平均时间

滤波种类	均值	方差	时间/s
UKF_PF	0.2721	1.421×10^{-2}	—
PF_CF	0.0972	4.751×10^{-3}	0.454
PF_TSAWCF_case1	0.0198	5.697×10^{-6}	0.631
PF_TSAWCF_case2	0.0187	4.986×10^{-6}	0.864

2. 实船试验

将提出的二阶自适应权值粒子滤波应用于 GPS/SINS/LOG 的船舶组合导航系统中，如图 6-14 所示。

为了验证算法的性能，以大连海事大学“育鲲”轮实验数据为例，按照图 6-14 所示的组合导航系统进行试验的设计，其中 GPS 定位设备采用 Kongsberg 公司的 MX420 接收机，SINS 为 Mti-G-700 的导航级设备，计程仪为 Skipper DL850 多普勒计程仪，DR 为推算船位(dead reckoning)组合导航的试验设计分为两部分：一是原始数据的采集；二是根据提出的算法对原始数据进行仿真试验研究并分析结果。

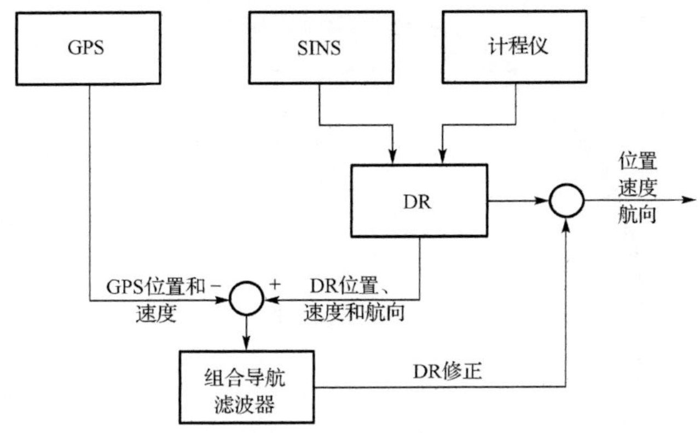

图 6-14　组合导航系统的结构图

图 6-15 为在大连港附近的船舶实验轨迹。图 6-16 为船舶右旋回测试的位置结果。位置曲线的 *X* 轴为地理经度，*Y* 轴为地理纬度。可以看出，UKF_CF 和 PF_CF 在整个阶段的位置误差都较大，而 PF_TSAWCF 算法在初始阶段时位置误差较大，但随着船舶航行，融合算法的曲线基本稳定。同时，可以看出，当 GPS 数据存在野值跳变时，PF_TSAWCF 算法能够有效地抑制野值的影响从而减小定位误差。图 6-17 为三种滤波的位置误差曲线。图 6-17(a)为三种算法的纬度误差，其中 UKF_CF 的误差在−20～100m；PF_CF 的误差在−20～90m；PF_TSAWCF 的误差在−10～70m。图 6-17(b)为三种算法的经度误差，UKF_CF 的误差在−70～50m，PF_CF 的误差在−70～50m，PF_TSAWCF 的误差在−60～40m。由误差曲线也能明显看出：在初始阶段和转向时 UKF_CF 和 PF_CF 的定位误差均较大；但是 PF_TSAWCF 相比 UKF_CF 和 PF_CF 整体上系统定位误差较小，基本稳定。

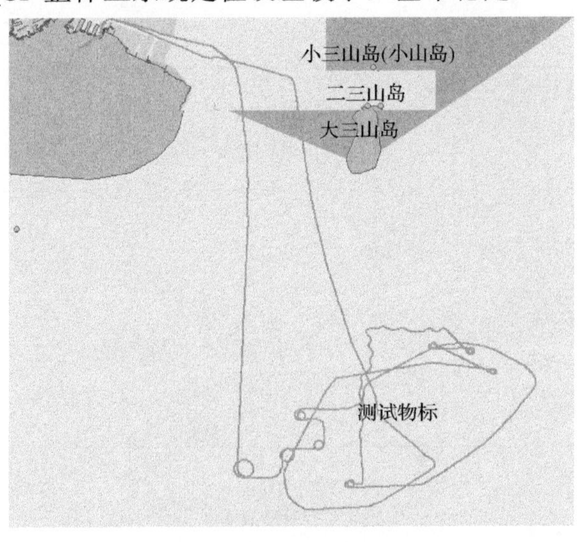

图 6-15　船舶实验轨迹

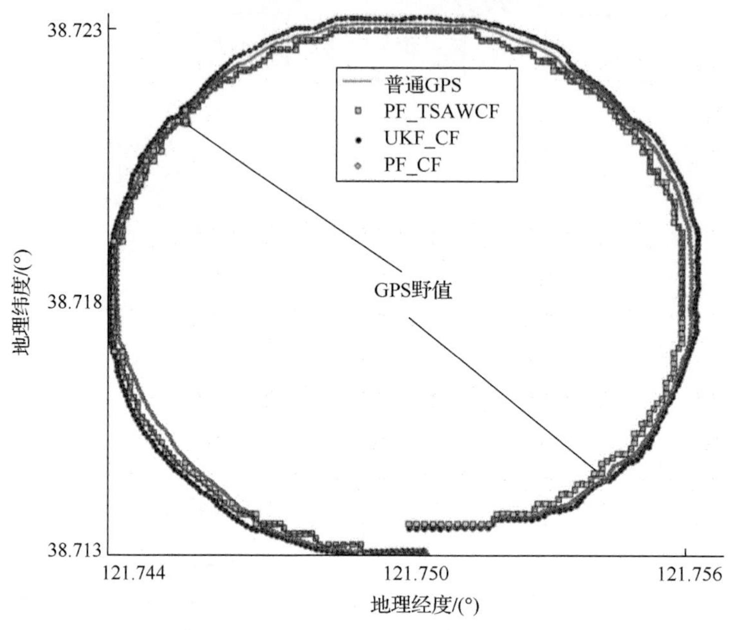

图 6-16　位置结果

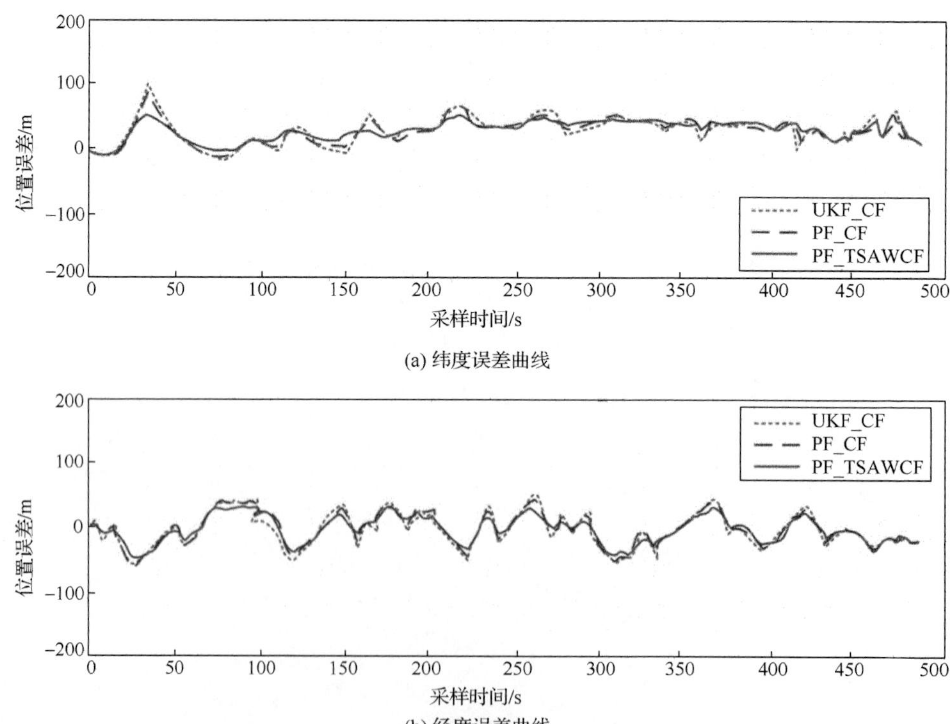

图 6-17　三种滤波的位置误差曲线

图 6-18 为航向和航向误差曲线，航向对于船舶的控制是一个很重要的参数，因此航向的估计对整个组合导航控制系统都有影响，图 6-18(a)为三种算法的航向角，其中 PF_TSAWCF 最接近参考航向值；由图 6-18(b)中可看出，UKF_CF 和 PF_CF 的航向角误差范围是±0.5°，PF_TSAWCF 的航向角误差范围是±0.3°，因此，本方法能够较好地估计出船舶的航向。

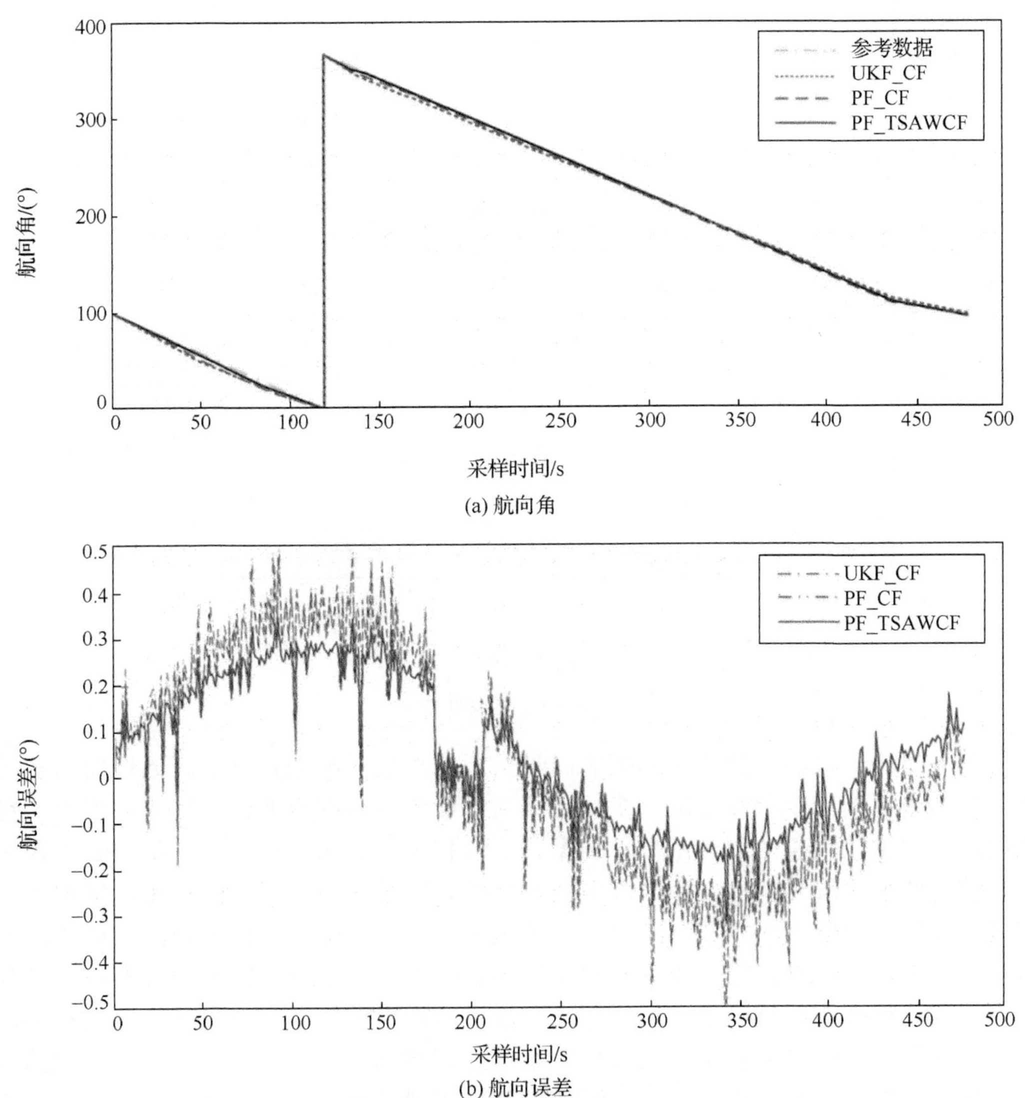

(a) 航向角

(b) 航向误差

图 6-18　航向和航向误差曲线(见彩图)

图 6-19 为三种算法的速度曲线，由图 6-19(a)和(b)可以看出，UKF_CF 和 PF_CF

总体上速度曲线波动较大，PF_TSAWCF 在前期加速运动期间和船舶转向时速度有一定的波动，但是总体上速度较平稳。

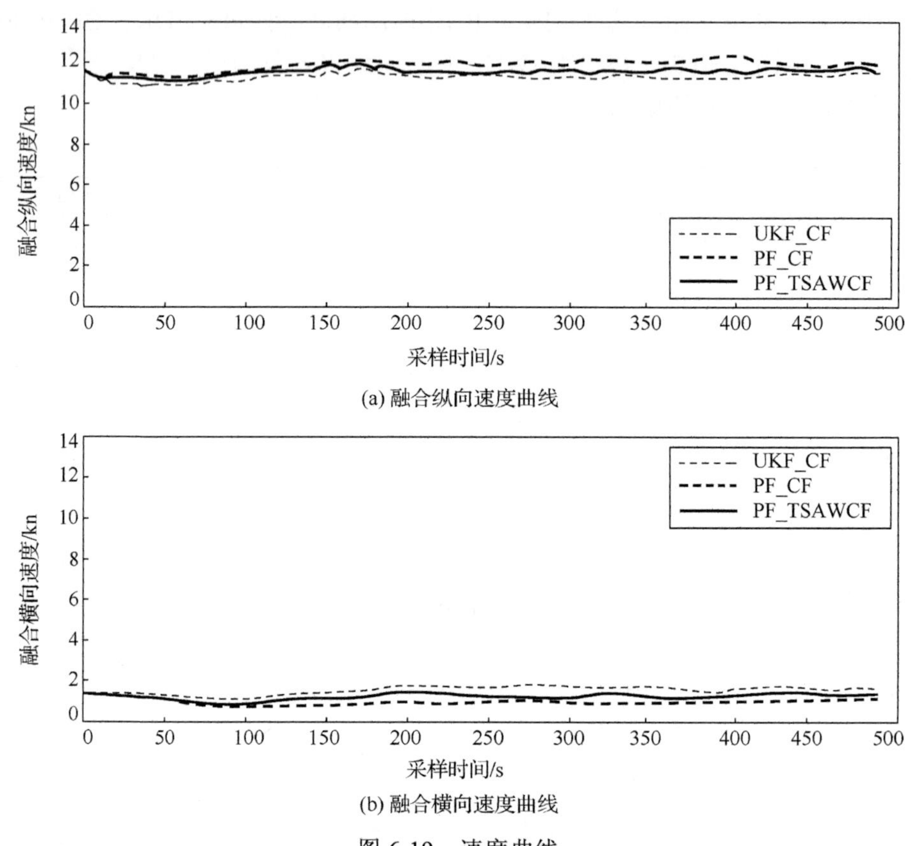

(a) 融合纵向速度曲线

(b) 融合横向速度曲线

图 6-19　速度曲线

以上讨论了以粒子滤波为框架的二阶自适应权值数据融合算法。通过使用多传感器数据来更新建议分布密度，多传感器数据能够体现在重要性采样的过程中，在数据融合层构造完整的似然函数，根据自适应权值的分布调整，并且利用欧氏距离和反映量测噪声统计特性的精度因子自适应地调整粒子对应权值的分布，增加有用粒子的权值。同时重采样和马尔可夫链蒙特卡罗过程，保留了权值较大的粒子，又避免了粒子耗尽问题，进一步保持粒子的多样性，提高了滤波精度，进而得到最终的估计值。根据实船试验的数据进行了验证，将提出的基于二阶自适应权值粒子滤波算法应用于 GPS/SINS/LOG 组合导航系统进行仿真计算，并且同无损卡尔曼滤波、粒子滤波进行了比较分析，二阶自适应权值粒子滤波算法能够得到精确的位置、速度和航向信息，而且也能有效改善滤波性能，提高组合导航系统的解算精度，能够满足船舶高精度导航定位的要求。

6.6　基于 FNN 的 GPS/INS/LOG 组合导航方法的应用

6.6.1　GPS/INS/LOG 组合导航模型

1. 动力学模型

在惯性导航系统(inertial navigation system，INS)误差方程的基础上，设计了 Kalman 滤波组合导航的系统误差动力学模型。构建了基于 INS 误差方程的组合导航动力学模型[23]：

$$\delta\dot{r} = -\omega_{\text{en}} \times \delta r + \delta v \tag{6-66}$$

$$\delta\dot{v} = -(2\omega_{\text{ie}} + \omega_{\text{en}}) \times \delta v - \delta\psi \times f + \eta \tag{6-67}$$

$$\delta\dot{\psi} = -(\omega_{\text{ie}} + \omega_{\text{en}}) \times \delta\psi + \varepsilon \tag{6-68}$$

式中，δr，δv 和$\delta\psi$ 分别是位置、速度和方向的误差矢量；ω_{en} 是相对于地球的导航坐标系(north east down，NED)的速率；ω_{ie} 是相对于惯性坐标系的地球速率；f 是加速度计测量的比力矢量。通过扩展加速度计偏置误差矢量η和陀螺漂移误差矢量ε，得到了 GPS/INS 组合的系统误差动态。

加速度计偏置误差矢量η和陀螺漂移误差矢量ε是随机过程矢量其模型为[24]

$$\dot{\eta} = u_{\eta} \tag{6-69}$$

$$\dot{\varepsilon} = u_{\varepsilon} \tag{6-70}$$

式中，u_{η} 和 u_{ε}是白高斯噪声矢量。

对式(6-66)～式(6-70)进行组合，系统动力学模型表示为

$$\begin{cases} \delta\dot{r} = -\omega_{\text{en}} \times \delta r + \delta v \\ \delta\dot{v} = -(2\omega_{\text{ie}} + \omega_{\text{en}}) \times \delta v - \delta\psi \times f + \eta \\ \delta\dot{\psi} = -(\omega_{\text{ie}} + \omega_{\text{en}}) \times \delta\psi + \varepsilon \\ \dot{\eta} = u_{\eta} \\ \dot{\varepsilon} = u_{c} \end{cases} \tag{6-71}$$

以矩阵和向量形式表示为

$$\dot{X} = \varPhi X + u \tag{6-72}$$

式中，X 为误差状态矢量；$\varPhi$ 为系统转移矩阵；u 是过程噪声矢量。

2. GPS/INS 观测模型

GPS/INS 组合导航中的观测模型由 GPS 解和 INS 计算值之间的位置差矢量和速度差矢量组成[25]。

$$Z_r(t) = r_{\text{GPS}}(t) - r_{\text{INS}}(t) = r_{\text{GPS}}(t) - (r_{\text{INS}}(t-\Delta t) + v_{\text{INS}}(t-\Delta t)\cdot \Delta t + \frac{1}{2}\alpha(t)\cdot \Delta t^2) \tag{6-73}$$

$$Z_v(t) = v_{\text{GPS}}(t) - v_{\text{INS}}(t) = v_{\text{GPS}}(t) - (v_{\text{INS}}(t-\Delta t) + \alpha(t)\cdot \Delta t) \tag{6-74}$$

式中，$Z_r(t)$为t时刻的位置误差测量矢量；$Z_v(t)$为t时刻的速度误差测量矢量；$r_{\text{GPS}}(t)$和$r_{\text{INS}}(t)$分别为 GPS 和 INS 的位置矢量；$v_{\text{GPS}}(t)$和$v_{\text{INS}}(t)$分别为 GPS 和 INS 的速度矢量；$\alpha(t)$是只由 INS 决定的加速度矢量；Δt是惯性测量装置(inertial measurement unit，IMU)的采样时间。

Kalman 滤波的一般测量方程系统可以表示为

$$Z_k = \begin{bmatrix} Z_r(t) \\ Z_v(t) \end{bmatrix} = B_k \begin{bmatrix} X_{\text{Nav}} \\ X_{\text{Acc}} \\ X_{\text{Gyo}} \end{bmatrix} + \begin{bmatrix} \tau_r \\ \tau_v \end{bmatrix} \tag{6-75}$$

式中，B_k为观测矩阵；τ为测量噪声矢量，假设其为白噪声；X_{Nav}为导航误差状态矢量；X_{Acc}为加速度计误差状态矢量；X_{Gyo}为陀螺误差状态矢量。

3. INS/LOG 观测模型

1)计程仪的位置和速度

计程仪可以测量出船舶的运动速度和累计航程。假设计程仪的速度矢量输出为v_O，方向同船舶的运动方向相同。在导航坐标系内计程仪的速度可以表示为[26]

$$v_O^n = C_b^n \begin{bmatrix} 0 & v_O & 0 \end{bmatrix}^{\text{T}} \tag{6-76}$$

式中，C_b^n为方向余弦矩阵，定义了载体坐标系相对于导航坐标系的姿态。INS/LOG 组合导航中，C_b^n可以通过 INS 计算得到。

在导航坐标系中速度的积分为载体的位置。不同的位置方程表示为

$$\dot{L}_O = \frac{v_{\text{ON}}^n}{R_M + h_O} \tag{6-77}$$

$$\dot{\lambda}_O = \frac{v_{\text{OE}}^n}{(R_N + h_O)\cos L_O} \tag{6-78}$$

$$\dot{h}_O = -v_{\text{OD}}^n \tag{6-79}$$

式中，L_O，λ_O和h_O分别是根据 INS/LOG 组合系统计算的经度、纬度和高度信息；R_M和R_N分别是地球椭球体中子午线曲率半径和卯酉线曲率半径；v_{ON}^n、v_{OE}^n和v_{OD}^n分别是导航坐标系中的北向东向和下向的速度分量。

因为计程仪的位置和速度信息是离散采样的，所以计程仪位置的计算思想是根据位置的微分方程进行推导：

$$L_O(k) = L_O(k-1) + \frac{v_{\text{ON}}^n - \Delta t}{R_M + h} \tag{6-80}$$

$$\lambda_O(k) = \lambda_O(k-1) + \frac{v_{\text{OE}}^n - \Delta t}{(R_N + h)\cos L_O(k-1)} \tag{6-81}$$

$$h_O(k) = h_O(k-1) - v_{\text{OD}}^n \cdot \Delta t \tag{6-82}$$

式中，k–1 和 k 分别为 k–1 和 k 时刻；Δt 是计程仪的采样间隔期。

2) INS/LOG 观测模型

INS/LOG 的观测模型与 GPS/INS 的观测模型类似。INS 和计程仪之间的位置差是由大地坐标系转换为导航坐标系而产生的，速度差作为 Kalman 滤波的观测输入。由于船舶在航行中忽略垂荡方向上的速度，所以 INS/计程仪组合系统中，Kalman 滤波的观测输入仅仅包括北向和东向的量测量：

$$Z_k^O = B_k^O \begin{bmatrix} X_{\text{Nav}} \\ X_{\text{Acc}} \\ X_{\text{Gyo}} \end{bmatrix} + \begin{bmatrix} v_r \\ v_v \end{bmatrix} \tag{6-83}$$

式中，B_k^O 为 INS/LOG 观测模型的观测矩阵。

4. Kalman 滤波

在一定时间内，通过时间更新和测量更新得到 Kalman 滤波的状态矢量的最优估计：

$$\hat{X}_k = \hat{X}_{k,k-1} + K_k(Z_k - B_k\hat{X}_{k,k-1}) \tag{6-84}$$

$$K_k = P_{k,k-1}B_k^{\mathrm{T}}(B_k P_{k,k-1} B_k^{\mathrm{T}} + R_k)^{-1} \tag{6-85}$$

$$\hat{X}_{k,k-1} = \varPhi_{k,k-1}\hat{X}_{k-1} \tag{6-86}$$

$$P_{k,k-1} = \varPhi_k P_{k-1} \varPhi_k^{\mathrm{T}} + Q_k \tag{6-87}$$

$$P_k = (I - K_k B_k)P_{k,k-1} \tag{6-88}$$

在一个闭环的组合框架中，反馈回路用于修正系统误差。在假定小误差条件下进行简单的导航计算。在这种情况下，每次测量更新后误差状态值将被重置为零。因此，导航结果可以表示为

$$\hat{X}_k = P_{k,k-1}B_k^{\mathrm{T}}(B_k P_{k,k-1} B_k^{\mathrm{T}} + R_k)^{-1} Z_k \tag{6-89}$$

6.6.2　GPS/INS/LOG 组合导航系统

在 GPS/INS 组合导航中，使用 GPS 解和 INS 解之间的差值作为 Kalman 滤波的

输入来修正 INS 误差。当 GPS 测量值不可用时，INS 的解算解导致了位置和速度发散。根据 GPS/INS 组合导航，通过引入其他传感器解决发散问题，例如，无须辅助信号而提供速度信息的计程仪传感器。当船舶航行时，众多原因可能导致 GPS 信号丢失，但是计程仪可用。因此，GPS/INS/LOG 组合导航系统能够实现定位。图 6-20 表示闭环松耦合 GPS/INS/LOG 组合框架。在 GPS 信号可用期间计程仪测量值要输入给组合导航系统中。尽管计程仪速度测量精度比 GPS 测量值精度要差，计程仪测量值仍旧能够对粗差检测起到很大作用。

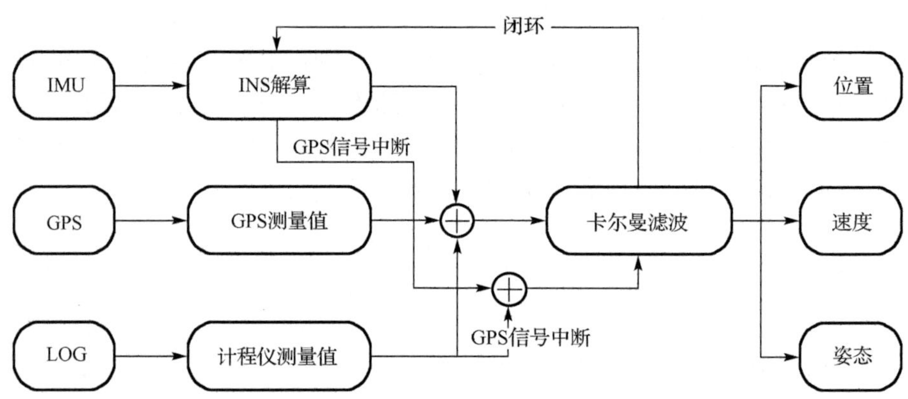

图 6-20 松耦合 GPS/INS/LOG 组合框架

6.6.3 基于 FNN 的 GPS/INS/LOG 组合导航系统

1. 模糊神经网络

提出的模糊神经网络(fuzzy neural network，FNN)方法用于学习和补偿计程仪的观测误差，并且在 GPS 中断期间提高了计程仪的观测精度。T-S 模糊系统是一个自适应模糊系统[27]。T-S 模型不仅自己更新，而且也可以不断地修正模糊子集的隶属函数。使用模糊 IF-THEN 规则描述 T-S 模糊系统：

$$\text{If } x_1 \text{ is } A_1^i,\ x_2 \text{ is } A_2^i,\ \cdots,\ x_k \text{ is } A_k^i \text{ Then } y_i = p_0^i + p_1^i x_1 + \cdots + p_k^i x_k \tag{6-90}$$

式中，$A_j^i (j=1,2,\cdots,k)$ 是模糊系统的模糊子集；p_j^i 是模糊系统参数；y_i 是模糊规则的输出。在一个模糊系统中，输入部分为模糊的；输出为确定的。

假设输入为 $x=[x_1,x_2,\cdots,x_k]$。首先，根据模糊规则计算输入的隶属度：

$$u_{A_j^i} = \exp(-(x_j - c_j^i)^2 / b_j^i),\quad j=1,2,\cdots,k;\ i=1,2,\cdots,n \tag{6-91}$$

式中，c_j^i 和 b_j^i 分别为隶属函数的中心和宽度；k 是输入参数的数量；n 为模糊子集的数量。高斯隶属函数给出了从一个时间间隔到另一个时间间隔的更多的连续转变，因此，提供了一个来自模糊规则的平滑控制面。同时，能够提供一个较少自由度的系统，并且更具鲁棒性。所以，高斯隶属函数适合于要求连续可微的曲线并且保证了平稳过渡。

根据隶属度值计算模糊因子：

$$\omega^i = \prod_{g=1}^{k} u_{A_j^g}(x_g), \quad i = 1, 2, \cdots, n \tag{6-92}$$

模糊模型的输出 y 表示为

$$y_i = \sum_{i=1}^{n} \omega^i (p_0^i + p_1^i x_1 + \cdots + p_k^i x_k) \Big/ \sum_{i=1}^{n} \omega^i \tag{6-93}$$

模糊神经网络由三层构成：输入层(预处理)、隐藏层和输出层(后处理)。隐藏层由模糊层和模糊规则计算层组成。输入值是模糊层中式(6-91)模糊处理得到的隶属度值。在式(6-92)的模糊规则计算层中计算模糊因子。

FNN 的训练算法如下。

(1) 计算误差：

$$e = \frac{1}{2}(y_d - y_c)^2 \tag{6-94}$$

式中，y_d 为神经网络的异常输出；y_c 为神经网络的真实输出；e 为异常输出和真实输出之间的误差。

(2) 修正系数

$$p_j^i(k) = p_j^i(k-1) - \alpha \frac{\partial e}{\partial p_j^i} \tag{6-95}$$

$$\frac{\partial e}{\partial p_j^i} = (y_d - y_c)\omega^i \Big/ \sum_{i=1}^{n} \omega^i x_j \tag{6-96}$$

式中，α 是神经网络训练速率。

(3) 修正参数

$$c_j^i(k) = c_j^i(k-1) - \alpha \frac{\partial e}{\partial c_j^i} \tag{6-97}$$

$$b_j^i(k) = b_j^i(k-1) - \alpha \frac{\partial e}{\partial b_j^i} \tag{6-98}$$

设计的 FNN 拓扑结构来自网络内使用加权链连接的小处理单元(神经元)。一般来讲，神经网络的基本模型包括三个主要因素：加权链、求取各自神经元突触加权的输入数据之和的计算器、用于限制神经网络输出和最终输出幅度的激活函数。

2. 基于 FNN 的 GPS/INS/LOG 组合系统

图 6-21 给出了提出的 FNN 的详细框图。为了进一步实现 FNN，要设置一些参

数。包括训练阈值、训练要素、训练速率和使用的隐藏层的数目。通过使用最合适的隐藏神经元和隐藏层数量，可以使一个优化结构的神经网络达到距预测模型最近的精度。为此，使用遗传算法确定隐藏神经元的数量。

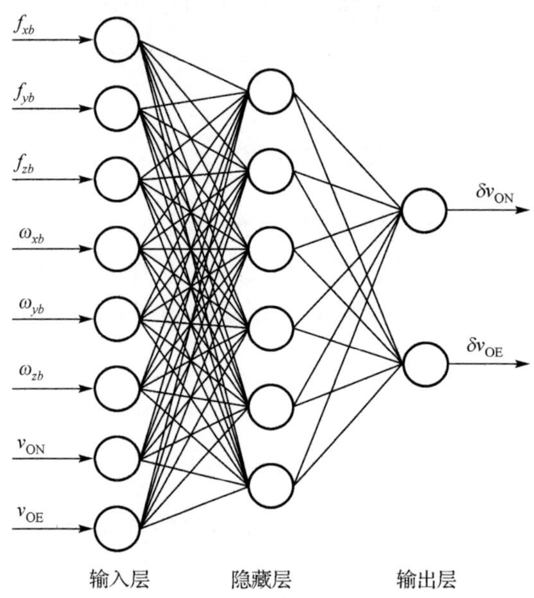

图 6-21　提出的组合导航系统的三层神经网络

遗传算法过程要求三个最重要方面：解域的遗传表示；解域的遗传算子；一个评估解域的目标函数。一般遗传算法过程步骤如下。

(1)初始化：生成初始群体，定义交叉和变异概率。

(2)选择：评价目标函数，选择繁殖的染色体。

(3)交叉和变异：使用繁殖算子创建后代，如交叉和变异。

(4)终止：重复这一代的过程，直到达到一个终止条件。

构造目标函数是遗传算法过程的关键。在 GPS/INS/LOG 组合系统的 FNN 中，计程仪和 GPS 之间的速度差值为输出。在此基础上，遗传算法中使用目标函数的目的是选择构造 FNN 参数：

$$\varphi(\lambda)=(\delta v'_{ON}-\delta v_{ON})^2+(\delta v'_{OE}-\delta v_{OE})^2 \tag{6-99}$$

式中，λ是 FNN 参数(隐藏神经元的数量)；δv_{ON} 和 δv_{OE} 是北向和东向上 GPS 和计程仪之间的差值；$\delta v'_{ON}$ 和 $\delta v'_{OE}$ 是 FNN 预测的速度差值。当函数φ趋于 0 时，选择了最合适的参数。

众所周知，FNN 的一个重要组成部分是获取训练数据，此数据要求训练神经元精确地估计系统。在 GPS/INS/LOG 组合系统的 FNN 中，训练阶段记录了在 NED

坐标系内作为输入的 IMU 观测量以及计程仪观测量。GPS 和计程仪之间的速度差值作为输出，此输出是一个以北向速度和东向速度为组成部分的二维矢量。在船舶导航应用中，船舶保持在地球表面，所以在垂直方向上船舶位置没有较大的变化。由于大部分时间内船舶在水平平面上运动，因此 FNN 的输出不包括计程仪向下方向的速度分量。为了简化学习和训练过程，使用速度差值代替速度分量作为输出。

图 6-22 给出了 FNN 系统配置和训练策略。在有信号的训练阶段期间，GPS 和计程仪之间的速度差值作为网络训练的目标，因此可以学习、储存和积累导航知识。此外，如果 GPS 信号中断并且已经训练好网络，FNN 模型接收来自 INS 的加速度和旋回速率，以及来自计程仪的速度，目的是生成 GPS 和计程仪(计程仪速度修正)之间的速度差值。基于此，在 GPS 中断期间，通过求取计程仪速度和 FNN 输出之和来计算估计速度。IMU 数据参与 INS 计算以及 FNN 的过程。

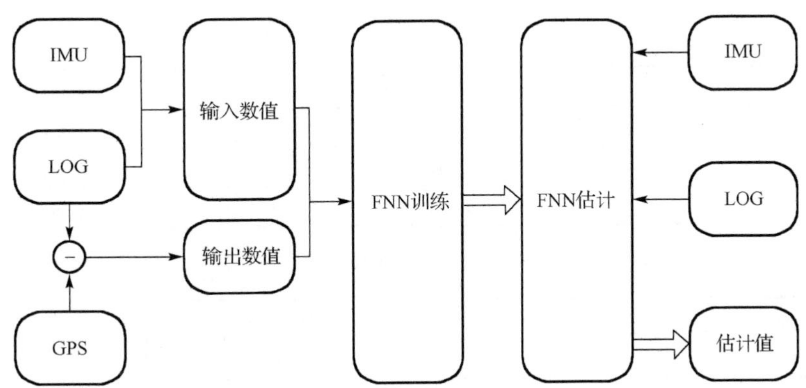

图 6-22　组合导航系统的 FNN 训练框架

图 6-23 为基于模糊神经网络的闭环松耦合 GPS/INS/LOG 组合框架。在 GPS 信号中断时，Kalman 滤波的观测输入改为由 FNN 修正的计程仪测量值。

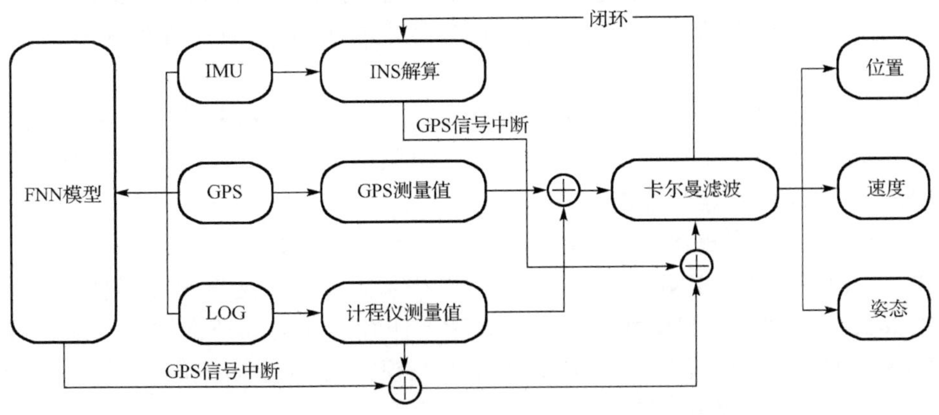

图 6-23　提出的松耦合 GPS/INS/LOG 组合框架

6.6.4 实船实验

为了评价此方法的特性进行了实地测试。测试提供由两台 MX420 DGPS 接收机组成，一台 Skipper DL850 多普勒计程仪以及一个导航级 IMU。通过测试导航收集原始 IMU 数据、GPS 数据和计程仪数据。一个 MX420 DGPS 接收机作为参考站；另一个作为导航接收机使用。GPS 数据、计程仪数据以及 INS 数据采样周期均为 1s。测试周期约为 30min。在 DGPS 模式中使用软件处理 GPS 观测值，并且作为参考位置和速度。由 DGPS/INS 组合导航系统产生姿态基准，其精度优于 GPS/INS/LOG 组合导航系统。表 6-3 给出了 IMU 的详细参数。此条件下的参考值精度见表 6-4。在 GPS/INS/LOG 组合导航系统中处理 IMU 的测量值。整个轨迹中，没有检测到 GPS 中断。在 1200s 之后，模拟 GPS 信号中断。

表 6-3　导航级 IMU 技术数据

参数	电罗经	计程仪
偏差	1°/h	50μg
比例因子	150ppm	100ppm
随机游走	0.1deg/sqrt(h)	20μg/sqrt(h)

表 6-4　参考解精度

参数	位置/m	速度/(m/s)	姿态/(°)
北(横摇)	0.01	0.02	0.02
东(纵摇)	0.01	0.02	0.02
下(艏摇)	0.02	0.02	0.04

训练的 FNN 模型适用于 1～1200s 的 GPS 观测值。图 6-24 描述了两个参数(计程仪北向和东向的速度修正)的训练结果。图 6-24 中的 FNN 表示通过 FNN 估计修正值修正的计程仪速度。FNN 的速度已经比北向和东向的计程仪速度更接近参考值。

图 6-24 表示来自计程仪和 FNN 同参考值比较的北向和东向速度误差。注意，FNN 速度误差比计程仪速度误差要小。训练结果显示，对于估计计程仪观测误差而言，FNN 模型具有较好的性能。

1200s 之后，使用提出的 FNN 模型来预测计程仪测量误差。图 6-25 提供了估计的结果。在训练阶段，FNN 的速度要比北向和东向计程仪速度离参考值近。

图 6-25 表示来自 FNN 和计程仪同参考值比较的北向和东向速度误差。可以看出，FNN 速度误差要比计程仪速度误差小。在模拟 GPS 中断期间，提出的 FNN 方法很好地解决了计程仪的误差。

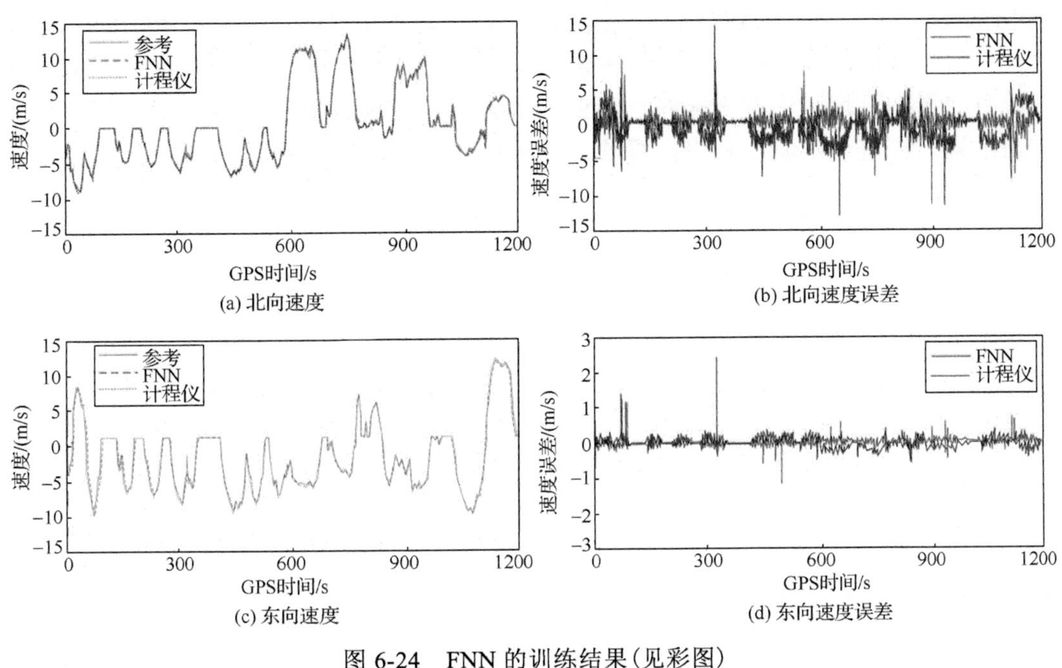

(a) 北向速度　(b) 北向速度误差

(c) 东向速度　(d) 东向速度误差

图 6-24　FNN 的训练结果(见彩图)

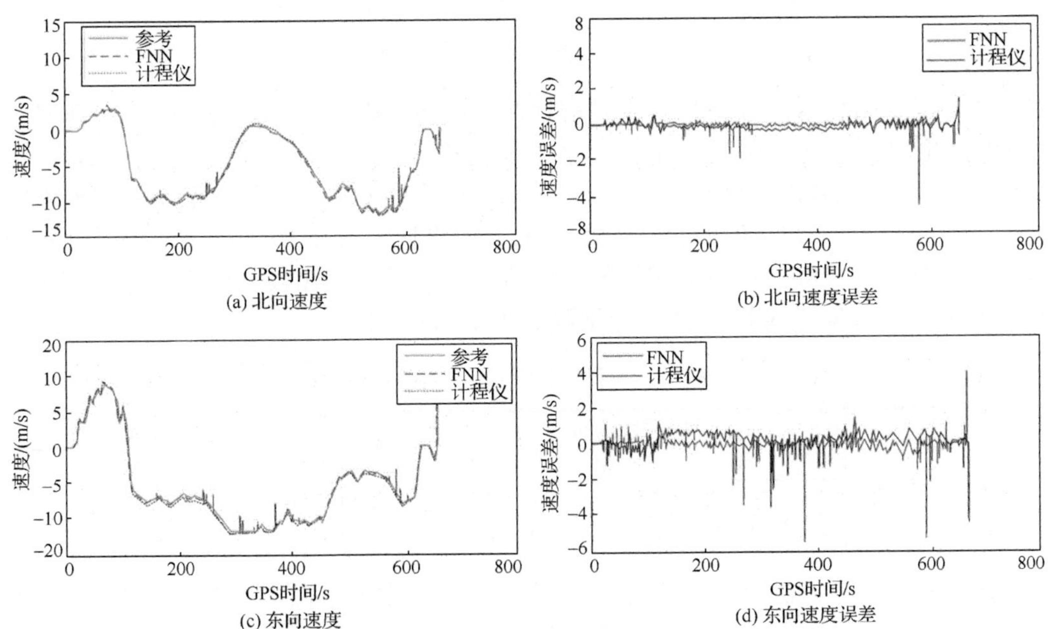

(a) 北向速度　(b) 北向速度误差

(c) 东向速度　(d) 东向速度误差

图 6-25　FNN 预测结果(见彩图)

图 6-26 中，实线为 DGPS 给出的参考结果，虚线表示按照图 6-20 松耦合 GPS/

INS/LOG 组合导航算法(算法 1)给出的结果,点画线表示基于 FNN 的 GPS/INS/ LOG 组合导航系统算法(算法 2)给出的结果。算法 1 的结果中显示精度较低，位置误差随着时间增加而增大，在末端时已经偏离了航迹。算法 2 降低了误差并且提高了导航的结果。在整个实验过程中，算法 2 的尾迹基本同 DGPS 给出的尾迹相同。

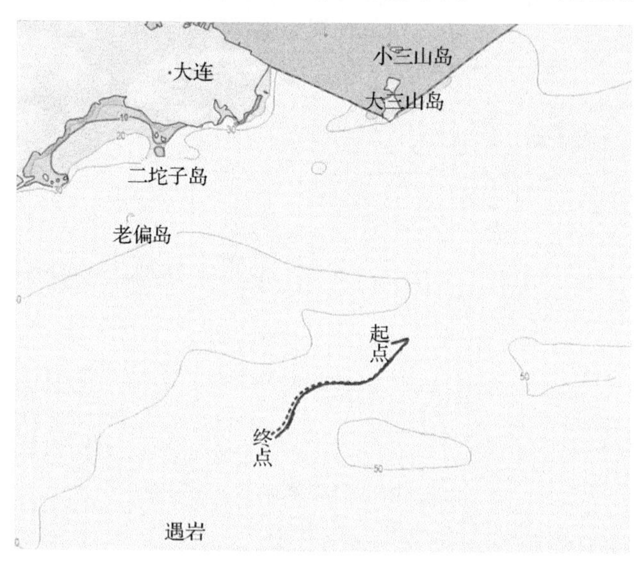

图 6-26　不同算法尾迹比较

相对于参考位置计算的位置误差进行性能评估。表 6-5 表示均方根误差(RMS)和最大的位置误差值。图 6-27 表示算法 1 和算法 2 在东向和北向上的位置误差。当在出现长时间的 GPS 中断时，基于 FNN 的 GPS/INS/LOG 组合导航系统能够提供较好的导航结果。在 2D 定位时能够将 112m 的误差降低到 35m。在 GPS 信号丢失 10min 以上时，算法 2 能够提供较为精确的位置信息。同算法 1 比较，算法 2 降低了北向和东向上的所有位置误差，RMS 分别降低了 76%和 61%。

表 6-5　两种方法位置误差的比较

算法	均方根误差/m		最大的位置误差值/m	
	北	东	北	东
1	78.213	83.657	147.205	159.784
2	18.023	32.126	29.835	59.936

表 6-6 为两种方法速度误差的比较。图 6-28 分别给出了组合导航系统北向和东向上的速度误差。结果表明、算法 2 的速度在北向上能够达到 0.259m/s，东向上能够达到 0.456m/s。同算法 1 比较，算法 2 降低了北向和东向上的速度误差，RMS 分别降低了 40%和 22%。速度参数的提高量要比位置参数小。

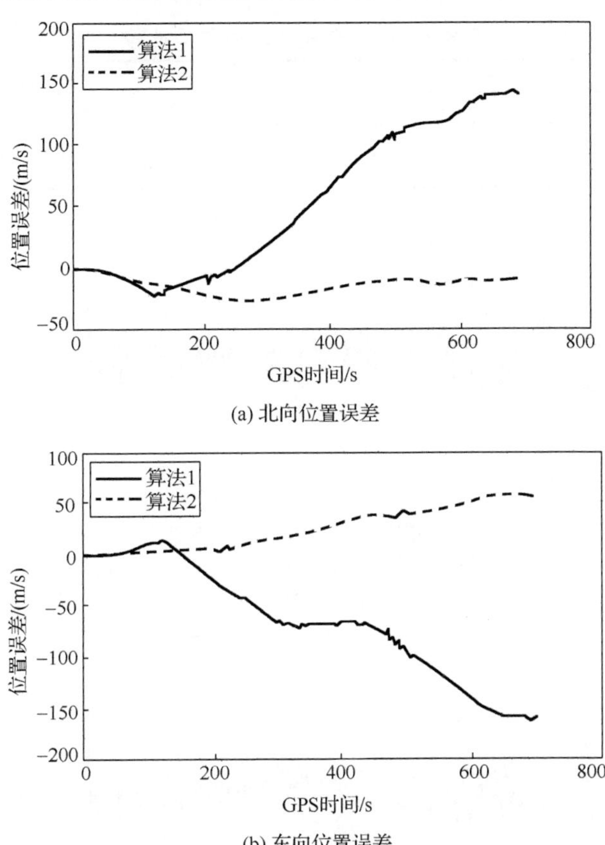

(a) 北向位置误差

(b) 东向位置误差

图 6-27　位置误差比较

表 6-6　两种方法速度误差的比较

算法	均方根误差/(m/s)		最大的速度误差值/(m/s)	
	北	东	北	东
1	0.432	0.583	2.312	4.987
2	0.259	0.456	2.205	3.813

表 6-7 和图 6-29 给出了算法 1 和算法 2 的横摇、纵摇和艏摇误差。同算法 1 比较，算法 2 降低了所有横摇、纵摇和艏摇误差，RMS 分别降低了 26%、11%和 11%。姿态参数的提高量要比其他参数(位置、速度和姿态)小。从图 6-29 中可以看出，引入 FNN 的组合导航系统有效降低了误差。速度和姿态参数的提高要比位置参数小。为了获得来自 NED 坐标系中计程仪的高精度速度观测值，在 INS/LOG 中的 IMU 传感器要有一个高精度陀螺仪和加速度计输出，此输出对于速度和姿态精度影响很大。所以，本算法对速度和姿态参数的提高是有限的。

表 6-7　两种算法姿态误差的比较

算法	RMS/(°)			max/(°)		
	横摇	纵摇	艏摇	横摇	纵摇	艏摇
1	0.131	0.102	0.182	0.696	0.282	0.358
2	0.097	0.091	0.161	0.537	0.351	0.336

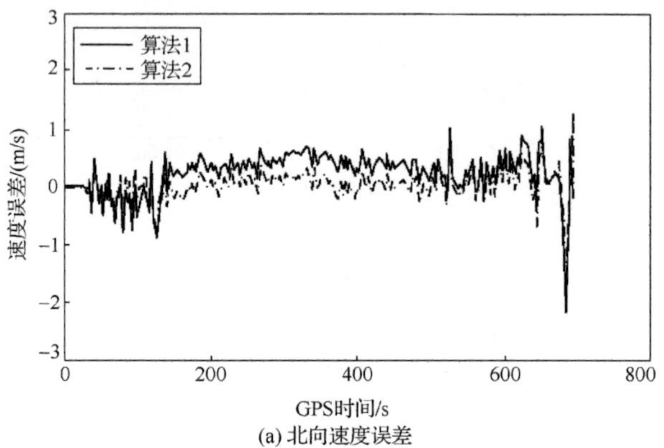

(a) 北向速度误差

(b) 东向速度误差

图 6-28　速度误差比较

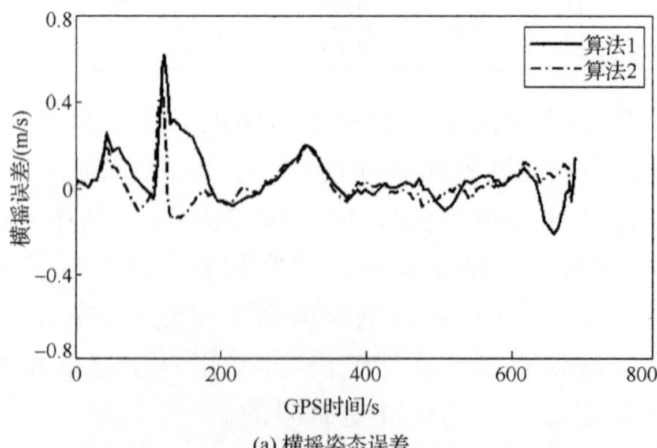

(a) 横摇姿态误差

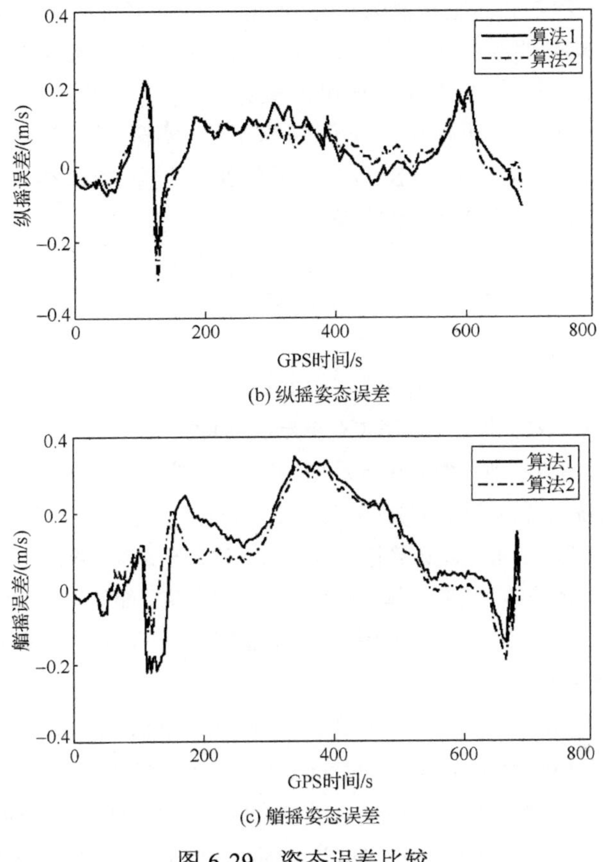

(b) 纵摇姿态误差

(c) 艏摇姿态误差

图 6-29　姿态误差比较

6.7　小　　结

本章对船舶导航系统进行了介绍，列出了目前运输船舶所使用的助航设备，讨论了综合船桥系统的配置和功能。然后详细介绍了综合船桥系统的网络技术，总结了导航信息融合的滤波方法及算法。

详细论述了综合船桥导航信息的融合问题。以粒子滤波为框架，通过使用多传感器数据来更新建议分布密度，多传感器数据能够体现在重要性采样的过程中，在数据融合层构造完整的似然函数，根据自适应权值的分布调整，并且利用欧氏距离和反映量测噪声统计特性的精度因子自适应地调整粒子对应权值的分布，增加有用粒子的权值。同时重采样和马尔可夫链蒙特卡罗过程，保留了权值较大的粒子，又避免了粒子耗尽问题，进一步保持粒子的多样性，提高了滤波精度，进而得到最终的估计值。根据实船试验的数据进行了验证，结果显示能有效改善滤波性能，提高组合导航系统的解算精度，能够满足船舶高精度导航定位的要求。

提出了基于 FNN 神经网络的 GPS/INS/计程仪组合导航系统算法，此算法在长时间的 GPS 丢失期间提高了位置、速度和姿态参数的精度。在 GPS 信号丢失期间设计的 FNN 系统可估计出计程仪测量值的修正值。实际测量值被用来证明这种方法的性能。结果表明，同传统的 GPS/INS/计程仪组合导航系统相比，本书提出的组合导航系统方法可有效提高导航结果的精度。

参 考 文 献

[1] 袁信. 导航系统. 北京：航空工业出版社, 1993.

[2] 崔中兴. 惯性导航系统. 北京：国防工业出版社, 1982.

[3] 赵琳, 杨晓东, 程建华. 现代舰船导航系统. 北京：国防工业出版社, 2015.

[4] 韩剑辉. 综合船桥系统体系结构与部分关键技术研究. 天津：天津大学, 2009.

[5] 程岚. “大洋一号”科学考察船计算机网络系统总体方案设计. 航海工程, 2003, 156(5):10-12.

[6] 夏学知, 吴向军, 张子鹤. 船舶一体化网络系统技术研究, 船舶工程,2005, 27(2):54-57

[7] 周侗, 徐皑东, 于海斌, 等. 现场总线工业控制系统信息集成技术研究. 仪器仪表学报,2005,26(8):557-559.

[8] Zier L, Fischer W, Brockners F. Ethernet-based public communication services: Challenge and opportunity. IEEE Communications Magazine, 2004, 42(3):88-95

[9] Sun Y, Ren D. Research on aero-engine sensor failure diagnosis with dual redundant predictors based on neutral network. International Workshop on Intelligent Systems and Applications, 2011:1-4.

[10] 罗建军. 组合导航原理与应用. 西安：西北工业大学出版社, 2012.

[11] 高社生, 何鹏举, 杨波, 等. 组合导航原理与应用. 西安：西北工业大学出版社, 2012.

[12] 秦永元, 张洪钺, 汪叔华. 卡尔曼滤波与组合导航原理. 3 版. 西安：西北工业大学出版社, 2015.

[13] Musoff H, Zarchan P. Fundamentals of Kalman filtering: A practical approach, second edition. Progress in Astronautics & Aeronautics, 2005, 190(8):83.

[14] Julier S J, Uhlmann J K. New extension of the Kalman filter to nonlinear systems// Proceedings of SPIE, 1997:182-193.

[15] 张国良, 曾静. 组合导航原理与技术. 西安：西安交通大学出版社, 2008.

[16] Chopin N. Central limit theorem for sequential Monte Carlo methods and its application to Bayesian inference. The Annals of Statistics, Annals of Statistics, 2004, 32(6): 2385-2411.

[17] Doucet A, Gordon N J, Krishnamurthy V. Particle filters for state estimation of jump Markov linear systems. IEEE Transactions on Signal Processing, 2002, 49(3):613-624.

[18] 朱志宇. 粒子滤波算法及其应用. 北京：科学出版社, 2010.

[19] Merwe R, Doucet A, Freitas N, et al. The unscented particle filter// International Conference on Neural Information Processing Systems, 2000, 13:563-569.

[20] Leven W F, Lanterman A D. Unscented Kalman filters for multiple target tracking with symmetric measurement equations. IEEE Transactions on Automatic Control, 2009, 54(2): 370-375.

[21] Zhang C, Guo C. Multisensor information fusion scheme based on intelligent particle filter// Proceedings of the 16th Asia Simulation Conference and SCS Autumn Simulation Multi-Conference, AsiaSim/SCS AutumnSim 2016, Part III, 2016,10:174-182.

[22] 张闯, 郭晨. 二阶自适应权值粒子滤波的多传感器信息融合. 哈尔滨工程大学学报, 2016, 37(10): 1347-1352.

[23] Li Z, Wang J, Li B, et al. GPS/INS/Odometer integrated system using fuzzy neural network for land vehicle navigation applications. Journal of Navigation, 2014, 67(6):967-983.

[24] Wang J, Lee H K, Hewitson S, et al. Influence of dynamics and trajectory on integrated GPS/INS navigation performance. Positioning, 2003, 2(2):109-116.

[25] Zhang C, Guo C, Zhang D H. Ship navigation via GPS/IMU/LOG integration using adaptive fission particle filter. Ocean Engineering, 2018, 156:435-445.

[26] 严恭敏. 车载自主定位定向系统研究. 西安:西北工业大学, 2006.

[27] Hsiao F H, Chen C W, Liang Y W, et al. T-S fuzzy controllers for nonlinear interconnected systems with multiple time delays. IEEE Transactions on Circuits & Systems I Regular Papers, 2005, 52(9):1883-1893.

第 7 章　船舶智能避碰系统

当前船舶避碰操纵主要依靠船舶驾驶员对船舶航向(操舵)和航速(操车,含倒航)的一系列操作来完成。船舶智能避碰一直以来都是航海智能技术领域专家、学者关注的热点和难点，也是目前船舶运动智能控制的前沿性课题。随着世界航运经济的快速发展，运输船舶的安全航行越来越受到人们的关注。与此同时，船舶数量及吨位的增长，海上运输航道复杂多样化，致使船舶海上交通环境也日趋复杂化。船舶一旦发生碰撞，将会造成巨大的生命、财产损失，同时还可能会给海洋环境带来污染。近些年，航运业快速发展，海上交通量增大，再加上船舶逐渐向大型化、高速化发展，直接或间接地提高了船舶碰撞的概率，并加大了由碰撞事故所造成的经济损失。

随着智能控制和人工智能技术的发展，在船舶航迹规划、避碰决策以及操纵上逐步脱离人为控制以实现船舶的智能自动避碰，是减少操纵失误的主要途径。从船舶航迹规划以及自动避碰的方向开展研究，对提高船舶的航行安全具有非常重要的现实意义。另外，随着无人运输船舶研究的开发，也迫切需要具有能够实现完全无人操作的高可靠以及高度自动化的船舶自主智能避碰系统的支撑。

7.1　概　　述

船舶避碰决策的制定和实施的整个决策过程可以用“发现-判断-避让”来概括，如果驾驶员没有采取安全航速并疏于瞭望，加上操作不当、不协调的避碰行动等则很有可能使船舶陷入危险局面。在进入危险局面后如果驾驶员不能做出正确的决策就会导致碰撞事故的发生。据调查表明，80%的海上事故都与人的因素有关[1]，因此针对船舶智能避碰决策展开研究工作具有一定的必要性。

航迹规划属于人工智能应用研究的范畴，其实质是基于环境模型，在一定的障碍物环境中给定初始位置和目标位置，按照一定的寻优策略使船舶从初始位置无碰撞地到达目标位置，既满足一定的约束条件又满足一定的优化准则，如航路最短、能耗最小等，整个过程就是完成“环境测量-判断决策-航行”的一系列行为。其核心就是建立目标函数(适应度函数或代价函数)的数学表达式并能够有效地处理包括环境约束、任务约束以及船舶自身物理约束等各项约束。航迹规划的合理性又与船舶的航行安全、节能减排密切相关。

7.1.1 船舶避碰

船舶避碰是一个由人、船、环境组成的涉及船舶操纵性能、助航仪器、交通环境、有关国际规则，以及会遇船舶驾驶员心理、生理和行为特性等个人因素影响的复杂过程。在碰撞的事故原因调查中，解决人的因素问题的主要方法之一是提高船舶的自动化程度，逐步实现船舶避碰的信息化和智能化。

1996 年国际海上避碰会议提出，船舶自动避碰是今后航海技术的主攻方向之一，也是目前国内外航海科技界研究的热点[2]。船舶自动避碰信息化系统的研究对船舶安全具有非常重要的实际意义。严格来讲，船舶自动避碰包括水上与水下物标信息源的自动采集与处理、避碰信息的处理、危险判断与最佳决策的自动生成、决策的自动实施以及自动通报本船的操船意图等。随着科学技术高速发展，航运业的迫切需要以及船舶避碰实践经验的不断积累，船舶避碰研究无论是硬件上还是软件上都有了很大的进展。经过众多科研工作者多年的不断努力，在船舶自动避碰系统各方面的研究取得了大量有价值的理论和应用成果，其中部分成果已在实际船舶避碰和海事预警上得到了应用。

目前，按照海船船员最低配员标准，船员的工作较为繁重，常常一人担当多种角色，并且随着新规则、新要求的实行及航海仪器设备的不断更新，船舶驾驶员需要完成的任务越来越多，承担的责任也越来越重，此时，船舶智能避碰显得尤为重要。船舶智能避碰是一种多个领域多学科的综合集成技术，它与智能技术和智能控制紧密相关，涉及船舶避碰领域、专家系统、模糊理论、人工神经网络理论等多学科领域的研究[3]。船舶智能避碰系统的设计和实现也必须基于现有国际避碰规则以及其他约束政策和原则，并需要导航、航海、通信设备及各方面技术的支撑，其相应的研究和开发业已成为今后船舶避碰领域研究的热点和发展方向。

7.1.2 船舶决策支持系统

船舶决策支持系统(decision support system，DSS)[4]，是以管理科学、运筹学、控制论和行为科学为基础，以计算机技术、仿真技术和信息技术为手段，针对半结构化的决策问题，支持决策活动的具有智能作用的人机系统。此系统能够为决策者提供所需的数据、信息和背景资料，有助于明确决策目标和进行问题的识别，建立或修改决策模型，提供各种备选方案，并且对各种方案进行评价和优选，通过人机交互功能进行分析、比较和判断，提供必要的决策支持。它通过与决策者的一系列人机对话过程，为决策者提供各种可靠方案，检验决策者的要求和设想，从而达到支持决策的目的。其最大的优点是在复杂态势下指导用户进行合理的判断和决策。

为船舶规划一条安全航路是一个复杂的过程，其精度和最优性非常重要。船舶决策支持系统集成了各种信息源，包括雷达、AIS、ECDIS、电罗经、计程仪、测深仪、GPS 或 DGPS、风速风向仪等，并根据建议采取避碰行动，因此，需要船舶决策支持系统的支持和决策。

船舶决策支持系统是一种咨询系统，它模仿专家决策能力，致力于解决复杂的态势。系统包括数据的采集、分析，并据此做出复杂的决策，基于其特点可以归为智能决策支持系统一类。此外，通过将其与船舶自动驾驶系统或自动控制系统相连，则可以发展成为一个自主决策系统，从而实现船舶的自主智能控制。

7.2 船舶避碰方法研究

7.2.1 船舶避碰基本概念

在船舶智能避碰领域存在一定数量的基本概念，为了更好地对船舶智能避碰领域进行研究，首先介绍一些基本概念。

1. 船舶领域

指一船避免目标船进入围绕本船周围的一定范围的水域。这一概念最早是由藤井弥平博等日本学者在计算水道交通容量时提出，后于 20 世纪 70 年代初，船舶领域的研究成果被介绍到欧洲之后，英国学者 Goodwin 对船舶领域理论进行了进一步的完善，建立了开阔水域各种会遇态势并存的船舶领域模型[5]。

2. 船舶动界

20 世纪 80 年代，英国学者 Davis 提出了动界的概念[6]。动界是以驾驶员开始采取行动以避免紧迫局面时与目标船的距离为基础的超级领域。

Davis 对 Goodwin 提出的领域模型的三个大小不同的扇形进行了平滑处理，得到了一个圆形领域模型，新模型将本船放置于圆形中右下方的一个位置。

3. 船舶碰撞危险度

船舶碰撞危险度(collision risk index，CRI)[7]，分为空间碰撞危险度和时间碰撞危险度，是衡量船舶间发生碰撞可能性大小的度量，取值范围为 0～1。碰撞危险是否存在，是判断对遇、交叉局面是否成立的重要条件；碰撞危险大小决定了是否开始采取避让行动。

船舶空间碰撞危险度，主要是指最近会遇距离(distance to closest point of approach，DCPA)、船舶领域、领域边界模糊性、来船相对方位等对船舶碰撞危险度的综合影响。

船舶时间碰撞危险度主要反映了两船相对速度、速度比、两船间距离、本船速度、目标船速度、本船船长、本船在一定装载状态下的操纵性能、船员避碰方式及经常使用的雷达扫描距离等对船舶碰撞危险度的影响，它是碰撞紧迫程度的度量。

4. 最近会遇距离

最近会遇距离是指船舶会船(相互驶过)时相互间的最近距离。在雷达相对运动作图中，为从雷达运动图中心(本船船位)至目标船相对运动线间的垂直距离。

DCPA 是衡量两船是否会发生碰撞的标准，取决于船舶航行水域的地理条件、能见度、船舶的尺度及操纵性能。

5. 最近会遇时间 TCPA

最近会遇时间(time to closest point of approach，TCPA)，是指到达最近会遇距离处的时间。TCPA 是判断两船潜在碰撞危险程度大小的依据。

6. 安全会遇距离 SDA

安全会遇距离(safety distance of approach，SDA)，即在考虑了天气情况、本船操纵性能参数、海域风浪对船舶的影响，以及目标船的运动要素、船长等因素后，两船间的最小安全会遇距离。

7. 最晚施舵时机

单凭本船全速满舵避让 90° 仍能在安全会遇距离上和目标船交会驶过的施舵时机。最晚施舵时机不仅能客观反映目标船碰撞危险的紧迫程度，而且还包含了本船避让危险目标时避让的难易程度，能较客观地反映危险目标的时空危险度。

8. 紧迫局面距离

单凭一船的避让行动不能导致两船在安全距离上驶过的情况。当危险目标与本船的初始距离大于或等于该值时，属于一般避碰问题，否则因单凭本船的避让行动不能导致两船在安全会遇距离上驶过而属于应急避碰问题。

图 7-1 给出了两船会遇时 SDA、DCPA 和 TCPA 之间的关系。

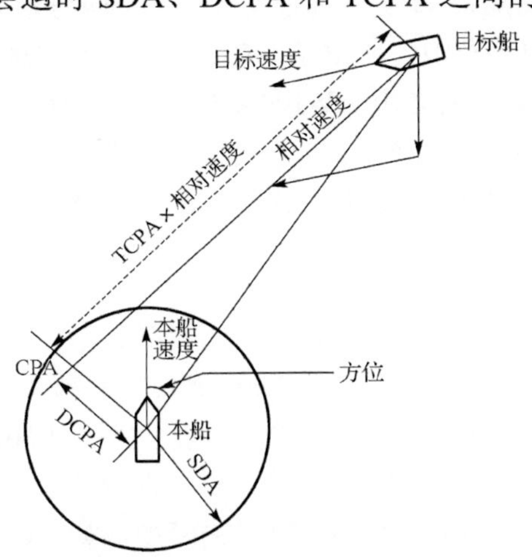

图 7-1　两船会遇时 SDA、DCPA 和 TCPA 之间的关系

7.2.2　船舶避碰研究现状

船舶碰撞事故通常会造成人员伤亡、财产损失，更严重的还会对生态环境造成毁灭性的破坏，航海界专家、学者和船舶驾驶人员一直十分重视对船舶避碰问题的研究和实践。从船舶智能避碰系统观点出发，船舶智能避碰领域的研究大体可以划分为软件和硬件两大方面，其中软件方面主要集中在避碰模型和决策方法等方面。

1. 避碰辅助硬件的研制

避碰辅助硬件研究主要集中在获取避碰原始信息的众多传感器及其目标识别和高度集成前端系统的综合避碰监控研究。随着电子技术与计算机技术的发展，助航仪器不断更新，如雷达、AIS 等，已经成为船舶驾驶员获得信息的重要手段。但是，大量的现代化导航仪器也会带来一定的负面影响，如信息过载，如何从这些导航仪器设备中筛选出能够有助于船舶驾驶员进行有效的避碰行动的信息将是避碰辅助硬件研究的一个重要方向。1989 年，美国 Rensselaer 学院研制了船舶智能驾驶决策辅助系统，综合雷达、ECDIS 等航海设备及全球数据库进行通信，联系船舶和岸基平台协调进行避碰。

在综合船桥系统中集成避碰系统方面研究，国外研究比较成熟，部分产品在实船上得到了应用，取得了很好的效益。其中，典型的 Sperry 公司的 SeaNet 集成前端传感器采集的船舶航行信息形成一个以综合管理航海方面的导航和避碰为主的计算机局域网络系统，能够自动检测船舶航行和智能避碰。在国外还有 Lyngso 公司、JRC 公司和 Transas Marine 公司等综合船桥生产商都有类似的产品。与国外相比，国内硬件研发起步较晚，但是近年来也有很大的发展，集美大学李丽娜研制出集成来自雷达、AIS、GPS、计程仪和测深仪等传感器信息的智能船舶避碰仪，能够自动给出安全避让决策，辅助船舶驾驶员进行避碰[8]；大连海事大学在基于 CAN 总线的船舶综合信息监控系统的开发中，提出了船舶综合数字避碰和信息系统的总体结构[9]；上海埃威航空电子有限公司生产出 AWENA-1 型船舶智能避碰仪能智能处理、自动判别周围船舶的多种航行信息，结合电子航行参考图显示系统，实现了航行信息综合显示和智能避碰辅助。本章主要研究软件方面的内容。

2. 避碰决策模型的研究

1) 几何避碰模型的建立和研究

IMO 颁布的《国际海上避碰规则》(*Convention on the International Regulation for the Preventing Collision at Sea*) 及其相关修正案都对船舶避碰给出了定性规定，驾驶员还需要具体定量的指导。一些专家、学者在深入分析船舶避碰机理以及避碰规律性经验的基础上，建立了船舶几何避碰的相关模型，如 TCPA、DCPA、船舶领域与动界等概念的形成，对指导驾驶员的避碰操纵具有重要意义。20 世纪 70 年代，海上交通工程研究成果被介绍到了欧洲，英国学者 Goodwin 对船舶领域进行了研究。

2) 基于专家系统避碰模型

船舶避碰过程是一个复杂的过程，在这个过程中进行准确的数学描述或者计算机表达是非常困难的，专家系统引入到智能避碰辅助决策系统中，能够通过专家系统知识对避碰过程中的目标船、环境等外部信息进行分析和处理，判断船舶在航行中存在的碰撞危险是否达到碰撞危险度的临界值，并根据《国际海上避碰规则》、驾驶员经验和海员通常做法，做出合理的避碰行动决策。

根据前人研究成果以及该学科领域的发展方向，建立合理的船舶避碰数学模型已经成为解决船舶智能避碰问题的关键。其核心的内容是需要建立综合多种因素的碰撞危险度、寻求某种能够准确表达船舶避碰行动时机和避碰行动等的数学模型。国内外大量的专家学者对此领域进行了广泛的研究，特别是 20 世纪 80 年代后，随着人工智能技术的发展和应用，船舶避碰专家系统倍受关注，日本东京商船大学[10]和英国利物浦大学[11]率先应用专家系统解决自动避碰问题，日本学者鹤田三郎基于专家系统设计出了为船长和驾驶员提供避碰咨询意见的专家系统。随后，德国、美国和英国西南理工大学先后推出各自研制的专家系统，英国利物浦理工大学研制出一种基于咨询式避碰知识库的船舶避碰专家系统。

2016 年波兰学者 Lazarowska 提出了一种船舶决策支持系统，主要是解决同静态和动态碍航物的碰撞问题。提出的航迹库算法是一种新的、快速有效的决策思想，可以计算一条安全、最优的航路[12]。

船舶决策支持系统一般分为确定性方法和启发式方法。确定性方法的特点是收敛到最优解并且计算时间较短，但对于复杂的环境无法解决。启发式方法是基于随机算法，可能会较好地处理更为复杂的环境，但是不能保证随机变量解的收敛性，而且会耗时长。

目前船舶航路规划和避碰中经常使用的方法有：协同路径规划算法，人工势场算法，基于模糊逻辑的方法，进化算法和蚁群优化算法等。

协同路径规划[13](cooperative path planning，CPP)算法是一种确定性的航路规划方法，首先计算每条目标船的碰撞危险。根据国际海上避碰规则以及操纵性能给每艘船舶都分配一个优先级。可以给出免于碰撞危险的避让方案。主要考虑了船舶避碰规则和动态性能，以及计算时间等因素，CPP 算法的特点是解的可重复性。

在人工势场法[14](artificial potential field，APF)中，船舶通过吸引力驶向目的地并且通过排斥力远离障碍物。根据国际海上避碰规则和碰撞危险给船舶分配一个优先级。APF 方法能够处理静态和动态障碍物，考虑了国际海上避碰规则和船舶的动态特性，但是没有给出计算时间和解的可重复性。

以模糊逻辑[15](fuzzy logic，FL)为基础的方法中，使用贝叶斯网络确定一个船舶采取避碰行动的序列。避碰决策首先使用基于模糊逻辑的计算，并且结合国际海上避碰规则和碰撞风险评估的 if-then 规则的形式。FL 方法的主要特点是符合国际海上避碰规则和解的可重复性。但是该方法没有考虑避免静态障碍物，也没有考虑到船舶的动态特性和计算时间。

以进化算法[16](evolutionary algorithms，EA)为基础算法中，使用一个伪随机数发生器初始化航路的种群。之后，通过选择、变异和评估过程实现进化，种群适应度饱和时停止。该方法考虑到船舶的动态特性，但是其缺点是忽略静态障碍物以及随机性的特点，给出的解可能不符合国际海上避碰规则，计算时间较长。

蚁群优化[17](ant colony optimization，ACO)算法是一种利用自然启发以及蚂蚁集体行为的算法。一组人工蚂蚁搜索解空间，以便为一艘船舶找到一个安全并最优的航路。该方法同时考虑了静态障碍物、动态障碍物以及船舶的动态特性。由于附加机制的应用，它返回一条平滑航路并且解是可重复的。其缺点是计算时间从几秒到几十秒。

表 7-1 中给出了当前最常用的几种航路规划算法比较。根据八个特性的满足程度进行评价：考虑了静态障碍物、动态障碍物，在复杂环境中解决问题的能力，满足国际海上避碰规则，船舶的动态特性，操作者的习惯(操作者选择最优航路考虑的因素：航路长度，航行时间，航路平滑度，到障碍物的距离)，计算时间以及解的可重复性。

表 7-1　当前最常用的几种航路规划算法比较

	CPP	APF	FL	EA	ACO	航迹库算法
静态障碍物	否	是	否	否	是	是
静态障碍物	是	是	是	是	是	是
复杂环境	中	中	低	中	高	高
国际海上避碰规则	中	中	中	中	高	高
动态特性	是	是	否	是	是	是
操作者的习惯	否	否	否	可能	可能	是
计算时间	短	未知	未知	较长	长	短
可重复性	是	未知	是	否	是	是

7.2.3　船舶避碰研究分析

船舶避碰研究的主要课题之一是安全避让行动的决策，主要表现在两个方面：一是如何采取适当的避让行动；二是采取避让行动后，如何预估两船 DCPA 和 TCPA，以便评价避让行动是否合理。对如何确定判断船舶是否存在碰撞危险的最根本因素，即两船会遇时的 DCPA 和 TCPA，1984 年，日本学者今津华马[18]，基于服从正态分布的 DCPA 测量误差，利用 DCPA 和 TCPA 综合判断船舶碰撞风险；2000 年，大连海事大学的郑中义和吴兆麟[1]对船舶避碰决策研究现状、存在的问题以及相关避碰理论和方法进行了较为详细的分析和讨论，同时针对不同的避碰场景和情况对各种 DCPA 和 TCPA 的计算模型进行了详细的综述和分析，并讨论如何判断碰断危险和选择避碰时机。

早期在预估避让行动后的 DCPA 和 TCPA 时，通常采用避碰几何的方法来决定 DCPA 和 TCPA，即所谓的静态模型。由于静态模型没有考虑到避让船舶操纵性能的动态影响，因此预估的 DCPA 和 TCPA 与实际通过的 DCPA 和 TCPA 常常存在较大误差，而且静态模型预估的 DCPA 偏大，这是很危险的。为此，1995 年，大连海事大学的杨盐生[19]提出了船舶避碰动态系统概念，即在考虑避让船操纵性能的基础上，建立船舶避碰动态系统的数学模型。具体方法如下：

(1) 获取避碰要素，如图 7-2 所示。

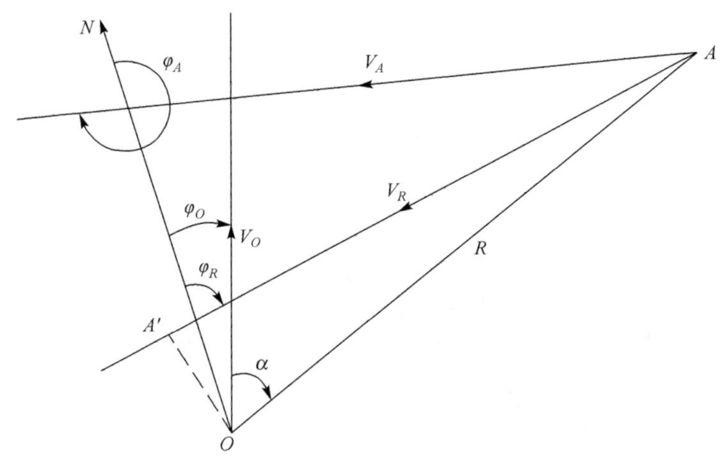

图 7-2　避碰要素图

①目标船的航向 φ_A，航速 V_A；

②相对距离 R 和相对方位 α；

③相对速度 V_R 和相对航向 φ_R；

④最近会遇距离 DCPA 和最近会遇时间 TCPA。

根据上述避让要素，当 DCPA 等于 0 或小于某一设定值(如 2n mile)时，认为存在碰撞危险。因此，在相对距离 R 缩小至某一距离(如 4n mile)时，本船采取转向或变速避让行动。采取了避让行动后，避让要素中 R、V_R、φ_R、DCPA 及 TCPA 都将随之变化。基于控制理论思想，将本船和目标船作为一个动态系统，将改向或变速的避让行动作为动态系统的输入，DCPA 和 TCPA 等避让要素作为动态系统的输出。在考虑船舶操纵性能的基础上，建立船舶避碰动态系统的数学模型。

(2) 计算相对方位和相对距离。

建立平面坐标系 XOY，X 轴在正北方向，Y 轴在正东方向，如图 7-3 所示。当设操舵转向避让时，本船位在坐标(0, 0)位置处，该时刻目标船的相对方位为α_0，相对距离为 R_0，目标船船速 V_T，航向φ_T，则目标船位置坐标为

$$X_{T0} = R_0 \cos(\varphi_0 + \alpha_0) \tag{7-1}$$

$$Y_{T0} = R_0 \sin(\varphi_0 + \alpha_0) \tag{7-2}$$

式中，φ_0为本船初始航向；转向避让后 t 时刻，由操纵响应方程可求得本船的航向φ和速度 V，则本船位置：

$$X(t) = \int_0^t V \cos\varphi \mathrm{d}t \tag{7-3}$$

$$Y(t) = \int_0^t V \sin\varphi \mathrm{d}t \tag{7-4}$$

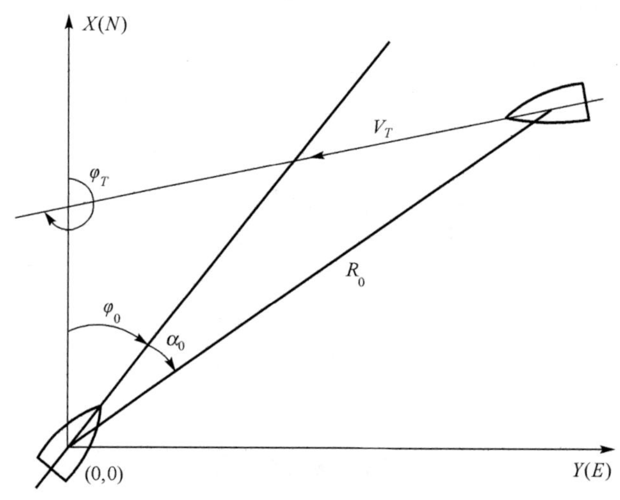

图 7-3　坐标系

由此，可知由本船计算目标船的相对位移为

$$\Delta X = X_{T0} + \int_0^T (V_T \cos\varphi_T - V\cos\varphi)\mathrm{d}t \tag{7-5}$$

$$\Delta Y = Y_{T0} + \int_0^T (V_T \sin\varphi_T - V\sin\varphi)\mathrm{d}t \tag{7-6}$$

则相对方位和相对距离为

$$\alpha(t) = \arctan\frac{\Delta Y}{\Delta X} \tag{7-7}$$

$$R(t) = \sqrt{\Delta X^2 + \Delta Y^2} \tag{7-8}$$

然后，计算相对航向和相对速度。

如图 7-2 所示，由避碰几何关系可得

$$\varphi_R = \arctan\frac{V_T\cos\varphi_T - V\cos\varphi}{V_T\sin\varphi_T - V\sin\varphi} \tag{7-9}$$

$$V_{R(t)} = \sqrt{V_T^2 + V^2 - 2V_T V\cos(\varphi - \varphi_T)} \tag{7-10}$$

(3) 计算 DCPA 和 TCPA。

如图 7-2 所示，由避碰几何关系可得

$$\text{DCPA} = R(t)\left|\sin(\varphi_R - \alpha - 180)\right| \tag{7-11}$$

$$\text{TCPA} = R(t)\cos(\varphi_R - \alpha - 180)/V_R \tag{7-12}$$

获得两船 DCPA 和 TCPA 之后，便可以此为依据，并根据当时的船舶态势，采取合理的、有效的避碰措施进行避碰。

在早期的研究中，人们一直致力于船舶自动避碰系统的研究。船舶自动避碰系统主要由以下四部分组成：信息采集机构、数据处理机构、方案执行机构和反馈机构，具体如图 7-4 所示。

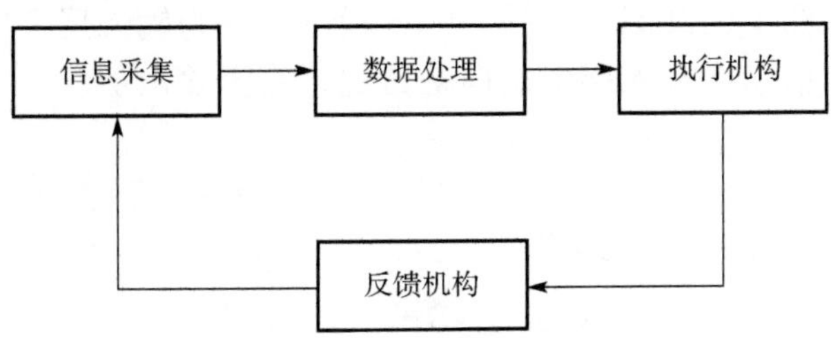

图 7-4　船舶自动避碰系统组成框图

早期船舶避碰系统的研究中，信息采集机构主要通过雷达、GPS、测深仪等航海仪器获取系统输入信息，即本船周围目标船的运动参数(航向、航速、船舶大小、操纵意图等)、礁石、危险水域的水深和其他与航行安全相关的信息，然后通过数据处理机构对收集到的信息进行计算机处理，判断本船与目标船的危险度、避让关系、避让时机及避让措施等，进而通过方案执行机构直接控制主机的转速和操舵装置，执行避碰措施，最后通过反馈机构将新的行动方案反馈给信息采集机构，重新判断危险性，最终完成船舶避碰。

但是这些传统的雷达等设备存在提供信息量有限、传输效率低、准确度不高的缺陷。同时，由于受量纲和船舶相对位置的影响，简单对 DCPA 和 TCPA 进行加权处理来判定船舶碰撞风险并不完全合理，因此各国学者又将智能方法引入到船舶避碰研究当中，如神经网络方法、模糊推理方法、遗传算法和专家系统方法等[20]。这些智能化的方法对促进船舶避碰系统的研究起到了积极作用。

7.3　基于软计算方法的船舶智能避碰

7.3.1　基于神经网络的船舶智能避碰

人工神经网络[21] (artificial neural network，ANN)是采用物理可实现系统来模仿人脑神经细胞结构和功能的系统。其着眼点不是用物理器件去完整的复制生物体中神经细胞网络，而是采纳其可利用的部分来克服目前计算机或其他系统不能解决的问题，如学习、识别、控制、专家系统等。

人工神经网络是一个并行和分布式的信息处理网络结构，网络结构一般由许多个神经元组成，每个神经元有一个单一的输出，它可以连接到很多其他的神经元，其输入有多个连接通路，每个连接通路对应一个连接权系数，也称为连接强度，通过改变该系数，可以加强或减弱对下一个神经元的“刺激”作用。每一个节点有一个状态变量、一个阈值、并定义一个变换函数。人工神经网络结构的形式很多，如前馈式网络、输入输出有反馈的前馈网络、反馈型全互联网络等。图 7-5 为比较典型的前馈型网络。图中的圆圈表示神经元，最下一层为输入层，中间为隐层，最上面一层为输出层。信息由输入层依次向上传递，直至输出层。

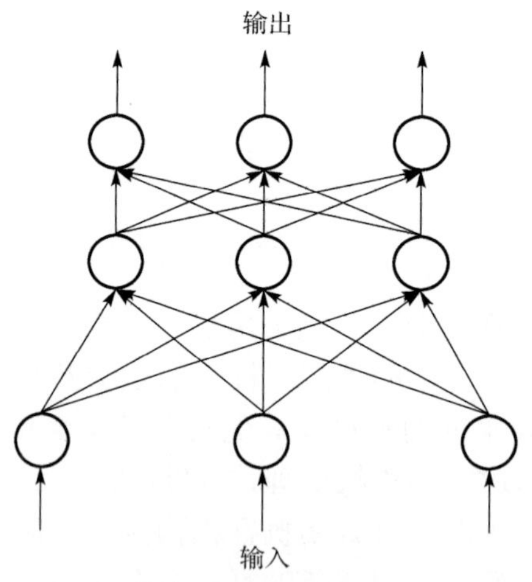

图 7-5　前馈型网络

神经网络用于船舶智能避碰决策，其系统构建和应用的基本思路如下。

1. 确定问题的领域

确定神经网络要解决的问题，是构造神经网络的第一步。必须根据输入和输出之间的关系，明确其他信息处理方法存在的不适应之处、所涉及领域的数据等情况。

在避碰决策系统中，常采用神经网络的方法确定船舶会遇时的碰撞危险度。在船舶会遇存在碰撞危险时，根据影响碰撞危险度的各种因素，给出碰撞危险度的综合评价。在采取避碰行动后，通过碰撞危险度的改变，来评价避碰行动的有效性，就可以采用神经网络的 BP 算法予以确定。

2. 学习样本的获得

对于神经网络的 BP 算法，在对碰撞危险度进行综合评价时，需事先选取恰当数量的样本，对网络进行学习、训练。网络完成学习之后，就存储了决策的经验和推理机制。当需要对某一方案做出综合评价时，只要输入该方案的特征，网络就会给出该方案优劣的评价值。学习样本的确定是成功开发神经网络的关键环节，其中应包括原始数据的观测收集、数据分析、变量选择和数据的预处理。

3. 神经网络系统结构

(1) 首先建立方案集。根据模糊数学的方法，建立了 5 套方案。

(2) 给出描述方案集的属性集。取 DCPA 和 TCPA 两因素，其属性集 D 可描述为 D={DCPA,TCPA}。考虑到 DCPA 和 TCPA 的性质和度量单位不同，属性空间不具备直接可比性。因此，必须将属性空间转化成由各属性的隶属度构成的效用空间 $U(U_d,U_t)$。具体做法是利用隶属度函数给出 DCPA 和 TCPA 对碰撞危险度的模糊集 U_d 和 U_t，以每个方案集的 DCPA、TCPA 和左右舷判断标志(左舷 0.1，右舷 0.9)为输入，经神经网络给出 DCPA 和 TCPA 对 U_d 和 U_t 的隶属度，输出为综合评估值。

(3) 根据上述分析，设计构造了三层神经网络，其输入层有 3 个神经元，隐层有 6 个神经元，输出层有一个神经元，网络的变换函数采用 S 型函数。在应用神经网络研究避碰决策时，对 BP 算法进行了研究，经过多次试验，设计了四层网络，输入层有 10 个节点，第一和第二隐层分别有 7 个和 3 个节点，输出层有 4 个节点，连接方式为每一层只和下一层连接。输出进行归一化处理，最后给出避让操纵的转向角度。

4. 系统的评价及验证

对所建立的神经网络避碰决策系统进行评价和验证，是检验系统能否应用于实践的必要步骤。检验的方式一般应包含两个方面：第一，是对系统本身进行评价，这包括系统良好的人机界面、功能、运行的稳定性等，这是从系统开发者角度进行的评价；第二，是对系统在实际应用时的评价，首先应在模拟器上进行大量的实验，作必要的修改和完善，然后进行海上实船试验，这应该是系统使用者方面进行的评价和验证。

采用神经网络方法研究对解决船舶避碰决策问题开辟了一个新的途径。从神经网络的特点和功能看，这一手段是可行的，与其他方法相比有其独到的长处，有进一步深入研究、开发的必要和良好的前景。但采用这种方法也存在如下问题。

(1) 网络结构的设计没有确定的理论依据，存在网络结构最优化的问题。目前都是凭经验、感觉和试验来确定网络的结构，存在很大的盲目性。

(2) 学习样本的收集、分析和预处理工作难度大。学习样本是用来训练网络，使网络经过训练存储专家的经验并形成推理机制，如果样本有问题，必将影响系统决策的有效性和可靠性。

(3) 系统输出的结果缺乏说服能力。

7.3.2　基于遗传算法的船舶智能避碰

遗传算法是仿照生物进化自然选择规律和基因遗传学原理的一种优化搜索方法，是解决高度复杂工程问题的计算方法。遗传算法能够在复杂空间中进行全局优化搜索，并且具有较强的鲁棒性。另外，遗传算法对于搜索空间，基本上不需要限制性的假设(如连续、可微和单峰等)。遗传算法通过对参数空间编码并用随机选择作为工具来引导搜索过程朝着更高效的方向发展。一些用常规优化算法不能有效解决的问题，采用遗传算法寻优技术往往能得到较好的效果。

Smierzchalski 等[22]提出了将一条航路定义为遗传群体中的一个个体，将航路上的转向点定义为个体的基因，从而基于遗传算法对船舶航路进行规划，以达到安全避让来船的目的。应士君等[23]在遗传算法的基础上，引入了 Bayes 模型，根据国际避碰规则和海上避碰惯例计算航路的平均信息量，把平均信息量加入遗传算法的适应度函数来优化传统的遗传算法，试验结果表明该方法可得到更符合《1972 年国际海上避碰规则》和海上避让常规的次优解。

本节给出一种狭水域内大型船舶避碰行为的多目标优化方法，即为了避免碰撞要求大幅度避让，同时在狭水域内船舶偏离原航线的距离受限，避碰行为还要具有平滑性。该方法将大型船舶的避碰行为方案分为转向、保向、变速、保速等子行为，采用试操船方法对船舶的避碰行为方案进行计算机模拟，用遗传算法搜索到最优避碰行为方案。试验结果表明，采用选择、交叉和变异等操作的遗传算法非常适用于具有大惯性的大型船舶避碰行为。具体方法如下。

设 $f(x)$ 为一避碰行为方案，根据优化理论，避碰行为优化的数学模型为

$$\begin{cases}\min f(x) \\ D=\{x\in\mathbf{R}^n \mid g_i(x)\leqslant 0, h_j(x)=0\}\end{cases} \tag{7-13}$$

式中，$x=[x_1, x_2, x_3, x_4, x_5]^{\mathrm{T}}$ 为决策变量；$g_i(i\in I)$，$h_j(j\in E)$ 为约束函数；D 为可行域，若 $x\in D$，则称 x 为可行解，设 $x^*\in D\sqrt{b^2-4ac}$，若对任意的 $x\in D$，都有 $f(x)\geqslant f(x^*)$，则 x^* 为避碰优化的全局最优解。图 7-6 所示为搜索最佳避碰行为的过程。

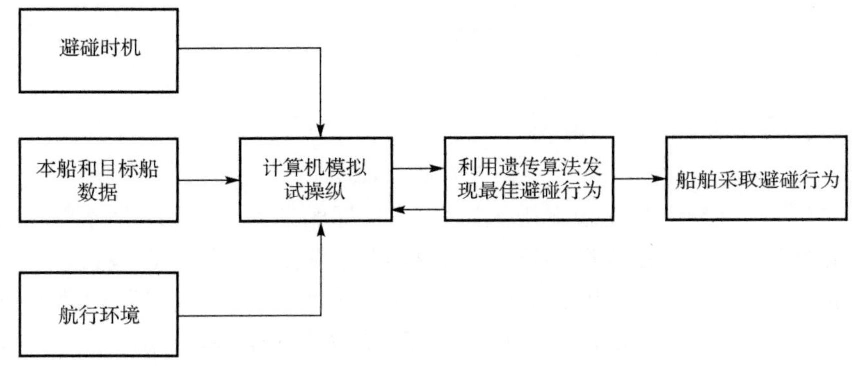

图 7-6　避碰行为优化过程示意图

1. 避碰行为优化的遗传算法

用带有上界和下界的实值浮点数来表示合适的数据结构是遗传算法可能应用于避碰问题的一种尝试。实数编码把避碰行为中的参数转变为基因串，表示避碰行为的一个染色体有 5 个基因分别代表 5 个参数 x_1, x_2, x_3, x_4, x_5，一个染色体就是 5 个表示某个具体避碰行为的基因的组合。

2. 适应度函数的建立

种群中的每一个染色体都被分配一个适应度值。由于基因的变化导致适应度值的变化，适应度值被用来度量染色体的优劣。利用经验估计得到一条安全的避碰路径是不够的，应该使用适应度值来寻找最优的船舶避碰行为。在确定适应度函数时，主要考虑安全，同时也要考虑到船舶航迹的平滑，适应度函数为

$$\text{Fitness} = f_{\text{safe}} + f_{\text{smooth}} \tag{7-14}$$

涉及安全，不但要使本船与目标船的通过距离大，还要使本船偏离原航线小、本船避碰的过程短，同时还要满足一个约束条件即本船与目标船的通过距离大于预先设定的安全通过距离，所以这是一个多指标的有约束条件的优化问题。其中，各个子目标是相互冲突的，无法在所有的目标上都得到最优的解，只能得到妥协解或偏好解，其求解方法一般用函数法、权重和法和妥协法。本节采用权重和法，为每个目标函数分配一个权重并将其组合成为一个目标函数。

考虑到安全的优化，定义函数：

$$f_{\text{safe-1}} = \lambda_1 \sum_{i=1}^{n} \frac{\text{SDA}_i}{\text{PD}_i} + \lambda_2 \left(\frac{S \times \frac{1}{T}\int_0^T |\varepsilon(t)|\,\mathrm{d}t}{L^2} \right) \tag{7-15}$$

通过罚函数法转化约束条件，并定义

$$f_{\text{safe-2}} = \begin{cases} 1, & \forall\ \text{PD}_i > \text{SDA}_i\ (i = 1, 2, \cdots, n) \\ 0, & 其他 \end{cases} \tag{7-16}$$

然后综合考虑安全适应度函数

$$f_{\text{safe}} = f_{\text{safe-1}} / f_{\text{safe-2}} \tag{7-17}$$

式(7-15)中(当分母为零时左边无限大)，n 是目标船的数量；PD_i 是本船与第 i 个目标船的通过距离；SDA_i 是本船与第 i 个目标船的预设安全通过距离；$\varepsilon(t)$ 是 t 时刻本船偏离原航线的距离；λ_1 和 λ_2 是权重；T 是本船从开始采取避碰行动到回到原航线的时间；S 是本船在时间 T 内的航行距离；L 为船长。本船相遇的不同目标船或障碍物，其要求的安全通过距离是不同的，最后实际通过距离值所代表的安全程度也不同。而且，一旦与任何一个目标船或障碍物的实际通过距离小于安全通过距离，函数度值为无限大，所代表的染色体就会被剔除。

考虑到船舶避碰行为的平滑性，定义的适应度函数为

$$f_{\text{smooth}} = \lambda_3 \frac{\frac{1}{T}\int_0^T |\delta(t)|\,\mathrm{d}t}{\delta_{\max}} + \lambda_4 \frac{\Delta e}{\Delta e_{\max}} \tag{7-18}$$

式中，$\lambda_3 (1/T)\int_0^T |\delta(t)|\,\mathrm{d}t / \delta_{\max}$ 和 $\lambda_4 \Delta e/\Delta e_{\max}$ 分别是较小用舵量和较少车钟的变化量；λ_3 和 λ_4 是权重；T 是本船从开始采取避碰行动到回到原航线的时间；$\delta(t)$ 为 t 时刻的舵角，$\delta_{\max}$ 为最大使用舵角，一般取值为 35°；Δe 是本船主机的变化幅度，$\Delta e_{\max}$ 为最大主机转速设定，取值为 4。

3. 初始化和终止

初始群体的每个个体都是随机生成的，初始群体也就是进化的第一代。群体尺度就是随机产生的染色体的个体数目，是一个关键的参数。考虑到目前计算机的运算速度，避碰行为优化的执行效率，群体尺度被设置为 N=20。遗传算法过程是通过选择、交叉、变异生成新一代群体，计算新个体的适应值，评价个体优劣，如此迭代下去直到满足终止标准而停止，常用的终止标准是采用设定最大代数的方法，改进的方法是根据群体的收敛程度来判断。设置最低代数为 300。

4. 遗传操作

选择、交叉和变异是遗传算法的三个主要操作算子，它们构成了所谓的遗传操作，使遗传算法具有了其他传统方法所没有的特性。每一个操作算子概括如下。

1) 选择

每一个染色体代表含有一个适应度值的一种船舶避碰行为。适应度值小的染色体将有更多的机会在下一代中生存下来，相反，适应度值大的染色体很可能被剔除。

通常采用的选择方法有轮盘赌选择，排序和竞争选择。在避碰行为最优化中采用基于排序的选择方法。假设初始染色体种群有随机产生的 20 个染色体。适应度值最大和最小的两个染色体被选中，适应度值最小的染色体被复制，适应度值最大的染色体被剔除，然后这两个小适应度值的染色体被放回种群中。通过这样的复制方法，逐代减小平均适应度值。新的染色体代替原来的个体进行交叉和变异操作。

2) 交叉

交叉是把两个父个体的部分结构加以替换重组而生成新个体的操作。为此，采用了均匀交叉操作。$\bar{X}(x_1,x_2,\cdots,x_m)$ 和 $\bar{Y}(y_1,y_2,\cdots,y_m)$ 是种群中两个 m 维的父个体，先随机产生一个满足 $1\leqslant r\leqslant m$ 的数 r，根据如下过程交叉产生两个新个体 $\bar{X}'$ 和 $\bar{Y}'$：

$$x_i' = \begin{cases} x_i, & i<r \\ y_i, & i\geqslant r \end{cases} \tag{7-19}$$

$$y_i' = \begin{cases} y_i, & i<r \\ x_{\mathrm{i}}, & i\geqslant r \end{cases} \tag{7-20}$$

交叉操作中的一个重要参数是交叉概率 p_c，即用以交叉的染色体数目与种群中染色体总数目的比率。p_c 越大，则搜索空间越大，p_c 取值 0.7。

3) 变异

遗传算法的有效性主要来自于复制和交叉，但可能遗漏一些重要的遗传信息。在遗传操作中，变异用来防止这种不可弥补的遗漏。首先在种群中随机地选择一个个体，对于选中的个体以一定的概率随机地改变字符串中某个字符的值。变异操作是按位进行的，即把某一位的内容进行变异。

对于实值表示，a_i 和 b_i 分别是下界和上界，随机选择一个变量 j，把染色体第 j 个基因的值设置为随机值即 $U(a_i,b_i)$

$$x_i' = \begin{cases} U(a_i,b_i), & i=j \\ x_i, & i\neq j \end{cases} \tag{7-21}$$

变异操作中的一个重要参数是变异概率 p_m，即用以变异的基因数与总的基因数的比率，p_m 取 0.05。

为了验证此优化方法的有效性，选择一艘杂货船为本船，船长 126.0m，船宽 20.8m，船速 14.2kn，主机转速为 3(半速前进)。本船航向设置为 000°。每个参数的上界和下界分别为 x_1：(0°, 90°)，x_2：[0, 4]，x_3：(0s, 500s)，x_4：(0s, 500s) 和 x_5：(30°, 60°)。适应度函数中的权重分别设置为 λ_1=10，λ_2=1，λ_3=20 和 λ_4=100。

现有 3 条目标船，目标船 1 的长为 151.8m，宽为 22.5m，船速 11.0kn，航向 180°，相对本船方位 358°；目标船 2 的长为 332.3m，宽为 53.8m，船速 13.2kn，航向 182°，相对本船方位 003°；目标船 3 的长为 224.5m，宽为 34.8m，船速 12.5kn，航向 280°，

相对本船方位 050°。经过 300 次迭代，得到最优避碰行为的解是 x_1=65，x_2=3，x_3=393，x_4=18，x_5=59。本船只采取转向，船舶航行轨迹如图 7-7 所示。

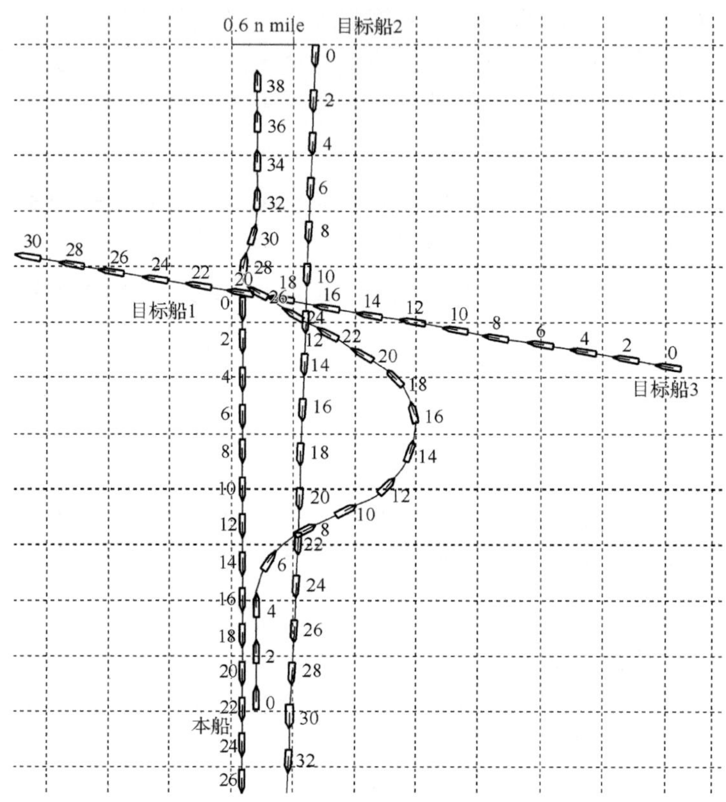

图 7-7　多目标船的布置及其轨迹

单目标船的情况，其船长是 224.5m，船宽是 34.8m，船速 7.7kn，航向 250°，相对本船方位 28°；水域内还有一灯浮，各船和灯浮的布置如图 7-8 所示。经过 300 次迭代，得到的最优避碰行为的解是 x_1=8，x_2=1，x_3=390，x_4=311，x_5=32。本船采取减速，船舶航行轨迹如图 7-8 所示。

遗传算法是一种比较好的优化方法，它不仅能处理单目标，也能处理多目标。通过计算机模拟试验，结果是令人满意的。但为了更有效地利用这个方法，必须注意以下事项。

(1) 适应度函数的选择是解决问题的一个关键。选择不同的适应度函数会得到不同的结果。设计的适应度值一定要正确反映对应解的优劣程度。

(2) 该方法基于计算机模拟试操纵，要依赖于船舶运动数学模型。

(3) 最后得到的避碰行为不一定是最佳的，但很接近最佳行为。随着计算机计算速度的加快，可以增加染色体的代数，最后结果会更好。

该方法充分考虑了大型船舶的惯性和操纵性能，比较符合实际情况。

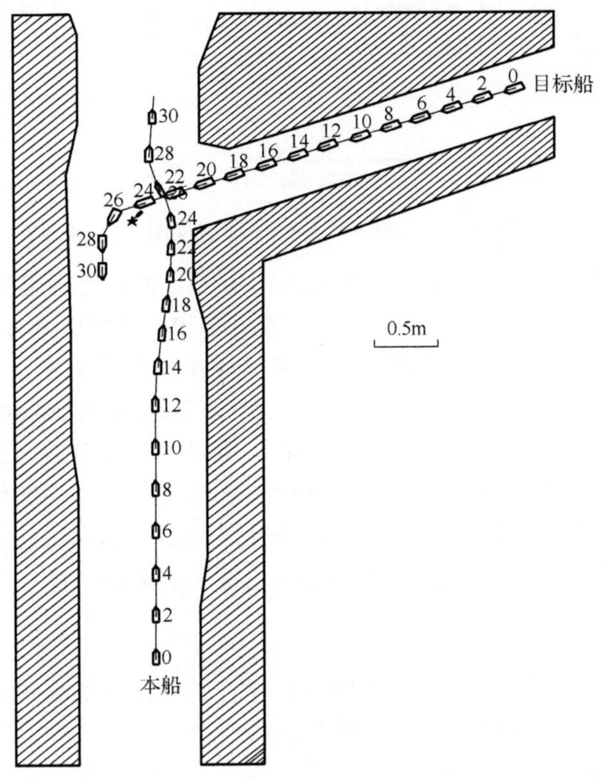

图 7-8　水域内各船布置及其航迹

7.3.3　基于模糊逻辑的船舶智能避碰

模糊避碰决策的概念是由澳大利亚的 Jame 在 1986 年首先提出来的，并应用模糊数学的方法，建立了船舶对遇时的 DCPA 决策模型。1986 和 1987 年，日本学者岩崎宽希和长谷川和彦分别采用模糊推理和模糊控制方法，在考虑了 DCPA 和 TCPA 两个因素的条件下，建立了采取避让行动时机的决策模型。1996 年，海军大连舰艇学院杨宝璋教授等[24]在分析了模糊控制的一般方法之后，提出了船舶避碰模糊控制的总体思路，避碰模糊控制决策过程如图 7-9 所示，其中，$\Delta DP=DCPA_s-DCPA$，其变化率为误差变化率 w。以 ΔDP 和 w 作为输入变量，经模糊控制规则，得到输出变量 $\Delta\Phi$，即船舶航向。

应用模糊数学的方法对船舶避碰问题进行系统的研究，主要是为了解决所研究系统中存在的不确定性现象，如安全距离、碰撞危险度、采取避让行动的时机等。在所要研究的避碰决策系统中，模糊数学的方法在局部问题或一些关键问题上已经显示出其独到的优越性，越来越受到人们的重视。

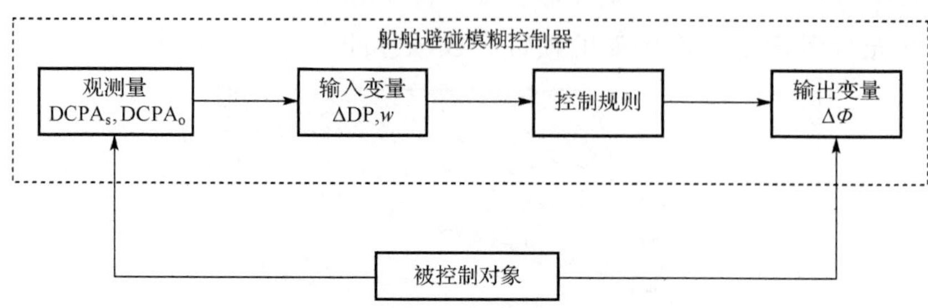

图 7-9　船舶避碰模糊控制器框图

在综合过去船舶避碰决策研究的基础上，给出了一种相对避碰安全时间(relative safety time，RST)的新概念模型，该模型中包含了 DCPA、TCPA 和船舶运动的性能，在多船会遇时，对于每一目标船的 RST 均能通过模拟和智能方法加以计算。其主要思路是应用模糊控制理论研究中自适应模糊神经推理系统(adaptive neuro-fuzzy inference system，ANFIS)的成果作为智能方法，借以建立模糊推理系统，并用输入输出数据库和算法更新该系统，通过模拟进行系统学习。根据网络结构和混合训练算法，编写了智能避碰系统程序，并通过几种会遇船舶的示例进行了模拟验证。模拟结果表明该算法通过自学习训练可以获得相当精确的 RST 值。

1. 相对安全时间

相对安全时间被定义为当避让行为必须采取时以保证两船通过距离正好等同安全通过距离的时刻。采取何种行动由当时的态势所决定。图 7-10 给出了 RST 的概念，影响 RST 的因素有：船舶操纵性、本船速度，目标船航向、速度和方位角，避让行动模式、DCPA、SDA、海况。

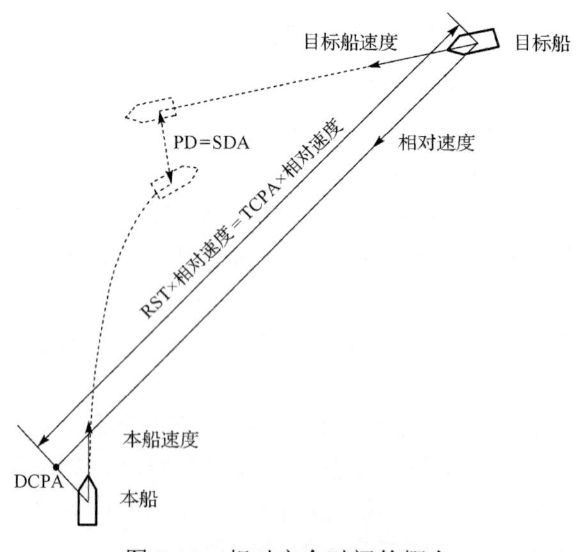

图 7-10　相对安全时间的概念

2. 确定安全通过距离

DCPA 的值被用于估计船舶间碰撞的可能性。避让操纵的目的是增加两船间最小通过距离到一个安全值，如此，可用 DCPA 决策模拟模型确定 SDA。只有当预计的两船最小通过距离小于所需的安全距离时才可以进行避让操纵。DCPA 值被用于估计船舶间碰撞的可能性。Zhao 和他的同事做过关于 SDA 的调查，表 7-2 显示了狭水域内两船最小通过距离的值。

表 7-2　实测狭水域内船舶通过距离

	会遇情况	实测通过距离均值/(n mile)
白天	对遇	0.46
	追越	0.23
	交叉	0.4
夜间	对遇	0.4
	追越	0.67

船舶驾驶员一般通过对避碰规则的理解、船舶大小和 DCPA 的值来决定避碰行动是否必要。要使两船舶安全地互相通过，DCPA 的值越大越好。而从另一方面来讲，最优经济角度则要求船舶偏离原航向最小。因此，基于上表中统计所得的 SDA 值，避让操纵必要性的估计被处理成一个模糊变量。

设论域 U_d 代表 DCPA 的变化范围，$\tilde{A}_d$ 是在 U_d 上的模糊集的成员函数，$\mu_{\tilde{A}_d}$ 为 $\tilde{A}_d$ 的成员函数，其定义如下：

$$\mu_{\tilde{A}_d}=\begin{cases}1, & \mathrm{DCPA}\leqslant(w_o+w_t)/2\\ \exp\left[-\left(\dfrac{\mathrm{DCPA}-(w_o+w_t)/2}{L_o+L_t}\right)^2\right], & \mathrm{DCPA}>(w_o+w_t)/2\end{cases}\tag{7-22}$$

$\mu_{\tilde{A}_d}$ 提供了一个对是否进行避碰行动的程度估计。将其处理成一个 DCPA 为变量的函数。w_o 是本船的船宽，w_t 是目标船的船宽，L_o 是本船的船长，L_t 是目标船的船长。

根据模糊数学的概念，隶属函数的值在 0 和 1 之间，设定一个门限值 α，α=0.6，当隶属函数的值大于 0.6，经过 α-截集后，值变成 1，即 $\mu_{\tilde{A}_d}=1$，当隶属函数的值小于 0.6，经过 α-截集后，值变成 0，即 $\mu_{\tilde{A}_d}=0$。这样，0 代表船舶不采取避让行为，1 代表船舶采取避让行为。

$$\mu_{\tilde{A}_{d\alpha}}(\mathrm{DCPA})=\begin{cases}1, & \mu_{\tilde{A}_d}(\mathrm{DCPA})\geqslant\alpha_1\\ 0, & \mu_{\tilde{A}_d}(\mathrm{DCPA})<\alpha_1\end{cases}\tag{7-23}$$

当 $\mu_{\tilde{A}_d}(\mathrm{DCPA})=1$ 时，船舶采取避让行为。门限值 α_1 取决于狭水域的自然条件，如风和流的大小。显然，$\mu_{\tilde{A}_d}=\alpha_1$ 时，可得

$$\mathrm{SDA}=(L_o+L_t)\sqrt{-\ln\alpha_1}+(w_o+w_t)/2 \tag{7-24}$$

3. 确定避让时机

1) 避让单船

对于单个目标船，国际海上避碰规则规定：“为避免碰撞所采取的任何行动，如当时环境许可，应是积极地，及早地进行并充分注意运用良好的船艺”。

如果一艘船在接近一艘目标船时需要采取避让行动，它就要尽早地进行。然而，在狭水域，环境条件(风、流)不断变化，过早地采取行动并不一定合适。采取行动的确切时机就要综合考虑这两方面的因素。在采取行动前本船首先要明确自己是让路船还是直航船，当且仅当让路船没有在适当时间内采取避让行动时，直航船才可以采取行动。TCPA 的值是考虑采取避碰行动时机的主要因素。

为了确定第一次进行避碰行动的时机，Davis 用一个大的领域作为动界。它建议避碰行动应是到达本船最近会遇点的时间函数。Colley 发展了这一理论，根据 RDRR(range to domain and range rate)模型，认为应是目标船到达船舶领域所需时间。不管是动界还是领域边界都用了距离这一变量，本节在讨论避让时机则考虑时间这一因素。

要确定何时采取避让行为，引入了另一模糊函数 $\mu_{\tilde{A}_t}$ 。设论域 U_t 代表 TCPA 的变化范围，$\tilde{A}_t$ 是在 U_t 上的模糊集，$\mu_{\tilde{A}_t}$ 是 $\tilde{A}_t$ 的成员函数。这是一个 TCPA、T 和 RST 的函数。T 表示施右满舵时完成第一个旋回圈的操舵时间。$\mu_{\tilde{A}_t}$ 被定义如下：

$$\mu_{\tilde{A}_t}(\mathrm{TCPA})=\begin{cases}1, & \mathrm{TCPA}\leqslant \mathrm{RST}\\ q\cdot\exp\left[-\lambda\left(\dfrac{\mathrm{TCPA}-\mathrm{RST}}{T}\right)^2\right], & \mathrm{TCPA}>\mathrm{RST}\end{cases} \tag{7-25}$$

TCPA、T 和 RST 的单位为 min。当参数 q=1 时，本船为让路船；当 q=0 时，本船为直航船。参数λ的选择则是使 $\mu_{\tilde{A}_t}$ 为一合适的范围。根据海上的经验以及对驾驶员的调查，λ的值最好为 6～8，本节中λ=8。

再一次用到模糊截集，则引入了α_2，相应的 $\mu_{\tilde{A}_{t\alpha}}$ 定义如下：

$$\mu_{\tilde{A}_{t\alpha}}(\mathrm{TCPA})=\begin{cases}1, & \mu_{\tilde{A}_t}(\mathrm{TCPA})>\alpha_2\\ 0, & \mu_{\tilde{A}_t}(\mathrm{TCPA})\leqslant\alpha_2\end{cases} \tag{7-26}$$

如同α_1一样，α_2的取值取决于水域的环境。一旦当 $\mu_{\tilde{A}_t}(\mathrm{TCPA})=1$，船舶就开始避让。如果当让路船在 RST 前没有采取行动，直航船就得在 RST 时进行避让行动。

2) 避让多船

仅凭经验进行避碰是不明智的。当会遇多目标船时，许多现有的模型考虑碰撞危险度的评价，单船的危险度对于处理多船会遇是很重要的。碰撞危险度不仅判断碰撞的可能性，而且提供避免碰撞所需的措施。

Kearon 给出了一直沿用至今的模型，危险度取ρ的最小值，其定义为

$$\rho = (a\,\mathrm{DCPA})^2 + (b\mathrm{TCPA})^2 \tag{7-27}$$

一些研究者设计的避让行动是根据上述模型找出最危险的目标船。然而用上述模型并没考虑船舶本身的运动性能。由于 DCPA 和 TCPA 的单位不同，在 Zhao 等的研究工作中指出这一模型与实际情况并不相符。

本节利用了 RST 模型，其包含 DCPA，TCPA 和船舶的运动性能。当本船会遇多目标船时，对于每一目标船的 RST 都会通过模拟和智能方法计算出来。最小 TL(即现在时刻到采取避让措施的剩余时间)值的目标船被认为是最危险的。本船首先会避免与这条目标船的碰撞。

为了确定采取避让行为的时机，引入了另一模糊函数$\mu_{\tilde{A}_t}$。设论域U_t表示 TCPA 的变化范围，$\tilde{A}_t$是在U_t上的模糊集，$\mu_{\tilde{A}_t}$是$\tilde{A}_t$的成员函数，这是一个 TCPA、T 和 RST 的函数。T 表示右满舵时完成第一个旋回圈的操舵时间。$\mu_{\tilde{A}_t}$的定义如下：

$$\mu_{\tilde{A}_t}(\mathrm{TCPA}) = \begin{cases} 1, & \mathrm{TCPA} \leqslant \mathrm{RST} \\ q \cdot \exp\left[-\lambda\left(\dfrac{\mathrm{TCPA} - \mathrm{RST}}{T}\right)^2\right], & \mathrm{TCPA} > \mathrm{RST} \end{cases} \tag{7-28}$$

TCPA、T 和 RST 的单位为 min。当参数 q=1 时，本船为让路船；当 q=0 时，本船为直航船。参数λ的选择则是使$\mu_{\tilde{A}_t}$在一合适的范围，λ=8。

再一次用到模糊截集，引入α_2，相应的$\mu_{\tilde{A}_{t\alpha}}$定义如下：

$$\mu_{\tilde{A}_{t\alpha}}(\mathrm{TCPA}) = \begin{cases} 1, & \mu_{\tilde{A}_t}(\mathrm{TCPA}) > \alpha_2 \\ 0, & \mu_{\tilde{A}_t}(\mathrm{TCPA}) \leqslant \alpha_2 \end{cases} \tag{7-29}$$

同α_1类似，α_2的取值取决于水域的环境。当$\mu_{\tilde{A}_{t\alpha}}(\mathrm{TCPA}) = 1$，船舶就开始避让。

4. ANFIS 的网络结构

ANFIS 是先建立一个模糊推理系统，用输入输出数据库和 BP 算法更新这个系统。ANFIS 能构造一个基于专家知识的输入输出匹配。

模糊逻辑是由于其独到的对专家知识和推理的估计和定性能力而提供一种可行的控制方法。然而模糊逻辑的实施依赖两个重要的因素：用于获取知识的技术质量和专家知识的实用性。但是这两个因素限制了模糊逻辑的实用性。图 7-11 显示了识别 Sugeno 型模糊推理系统参数的 ANFIS 网络。这个网络共有 5 层，下标 i、j、k、l 和 m 分别定义了每一层神经元的数目。

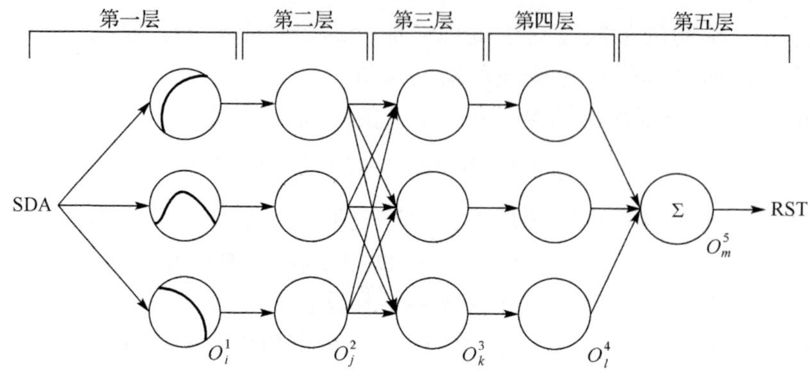

图 7-11　ANFIS 网络结构

网络第一层输出定义为

$$O_i^1 = \mu_{A_i}(x),\quad i = 1,2,3 \tag{7-30}$$

式中，O_i^1 实际上是当 x 被赋予输入值时对 A_i 的隶属度函数值。x 是第 i 个神经元的输入，其值由语言符号(small，big 等)表示。隶属函数采用钟形函数，表达式如下：

$$\mu_{A_i}(x) = \frac{1}{1+\left(\dfrac{x-c_i}{a_i}\right)^{2b_i}} \tag{7-31}$$

式中，a_i, b_i 和 c_i 是 3 个决定钟形函数特征的预定参数。a_i 决定了集合的宽度；b_i 决定了钟形函数的平坦程度；c_i 是在论域上的集合的中心。这些预定参数用反向传播的梯度下降法在修正过程中被更新。

其他 4 个层的输出值分别定义为

$$O_j^2 = w_j = \mu_{A_j}(\mathrm{SDA}),\quad j = 1,2,3 \tag{7-32}$$

$$O_k^3 = \bar{w}_k = \frac{w_k}{\sum_{j=1}^{3} w_j},\quad k = 1,2,3 \tag{7-33}$$

$$O_l^4 = \bar{w}_l f_l = \bar{w}_l(s_l\mathrm{SDA} + t_l),\quad l = 1,2,3 \tag{7-34}$$

式中，s_l 和 t_l 被称为结论参数，会在修正过程中被更新。

$$O_m^5 = \sum_l \bar{w}_l f_l = \frac{\sum_l w_l f_l}{\sum_l w_l} \tag{7-35}$$

5. 混合训练算法

本节用混合训练算法识别 Sugeno 型模糊推理系统的参数。此方法综合运用了最小二乘法和反向传播的梯度下降法更新模糊推理系统中的参数来对应所给的训练数据库，用以训练的数据库由一定数量的 SDA 和 RST 组成。ANFIS 网络只有一个输出，表示为

$$\text{output} = F(I, S) \tag{7-36}$$

式中，I 表示输入 SDA 的集，S 表示参数$(a_i, b_i, c_i, s_l, t_l)$。$F$ 表示一个从输入到输出的未知的映射。如果存在一个函数 H 使组合函数 $H \circ F$ 在元素 S 上是线形的，则这个元素可以用最小二乘法来设别。如果参数集 S 被分解成两个集的和：

$$S = S_1 \oplus S_2 \tag{7-37}$$

则 $H \circ F$ 在元素 S_2 上也是线性的，根据式(7-36)，H 可以被表示为

$$H(\text{output}) = H \circ F(I, S) \tag{7-38}$$

则 H 在元素 S_2 上也是线性的。其中，S_1 代表网络第一层中的参数(a, b, c)，S_2 代表网络第 4 层中的参数(s, t)。

混合学习程序的一个过程包含一个前向传播和一个反向传播。在前向传播中，先提供输入 SDA，由参数(s, t)的初始值或估计值根据式(7-30)～式(7-35)计算每一个神经元的输出值，然后用最小二乘法识别 S_2 中的参数。识别 S_2 的参数后，计算出输出 O_1^5，即 RST 值，与已知的 RST 值相比得到一个误差，运用 BP 算法，更新参数(a, b, c)。

6. 最小二乘法

利用元素 S_1 中的初始或估计值，根据式(7-30)～式(7-35)，从 P 个训练数据集(SDA, RST)以及式(7-38)中的参数 I 中，得到下式：

$$\begin{aligned}\text{RST}_j &= \bar{w}_1(S_1\text{SDA}_j + t_1) + \bar{w}_2(S_2\text{SDA}_j + t_2) + \bar{w}_3(S_3\text{SDA}_j + t_3) \\ &= (\bar{w}_1\text{SDA}_j)S_1 + \bar{w}_1 t_1 + (\bar{w}_2\text{SDA}_j)S_2 + \bar{w}_2 t_2 + (\bar{w}_3\text{SDA}_j)S_3 + \bar{w}_3 t_3, \quad j = 1, \cdots, P\end{aligned} \tag{7-39}$$

和

$$\begin{bmatrix} w_1\text{SDA}_1 & w_1 & w_2\text{SDA}_1 & w_2 & w_3\text{SDA}_1 & w_3 \\ w_1\text{SDA}_2 & w_1 & w_2\text{SDA}_2 & w_2 & w_3\text{SDA}_2 & w_3 \\ \vdots & \vdots & \vdots & \vdots & \vdots & \vdots \\ w_1\text{SDA}_P & w_1 & w_2\text{SDA}_P & w_2 & w_3\text{SDA}_P & w_3 \end{bmatrix} \begin{bmatrix} s_1 \\ t_1 \\ s_2 \\ t_2 \\ s_3 \\ t_3 \end{bmatrix} = \begin{bmatrix} \text{RST}_1 \\ \text{RST}_2 \\ \vdots \\ \text{RST}_P \end{bmatrix}$$

式(7-39)可以写成简化形式

$$A\theta = B \tag{7-40}$$

式中，θ=[s_1 t_1 s_2 t_2 s_3 t_3]^{T} 是一个未知矢量，其元素是 S_2 中的参数，矩阵 A 则由已知的数据组成。矩阵 B=[RST$_1$ RST$_2$ ⋯ RST$_P$]^{T} 是输出矢量。设 $|S_2| = M$，矩阵 A，矢量θ和矢量 B 的维数分别为 $P\times M$、$M\times 1$ 和 $P\times 1$。P 是用以训练的数据的数量，一般比 M 大，M=6。式(7-40)代表了一个标准的线性二乘法问题，找到一个使$\|A\theta - B^2\|$最小化的最好方法是发现最小二乘法估计值θ^*，其表达式如下：

$$\theta^* = (A^{\mathrm{T}}A)^{-1}A^{\mathrm{T}}B \tag{7-41}$$

根据 Goodwin 和 Sin 的最小二乘法估计值连续法求得θ。

7. BP 算法

设用以训练的数据有 P 项，可以定义其中的第 p 项($1\leqslant p\leqslant P$)误差为方差和：

$$E_p = (\mathrm{RST}_p - O_{1,p}^5)^2 \tag{7-42}$$

式中，RST$_p$ 是第 p 项目标输出矢量；$O_{1,p}^5$ 是实际的输出矢量。总误差则为

$$E = \sum_{p=1}^{P} E_p \tag{7-43}$$

为了将速度下降法应用于相对于误差 E 的参数空间，首先要计算误差率$\partial E_p / \partial O$。在第 k 层第 i 个神经元的位置被标记为(k, i)。根据式(7-42)，在(5, i)位置的输出神经元误差率计算如下：

$$\frac{\partial E_p}{\partial O_{1,p}^5} = -2(\mathrm{RST}_p - O_{1,p}^5) \tag{7-44}$$

对于在(k, i)位置的中间神经元，其误差率计算如下：

$$\frac{\partial E_p}{\partial O_{i,p}^k} = \sum_{m=1}^{£(k+1)} \frac{\partial E_p}{\partial O_{m,p}^{k+1}} \frac{\partial O_{m,p}^{k+1}}{\partial O_{i,p}^k} \tag{7-45}$$

式中，$1\leqslant k\leqslant 4$，第 k 层有 k 个神经元。中间神经元的误差率可以表示为下一层中所有神经元误差率的线性组合。

设α为网络中需要新的参数，误差 E 对于α的导数为

$$\frac{\partial E}{\partial \alpha} = \sum_{p=1}^{P} \frac{\partial E_p}{\partial \alpha} = \sum_{O^* \in S} \frac{\partial E_p}{\partial O^*} \frac{\partial O^*}{\partial \alpha} \tag{7-46}$$

式中，S 为神经元集，O^* 为其中的某个神经元，其输出决定于α。由此，参数α的更新方程为

$$\Delta\alpha = -\eta \frac{\partial E}{\partial \alpha} \tag{7-47}$$

式中，η是学习率。

8. 智能避碰系统程序

当本船的隶属函数和 ANFIS 网络结构被确定后，再运用最小二乘法和 BP 算法，进行合理运算，即可计算出合适的 RST 和 TCPA。α-cut 表示截集，含有智能避碰模型的整个系统如图 7-12 所示。

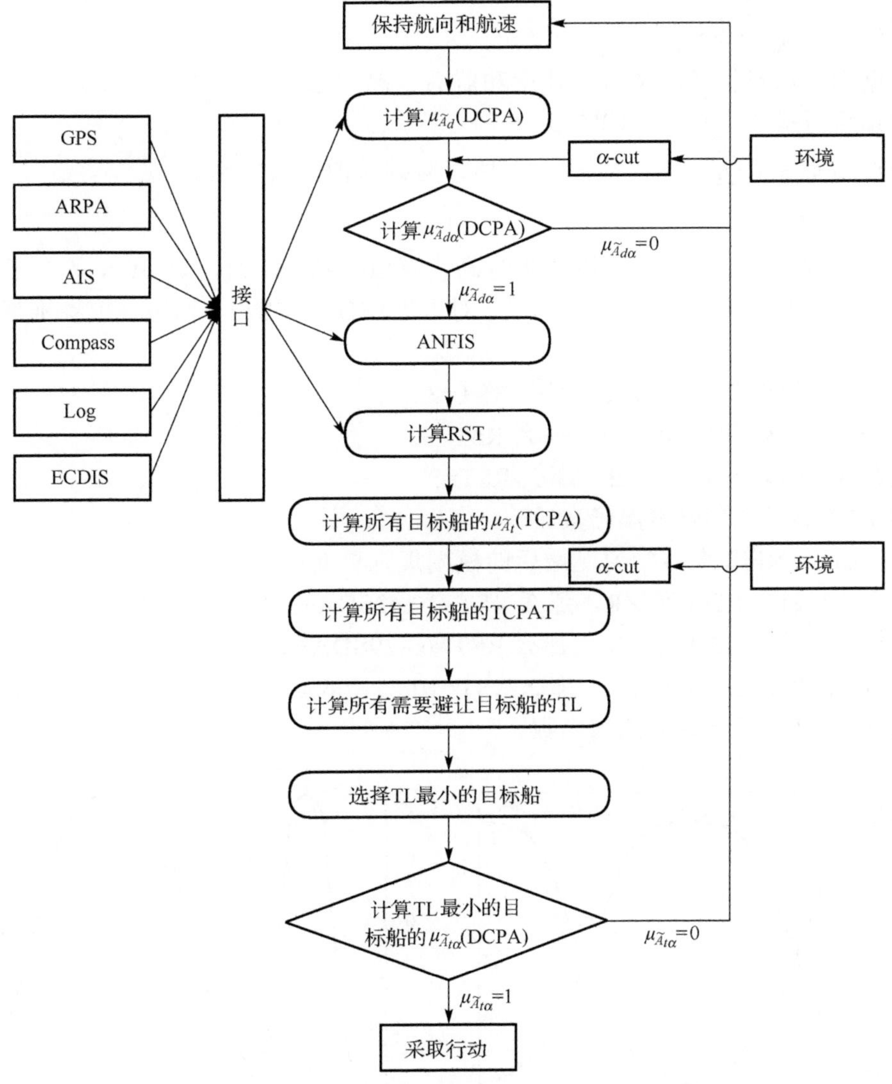

图 7-12　智能避碰决策流程图

9. 单船会遇情况仿真

本船为集装箱船，船长 224.5m，船宽 32.2m，船速 13.3kn，航向 000°。设有一目标船，船长 169m，船宽 30m，船速 12.5kn，航向 260°，相对于本船方位为 040°。设风向为 30°，风速 2m/s，流向 160°，流速 0.5kn。根据当时环境情况，取α_1和α_2的值皆为 0.5。进行避碰决策的程序如下。

(1) 根据 1972 年国际海上避碰规则，本船是让路船，目标船是直航船。所以本船需采取避让行动。

(2) 计算 $\mu_{\tilde{A}_{d\alpha}}$ (DCPA)。

根据本船和目标船的位置、速度和航向，确定 DCPA 为 0.1n mile。

根据式(7-25)，$\mu_{\tilde{A}_{d\alpha}}$ (DCPA) 是 0.9。

通过α_1截集，$\mu_{\tilde{A}_{d\alpha}}$ (DCPA) 为 1，所以必须采取避让行为。

(3) 计算 RST。

① 随机产生 RST′值，利用非实时离线模拟得到 PD 值，取 SDA 等同于 PD。用不同的 RST′进行 30 次模拟，产生 30 对数据 (SDA，RST)。构造一模糊推理系统，其初始规则如下。

规则 1：如果 SDA 是 ZR，那么 RST=3。

规则 2：如果 SDA 是 PM，那么 RST=3。

规则 3：如果 SDA 是 PB，那么 RST=3。

图 7-13 显示了初始隶属函数。

② 通过 ANFIS 离线学习，最后的模糊规则更新如下。

规则 1：如果 SDA 是 ZR，那么 RST=10.42SDA+3.79。

规则 2：如果 SDA 是 PM，那么 RST=6.829SDA+4.351。

规则 3：如果 SDA 是 PB，那么 RST=10.25+2.666。

图 7-14 显示了最后的隶属函数。

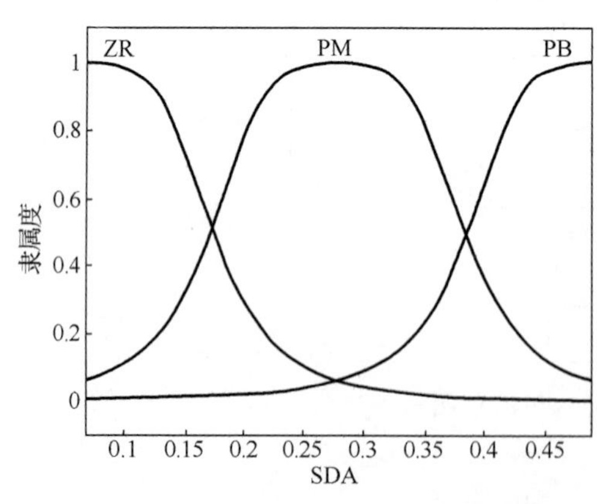

图 7-13 ANFIS 中的初始隶属函数

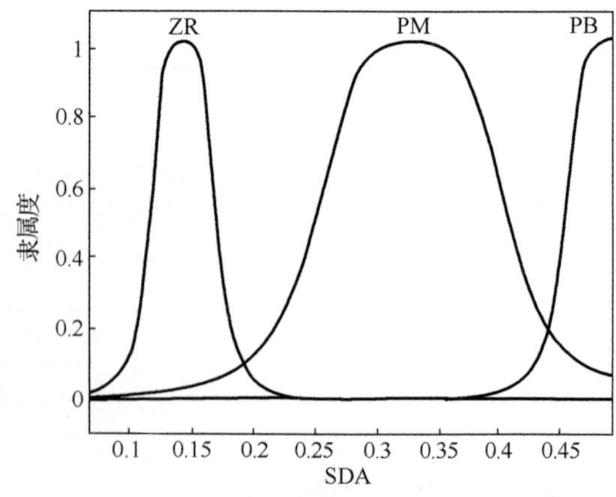

图 7-14 训练后 ANFIS 中的隶属函数

(4) 最后，通过模糊神经网络，RST 的值为 5.79min。

(5) 计算 $\mu_{\tilde{A}_{d\alpha}}$ (TCPA)。

① 根据本船和目标船的位置、速度以及航向计算 TCPA 的值。

② 当 TCPA 是 10.3min 时，根据式(7-25)，$\mu_{\tilde{A}_{d\alpha}}$ (TCPA)是 0.55。

用 α_2 进行截集，则 $\mu_{\tilde{A}_{d\alpha}}$ (TCPA)为 1，所以必须采取避让行为。通过计算机仿真，可获得两船的行动轨迹和相对位置如图 7-15 所示。

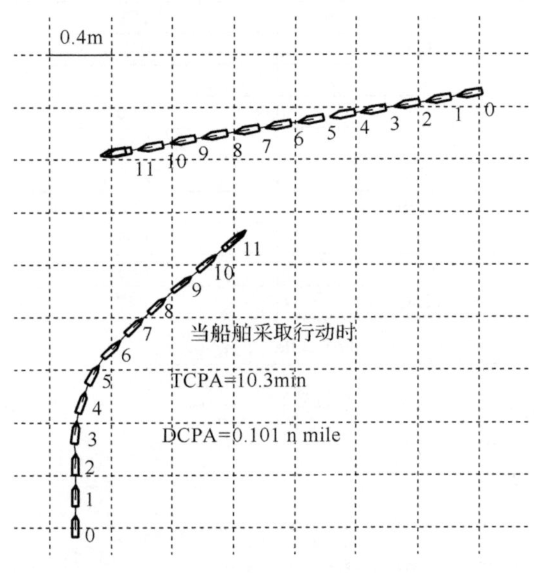

图 7-15　避碰时的两船轨迹图

RST 是模糊避碰模型中的一个重要因素。运用 ANFIS 算法，用模糊理论和专家的航海经验来达到自动避碰，该智能避碰决策模型有一些明显的特征：①假设船舶都安装 AIS 和 ECDIS，便于获得目标船的数据和航迹信息；②运用模糊逻辑处理船舶通过距离和船舶采取避碰行动时机；③认识到船舶避碰是一项复杂的工作，模型考虑了船舶操纵性能和船舶尺寸。

通过仿真结果，用 ANFIS 算法可以获得较为精确的 RST 值。模型适用于在狭水域会遇的船舶。当会遇局面形成时，模糊逻辑便于避碰时机的决策。

10. 多船会遇情况仿真

本船船长为 126.0m，船宽 20.8m，船速 14.2kn，初始旋回圈时间 T 是 7.1min，航向 000°，α_1 设置为 0.4，α_2 设置为 0.5。表 7-3 列出了针对三条目标船的计算结果。其中，TCPAT 为当本船采取避让行为时刻的 TCPA 值。

根据图 7-15 计算每一条目标船的 RST，表 7-3 中的计算表明，对于目标船 2 的

TL 是最小的，所以本船应该首先避免与目标船 2 的碰撞。图 7-16 给出了本船采取合适的避让行为时各船的行动轨迹。

表 7-3　会遇多船的计算

	目标船 1	目标船 2	目标船 3
船长/m	151.8	332.3	224.5
船宽/m	22.5	53.8	34.8
船速/kn	9.5	15.0	13.8
航向/(°)	090	182	280
方位/(°)	325	002	050
距离/(n mile)	4.0	6.5	5.2
相对速度/kn	16.9	29.0	17.9
DCPA/(n mile)	−0.06	0.10	0.05
TCPA/min	14.0	13.3	17.4
SDA/(n mile)	0.169	0.257	0.196
RST/min	1.57	3.65	4.10
TCPAT/min	1.57	7.83	8.25
TL/min	12.43	5.47	9.15

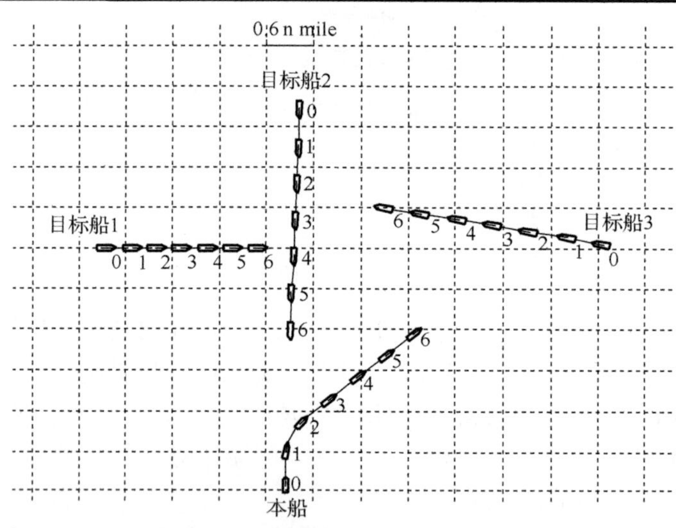

图 7-16　多船会遇情况下采取避让行为时各船的行动轨迹

7.4　船舶航迹规划研究

7.4.1　船舶航迹数学模型的建立

1. 船舶航迹模型

首先要建立一个船舶运动的真实模型。从船舶驾驶员的视角来看，一条规划的船舶航迹应该满足以下要求：

(1)航迹能够易于航行，即能够便于船舶驾驶员对船舶的操纵和控制；

(2)尽可能避免长时间操船以及大角度变向；

(3)为了保证航行便利，航迹曲率应该连续。

船舶沿着一条计划航线航行时，不能过度增加船舶和船舶驾驶员的负担，对于运输危险货物的船舶以及客(滚)船来说尤为重要，航迹曲率的连续能够保证船舶航行便利和安全。

旋回曲线是一条曲率随长度呈线性变化的曲线。众所周知，以恒定速度沿着曲线运动的一个载体会有一个恒定的向心加速度的变化。因此，旋回曲线是一个载体以恒定转向角变化率定速航行的一种体现。一条良好的旋回曲线近似于转向角为 100°～120° 的船舶转向曲线[25]。在操纵的第一个阶段，当转舵时，起初船舶转向很慢，航迹接近于一条直线；之后，随着曲率增加，航迹逐渐变成一个圆，在转向过程中，船舶速度会降低。如果转向角度超过 120° 时，船舶在恒定半径的圆内做匀速运动。图 7-17 给出了船舶旋回的三个特殊阶段以及近似的旋回曲线。本节的目标是将船舶航迹看作直线段和旋回曲线的组合，同时航迹段之间的过渡必须是平滑的。

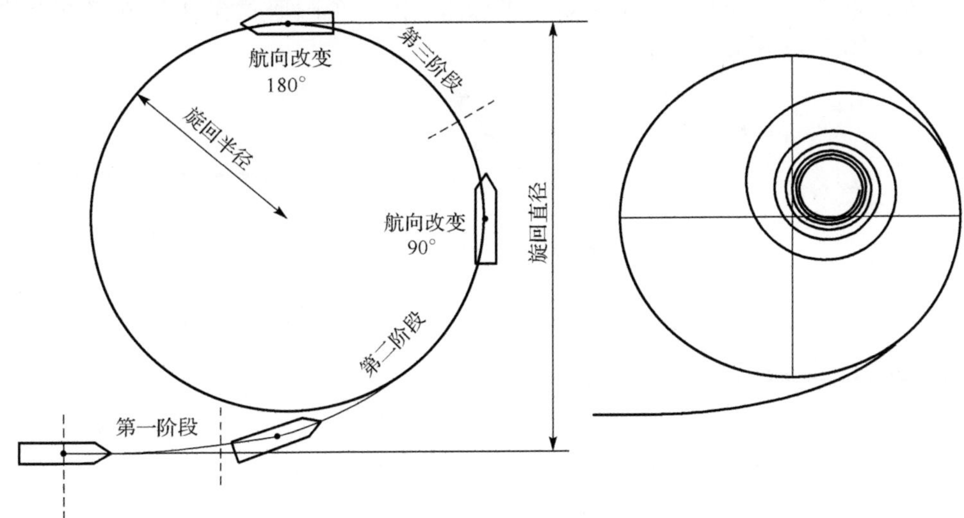

图 7-17　船舶旋回及旋回曲线

旋回曲线 $\gamma(t)$ 可以用式(7-48)表示：

$$\gamma(t)=\begin{pmatrix}x(t)\\y(t)\end{pmatrix},\quad 0\leqslant t\leqslant T \tag{7-48}$$

式中，[0, T]范围之内 $x(t)=a\sqrt{\pi}\int_0^t\cos(\pi\tau^2/2)\mathrm{d}\tau$， $y(t)=a\sqrt{\pi}\int_0^t\sin(\pi\tau^2/2)\mathrm{d}\tau$。弧长

s 和弧曲率 k 的分别为 $s=a\sqrt{\pi}t$，$k=\sqrt{\pi}t/a$，因此，$k=s/a^2$，曲率同弧长成正比。参数 a 表示比例因子，用于定义曲率的变化率以及旋回曲线的长短。

菲涅耳积分 $C(t)=\int_0^t \cos(\pi\tau^2/2)\mathrm{d}\tau$ 和 $S(t)=\int_0^t \sin(\pi\tau^2/2)\mathrm{d}\tau$，根据正弦和余弦的幂级数展开 $\cos(t)=1-(t^2/2!)+(t^4/4!)-(t^6/6!)+\cdots$ 和 $\sin(t)=t-(t^3/3!)+(t^5/5!)-(t^7/7!)+\cdots$，可以写成下式：

$$C(t)=t-\frac{1}{2!}\left(\frac{\pi}{2}\right)^2\frac{t^5}{5}+\frac{1}{4!}\left(\frac{\pi}{2}\right)^4\frac{t^9}{9}-\frac{1}{6!}\left(\frac{\pi}{2}\right)^6\frac{t^{13}}{13}+\cdots \tag{7-49}$$

$$S(t)=\frac{\pi}{2}\frac{t^3}{3}-\frac{1}{3!}\left(\frac{\pi}{2}\right)^3\frac{t^7}{7}+\frac{1}{5!}\left(\frac{\pi}{2}\right)^5\frac{t^{11}}{11}-\frac{1}{7!}\left(\frac{\pi}{2}\right)^7\frac{t^{15}}{15}+\cdots \tag{7-50}$$

本节需要解决的问题是：对于给定的两个点，从起点到终点找到一条船舶的航迹，而且在起点和终点的速度均等于船舶的航行速度 v_0。

为了构造从起点 A 点到终点 B 点的这样一条航迹，首先通过两条线段和一段圆弧连接 A 点和 B 点，限定圆弧段角度小于 180°，否则，此问题无解，因此，A 点的射线与 B 点的射线末端相交。将预定义半径为 r 的一个圆放置在 A 和 B 之间线段的切线上，如图 7-18 所示。

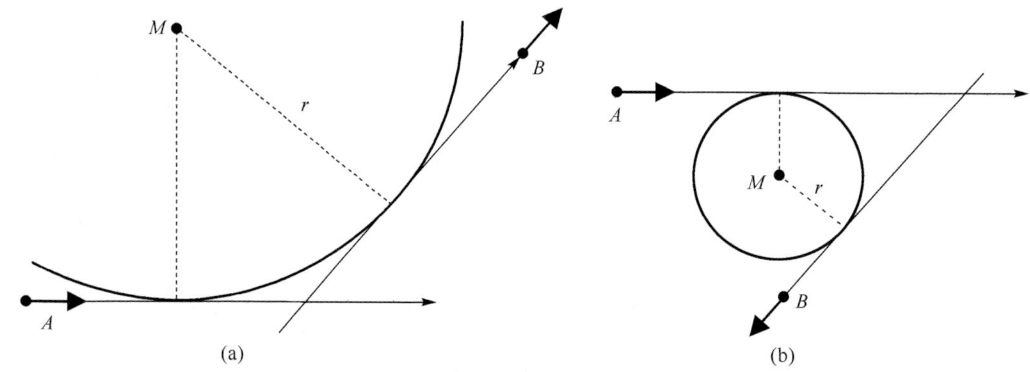

图 7-18　使用两条线和一个圆弧段连接 A 点和 B 点

从一条直线航路到一个切线圆航路的过渡需要一个向心加速度，使用两个对称的旋回曲线代替圆弧段就可以解决此问题。因此，要求沿着整个航迹加速度是连续的，并且在两个末端都等于零。

图 7-19 中，考虑到圆弧段的半径为 r，角度为 2α。第一条旋回曲线起点为坐标系原点并同 x 轴相切，终点在垂直于角平分线的 S 点上。第二条回旋曲线同第一条旋回曲线对称。使用 $\gamma(t)$ 表示第一条旋回曲线，那么 $\gamma(t)$ 中的参数 a 和 T 按照下式计算。$\gamma(t)$ 的切向量表示为

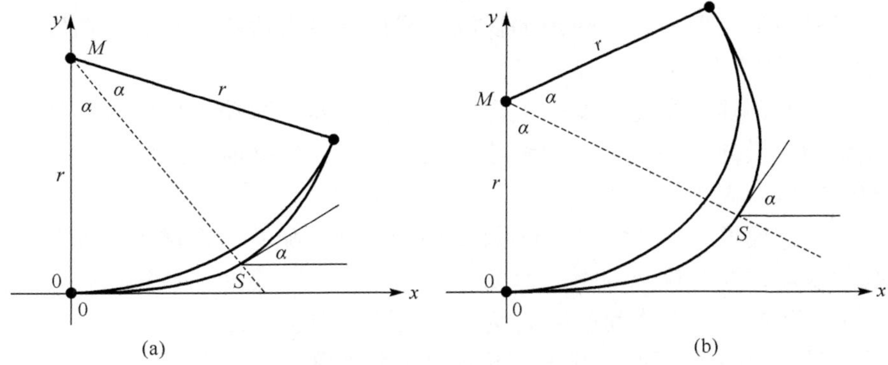

图 7-19　使用两个对称的回旋曲线代替一个圆弧段

$$\gamma'(t)=\begin{pmatrix}x'(t)\\y'(t)\end{pmatrix}=a\sqrt{\pi}\begin{pmatrix}\cos\dfrac{\pi t^2}{2}\\\sin\dfrac{\pi t^2}{2}\end{pmatrix}\tag{7-51}$$

由于 S 点上 $\gamma(t)$ 的斜率等于α，可以得到 $\begin{pmatrix}\cos\dfrac{\pi T^2}{2}\\\sin\dfrac{\pi T^2}{2}\end{pmatrix}=\begin{pmatrix}\cos\alpha\\\sin\alpha\end{pmatrix}$，$T=\sqrt{2\alpha/\pi}$ 。

点 S 位于平分线 $y=-\cot\alpha\cdot x+r$ 上，因此 $\cot\alpha\cdot x(T)+y(T)=r$。将 $x(T)$ 和 $y(T)$ 代入，则

$$a\sqrt{\pi}\left(\cot\alpha\int_0^T\cos\frac{\pi\tau^2}{2}\mathrm{d}\tau+\int_0^T\sin\frac{\pi\tau^2}{2}\mathrm{d}\tau\right)=r\tag{7-52}$$

括号中的表达式缩写为 I，可以表示为 $a=r/\sqrt{\pi}I$ 决定了回旋曲线的参数。

2. 船舶特性

曲线的曲率在旋回曲线的连接点 S 上是最大的，因此可以用下式表示：

$$k_{\max}=\frac{\sqrt{\pi}}{a}T=\frac{1}{r}\sqrt{2\pi\alpha I}\tag{7-53}$$

因为船舶必须能够沿着航线航行，$k_{\max}$ 不能超过最小旋回圈的曲率。如果用 R_{turn} 表示最小旋回半径，那么必须满足 $(1/r)\sqrt{2\pi\alpha I}\leqslant 1/R_{\text{turn}}$ 。定义 $R_{\min}=\sqrt{2\pi\alpha I}R_{\text{turn}}$，通过 $R_{\min}\leqslant r\leqslant R_{\max}$ 约束圆弧段的半径 r，上界 $R_{\max}$ 是最大圆的半径，可以放置于线段的切线上。这个约束除了船舶驾驶员需要频繁操纵船舶之外，还主要用于防止长时间频繁的小角度转向。另外，为了控制正在进行的操舵，也可以明确地定义半径值，

例如，选择最小值实现短时、快速的操纵，或选择最大值实现较短的曲线长度。如果 $R_{\min}>R_{\max}$，则问题无解。

此外，需要创建一个速度变化模型。在旋回期间，即使主机转速保持恒定，舵的阻力和船舶的横向漂移可能会导致速度逐渐减小。根据航海经验，大多数船舶满舵转向 90° 之后，大约会损失三分之一的初始速度。

假设船舶以速度 v_0 航行。第一段旋回曲线期间，随着曲率增大船速降低，当在旋回曲线的末端，即对称点 S 上，速度 v_1 最小；第二段旋回曲线期间，随着曲率增大船速增加，直到再一次达到速度 v_0 为止。假设平均速度为 $(v_0+v_1)/2$ 的一条速度曲线，并且定义 v_1 为旋回半径 r 和旋回角 α 的一个函数：

$$v_1 = v(\alpha, r) = v_0\left(1 - \frac{1}{3}\frac{\alpha}{\pi/2}\frac{R_{\min}}{r}\right) \tag{7-54}$$

式中，$\alpha<90°$，当旋回角最大以及旋回半径最小时速度最小，则

$$v_1 = v\left(\frac{\pi}{2}, R_{\min}\right) = \frac{2}{3}v_0 \tag{7-55}$$

船舶类型的不同导致速率降低的程度也不同，因此可能需要相应地调整模型。

3. 危险物标模型

航行区是可以供船舶航行的海洋区域，此区域中的碍航物可能包括岛屿、礁石、浅滩、沉船等。航行区也与船舶吃水、潮汐以及其他外界环境条件有关，可以通过定义适当的多边形给出航行区中危险物标模型。

危险区域中包括孤立点状碍航物以及大面积的碍航物。其中，孤立点状碍航物主要是指沉船、灯浮、浮标、礁石等，其信息是较为精确的。大面积的碍航物主要包括岛屿、浅滩、礁石、冰山等，其信息一般不够精确。使用点状碍航物的位置及其威胁半径来描述孤立的点状碍航物，其中，威胁半径主要由碍航物自身的条件决定，但是也可能与船舶特性有关，船舶特性一般包括船舶技术特性和结构特性。船舶的技术特性一般是指能够主动发射电磁波探测船舶位置的雷达等传感器的特性，船舶的结构特性取决于其构造、船体材料等。在环境不变情况下，这些条件决定了点状碍航物的有效半径。此外，可以通过增加额外的安全边界量增加半径，但是要考虑不确定的点状碍航物位置以及船舶导航误差等影响因素。

对于大面积的碍航物而言，其信息一般不是很精确。在使用多边形对大面积的碍航物构建模型时，要留有适当安全边界量，此多边形区域一般视为禁航区。

靠近点状碍航物的最近点决定了一条航路的风险。D 表示的最小距离，风险与最小距离 D 的关系为 $1/D$ 或 $1/D^2$。通过给出航路中的每一点状碍航物的风险，估计出整条航路的风险情况。

4. 优化问题

如果在航行区内一条航路能够持续航行称为航路可航。这样的航路明确地给出了碍航物的位置，并且没有碰撞的危险。同时要考虑到船舶技术和操作限制，使船舶能够沿着航路航行。

以风险等级表示安全，一般是通过在每个点状碍航物的有效半径外添加一个安全余量。基于此，必须定义一个适当的风险函数 $f(D)$，此函数与到点状碍航物的距离 D 成反比。如果 $p_{\max}$ 表示最大可接受风险，那么方程 $f(D)=p_{\max}$ 的解表示点状碍航物的半径，此区域为船舶的禁航区。选择的风险函数为 $1/D$，而且易于被一个复杂的模型所取代。如果到禁航区的距离增大，那么船舶风险降低。相关的多边形则可以放大直到满足最大可接受风险条件。

船舶航路可航的问题是从一个起点到一个终点，确定出一条最小长度或最短航行时间的可航航路，同时要求避免风险区域大于给定的阈值。

航路规划的目的是在一个风险约束条件下，最大限度地减小航行距离或缩短航行时间，可以通过最大限度地降低风险，或者降低一个风险和长度(或时间)的组合来确定一条航路。

本节虽然是基于约束方法的设计，但是便于扩展找到风险和长度(或时间)的组合的可航航路的规划。

7.4.2　航路规划

航路规划的基本思路是生成一个网络，网络中的每条航路都表示一条可航航路，网络中的最短航路是由优化方法确定的。解的质量随着网络密度的增加而增加。

一般的步骤是在一个区域上均匀地分布顶点，并通过直线连接最近顶点。这样以一个规则的网格网络形式提供了一个区域离散化，其缺点是，没有充分考虑船舶的特性，如旋回半径、操纵性等，由此产生的航路几乎是不能航行的。此外，如果网络中顶点的数量很少，那么航路可能远离最优解，随着顶点数量的增加，航路可能会变为一条 Z 型航线。

本节生成的网络考虑了船舶技术和操作的限制。因为一些随机过程影响了它的产生，所以网络是不规则的。顶点不是通过直线连接，而是由两条直线段和两条对称的旋回曲线连接而成，这样可以保证航迹平滑，便于对船舶的控制。下面给出了寻找船舶航迹的算法。

输入：起点 P 以及终点 Q，航行区域，船舶的性能数据，危险物标区域。

输出：从 P 到 Q 的航迹 $\gamma(t)$。

(1) 对起点 P 和终点 Q 编辑顶点 v_P 和 v_Q。

(2) 初始化顶点集合 $V:=\{v_P,v_Q\}$和边界集合 $E:=\phi$。

(3) 随机选择位置和方向，在操作区域中生成大量的点。

(4) 对于每一个点 A，编辑一个新的顶点 v_A，$V:=V\cup\{v_A\}$。

(5) 对于每一点对 (A, B)，按照以上算法，生成一条包括旋回曲线和直线段从 A 到 B 的可航航迹 $\gamma_{AB}(t)$。

(6) 检查 $\gamma_{AB}(t)$ 是否可航，如航迹完全在航行区域之内。

(7) 检查 $\gamma_{AB}(t)$ 是否安全，如航迹远离危险区域。

(8) 如果 $\gamma_{AB}(t)$ 可航并安全，则编辑一个新的边界 (v_A,v_B)，$c(v_A,v_B):=\int\left|\gamma'_{AB}(t)\right|\mathrm{d}t$，$E:=E\cup\{v_A,v_B\}$。

(9) 寻找下一个点，重复步骤 (4) ～ (8)，在网络 $G=(V,E,c)$ 中找到从 v_P 和 v_Q 的最短航路。

(10) 连接属于一条 P～Q 航迹 $\gamma(t)$ 的航路。

网络的顶点表示随机生成的点，每一条边界表示连接两个点的一条航迹段，每一条航路是一个航迹段的拼接。按照寻找船舶航迹算法，航迹段的构造保证了任何两条航迹之间的过渡是光滑的，确切地说，每条航路对应于一条二次连续可微曲线。

边界成本是直线段长度加上两倍旋回曲线弧长 $s=a\sqrt{\pi}T$ 得到的。如果必须找到一条航行时间最短的航路，边界成本则可以用航行此航迹段所需的时间来描述，此时间可以表示为通过一条旋回曲线时间 $2s/(v_0+v_1)$ 的两倍再加上通过直线段的时间。

图 7-20 表示网络生成的方法。从图中可以看出所生产的航迹段情况。该图中包括了点状碍航物(圆)、大片的碍航物(多边形)和其他障碍物。

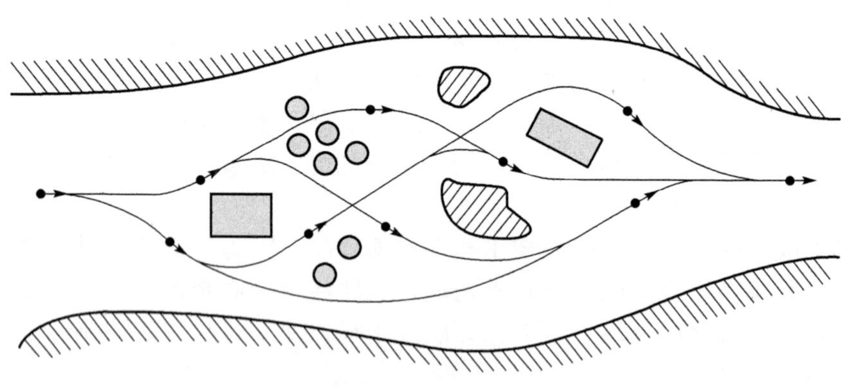

图 7-20　网络示意图

为了便于操作和使用，要求使用寻找船舶航迹算法时应该在短时间内提供一组解。因此，需要进一步提高算法运行的速度。

7.4.3 算法运行速度的提高

1. 相交程序

寻找船舶航迹算法中步骤(5)～步骤(7)耗费的时间最多，其中包括了大量航迹的生成和分析，但是检查生成的航迹是否可航和安全是十分关键的。能否可航意味着是否存在一条航迹完全位于航行区域的外边界之内(多边形)，并且不与碍航物(多边形)存在碰撞危险，安全检查则给出是否存在一条航迹通过一个点状碍航物(圆形)或者通过大面积的碍航物(多边形)。

因此，制定有效的方法来检查一个圆形同多边形航迹的交叉点。

输入：曲线 $\gamma(t)$，$0\leqslant t\leqslant T$，最小时间步长 Δt，最大速度或上限 $v_{\max}$，中心为 M_k，半径为 r_k 的圆集合 C_k。

输出：如果 $\gamma(t)$ 同圆相交，输出信息。

(1) $A:=\gamma(0)$ 和 $B:=\gamma(T)$ 分别为曲线的起点和终点。

(2) 计算曲线 $l:=\int_0^T|\gamma'(t)|\mathrm{d}t$ 的长度。

(3) 初始化圆集合 $C:=\phi$。

(4) 对于每一个圆 C_k，如果 distance(A,M_k)+distance$(M_k,B)\leqslant l+2r_k$，那么 $C:=C\cup\{C_k\}$。

(5) 如果 $C\neq\phi$，那么 $t:=0$，$i:=0$。

(6) 当 $t\leqslant T$ 时，$P_i:=\gamma(t)$，找到距 P_i 最近的圆 $C_k\in C$，并且 $d_i:=$distance$(P_i,M_k)-r_k$，如果 $d_i<0$，那么输出“相交”并且停止，$t_i:=d_i/v_{\max}$。

(7) 如果 $t_i<\Delta t$，那么 $t_i:=\Delta t$。

(8) $t:=t+t_i$，$i:=i+1$。

算法中第(4)步执行预选试验。构建了一个椭圆，焦点位于曲线的起点和终点，长直径等于曲线的长度 l。如果一个圆位于椭圆外，那么它肯定不能与曲线相交(图 7-21(a))。其他圆与曲线进行相交测试。

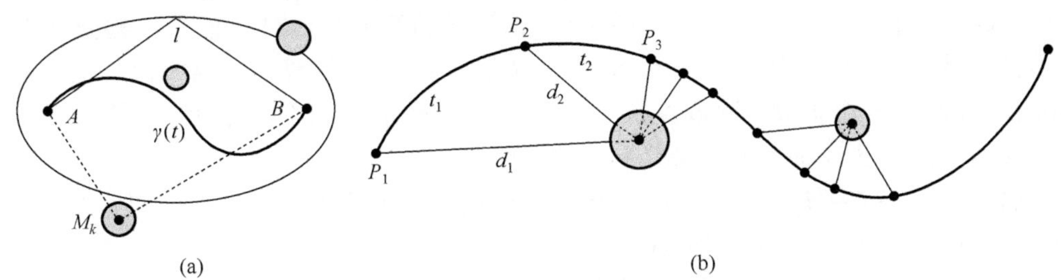

图 7-21　检查曲线和圆相交

本测试包括算法的步骤(5)～步骤(8)，如图 7-21(b)所示。确定从曲线的起点

$P_1=\gamma(0)$ 到所有圆的最小距离 d_1，然后，假定从 P_1 到圆是直线连接并且速度最大，那么 $t_1=d_1/v_{\max}$ 表示到达这个圆的最短时间。可以沿着曲线到与圆不相交的点 $P_2=\gamma(t_1)$ 重复上步的计算，直到到达曲线的末端或者圆内的一个点为止。在相交的情况下，通过引入一个最短时间步长 Δt 确保终止程序。在实际应用中可以忽略离散化误差。与多边形相交测试也以类似的方式进行计算。

2. 数据处理

进一步提高算法效率的方式有预处理和在线规划。预处理包括所有的准备工作，涵盖了所有先验可用信息的基本网络的生成。

构建一个有大量点(顶点)和可航航迹(边界)的网络。所有在航行区域内与障碍物相交的航迹都被清除，结果得到一个所有航迹可用并且可航的网络。由于在这个阶段没有考虑危险区域，因此航迹不一定是安全的。

细化网络以消除不相关的顶点和边界。只有那些位于从源顶点 v_P 到目标顶点 v_Q 的一条航路的顶点被保存。其他不用的顶点可以连同边界一起从网络中删除。因此，如果能够从源顶点 v_P 到达顶点 v_A，并且能够从顶点 v_A 到达目标顶点 v_Q，那么在网络中保存一个顶点 v_A。因此，可以确定出顶点集，此集合可以从源顶点 v_P 到达，同时，在反向网络中，顶点集可以从目标顶点 v_Q 到达。通过逆转所有边界的方向得到反向网络，如果一个网络 G 包括一个边界 (u,v)，那么 G 的反向包括边界 (v,u)，反之亦然。属于这两个集合的顶点保存在网络中，所有其他顶点被删除。在网络中寻找可到达的顶点集是图论中的一个基本问题。可以通过使用简单的图搜索算法有效解决，如深度优先搜索和广度优先搜索。

不同的操作区域的基本网络可以提前生成，并存储在数据库中。

3. 在线规划

在线规划考虑了有关危险的最新信息。与预处理阶段相反，通常在线规划阶段很快，计算运行时间很短。

一个简单的方法是将基本网络调整到当前场景，然后在更新的网络中找到一条最短航路，这样可以消除所有不与危险区域相交的边界(航迹)。但是，检查所有边界需要花费大量的时间，目前有大量的寻找最短航路的算法。A*算法是著名的 Dijkstra 算法的一个扩展，通过执行一个目标定向搜索，访问顶点和边界的数量要比其他搜索算法要少，而且更有效。A*算法如下[26]。

输入：网络 $G=(V,E,c)$，$c: E \to \mathbf{R}^+$，源顶点 v_P 以及目标顶点 v_Q，对每一个 $v\in V$ 而言，从 v 到 v_Q 的估计距离 $h(v)$。

输出：从 v_P 到 v_Q 的最短安全距离。

(1)每一个 $v\in V$，$d(v):=\infty$，$\pi(v):=\text{NIL}$(空)；

(2) $S:=\{v_P\}$，$d\{v_P\}:=0$；

(3) 当 $S\neq\phi$，找到 $u\in S$，$f(u)=d(u)+h(u)$ 最小；

(4) 如果 $u=v_Q$，那么停止；

(5) $S:=S\backslash\{u\}$；

(6) 每一个 $v\in V$，$(u,v)\in V$，检查边界 (u,v) 是否安全，如果 (u,v) 不安全，那么从网络中删除边界，$E:=E\backslash\{(u,v)\}$，否则如果 $d(v)>d(u)+c(u,v)$，那么 $d(v):=d(u)+c(u,v)$，$\pi(v):=u$；

(7) 如果 $v\notin S$，那么 $S:=S\cup\{v\}$。

算法对第 (6) 步进行了修改。根据上面提及的圆形和多边形相交算法，检查边界是否安全。

$d(v)$ 是一个顶点 v 到源顶点 v_P 的距离。$\pi(v)$ 是从 v_P 到 v 的最短航路中的点集合。通过迭代建立序列 v_Q，$\pi(v_Q)$，$\pi(\pi(v_Q))$，…得到从 v_P 到 v_Q 的最短航路，直到到达源顶点 v_P 为止，并且颠倒顺序，航路长度为 $d(v_Q)$。

A*算法通过快速访问第一个顶点遍历网络。为了找到最突出的顶点，给每个顶点 v 分配一个 $f(v)$ 值。通过顶点 v 估计从源顶点到目标顶点的航路长度。该算法总是选择 f 最小值的顶点，这就实现了一个目标定向搜索。

在预处理阶段通过在源顶点为 v_Q 的反向网络中使用 Dijkstra 算法计算距离。设定所有顶点 $v\in V$，$h(v)=0$，A*算法变成了 Dijkstra 算法。如果忽略第 (4) 步的终止条件，那么得到从网络的源顶点到所有其他顶点的最短航路。

7.4.4　计算结果

图 7-22 给出了从海上航行到港口区域的一条安全航路，右下角的点为出发点，左上角的点为目标点，图中共有两块大面积的碍航物以及数个不同安全半径的孤立点状碍航物。

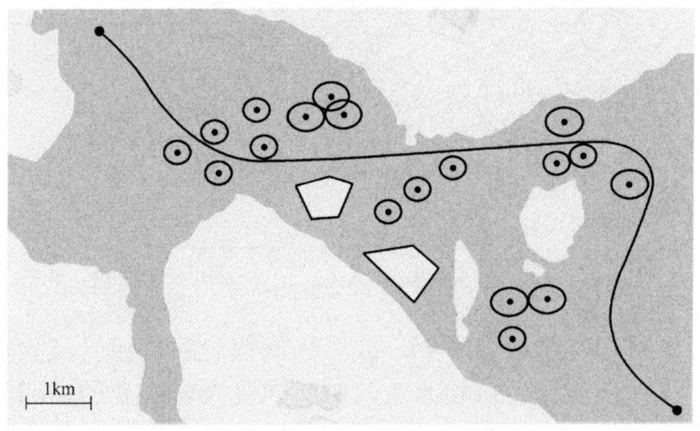

图 7-22　通过碍航物的一条安全航路

图 7-23 描述了在一种简单环境下的航路，图中有 10 个孤立点状碍航物和两块大面积的障碍物。模拟的船舶为某商船，旋回圈直径为 1090m。通过本算法得到一条较短的航路，另一条航路是应用 Szczerba 等[27]提出的实时航路规划算法得到的航路，此算法依赖于一个规则的网格离散化。

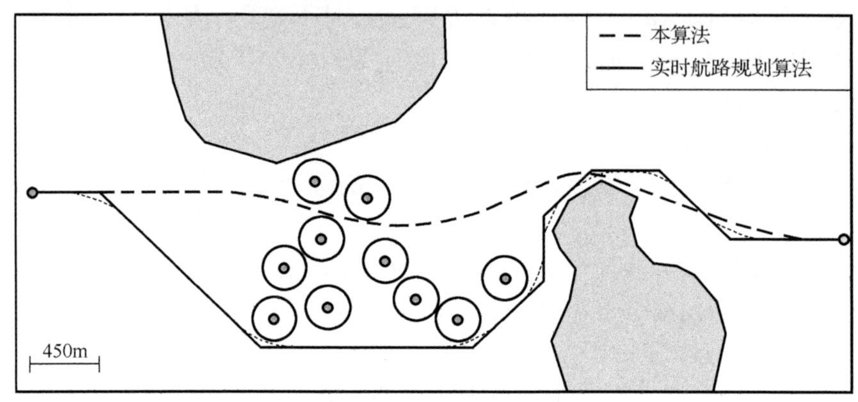

图 7-23　通过不同航路规划算法得到的安全航路

图 7-24 描述了本小节提出的航路规划算法的两个不同风险阈值的结果，目的是尽量减少航行时间。该方案涵盖了 4km×3km 的航行区域，有五块大面积的碍航物和大量的孤立点状碍航物。小圆对应于一个可接受的高风险，大圆对应于较低的风险。

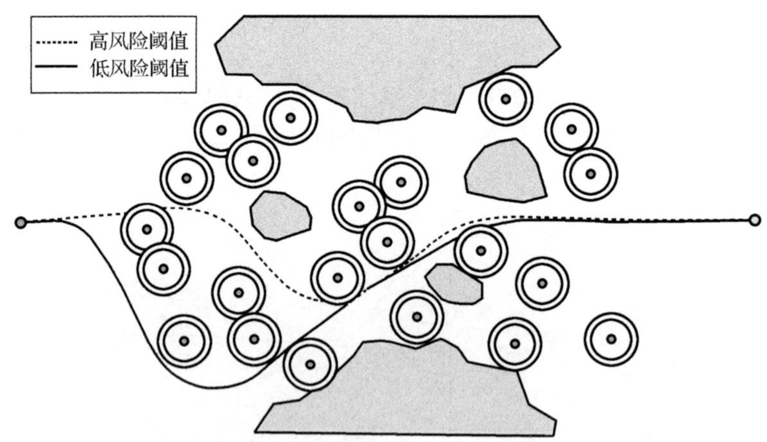

图 7-24　高风险阈值以及低风险阈值安全航路

经验表明，如果碍航物数量增加，或者降低危险的可接受风险，计算的航路会频繁地转向。从实际角度看，持续改变船舶航向是没有必要的，因为转向较少的航路更加容易准确地执行，而且当穿越受碍航物影响的区域时，导航精度是至关重要的；另一个原因就是不要让船舶和船员承担过大的工作压力。因此，在这种情况下，必须要进行优化。不需要最大限度地减少航行长度或航行时间，而且要求最大限度地减少操作次数。

由于每个航路意味着一个单一的操纵，从起点到终点的航路中，边界的数量同航路中操纵的次数是相同的。将网络中边界成本变为常数值 1，并确定一条边界最少的航路，此过程通过使用修改的 A*算法来完成。在基本网络中 $h(v)$ 是一条从 v 到目标点航路中的最少边界数。在预处理阶段使用一个简单的广度优先搜索来计算 $h(v)$。

图 7-25 中描述了最短航路和最少操纵次数航路。基本网络由 4000 个顶点和 500000 个边界组成。预处理时间约为 3.1min，在线规划时间稍大于 1s。

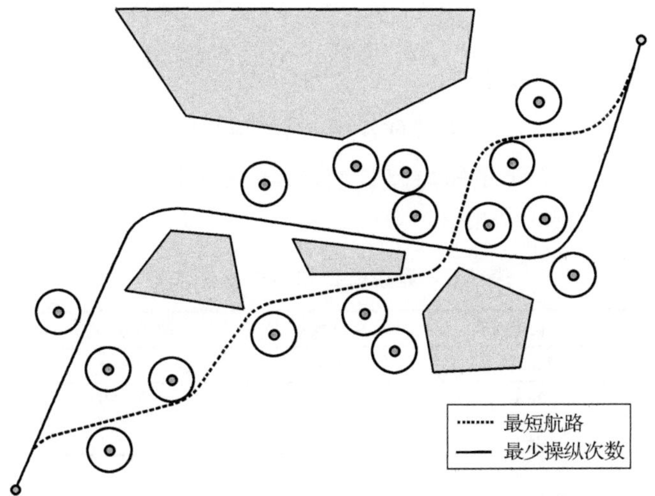

图 7-25　长度较短和操纵次数较少的安全航路

为了评价该算法的性能，在随机生成的场景下进行测试。航行区域为 6km×4.5km，大量的点状碍航物随机分布在这一区域内，点状碍航物的安全半径为 200m。模拟的船舶的航速为 22kn，旋回直径为 580m。

表 7-4 中列出了网络大小对解的质量的影响以及同所需要计算时间的关系。结果为 10 个随机场景的平均值，其中每个场景有 50 个随机分布的孤立点状碍航物。边界数是指在预处理阶段生成的基本网络，边界对应的航路是可航的，但不一定安全。目标是尽量减小航路长度。如果网络的密度增加则长度减少。利用一个简单的经验法则，在精度和处理时间之间每平方千米 300 个顶点是合理的。

表 7-5 中包含了不同优化目标的结果。航路越短，操纵的次数越多。同时，一条较少操纵次数的航路通常很长。在缩短航路长度和减少操纵次数之间的优化，可以通过优化长度和操纵次数的线性组合来实现。通常的方法是计算所有边界的平均长度：

表 7-4　增加网络数量的计算结果

顶点数	2000	4000	6000	8000	10000
边界数	471868	1904895	4267466	7602529	11878617
航路长度/m	8370	8143	7765	7687	7642
预处理/min	1.3	5.2	12.5	22.1	35.7
在线规划	0.8	2.5	5.0	8.3	16.2

$$\overline{c}=\frac{1}{|E|}\sum_{(v_A,v_B)\in E}c(v_A,v_B) \tag{7-56}$$

并且定义一个边的长度率为

$$c^*(v_A,v_B)=\frac{c(v_A,v_B)}{\overline{c}} \tag{7-57}$$

用于优化的权重边界成本是

$$\alpha\cdot c^*(v_A,v_B)+(1-\alpha)\cdot 1 \tag{7-58}$$

参数$\alpha\in[0,1]$，$\alpha=1$ 表示最短航路长度，$\alpha=0$ 表示最少操纵次数。图 7-26 为$\alpha=1$，$\alpha=0$，$\alpha=0.5$ 时得到的试验结果。

表 7-5　最短航路和最少操纵次数

点状碍航物数量	航路长度/m	操纵次数	航路长度/m	操纵次数
50	7642	6.8	9454	3.2
60	7746	7.7	9479	4.1
70	7810	8.0	9707	4.6

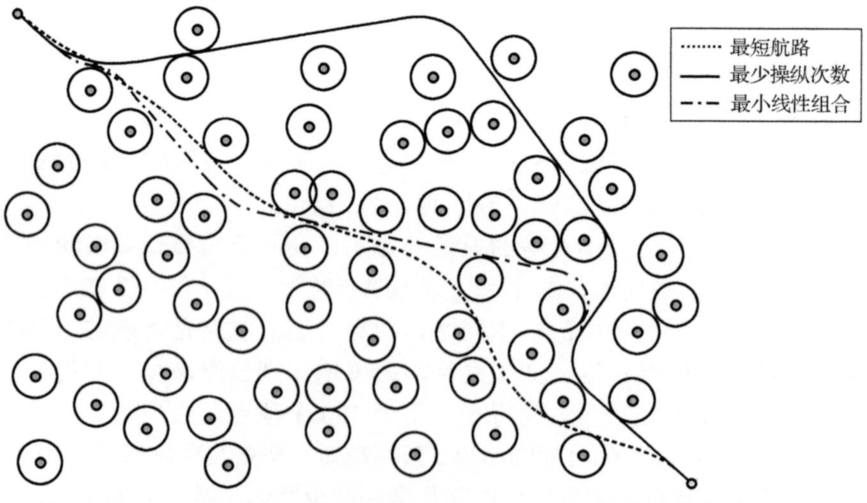

图 7-26　最短航路、最少操纵次数以及最小线性组合的安全航路

7.5　船舶操纵决策支持系统

7.5.1　船舶操纵决策支持系统概述

在海上避碰态势下的决策支持系统必须要求满足以下要求：

(1) 能够避让静态障碍物和动态障碍物；

(2) 满足国际海上避碰规则；

(3) 接近实时操作；

(4) 考虑船舶的动态属性。

船舶操纵决策支持系统的解必须可靠并且能够根据目标船的运动参数的变化做出快速反应，同时要求必须在短时间内给出一个合适的解。

在使用船舶操纵决策支持系统解决船舶安全航迹规划问题时，航行环境应包括静态障碍物和动态障碍物。静态障碍物一般包括岛屿、陆地、礁石等。动态障碍物指目标船，为了确保在避碰操作期间船舶之间的安全距离应考虑船舶领域，图 7-27 给出了一种典型动态障碍物，使用六边形模拟船舶领域。

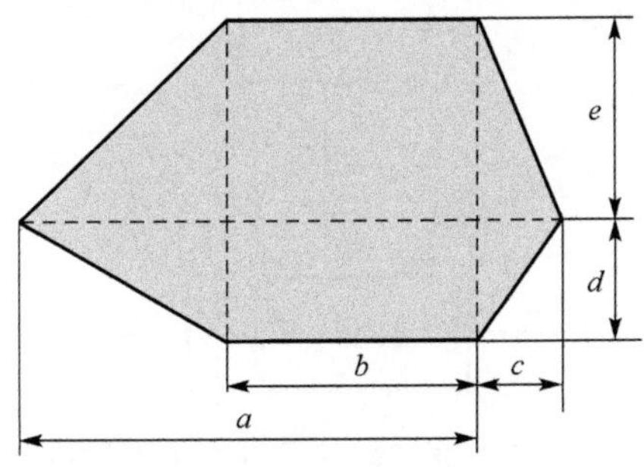

图 7-27　典型动态障碍物

在船舶操纵决策支持系统中进行以下假设：

(1) 目标船保速保向；

(2) 尽管已经考虑了包括操纵的时间在内的本船动态属性，也应加入船舶运动数学模型(7-59)；

(3) 船舶操纵过程看作一次避碰操作过程并返回到一条给定的航迹终点。

$$\begin{cases} \dot{x}_1 = V \cdot \sin\psi(t) \\ \dot{x}_2 = V \cdot \cos\psi(t) \\ \dot{x}_{2j+1} = V_j \cdot \sin\psi_j(t) \\ \dot{x}_{2j+2} = V_j \cdot \cos\psi_j(t) \end{cases} \tag{7-59}$$

在船舶运动数学模型中，V 是本船速度，ψ 是本船航向，V_j 是第 j 个目标船的速度，ψ_j 是第 j 个目标船的航向，$j=1,\cdots,n$，n 为目标船数量，$x_1=L_o$，$x_2=\lambda_o$，$x_{2j+1}=x_j$，$x_{2j+2}=y_j$，其中，L_o 和 λ_o 是船舶的经度和纬度。

本船的动态属性主要考虑了计算船舶在航向变化过程中所需的操纵时间，其中操纵时间与当前舵角 α，船舶速度 V，载重情况 L 有关。

7.5.2 船舶操纵决策支持系统结构

船舶操纵决策支持系统是一个咨询系统，在海上存在碰撞危险时为船舶驾驶员提供决策支持，并给出碰撞态势的解决方案。系统包括以下模块：

(1) 数据输入模块；

(2) 数据库模块；

(3) 航迹库算法模块；

(4) 解输出模块。

船舶操纵决策支持系统详见图 7-28。

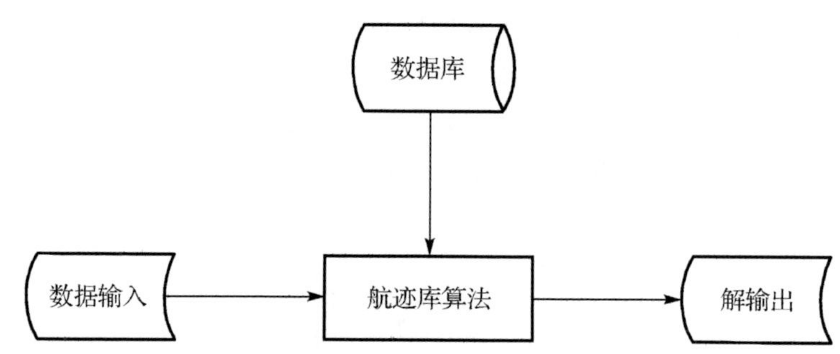

图 7-28　航迹库算法船舶操纵决策支持系统框图

数据输入模块是一个接收数据的接口，主要接收当前航行状态的数据，包括：本船的航向和速度；目标船的航向、速度、方位、距离；静态障碍物；决定船舶领域大小的气象条件。这些数据可以通过 GPS、AIS、雷达、计程仪、测深仪、电罗经等设备输入。

解输出模块是一个提供给用户的数据输出的接口，数据包括由连续航路点组成的一条船舶航迹图形、每一条航迹段的航向、航迹的长度、船舶到达终点所需的时间。

船舶决策支持系统的核心部分是航迹库算法，此算法为一个确定性算法。基本思路为搜索数据库找到碰撞态势的最优解的过程，最优解指在函数最小化情况下适应度函数的极小值以及函数最大化情况下适应度函数的极大值。适应度函数可以优化一个准则，如最短航路、到达最终航路点的最短时间、平滑航路；也可以考虑多个准则。

数据库模块是一个包括所有航迹解的数据库。使用算法评价并且得到最优解，此解为指定输入数据的适应度函数的最小值。出于方便考虑，在定义解空间中的遗传算法基础上生成一组随机初始航迹解，为了找到最优解需要修改和评价这些航迹。在数据库中存储了一组航迹解，并且通过搜索在数据库中存储的这组航迹解找到最终的最优解。数据库中存储的航迹解按照适应度函数值的优劣顺序进行存储，最优航迹为适应度函数最小值的航迹。

本方法假定将连续解空间转换为一个离散解空间，生成几组基于不同规则的航迹并保存在数据库中。数据库的生成过程详见文献[4]。

7.5.3　航迹库算法

首先要计算每一个目标船的相对航向，相对速度和相对方位。之后，从数据库中调用第一条航迹进行评价。

评价过程是将一条航迹分成若干段，这样一条航迹的评价就分为若干个步骤。对于每一个步骤，算法都要检查本船和目标船是否存在碰撞危险，如果有碰撞危险，弃用此航迹并且从数据库中调取下一条航迹进行评价。在评价过程期间，计算本船的瞬时位置时需要考虑船舶的动态属性。

数据库中存储的航迹按照适应度函数值由小到大的顺序进行存储，最优航迹为适应度函数值最小的航迹。使用适应度函数定义航迹长度，即 $\sum_{i=1}^{k-1}\sqrt{(x_{i+1}-x_i)^2+(y_{i+1}-y_i)^2}\rightarrow\min$（一条航迹的长度为 k–1 条线段长度的总和），其中，k 是航路点的数量。使用航路点坐标（L_o 和 λ_o）计算一条连接两个航路点线段的长度。

当算法满足最优航迹并没有超出约束条件时，停止选择过程，并将该解送给解输出模块。在航迹的每一条航迹段中计算出本船航向，并将航迹的长度和本船到达终点的时间发送给解输出模块。

在航迹库算法（trajectory base algorithm，TBA）中，利用一个适应度函数评价每一个解，之后，算法评价航迹是否满足国际海上避碰规则，以及是否超出静态和动态条件约束。确保目标船领域的形状和尺寸符合国际海上避碰规则。

由于数据库中存储了大量的航迹，但不用全部评价这些航迹，因此节省了大量的时间。在数据库中以多种方式存储解，可以使用不同的适应度函数进行评价。算法详细见图 7-29。

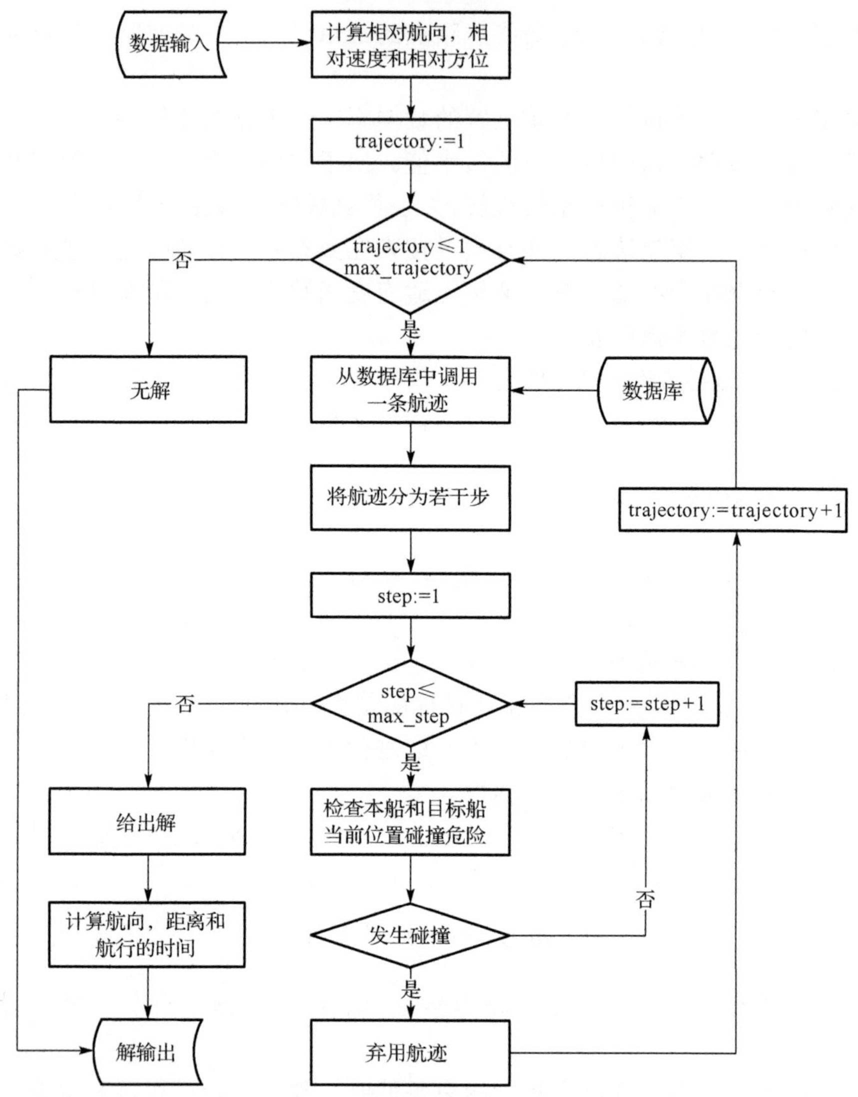

图 7-29　航迹库算法流程图

7.5.4　模拟结果

为了说明算法的优越性，同 ACO 算法[28]进行比较。蚁群优化算法使用的计算参数为：τ_0=1，ρ=0.1，α=1，β=2，iterations=20，ant_number=10。目标船的领域大小为 a=1.3n mile，b=0.6n mile，c=d=0.5n mile，e=0.6n mile。

实例 1 为本船和 3 个目标船的交叉会遇局面，详见图 7-30(a)～(e)。表 7-6 给出了船舶的航行数据。图 7-30(f)和表 7-7 给出了 ACO 算法和航迹库算法的结果比较，从结果中可以看出基于本算法的结果明显优于基于 ACO 算法的结果。航迹长度相差了将近 1n mile，计算时间相差更大，基于 ACO 算法的计算时间大约是本算法计算时间的 50 倍。

表 7-6　航行数据

船舶	航向/(°)	速度/kn	方位/(°)	距离/(n mile)
OS	130	17.0	—	—
TS_1	44	9.0	162	4.5
TS_2	43	20.0	182	3.5
TS_3	45	12.5	176	7.0

表 7-7　实例 1 的结果

算法	航迹长度/(n mile)	本船航向/(°)	计算时间/s
ACO 算法	10.48	175，103，85，130	47～60
本算法	9.51	175，130，119	1.2

图 7-30(a)～(e) 为本船(OS)和目标船(TS)在各个转向点的瞬时位置。

实例 2 为本船和 5 个目标船的交叉会遇局面，详见图 7-31。表 7-8 给出了船舶的航行数据。图 7-32 和表 7-9 给出了基于 ACO 算法和本算法的结果比较。实例 2 和实例 1 具有类似的结果。本算法航迹由 3 个航向组成，其长度比基于 ACO 算法短了 1.08n mile，而基于 ACO 算法的航迹需要 4 次变向，基于 ACO 算法的计算时间几乎是本算法的 100 倍。

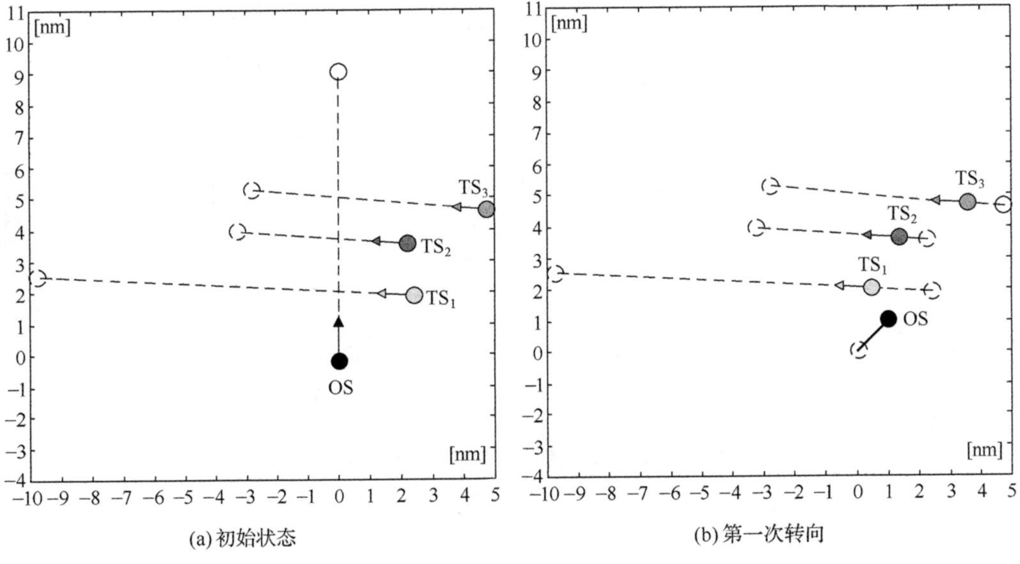

(a) 初始状态　　(b) 第一次转向

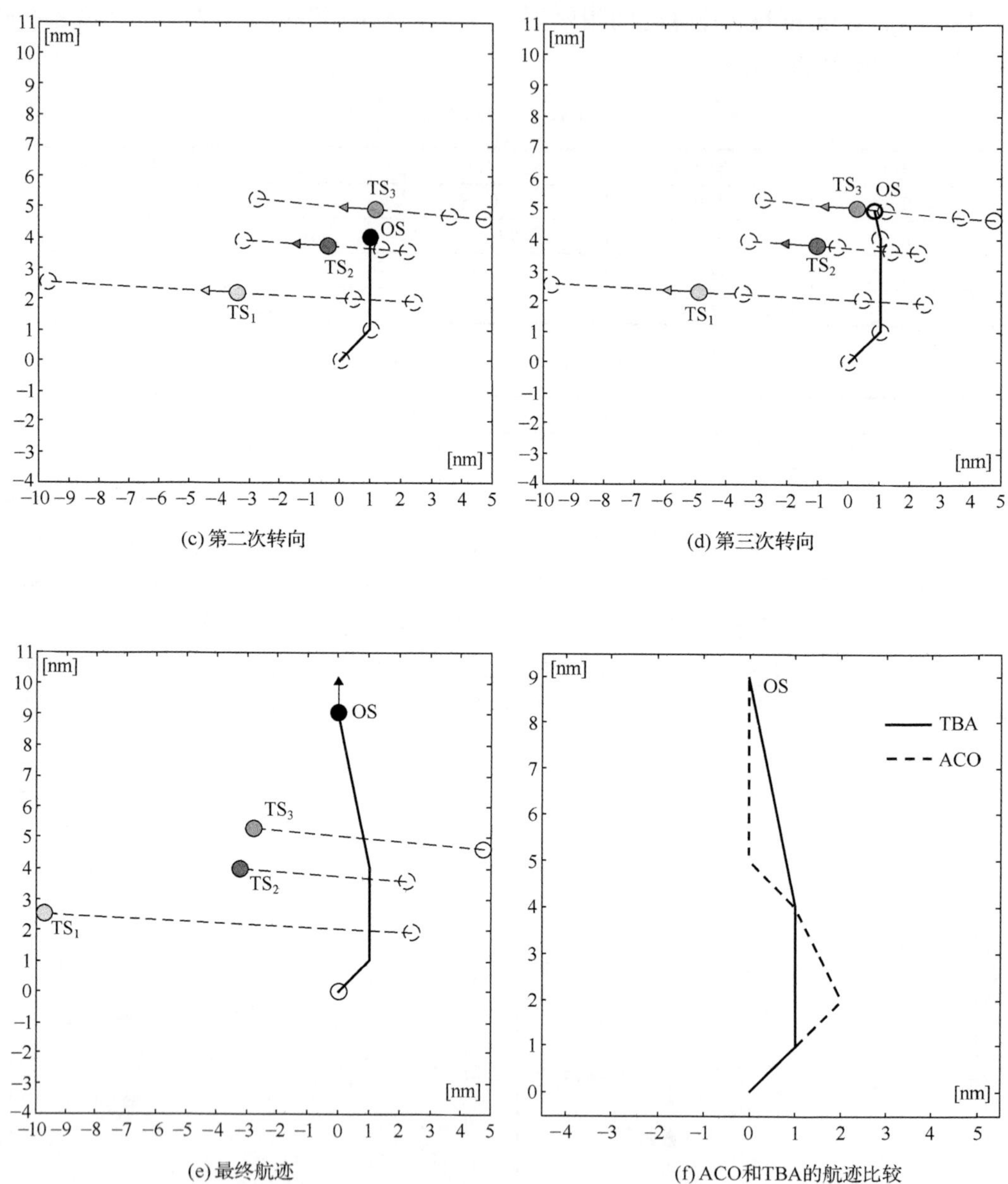

图 7-30　实例 1 的航迹解模拟过程和算法比较

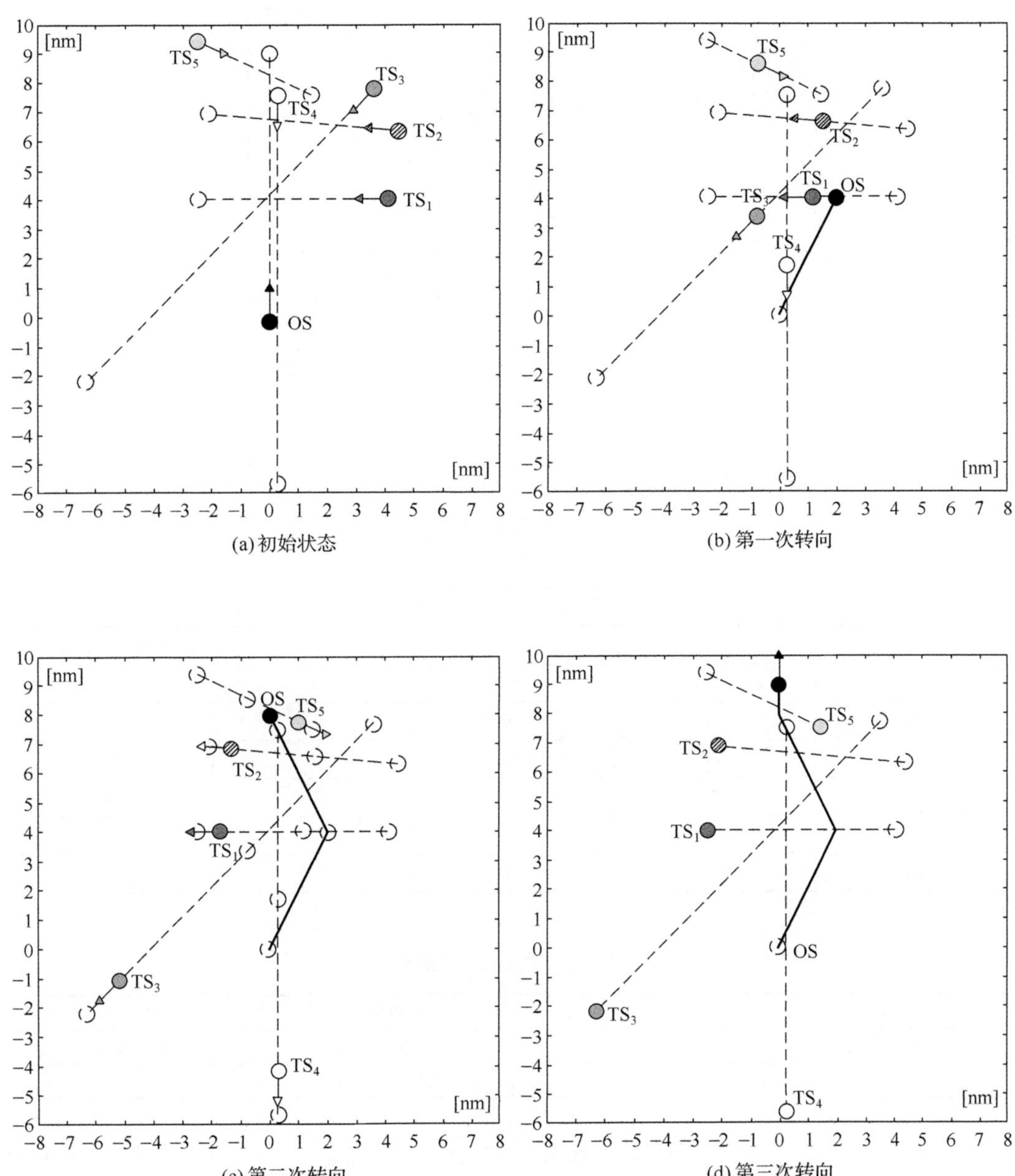

图 7-31　实例 2 的航迹解模拟过程

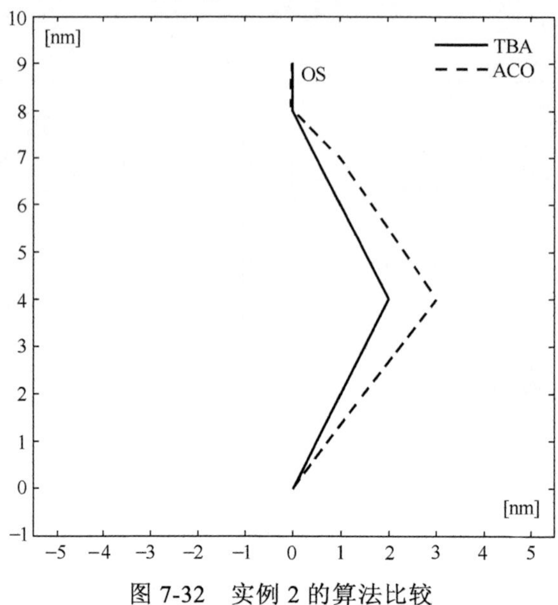

图 7-32　实例 2 的算法比较

表 7-8　航行数据

船舶	航向/(°)	速度/kn	方位/(°)	距离/(n mile)
OS	0	12.0	—	—
TS_1	270	7.5	45	6.0
TS_2	180	15.0	2	8.0
TS_3	225	16.0	25	9.0
TS_4	275	7.5	35	8.0
TS_5	115	5.0	345	10.0

表 7-9　实例 2 的结果

算法	航迹长度/(n mile)	本船航向/(°)	计算时间/s
ACO 算法	11.02	37，326，315，0	100～170
本算法	9.94	27，333，0	1.77

实例 3 用于验证本算法避让静态障碍物的能力，包括本船和 3 个目标船和 1 个岛屿，详见图 7-33。表 7-10 给出了船舶的航行数据。图 7-34 和表 7-11 给出了基于 ACO 算法和本算法的结果比较。两个航迹都是可行的，本算法航迹由 3 个航向组成，其长度比基于 ACO 算法短了 0.38n mile，而基于 ACO 算法的航迹需要 4 次变向；基于 ACO 算法的计算时间几乎是本算法的 80 倍。

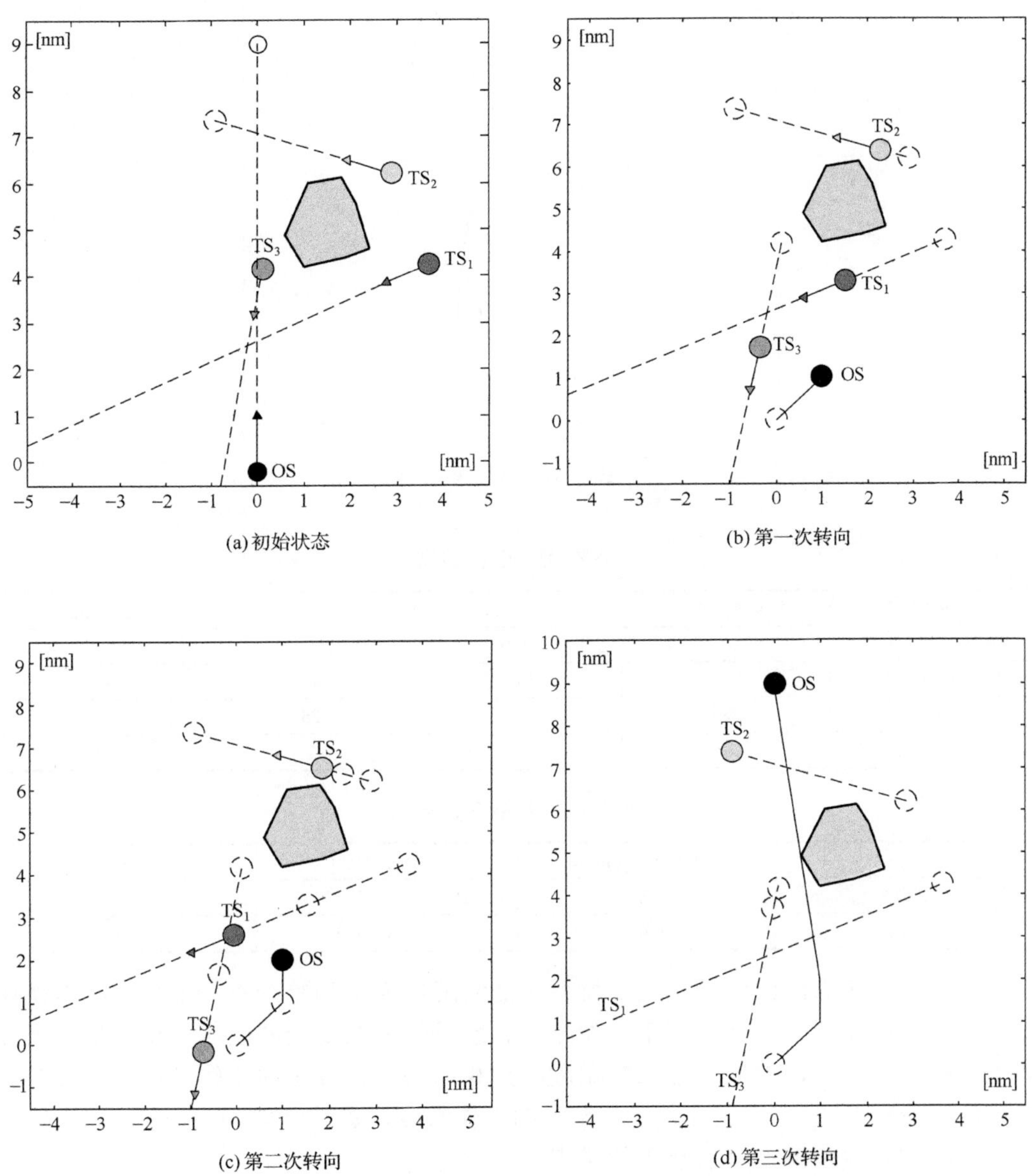

图 7-33　实例 3 的航迹解模拟过程

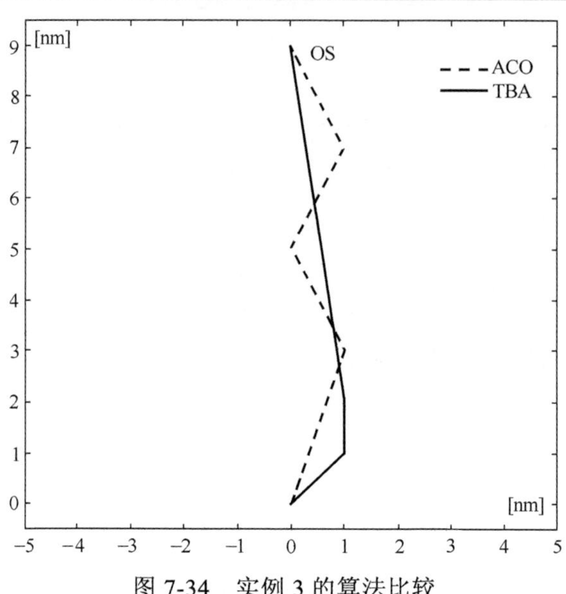

图 7-34　实例 3 的算法比较

表 7-10　航行数据

船舶	航向/(°)	速度/kn	方位/(°)	距离/(n mile)
OS	0	10.0	—	—
TS_1	246	15.0	41	6.0
TS_2	287	4.0	25	7.0
TS_3	191	16.0	2	4.6

表 7-11　实例 3 的结果

算法	航迹长度/(n mile)	本船航向/(°)	计算时间/s
ACO	9.87	18，333，27，333	60
本算法	9.49	45，0，352	0.76

基于航迹库算法的船舶决策支持系统能够解决简单和复杂态势下静态障碍物和动态障碍物的避碰。一条由若干个航路点和航段组成的安全的船舶航路满足了国际海上避碰规则。算法对同一输入数据收敛到相同解，计算时间比较满意，即使在复杂环境下没有超过 2s。它具有近于实时的操作特点。算法性能同 ACO 算法比较，在计算时间和最优解上具有显著的优点。

7.6　小　　结

在船舶智能避碰领域，已经进行了相当多的研究，船舶智能避碰的研究和开发设计，不仅能够有效地解决当前航海领域内所面临的问题，保证船舶航行的安全，带来显著的经济效益，同时，对提高我国船舶现代化、自动化水平，增强舰船战斗力也有着十分积极的意义。首先，本章分别给出基于神经网络、遗传算法和模糊逻辑三种方法的仿真研究结果。然后，提出了一种网络优化方法，该方法的关键在于生成一个特殊的适用于船舶操纵性的随机网络，在网络中对应于平滑航迹的航路由直线段和回旋曲线组成；本方法允许设置航迹约束，包括回转半径约束，以及避免长时间的频繁小角度转向约束等；使用一般最短航路方法，避免风险区域高于一个给定的阈值从而确定航路；考虑到减小航路长度、缩短航行时间、减少操纵次数等不同的目的，使用适当的成本定义边界；本方法具有启发式的性质，解的质量随着网络密度的增加而提高。最后，给出了一种船舶操纵决策支持系统。在考虑复杂环境中静态和动态障碍物的前提下给出了安全、最佳的航路规划；利用航迹开发的数据库，通过搜索，以找到所需的解决方案；模拟计算结果验证了本船舶操纵决策支持系统的有效性。

参 考 文 献

[1] 郑中义, 吴兆麟. 船舶避碰决策. 大连：大连海事大学出版社, 2000.

[2] 孙立成. 船舶避碰决策数学模型的研究. 大连：大连海事大学, 2000.

[3] 薛贤杰. 船舶避碰智能决策系统与三维显示的应用. 大连：大连海事大学, 2006.

[4] Lazarowska A. A new deterministic approach in a decision support system for ship's trajectory planning. Expert Systems with Applications, 2017, 71:469-478.

[5] Goodwin E M. A statistical study of ship domains. Journal of Navigation, 1975, 28(3):328-344.

[6] Davis P V, Dove M J, Stockel C T. A computer simulation of marine traffic using domains and arenas. Journal of Navigation, 1980, 33(2):215-222.

[7] He Y, Huang L, Xiong Y, et al. The research of ship ACA actions at different stages on head-on situation based on CRI and COLREGS. Journal of Coastal Research, 2015, 73:735-740.

[8] 李丽娜, 杨神化, 曹宝根, 等. 船舶避碰智能决策自动化研究. 集美大学学报(自然科学版), 2006,11(2): 188-192.

[9] 柳国建. 基于 CAN 总线的船舶机舱综合监控网络关键技术研究. 大连：大连海事大学, 2013.

[10] Hasegawa K, Kouzuki A. Automatic collision avoidance system for ships using fuzzy control. Journal of the Kansai Society of Naval Architects Japan, 1987:1-10.

[11] James M K. Modelling the decision process in computer simulation of ship navigation. Journal of Navigation, 1986, 39(1):32-48.

[12] Lazarowska A. A new deterministic approach in a decision support system for ship's trajectory planning. Expert Systems with Applications, 2017, 71:469-478.

[13] Tam C, Bucknall R. Cooperative path planning algorithm for marine surface vessels. Ocean

Engineering, 2013, 57: 25-33.

[14] Xue Y, Clelland D, Lee B S, et al. Automatic simulation of ship navigation. Ocean Engineering, 2011, 38(17):2290-2305.

[15] Perera L P, Carvalho J P, Soares C G. Bayesian network based sequential collision avoidance action execution for an ocean navigational system// IFAC Conference on Control Applications in Marine Systems, 2010.

[16] Tam C K, Bucknall R. Path-planning algorithm for ships in close-range encounters. Journal of Marine Science & Technology, 2010, 15(4):395-407.

[17] Lisowski J. Comparison of dynamic games in application to safe ship control. Polish Maritime Research, 2014, 21(3):3-12.

[18] 今津华马. 评价碰撞危险度的方法. 航海, 1984,80:55-62.

[19] 杨盐生. 船舶避碰动态系统数学模型的研究. 大连海事大学学报, 1995, 21(1):30-36.

[20] 张闯. 基于组合导航数据的欠驱动船舶航迹规划及滑模控制研究. 大连:大连海事大学, 2016.

[21] 孙凯. 一种基于人工神经网络和模糊数学的多船避碰综合决策方法的研究. 大连:大连海事大学,1994.

[22] Smierzchalski R, Michalewicz Z. Modeling of ship trajectory in collision situations by an evolutionary algorithm. IEEE Transactions on Evolutionary Computation, 2000, 4(3):227-241.

[23] 应士君, 施朝健, 杨神化. 基于 Bayes 模型的遗传算法在避碰航路设计中的应用//2005 全国博士生学术论坛, 2005.

[24] 杨宝璋, 石爱国, 蔡烽, 等. 舰船避碰自动化系统. 海军工程大学学报, 2001, 13(4):57-62.

[25] Mohovic D, Mohovic R, Rudan I. Ship track and speed model in case of steering gear breakdown with rudder remaining fix at non zero angle. Brodogradnja, 2012, 63(2):117-124.

[26] Fagerholt K, Heimdal S I, Loktu A. Shortest path in the presence of obstacles: An application to ocean shipping. Journal of the Operational Research Society, 2000, 51(6):683-688.

[27] Szczerba R J, Galkowski P, Glicktein I S, et al. Robust algorithm for real-time route planning. IEEE Transactions on Aerospace & Electronic Systems, 2000, 36(3):869-878.

[28] Liu H, Liu S, Zhang L. Study and simulation on intelligent multi-ship collision avoidance strategy. Journal of Computational & Theoretical Nanoscience, 2016, 13(1):194-201.

第 8 章　欠驱动自主式水下航行器的运动智能控制

8.1　概　　述

如何有效地开发海洋资源和保证海洋安全已成为 21 世纪最重要的问题之一，世界各海洋强国都在高度关注并积极进行水下航行器的开发[1-4]。海洋环境与陆地存在较大差异，其自然环境十分恶劣，不仅有变幻莫测的海风、海浪和海流，而且随着海水深度的增加，压力和温度不断变化，使得人类的海上作业活动面临诸多挑战[5-7]。潜水器(或潜器)是目前人类开展海上水中作业最为有效的手段。潜水器可分为载人潜水器和无人潜水器；其中，无人潜水器按照控制方式的不同可分为遥控式潜水器(ROV)和自主式水下航行器(AUV)。自主式水下航行器(以下简称航行器或 AUV)也称为无缆式水下机器人，是一种无须母船伴航、自带能源、自主导航、自主航行、自主作业的无人潜水器[8,9]。相较于载人潜水器，无人潜水器具有成本低廉、安全性高、适用性好等特点；而相对于 ROV，AUV 具有不受连接电缆的限制、活动范围更广、航行速度更快、作业更加灵活、自主化程度更高等优点，是未来水下无人航行器(UUV)的重要发展方向[9]。随着微电子技术、计算机技术、水声传感器技术、海洋工程材料技术以及海洋航行器控制技术等不断进步，AUV 的可靠性不断提高、造价不断降低、自主化不断提高、作业领域不断拓展。因此，AUV 及其应用业已成为海洋工程领域的研究热点之一。

随着各海洋强国不断加强海洋开发力度，AUV 技术取得了长足的进步，其应用范围也得以空前拓展。鉴于 AUV 具有造价低廉、结构简单、无须母船伴航、隐蔽性好、噪声辐射小等优点，并且可以搭载多种任务负载执行自主作业任务，所以其可以满足海洋中的工程领域、科研领域以及军事领域中的不同任务的需求[8-11]。因而，世界海洋强国纷纷加入到 AUV 及其应用技术的研发队伍之中。美国先后分别于 1988 年、1994 年、1996 年、2000 年、2004 年、2009 年、2011 年发布了七个版本的军用 AUV 发展规划，明确了 AUV 应具有的能力、技术发展方向以及任务需求等[8,9]。欧洲防务局于 2011 年发布了《海洋无人系统的方法论和协同路线图》。我国的《国家中长期科学和技术发展规划纲要(2006—2020 年)》和 863 计划、973 计划也均将海洋无人航行器技术及其应用技术作为重要的前沿技术之一。

近年来，随着 AUV 技术逐渐成熟，美国、俄罗斯、英国、日本、挪威等海洋强国已经研发并部署了多种型号的 AUV，用于执行海洋资源勘探、海洋科学调查、海底结构物探查、海上搜救和打捞、军事情报侦察、军事海洋水文/气象调查、布雷、扫雷、载荷输送、信息战等使命任务[9]。国外主要从事 AUV 研制的科研机构有美国海军研究生院(NPS)、美国海军水下作战中心(NUWC)、美国海军研究局(ONR)、美国海军空间和海战系统中心(SPAWAR)、美国国防高级研究计划局(DARPA)、麻省理工学院、伍兹霍尔海洋研究所(WHOI)、波音公司、通用动力公司、蓝鳍金枪鱼机器人公司、俄罗斯海洋技术研究所、英国南安普顿海洋研究中心、英国 BEA 系统公司、挪威科技大学、康士伯海事公司(Kongsberg Maritime)、东京大学、日本海洋科学技术中心等[6]。目前，在已经实际部署的数百条 AUV 中，比较有代表性的 AUV 有：挪威康士伯海事公司研制的 HUGIN 系列 AUV，如图 8-1 所示；美国伍兹霍尔海洋研究所开发的 REMUS 系列 AUV，如图 8-2 所示；美国蓝鳍金枪鱼机器人公司(Bluefin Robotics)研制的“蓝鳍金枪鱼”系列 AUV，如图 8-3 所示；英国南安普顿海洋研究中心研制的 AUTOSUB 系列 AUV，如图 8-4 所示。2003 年，美国海军第一特种清扫大队在伊拉克乌姆盖茨尔港(Umm Qasr)的外海利用 REMUS-100 型 AUV 清扫第一次海湾战争所遗留下的水雷。2014 年 4 月 14 日起，美国海军的“蓝鳍金枪鱼-21”型 AUV 被用于搜索失事的马航 MH370 的残骸和黑匣子。相较于西方海洋强国，我国的 AUV 研制工作起步较晚，相关技术存在较大差距。但是，随着海洋强国战略的确立，国内相关科研机构逐步加大 AUV 研制开发力度，使得国内 AUV 技术取得了长足的进步。

(a)

(b)

图 8-1　挪威康士伯海事公司研制的 HUGIN 系列 AUV

(a)

(b)

图 8-2　美国伍兹霍尔海洋研究所开发的 REMUS 系列 AUV

(a)

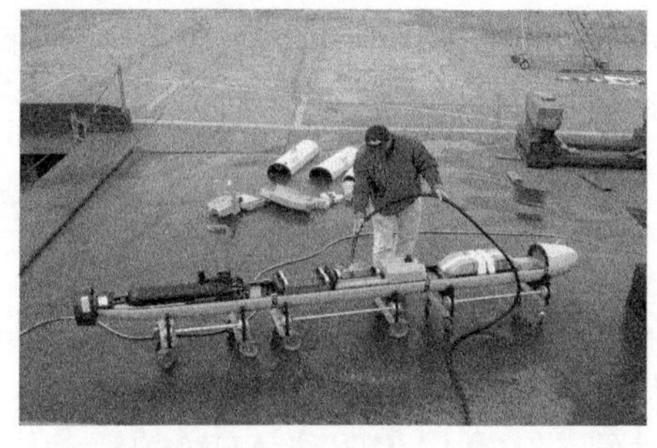
(b)

图 8-3　美国蓝鳍金枪鱼机器人公司研制的“蓝鳍金枪鱼”系列 AUV

(a)

(b)

图 8-4　英国南安普顿海洋研究中心研制的 AUTOSUB 系列 AUV

目前，AUV 技术虽然已经取得了长足的进步，但是其发展仍然面临诸多挑战，急需高精度水下导航技术、高性能水声通信技术、高效的运动控制技术、智能化自主控制技术等提高航行器的作业性能[9]。其中，航行器的运动控制技术是确保其完成各种复杂使命任务的基础。航行器只有在高精度、高效率、强鲁棒的运动控制算法作用下才能保证其在无人干预的条件下执行自主作业任务。根据航行器的运动控制执行机构配置情况，其可以被分为欠驱动 AUV、全驱动 AUV 和过驱动 AUV。欠驱动 AUV 是指其运动控制系统的控制输入所张成的向量空间的维数(n_c)小于其位形空间的维数(m_c)；当 $n_c=m_c$ 时，其被称为全驱动 AUV；当 $n_c>m_c$ 时，其被称为过驱动 AUV[8,12,13]。相对于全驱动 AUV 和过驱动 AUV，欠驱动 AUV 具有质量轻、成本低、推进效率高、能量消耗低等优点，因此，欠驱动 AUV 得到了世界各国学者和工程师的青睐[14]。当执行远航程、长航时或高机动性任务时，全驱动 AUV 和过驱动 AUV 出于降低自身能源消耗的考虑，将其推进方式设定为欠驱动工作模式。随着航速不断增加，全驱动 AUV 和过驱动 AUV 的辅助槽道推进器的输出量逐渐变弱，直至消失。此外，当推进装置出现故障时，全驱动 AUV 和过驱动 AUV 被迫工作于欠驱动工作模式；因此，如果该航行器配置有欠驱动模式运动控制程序，那么其依然可以继续执行相应的使命任务，并安全返航。综上所述，研究欠驱动 AUV 运动控制问题具有极其重要的现实工程意义[8]。因此，本章将以仅配备有三组独立运动控制执行机构的 AUV(一对艉推进器、一对艉水平舵和一对艉垂直舵)为研究对象，论述欠驱动 AUV 的运动控制技术。

8.2 欠驱动 AUV 运动模型及其特性分析

欠驱动 AUV 的运动模型是分析其运动特性、设计高精度运动控制算法的前提和基础。为了降低研发成本和安全风险，在开发航行器的运动控制系统时，需要首先在计算机中利用欠驱动 AUV 的运动模型验证所开发运动控制算法的性能；并且，可以利用数值仿真中所获得的参数指导实际 AUV 的运动控制器的调试。欠驱动 AUV 的运动模型是连接航行器与开发者之间的纽带。为此，有必要简要介绍航行器的运动模型，并分析其运动特性。

8.2.1 欠驱动 AUV 运动学方程

欠驱动 AUV 在三维空间中的运动可以近似认为是流体中的刚体在浮力、重力、水动力、推进装置的推力等作用下的一般运动。为了方便阐述，本章将采用国际拖曳水池会议(international towing tank conference，ITTC)推荐的和造船与轮机工程学会(society of naval architects and marine engineers，SNAME)术语公报体系，描述欠驱动 AUV 的空间运动。欠驱动 AUV 的运动模型通常可以被分为运动学方程和动力学方程。为了描述欠驱动 AUV 的空间运动，通常需要定义两个笛卡儿直角坐标系，即固定坐标系(惯性坐标系)和运动坐标系(非惯性坐标系)，如图 8-5 所示。固定坐标系通常选为原点固定于海面或海中的北东地坐标系(North-East-Down，NED)，简记为 $\{n\}=(x_n,y_n,z_n)$。运动坐标系也被称为随体坐标系，简记为 $\{b\}=(x_b,y_b,z_b)$；该坐标系的原点 o_b 通常选取在航行器的浮心和重心连线的中点，x 轴在纵中剖面内并指向艇艏，y 轴与纵中剖面垂直并指向航行器的右舷，z 轴在纵中剖面内并指向艇底[12]。

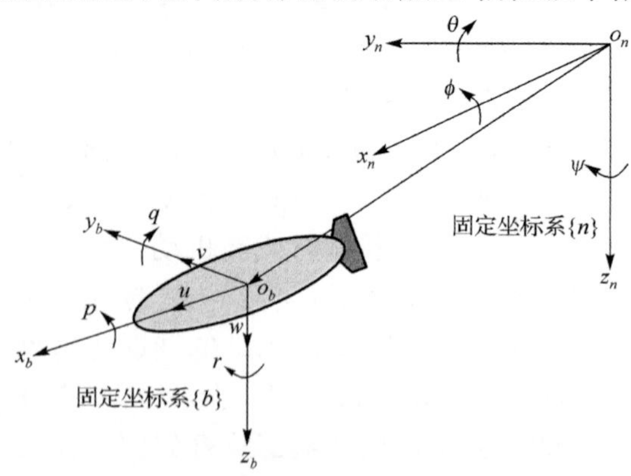

图 8-5 欠驱动 AUV 的运动坐标系、固定坐标系及六自由度运动

欠驱动 AUV 在海洋中运动是三维空间中六自由度的复合运动。各自由度的运动分别被定义：纵荡(进退)、横荡(横移)、垂荡(升沉)、横摇(横倾)、纵摇(纵倾)和转艏(偏航)。其中，前三个自由度用以描述航行器的平移运动，后三个自由度用以描述航行器的旋转运动。因此，航行器的运动需要三个位置坐标和三个姿态角，用以描述其位姿信息；同时，需要三个线性速度和三个角速变量，来描述航行器的运动状态。航行器在两个坐标系内的主要运动参数如表 8-1 和表 8-2 所示。为了方便学者和工程师理解，Fossen 等参照机器人学相关理论，将航行器分量形式的运动状态变量转化为向量形式；进而，可以构建出向量形式的运动模型。由表 8-1 和表 8-2 可知，航行器向量形式运动状态变量的具体定义如下[12]：

$$p_{b/n}^{n}=\begin{bmatrix}x\\y\\z\end{bmatrix},\ \Theta_{nb}=\begin{bmatrix}\phi\\\theta\\\psi\end{bmatrix},\ v_{b/n}^{b}=\begin{bmatrix}u\\v\\w\end{bmatrix},\ \omega_{b/n}^{b}=\begin{bmatrix}p\\q\\r\end{bmatrix},\ f_{b}^{b}=\begin{bmatrix}X\\Y\\Z\end{bmatrix},\ m_{b}^{b}=\begin{bmatrix}K\\M\\N\end{bmatrix} \tag{8-1}$$

表 8-1　欠驱动 AUV 在固定坐标系下的主要运动状态符号

点与向量	x_n 轴	y_n 轴	z_n 轴
重心 G	x_G	y_G	z_G
浮心 B	x_B	y_B	z_B
AUV 的位置 $p_{b/n}^{n}$	纵荡 x	横荡 y	垂荡 z
AUV 的姿态 Θ_{nb}	横倾角 ϕ	纵倾角 θ	艏向角 ψ

表 8-2　欠驱动 AUV 在运动坐标系下的主要运动状态符号

点与向量	x_b 轴	y_b 轴	z_b 轴
重心 G	x_G^b	y_G^b	z_G^b
浮心 B	x_B^b	y_B^b	z_B^b
AUV 线速度 $v_{b/n}^{b}$	u	V	w
AUV 角速度 $\omega_{b/n}^{b}$	p	q	r
AUV 所受外力 f_b^b	X	Y	Z
AUV 所受外力矩 m_b^b	K	M	N

那么，航行器的六自由度运动能被如下变量描述：

$$\eta=\begin{bmatrix}p_{b/n}^{n}\\\Theta_{nb}\end{bmatrix},\ v=\begin{bmatrix}v_{b/n}^{b}\\\omega_{b/n}^{b}\end{bmatrix},\ \tau=\begin{bmatrix}f_{b}^{b}\\m_{b}^{b}\end{bmatrix} \tag{8-2}$$

式中，$\eta\in\mathbf{R}^3\times S^3$ 为航行器的位姿向量或位形向量($\mathbf{R}^3\times S^3$ 表示位形空间)；$v\in\mathbf{R}^6$ 为航行器在运动坐标系$\{b\}$中的速度变量(包括线性速度和角速度)；$\tau\in\mathbf{R}^6$ 为航行器在运动坐标系$\{b\}$中所受到的广义外力(包括外力和外力矩)。

运动学方程是用以描述航行器的位置、姿态、线性速度以及角速度等随时间变化规律的，主要涉及固定坐标系和运动坐标系之间的运动状态变换。根据欧拉旋转定理，固定坐标系与运动坐标系之间的向量变换为正交变换。由于仅讨论两个坐标系的旋转变换，可以假设两个坐标系的原点重合。进而，通过一定旋转变换后，两个坐标系最终完全重合。两坐标系旋转重合的方案不是唯一的，旋转次数也不是固定的。接下来，选择被广泛接受的一种策略——欧拉角变换；也就是说，从固定坐标系$\{n\}$出发，经过如下三次初等旋转变换可以与运动坐标系$\{b\}$相重合，变换过程如图 8-6 所示。在上述坐标系变换过程中，三次初等旋转变换的次序不能作任何变动；其中，三个初等旋转变换也被称为主轴转动，它们的变换矩阵分别被定义为[12]

$$R_{x,\phi}=\begin{bmatrix}1 & 0 & 0\\ 0 & \cos\phi & -\sin\phi\\ 0 & \sin\phi & \cos\phi\end{bmatrix},\quad R_{y,\theta}=\begin{bmatrix}\cos\theta & 0 & \sin\theta\\ 0 & 1 & 0\\ -\sin\theta & 0 & \cos\theta\end{bmatrix},\quad R_{z,\psi}=\begin{bmatrix}\cos\psi & -\sin\psi & 0\\ \sin\psi & \cos\psi & 0\\ 0 & 0 & 1\end{bmatrix} \tag{8-3}$$

$$ox_ny_nz_n \xrightarrow[\text{绕}oz_n\text{旋转}]{R_{y,\psi}^{\mathrm{T}}} ox_1y_1z_n \xrightarrow[\text{绕}oy_1\text{旋转}]{R_{y,\theta}^{\mathrm{T}}} ox_by_1z_1 \xrightarrow[\text{绕}ox_b\text{旋转}]{R_{x,\phi}^{\mathrm{T}}} ox_by_bz_b$$

图 8-6　经历三次初等旋转变换的坐标轴转动过程

那么，由图 8-6 可知，向量从固定坐标系$\{n\}$到运动坐标系$\{b\}$的变换矩阵为

$$R_n^b(\Theta_{nb})=R_{x,\phi}^{\mathrm{T}}R_{y,\theta}^{\mathrm{T}}R_{z,\psi}^{\mathrm{T}} \tag{8-4}$$

由于上述坐标变换为正交变换，那么坐标系变换(8-4)的反变换为

$$R_b^n(\Theta_{nb})=R_n^b(\Theta_{nb})^{-1}=R_n^b(\Theta_{nb})^{\mathrm{T}}=R_{z,\psi}R_{y,\theta}R_{x,\phi} \tag{8-5}$$

将式(8-3)代入式(8-5)，可以得到坐标系转换矩阵的具体表达式：

$$R_b^n(\Theta_{nb})=\begin{bmatrix}\cos\psi\cos\theta & -\sin\psi\cos\phi+\cos\psi\sin\theta\sin\phi & \sin\psi\sin\phi+\cos\psi\sin\theta\cos\phi\\ \sin\psi\cos\theta & \cos\psi\cos\phi+\sin\psi\sin\theta\sin\phi & -\cos\psi\sin\phi+\sin\psi\sin\theta\cos\phi\\ -\sin\theta & \cos\theta\sin\phi & \cos\theta\cos\phi\end{bmatrix} \tag{8-6}$$

由刚体运动学理论可知，坐标系变换矩阵式(8-6)的导数为

$$\dot{R}_b^n(\Theta_{nb})=R_b^n(\Theta_{nb})S(\omega_{b/n}^b)$$

式中，$S(\cdot):\mathbf{R}^3\to\mathrm{so}(3)$ （$\mathrm{so}(3):=\{R\in\mathbf{R}^{3\times3}:R=-R^{\mathrm{T}}\}$），其为特殊正交群 so(3) 的 Lie 代数，即

$$S(\lambda)=-S^{\mathrm{T}}(\lambda)=\begin{bmatrix}0 & -\lambda_3 & \lambda_2\\ \lambda_3 & 0 & -\lambda_1\\ -\lambda_2 & \lambda_1 & 0\end{bmatrix}$$

式中，$\lambda=[\lambda_1,\lambda_2,\lambda_3]^{\mathrm{T}}$为伴随向量。

利用坐标系变换矩阵，可以将运动坐标系$\{b\}$中的线性速度向量$v_{b/n}^b$在固定坐标系$\{n\}$中展开，得到航行器的平移运动学方程[12]：

$$\dot{p}_{b/n}^n = R_b^n(\Theta_{nb})v_{b/n}^b \tag{8-7}$$

式中，$\dot{p}_{b/n}^n$表示航行器在固定坐标系$\{n\}$下的线性速度向量。将式(8-6)代入式(8-7)，可以得到分量形式的航行器平移运动学方程：

$$\begin{cases}\dot{x} = u\cos\psi\cos\theta + v(\cos\psi\sin\theta\sin\phi - \sin\psi\cos\phi) + w(\cos\psi\sin\theta\cos\phi + \sin\psi\sin\phi)\\ \dot{y} = u\sin\psi\cos\theta + v(\sin\psi\sin\theta\sin\phi + \cos\psi\cos\phi) + w(\sin\psi\sin\theta\cos\phi - \cos\psi\sin\phi)\\ \dot{z} = -u\sin\theta + v\cos\theta\sin\phi + w\cos\theta\cos\phi\end{cases} \tag{8-8}$$

根据坐标系旋转变换矩阵性质，可以得到$S(\omega_{b/n}^b) = R_b^n(\Theta_{nb})^{\mathrm{T}}\dot{R}_b^n(\Theta_{nb})$，即

$$S(\omega_{b/n}^b) = \begin{bmatrix} 0 & \dot{\theta}\sin\phi - \dot{\psi}\cos\phi\cos\theta & \dot{\theta}\cos\phi + \dot{\psi}\sin\phi\cos\theta \\ -\dot{\theta}\sin\phi + \dot{\psi}\cos\phi\cos\theta & 0 & -\dot{\phi} + \dot{\psi}\sin\theta \\ -\dot{\theta}\cos\phi - \dot{\psi}\sin\phi\cos\theta & \dot{\phi} - \dot{\psi}\sin\theta & 0 \end{bmatrix}$$

根据斜对称矩阵$S(\omega_{b/n}^b)$的定义，可以得到航行器角速度在固定坐标系$\{n\}$下的表达式：

$$\begin{bmatrix} p \\ q \\ r \end{bmatrix} = \begin{bmatrix} 1 & 0 & -\sin\theta \\ 0 & \cos\phi & \sin\phi\cos\theta \\ 0 & -\sin\phi & \cos\phi\cos\theta \end{bmatrix}\begin{bmatrix} \dot{\phi} \\ \dot{\theta} \\ \dot{\psi} \end{bmatrix}$$

对上式求逆变换，可以得到航行器的转动运动学方程：

$$\begin{bmatrix} \dot{\phi} \\ \dot{\theta} \\ \dot{\psi} \end{bmatrix} = \begin{bmatrix} 1 & \sin\phi\tan\theta & \cos\phi\tan\theta \\ 0 & \cos\phi & -\sin\phi \\ 0 & \sin\phi/\cos\theta & \cos\phi/\cos\theta \end{bmatrix}\begin{bmatrix} p \\ q \\ r \end{bmatrix} \tag{8-9}$$

那么，综合式(8-8)和式(8-9)，可以得到航行器分量形式的运动学方程：

$$\begin{cases}\dot{x} = u\cos\psi\cos\theta + v(\cos\psi\sin\theta\sin\phi - \sin\psi\cos\phi) + w(\cos\psi\sin\theta\cos\phi + \sin\psi\sin\phi)\\ \dot{y} = u\sin\psi\cos\theta + v(\sin\psi\sin\theta\sin\phi + \cos\psi\cos\phi) + w(\sin\psi\sin\theta\cos\phi - \cos\psi\sin\phi)\\ \dot{z} = -u\sin\theta + v\cos\theta\sin\phi + w\cos\theta\cos\phi\\ \dot{\phi} = p + q\sin\phi\tan\theta + r\cos\phi\tan\theta\\ \dot{\theta} = q\cos\phi - r\sin\phi\\ \dot{\psi} = q\sin\phi/\cos\theta + r\cos\phi/\cos\theta\end{cases} \tag{8-10}$$

为了保证坐标系变换矩阵$R_b^n(\Theta_{nb})$与Θ_{nb}为一一映射，并且式(8-9)不出现奇异

值，将航行器的姿态角 ϕ、θ和 ψ 的变化范围分别限定在如下范围：$-\pi<\phi\leqslant\pi$，$-\pi/2<\theta\leqslant\pi/2$，$-\pi<\psi\leqslant\pi$。

若令式(8-9)中的欧拉矩阵记为 $T_\Theta(\Theta_{nb})$，并结合式(8-7)，可以得到向量形式的运动学方程：

$$\begin{bmatrix}\dot{p}_{b/n}^{n}\\ \dot{\Theta}_{nb}\end{bmatrix}=\begin{bmatrix}R_b^n(\Theta_{nb}) & 0_{3\times3}\\ 0_{3\times3} & T_\Theta(\Theta_{nb})\end{bmatrix}\begin{bmatrix}v_{b/n}^{b}\\ \omega_{b/n}^{b}\end{bmatrix} \tag{8-11}$$

8.2.2 欠驱动 AUV 动力学方程

航行器的运动模型不仅涉及运动学问题，而且还要涉及更为复杂、更为重要的动力学问题。前面已经给出航行器的运动学方程的详细推导过程。接下来，面临更为棘手的问题——如何给出航行器的动力学方程。由于水下航行器(包括潜艇)的动力学标准方程的建模过程在很多文献中给出详细论述，这里就不再赘述[12,15]。本节主要关注一类具有前后近似对称、左右和上下完全对称的流线型外形的水下航行器，并且其为中性浮力(neutrally buoyant)。因此，这类水下无人航行器的动力学方程可以通过对水下航行器的标准进行适当简化获得。然后，将分量形式动力学方程转化成向量形式，以便学者更好地理解航行器动力学方程各组成部分对其运动性能的影响。

根据研究对象的结构特点，将运动坐标系$\{b\}$的原点 o_b 选在航行器的重心 G 和浮心 B 连线中点。那么，航行器的重心 G 和浮心 B 在运动坐标系$\{b\}$中的坐标分别为 $r_G^b=[0,0,z_G^b]^{\mathrm{T}}$ 和 $r_B^b=[0,0,z_B^b]^{\mathrm{T}}$。在实际工程中，航行器的重心 G 和浮心 B 距离很近，通常可以认为 z_G^b 和 z_B^b 近似为零。航行器的艇体关于纵中剖面 $x_bo_bz_b$ 左右对称，关于水平面 $x_bo_bz_b$ 上下对称，并且关于平面 $y_bo_bz_b$ 前后近似对称。因此，航行器的惯量矩阵 I_b 为对角阵形式，即 $I_b=\mathrm{diag}(I_x,I_y,I_z)$。那么，航行器动力学方程的等号左端变为

$$\begin{cases}m(\dot{u}-vr+wq)=X\\ m(\dot{v}-wp+ur)=Y,\\ m(\dot{w}-uq+vp)=Z\end{cases}\quad\begin{cases}I_x\dot{p}+(I_z-I_y)qr=K\\ I_y\dot{q}+(I_x-I_z)rp=M\\ I_z\dot{r}+(I_y-I_x)pq=N\end{cases} \tag{8-12}$$

考虑到航行器为中性浮力，也就是说，其浮力 B 和重力 W 相等。那么，航行器所受到的恢复力(矩)变为

$$\begin{bmatrix}X_{\text{static}}\\ Y_{\text{static}}\\ Z_{\text{static}}\\ K_{\text{static}}\\ M_{\text{static}}\\ N_{\text{static}}\end{bmatrix}=\begin{bmatrix}0\\ 0\\ 0\\ -(z_G^bW-z_B^bB)\cos\theta\sin\phi\\ -(z_G^bW-z_B^bB)\sin\theta\\ 0\end{bmatrix} \tag{8-13}$$

由于本章研究对象具有三个对称面，其附加质量矩阵 M_A 可以被简化为对角阵形式，即

$$M_A = -\text{diag}(X_{\dot{u}}, Y_{\dot{v}}, Z_{\dot{w}}, K_{\dot{p}}, M_{\dot{q}}, N_{\dot{r}}) \tag{8-14}$$

此外，由于其航行器有对称结构，所以作用其上的水动力展开项将大大减少。经过上述简化，本章研究对象的动力学方程变为[8]

$$\begin{cases} m_{11}\dot{u} = m_{22}vr - m_{33}wq - X_u u - X_{u|u|}u|u| + \tau_1 \\ m_{22}\dot{v} = m_{33}wp - m_{11}ur - Y_v v - Y_{v|v|}v|v| \\ m_{33}\dot{w} = m_{11}uq - m_{22}vp - Z_w w - Z_{w|w|}w|w| \\ m_{44}\dot{p} = (m_{22} - m_{33})vw + (m_{55} - m_{66})qr - K_p p - K_{p|p|}p|p| - \overline{BG}_z W\cos\theta\sin\phi \\ m_{55}\dot{q} = (m_{33} - m_{11})uw + (m_{66} - m_{44})pr - M_q q - M_{q|q|}q|q| - \overline{BG}_z W\sin\theta + \tau_5 \\ m_{66}\dot{r} = (m_{11} - m_{22})uv + (m_{44} - m_{55})pq - N_r r - N_{r|r|}r|r| + \tau_6 \end{cases} \tag{8-15}$$

式中，$m_{ii}(i=1,\cdots,6)$ 为航行器的质量(转动惯量)和附加质量(附加转动惯量)的代数和；X_u、Y_v、Z_w、K_p、M_q、N_r 为一阶水动力系数(线性阻尼系数)；$X_{u|u|}$、$Y_{v|v|}$、$Z_{w|w|}$、$K_{p|p|}$、$M_{q|q|}$、$N_{r|r|}$ 为二阶水动力系数(二阶阻尼系数)；$\overline{BG}_z$ 为 UUV 的稳心高度。

接下来，利用式(8-1)和式(8-2)中定义的向量，将航行器动力学方程(8-15)转化为向量形式的动力学方程[12]：

$$M\dot{v} + C(v)v + D(v)v + g(\eta) = \tau \tag{8-16}$$

式中，M 为航行器的惯性矩阵(包含附加质量和附加转动惯量)；$C(v)$ 为航行器的科里奥利力和向心力矩阵(简称科氏力和向心力矩阵)；$D(v)$ 为航行器的流体阻尼矩阵；$g(\eta)$ 为航行器的恢复力向量；τ 为航行器的运动控制执行机构输出量。

惯性矩阵 M 是由航行器自身的质量、转动惯量以及附加质量、附加转动惯量组成，即 $M=M_{RB}+M_A$；其中，$M_{RB}=\text{diag}(m,m,m,I_x,I_y,I_z)$ 是由航行器自身的质量和转动惯量组成的本体惯性矩阵，$M_A = -\text{diag}(X_{\dot{u}}, Y_{\dot{v}}, Z_{\dot{w}}, K_{\dot{p}}, M_{\dot{q}}, N_{\dot{r}})$ 是由航行器附加质量和附加转动惯量组成的附加惯性矩阵。同理，科氏力和向心力矩阵 $C(v)$ 也是由两部分组成：航行器自身惯性产生的科氏力和向心力矩阵 $C_{RB}(v)$，附加惯性产生的科氏力和向心力矩阵 $C_A(v)$。其中，航行器本体科氏力和向心力矩阵 $C_{RB}(v)$ 的具体表达式为

$$C_{RB}(v) = \begin{bmatrix} 0 & -mr & mq & 0 & 0 & 0 \\ mr & 0 & -mp & 0 & 0 & 0 \\ -mq & mp & 0 & 0 & 0 & 0 \\ 0 & 0 & 0 & 0 & I_z r & -I_y q \\ 0 & 0 & 0 & -I_z r & 0 & I_x p \\ 0 & 0 & 0 & I_y q & -I_x p & 0 \end{bmatrix} \tag{8-17}$$

本体科氏力和向心力矩阵 $C_{RB}(v)$ 的具体表达形式有很多种；本章选择其中较易于理解并且方便控制器设计的一种形式——线性速度独立参数化表达形式，即矩阵 $C_{RB}(v)$ 各个元素均不含有线性速度项。矩阵 $C_{RB}(v)$ 为斜对称矩阵，即 $C_{RB}(v)=-C_{RB}^{\mathrm{T}}(v)$。矩阵 $C_A(v)$ 表示由附加质量引起的科氏力和向心力；同理，它也是斜对称矩阵，即 $C_A(v)=-C_A^{\mathrm{T}}(v)$；其具体表达式为

$$C_A(v)=-C_A^{\mathrm{T}}(v)=\begin{bmatrix} 0 & 0 & 0 & 0 & -Z_{\dot{w}}w & Y_{\dot{v}}v \\ 0 & 0 & 0 & Z_{\dot{w}}w & 0 & -X_{\dot{u}}u \\ 0 & 0 & 0 & -Y_{\dot{v}}v & X_{\dot{u}}u & 0 \\ 0 & -Z_{\dot{w}}w & Y_{\dot{v}}v & 0 & -N_{\dot{r}}r & M_{\dot{q}}q \\ Z_{\dot{w}}w & 0 & -X_{\dot{u}}u & N_{\dot{r}}r & 0 & -K_{\dot{p}}p \\ -Y_{\dot{v}}v & X_{\dot{u}}u & 0 & -M_{\dot{q}}q & K_{\dot{p}}p & 0 \end{bmatrix} \tag{8-18}$$

阻尼矩阵 $D(v)$ 表示航行器所受到的流体黏性力。一般情况下，阻尼矩阵 $D(v)$ 仅需考虑一阶阻尼项和二阶阻尼项；也就是，航行器受到的层流边界的线性摩擦力和湍流边界层的二次摩擦力。阻尼矩阵 $D(v)$ 可以近似认为是线性阻尼和非线性阻尼的代数和，也就是

$$\begin{aligned} D(v) &= D_l(v)+D_n(v) \\ &= \mathrm{diag}(X_u,Y_v,Z_w,K_p,M_q,N_r) \\ &\quad +\mathrm{diag}(X_{u|u|}|u|,Y_{v|v|}|v|,Z_{w|w|}|w|,K_{p|p|}|p|,M_{q|q|}|q|,N_{r|r|}|r|) \end{aligned} \tag{8-19}$$

8.2.3 欠驱动 AUV 运动系统特性分析

欠驱动 AUV 的运动建模在前两节中已经给出了详细的论述。本节将在此基础上分析航行器的运动系统特性，以便设计出性能优良的运动控制器。本节主要分析航行器的二阶非完整约束特性和小时间局域能控性。

1. 二阶非完整约束特性分析

“非完整”和“完整”是分析力学中对系统受到约束的分类概念。如果系统受到的不可积分的运动约束中含有不可积分的加速度约束项，那么该非完整约束被称为二阶非完整约束。由上述定义可知，系统的欠驱动性和二阶非完整约束并不是相互等价的。为了分析欠驱动机械系统的约束特性，Oriolo 和 Nakamura 给出了欠驱动机械系统的加速度约束部分可积和完全可积的充要条件。然后，Wichlund 等将上述成果推广到欠驱动航行器的运动系统分析，给出了欠驱动航行器的加速度约束部分可积和完全可积的充要条件。

本章的研究对象为欠驱动 AUV，其向量形式动力学方程(8-16)可以改写为

$$\begin{bmatrix} M_0 v \\ M_u v \end{bmatrix}+\begin{bmatrix} C_0(v)v \\ C_u(v)v \end{bmatrix}+\begin{bmatrix} D_0(v)v \\ D_0(v)v \end{bmatrix}+\begin{bmatrix} g_0(\eta) \\ g_u(\eta) \end{bmatrix}=\begin{bmatrix} \tau_0 \\ 0 \end{bmatrix} \tag{8-20}$$

式中，M_0 和 M_u 均为 3×6 矩阵，它们的具体表达式为

$$M_0=\begin{bmatrix} m_{11} & 0 & 0 & 0 & 0 & 0 \\ 0 & m_{55} & 0 & 0 & 0 & 0 \\ 0 & 0 & m_{66} & 0 & 0 & 0 \end{bmatrix},\quad M_u=\begin{bmatrix} 0 & 0 & 0 & m_{22} & 0 & 0 \\ 0 & 0 & 0 & 0 & m_{33} & 0 \\ 0 & 0 & 0 & 0 & 0 & m_{44} \end{bmatrix}$$

其余矩阵和向量的定义式分别为

$$C_0(v)v=\begin{bmatrix} m_{33}wq-m_{22}vr \\ (Z_{\dot{w}}-X_{\dot{u}})uw+(N_{\dot{r}}-K_{\dot{p}})pr \\ (X_{\dot{u}}-Y_{\dot{v}})uv+(K_{\dot{p}}-M_{\dot{q}})pq \end{bmatrix},\quad C_u(v)v=\begin{bmatrix} m_{11}ur-m_{33}wp \\ m_{22}vp-m_{11}uq \\ (Y_{\dot{v}}-Z_{\dot{w}})vw+(M_{\dot{q}}-N_{\dot{r}})qr \end{bmatrix}$$

$$D_0(v)v=\begin{bmatrix} X_u u+X_{u|u|}|u|u \\ M_q q+M_{q|q|}|q|q \\ N_r r+N_{r|r|}|r|r \end{bmatrix},\quad D_u(v)v=\begin{bmatrix} Y_v v+Y_{v|v|}|v|v \\ Z_w w+Z_{w|w|}|w|w \\ K_p p+K_{p|p|}|p|p \end{bmatrix}$$

$$g_0(\eta)=[0,-(z_G^bW-z_B^bB)\sin\theta,0]^{\mathrm{T}},\quad g_u(\eta)=[0,0,-(z_G^bW-z_B^bB)\cos\theta\sin\phi]^{\mathrm{T}}$$

$$\tau_0=[\tau_1,\tau_5,\tau_6]^{\mathrm{T}}$$

由式(8-20)可知，航行器在欠驱动自由度的动力学模型可以表示为

$$M_u\dot{v}+C_u(v)v+D_u(v)v+g_u(\eta)=0 \tag{8-21}$$

定理 8-1(加速度约束部分可积条件)[8]　对于欠驱动 AUV 而言，其受到的欠驱动约束(式(8-21)部分可积(一次积分)的充要条件为：

(1)欠驱动自由度的恢复力(矩)$g_u(\eta)$为常数；

(2)科里奥利力和向心力矩阵 $C_u(v)$ 和阻尼矩阵 $D_u(v)$ 之和为常数矩阵；

(3)分布 $\Omega^{\perp}(\eta)=\mathrm{Ker}((C_u(v)+D_u(v))J_{\Theta}(\eta)^{-1})$ 完全可积。

其中，矩阵 $J_{\Theta}(\eta)$ 为航行器运动方程中的坐标系变换矩阵，其具体表达式如下：

$$J_{\Theta}(\eta)=\begin{bmatrix} R_b^n(\Theta_{nb}) & 0_{3\times3} \\ 0_{3\times3} & T_{\Theta}(\Theta_{nb}) \end{bmatrix}$$

由欠驱动 AUV 的动力学方程(8-21)可知，其在欠驱动自由度上的恢复力(矩)$g_u(\eta)$为 $[0,0,-(z_G^bW-z_B^bB)\cos\theta\sin\phi]^{\mathrm{T}}$，并不是常数；另外，其科里奥利力和向心力矩阵 $C_u(v)$ 和阻尼矩阵 $D_u(v)$ 之和为

$$C_u(v)+D_u(v)=\begin{bmatrix} mr & Y_v+Y_{v|v|}|v| & -mp & Z_{\dot{w}}w & 0 & -X_{\dot{u}}u \\ -mq & mp & Z_w+Z_{w|w|}|w| & -Y_{\dot{v}}v & X_{\dot{u}}u & 0 \\ 0 & -Z_{\dot{w}}w & Y_{\dot{v}}v & K_p+K_{p|p|}|p| & m_{66}r & -m_{55}q \end{bmatrix}$$

由上式可见，$C_u(v)+D_u(v)$ 并不是常数矩阵。由此可见，欠驱动 AUV 动力学方程的欠驱动部分不满足定理 8-1 的充要条件(1)和(2)；因此，无须验证条件(3)，就可得出欠驱动 AUV 受到的约束条件(式(8-21))为不可积分的加速度约束，即二阶非完整约束；也就是说，欠驱动 AUV 属于二阶非完整系统。

相较于一阶非完整系统，二阶非完整系统尚无公认的标准模型。因此，二阶非完整系统的控制器设计将面临极大挑战。根据 Brockett 必要条件可知，欠驱动 AUV 的运动系统不能被任何连续可微时不变状态反馈控制器镇定[16]。根据 Sontag、Zabczyk、Coron 等对 Brockett 必要条件的拓展研究可知，欠驱动 AUV 的运动系统无法被任何连续可微或连续时不变的状态反例控制器镇定。此外，由于欠驱动 AUV 的动力学方程中存在漂移项，航行器的运动状态一旦偏离平衡点，就会自动产生恢复到平衡点的运动。这十分不利于航行器的运动控制。另外，由于航行器在某些自由度上缺少直接的控制输入，其操控性减弱，进而使得航行器的运动控制器设计的难度大大增加。

2. 运动系统能控性分析

根据前面的分析可知，欠驱动 AUV 属于二阶非完整系统；因此，其运动不会被限定于位形空间中某个特定的流形上，而是在不同流形之间运动。欠驱动 AUV 的运动控制问题实质是：其能否在允许控制输入 τ_0 作用下，从任意给定的初始位形(位姿) $\eta(t_0)$ 航行到终态位形(位姿) $\eta(t_f)$。该问题可以从两个层次进行理解。第一层次：是否存在连接初始位形 $\eta(t_0)$ 和终态位形 $\eta(t_f)$ 的航迹？第二层次：是否存在允许控制输入 τ_0 驱动航行器从初始位形 $\eta(t_0)$ 航行到终态位形 $\eta(t_f)$？第一层次问题属于欠驱动 AUV 的运动规划问题；第二层次问题则属于欠驱动 AUV 的能控性问题(controllability)。本章主要着眼于欠驱动 AUV 的运动控制问题，因此，主要关心第二层次问题——欠驱动 AUV 运动系统的能控性。考虑欠驱动 AUV 运动系统为仿射非线性系统，所以其能控性分析主要涉及仿射非线性系统理论。

目前，仿射非线性系统的能控性研究主要集中于局域能控性。仿射非线性系统的局域能控性定义是对线性系统能控性的自然延伸。如果仿射非线性系统 $\dot{x}=f(x)+g(x)u$ 在平衡点 x_e 处的线性化系统是能控的，那么该系统在平衡点 x_e 处是小时间局域能控(small-time local controllability，STLC)的。仿射非线性系统的小时间局域能控的定义如下。

定义 8-1　考虑仿射非线性系统 $\dot{x}=f(x)+g(x)u$，给定一个开集 $\mathcal{D}\subseteq\mathbf{R}^n$，且系统的初始位形均属于开集 $\mathcal{D}$ ($x_0=x(t_0)\in\mathcal{D}$)。对于任意给定异于初始位形 x_0 的终态位形 $x_f\in\mathcal{D}$，若存在 $t_f>t_0$ 以及一个非零函数空间 $\mathcal{U}$ (允许控制函数空间)，使得系统在 $u(t)\in\mathcal{U}(t_0\leqslant t\leqslant t_f)$ 作用下，从初始位形 x_0 到达给定的终态位形 x_f 的位形轨线 $x(t,x_0,$

$u(t)) \in \mathcal{D}$ 存在，并且 $x(t_f, x_0, u(t))=x_f$，则称位形 x_f 为系统在位形 x_0 处的局域可达位形。那么，位形 x_0 的全体局域可达位形组成的集合称为位形 x_0 可达集(reachable set)，记作 $R_V(x_0)$。若 $R_V(x_0)=\mathcal{D}$，则称仿射非线性系统 $\dot{x}=f(x)+g(x)u$ 在位形 x_0 处是小时间局域能控的。若对于所有 $x \in \text{int}(\mathcal{D})$，都有 $R_V(x)=\mathcal{D}$，则称仿射非线性系统 $\dot{x}=f(x)+g(x)u$ 是小时间局域能控的。

若仿射非线性 $\dot{x}=f(x)+g(x)u$ 为小时间局域能控的，则表明该系统能够在任意小的时间内沿着任意方向运动。研究欠驱动 AUV 运动系统的小时间局域能控性，对于航行器的运动规划、运动控制等都具有重要的理论指导意义。因此，在讨论欠驱动 AUV 运动控制算法设计之前，有必要详细讨论其小时间局域能控性。

考虑如下仿射非线性系统：

$$\dot{x}=f(x)+g(x)u\ ,\quad x \in \mathcal{D}\ ,\quad u \in \mathcal{U} \tag{8-22}$$

式中，$x \in \mathcal{D}$ 被称为系统状态或位形，$\mathcal{D} \subset \mathbf{R}^n$ 为 n 维流形；$u \in \mathcal{U}$ 为控制输入，$\mathcal{U} \subset \mathbf{R}^m$ 为 m 维流形，对于系统(8-22)，其能控 Lie 代数通常是由光滑向量场 $\{f(x), g_1(x), g_2(x), \cdots, g_m(x)\}$ 生成的，记作 $\mathcal{F}_c=\{f(x), g_1(x), g_2(x), \cdots, g_m(x)\}_{\text{LA}}$。对于上述 Lie 代数中的任意一个元素 X(代数运算为 Lie 括号)，可以定义它的阶为

$$\delta(X)=\delta^0(X)+\sum_{j=1}^{m}\delta^j(X) \tag{8-23}$$

式中，$\delta^0(X)$ 表示 f 在 X 中出现的次数；$\delta^j(X)$ 表示 g_j 在 X 中出现的次数。若 $\delta^0(X)$ 为奇数，且 $\delta^j(X)$ 均为偶数，那么称 Lie 括号 X 为“坏的”；其余情况均为“好的”。

学者关于非线性系统能控性研究起步较早。早在 20 世纪 70 年代，美国学者 Krener 就基于周炜良先生在 20 世纪 40 年代有关解析簇的工作，提出了无漂仿射非线性系统的小时间局域能控性判据，被称为能控性秩条件(control rank condition，CRC)。在此基础上，美国学者 Sussmann 于 1987 年提出了有漂仿射非线性系统的小时间局域能控性判据——Sussmann 定理。Sussmann 定理表述如下。

定理 8-2(Sussmann 定理)[8]　对于有漂仿射非线性系统(8-22)而言，若满足如下条件：

(1) $\text{rank}(\Delta(\mathcal{F}_c))=n$ (Lie algebra rank condition，LARC)；

(2) 对于任意“坏的” Lie 括号 X，其可以被若干个低阶 Lie 括号 Y_1, Y_2, …, Y_k ($\delta(Y_i)<\delta(X)$) 线性表示，即

$$X=\sum_{i=1}^{k}\alpha_i Y_i\ ,\quad \alpha_i \in \mathbf{R}$$

则该系统为小时间局域能控的。

为了分析欠驱动 AUV 运动系统的能控性，首先将其运动模型变换为标准仿射非线性系统模型形式：

$$\dot{x} = f(x) + g_1(x)u_1 + g_2(x)u_2 + g_3(x)u_3 = \begin{bmatrix} f_1(x) \\ f_2(x) \end{bmatrix} + \begin{bmatrix} 0_{6\times1} \\ g_1(x) \end{bmatrix} u_1 + \begin{bmatrix} 0_{6\times1} \\ g_2(x) \end{bmatrix} u_2 + \begin{bmatrix} 0_{6\times1} \\ g_3(x) \end{bmatrix} u_3 \tag{8-24}$$

式中，$x=[\eta^{\mathrm{T}},\nu^{\mathrm{T}}]^{\mathrm{T}}$；$u_1=\tau_1$；$u_2=\tau_5$；$u_3=\tau_6$；$f(x)=[f_1^{\mathrm{T}}(x), f_2^{\mathrm{T}}(x)]^{\mathrm{T}}$，$f_1(x)=J_{\Theta}(\eta)\nu$，$f_2(x)=M^{-1}(\tau - C(\nu)\nu - D(\nu)\nu - g(\eta))$；$g_1(x)=[1/m_{11},0,0,0,0,0]^{\mathrm{T}}$；$g_2(x)=[0,0,0,0,1/m_{55},0]^{\mathrm{T}}$。根据 Lie 括号的定义，可以得到欠驱动 AUV 运动系统的能控性 Lie 代数 $\mathcal{F}=\{f(x),g_1(x),g_2(x),g_3(x)\}_{\mathrm{LA}}$ 的低阶元素：

$$[f,g_1] = \frac{1}{m_{11}}\Bigg[-\cos\psi\cos\theta, -\sin\psi\cos\theta, \sin\theta, 0,0,0, \frac{X_u + 2X_{u|u|}|u|}{m_{11}}, \frac{m_{11}r}{m_{22}}, -\frac{m_{11}q}{m_{33}}, 0, \frac{(m_{11}-m_{33})w}{m_{55}}, \frac{(m_{22}-m_{11})v}{m_{66}}\Bigg]^{\mathrm{T}}$$

$$[f,g_2] = -\frac{1}{m_{55}}\Bigg[0,0,0,\sin\phi\tan\theta, \cos\phi, \frac{\sin\phi}{\cos\theta}, -\frac{m_{33}w}{m_{11}}, 0, \frac{m_{11}u}{m_{33}}, \frac{(m_{55}-m_{66})r}{m_{44}}, -\frac{M_q + 2M_{q|q|}|q|}{m_{55}}, \frac{(m_{44}-m_{55})p}{m_{66}}\Bigg]^{\mathrm{T}}$$

$$[f,g_3] = -\frac{1}{m_{66}}\Bigg[0,0,0,\cos\phi\tan\theta, -\sin\phi, \frac{\cos\phi}{\cos\theta}, \frac{m_{22}v}{m_{11}}, -\frac{m_{11}u}{m_{22}}, 0, \frac{(m_{55}-m_{66})q}{m_{44}}, \frac{(m_{66}-m_{44})p}{m_{55}}, -\frac{N_r + 2N_{r|r|}|r|}{m_{66}}\Bigg]^{\mathrm{T}}$$

$$[g_2,[f,g_1]] = \Bigg[0,0,0,0,0,0,0,0,-\frac{1}{m_{33}m_{55}},0,0,0\Bigg]^{\mathrm{T}}$$

$$[g_3,[f,g_1]] = \Bigg[0,0,0,0,0,0,0,\frac{1}{m_{22}m_{66}},0,0,0,0\Bigg]^{\mathrm{T}}$$

$$[g_3,[f,g_2]] = \Bigg[0,0,0,0,0,0,0,0,0,\frac{m_{66}-m_{55}}{m_{44}m_{55}m_{66}},0,0\Bigg]^{\mathrm{T}}$$

$$[f,[g_2,[f,g_1]]]=\frac{1}{m_{33}m_{55}}\Bigg[\cos\psi\sin\theta\cos\phi+\sin\psi\sin\phi,\sin\psi\sin\theta\cos\phi-\cos\psi\sin\phi,$$

$$\cos\theta\cos\phi,0,0,0,-\frac{m_{33}q}{m_{11}},\frac{m_{33}p}{m_{22}},-\frac{Z_w+2Z_{w|w|}|w|}{m_{33}},$$

$$\frac{(m_{22}-m_{33})v}{m_{44}},\frac{(m_{33}-m_{11})u}{m_{55}},0\Bigg]^{\mathrm{T}}$$

$$[f,[g_3,[f,g_2]]]=\frac{m_{55}-m_{66}}{m_{44}m_{55}m_{66}}\Bigg[0,0,0,1,0,0,0,\frac{m_{33}w}{m_{22}},-\frac{m_{22}v}{m_{33}},-\frac{K_p+2K_{p|p|}|p|}{m_{44}},$$

$$\frac{(m_{66}-m_{44})r}{m_{55}},\frac{(m_{44}-m_{55})q}{m_{66}}\Bigg]^{\mathrm{T}}$$

$$[f,[g_3,[f,g_2]]]=\frac{m_{55}-m_{66}}{m_{44}m_{55}m_{66}}\Bigg[0,0,0,1,0,0,0,\frac{m_{33}w}{m_{22}},-\frac{m_{22}v}{m_{33}},-\frac{K_p+2K_{p|p|}|p|}{m_{44}},$$

$$\frac{(m_{66}-m_{44})r}{m_{55}},\frac{(m_{44}-m_{55})q}{m_{66}}\Bigg]^{\mathrm{T}}$$

$$[[f,[g_2,[f,g_1]]],g_1]=-\frac{1}{m_{11}m_{33}m_{55}}[0,0,0,0,0,0,0,0,0,0,\frac{m_{33}-m_{11}}{m_{55}},0]^{\mathrm{T}}$$

$$[[f,[g_2,[f,g_1]]],g_2]=[0,0,0,0,0,0,\frac{1}{m_{11}m_{55}^2},0,0,0,0,0]^{\mathrm{T}}$$

$$[[f,[g_3,[f,g_1]]],g_1]=\frac{1}{m_{11}m_{22}m_{66}}\Bigg[0,0,0,0,0,0,0,0,0,0,0,\frac{m_{11}-m_{22}}{m_{66}}\Bigg]^{\mathrm{T}}$$

式中，$[\cdot,\cdot]$表示 Lie 代数中的代数运算——Lie 括号。由于上述 12 个 Lie 代数元素之间是线性无关的，所以它们生成的分布是 12 维。由于能控 Lie 代数 $\mathcal{F}=\{f(x), g_1(x),g_2(x),g_3(x)\}_{\mathrm{LA}}$ 生成的分布 $\Delta(\mathcal{F}_c)$ 的维数不超过系统状态所在位形空间 $\mathcal{D}$ 的维数，并且 $\dim(\mathcal{D})=12$，所以分布 $\Delta(\mathcal{F}_c)$ 的维数为 12，而且这 12 个 Lie 代数元素可以作为分布 $\Delta(\mathcal{F}_c)$ 的一组基底。根据 Lie 括号分类定义可知，上述 12 个 Lie 代数的代数运算——Lie 括号均为“好的”。基于上述讨论可知，欠驱动 AUV 运动系统满足定理 8-2 的条件，即航行器的运动系统是小时间局域能控的。

8.3　欠驱动 AUV 控制系统构成

欠驱动 AUV 的控制系统是其最重要的组成部分，是航行器的神经中枢和大脑。

其主要被用于航行器的任务和使命管理、任务规划和决策、利用各种传感器(测距声呐、深度计、光纤罗经、多普勒计程仪等)获得航行器的运动状态、控制航行器的运动控制执行机构(主推进器、舵机等)等。在控制系统作用下，航行器能够按既定任务需求做相应运动，以便保证相应作业任务的顺利完成。航行器的控制系统从功能上可以划分为如下五个部分：水面支持系统、任务管理控制系统、运动控制系统、导航系统和通信系统，如图 8-7 所示；该控制系统还可以分为软件系统和硬件系统。其中，软件系统可以划分为水面指控软件和载体控制软件，硬件系统主要包括使命控制计算机、运动控制计算机、底层嵌入式系统、各类传感器以及通信系统和水面支持系统等[9]。

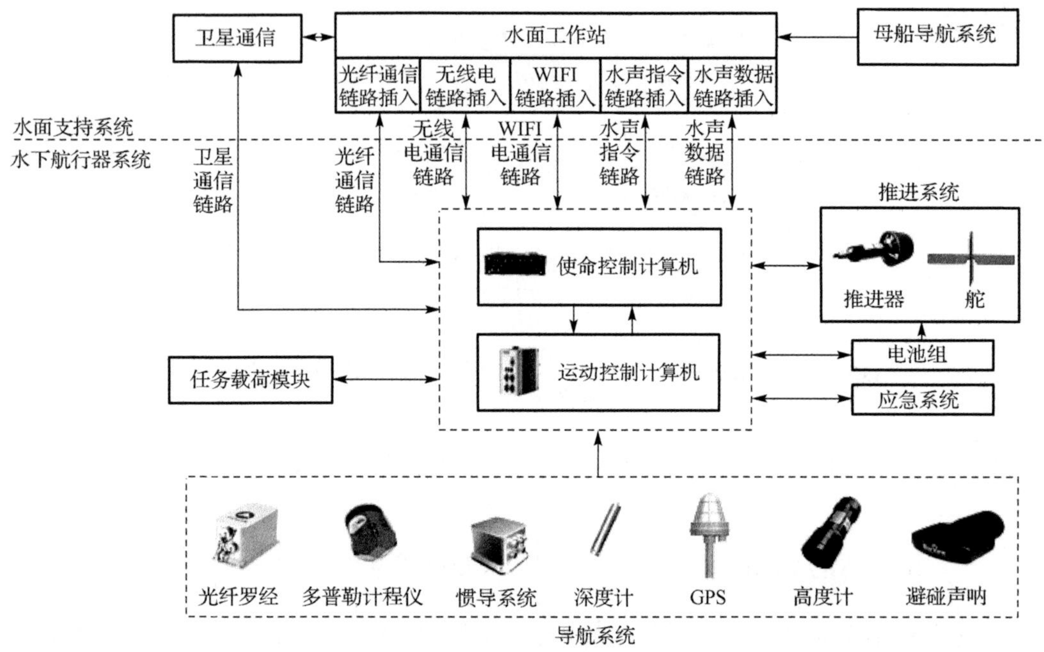

图 8-7　欠驱动 AUV 通用控制系统体系结构

航行器控制系统的软件主要分布于水面工作站、使命控制计算机、运动控制计算机以及各种底层嵌入式系统。水面指控软件通常运行于水面工作站，用于离线规划航路、下载使命文本、监控运动状态以及下达必要的控制指令等。水下航行器的控制软件主要包括使命控制软件、运动控制软件以及底层驱动程序等。使命控制软件和运动控制软件是整个控制系统的核心；它们均被加载于航行器的使命控制计算机和运动控制计算机，形成互为备份的系统结构。当航行器无故障时，使命控制计算机和运动控制计算机分别行使各自功能；使命控制计算机主要负责航行器的在线规划、任务管理和决策、监测航行器的健康、处理离散事件(如避碰等)；运动控制计算机主要负责运动控制算法调度，获取导航信息，控制航行器的速度、姿态、航向、深度(或高度)。当其中某一台计算机发生故障时，另一台控制计算机可以继续控制航行器完成作业任务。底层驱动程序主要负责对推进系统和某些传感进行直接控制。

航行器控制系统的硬件部分主要可以分为水面支持系统、控制计算机、导航系统、通信设备和运动控制执行机构等。水面支持系统主要包括水面工作站、无线电通信天线、WIFI、通信光纤、通信声呐、定位声呐、母船导航系统等。航行器的导航系统通常是由光纤罗经、捷联惯导系统、测距声呐、深度计、高度计、GPS/北斗导航设备、多普勒声呐计程仪(Doppler velocity log，DVL)等组成；根据导航精度、作业任务、成本、总质量等不同要求，航行器的导航装置可能会有所增加，并不一定包括上述全部传感器。此外，航行器的使命控制计算机通常还负责管理用于执行作业任务的各种任务载荷；例如，声学多普勒流速剖面仪(ADCP)、温盐深仪(CTD)、多波束测深仪、侧扫声呐等。

8.4　欠驱动 AUV 基本运动智能控制

8.4.1　欠驱动 AUV 运动控制概述

欠驱动 AUV 的运动控制能力是其能否顺利完成各种复杂任务的先决条件；仅当航行器在运动控制执行机构作用下实现高精度的期望运动时，才能保证其所携带的任务载荷正常工作，并实现既定的作业任务。欠驱动 AUV 的运动控制可以分为基本运动控制和目标跟踪控制。其中，基本运动控制包括航速控制、航向控制、纵倾控制、定深控制，目标跟踪控制包括路径点跟踪(点镇定)、路径跟踪、轨迹跟踪。为了方便后续关于 AUV 运动问题的讨论，有必要给出如下定义。

定义 8-2

(1) 位姿(posture)是指航行器在固定坐标系$\{n\}$下的位置坐标(position)以及相对于该坐标系的姿态角(orientation)的总称，可以表示为

$$\eta=\left[(p_{b/n}^{n})^{\mathrm{T}},(\Theta_{nb})^{\mathrm{T}}\right]^{\mathrm{T}}$$

(2) 路径(path)是指三维空间中一条满足航行器运动性能(如最小回转半径等)要求的分段光滑且连续的与时间无关的曲线(包括直线)；根据曲线论可知，路径可以认为是从区间$[0,\tau_S]$到欧几里得空间E^3的分段光滑的连续映射，记为

$$p_P:\tau\rightarrow E^3,\quad \tau\in[0,\tau_S],\quad \tau_S\in\mathbf{R}^{+}$$

式中，τ为与时间无关的路径参数。

(3) 轨迹(trajectory)是指三维空间中一条由虚拟目标点严格按照时间约束向前运动所形成的满足航行器运动性能要求的分段光滑且连续的曲线(包括直线)；也就是说，轨迹是关于时间 t 的分段光滑且连续的函数(光滑处的导数至少存在前三阶的连续导数)，即其为时间 t 到欧几里得空间 E^3 的一个分段光滑的连续映射，记作

$$p_T: t \to E^3,\quad t \in [0, t_S],\quad t_S \in \mathbf{R}^+$$

因此，轨迹可以认为是由虚拟航行器的运动坐标系的原点 o_b 随时间 t 的变化而运动产生的。

1. 欠驱动 AUV 的基本运动控制简介

欠驱动 AUV 在三维空间中的六自由度运动是非常复杂的。在工程实践中，研究人员很难通过统一的框架对航行器的六自由度运动实现同时控制。因此，在航行器的运动控制器设计过程中，通常利用解耦控制设计思想，将其运动控制系统分解为速度控制回路(或开环速度控制环节)、转艏运动控制回路以及纵倾运动控制回路等。然后，分别针对上述各个子系统，设计相应运动控制器，进而实现对航行器的空间运动的控制。在通常情况下，将上述这种单自由度的运动控制称为航行器的基本运动控制，其主要包括如下几种。

(1) 航行器速度控制：在理论上，航行器可以通过多普勒声呐计程仪(DVL)测得其自身相对于海底的速度，然后利用坐标系变换矩阵 $R_n^b(\Theta_{nb})$ 将航行器的速度从固定坐标系 $\{n\}$ 变换到运动坐标系 $\{b\}$，进而获得其实测的纵向速度。接下来，利用反馈控制思想，设计闭环速度控制器，用以实现航行器按照期望速度航行。然而，如果航行器到海底的距离超过跟踪深度，或者海底地形地貌不利于 DVL 测量回波，则使航行器无法获得有效地对地航行速度测量值。因此，在工程实践中，航行器的纵向速度通常采用开环控制。通过测定航行器的速度与主推进器控制量(控制电流或控制电压)对应值，构建主推进器控制量与航速之间的映射关系，实现航行器的恒定航速控制。

(2) 航行器转艏运动控制：也可以称为航向保持或者航向控制。由于航行器姿态角可以通过捷联惯导系统或光纤罗经精确测量得到，因此可以利用反馈控制思想，设计精确的转艏运动控制器，实现其对精确航向控制。航行器的航向控制能力对于远航程作业、障碍物避碰等具有重要的工程意义，直接影响着航行器的能源消耗、经济性以及安全性。

(3) 航行器纵倾运动控制：类似于转艏运动，航行器的纵倾运动也可以采用闭环控制，保证其在纵倾这个自由度上具有良好的控制性能。为了保证航行器自身安全，其纵倾角通常不能超过限定值(一般认为不超过±20°)；否则，就会威胁到其自身的安全，甚至导致倾覆。

(4)航行器深度控制：航行器的深度值可以通过深度计较为精确地获得；因此可以利用反馈控制设计思想，设计航行器变深控制器，保证航行器在特定深度稳定地航行。

2. 欠驱动 AUV 的目标跟踪控制简介

欠驱动 AUV 的目标跟踪相较于基本运动更为复杂，因此，其目标跟踪控制器设计十分困难，常常涉及两个自由度或更多自由度的联合控制。目标跟踪控制可以被看作是对其基本运动控制的拓展，是更高级的运动控制方式。目前，欠驱动 AUV 目标跟踪控制的大部分问题仍然处于理论探索阶段或是实验验证阶段，尤其是路径跟踪和轨迹跟踪控制更是面临诸多挑战。本节将对航行器的目标跟踪控制给出简要的介绍。

1) 路径点跟踪

路径点跟踪(way-point tracking)也被称为点镇定(point stabilization)或镇定控制。其可以被描述为：在任意给定的初始条件下，路径点跟踪控制律驱使航行器由初始位姿趋近预先规划好的期望位姿，如图 8-8 所示。根据上述定义可知，路径点跟踪包含点到点的位置镇定和姿态角镇定这两个控制目标。在实际作业中，航行器的参考航迹可以由一系列路径点(转向点)以及它们的依次连接直线段组成；然后，在路径点跟踪控制器作用下，驱动航行器依次跟踪参考路径点，实现对直线路径的跟踪。另外，路径点跟踪也可以为航行器的动力定位问题、自主归航问题、自主回收问题等控制器设计提供理论依据。

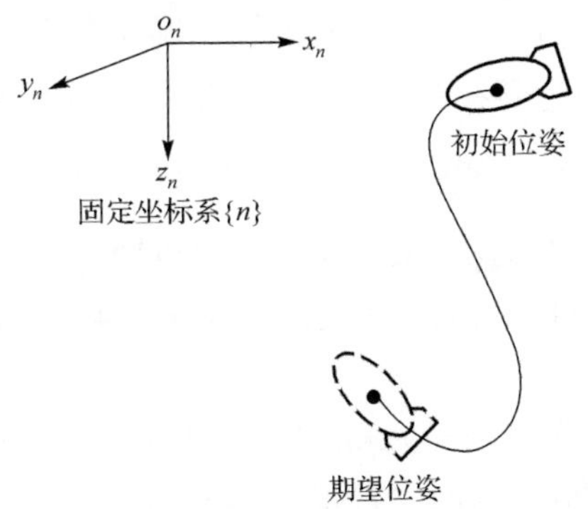

图 8-8　欠驱动 AUV 的路径点跟踪示意图

2) 路径跟踪

路径跟踪也称为路径跟随(path following，PF)。其可以被描述为：在任意给定的初始条件下，路径跟随控制律驱动航行器从初始位姿趋近并跟踪上三维空间中一条预先规划好的路径，如图 8-9 所示。由上述定义可知，在执行路径跟踪任务时，航行器的运动系统不会受到时间的约束，仅需其位置或位姿到达并跟踪上规划好的参考路径。航行器的路径跟踪可以为海底结构物探查、海底通信电缆线路勘察、海上输油管线检查等任务提供技术支持。

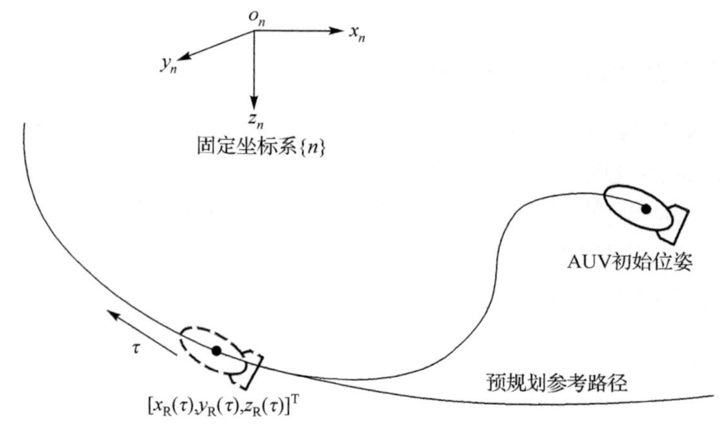

图 8-9　欠驱动 AUV 的路径跟踪示意图

由于航行器的横倾运动无法受到运动控制执行机构的直接控制，并且其通常为自稳定的，因此航行器的控制器设计过程中可以忽略横倾运动。也就是说，在控制器设计中，可以忽略横倾角ϕ、横倾角速度 p 以及它们的各阶导数。那么，航行器的路径跟踪误差可以被定义为

$$[x_e,y_e,z_e,\theta_e,\psi_e]^{\mathrm{T}}=[x,y,z,\theta,\psi]^{\mathrm{T}}-[x_{\mathrm{R}}(\tau),y_{\mathrm{R}}(\tau),z_{\mathrm{R}}(\tau),\theta_{\mathrm{R}}(\tau),\psi_{\mathrm{R}}(\tau)]^{\mathrm{T}} \tag{8-25}$$

式中，$[x_{\mathrm{R}}(\tau),y_{\mathrm{R}}(\tau),z_{\mathrm{R}}(\tau),\theta_{\mathrm{R}}(\tau),\psi_{\mathrm{R}}(\tau)]^{\mathrm{T}}$ 表示航行器在参考路径上的期望位姿。那么，路径跟踪的控制目标就是航行器在路径跟踪控制器作用下实现路径跟踪误差式镇定，即

$$\lim_{t\to\infty}[x_e,y_e,z_e,\theta_e,\psi_e]^{\mathrm{T}}=0 \tag{8-26}$$

如果仅需航行器的位置跟踪上参考路径，而对其姿态未作要求，那么路径跟踪误差变为$[x_e, y_e, z_e]^{\mathrm{T}}=[x, y, z]^{\mathrm{T}}-[x_{\mathrm{R}}(\tau), y_{\mathrm{R}}(\tau), z_{\mathrm{R}}(\tau)]^{\mathrm{T}}$，那么，路径跟踪控制目标变为实现上述位置跟踪误差镇定。

挪威学者 Skjetne 在传统路径跟踪的基础上提出机动性控制问题(maneuvering problem)，该路径跟踪控制包含两个控制任务：几何任务和动态任务。几何任务为航行器在控制器驱动下到达并跟踪参考路径上的期望位置或位姿，即传统路径跟踪的控制目标(8-26)。动态任务是指航行器的线性速度跟踪上其期望值，即

$$\lim_{t\to\infty}[u_e,v_e,w_e]^{\mathrm{T}}=\lim_{t\to\infty}[u-u_{\mathrm{R}},v-v_{\mathrm{R}},w-w_{\mathrm{R}}]^{\mathrm{T}}=0 \tag{8-27}$$

式中，u_{R}、v_{R}、w_{R} 表示航行器的期望线性速度。首先，机动性控制问题要满足几何任务——空间上的位姿约束，其次要满足动态任务——时间上的动态要求。也就是说，机动性控制可以理解为“空间任务+时间任务”(space task+time task)。

3）轨迹跟踪

轨迹跟踪（trajectory tracking，TT）可以被描述为：在任意给定的初始条件下，轨迹跟随控制律驱动航行器从初始位姿趋近并跟踪上三维空间中一条预先规划好的轨迹，如图 8-10 所示。根据轨迹的定义可知，航行器在执行轨迹跟踪任务时需要同时受到空间任务和时间任务的双重约束，也就是说，航行器要在指定的时间到达指定的位置。轨迹跟踪是空间任务与时间任务的交集（space task×time task）。轨迹跟踪主要被用于实现航行器自主回收、敌方港口侦查、动目标跟踪、编队围捕等对时间要求非常紧迫的任务（time critical task，TCT）。

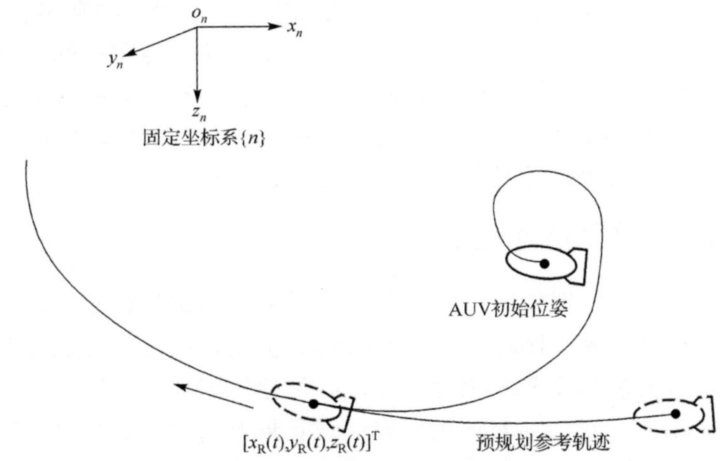

图 8-10　欠驱动 AUV 的轨迹跟踪示意图

同理，可以定义如下航行器的轨迹跟踪误差：

$$\begin{cases}[x_e(t),y_e(t),z_e(t),\theta_e(t),\psi_e(t)]^{\mathrm{T}}=[x(t),y(t),z(t),\theta(t),\psi(t)]^{\mathrm{T}}-\\ \qquad [x_{\mathrm{R}}(t),y_{\mathrm{R}}(t),z_{\mathrm{R}}(t),\theta_{\mathrm{R}}(t),\psi_{\mathrm{R}}(t)]^{\mathrm{T}}\\ [u_e(t),v_e(t),w_e(t),q_e(t),r_e(t)]^{\mathrm{T}}=[u(t),v(t),w(t),q(t),r(t)]^{\mathrm{T}}-\\ \qquad [u_{\mathrm{R}}(t),v_{\mathrm{R}}(t),w_{\mathrm{R}}(t),q_{\mathrm{R}}(t),r_{\mathrm{R}}(t)]^{\mathrm{T}}\end{cases} \tag{8-28}$$

式中，$[x_{\mathrm{R}}(t),y_{\mathrm{R}}(t),z_{\mathrm{R}}(t),\theta_{\mathrm{R}}(t),\psi_{\mathrm{R}}(t)]^{\mathrm{T}}$ 表示航行器在参考轨迹上当前时刻点的期望位姿，其中期望姿态角 θ_{R} 和 ψ_{R} 可以利用当前时刻期望位姿坐标的一阶导数以及反正切公式计算获得；$[u_{\mathrm{R}}(t),v_{\mathrm{R}}(t),w_{\mathrm{R}}(t),q_{\mathrm{R}}(t),r_{\mathrm{R}}(t)]^{\mathrm{T}}$ 为航行器的期望速度（包括线性速度和角速度的期望值）。那么，轨迹跟踪的控制目标是航行器在轨迹跟踪控制器作用下实现轨迹跟踪误差（式(8-28)）镇定，即

$$\begin{cases}\lim\limits_{t\to\infty}[x_e(t),y_e(t),z_e(t),\theta_e(t),\psi_e(t)]^{\mathrm{T}}=0\\ \lim\limits_{t\to\infty}[u_e(t),v_e(t),w_e(t),q_e(t),r_e(t)]^{\mathrm{T}}=0\end{cases} \tag{8-29}$$

由上述讨论可知，轨迹跟踪可以被描述为：航行器对沿着参考轨迹航行的“虚拟航行器”跟踪；该“虚拟航行器”所在位置就是参考轨迹的当前时刻点，其姿态角、线性速度以及角速度就是航行器的对应期望值。

路径跟踪和轨迹跟踪虽同属航迹跟踪控制，但二者在跟踪目标上存在很大的差异。根据路径的定义可知，路径跟踪误差可以视为航行器的位姿到参考路径之间的函数映射，并且参考路径上目标点的选取几乎是任意的。但是，轨迹跟踪误差仅为时间的函数。当航行器受到较大内外扰动时，考虑参考轨迹上的当前时刻点(“虚拟航行器”)并不受到外界扰动的影响，轨迹跟踪误差可能会随着时间的流逝不断增大，从而，引起航行器的执行机构出现饱和现象[17-19]。另外，根据 Walsh 观点可知，轨迹跟踪还可被理解为“时变参考点”的镇定，是对路径点跟踪的拓展。如果航行器的初始位置超前于参考轨迹上的当前时刻点，航行器需要先回转并趋向于参考轨迹的初始位置，以便跟踪上参考轨迹上的“虚拟航行器”，如图 8-10 所示。由上述讨论可知，航行器的轨迹跟踪是其最具挑战性的运动控制问题。

8.4.2 欠驱动 AUV 的航速控制

在实际工程中，航行器的航速通常使用开环控制器进行控制，以避免多普勒声呐计程仪测量错误导致整个闭环系统控制失稳。但是，在某些特殊情况下，使命任务对航行器的航速控制精度要求相对较高，必须使用闭环控制算法才能达到控制精度要求[20]。本章主要针对闭环航速控制算法设计展开讨论。航行器的航速闭环控制结构框图如图 8-11 所示。

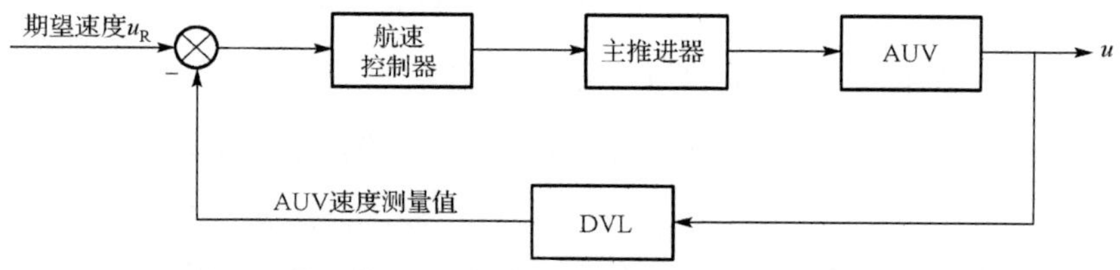

图 8-11 欠驱动 AUV 的航速闭环控制框图

在实际工程中，航行器的运动控制器通常采用比例-积分-微分(PID)控制。因此，最常见的闭环速度控制也大都采用 PID 控制器。基于 PID 的航速控制器是最为经典的闭环航速控制方法。对于欠驱动 AUV 而言，其在横荡和垂荡这两个自由度上缺少直接的控制输入；进而，航行器在这两个自由度上受到加速度约束。因此，实际航行器的横向速度 v 和垂向速度 w 均远小于其纵向速度 u，即 $v \ll u$、$w \ll u$；那么，航行器的航速可以被近似为其纵向速度 u。设航行器的期望纵向速度为 u_R，那么航行器的纵向速度误差可以被定义为：$u_e=u-u_R$。航行器的纵向速度 PID 控制器可以被设计为

$$\tau_1 = k_p^u u_e + k_i^u \int_{t_0}^{t} u_e(s)\mathrm{d}s + k_d^u \dot{u}_e \tag{8-30}$$

式中，k_p^u、k_i^u、k_d^u分别为纵向速度控制器的比例系数、积分系数以及微分系数。对于 PID 控制器的设计和应用，控制器参数整定是最重要的核心问题。各国学者通过将遗传算法、神经网络、模糊理论、蚁群算法、免疫算法、迭代学习等智能控制理论与 PID 算法相结合，形成新型智能 PID 控制算法。随着欠驱动 AUV 技术研究的不断深入，上述智能 PID 纷纷被引入航行器的运动控制系统设计中，用以改善其运动控制性能。

近年来，随着控制技术以及航行器的运动建模技术不断进步，基于航行器运动模型的运动控制算法现已大量用于其动控制理论研究。接下来，设计一种基于积分滑模控制(sliding mode control)的航速控制器。首先，定义如下积分滑模面：

$$S_u = u_e + \lambda_u \int_{t_0}^{t} u_e(\tau)\mathrm{d}\tau \tag{8-31}$$

式中，λ_u为正定的积分常数。对一阶积分滑模面S_u进行求导计算，可以得到

$$\dot{S}_u = \dot{u}_e + \lambda_u u_e$$

在忽略参数摄动以及内外扰动的情况下，令滑模面S_u的导数等于零，可以得到等效控制律：

$$\tau_{1\mathrm{eq}} = \hat{X}_u u + \hat{X}_{u|u|} u|u| - \lambda_u \hat{m}_{11} u_e \tag{8-32}$$

式中，“^”代表航行器水动力系数的标称值。此外，在上述推导过程中，还忽略了航行器纵荡运动方程中的小量 vr 和 wq。在本章中，假设航行器水动力系数的摄动均存在上界。那么，航行器纵向速度控制所涉及的水动力系数的摄动上界分别为：$|m_{11} - \hat{m}_{11}| \leqslant \tilde{m}_{11}$，$|X_u - \hat{X}_u| \leqslant \tilde{X}_u$，$|X_{u|u|} - \hat{X}_{u|u|}| \leqslant \tilde{X}_{u|u|}$。由于存在参数摄动、环境干扰等内外扰动，等效控制律并不能保证航行器的运动控制性能；因此，必须引入相应的辅助控制器——趋近律，用以保证控制效果。一般情况下，可以选择如下类等速趋近律[21]：

$$\tau_{1r} = -K_u \mathrm{sgn}(S_u) \tag{8-33}$$

式中，K_u为等速趋近律的增益系数。为了有效地抑制参数摄动、环境干扰等内外扰动，增益系数K_u被设计为如下形式：

$$K_u = \tilde{X}_u |u| + \tilde{X}_{u|u|} u^2 + \lambda_u \tilde{m}_{11} |u_e| + \eta_u \tag{8-34}$$

式中，η_u为大于零的常数。那么，航行器的航速控制为

$$\tau_1 = \tau_{1\mathrm{eq}} + \tau_{1r} = \hat{X}_u u + \hat{X}_{u|u|} u|u| - \lambda_u \hat{m}_{11} u_e - K_u \mathrm{sgn}(S_u) \tag{8-35}$$

定义如下控制 Lyapunov 函数：$V_u = m_{11} S_u^2 / 2$。对控制 Lyapunov 函数V_u求导，并将航行器纵向动力学方程(8-15)以及式(8-32)～式(8-35)代入，可以得到：

$$\begin{aligned}\dot{V}_u &= m_{11}S_u\dot{S}_u = (m_{22}vr - m_{33}wq - X_u u - X_{u|u|}u|u| + \tau_1 + \lambda_u m_{11}u_e)S_u \\ &= ((\hat{X}_u - X_u)u + (\hat{X}_{u|u|} - X_{u|u|})u|u| + \lambda_u(m_{11} - \hat{m}_{11})u_e - K_u\text{sgn}(S_u) + (m_{22}vr - m_{33}wq))S_u\end{aligned} \tag{8-36}$$

由于 vr 和 wq 均为小量，并且 m_{22} 与 m_{33} 均为有界量，那么存在大于零的常数ε_u，使得

$$|m_{22}vr - m_{33}wq| \leqslant \varepsilon_u$$

如果将参数η_u取值为$\eta_u > \varepsilon_u$，那么控制 Lyapunov 函数 V_u 的导数满足如下条件：

$$\dot{V}_u \leqslant (-\eta_u\text{sgn}(S_u) + \varepsilon_u)S_u \leqslant 0 \tag{8-37}$$

根据文献[22]中定理 3-3 可知，航速误差 u_e 在控制器(8-35)作用下能够全局渐近收敛到原点。

在通常情况下，航行器的航速期望值为恒定常数，即 $u_R \geqslant u_{min} > 0$；也就是说，航速的设定值是以阶跃函数形式给出的。根据相关控制理论可知，阶跃输入可能会引起控制器输出产生跳变。为了改善控制效果以及控制器输出，应该安排一个合理的过渡过程。根据自抗扰控制技术(ADRC)可知，微分跟踪器(tracking differentiator，TD)可以很好地解决上述问题，并且能够很好地解决超调与快速性的矛盾。那么，对于航速控制而言，可以选取如下形式的微分跟踪器：

$$\begin{cases}\dot{\sigma}_u = \sigma_{\dot{u}} \\ \dot{\sigma}_{\dot{u}} = -\kappa_u\,\text{sgn}\left(\sigma_u - u_R + \dfrac{\sigma_{\dot{u}}|\sigma_{\dot{u}}|}{2\kappa_u}\right)\end{cases} \tag{8-38}$$

式中，u_R 为航行器设定的期望速度；σ_u 表示微分跟踪器输出的参考期望速度，且σ_u 的终值等于 u_R；$\sigma_{\dot{u}}$ 表示微分跟踪器输出的航行器加速度；κ_u 表示航行器的加速度 $\sigma_{\dot{u}}$ 的限值，即$|\sigma_{\dot{u}}| \leqslant \kappa_u$。

通过引入微分跟踪器(式(8-32))，航速误差变为 u_e：$u_e^* = u - \sigma_u$。那么，航速控制器(式(8-35))变为

$$\tau_1^* = \hat{X}_u u + \hat{X}_{u|u|}u|u| - \lambda_u\hat{m}_{11}u_e^* + \hat{m}_{11}\sigma_{\dot{u}} - K_u^*\text{sgn}(S_u^*) \tag{8-39}$$

式中，S_u^* 表示一阶积分滑模面(式(8-31))中的 u_e 被替换为 u_e^* 后的积分滑模面；K_u^* 被定义为

$$K_u^* = \tilde{X}_u|u| + \tilde{X}_{u|u|}u^2 + \lambda_u\tilde{m}_{11}|u_e| + \tilde{m}_{11}|\sigma_{\dot{u}}| + \eta_u \tag{8-40}$$

同理，定义如下控制 Lyapunov 函数：$V_u^* = m_{11}S_u^{*2}/2$，分析上述航速控制器(式(8-39))作用下航速误差u_e^*的收敛特性。通过微分计算可知，控制 Lyapunov 函数 V_u^* 的导数满足：

$$\dot{V}_u^* \leqslant (-\eta_u \operatorname{sgn}(S_u^*) + \varepsilon_u) S_u^* \leqslant 0 \tag{8-41}$$

航速跟踪误差 u_e^* 同样是全局渐近稳定的。

在本章中，为了验证所提出控制算法的控制效果，利用文献[8]给出的欠驱动 AUV 运动模型参数构建航行器的运动控制数值仿真模型。航速控制(式(8-35)和式(8-39))分别作用于数值仿真模型，可以得到相应的控制效果，如图 8-12 所示。在航速控制效果图中，分别给出了未加微分跟踪器(虚线)和加入微分跟踪器(实线)的控制效果。航行器的主推进器的输出量如图 8-13 所示。由仿真结果可以看出，加入微分跟踪器后，虽然航速响应的快速性有所降低，但是明显改善了航行器的主推进器输出效果，并且速度跟踪误差有所减小。

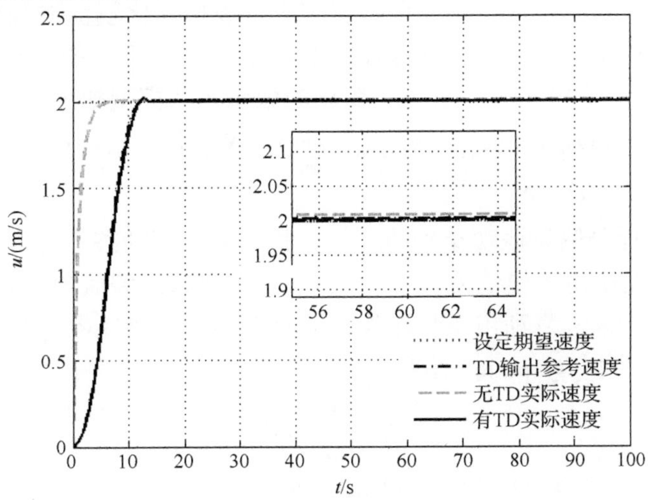

图 8-12　欠驱动 AUV 的航速控制响应曲线

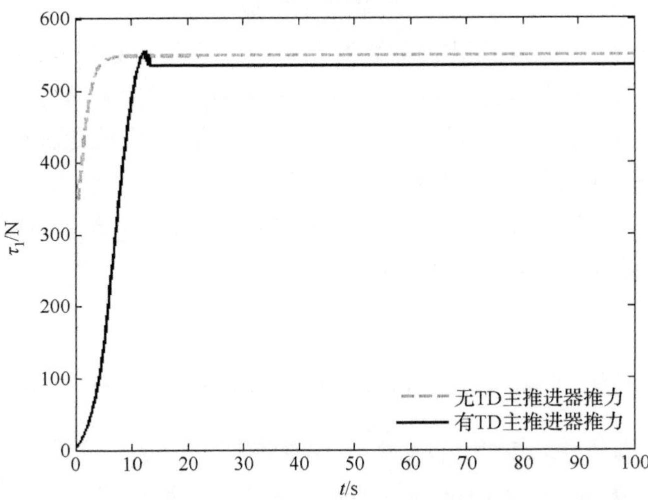

图 8-13　欠驱动 AUV 的主推进器输出

8.4.3 欠驱动 AUV 的航向智能控制

航行器的航向控制是保证其在远距离航行中的经济性以及在复杂环境中作业的安全性的重要技术手段。航向控制性能直接影响航行器的作业效果。在执行长航程任务时，航行器受到海流等环境扰动影响，将偏离预定航向。如果航向控制器鲁棒性不强，将给携带能源有限的 AUV 带来更多的能源损耗，甚至可能导致任务失败。因此，有必要为航行器设计一个性能良好的航向控制算法，用以保证航行器在运动执行机构作用下沿着期望航向运动。

对于航向控制器设计而言，欠驱动 AUV 的六自由度/五自由度运动模型过于复杂，因此不得不忽略运动模型中某些次要因素，以便简化航向控制算法设计。在实际工程中，当航行器转向时，通常假设其航速 u 为恒定不变的，且横倾角 ϕ、纵倾角 θ 以及相应角速度均等于零。那么，简化的偏航运动模型如下：

$$\begin{cases} m_{66}\dot{r} = (m_{11} - m_{22})u_0 v - N_r r - N_{r|r|} r|r| + \tau_6 + \delta_r \\ \dot{\psi} = r \end{cases} \tag{8-42}$$

式中，δ_r 表示航行器偏航运动受到的环境干扰、未建模动态特性等内外扰动。

设航行器的偏航角期望值为 ψ_{R}，且 $\dot{\psi}_{\mathrm{R}} = 0$。那么，偏航角误差可以被定义为：$\psi_e = \psi - \psi_{\mathrm{R}}$。接下来，将利用反步法设计航行器的航向控制器。为了镇定偏航角误差 ψ_e，定义如下控制 Lyapunov 函数：

$$V_\psi = \frac{1}{2} m_{66} \psi_e^2 \tag{8-43}$$

对 Lyapunov 函数(8-43)求导，可以得到

$$\dot{V}_\psi = m_{66}\psi_e \dot{\psi}_e = m_{66} r \psi_e$$

选取偏航加速度 r 作为虚拟的中间控制量；为了保证 Lyapunov 函数(式(8-43))的导数 $\dot{V}_\psi$ 为负定的，将虚拟控制量设定为 $r_d = -k_\psi \psi_e$，式中 k_ψ 为大于零的增益常数。考虑到航行器偏航角速度 r 与其设定值 r_d 存在一定偏差，因此定义偏航角速度误差为 $r_e = r - r_d$。那么，将偏航角速度期望值 r_d 以及角速度误差 r_e 代入 $\dot{V}_\psi$ 内，可以得到 $\dot{V}_\psi = m_{66}(r_{\mathrm{d}} + r_e)\psi_e = -k_\psi m_{66}\psi_e^2 + m_{66} r_e \psi_e$。如果偏航角速度误差 r_e 为零，$\dot{V}_\psi$ 为负定的。

接下来，定义如下控制 Lyapunov 函数：

$$V_r = V_\psi + \frac{1}{2} m_{66} r_e^2 \tag{8-44}$$

对 Lyapunov 函数(式(8-44))求导，并将 $\dot{V}_\psi$ 和偏航动力学方程(8-42)代入，可以得到：

$$\begin{aligned} \dot{V}_r &= \dot{V}_\psi + m_{66} r_e \dot{r}_e = -k_\psi m_{66}\psi_e^2 + r_e(m_{66}\psi_e + m_{66}\dot{r}_e) \\ &= -k_\psi m_{66}\psi_e^2 + r_e(m_{66}\psi_e + (m_{11} - m_{22})u_0 v - N_r r - N_{r|r|} r|r| + \tau_6) \end{aligned} \tag{8-45}$$

为了保证水动力系数摄动、未建模动态特性、环境干扰等内外扰动作用下 Lyapunov 函数的导数 $\dot{V}_r$ 为负定的，将偏航运动控制输入 τ_6 设计为

$$\tau_6 = (\hat{m}_{22} - \hat{m}_{11})u_0 v + \hat{N}_r r + \hat{N}_{r|r|} r|r| - \hat{m}_{66}\psi_e - K_\psi \tag{8-46}$$

$$K_\psi = (\tilde{m}_{11} + \tilde{m}_{22})u_0|v| + \tilde{N}_r|r| + \tilde{N}_{r|r|}\left|r^2\right| + \tilde{m}_{66}|\psi_e| + k_r\hat{m}_{66}r_e \tag{8-47}$$

式中，“^”表示航行器水动力系数的标称值；“~”表示水动力系数摄动的上确界；k_r 为大于零的增益常数。那么，将偏航控制器(式(8-46)和式(8-47))代入式(8-45)，使得 Lyapunov 函数的导数 $\dot{V}_r$ 满足如下条件：

$$\dot{V}_r \leqslant -k_\psi m_{66}\psi_e^2 - k_r\hat{m}_{66}r_e^2 \leqslant -2\min\left(k_\psi, k_r\frac{\hat{m}_{66}}{m_{66}}\right)V_r$$

由 Lyapunov 函数 V_r 的定义可知，其为正定的且径向无界的。根据文献[22]中定理 3-4 可知，偏航角误差 ψ_e 以及角速度误差 r_e 能在控制器(式(8-46)和式(8-47))作用下全局指数收敛到原点。

航向控制器(式(8-46)和式(8-47))作用于欠驱动 AUV 的数值仿真模型，可以得到航行器的航向控制仿真结果，如图 8-14 和图 8-15 所示。在本次仿真中，航行器的期望航向角分别被设定为 60°(100s)、30°(200s)、120°(300s)、0°(400s)。由仿真结果可以看出，该控制器可以实现航向角的无超调控制，并且具有较快的响应速度。

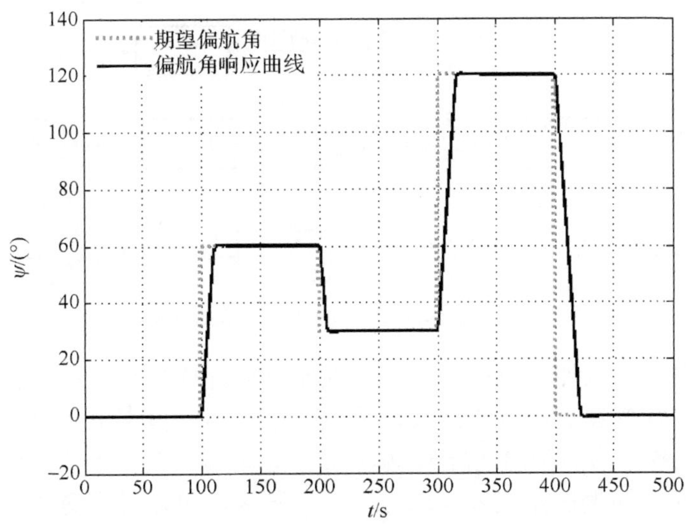

图 8-14　欠驱动 AUV 的航向控制响应曲线

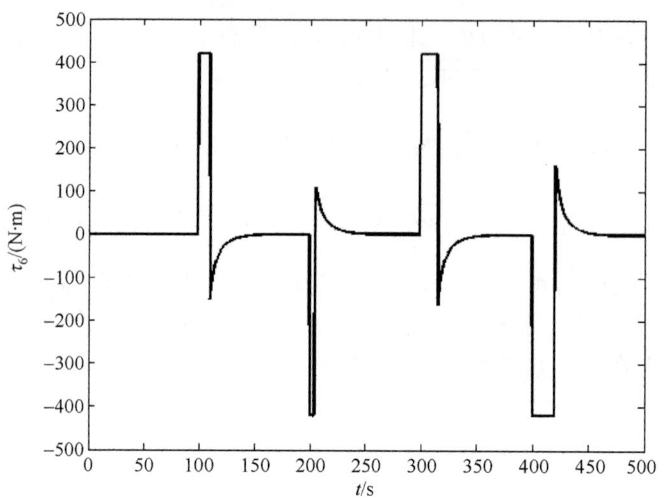

图 8-15　欠驱动 AUV 的偏航力矩

8.4.4　欠驱动 AUV 的纵倾及深度控制

航行器的垂直面基本运动控制主要包括纵倾控制以及深度控制(或变深控制)，其中，纵倾控制是深度控制的基础。深度控制是保证航行器完成海底地形勘探、海洋油气开发、水下结构物探查等水下作业的关键技术之一；深度控制性能直接影响上述水下作业完成的情况、航行器本体的安全等。在航行器变深过程中，纵倾和深度通常采用双闭环控制策略，即外环深度控制以及内环纵倾控制，如图 8-16 所示。

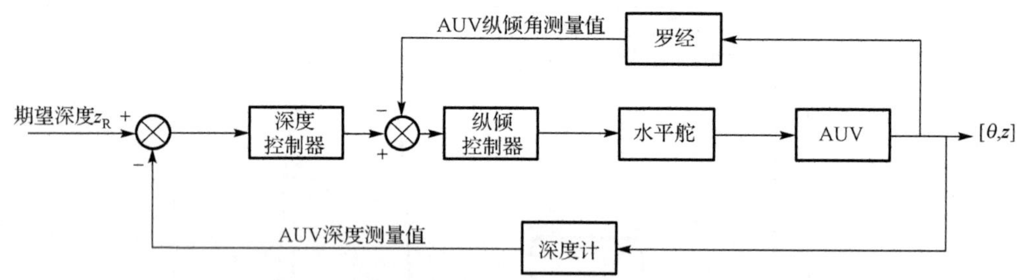

图 8-16　欠驱动 AUV 的闭环深度控制框图

类似于航向控制设计，航行器的深度控制器设计模型也可通过忽略次要因素获得。航行器在执行变深运动时通常假设其航行速度为 u 恒定不变的，记作 u_0。相较于纵向速度 u，航行器的垂向速度 w 为小量，因此其可以作为次要因素被忽略。另外，横摇角速度 p 和偏航角速度 r 均为小量。那么，可以得到简化的变深运动模型如下[22]：

$$\begin{cases} m_{55}\dot{q} = (m_{33} - m_{11})uw - M_q q - M_{q|q|}q|q| - \overline{BG}_z W\sin\theta + \tau_5 \\ \dot{z} = -u\sin\theta \\ \dot{\theta} = q \end{cases} \tag{8-48}$$

那么，令航行器的期望深度为 z_R，且 $\dot{z}_R = 0$ 可以定义深度误差为：$z_e = z - z_R$。为了实现深度误差 z_e 的镇定，定义如下控制 Lyapunov 函数：

$$V_z = \frac{1}{2}z_e^2 \tag{8-49}$$

计算 Lyapunov 函数(8-49)的一阶导数，并将式(8-48)代入，可以得到 $\dot{V}_z = z_e\dot{z}_e = -uz_e\sin\theta$。

选取航行器的纵倾角 θ 作为虚拟控制量，并设定期望值为 $\theta_d = k_z z_e$，式中 k_z 为大于零的增益常数。同时，定义纵倾角误差为 $\theta_e = \theta - \theta_d$。那么，Lyapunov 函数(8-49)的一阶导数变为

$$\dot{V}_z = -k_z u\frac{\sin\theta}{\theta}z_e^2 - u\frac{\sin\theta}{\theta}z_e\theta_e$$

对于实际工程中的 AUV 而言，其纵倾角 θ 不会超出 $[-\theta_{\max}, \theta_{\max}]$ 范围，且 $0 < \theta_{\max} < \pi/2$。那么，$0 < \sin\theta/\theta \leqslant 1$；从而，使得 $k_z u\sin\theta/\theta > 0$。当且仅当 $\theta_e = 0$ 时，$\dot{V}_z$ 为负定的。

接下来，为了实现纵倾角误差 θ_e 镇定，定义如下形式的 PID 积分滑模面：

$$S_\theta = \dot{\theta}_e + k_\theta^p\theta_e + k_\theta^i\int_0^t \theta_e(\tau)\mathrm{d}\tau \tag{8-50}$$

式中，k_θ^p 和 k_θ^i 分别表示滑模面的比例系数和积分系数，且均为大于零的常数。计算 PID 积分滑模面 S_θ 的一阶导数，可以得到：

$$\dot{S}_\theta = \ddot{\theta}_e + k_\theta^p\dot{\theta}_e + k_\theta^i\theta_e = \dot{q} + k_z qu\cos\theta + k_\theta^p(q + k_z u\sin\theta) + k_\theta^i\theta_e$$

在忽略参数摄动以及内外扰动的条件下，求解 $\dot{S}_\theta = 0$，可以得到等效控制律：

$$\begin{aligned} \tau_{5\mathrm{eq}} &= (\hat{m}_{11} - \hat{m}_{33})uw + \hat{M}_q q + \hat{M}_{q|q|}q|q| + \overline{BG}_z W\sin\theta \\ &\quad - \hat{m}_{55}(k_z qu\cos\theta + k_\theta^p q + k_\theta^p k_z u\sin\theta + k_\theta^i\theta_e) \end{aligned} \tag{8-51}$$

式中，“^”代表航行器水动力系数的标称值。在上述推导过程中，所涉及的航行器水动力系数摄动的上确界分别为：$|m_{11} - \hat{m}_{11}| \leqslant \tilde{m}_{11}$，$|m_{33} - \hat{m}_{33}| \leqslant \tilde{m}_{33}$，$|m_{55} - \hat{m}_{55}| \leqslant \tilde{m}_{55}$，$|M_q - \hat{M}_q| \leqslant \tilde{M}_q$，$|M_{q|q|} - \hat{M}_{q|q|}| \leqslant \tilde{M}_{q|q|}$。

同理，为了保证航行器变深运动控制效果，需要引入如下形式的类等速趋近律：

$$\tau_{5r} = -K_\theta\mathrm{sgn}(S_\theta) \tag{8-52}$$

式中，K_θ 为等速趋近律的增益系数，其定义为

$$K_\theta = (\tilde{m}_{11}+\tilde{m}_{33})uw + \tilde{M}_q q + \tilde{M}_{q|q|} q|q| + \tilde{m}_{55}\left|k_z qu\cos\theta + k_\theta^p q + k_\theta^p k_z u\sin\theta + k_\theta^i \theta_e\right| + \eta_\theta \tag{8-53}$$

式中，η_θ为大于零的常数。那么，航行器的深度控制器为

$$\begin{aligned}\tau_5 &= \tau_{5\mathrm{eq}} + \tau_{5r}\\ &= (\hat{m}_{11} - \hat{m}_{33})uw + \hat{M}_q q + \hat{M}_{q|q|} q|q| + \overline{BG}_z W\sin\theta\\ &\quad - \hat{m}_{55}(k_z qu\cos\theta + k_\theta^p q + k_\theta^p k_z u\sin\theta + k_\theta^i\theta_e) - K_\theta \mathrm{sgn}(S_\theta)\end{aligned} \tag{8-54}$$

定义如下控制 Lyapunov 函数：$V_\theta = V_z + m_{55}S_\theta^2/2$。计算上述 Lyapunov 函数 V_θ 的一阶导数，并将航行器的深度控制器(8-54)代入，可以得到

$$\begin{aligned}\dot{V}_\theta &= -k_z u\frac{\sin\theta}{\theta}z_e^2 - u\frac{\sin\theta}{\theta}z_e\theta_e + (m_{55}\dot{q} + m_{55}(k_z qu\cos\theta + k_\theta^p q + k_\theta^p k_z u\sin\theta + k_\theta^i\theta_e))S_\theta\\ &\leqslant -k_z u\frac{\sin\theta}{\theta}z_e^2 - \eta_\theta|S_\theta| \leqslant 0\end{aligned} \tag{8-55}$$

根据文献[22]中定理 3-3 可知，航速误差 z_e 和 θ_e 在控制器(8-54)作用下能全局渐近收敛到原点。

深度控制器(式(8-54))作用于欠驱动 AUV 的数值仿真模型，可以得到航行器的变深控制仿真结果，如图 8-17～图 8-18 所示。航行器的期望深度分别被设定为 0.6m(0s)、12.6m(50s)、5.6m(350s)、0.6m(500s)。图 8-17 给出了航行器变深控制中的深度相应曲线和纵倾角相应曲线。由仿真相应曲线可知，该控制器可以实现航行器无终态误差变深控制。图 8-18 给出了航行器变身控制的纵倾力矩输出曲线。

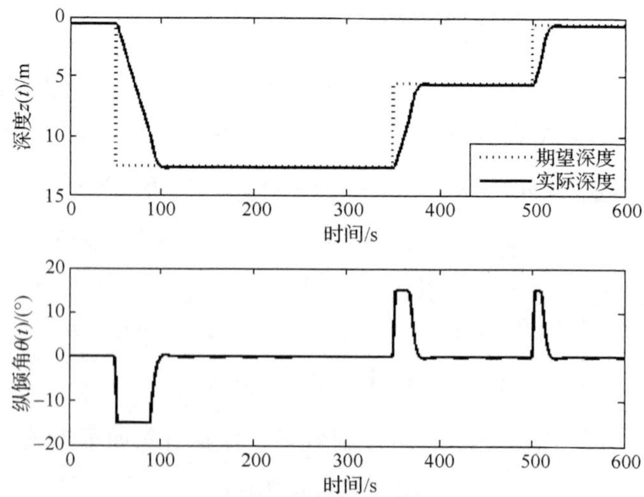

图 8-17　欠驱动 AUV 的变深控制相应曲线

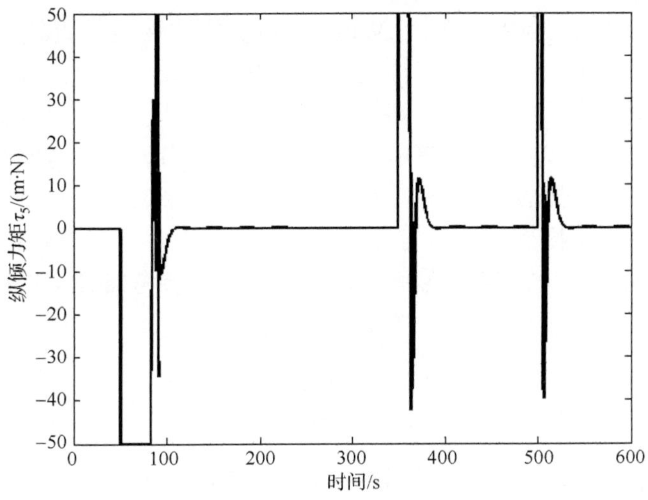

图 8-18　欠驱动 AUV 的纵倾力矩

8.5　欠驱动 AUV 目标跟踪智能控制

欠驱动 AUV 的目标跟踪控制是完成各种复杂水下作业的重要作业保障。相较于航行器的基本运动控制而言，航行器的目标跟踪更为复杂、更具有挑战性。其主要包括路径点跟踪、路径跟踪以及轨迹跟踪控制。随着现代非线性控制理论的发展，航行器的目标跟踪控制研究也取得了一定的进步。但是，由于航行器的运动控制受到强耦合性、高度非线性、二阶非完整性以及参数摄动、未建模特性、海流、海浪等内外非线性因素的约束，致使其目标跟踪控制器设计面临诸多挑战[23-25]。因此，航行器的目标跟踪控制不仅具有重要的工程意义，而且具有十分重要的理论意义。本节将简要介绍航行器的目标跟踪控制器——路径跟踪、轨迹跟踪设计方法。

8.5.1　欠驱动 AUV 三维路径跟踪控制

航行器的路径点跟踪控制目前最为广泛的应用是间接实现空间直线路径跟踪。利用离散路径点规划期望参考路径，仅需将离散路径点的信息(包括位置信息、海流信息等)预先储存在航行器的控制计算机中，无须在线计算参考航迹，可以减轻船载控制计算机的运行负载。本小节将介绍基于视线法(LOS)、Serret-Frenet 坐标系以及反步法的三维路径点跟踪控制器设计方法，实现航行器三维直线路径跟踪控制。

考虑由运动模型式(8-10)和式(8-15)所描述的欠驱动 AUV，其直线参考路径可以由一系列离散路径点$\{WP_1,WP_2,\cdots,WP_i,\cdots,WP_n\}$依次连接的直线度组成；其中，各个离散路径点可以使用笛卡儿坐标描述，即 $WP_i=(x_i,y_i,z_i)$ $(i=1,\cdots,n)$。设 L_{i-1} 表示路径点 WP_{i-1} 和 WP_i 之间的直线段。那么，路径点 WP_i 被选定为直线路径 L_{i-1} 到直线路径 L_i 的转向点。直线路径切换策略被设计为：当 AUV 沿参考路径 L_{i-1} 航行（路径点 WP_i 除外）到以路径点 WP_i 为球心的球形邻域内（球形邻域半径被设定为 R_i）时，航行器的参考路径 L_{i-1} 切换到下一段直线路径 L_i。依照上述切换策略，航行器可以实现对三维直线路径的跟踪。在参考路径 L_i 内，航行器的参考路径可以被描述为

$$\begin{cases} x_{\mathrm{R},i}(s)=\eta_i^x s+x_i \\ y_{\mathrm{R},i}(s)=\eta_i^y s+y_i \\ z_{\mathrm{R},i}(s)=\eta_i^z s+z_i \end{cases} \tag{8-56}$$

式中，$s\in[0,1]$；η_i^x、η_i^y、η_i^z 为参考路径的方向导数，它们的定义分别为 $\eta_i^x=x_{i+1}-x_i$，$\eta_i^y=y_{i+1}-y_i$，$\eta_i^z=z_{i+1}-z_i$。

1. 三维直线路径跟踪制导律设计

为了实现欠驱动 AUV 的三维直线航迹跟踪，利用 LOS 和 Serret-Frenet 坐标系构建恰当的制导律，如图 8-19 所示[26]。在图中，每一个路径点 WP_i 处（最后一个点除外）均被引入一个局域的 Serret-Frenet 坐标系$\{F_i\}$；其坐标原点为路径点 WP_i，其 $x_{F,i}$-轴与参考路径 L_i 相重合。

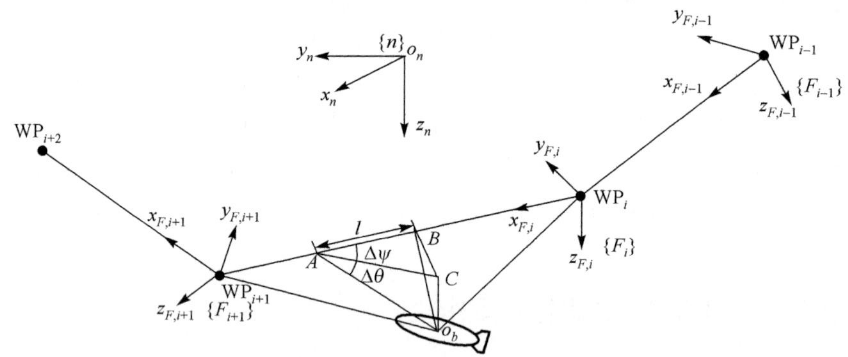

图 8-19　基于离散路径点和 LOS 的欠驱动 AUV 三维路径跟踪

将固定坐标系$\{n\}$的原点平移到路径点 WP_i，然后将平移后的坐标系$\{n\}$分别绕 o_nz_n 和 o_ny_n 旋转 ψ_i^F 和 θ_i^F，就可以得到局域坐标系$\{F_i\}$。那么，旋转角 ψ_i^F 和 θ_i^F 分别被定义为

$$\theta_i^F=-\arctan\left(\frac{z_{i+1}-z_i}{\sqrt{(x_{i+1}-x_i)^2+(y_{i+1}-y_i)^2}}\right) \tag{8-57a}$$

$$\psi_i^F = \arctan\frac{y_{i+1}-y_i}{x_{i+1}-x_i} \tag{8-57b}$$

在图 8-19 中，B 表示航行器的随体坐标系$\{b\}$原点 o_b 在当前参考路径 L_i 上的投影点，A 表示航行器在前参考路径 L_i 上的目标点。线段 AB 通常被设定为航行器总长度 L_0 的 2～5 倍。根据图 8-19 中的几何关系以及 LOS 制导律原理，点 B 的坐标参数 s 为

$$s_B = -\frac{k_i^x(x_i - x) + k_i^y(y_i - y) + k_i^z(z_i - z)}{(k_i^x)^2 + (k_i^y)^2 + (k_i^z)^2} \tag{8-58}$$

式中，k 为式(8-56)中参考路径的方向导数。

那么，将 s_B 代入方程(8-56)中，可以得到点 B 在固定坐标系$\{n\}$中的坐标为 $(x_B, y_B, z_B) = (k_i^x s_B + x_i, k_i^y s_B + y_i, k_i^z s_B + z_i)$。进而，定义航行器的位置跟踪误差为 $x_e^n = x - x_B$、$y_e^n = y - y_B$、$z_e^n = z - z_B$。那么，位置跟踪误差在局域坐标系$\{F_i\}$中的表达式为

$$\begin{bmatrix} x_e^F \\ y_e^F \\ z_e^F \end{bmatrix} = \begin{bmatrix} \cos\psi_i^F \cos\theta_i^F & \sin\psi_i^F \cos\theta_i^F & -\sin\theta_i^F \\ -\sin\psi_i^F & \cos\psi_i^F & 0 \\ \cos\psi_i^F \sin\theta_i^F & \sin\psi_i^F \sin\theta_i^F & \cos\theta_i^F \end{bmatrix} \begin{bmatrix} x_e^n \\ y_e^n \\ z_e^n \end{bmatrix} \tag{8-59}$$

根据图 8-19 中的几何关系可知，视线角可以被定义为

$$\Delta\theta = -\arctan\left(\frac{z_e^F}{\sqrt{l^2 + y_e^{F2}}}\right) \tag{8-60a}$$

$$\Delta\psi = \arctan\left(\frac{y_e^F}{l}\right) \tag{8-60b}$$

由上述定义式可知，$\Delta\theta \to 0$ 且 $\Delta\psi \to 0 \Leftrightarrow z_e^n \to 0$ 且 $y_e^n \to 0$。那么，航行器的期望姿态角分别为 $\theta_d = \theta_i^F + \Delta\theta$、$\psi_d = \psi_i^F + \Delta\psi$。

2. 三维直线路径跟踪制控制器设计

由三维直线路径跟踪制导律的推导可知，航行器的路径跟踪任务变为对姿态角的跟踪。那么，分别定义姿态角误差为：$\psi_e = \psi + \psi_d$、$\theta_e = \theta + \theta_d$。为了实现上述姿态角的镇定，定义如下两个控制 Lyapunov 函数 V_ψ^s 和 V_θ^s：

$$V_\psi^s = \frac{1}{2}\psi_e^2, \quad V_\theta^s = \frac{1}{2}\theta_e^2 \tag{8-61}$$

计算上述 Lyapunov 函数的一阶导数，可以得到：$V_\theta^s = \frac{1}{2}\theta_e^2$，$\dot{V}_\theta^s = \theta_e(q - \dot{\theta}_d)$。

进而，将航行器的偏航角速度 r 和纵倾角速度 q 定义为虚拟控制输入，并且分别设定为

$$r_d = \dot{\psi}_d \cos\theta - k_\psi^s \psi_e \cos\theta\text{，}\quad q_d = \dot{\theta}_d - k_\theta^s \theta_e \tag{8-62}$$

式中，k_ψ^s 和 k_θ^s 为待确定的大于零的控制增益系数。角速度跟踪误差分别被定义为 $r_e=r-r_d$ 和 $q_e=q-q_d$。那么，将 $r=r_e+r_d$ 和 $q=q_e+q_d$ 和分别代入 $\dot{V}_\psi^s$ 和 $\dot{V}_\theta^s$ 中，可以得到

$$\dot{V}_\psi^s = -k_\psi^s \psi_e^2 + r_e \psi_e / \cos\theta\text{，}\quad \dot{V}_\theta^s = -k_\theta^s \theta_e^2 + q_e \theta_e \tag{8-63}$$

因此，若要实现姿态角误差的镇定，首先必须实现角速度误差的镇定。

接下来，分别定义如下控制 Lyapunov 函数：

$$V_r^s = V_\psi^s + \frac{1}{2} m_{66} r_e^2\text{，}\quad V_q^s = V_\theta^s + \frac{1}{2} m_{55} q_e^2 \tag{8-64}$$

那么，分别计算上述 Lyapunov 函数的一阶导数，并将航行器动力学方程(8-15)以及式(8-62)代入，可以得到：

$$\dot{V}_r^s = -k_\psi^s \psi_e^2 + r_e(\psi_e / \cos\theta + (m_{11} - m_{22})uv - N_r r - N_{r|r|} r|r| - m_{66}\dot{r}_d + \tau_6)$$

$$\dot{V}_q^s = -k_\theta^s \theta_e^2 + q_e(\theta_e + (m_{33} - m_{11})uw - M_q q - M_{q|q|} q|q| - (z_G W - z_B B)\sin\theta + \tau_5 - m_{55}\dot{q}_d)$$

为了保证 $\dot{V}_r^s$ 和 $\dot{V}_q^s$ 在参数摄动的条件下为负定的，控制器 τ_6 和 τ_5 被分别设计为

$$\tau_6 = (\hat{m}_{22} - \hat{m}_{11})uv + \hat{N}_r r + \hat{N}_{r|r|} r|r| + \hat{m}_{66}\dot{r}_d - \psi_e / \cos\theta - K_1 \tag{8-65a}$$

$$K_1 = (\tilde{m}_{11} + \tilde{m}_{22})|uv| + \tilde{N}_r |r| + \tilde{N}_{r|r|} |r^2| + \tilde{m}_{66} |\dot{r}_d| + k_r^s \hat{m}_{66} r_e \tag{8-65b}$$

$$\tau_5 = (\hat{m}_{11} - \hat{m}_{33})uw + \hat{M}_q q + \hat{M}_{q|q|} q|q| + (z_G W - z_B B)\sin\theta + \hat{m}_{55}\dot{q}_d - \theta_e - K_2 \tag{8-65c}$$

$$K_2 = (\tilde{m}_{11} + \tilde{m}_{33})|uw| + \tilde{M}_q |q| + \tilde{M}_{q|q|} |q^2| + \tilde{m}_{55} |\dot{q}_d| + k_q^s \hat{m}_{55} q_e \tag{8-65d}$$

式中，k_r^s 和 k_q^s 为待确定的大于零的控制增益；“^”表示航行器水动力系数的标称值，“~”表示水动力系数摄动的上确界，即 $|\bullet - \hat{\bullet}| \leqslant \tilde{\bullet}$。那么，将上述动力学控制器代入相应的 Lyapunov 函数的导数内，可以得到：

$$\begin{aligned}\dot{V}_r^s &= -k_\psi^s \psi_e^2 + r_e(((\hat{m}_{22} - m_{22}) + (m_{11} - \hat{m}_{11}))uv + (\hat{N}_r - N_r)r + (\hat{N}_{r|r|} - N_{r|r|})r|r| \\ &\quad + (\hat{m}_{66} - m_{66})\dot{r}_d - (\tilde{m}_{11} + \tilde{m}_{22})|uv| - \tilde{N}_r |r| - \tilde{N}_{r|r|} |r^2| - \tilde{m}_{66} |\dot{r}_d| - k_r^s \hat{m}_{66} r_e) \\ &\leqslant -k_\psi^s \psi_e^2 - k_r^s \hat{m}_{66} r_e^2 \\ &\leqslant -\min(k_\psi^s, k_r^s \hat{m}_{66})(\psi_e^2 + r_e^2)\end{aligned}$$

$$
\begin{aligned}
\dot{V}_q^s &= -k_\theta^s\theta_e^2 + q_e(((m_{33}-\hat{m}_{33})+(\hat{m}_{11}-m_{11}))uw - \tilde{m}_{55}\left|\dot{q}_d\right| + (\hat{M}_q - M_q)q + (\hat{M} - M_{q|q|})q|q| \\
&\quad + (\hat{m}_{55}-m_{55})\dot{q}_d - (\tilde{m}_{11}+\tilde{m}_{33})|uw| - \tilde{M}_q|q| - \tilde{M}_{q|q|}\left|q^2\right| - k_q^s\hat{m}_{55}q_e) \\
&\leqslant -k_\theta^s\theta_e^2 - k_q^s\hat{m}_{55}q_e^2 \\
&\leqslant -\min(k_\theta^s, k_q^s\hat{m}_{55})(\theta_e^2 + q_e^2)
\end{aligned}
$$

根据 Lyapunov 函数 V_r^s 和 V_q^s 的定义可知，它们为径向无界的，并且满足如下条件

$$
\left\|[\psi_e, r_e]\right\|^2 \leqslant V_r^s \leqslant \frac{1}{2}(1+\hat{m}_{66}+\tilde{m}_{66})\left\|[\psi_e, r_e]\right\|^2
$$

$$
\left\|[\theta_e, q_e]\right\|^2 \leqslant V_q^s \leqslant \frac{1}{2}(1+\hat{m}_{55}+\tilde{m}_{55})\left\|[\theta_e, q_e]\right\|^2
$$

根据文献[22]中定理 3-4 可知，路径跟踪误差 ψ_e、r_e、θ_e 以及 q_e 在控制器(8-65)作用下全局指数收敛到原点。

3. 三维直线路径跟踪数值仿真

为了验证所提三维路径跟踪控制器的有效性，在数值仿真中，航行器的水动力系数被引入±20%的参数摄动。航行器的参考路径被设定为(0,0,1)→(0,80,10)→(100,100,30)→(50,200,60)→(−50,200,60)→(−50,50,60)。航行器的纵向速度被设定为 1m/s。航行器的初始位置和姿态角分别为 $x_n(0)=-10\text{m}$、$y_n(0)=0\text{m}$、$z_n(0)=1\text{m}$、$\theta(0)=0°$、$\psi(0)=0°$。

航行器在三维路径跟踪控制器(式(8-65))作用下的仿真结果如图 8-20～图 8-23 所示。图 8-20 给出了三维直线路径跟踪效果图。图 8-21 给出了路径跟踪在 $x_n o_n y_n$ 平面的投影图。图 8-22 给出了跟踪位置误差响应曲线，图 8-22 给出了航行器控制力矩输出曲线。由仿真结果可见，该控制器可以有效地实现参数摄动条件下的三维直线路径跟踪控制。

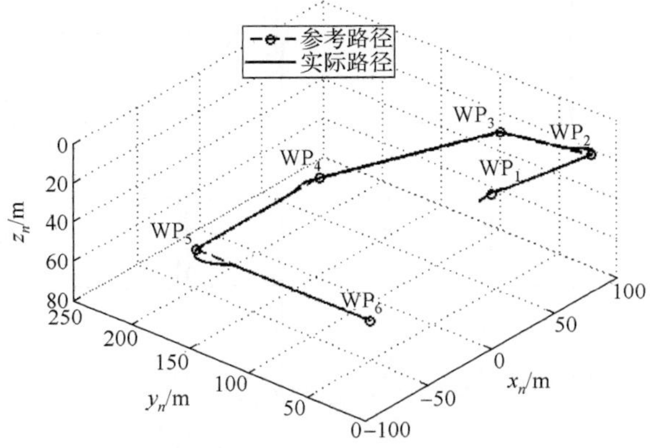

图 8-20　欠驱动 AUV 三维直线路径跟踪效果图

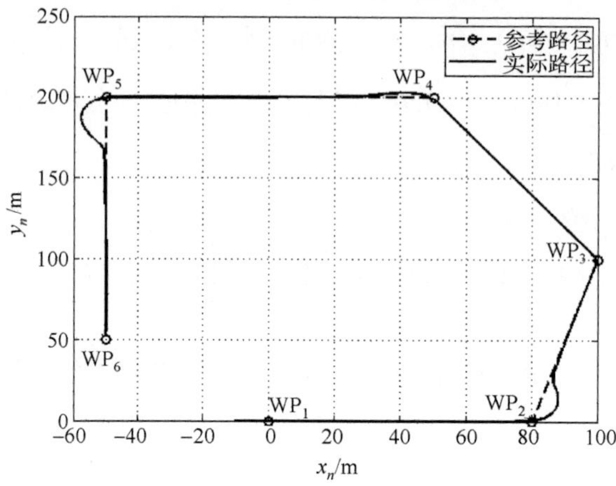

图 8-21　欠驱动 AUV 路径跟踪在水平面的投影

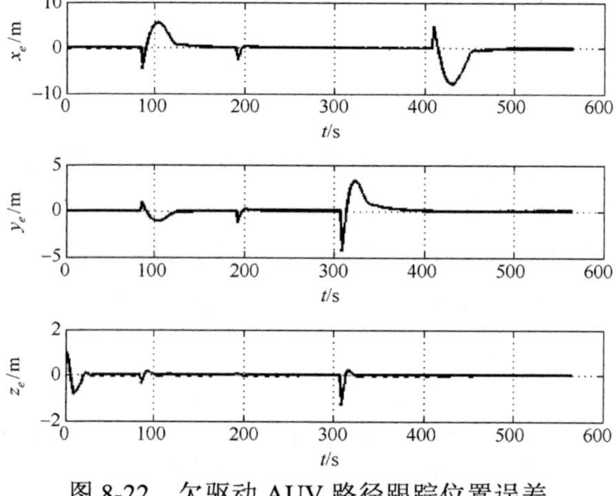

图 8-22　欠驱动 AUV 路径跟踪位置误差

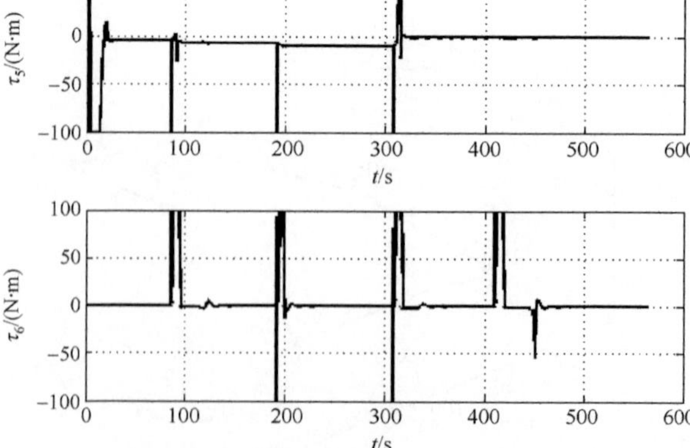

图 8-23　欠驱动 AUV 控制力矩

8.5.2　欠驱动 AUV 轨迹跟踪控制

欠驱动 AUV 的轨迹跟踪属于高机动性运动控制问题。目前，欠驱动 AUV 的轨迹跟踪控制问题仍然处于理论探索阶段。相较于路径跟踪，轨迹跟踪不仅要求航行器的位置到达参考轨迹，而且对航行器到达的时间有严格的要求；即要求航行器在指定的时间到达指定的位置。然而，航行器在执行敌方港口侦查、动目标跟踪、协同编队等对时间要求十分严格的任务时，要求航行器必须具备高精度的轨迹跟踪能力。此外，欠驱动 AUV 的运动控制系统受到二阶非完整约束的影响，使其运动系统不能在任何连续可微的或连续时不变的状态反馈控制策略作用下实现系统的渐近稳定[8,27]。因此，航行器的轨迹跟踪控制问题无论在工程上还是理论上都具有十分重要的意义。本节将简要介绍基于反步法的三维轨迹跟踪控制器设计。

1. 三维轨迹跟踪制导律设计

设参考轨迹在固定坐标系中的当前时刻点为：$\eta_R=[x_R(t), y_R(t), z_R(t)]^T=[x_R,y_R,z_R]^T$；其中，$x_R(t)$、$y_R(t)$、$z_R(t)$ 均为时间 t 的足够光滑函数(至少存在前三阶的连续时间导数)。考虑航行器自身机械特性和运动特性，其参考轨迹需要满足如下条件[8]：

$$K_R=\frac{|\dot{x}_R\ddot{y}_R-\ddot{x}_R\dot{y}_R|}{(\dot{x}_R^2+\dot{y}_R^2)^{3/2}}\leqslant\frac{1}{\xi_{\min}} \tag{8-66a}$$

$$\left|\frac{\dot{z}_R}{\dot{x}_R}\right|\leqslant\tan\theta_{\max} \tag{8-66b}$$

式中，$\dot{}$、$\ddot{}$ 分别表示对应量的一阶、二阶导数；K_R 为参考轨迹的曲率；$\xi_{\min}$ 表示航行器的最小回转半径；$\theta_{\max}$ 表示航行器的最大纵倾角。

首先，定义如下轨迹跟踪位置误差：

$$x_e^n=x-x_R,\quad y_e^n=y-y_R,\quad z_e^n=z-z_R \tag{8-67}$$

考虑航行器的横摇运动无法受到控制输入的直接影响，且该自由度的运动具有自稳定性，所以航行器的三维空间运动控制器设计通常基于 5 自由度运动模型。利用坐标变换矩阵(式(8-6))(令 $\phi=0°$)，可以将位置跟踪误差(式(8-67))从固定坐标系$\{n\}$变换到运动坐标系$\{b\}$中，即

$$\begin{bmatrix}x_e\\y_e\\z_e\end{bmatrix}=\begin{bmatrix}\cos\psi\cos\theta & \sin\psi\cos\theta & -\sin\theta\\-\sin\psi & \cos\psi & 0\\\cos\psi\sin\theta & \sin\psi\sin\theta & \cos\theta\end{bmatrix}\begin{bmatrix}x_e^n\\y_e^n\\z_e^n\end{bmatrix} \tag{8-68}$$

由于坐标变换(式(8-68))为正交的，那么$[x_e,y_e,z_e]^T=[0,0,0]^T \Leftrightarrow [x_e^n,y_e^n,z_e^n]^T=$

$[0,0,0]^{\mathrm{T}}$；也就是说，这两个轨迹跟踪位置误差的镇定是相互等价的。

由于航行器的纵向速度 u 远大于横向速度 v 和垂向速度 w，因此其攻角 α 和漂角 β 可以近似地认为等于零。那么，航行器的期望纵倾角 θ_{R} 和偏航角 ψ_{R} 可以认为分别等于当前时刻点的潜浮角 χ_{R} 和航迹角 γ_{R}，即

$$\theta_{\mathrm{R}}=\chi_{\mathrm{R}}=-\arctan\frac{\dot{z}_{\mathrm{R}}}{\sqrt{\dot{x}_{\mathrm{R}}^{2}+\dot{y}_{\mathrm{R}}^{2}}}，\quad \psi_{\mathrm{R}}=\gamma_{\mathrm{R}}=\arctan\frac{\dot{y}_{\mathrm{R}}}{\dot{x}_{\mathrm{R}}} \tag{8-69}$$

那么，可以定义如下轨迹跟踪姿态角误差：

$$\theta_{e}=\theta-\theta_{\mathrm{R}}，\quad \psi_{e}=\psi-\psi_{\mathrm{R}} \tag{8-70}$$

对轨迹跟踪位置误差变换方程(8-68)求导，并且将运动学方程(8-8)代入，可以得到

$$\begin{cases}\dot{x}_{e}=u-u_{\mathrm{R}}(\cos\psi_{e}\cos\theta\cos\theta_{\mathrm{R}}+\sin\theta\sin\theta_{\mathrm{R}})+ry_{e}-qz_{e}\\ \dot{y}_{e}=v+u_{\mathrm{R}}\sin\psi_{e}\cos\theta_{\mathrm{R}}-r(x_{e}+z_{e}\tan\theta)\\ \dot{z}_{e}=w-u_{\mathrm{R}}(\cos\psi_{e}\sin\theta\cos\theta_{\mathrm{R}}-\cos\theta\sin\theta_{\mathrm{R}})+qx_{e}+ry_{e}\tan\theta\end{cases} \tag{8-71}$$

式中，u_{R} 为期望纵向速度，即 $u_{\mathrm{R}}=\sqrt{\dot{x}_{\mathrm{R}}^{2}+\dot{y}_{\mathrm{R}}^{2}+\dot{z}_{\mathrm{R}}^{2}}$。对于欠驱动 AUV 而言，其期望横向速度和垂向速度均为零，即 $v_{\mathrm{R}}=0$ 且 $w_{\mathrm{R}}=0$。对式(8-70)求导，可以得到

$$\begin{cases}\dot{\theta}_{e}=q-q_{\mathrm{R}}\\ \dot{\psi}_{e}=r\dfrac{1}{\cos\theta}-r_{\mathrm{R}}\dfrac{1}{\cos\theta_{\mathrm{R}}}\end{cases} \tag{8-72}$$

式中，q_{R} 和 r_{R} 分别为期望纵倾角速度和偏航角速度，它们的定义分别为

$$q_{\mathrm{R}}=\dot{\theta}_{\mathrm{R}}=\dot{\chi}_{\mathrm{P}}=\frac{\dot{z}_{\mathrm{R}}\dot{v}_{t}-\ddot{z}_{\mathrm{R}}v_{t}}{u_{\mathrm{R}}^{2}} \tag{8-73a}$$

$$r_{\mathrm{R}}=\dot{\psi}_{\mathrm{R}}\cos\theta_{\mathrm{R}}=\dot{\gamma}_{\mathrm{P}}\cos\theta_{\mathrm{R}}=\frac{\ddot{y}_{\mathrm{R}}\dot{x}_{\mathrm{R}}-\dot{y}_{\mathrm{R}}\ddot{x}_{\mathrm{R}}}{v_{t}^{2}}\cdot\frac{v_{t}}{u_{\mathrm{R}}}=\frac{\ddot{y}_{\mathrm{R}}\dot{x}_{\mathrm{R}}-\dot{y}_{\mathrm{R}}\ddot{x}_{\mathrm{R}}}{v_{t}u_{\mathrm{R}}} \tag{8-73b}$$

式中，辅助变量 $v_{t}=\sqrt{\dot{x}_{\mathrm{R}}^{2}+\dot{y}_{\mathrm{R}}^{2}}$。

2. 三维轨迹跟踪控制器设计

为了实现轨迹跟踪误差 x_e、y_e、z_e、θ_e、ψ_e，定义如下控制 Lyapunov 函数：

$$V_{\mathrm{kin}}=\frac{1}{2}x_{e}^{2}+\frac{1}{2}y_{e}^{2}+\frac{1}{2}z_{e}^{2}+(1-\cos\theta_{e})+(1-\cos\psi_{e}) \tag{8-74}$$

沿着跟踪误差变换动态方程(8-71)和式(8-72)对控制 Lyapunov 函数(式(8-74))求导，可得到

$$\begin{aligned}\dot{V}_{\text{kin}} &= x_e\dot{x}_e + y_e\dot{y}_e + z_e\dot{z}_e + \dot{\psi}_e\sin\psi_e + \dot{\theta}_e\sin\theta_e \\ &= (u - u_{\text{R}}(\cos\psi_e\cos\theta\cos\theta_{\text{R}} + \sin\theta\sin\theta_{\text{R}}))x_e + (q - q_{\text{R}} - u_{\text{R}}z_e\cos\psi_e)\sin\theta_e \\ &\quad + (r/\cos\theta - r_{\text{R}}/\cos\theta_{\text{R}} + u_{\text{R}}y_e\cos\theta_{\text{R}})\sin\psi_e + (u_{\text{R}}(1-\cos\psi_e)\cos\theta\sin\theta_{\text{R}} + w)z_e + vy_e\end{aligned} \tag{8-75}$$

将航行器的纵向速度 u、纵倾角速度 q 和偏航角速度 r 选作运动学子系统（式(8-71)和式(8-72)）的虚拟控制输入，并把它们的期望值分别设定为

$$\begin{cases}\delta_u = u_{\text{R}}(\cos\psi_e\cos\theta\cos\theta_{\text{R}} + \sin\theta\sin\theta_{\text{R}}) - k_x x_e \\ \delta_q = q_{\text{R}} + u_{\text{R}}z_e\cos\psi_e - k_\theta\sin\theta_e \\ \delta_r = (r_{\text{R}}/\cos\theta_{\text{R}} - u_{\text{R}}y_e\cos\theta_{\text{R}} - k_\psi\sin\psi_e)\cos\theta\end{cases} \tag{8-76}$$

式中，k_x、k_θ、k_ψ 为大于零的调节增益系数。当跟踪误差 x_e、y_e、z_e、θ_e、ψ_e 等于零时，虚拟控制器的期望值 δ_u、δ_q、δ_r 分别等于航行器的期望纵向速度 u_{R}、期望纵倾角速度 q_{R} 和期望偏航角速度 r_{R}。那么，将 Lyapunov 函数 V_{kin} 的导数（式(8-75)）中 u、q、r 分别替换为它们各自的调度指令值 δ_u、δ_q、δ_r，可以得到：

$$\dot{V}_{\text{kin}} = -k_x x_e^2 - k_\theta\sin^2\theta_e - k_\psi\sin^2\psi_e + (u_{\text{R}}(1-\cos\psi_e)\cos\theta\sin\theta_{\text{R}} + w)z_e + vy_e \tag{8-77}$$

考虑到航行器的纵向速度 u、纵倾角速度 q、偏航角速度 r 并不总是严格等于它们各自期望值，因此需要定义如下轨迹跟踪误差变量：

$$u_e = u - \delta_u\,,\quad q_e = q - \delta_q\,,\quad r_e = r - \delta_r \tag{8-78}$$

那么，将轨迹跟踪误差（式(8-78)）和虚拟控制量的期望值（式(8-76)）代入式(8-75)，可以得到

$$\begin{aligned}\dot{V}_{\text{kin}} &= -k_x x_e^2 - k_\theta\sin^2\theta_e - k_\psi\sin^2\psi_e + (u_{\text{R}}(1-\cos\psi_e)\cos\theta\sin\theta_{\text{R}} + w)z_e \\ &\quad + vy_e + u_e x_e + q_e\sin\theta_e + r_e\sin\psi_e/\cos\theta\end{aligned} \tag{8-79}$$

由上式可知，当跟踪速度误差 u_e、q_e、r_e 不为零时，Lyapunov 函数 V_{kin} 的导数为不定的。因此，为了实现跟踪误差 x_e、y_e、z_e、θ_e、ψ_e 的镇定，必须先将跟踪误差 u_e、q_e、r_e 镇定。对跟踪误差 u_e、q_e、r_e 求导，并代入航行器的动力学方程，可以得到：

$$\begin{cases}m_{11}\dot{u}_e = m_{22}vr - m_{33}wq - X_u u - X_{u|u|}u|u| - m_{11}\dot{\delta}_u + \tau_1 \\ m_{55}\dot{q}_e = (m_{33} - m_{11})uw - M_q q - M_{q|q|}q|q| - \overline{BG}_z W\sin\theta - m_{55}\dot{\delta}_q + \tau_5 \\ m_{66}\dot{r}_e = (m_{11} - m_{22})uv - N_r r - N_{r|r|}r|r| - m_{66}\dot{\delta}_r + \tau_6\end{cases} \tag{8-80}$$

式中，$\dot{\delta}_u$、$\dot{\delta}_q$、$\dot{\delta}_r$ 为虚拟控制量 u、q、r 的一阶时间导数。

为了镇定轨迹跟踪速度误差 u_e、q_e、r_e，定义如下增广 Lyapunov 函数：

$$V_{\text{dyn}} = V_{\text{kin}} + \frac{1}{2}m_{11}u_e^2 + \frac{1}{2}m_{55}q_e^2 + \frac{1}{2}m_{66}r_e^2 \tag{8-81}$$

沿着跟踪误差 u_e、q_e、r_e 的动态方程(式(8-80))，计算 Lyapunov 函数(式(8-81))的导数；然后，代入式(8-79)，可得

$$\begin{aligned}\dot{V}_{\text{dyn}} &= \dot{V}_{\text{kin}} + m_{11}u_e\dot{u}_e + m_{55}q_e\dot{q}_e + m_{66}r_e\dot{r}_e \\ &= -k_x x_e^2 - k_\theta \sin^2\theta_e - k_\psi \sin^2\psi_e + (w - \dot{z}_{\text{R}}(1-\cos\psi_e)\cos\theta)z_e + vy_e \\ &\quad + (m_{22}vr - m_{33}wq - X_u u - X_{u|u|}u|u| - m_{11}\dot{\delta}_u + \tau_1 + x_e)u_e \\ &\quad + ((m_{33}-m_{11})uw - M_q q - M_{q|q|}q|q| - \overline{BG}_z W\sin\theta - m_{55}\dot{\delta}_q + \tau_5 + \sin\theta_e)q_e \\ &\quad + ((m_{11}-m_{22})uv - N_r r - N_{r|r|}r|r| - m_{66}\dot{\delta}_r + \tau_6 + \sin\psi_e/\cos\theta)r_e\end{aligned} \tag{8-82}$$

为了确保 Lyapunov 函数 V_{dyn} 的导数(式(8-82))恒为负定的，航行器的动力学控制器被设定为

$$\begin{cases}\tau_1 = -m_{22}vr + m_{33}wq + X_u u + X_{u|u|}u|u| + m_{11}\dot{\delta}_u - x_e - k_u m_{11}u_e - \sigma_1 \\ \tau_5 = (m_{11}-m_{33})uw + M_q q + M_{q|q|}q|q| + \overline{BG}_z W\sin\theta + m_{55}\dot{\delta}_q - \sin\theta_e - k_q m_{55}q_e - \sigma_5 \\ \tau_6 = (m_{22}-m_{11})uv + N_r r + N_{r|r|}r|r| + m_{66}\dot{\delta}_r - \sin\psi_e/\cos\theta - k_r m_{66}r_e - \sigma_6\end{cases} \tag{8-83}$$

式中，k_u、k_q、k_r 为恒正的调节增益系数；σ_1、σ_5、σ_6 为恒正的辅助调节参数。由于航行器的纵倾角θ不会超过±π/6，所以它的余弦函数满足如下不等式：$1 \geqslant \cos\theta \geqslant \sqrt{3}/2$。考虑到$|\cos\psi_e| \leqslant 1$，那么$(w - \dot{z}_{\text{R}}(1-\cos\psi_e)\cos\theta)z_e \leqslant |(w - 2\dot{z}_{\text{R}})z_e|$。由航行器的动力学方程可见，其横向速度 v 和垂向速度 w 是由其纵向速度 u 分别与偏航加速度 r 和纵倾角速度 q 耦合而产生。由于所规划的参考轨迹受到式(8-66)条件的约束，因此航行器的横向速度 v 和垂向速度 w 将位于原点的一个小邻域内。那么，总应该存在三个大于零的常数 μ_1、μ_2、μ_3，满足如下条件：

$$\left|\sigma_1 - \varepsilon\frac{|(w-2\dot{z}_{\text{R}})z_e| + vy_e}{u_e}\right| \leqslant \mu_1|u_e|$$

$$\left|\sigma_5 - (1-\varepsilon)\frac{|(w-2\dot{z}_{\text{R}})z_e|}{q_e}\right| \leqslant \mu_2|q_e|$$

$$\left|\sigma_6 - (1-\varepsilon)\frac{vy_e}{r_e}\right| \leqslant \mu_3|r_e|$$

式中，$\varepsilon \in [0,1]$。将轨迹跟踪的动力学控制器(式(8-83))代入 Lyapunov 函数 V_{dyn} 的导数(式(8-82))中，可以得到

$$
\begin{aligned}
\dot{V}_{\text{dyn}} &= -k_x x_e^2 - k_\theta \sin^2\theta_e - k_\psi \sin^2\psi_e - k_u m_{11} u_e^2 - k_q m_{55} q_e^2 - k_r m_{66} r_e^2 \\
&\quad + (w - \dot{z}_{\text{R}}(1-\cos\psi_e)\cos\theta) z_e + v y_e - \sigma_1 u_e - \sigma_5 q_e - \sigma_6 r_e \\
&\leqslant -k_x x_e^2 - k_\theta \sin^2\theta_e - k_\psi \sin^2\psi_e - k_u m_{11} u_e^2 - k_q m_{55} q_e^2 - k_r m_{66} r_e^2 \\
&\quad - \left(\sigma_1 - \varepsilon \frac{|(w-2\dot{z}_{\text{R}})z_e| + v y_e}{u_e}\right) u_e - \left(\sigma_5 - (1-\varepsilon)\frac{|(w-2\dot{z}_{\text{R}})z_e|}{q_e}\right) q_e \\
&\quad - (\sigma_6 - (1-\varepsilon)\frac{v y_e}{r_e}) r_e \\
&\leqslant 0
\end{aligned}
\tag{8-84}
$$

由 Lyapunov 函数 V_{dyn} 定义(式(8-74))和(式(8-81))可知，其为正定的，并且其导数式(8-84)为负定的。根据 Lyapunov 稳定性理论可知，在航行器的三维轨迹跟踪控制器(式(8-76))和式(8-83))作用下，轨迹跟踪误差 x_e、y_e、z_e、θ_e、ψ_e、u_e、q_e、r_e 能够渐近地收敛到原点。

3. 三维轨迹跟踪控制数值仿真

为了验证基于反步法的三维轨迹跟踪控制器的控制性能，本节将给出航行器的三维轨迹跟踪控制数值仿真。在本仿真中，航行器的参考轨迹被设定为螺旋线形式，其具体表达式为

$$
\begin{cases}
x_{\text{R}}(t) = 50\sin(0.01\pi t) \\
y_{\text{R}}(t) = 50\cos(0.01\pi t) \\
z_{\text{R}}(t) = 0.1t + 0.6
\end{cases}
\tag{8-85}
$$

总仿真时间被设定为 1000s。

在轨迹跟踪控制器(式(8-76)和式(8-83))作用下，航行器从静止状态出发跟踪上参考轨迹，即 u=0、v=0、w=0、q=0、r=0。航行器的初始位置和姿态分别为：x=5m、y=20m、z=0.6m、θ=0°、$\psi=0°$。由轨迹跟踪误差的定义可知，初始位置误差和姿态角误差分别为：$x_e^n = 5\text{m}$、$y_e^n = -30\text{m}$、$z_e^n = 0\text{m}$、θ_e=0°、$\psi_e = 0°$。仿真结果如图 8-24～图 8-28 所示。航行器三维轨迹跟踪仿真效果曲线如图 8-24 所示；其中，实线表示航行器的参考轨迹，点画线表示航行器的实际航行轨迹，如下仿真结果均满足上述约定。三维仿真曲线在水平面 $o_n x_n y_n$ 和垂直面 $o_n x_n z_n$ 上的投影如图 8-25 所示。航行器的运动状态以及相应跟踪误差曲线如图 8-26～图 8-27 所示。欠驱动 AUV 的三维轨迹跟踪控制器输出曲线如图 8-28 所示。

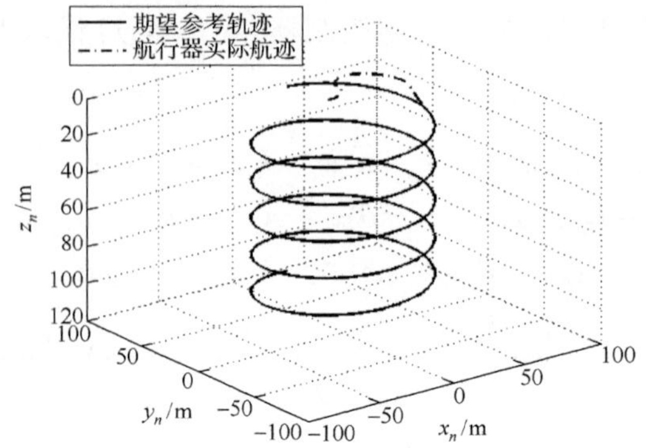

图 8-24　欠驱动 AUV 三维轨迹跟踪仿真曲线

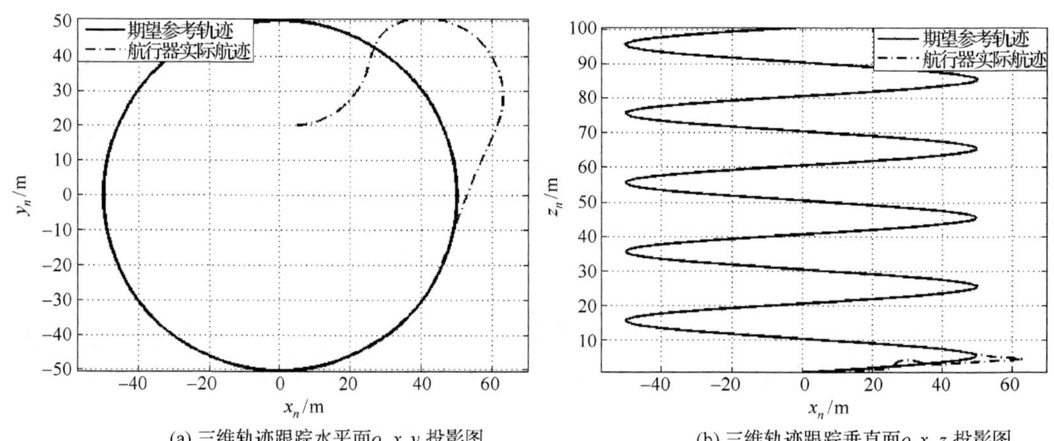

(a) 三维轨迹跟踪水平面$o_n x_n y_n$投影图　　(b) 三维轨迹跟踪垂直面$o_n x_n z_n$投影图

图 8-25　欠驱动 AUV 三维轨迹跟踪投影图

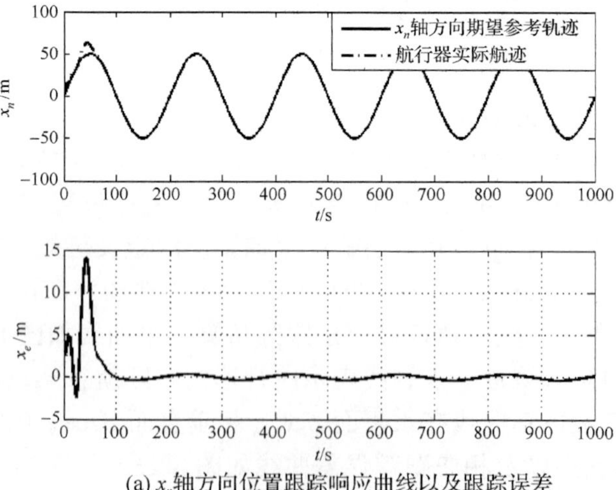

(a) x_n轴方向位置跟踪响应曲线以及跟踪误差

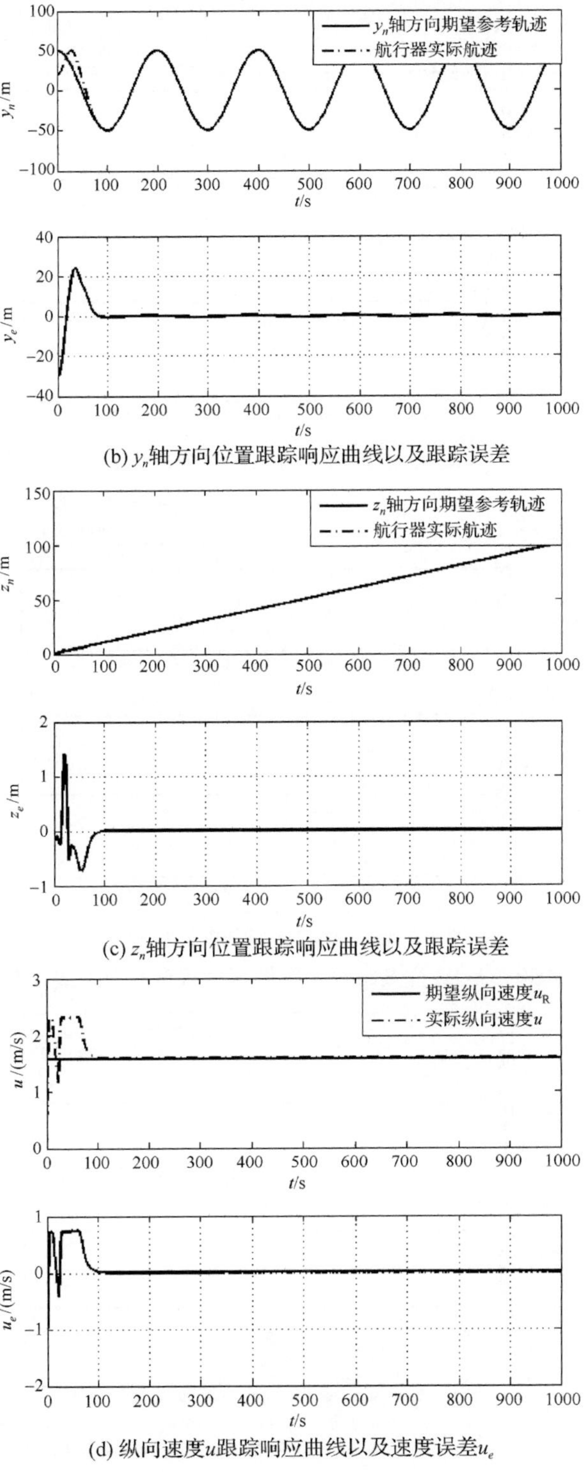

(b) y_n轴方向位置跟踪响应曲线以及跟踪误差

(c) z_n轴方向位置跟踪响应曲线以及跟踪误差

(d) 纵向速度u跟踪响应曲线以及速度误差u_e

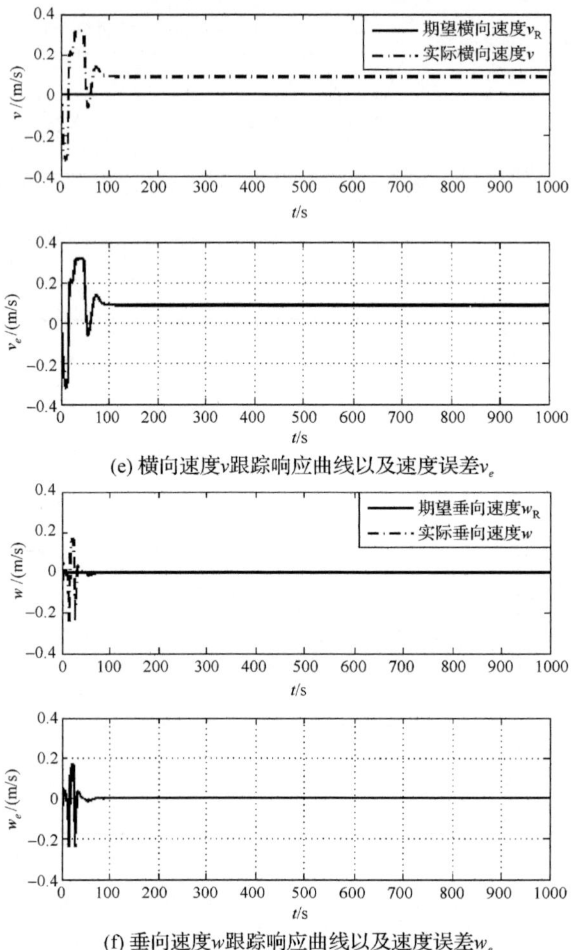

(e) 横向速度v跟踪响应曲线以及速度误差v_e

(f) 垂向速度w跟踪响应曲线以及速度误差w_e

图 8-26 欠驱动 AUV 位置跟踪、线性速度跟踪响应曲线以及跟踪误差

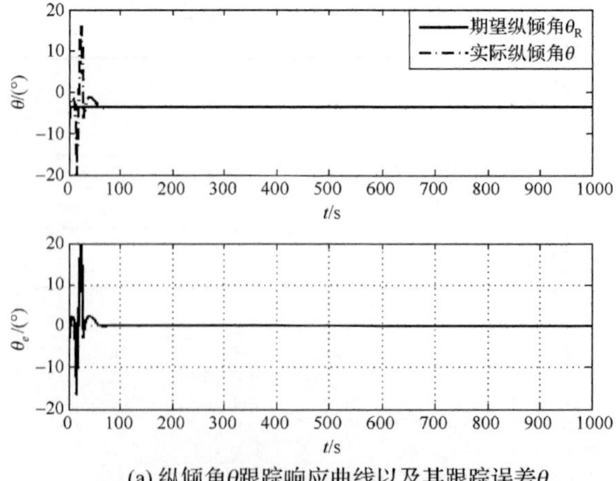

(a) 纵倾角θ跟踪响应曲线以及其跟踪误差θ_e

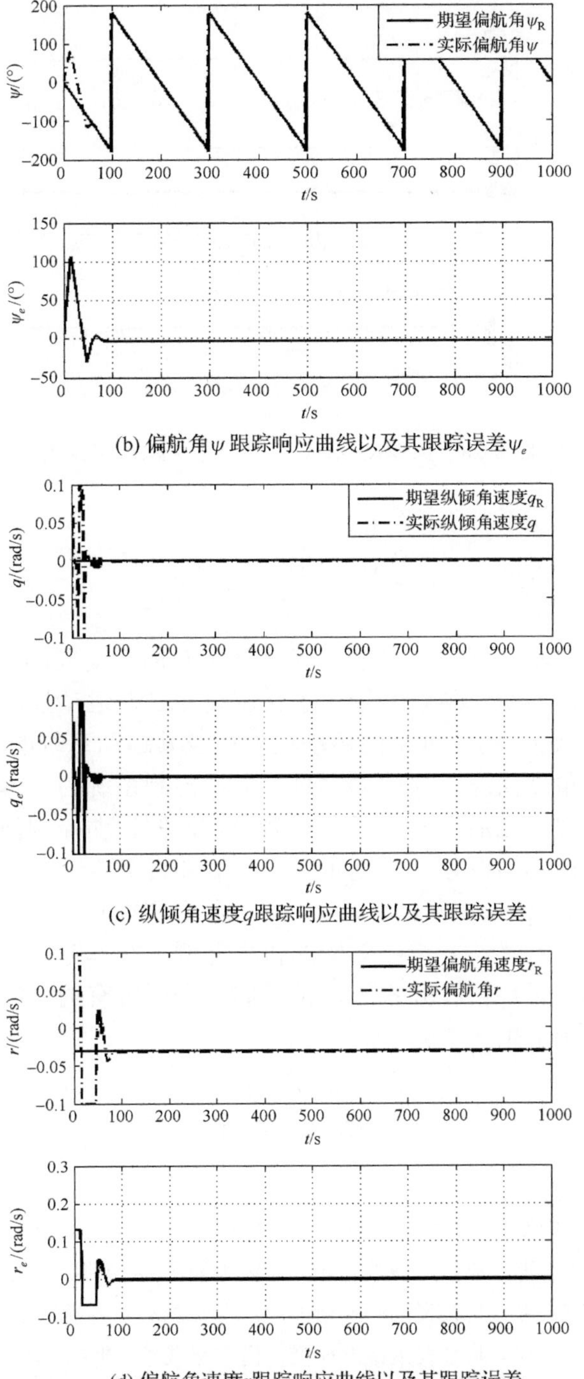

(b) 偏航角ψ跟踪响应曲线以及其跟踪误差ψ_e

(c) 纵倾角速度q跟踪响应曲线以及其跟踪误差

(d) 偏航角速度r跟踪响应曲线以及其跟踪误差

图 8-27　欠驱动 AUV 姿态角跟踪、角速度跟踪响应曲线及其误差

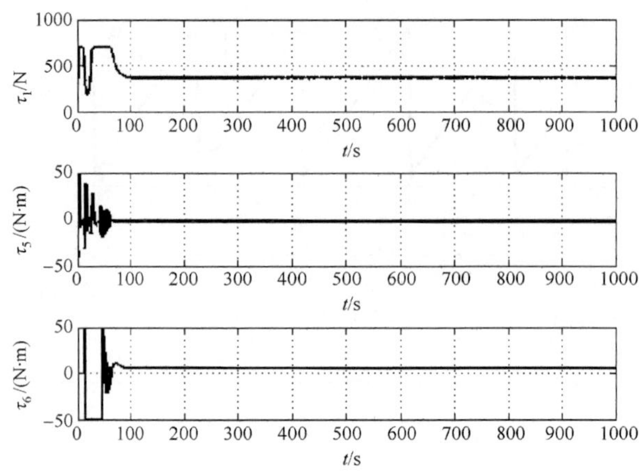

图 8-28　欠驱动 AUV 三维轨迹跟踪控制输入

8.6 小　　结

本章主要论述欠驱动自主式水下航行器(AUV)的运动控制问题。首先，简要综述了水下无人航行器的研究现状并给出了欠驱动 AUV 运动控制技术的研究意义。然后阐述了欠驱动 AUV 的三维空间运动模型以及其运动系统的动力学特性。接着，分别从软件和硬件角度简述了欠驱动 AUV 运动控制系统的基本构成，并分别阐述了各组成部分的作用。之后，概述了欠驱动 AUV 的运动控制问题；并根据不同控制目标，将其运动控制问题划分为基本运动控制和目标跟踪控制。最后，针对不同的控制问题，利用 Lyapunov 直接法、反步法、积分滑模控制等非线性控制方法，设计相应的运动智能控制器，并给出对应的仿真算例。在本章中，着重介绍了欠驱动 AUV 运动控制所面临的挑战，并系统讨论了如何利用现有的非线性控制理论解决欠驱动 AUV 运动控制问题。

参 考 文 献

[1]　潘云鹤, 唐启升. 中国海洋工程与科技发展战略研究：综合研究卷. 北京：海洋出版社, 2014.

[2]　周守为. 中国海洋工程与科技发展战略研究：海洋能源卷. 北京：海洋出版社, 2014.

[3]　金翔龙. 中国海洋工程与科技发展战略研究：海洋探测与装备卷. 北京：海洋出版社, 2014.

[4]　吴有生. 中国海洋工程与科技发展战略研究：海洋运载卷. 北京：海洋出版社, 2014.

[5]　向先波. 二阶非完整性水下机器人的路径跟踪与协调控制研究. 武汉：华中科技大学, 2010.

[6]　严浙平, 周佳加. 水下无人航行器控制技术. 北京：国防工业出版社, 2015.

[7] 曾一非. 海洋工程环境. 上海：上海交通大学出版社, 2007.
[8] 于浩淼. 非线性因素约束下欠驱动 UUV 轨迹跟踪控制方法研究. 哈尔滨：哈尔滨工程大学, 2016.
[9] 陈强. 水下无人航行器. 北京：国防工业出版社, 2014.
[10] Yuh J. Design and control of autonomous underwater robots: A survey. Autonomous Robots, 2000, 8(1): 7-24.
[11] 徐玉如, 肖坤. 智能海洋机器人技术进展. 自动化学报, 2007, 33(5): 518-521.
[12] Fossen T I. Handbook of Marine Craft Hydrodynamics and Motion Control . Chichester: John Wiley and Sons, 2011.
[13] 贾鹤鸣. 基于反步法的欠驱动 UUV 空间目标跟踪非线性控制方法研究. 哈尔滨：哈尔滨工程大学, 2012.
[14] 王芳, 万磊, 李晔, 等. 欠驱动 AUV 的运动控制技术综述. 中国造船, 2010, 51(2): 227-241.
[15] 贾欣乐, 杨盐生. 船舶运动数学模型：机理建模与辨识建模. 大连：大连海事大学出版社, 1999.
[16] Brockett R W. Asymptotic stability and feedback stabilization . Differential Geometric Control Theory, 1982, 27(1): 181-191.
[17] Repoulias F, Papadopoulos E. Planar trajectory planning and tracking control design for underactuated AUVs. Ocean Engineering, 2007, 34(11-12): 1650-1667.
[18] Yu R, Zhu Q, Xia G, et al. Sliding mode tracking control of an underactuated surface vessel. IET Control Theory and Applications, 2012, 6(3): 461-466.
[19] Yan Z, Yu H, Zhang W, et al. Globally finite-time stable tracking control of underactuated UUVs. Ocean Engineering, 2015, 107(1): 132-146.
[20] 马骋, 连琏. 水下运载器操纵控制及模拟仿真技术. 北京：国防工业出版社, 2009.
[21] Khalil H K. Nonlinear Systems . Upper Saddle River: Prentice Hall, 2002.
[22] Márquez H. Nonlinear control systems: Analysis and design. IEEE Transactions on Automatic Control, 2004, 49(7): 1225-1226.
[23] 陈子印. 欠驱动无人水下航行器三维路径跟踪反步控制方法研究. 哈尔滨：哈尔滨工程大学, 2013.
[24] 王宏健, 陈子印, 贾鹤鸣, 等. 基于滤波反步法的欠驱动 AUV 三维路径跟踪控制. 自动化学报, 2015, 41 (3): 631-645.
[25] 潘昌忠. 基于神经动态模型的自治水面艇智能跟踪控制. 长沙：中南大学, 2013.
[26] Yan Z, Yu H, Zhang W, et al. Spatial linear path-following control for an underactuated UUV// Proceedings of 2015 IEEE International Conference on Mechatronics and Automation, 2015: 139-144.
[27] 孙兵. 水下机器人路径规划与轨迹跟踪控制研究. 上海：上海海事大学, 2014.

附录　本书部分专业术语中英文对照表

（按中文术语汉语拼音排序）

安全会遇距离	safety distance of approach，SDA
北斗卫星导航系统	beidou navigation satellite system，BDS
比例-积分-微分	proportional-integral-derivative，PID
变结构控制系统	variable structure control system，VSS
船舶碰撞危险度	collision risk index，CRI
传输控制协议	transmission control protocol，TCP
航行数据记录仪	voyage data recorder，VDR
带有冲突检测的载波侦听多路存取	carrier sense multiple access/collision detection，CSMA/CD
电子海图显示与信息系统	electronic chart display and information system，ECDIS
吊舱推进器	podded propulsion system，POD
动力定位	dynamic positioning，DP
分离型模型	manoeuvring model group，MMG
惯性导航系统	inertial navigation system，INS
惯性测量装置	inertial measurement unit，IMU
轨迹跟踪	trajectory tracking，TT
国际海事卫星通信系统	international maritime satellite communication system，INMARSAT
国际海事组织	international maritime organization，IMO
航向控制	heading control，HC
船桥报警管理系统	bridge alarm management system，BAMS
航行管理系统	voyage management system，VMS
滑模控制	sliding mode control，SMC
驾驶台航行值班报警系统	bridge navigational watch alarm system，BNWAS
建议分布密度	proposal density，PD
先进节能控制	advanced control for ecology，ACE
进化算法	evolutionary algorithms，EA

径向基函数	radial basis function，RBF
局域网	local area network，LAN
决策支持系统	decision support system，DSS
可调距螺旋桨	controllable pitch propeller，CPP
扩展卡尔曼滤波	extended kalman filter，EKF
扩张状态观测器	extended state observer，ESO
路径跟随	path following，PF
模糊神经网络	fuzzy neural network，FNN
能控性秩条件	control rank condition，CRC
偏航距离	cross track distance，XTD
全球定位系统	global position system，GPS
全球海上遇险与安全系统	global maritime distress and safety system，GMDSS
全球卫星导航系统	global navigation satellite system，GNSS/GLONASS
人工神经网络	artificial neural network，ANN
人工势场法	artificial potential field，APF
人工智能	artificial intelligence，AI
甚小口径卫星通信终端	very small aperture terminal，VSAT
时间要求非常紧迫的任务	time critical task，TCT
岸站数据库服务器	bank database server，BDBS
水下机器人	remote operated vehicle，ROV
水下无人航行器	unmanned underwater vehicle，UUV
随动	follow up，FU
微分跟踪器	tracking differentiator，TD
线性时不变	linear time-invariant，LTI
线性变参数	linear parameter-varying，LPV
线性矩阵不等式	linear matrix inequalities，LMI
线性时变	linear time-variant，LTV
线性微分包含	linear differential inclusions，LDI
小时间局域能控	small-time local controllability，STLC
协同路径规划	cooperative path planning，CPP
信息论	information theory，IT
序贯重要性采样	sequential importance sampling，SIS
学习向量量化	learning vector quantization，LVQ
遥控式潜水器	remotely operated vehicle，ROV

蚁群优化	ant colony optimization，ACO
用户数据报协议	user datagram protocol，UDP
运筹学	operational research，OR
智能控制	intelligent control，IC
采样重要性重采样	sampling importance resampling，SIR
自动控制	automatic control，AC
自动识别系统	automatic identification system，AIS
自抗扰控制	active disturbance rejection control，ADRC
自适应共振理论	adaptive resonance theory，ART
自主式水下航行器	autonomous underwater vehicle，AUV
综合船桥系统	integrated bridge system，IBS
组合导航系统	integrated navigation system，INS
最近会遇距离	distance to closest point of approach，DCPA
最近会遇时间	time to closest point of approach，TCPA

彩　图

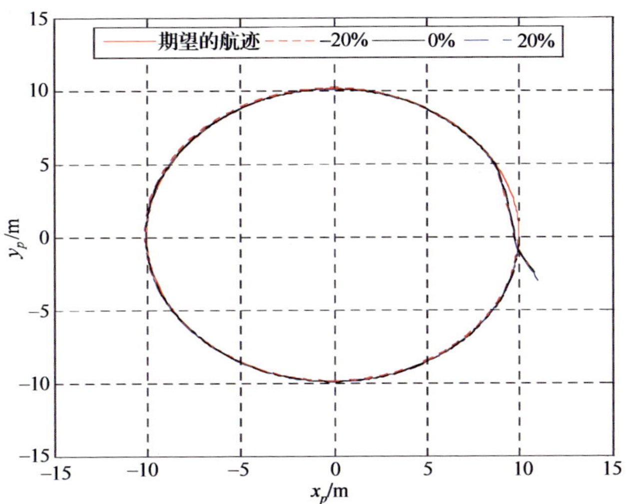

图 2-45　在参数不确定情况下欠驱动船舶在 p 点的轨迹跟踪控制曲线

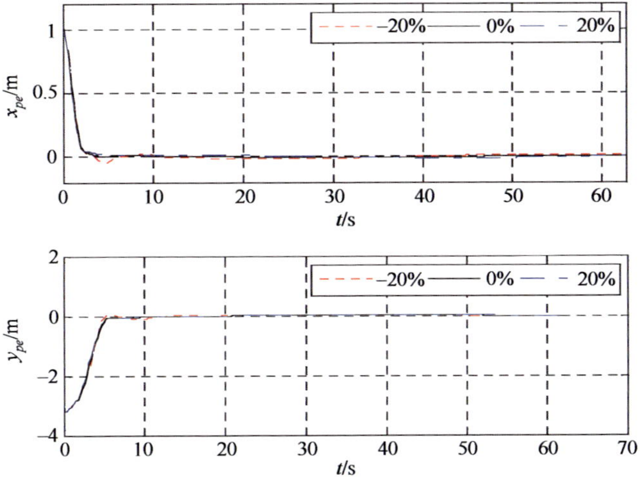

图 2-46　控制点 p 处的船舶位置跟踪误差

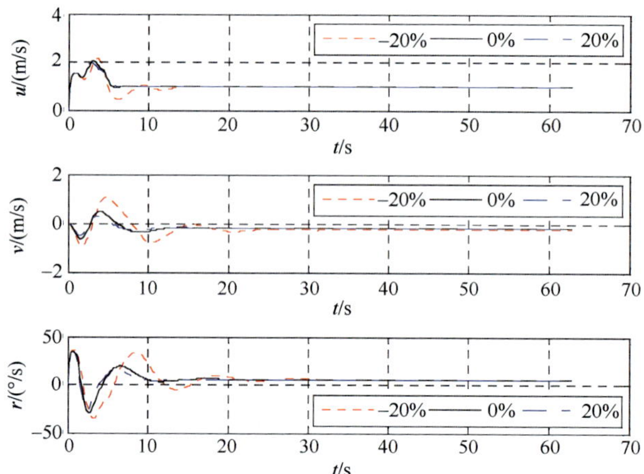

图 2-47　欠驱动水面船舶的纵向速度、横向速度和艏摇角速度

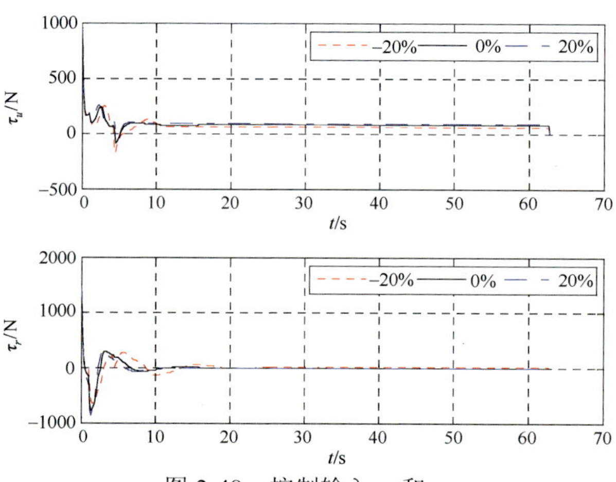

图 2-48　控制输入 τ_u 和 τ_r

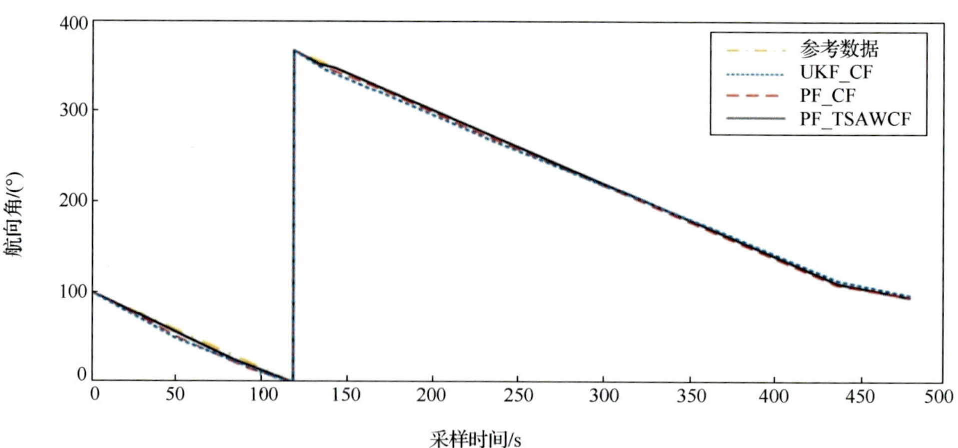

(a) 航向角

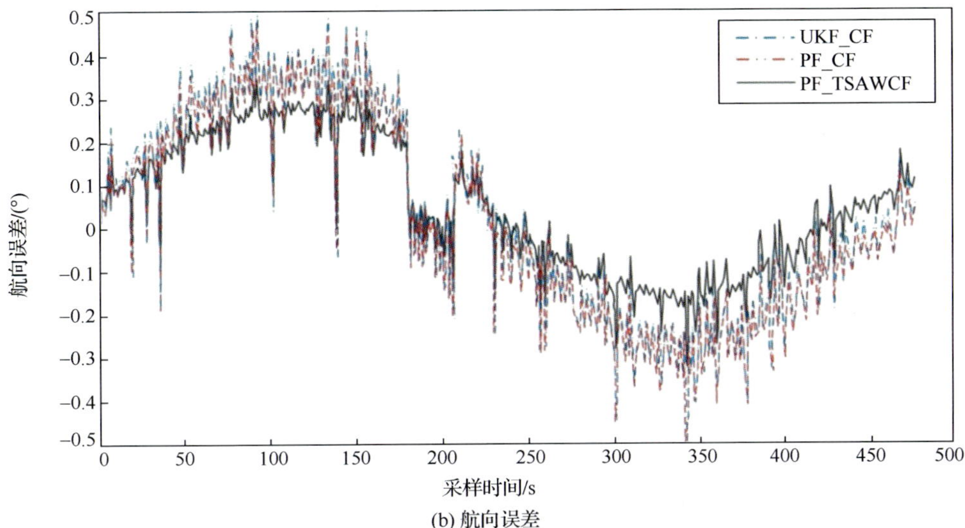

(b) 航向误差

图 6-18　航向和航向误差曲线

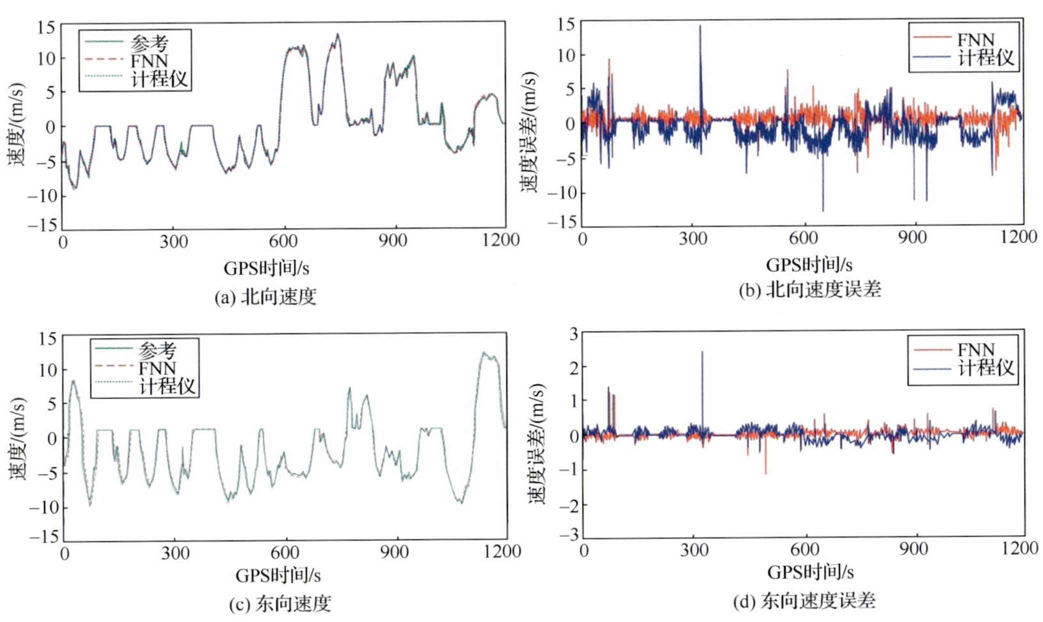

图 6-24　FNN 的训练结果

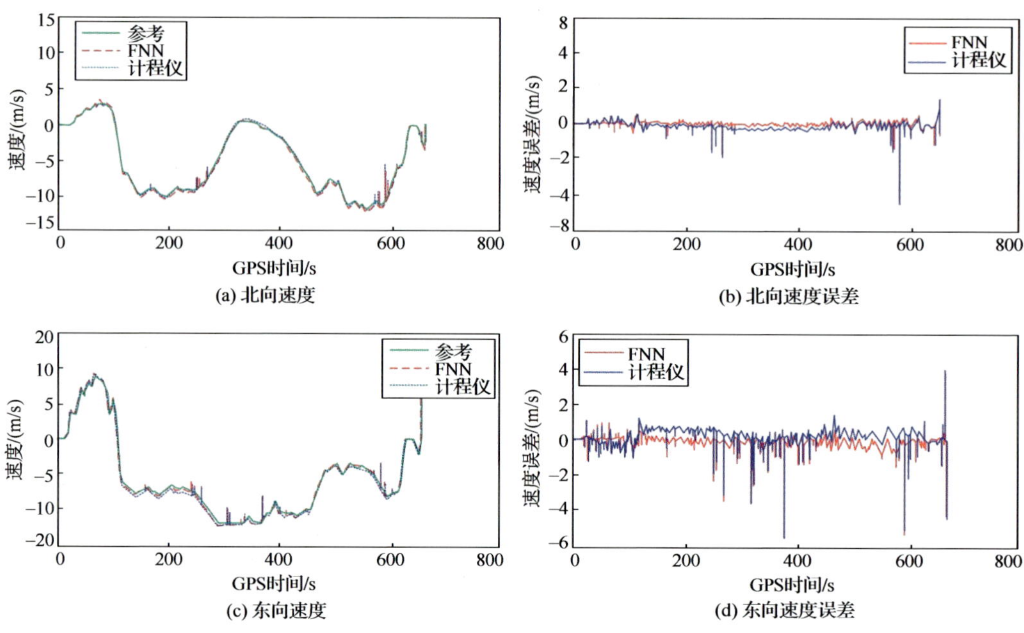

图 6-25　FNN 预测结果